资助项目：甘肃省牛羊种质与秸秆饲料化重点实验室

草食家畜可持续生产体系研究进展

吴建平　张利平　主编

中国农业科学技术出版社

图书在版编目（CIP）数据

草食家畜可持续生产体系研究进展 / 吴建平，张利平主编 . —北京：中国农业科学技术出版社，2020.6

ISBN 978-7-5116-4662-0

Ⅰ．①草… Ⅱ．①吴… ②张… Ⅲ．①家畜—饲养管理—研究 Ⅳ．①S815.4

中国版本图书馆 CIP 数据核字（2020）第 050462 号

责任编辑　徐　毅
责任校对　马广洋

出 版 者	中国农业科学技术出版社
	北京市中关村南大街12号　　邮编：100081
电　　话	（010）82106631（编辑室）　（010）82109702（发行部）
	（010）82109709（读者服务部）
传　　真	（010）82106631
网　　址	http：//www.castp.cn
经 销 者	各地新华书店
印 刷 者	北京建宏印刷有限公司
开　　本	880mm×1 230mm　1/16
印　　张	31.75
字　　数	950千字
版　　次	2020年6月第1版　　2020年6月第1次印刷
定　　价	150.00元

◆━━ 版权所有·翻印必究 ━━◆

内容简介：

吴建平教授是我国草食畜生产体系系统生产理论和实践的倡导者和践行者，长期以来他带领草食畜生产体系技术创新团队开展理论探索和技术开发，他的学术成就享誉全球，是世界著名草食畜生产体系科学家和教育家、国务院特殊津贴获得者以及甘肃省畜牧学科学术和技术带头人，他带领的创新团队为草食畜牧业可持续发展和农牧区经济繁荣发挥着积极的作用。为展示以吴建平教授为学术带头人的草食畜生产体系技术创新团队的科研成果、学术思想和治学精神，由甘肃省牛羊种质与秸秆利用重点实验室组织编辑了《草食家畜可持续生产体系研究进展》，并由中国农业科学技术出版社正式出版发行。

《草食家畜可持续生产体系研究进展》收录了吴建平教授及其团队成员发表的研究论文、专题报告、专著概要以及研究生论文摘要等，共计300篇。《草食家畜可持续生产体系研究进展》是记录吴建平教授及其团队杰出贡献、治学精神和爱国情怀的一部珍贵资料，是畜牧科技工作者认识吴建平教授高尚品格的窗口和学习草食畜生产体系技术创新团队治学精神的标杆，是畜牧科技创新和产业发展的重要参考和宝贵财富。

草食畜生产体系创新团队

一、研究方向

1. 动物遗传育种与繁殖

利用现代分子生物学技术搜集、保护、鉴定甘肃省本土牛，即安西牛、早胜牛、甘南牦牛、天祝白牦牛；羊，即欧拉型藏羊、乔科羊、甘加羊、岷县黑裘皮羊、兰州大尾羊、滩羊等特殊或优良基因资源，如肌肉生长相关基因、肉质相关基因、耐粗饲相关基因、牧草及农副产品高效利用相关基因、抗病相关基因、高寒、干旱适应相关基因等。探索牦牛、藏羊的自然选育机理、保存牛羊优良遗传资源、挖掘优秀基因资源、开展分子标记辅助选择与本品种选育相结合的牛羊选育复壮改良，阐明牦牛、藏羊遗传基础与青藏高原生境互作机制，提高青藏高原生产体系的屋顶，突破该生产系统的"屋顶效应"，提升青藏高原生产系统的生产效率，实现以草定畜、草畜平衡的草地生态友好型持续畜牧业，为青藏高原特色畜种资源的保护利用和草地生态安全提供理论和技术支撑。

根据不同类型地区的牛、羊种质资源和环境条件，依托省级育种场、大型育种公司、专业合作社等，利用性能测定、标记辅助选择、遗传评定、本品种选育、核心群繁育、杂种优势利用、生物育种、生物繁育工程技术等技术，培育适合不同区域和市场需求、优质高产的甘肃省牛、羊新品种（系）。

打破传统的牛羊生产周期长、效率低的单胎繁殖习性，集成组装现代生物工程繁殖技术（同期发情，超数排卵，胚胎移植，胚胎的体外生产等）和科学的饲养管理手段以及现代生产管理信息系统，大幅度地减少母畜饲养量，增大科技投入，减小劳动强度，降低饲养成本，缩短生产周期，加快周转，提高出栏率和商品率，增加畜产品产量，提高生产效率

2. 反刍动物营养与草地生产

开展牧区放牧条件和农区舍饲条件绵羊消化道解剖生理学方面的研究，针对消化生理特点，精准设计粗饲料营养配方。开展微生态系统调控优化技术、精准化动物营养体系、反刍动物脂肪代谢与调控、全过程阶段式品质育肥、动物健康与福利、天然植物精油替代抗生素技术的研究。开展天然草地牧草营养动态监测、牧草营养价值评价、青贮饲草制作及营养成分分析，建设了粗饲料营养成分数据库，为牛羊饲草料配方设计、加工调制提供了坚实的数据依据。

主要开展以甘肃省作物秸秆中最重要的玉米秸秆、小麦秸秆、农副产品为研究对象，通过研究不同收获时间、铡切方法、切碎长度、微生物制剂添加组合、密实程度、密封方法、保存环境、启封时间等因素对其青贮发酵品质的影响，筛选出最佳的青贮技术指标规程。通过对现有的青贮饲料进行采样，筛选优良发酵乳酸菌，通过同型发酵乳酸菌和异型发酵乳酸菌以及不同辅配制剂的复合，筛选出适合的最佳青贮发酵促进剂配方并开展营养指标和发酵品质综合评价。利用Vis/NIR技术建立起主要秸秆青贮饲料营养成分和发酵品质快速检测平台，构建了一整套秸秆饲料发酵系统优

化及快速评估的系统。通过秸秆饲用化，贮存饲草料，利用能量转移理论，开展牧区繁殖，农区或半农区育肥的易地养殖模式构建。旨在建立秸秆饲料等原料营养成分快速评价模型库，开发全价粗饲料产品，全面提高秸秆饲料利用的效率，构建不同牛羊产品生产模式下的阶段式营养需求平衡以及最小成本控制方法体系，实现牛羊饲养的精准管理和品质育肥以及易地养殖保护牧区生态。

在甘肃甘南草原和祁连山草场牧草代谢能动态评价与草畜平衡研究方向主要开展以生物量为评价指标的草畜平衡体系、以牧草代谢能为指标的草畜平衡体系以及生物多样性水平的草畜平衡体系等3个层次草畜平衡评价体系的研究，旨在以代谢能和牧草营养成分精准快速检测平台为指标和基础建立草畜平衡评价模型及家畜营养平衡精准管理技术，以生态经济学理论为基础研究并建立青藏高原草地可持续性模型；生产体系要素优化模型，以家畜精准管理理论为基础建立放牧牛羊精准管理模型及技术，并开展相关试验示范，在准确评估草畜平衡状况的基础上，大幅度降低草地载畜量，提高营养平衡和家畜生产效率，实现草地畜牧业的可持续发展。

二、团队工作基础

团队重点从事草食动物遗传育种、繁殖生产，遗传资源保护与开发及生物新技术的研究利用。下设羊生产、牛生产、饲草料资源开发利用、草地放牧管理等研究方向。先后完成和正在执行各类科研项目20余项，在秸秆饲料化利用、牛羊新品种（系）的培育及品质化生产、繁殖新技术，饲养新技术，反刍动物遗传资源保护，草食畜生产体系等方面开展了广泛深入的研究，正在培育具有自主知识产权的青藏高原东部地区藏羊新品种，已取得重大突破和阶段性成绩。获甘肃省科技进步一等奖2项、甘肃省科技进步二等奖2项、甘肃省农牧渔业丰收二等奖1项，其他奖项10项，授权专利20件。在国内外刊物发表科技论文500余篇，出版专著30余部。现已形成集草食动物良种选育与繁殖、草食畜动物营养调控、草食畜可持续生产体系、饲草料加工于一体的科技创新团队，为牛羊产业向优质、高效、安全、生态的方向发展做出了积极贡献。

10余年来，团队聚焦我国六大牧区和北方农区牛羊产业，针对草畜平衡，牛羊品质化生产和农（牧）民增收等现实问题，通过理论和技术创新，产品研发，创建了牛羊品质化生产技术体系，取得了重要的创新成果和显著效益。

（1）创立"家畜基因型与环境匹配理论"发展了家畜数量遗传学理论。针对现代牛羊繁育体系，发现在引进新品种或终端父本开展杂交改良时，环境对所引进家畜品种或基因型产生"屋顶效应"，即：$P=(G+E)h$，其中，h是环境阈值或屋顶效应值。

（2）创新了"以草地生物量、牧草代谢能和草地可持续性为指标的草畜平衡三级评价理论"，创新了基础母畜精准淘汰选育技术，使高山草原、荒漠草原载畜量分别下降27%和30%，实现了即减畜又增收的可持续品质化放牧生产。

（3）应用植物精油和有机钴协同作用，植物细胞壁降解技术取得突破，玉米秸秆消化率由40%提高到60%以上。研发推广发酵益生菌、矿物盐载体复合益生菌合剂，对秸秆发酵系统进行优化，青贮干物质及能量损失降低3%，可满足育肥肉牛和肉羊70%的能量需求，节粮效果明显。

（4）创建了牛羊全过程阶段式品质育肥技术和植物精油灭减有害微生物及次生发酵毒素与无抗养殖技术。在农户饲养条件下"平凉红牛"和"张掖肉牛"全过程育肥平均日增重分别达到1.25kg和1.28kg，屠宰率分别达到57.19%和60.00%，优质肉分割率平均提高了6.26%，肉牛、肉羊育肥平均日增重分别提高了33.00%和29.41%；利用纯天然植物精油对牛羊日粮中有害微生物的灭菌作用和对日粮中次生发酵毒素的灭减作用、对瘤胃微生物活性的调控作用和对牛羊生殖系统健康的支持作用，建立了牛羊品质化生产与无抗养殖技术体系。对保障有效供给，构建循环农业体系，发展区域经济，增加农牧民收入，提高人民生活水平产生了巨大的推动作用。

经过近几年对"欧拉羊本品种选育和高原生态肉羊业饲养管理技术试验示范"研究任务的执行，畜草所藏羊选育课题组已经在欧拉羊中心产区甘南藏族自治州玛曲县积累了一定的育种素材和试验基地储备，取得了阶段性的成果。编著的《欧拉羊的选育与生产》《欧拉羊产业化技术》《藏羊养殖与加工》《藏羊生产技术百问百答》《欧拉羊选育与高原肉羊业》等著作填补了国内外藏羊选育、生产管理、产品加工等系统理论和技术实践方面的空白，为青藏高原藏羊选育及生产提供了系统的理论和实践指导，对提高青藏高原地区藏羊从业人员的科技素质提供了全面的教材，影响深远、社会效益巨大。向青藏高原藏羊产区累计推广良种欧拉羊种公羊5000余只，产生直接经济效益1500余万元，提纯复壮藏羊30余万只，产生间接经济效益7.5亿元，为藏区经济繁荣和藏羊良种化生产作出了积极的贡献。

先后与美国农业部放牧家畜研究所M.A.Brown教授、德克萨斯农工大学Bill Holloway教授、反刍家畜营养学家Del.Davis博士，澳大利亚悉尼大学、查尔斯特大学David kemp教授合作建立了科研团队，高级职称8人，中级职称10人，研究生团队21人。系统研究甘肃牧区、典型农区原草畜资源优化配置技术模式与可持续生产体系理论，培育并凝练出中国草地畜牧业可持续发展的前瞻性学科方向，参与国内外草地畜牧业生产体系可持续发展重大项目的研究开发，建立青藏高原草畜资源优化配置技术模式与可持续生产体系理论研究的国际化开放平台，为中国草地畜牧业可持续发展培养了技术团队与领军人才。

团队立足于甘肃省特有、丰富的牛羊遗传资源和饲草料资源，紧紧围绕牛羊产业生产中的重大科技问题-牛羊种业可持续发展及秸秆饲料化利用，应用数量遗传学、分子遗传学、系统生物学、反刍动物饲养学理论与技术，饲料学理论和计算，开展牛羊遗传资源评价、保护与利用，饲草料资源开发利用，建立常规育种技术与分子育种技术相结合的育种平台，培育牛羊新品种（系），建设粗饲料营养成分数据库，为我国西部地区牛羊产业的发展提供理论依据和科技支撑。

团队和国内外草食动物教学、科研和生产单位建立了良好的学术合作关系，并长期聘请相关专家担任客座研究员，可保证项目顺利实施。团队由高、中、初级技术职称人员构成，团队成员长期从事牛羊繁育基础理论和应用技术以及饲草料资源开发方面的研究及推广，理论基础储备雄厚，技术功底扎实，能够满足学科发展所需的理论和技术需求，可以保证学科建设所需的技术水平和质量。

团队所具备的优势和特色是致力于青藏高原家养动物遗传资源利用及高原生态畜牧业技术研发，秸秆资源饲料化高效利用，草食畜精准管理，牛羊品质化生产等。

三、工作计划

（1）鉴定甘肃省牛、羊的肌肉生长、肉质、耐粗饲、牧草、秸秆高效利用、抗病、高寒和干旱适应相关基因。

（2）筛选甘肃省牛、羊肌肉生长、抗病性、抗逆性等性状的有效遗传标记，进行分子标记辅助基因聚合的优化设计，强化优质、高产与抗病等性状的聚合与协调改良，指导甘肃省牛、羊新品种（系）选育，提高选育的准确性，加快育种进展。

（3）建立集种牛、种羊性能测定、标记辅助选择、遗传评定、本品种选育、核心群繁育、杂种优势利用技术为一体的现代肉牛、肉羊育种技术体系。

（4）高纤维饲料细胞壁消化降解，作物秸秆资源的饲料化利用技术与相关产品开发。

（5）根据环境屋顶效应理论研究特定生产体系的家畜基因型和环境型匹配模式。

（6）甘肃牛羊品种的脂肪代谢、沉积、肉品质形成的分子调控机理及种质特性研究。

（7）牛羊健康养殖与品质育肥技术。包括：动物福利保障、圈养、栓系的动物应激与产品品质（肌肉发育、脂肪沉积的响应）；植物精油替代抗生素产品开发。

（8）甘南高原及祁连山草原草畜平衡精准评价及可持续利用对策、放牧家畜的精准选育技术。

（9）草地营养价值动态变化数据库建设、牛羊冷季补饲、异地养殖、品质育肥技术。

四、团队学术带头人

吴建平，男，汉族，中共党员，生于1960年11月，陕西省西安市人，博士，教授，博士研究生导师。现任甘肃省政协农业农村专业委员会副主任（正厅长级），兼任科技部中美草地畜牧业可持续发展研究中心中方主任、农业部公益性行业专项首席科学家、国家绒毛用羊产业技术体系放牧草地生态岗位科学家、世界银行畜牧生产与发展高级顾问、澳大利亚查尔斯特大学特聘教授、德国牦牛与骆驼研究基金会董事、甘肃省农学会会长、甘肃省欧美同学会会长。

1983年7月毕业于甘肃农业大学畜牧专业，获学士学位，同年在甘肃农业大学动物科学技术学院任教，讲师；1988年加拿大买吉尔大学硕士研究生毕业，获硕士学位；2000年德国麻理森动物生态与科学研究所、甘肃农业大学联合培养博士毕业，获博士学位。1997年任甘肃农业大学外事处处长；2000—2001年任甘肃农业大学校办公室主任兼外事处处长；2001—2015年任甘肃农业大学副校长，甘肃农业大学动物科学技术学院教授，博、硕士研究生导师；其间，多次应邀赴挪威、加拿大、美国、澳大利亚、德国做学术访问，受政府指派赴蒙古、苏丹、塔吉克斯坦等国讲学；2015年12月至2018年11月任甘肃省农业科学院院长、党委副书记、党委委员。

自参加工作以来，作为首席科学家，项目主持人、负责人，先后主持完成了国际合作项目、国内科研项目30余项；发表学术论文120余篇，其中SCI文章20余篇，专著8部。自2009年以来，获甘肃省科技进步一等奖2项、甘肃省高校科技进步一等奖1项、甘肃省农牧渔业丰收一等奖1项、兰州市科技进步一等奖1项。发起并主办了包括"首届牦牛国际学术研讨会"等五届国际学术会议，代表性学术论文 *Innovative grassland management systems for environmental and livelihood benefits*，于2013年在全球被引用次数最多的综合学科类三大文献之一的《美国科学院院刊》（*Proceedings of the National Academy of Sciences of the United States of America，PNAS*）上发表，培养博士、硕士研究生百余名。

目 录

第一部分 中文期刊论文

岷县黑裘皮羊微卫星遗传多样性分析 ········· 3
燕麦与苜蓿不同比例组合对驴盲肠体外发酵的影响 ········· 18
不同类型藏羊消化率与采食量的比较研究 ········· 32
牛至精油结合储藏温度对羊肉保鲜效果的影响 ········· 44
肌纤维类型分类及转化机理研究进展 ········· 55
不同强度放牧对祁连山高寒草甸优势种牧草营养价值的影响 ········· 66
牛至精油在食品保鲜中的应用 ········· 80
添加乳酸菌制剂和麸皮对去穗玉米秸秆青贮质量的影响 ········· 86
5株乳酸菌复合物与$CaCO_3$，酶及尿素不同组合对全株玉米青贮品质影响 ········· 97
牛至精油对奶牛产后发情及繁殖性能的影响 ········· 107
青藏高原东缘高寒草甸区欧拉型藏羊生长发育规律 ········· 113
脂尾去除对"兰州大尾羊"和"蒙古羊"生长性能及脂肪沉积分布的影响 ········· 128
全混合日粮中添加牛至精油对泌乳期荷斯坦奶牛生产性能和蹄病发生率的影响 ········· 134
祁连山牧区四季草地合理利用技术研究 ········· 143
PMSG对甘肃高山细毛羊同期发情和繁殖率的影响 ········· 151
藏绵羊脑动脉系统的结构特征 ········· 159
甘肃省畜牧业发展现状及存在的问题研究 ········· 167
脂联素基因在荷斯坦公牛不同组织部位的表达差异 ········· 173
$PPAR\gamma$基因在荷斯坦公牛不同组织部位表达差异性研究 ········· 181
不同血统含量奶牛泌乳性能与体重的相关性研究 ········· 189
早胜牛及其杂交群体遗传多样性研究 ········· 195
中国黄牛脑硬膜外异网结构特征观察 ········· 210
不同能量水平的日粮对四个绵羊类群部分血液指标的影响 ········· 216
GH基因遗传多态性与中国荷斯坦牛泌乳性状的遗传效应分析 ········· 223

DGAT-1基因K232A突变位点对甘肃地区中国荷斯坦牛泌乳性状的影响 ········· 231
奶牛β-Lg基因第1外显子PCR-SSCP多态性与泌乳性能的相关性 ············· 240
GHR基因F279Y位点突变对中国荷斯坦牛泌乳性状的影响 ···················· 249
藏羊大脑微动脉内皮特征与高原适应性研究 ································· 256
藏羊脑动脉系统结构特征与高原适应性研究 ································· 263
平凉地方牛群体母系遗传背景研究 ·· 270
牧区绵羊精准管理技术体系建立与草畜平衡研究 ···························· 281
中国北方草原草畜代谢能平衡分析与对策研究 ································ 293
饲养模式对绵羊冷季生产效益的影响 ·· 305
山羊MT-Ⅲ分子特性研究 ··· 311
荷斯坦奶牛改良黄牛的效果分析 ··· 319
牦牛生长激素基因cDNA分子克隆及序列分析 ································ 325
基于EXCEL的奶牛体型外貌线性评分系统 ···································· 332
甘肃省酒泉边湾农场土壤速效养分及含盐量分析 ····························· 338
山羊、绵羊MT-Ⅳ分子特性研究 ··· 347
牦牛生长激素基因克隆、原核表达及蛋白特性研究 ·························· 355
祁连山高寒牧区不同类型草地植被特征和土壤养分分异趋势及其相关性研究 ········· 365
放牧和长期围封对祁连山国家级自然保护区高寒草甸优势种牧草营养品质的影响 ········· 377
甘南藏羊GH基因第四外显子多态性与肉用性能的相关性分析 ·············· 391

第二部分　英文论文

Dynamic of aboveground biomass and soil moisture as affected by short-term grazing
　　exclusion on eastern alpine meadow of Qinghai-Tibet plateau，China ············· 401
Effects of long term fencing on biomass，coverage，density，biodiversity and nutritional
　　values of vegetation community in an alpine meadow of the Qinghai-Tibet Plateau ············· 414
Precipitation and seasonality affect grazing impacts on herbage nutritive values in alpine
　　meadows on the Qinghai-Tibetan Plateau ············· 431
Grazing exclosures solely are not the best methods for sustaining alpine grasslands ············· 446

第三部分　研究生论文

祁连山牧区家庭牧场资源优化配置研究与实践 ································ 467
不同基因型奶牛类群选育效果分析与奶牛精准管理模式研究 ·················· 470

不同基因型奶牛生产性能遗传改良效果评估及GH和GHR基因SNPs与泌乳性能的
　　相关性研究 ·· 474
基于模型分析实现肃南县草地畜牧业可持续发展途径的研究 ·· 476
青藏高原东缘草甸区典型家庭牧场草畜平衡研究 ·· 479
玉米秸秆和苜蓿饲用化利用价值评价与数据库建立 ··· 482
荷斯坦公牛育肥性能和肉品质及脂联素与PPARγ基因表达差异性研究 ································ 486
牛床舒适度等级对泌乳牛泌乳性能、繁殖性能和健康状况的影响研究 ································ 488
祁连山牧区草畜平衡评价与绵羊精准管理技术体系研究 ··· 490
草畜平衡和精准管理模型在肃南县绵羊生产中的应用研究 ··· 494

第一部分

中文期刊论文

岷县黑裘皮羊微卫星遗传多样性分析

张瑞[1]，郎侠[2]，吴建平[1,2*]，刘婷[1]，宫旭胤[2]，迟浩斌[1]，王彩莲[2]，梁婷玉[1]

（1. 甘肃农业大学动物科学技术学院，兰州　730070；
2. 甘肃省农业科学院畜草与绿色农业研究所，兰州　730030）

摘　要：为分析岷县黑裘皮羊群体内遗传多样性，筛选出理想的遗传标记，为岷县黑裘皮羊的选育保种提供理论依据。本试验选取144只岷县黑裘皮羊，颈静脉采血并提取DNA，对24对微卫星引物进行PCR扩增，用毛细管电泳技术进行基因分型，计算其等位基因数、等位基因大小及频率、有效等位基因数、杂合度和多态信息含量。结果表明，24个位点共检测到210个等位基因，平均等位基因数为8.75；群体等位基因频率范围为0.010 4～0.739 6，等位基因片段大小为97～285bp；有效等位基因数为1.758 1～8.243 3个；群体平均观测杂合度为0.48；平均期望杂合度为0.70；平均多态信息含量为0.65。其中，位点MAF70等位基因数、有效等位基因数、期望杂合度和多态信息含量最高，位点oarFCB128观测杂合度最高；位点oarAE129等位基因数最少，位点SRCRSP9期望杂合度、多态信息含量最低，位点oarFCB304观测杂合度最低。Hary-Weinberg平衡分析结果表明，所选位点中19个脱离平衡状态。因此，本试验所选24个微卫星位点表明岷县黑裘皮羊的遗传背景复杂，群体内遗传多样性丰富，可为其遗传资源的评估和选育保种工作提供理论依据。

关键词：微卫星；遗传多样性；岷县黑裘皮羊

Genetic Diversity Analysis of Microsatellite in Minxian Black fur Sheep

Zhang Rui[1], Lang Xia[2], Wu Jian ping[1,2*], Liu Ting[1], Gong Xu yin[2],
Chi Hao bin[1], Wang Cai lian[2], Liang Ting yu[1]

(1. College of Animal Science & Technology, Gansu Agricultural University, Lanzhou, 730070, China; 2. Animal Husbandry, Pasture and Green Agriculture Institute, Gansu Academy of Agricultural Sciences, Lanzhou, 730030, China)

Abstract: In order to analyze the genetic diversity of Minxian black fur sheep, select the ideal genetic

---

基金项目：甘肃省农业科学院农业科技创新专项学科团队项目（2017GAAS30）；甘肃省现代草食畜产业技术体系：牛羊遗传资源利用岗位（GARS-08）

作者简介：张瑞（1990—），女，甘肃白银人，在读硕士，研究方向：动物遗传育种与繁殖。E-mail：zrfd0782@163.com

*通信作者：吴建平（1960—），男，教授，博士生导师，研究方向：动物遗传育种与家畜生产体系。E-mail：wujp@gsau.edu.cn

markers, and provide a theoretical basis for breeding and conservation.This paper choosed 144 Minxian black fur sheep as research object.Jugular vein blood were collected and DNA was extracted, 24 pairs of microsatellite primers were amplified by PCR, and the genotypes were analyzed by capillary electrophoresis. Calculated the numbers of alleles, alleles size and frequency, numbers of effective alleles, heterozygosity and polymorphism information content.The results showed that a total of 210 alleles were found in 24 locus, the average numbers of alleles at each locus was 8.75; the population alleles frequency range were 0.010 4 ~ 0.739 6, alleles size were 97 ~ 285 bp; numbers of effective alleles were 1.758 1 ~ 8.243 3; the average observed heterozygosity was 0.48; the average expected heterozygosity was 0.70; the average polymorphism information content was 0.65.MAF70 locus had the hightiest numbers of alleles, numbers of effective alleles, expected heterozygosity and polymorphism information content, oarFCB128 had the hightiest observe heterozygosity; the numbers of alleles at oarAE129 and the observed heterozygosity at oarFCB304 was the least, the site SRCRSP9 had the lowest expected heterozygosity and polymorphism information content.The results of Hary-Weinberg equilibrium analysis showed that 19 locus devieted from Hary-Weinberg equilibrium.Therefore, the 24 microsatellite loci selected in this experiment indicated that the genetic background of Minxian black fur sheep was complex and the genetic diversity was rich, which could provide a theoretical basis for the evaluation of genetic resources and the breeding and conservation.

Key words: microsatellite; genetic diversity; Minxian black fur sheep

岷县黑裘皮羊是甘肃省地方品种，属皮肉兼用型绵羊，中心产区在洮河中上游和岷江上游一带。岷县黑裘皮羊生产的二毛裘皮利用价值较高，肉质细、嫩、鲜、香，深受当地群众的喜爱。近年来，由于对其选育工作的忽视，近交、乱交使得岷县黑裘皮羊存栏数锐减，且生产性能和品种特征发生退化，2006年被列入农业部《国家级禽畜遗传资源保护名录》，选育保种工作才得以重视，而保护品种的遗传多样性是保种工作的第一步[1, 2]。随着分子生物学的发展，微卫星标记技术因其独特的优点在羊的遗传多样性评估方面报道越来越多[3]。陈扣扣[4]等利用8个微卫星位点评估了高山细毛羊肉毛兼用品系的遗传多样性，其中，7个位点表现出高度多态，可用于遗传多样性评估；赵索南[5]等对海北金银滩藏羊进行了分析，发现所选位点均属高度多态，为其选育保种及品种的提纯复壮提供了有益资料；周明亮[6]等用30个微卫星位点研究了布拖黑绵羊的遗传多样性，发现群体多态信息含量为0.333 8 ~ 0.866 0，表明其具有较丰富的遗传多样性；朱兰[7]等利用15个微卫星位点对云南省11个山羊群体的系统进化关系进行了研究；LAWSON[8]等用23个微卫星位点分析了欧洲30个品种共820个个体的遗传多样性，发现品种间及品种内存在大量的杂合子缺失，为探究遗传多样性减少的原因及濒危动物的保护提供了有力证据；JAWASREH[9]等用8个微卫星位点研究了约旦本地和外来绵羊品种的遗传和种群结构，为其保种和育种计划奠定了基础；DAVID[10]等用15个微卫星位点评估了巴西本地肉毛兼用型绵羊品种Morada的遗传多样性，结果显示所研究种群表现出中等遗传多样性，建议实施丰富其遗传多样性的策略。但是，岷县黑裘皮羊作为我国少有的裘皮用绵羊品种，利用微卫星标记评估遗传多样性方面的报道较少，且仅有的报道中涉及的位点和样本量均较少[11, 12]。因此，本文在前人研究的基础上，选择24个微卫星位点，保证各位点之间处于连锁不平衡状态，以144只岷县黑裘皮为研究对象，以期从该群体中筛选出多态性较高的位点，进一步丰富和完善遗传资料，了解遗传背景，为岷县黑裘皮羊的选育保种提供有利资料。

1 材料与方法

1.1 试验动物

试验采用典型群随机抽样法，在岷县黑裘皮羊中心产区采集12月龄、24月龄、36月龄各48只（公5只，母43只）体重相近、健康状况良好的具有该品种明显特征的岷县黑裘皮羊新鲜静脉血样，EDTA抗凝，-20℃保存。

1.2 试剂与仪器

KOD-201B-KOD-Plus购于东洋纺（上海）生物技术有限公司；DSMO-100-Liz500购于克劳宁（北京）生物科技有限公司；蛋白酶K（Promega）、琼脂糖（BIOWEST）、Loading Buffer、DL 2000Marker均购于天根生化科技（北京）有限公司。

DYY-6C型电泳仪（北京六一仪器厂）；DL9700 TOUCH型PCR仪（北京东林昌盛生物科技有限公司）；5424R冷冻离心机（德国Eppendorf公司）；3730型基因测序仪（美国ABI公司）；JY04S-3C型凝胶成像分析仪（北京君意东方电泳设备有限公司）；DY-Ⅲ型高压电泳仪（北京六一仪器厂）。

1.3 方法

1.3.1 基因组DNA的提取

基因组DNA的提取参照《分子克隆实验指南》（第三版），采用常规酚、氯仿抽提法提取。用1%琼脂糖凝胶电泳检测DNA提取效果，将符合试验要求的DNA于-80℃保存备用。

1.3.2 微卫星标记的选择及引物合成

结合世界粮农组织（FAO）推荐以及前人研究的结果，筛选出24对可用于评价绵羊体重体尺指标的微卫星引物，分别进行5'端FAM（蓝色）、HEX（绿色）、ROX（红色）、TAMRA（橙色）荧光修饰，引物信息见表1，引物由武汉金开瑞生物有限公司合成。

1.3.3 PCR反应体系

PCR反应总体系为25μL：10×KOD Buffer 2.5μL，2mmol/L dNTPs 2μL，25mmol/L $MgSO_4$ 0.5μL，10μmol/L Forward 1μL，10μmol/L Reverse 1μL，Template DNA 1μL，KOD-Plus 1U，补水至25μL。

PCR扩增程序为：95℃预变性5min，95℃变性30s，55~65℃退火30s，72℃延伸30s，10个循环后，95℃变性30s，55℃退火30s，72℃延伸30s，30个循环后，68℃修复延伸7min，于4℃保存。

1.3.4 毛细管电泳检测

PCR产物经1.5%琼脂糖凝胶电泳检测合格后，排除荧光标记的影响，利用ABI-3730基因测序仪进行毛细管电泳，并对电泳结果采用Gene Marker进行标准化分析，计算不同样品在每个位点上的等位基因大小，采用DNA分子量标准（橙色）Liz500为内参判断每个位点的基因型。

1.4 数据统计

根据毛细管电泳结果，将各个位点等位基因按照片段大小由小到大依次编号为A~O；利用Popgene32软件计算等位基因频率（alleles frequency）、等位基因数（numbers of alleles，Na）、有效等位基因数（effective numbers of alleles，Ne）、期望杂合度（expected heterozygosity，He）、观测杂合度（observed heterozygosity，Ho）等，并检验Hary-Weinberg遗传平衡状态；采用PIC软件计算多态信息含量（polymorphism information content，PIC）（表1）。

表1 引物信息
Table 1 Primer information

位点 Locus	染色体位置 Chromosomal position	引物序列 Primer sequence（5'→3'）	退火温度/℃ Annealing temperature/℃	片段大小/bp Allele Size/bp	荧光类型 Fluorescence type
OarF-CB128	1	F：ATTAAAGCATCTTCTCTTTATTTCCTCGC	55	96~130	FAM
		R：CAGCTGAGCAACTAAGACATACATGCG			
		R：CAGCTGAGCAACTAAGACATACATGCG			
OarHH47	4	F：TTTATTGACAAACTCTCTTCCTAACTCCACC	58	130~152	FAM
		R：GTAGTTATTTAAAAAAATATCATACCTCTTAAGG			
OarVH72	5	F：GGCCTCTCAAGGGGCAAGAGCAGG	57	121~145	FAM
		R：CTCTAGAGGATCTGGAATGCAAAGCTC			
OarAE129	6	F：AATCCAGTGTGTGAAAGACTAATCCAG	54	133~159	FAM
		R：GTAGATCAAGATATAGAATATTTTTCAACACC			
BM8125	8	F：CTCTATCTGTGGAAAAGGTGGG	50	110~130	FAM
		R：GGGGGTTAGACTTCAACATACG			
HUJ616	9	F：TTCAAACTACACATTGACAGGG	54	114~160	HEX
		R：GGACCTTTGGCAATGGAAGG			
DYMS1	10	F：AACAACATCAAACAGTAAGAG	59	159~211	HEX
		R：CATAGTAACAGATCTTCCTACA			
SRCRSP9	11	F：AGAGGATCTGGAAATGGAATC	55	99~135	HEX
		R：GCACTCTTTTCAGCCCTAATG			
OarCB226	12	F：CTATATGTTGCCTTTCCCTTCCTGC	60	119~153	HEX
		R：GTGAGTCCCATAGAGCATAAGCTC			
ILSTS5	13	F：GGAAGCAATGAAATCTATAGCC	55	174~218	HEX
		R：TGTTCTGTGAGTTTGTAAGC			
ILSTS11	14	F：GCTTGCTACATGGAAAGTGC	55	256~294	HEX
		R：CTAAAATGCAGAGCCCTACC			

（续表）

位点 Locus	染色体位置 Chromosomal position	引物序列 Primer sequence（5'→3'）	退火温度/℃ Annealing temperature/℃	片段大小/bp Allele Size/bp	荧光类型 Fluorescence type
ILSTS28	15	F：TCCAGATTTTGTACCAGACC	53	105~177	ROX
		R：GTCATGTCATACCTTTGAGC			
SRCRSP5	16	F：GGACTCTACCAACTGAGCTACAAG	56	126~158	ROX
		R：GTTTCTTTGAAATGAAGCTAAAGCAATGC			
MAF214	17	F：GGGTGATCTTAGGGAGGTTTTGGAGG	58	174~282	ROX
		R：AATGCAGGAGATCTGAGGCAGGGACG			
SRCRSP1	18	F：TGCAAGAAGTTTTTCCAGAGC	54	116~148	ROX
		R：ACCCTGGTTTCACAAAAGG			
MAF33	19	F：GATCTTTGTTTCAATCTATTCCAATTTC	60	121~141	ROX
		R：GATCATCTGAGTGTGAGTATATACAG			
MCM140	20	F：GTTCGTACTTCTGGGTACTGGTCTC	60	167~193	ROX
		R：GTCCATGGATTTGCAGAGTCAG			
OarF-CB193	22	F：TTCATCTCAGACTGGGATTCAGAAAGGC	54	96~136	TAMRA
		R：GCTTGGAAATAACCCTCCTGCATCCC			
OarF-CB304	23	F：CCCTAGGAGCTTTCAATAAAGAATCGG	56	150~188	TAMRA
		R：CGCTGCTGTCAACTGGGTCAGGG			
OarJMP29	24	F：GTATACACGTGGACACCGCTTTGTAC	56	96~150	TAMRA
		R：GAAGTGGCAAGATTCAGAGGGGAAG			
OarJMP58	25	F：GAAGTCATTGAGGGGTCGCTAACC	58	145~169	TAMRA
		R：CTTCATGTTCACAGGACTTTCTCTG			
MAF65	26	F：AAAGGCCAGAGTATGCAATTAGGAG	60	123~127	TAMRA
		R：CCACTCCTCCTGAGAATATAACATG			
MAF70	27	F：CACGGAGTCACAAAGAGTCAGACC	60	124~166	TAMRA
		R：GCAGGACTCTACGGGGCCTTTGC			

（续表）

位点 Locus	染色体位置 Chromosomal position	引物序列 Primer sequence（5'→3'）	退火温度/℃ Annealing temperature/℃	片段大小/bp Allele Size/bp	荧光类型 Fluorescence type
MAF209	28	F: GATCACAAAAAGTTGGATACAACCGTGG R: TCATGCACTTAAGTATGTAGGATGCTG	63	102~142	FAM

2 结果

2.1 DNA提取及电泳检测

提取的DNA经1%琼脂糖凝胶电泳检测后，所有DNA条带清晰均匀，亮度较大，说明其纯度较高，可用于PCR扩增试验。

PCR扩增产物经1.5%琼脂糖电泳检测后，产物特异性较强，无明显杂带，无引物二聚体产生，可用于后续试验。

ABI-3730测序仪分型显示各个位点分型图较完整，图1所示为8号个体在位点SRCRSP5中的检测结果，图中有2个峰值，代表位点的基因型为149/156bp，为杂合子；图2所示为2号个体在位点oarJMP29中的检测结果，图中1个峰值，代表该位点的基因型为136/136bp，为纯合子。

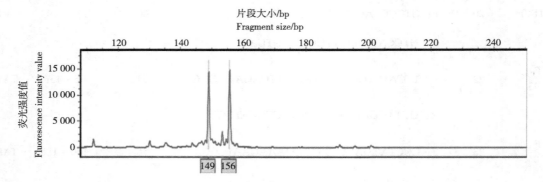

图1 8号个体在位点SRCRSP5中的检测结果（基因型为149/156bp）
Fig. 1 Detection result of No.8 in loci SRCRSP5（The genotype is 149/156bp）

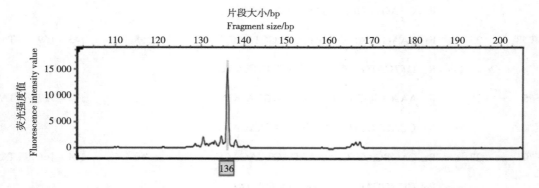

图2 2号个体在位点oarJMP29的检测结果（基因型为136/136bp）
Fig. 2 Detection results of No.2 in loci oarJMP29（The genotype is 136/136bp）

2.2 微卫星位点的等位基因及基因频率分析

岷县黑裘皮羊24个微卫星位点的等位基因数、等位基因片段大小及频率见表2。由表2可知，24个位点共检测到210个等位基因，其中，位点MAF70等位基因数最多，共15个，片段大小为129~165bp，位点OarAE129等位基因数最少，共4个，片段大小为143~150bp，每个位点平均等位基因数为8.75个；在所有检测到的等位基因中，SRCRSP9位点111bp片段基因频率最高，为0.7396，其次为OarJMP58位点143bp片段，为0.6876；等位基因频率最低的为0.0104。每个位点频率较高的等位基因数有2~5个，其余等位基因频率都相对较低。

2.3 多态信息分析

岷县黑裘皮羊24个微卫星位点多态信息指标见表3。由表3可见，所有位点有效等位基因数范围为1.7581~8.2433，其中MAF70位点有效等位基因数最多，SRCRSP9位点有效等位基因数最少，每个位点平均有效等位基因数为3.6540；所有位点观测杂合度范围为0.2500~0.8125，oarFCB128位点观测杂合度最高，oarFCB304位点最低；期望杂合度范围为0.4357~0.8879，位点MAF70期望杂合度最高，SRCRSP9位点最低；所有位点多态信息含量范围为0.4070~0.8673，均属中高度多态，其中MAF70位点多态信息含量最高，SRCRSP9位点最低。

2.4 Hary-Weinberg平衡分析

经卡方检验可知，Hary-Weinberg平衡分析结果见表4。由表4可见，位点OarAE129、SRCRSP9、OarCB226、ILSTS11、OarJMP58处于Hary-Weinberg平衡状态，其余19个位点均脱离平衡状态。根据Hary-Weinberg定律，在一个无限大的群体内，经过随机交配、未发生基因突变、人工或自然选择的情况下，群体内一个位点上的基因型频率将代代相传，保持稳定[13]。但有研究表明，在濒危物种的种群遗传学研究中，微卫星位点偏离Hary-Weinberg平衡的现象比较多，主要原因可能是亚群结构、近交及无效等位基因导致的杂合度不足[14]。本试验所选位点大多违背了Hary-Weinberg平衡定律。

3 讨论

根据微卫星选择原则，要求微卫星位点的选择尽可能的均匀分布在不同的染色体上，且相互之间处于连锁不平衡；每个位点应至少有4个及以上的等位基因，一般选择5~19个为宜，等位基因数太少，不能提供足够的信息量，等位基因数太多，不便于分析；微卫星扩增产物的长度一般不超过300bp，片段太大，不容易获得产物。本试验中所选择的微卫星位点分布在24条不同染色体上，每个位点等位基因数在4~15，且PCR扩增产物均在100~250bp，符合微卫星位点的选择原则，对岷县黑裘皮羊遗传多样性的研究可以提供可靠依据。

微卫星多样性可以反映群体的遗传变异历史。CRAWFORD[15]认为微卫星位点等位基因频率是目前最佳的可用于测定群体内遗传变异程度和群体间遗传分化的方法。郎侠[16]认为等位基因频率是衡量动物群体遗传结构的主要指标之一，是估计和比较遗传变异的第一步。一般来说，群体中频率最高、片段最大的等位基因是该物种中最原始、最保守的基因，而其余等位基因则是在进化过程中由该基因突变产生的[17]。同一个位点，如果最高频率的等位基因数不超过所有等位基因数的95%，则认为该位点具有多态性[18]。岷县黑裘皮羊24个微卫星位点中，每个位点基因频率较大的等位基因有1~5个，所占比例未超过所有等位基因的95%，属具有多态性的位点。与郎侠[12]等的试验结果相比，郎侠发现oarFCB128位点检测到的等位基因数最多，为15个，片段大小为101~147bp，而本试验发现MAF70位点等位基因数最高，共检测到15个，片段大小为129~165bp，而oarFCB128位点共检测到8个等位基因，片段大小为109~125bp，说明MAF70位点遗传变异程度更大，对岷县黑裘皮羊的选育更有价值。此外，吕慎金[19]等研究发现位点MAF70在岷县黑裘皮羊群体中的基因频率为0，与本试验结果相差较多，因MAF70位点在岷县黑裘皮羊中未见其他报道，根据吕潇潇[20]的结果，岷县黑裘皮羊与藏羊的遗传距离最近，而MAF70位点在金银滩藏羊中检测出6个等位基因，再考虑到试验方法和样本量，前者用聚丙烯酰胺凝胶电泳进行基因分型，而本试验采用具有高通量、高分辨的毛细管电泳技术分型，结果精确度更高，且前者的试验样本为44只，本试验为144只，根据包文斌[21]的报道，当样本量超过25时，样本量与等位基因数呈正相关，因此，本文的研究结果更有说服力。有效等位基因数（Ne）是反映群体遗传变异大小的指标之一，同时，也反映了等位基因间的相互影响，有效等位基因数值越接近等位基因数的绝对值，表明等位基因在群体中分布越均匀[22]。此研究中的24个微卫星位点等位基因数与有效等位基因数相差较多，等位基因片段大小不一，频率分布不均匀，说明该群体在进化过程中受到了自然和人工的高强度影响，具有丰富的遗传多样性。杂合度（H）又称基因多样性，反映群体在基因位点上的遗传变异，是度量群体遗传变异的最适参数之一。群体平均杂合度的高低反映了群体的遗传一致性程度，杂合度越高，表明该群体的遗传一致性越低，遗传变异越大，遗传多样性越丰富[23]。一般认为若一个群体的平均杂合度大于0.5，该群体的遗传多样性越丰富。本试验中的24个位点，3个位点平均杂合度低于0.5（BM8125 0.436 4，SRCRSP9 0.431 2，OarJMP58 0.498 7），其余均大于0.5，位点MAF70杂合度最大，为0.878 7。多态信息含量（PIC）表示后代所获得某个等位标记来自于其父本（或母本）的同一个等位标记的可能性，是衡量DNA片段多态性的指标。BOTSTEIN[24]认为当PIC>0.5时，为高度多态性；当0.25<PIC<0.5时，为中度多态性；PIC<0.25时，为低度多态性。而PURVIS[25]认为当PIC大于0.7为最好的遗传标记，因为此时双亲在该位点是杂合的，在后代中就可以看到等位基因分离。本研究中的24个位点，4个属于中度多态（OarAE129 0.466 8，BM8125 0.418 2，SRCRSP9 0.471 2，OarJMP58 0.471 2），其余均属高度多态，而PIC大于0.7的有11个位点，这11个位点能够典型说明岷县黑裘皮羊的遗传多样性。郎侠[12]等研究结果发现，岷县黑裘皮羊群体平均多态信息含量为0.861 5，高于本研究的0.652 7，这可能与所选位点的不同有关。本研究中位点MAF70多态信息含量最高，为0.867 3，比吕慎金的结果稍高（0.685 4），这可能也与样本量有关，后者较低的样本量使一些频率较低的等位基因未检测出来，进而影响到PIC值的大小；梁家充[26]等对8个云南地方绵羊品种遗传多样性分析得出，位点SRCRSP1、OarFCB304、OarJMP58、MAF33、DYMS1、ILSTS11、MAF214、CM140、ILSTS28可以作为有效的遗传标记用于绵羊遗传育种研究中，这与本试验的研究结果一致；周丽娜[27]对滩羊12个微卫星位点研究发现，群体平均多态信息含量为0.777 1，平均杂合度为0.724 4，同属裘皮用绵羊品种，这与本试验的研究结果相符。

表2 24个微卫星位点的等位基因大小及频率

Table 2 Alleles size and frequency of 24 microsatellite locus

位点 locus	等位基因数目 Numbers of alleles	等位基因片段大小及频率（Allelessize and frequency）													
		A	B	C	D	E	F	G	H	I	J	K	L	M	N	O
OarFCB128	8	109	111	113	117	119	121	123	125							
		0.1251	0.3855	0.0729	0.0208	0.0104	0.3333	0.0208	0.0312							
OarHH47	12	116	124	127	129	131	133	135	137	139	141	143	147			
		0.0114	0.0455	0.0114	0.3409	0.0795	0.0909	0.2727	0.0568	0.0341	0.0227	0.0114	0.0227			
OarVH72	9	119	124	126	128	129	130	132	134	136						
		0.0208	0.1355	0.3958	0.0208	0.0208	0.1147	0.0312	0.0104	0.2500						
OarAE129	4	143	146	148	150											
		0.0208	0.3958	0.5312	0.0522											
BM8125	7	100	105	109	113	115	117	119								
		0.0104	0.0417	0.1042	0.7395	0.0417	0.0417	0.0208								
HUJ616	7	117	120	122	125	127	135	137								
		0.0521	0.0313	0.4479	0.0312	0.3229	0.0834	0.0312								
DYMS1	9	159	166	172	178	181	183	190	197	203						
		0.0417	0.1458	0.0729	0.1354	0.0312	0.3542	0.0417	0.1667	0.0104						
SRCRSP9	5	111	115	117	119	121										
		0.7396	0.0833	0.1042	0.0104	0.0625										
OarCB226	10	119	131	133	135	137	139	144	151	153	155					
		0.4184	0.2858	0.0306	0.1122	0.0510	0.0102	0.0102	0.0510	0.0102	0.0204					

（续表）

位点 locus	等位基因数目 Numbers of alleles	等位基因片段大小及频率（Allele size and frequency）											
		A	B	C	D	E	F	G	H	I	J	K	L
ILSTS5	6	183 0.0938	190 0.0417	194 0.6353	197 0.1042	200 0.0417	202 0.0833						
ILSTS11	8	266 0.0104	270 0.1875	276 0.1667	278 0.2917	280 0.0208	282 0.0104	283 0.2917	285 0.0208				
ILSTS28	12	129 0.1457	136 0.0104	142 0.0321	150 0.1562	152 0.0208	159 0.0104	161 0.0624	163 0.0208	165 0.3229	167 0.1458	168 0.0104	170 0.0621
SRCRSP5	7	142 0.0104	149 0.1250	150 0.0208	151 0.0625	156 0.5105	158 0.25	169 0.0208					
MAF214	6	184 0.0521	186 0.3750	188 0.1667	218 0.1562	220 0.2396	222 0.0104						
SRCRSP1	8	123 0.1042	125 0.0104	128 0.5312	130 0.2397	132 0.0417	134 0.0312	136 0.0208	137 0.0208				
MAF33	7	124 0.0312	126 0.0208	132 0.0208	134 0.0938	136 0.0208	138 0.3854	140 0.0208					
MCM140	10	165 0.0417	175 0.0208	177 0.0208	181 0.0208	183 0.4062	185 0.2292	187 0.1563	189 0.0521	191 0.0417	193 0.0104		
OarF-CB193	12	97 0.0104	102 0.0104	110 0.2709	112 0.0208	114 0.0104	118 0.5105	121 0.0104	127 0.0312	129 0.0312	131 0.0208	133 0.0626	135 0.0104

（续表）

等位基因片段大小及频率（Alleles size and frequency）

位点 locus	等位基因数目 Numbers of alleles	A	B	C	D	E	F	G	H	I	J	K	L	M	N	O
OarF-CB304	13	150 0.041 8	154 0.020 8	159 0.125 0	162 0.020 8	164 0.270 8	167 0.395 9	169 0.010 4	171 0.020 8	173 0.020 8	177 0.010 4	179 0.010 4	184 0.031 3	188 0.020 8		
OarJMP29	10	127 0.052 1	129 0.010 4	131 0.072 9	134 0.020 8	136 0.406 2	138 0.187 6	140 0.145 8	142 0.010 4	146 0.083 4	148 0.010 4					
OarJMP58	8	143 0.687 6	151 0.020 8	158 0.031 3	160 0.072 9	162 0.020 8	166 0.010 4	168 0.145 8	170 0.010 4							
MAF65	8	108 0.197 9	123 0.010 4	129 0.031 3	131 0.291 7	133 0.166 7	138 0.020 8	140 0.052 1	142 0.010 4							
MAF70	15	129 0.020 8	131 0.031 3	135 0.031 3	136 0.177 1	138 0.072 9	140 0.208 3	142 0.062 5	144 0.020 8	148 0.093 8	150 0.072 9	154 0.135 4	156 0.010 4	161 0.041 7	163 0.010 4	165 0.010 4
MAF209	9	102 0.062 5	109 0.010 4	112 0.125 0	114 0.510 5	118 0.020 8	120 0.072 9	122 0.052 1	124 0.083 3	126 0.062 5						

表3　24个微卫星位点多态信息

Table 3　24 microsatellite locus polymorphism information

位点 Locus	有效等位基因数（Ne）	观测杂合度（Ho）	期望杂合度（He）	平均杂合度（H）	多态信息含量（PIC）
OarFCB128	3.539 2	0.812 5	0.725 0	0.717 4	0.672 2
OarHH47	4.693 3	0.545 5	0.796 0	0.786 9	0.760 7
OarVH72	3.952 0	0.541 7	0.754 8	0.747 0	0.711 9
OarAE129	2.262 2	0.479 2	0.563 8	0.557 9	0.466 8
BM8125	1.774 4	0.354 2	0.441 0	0.436 4	0.418 2
HUJ616	3.149 7	0.395 8	0.689 7	0.682 5	0.632 9
DYMS1	4.933 6	0.416 7	0.805 7	0.797 3	0.773 5
SRCRSP9	1.758 1	0.416 7	0.435 7	0.431 2	0.407 0
OarCB226	3.621 4	0.714 3	0.731 3	0.723 9	0.685 0
ILSTS5	2.305 2	0.291 7	0.572 1	0.566 2	0.541 4
ILSTS11	4.270 6	0.750 0	0.773 9	0.765 8	0.727 4
ILSTS28	5.518 6	0.479 2	0.827 4	0.818 8	0.798 4
SRCRSP5	2.910 9	0.333 3	0.663 4	0.656 5	0.610 4
MAF214	3.952 0	0.395 8	0.754 8	0.747 0	0.707 4
SRCRSP1	2.823 5	0.291 7	0.652 6	0.645 8	0.603 4
MAF33	2.923 9	0.625 0	0.664 9	0.658 0	0.596 3
MCM140	4.007 0	0.479 2	0.758 3	0.750 4	0.718 8
OarFCB193	2.931 3	0.562 5	0.665 8	0.658 9	0.615 6
OarFCB304	3.986 2	0.250 0	0.757 0	0.749 1	0.716 3
OarJMP29	4.215 9	0.458 3	0.770 8	0.762 8	0.735 5
OarJMP58	1.994 8	0.541 7	0.503 9	0.498 7	0.471 2
MAF65	4.589 6	0.291 7	0.790 4	0.782 1	0.748 1
MAF70	8.243 3	0.645 8	0.887 9	0.878 7	0.867 3
MAF209	3.339 1	0.541 7	0.707 9	0.700 5	0.679 0
平均	3.654 0	0.483 9	0.695 6	0.688 3	0.652 7

表4 24个位点Hary-Weinberg平衡分析

Table 4 Harley-Weinberg equilibrium analysis of 24 loci

位点 Locus	卡方值 Chi-square value	P值 P-value	位点 Locus	卡方值 Chi-square value	P值 P-value
OarFCB128	92.477 7	0**	SRCRSP5	233.569 2	0**
OarHH47	115.682 2	0.000 2**	MAF214	83.555 3	0**
OarVH72	245.318 8	0**	SRCRSP1	69.226	0**
OarAE129	8.103 6	0.230 6	MAF33	198.666 7	0**
BM8125	69.727 9	0**	MCM140	93.986	0**
HUJ616	85.742 4	0**	OarFCB193	167.696 2	0**
DYMS1	128.502 7	0**	OarFCB304	306.370 5	0**
SRCRSP9	5.947 8	0.819 6	OarJMP29	158.331 3	0**
OarCB226	39.526 5	0.702 3	OarJMP58	13.474 5	0.990 5
ILSTS5	114.419 9	0**	MAF65	186.235 2	0**
ILSTS11	19.786 9	0.872 1	MAF70	183.111	0**
ILSTS28	283.777 4	0**	MAF209	76.143 8	0**

**表示差异极显著（$P<0.01$），不标表示差异不显著（$P>0.05$）

**means extremely significant difference（$P<0.01$），While no sign means no difference.（$P>0.05$）

4 结论

所选岷县黑裘皮羊24个微卫星位点等位基因数为4～15，等位基因频率范围为0.010 4～0.739 6，有效等位基因数为1.758 1～8.243 3，期望杂合度范围为0.435 7～0.887 9，观测杂合度范围为0.250 0～0.812 5，多态信息含量范围为0.407 0～0.867 3。位点MAF70具有最多的等位基因数、有效等位基因数，期望杂合度和多态信息含量均最高，位点oarFCB128观测杂合度最高；位点oar-AE129等位基因数最少，SRCRSP9期望杂合度和多态信息含量最低，oarFCB304观测杂合度最低。说明岷县黑裘皮羊杂合度较高，遗传多样性丰富，选择的24个微卫星位点可用于评估遗传多样性，丰富其遗传资源和指导选育保种工作。在下一步的研究中，可以考虑将微卫星位点与部分经济性状相关联，寻找影响经济性状的优势基因，为岷县黑裘皮羊经济性状的研究提供理论依据。

参考文献

［1］王成强，张广. 岷县黑裘皮羊品种资源现状及发展对策[J]. 畜牧兽医杂志，2016，35（6）：76-77.
WANG C Q, ZHANG G. Status quo of variety resources and development countermeasures of Minxian black fur sheep[J]. Journal of Animal Science and Veterinary Medicine，2016，35（6）：76-77.（in Chinese）
［2］刘伯河，王成强，张广. 岷县黑裘皮羊生产方式调查[J]. 甘肃畜牧兽医，2018，48（4）：38-39.

LIU B H, WANG C Q, ZHANG G. Production method survey of Minxian black fur sheep[J]. *Gansu Animal Husbandry and Veterinary*, 2018, 48（4）: 38-39.（in Chinese）

[3] AL-ATIYAT R M. The power of 28 microsatellite markers for parentage testing in sheep[J]. *Electronic Journal of Biotechnology*, 2015, 18（2）: 116-121.

[4] 陈扣扣, 杨博辉, 郎侠, 等. 8个微卫星位点在甘肃高山细毛羊肉毛兼用品系中的遗传多样性研究[J]. 中国畜牧兽医, 2009, 36（2）: 77-81.
CHEN K K, YANG B H, LANG X, et al. Genetic diversity of 8 microsatellite loci in mutton-wool strain of Gansu alpine fine wool sheep[J]. *China Animal Husbandry & Veterinary Medicine*, 2009, 36（2）: 77-81.（in Chinese）

[5] 赵索南, 保善科, 郎 侠. 8个微卫星座位在海北金银滩藏羊群体中的多态性分析[J]. 中国草食动物科学, 2012, 32（2）: 15-18.
ZHAO S N, BAO S K, LANG X. Analysis on the genetic diversity of eight microsatellite loci in Jinyintan sheep[J]. *China Herbivore Science*, 2012, 32（2）: 15-18.（in Chinese）

[6] 周明亮, 陈明华, 庞倩, 等. 布拖黑绵羊微卫星标记遗传多样性研究[J]. 草学, 2018（2）: 74-80.
ZHOU M L, CHEN M H, PANG Q, et al. Study on genetic diversity of microsatellite markers in Butuo black sheep[J]. *Journal of Grassland and Forage Science*, 2018（2）: 74-80.（in Chinese）

[7] 朱兰, 孙利民, 梁家充, 等. 利用微卫星标记分析云南省10个山羊品种的遗传多样性[J]. 中国畜牧杂志, 2019, 55（1）: 57-63.
ZHU L, SUN L M, LIANG J C, et al. Analysis of genetic diversity of 10 goat breeds in Yunnan province using microsatellite markers[J] *Chinese Journal of Animal Science*, 2019, 55（1）: 57-63.（in Chinese）

[8] LAWSON HANDLEY L J, BYRNE K, SANTUCCI F, et al. Genetic structure of European sheep breeds[J]. *Heredity*, 2007, 99（6）: 620-631.

[9] JAWASREH K I, ABABNEH M M, ISMAIL Z B, et al. Genetic diversity and population structure of local and exotic sheep breeds in Jordan using microsatellites markers[J]. *Veterinary world*, 2018, 11（6）: 778-781.

[10] DAVID C M G, QUIRINO C R, VEGA W H O, et al. Diversity of indigenous sheep of an isolated population[J]. *BMC Veterinary Research*, 2018, 14（1）: 350.

[11] 邱小宇, 黄勇富, 赵永聚, 等. 中国6个地方绵羊品种的微卫星分析[J]. 中国畜牧兽医, 2016, 43（4）: 1 024-1 031.
QIU X Y, HUANG Y F, ZHAO Y J, et al. Microsatellite analysis of six chinese indigenous sheep breeds[J]. *China Animal Husbandry & Veterinary Medicine*, 2016, 43（4）: 1 024-1 031.（in Chinese）

[12] 郎 侠, 吕潇潇. 岷县黑裘皮羊群体遗传结构的微卫星DNA多态性分析[J]. 黑龙江畜牧兽医, 2010（17）: 49-52.
LANG X, LV X X. Microsatellite DNA polymorphism analysis of population genetic structure in Minxian black fur sheep[J]. *Heilongjiang Animal Science and Veterinary Medicine*, 2010（17）: 49-52.（in Chinese）

[13] 邹 杰. 暗纹东方鲀养殖群体遗传多样性分析及生长性状微卫星标记筛选[D]. 上海: 上海海洋大学, 2014.
ZOU J. Populations and screening growth-related DNA markers in Takifugu Obscurus[D]. Shanghai: *Shanghai Ocean University*, 2014.（in Chinese）

[14] 郑基阳, 陈乃富, 王晖, 等. 霍山石斛微卫星标记的筛选及遗传多样性分析[J]. 中国中药杂志, 2011, 36（21）: 2 926-2 931.
ZHENG J Y, CHEN N F, WANG H, et al. Isolation and analysis of polymorphic microsatellite loci in Dendrobium huoshanense[J]. *China Journal of Chinese Materia Medica*, 2011, 36（21）: 2 926-2 931.（in Chinese）

[15] CRAWFORD A M, LITTLEJOHN R P. The use of DNA markers in deciding conservation priorities in sheep and other livestock[J]. *Animal Genetic Resources Information*, 1998, 23（23）: 21-26.

[16] 郎 侠, 吕潇潇. 兰州大尾羊微卫星DNA多态性研究[J]. 中国畜牧杂志, 2011, 47（1）: 14-17.
LANG X, LV X X. Study on microsatellite DNA polymorphism of Lanzhou big tail sheep[J]. *Chinese Journal of Animal Science*, 2011, 47（1）: 14-17.（in Chinese）

[17] 樊月圆, 余淑青, 曹振辉, 等. 云南红骨圭山山羊微卫星DNA位点遗传多样性分析[J]. 云南农业大学学报（自然科学）, 2013, 28（3）: 329-335.
FAN Y Y, YU S Q, CAO Z H, et al. Microsatellite analysis of genetic diversity of Red-bone guishan goats [J]. *Journal of Yunnan Agricultural University（Natural Science）*, 2013, 28（3）: 329-335. （in Chinese）

[18] MCLAREN R J, ROGERS G R, DAVIES K P, et al. Linkage mapping of wool keratin and keratin-associated protein genes in sheep[J]. *Mammalian Genome Official Journal of the International Mammalian Genome Society*, 1997, 8（12）: 938.

[19] 吕慎金. 我国七个绵羊群体微卫星DNA的遗传多样性研究[D]. 杨凌: 西北农林科技大学, 2003.
LV S J. Genetic diversity analysis with microsatellite DNA on 7 sheep populations of China[D]. Yangling: *Northwest A&F University*, 2003. （in Chinese）

[20] 吕潇潇. 甘肃省绵羊品种遗传多样性的微卫星分析[D]. 兰州: 甘肃农业大学, 2009.
LV X X. Analysis on genetic diversity in sheeep breeds in Gansu province by microsatellite markers[D]. Lanzhou: *Gansu Agricultural University*, 2009. （in Chinese）

[21] 包文斌, 束婧婷, 许盛海, 等. 样本量和性比对微卫星分析中群体遗传多样性指标的影响[J]. 中国畜牧杂志, 2007, 43（1）: 6-9.
BAO W B, SHU J T, XU S H, et al. Effects of sample size and sex ratio on various genetic diversity measures with microsatellite markers[J]. *Chinese Journal of Animal Science*, 2007, 43（1）: 6-9. （in Chinese）

[22] 雒林通. 甘肃高山细毛羊优质毛品系微卫星标记与经济性状相关性研究[D]. 兰州: 甘肃农业大学, 2009.
LUO L T. Correlation analysis of microsatellite DNA markers with some substantial economic traits in high quality fine wool stain of Gansu alpine fine-wool sheep[D]. Lanzhou: *Gansu Agricultural University*, 2009. （in Chinese）

[23] BAI J Y, JIA X P, YANG Y B, et al. Polymorphism analysis of Henan fat-tailed sheep using microsatellite markers. [J]. *Journal of Animal & Plant Sciences*, 2014, 24（3）: 965-968.

[24] BOTSTEIN D, WHITE R L, SKOLNICK M, et al. Construction of a genetic linkage map in man using restriction fragment length polymorphisms. [J]. *American Journal of Human Genetics*, 1980, 32（3）: 314-331.

[25] PURVIS W I, FRANKLIN I R. Major genes and QTL influencing wool production and quality: a review[J]. *Genetics Selection Evolution*, 2005, 37（Suppl1）: S97-S107.

[26] 梁家充, 朱兰, 孙利民, 等. 云南地方绵羊品种遗传多样性分子评价[J]. 四川农业大学学报, 2018, 36（6）: 822-830.
LIANG J C, ZHU L, SUN L M, et al. Molecular evaluation of genetic diversity of native sheep breeds in Yunnan Province[J]. *Journal of Sichuan Agricultural University*, 2018, 36（6）: 822-830. （in Chinese）

[27] 马丽娜, 马青, 李颖康. 滩羊12个微卫星基因座遗传多态性研究[J]. 畜牧与饲料科学, 2018, 39（4）: 26-31.
MA L N, MA Q, LI Y K. Genetic polymorphisms of twelve microsatellite loci in Tan Sheep[J]. *Animal Husbandry and Feed Science*, 2018, 39（4）: 26-31.

燕麦与苜蓿不同比例组合对驴盲肠体外发酵的影响

梁婷玉[1]，郎侠[2]，吴建平[1,2]*，王彩莲[2]，刘立山[2]，张瑞[1]，韦胜[1]

（1.甘肃农业大学动物科学技术学院，甘肃兰州　730070；
2.甘肃省农业科学院畜草与绿色农业研究所，甘肃兰州　730070）

摘　要：本试验旨在研究燕麦干草与苜蓿不同比例组合对驴盲肠液体外发酵的影响，为肉驴养殖中粗饲料的科学利用提供理论依据。将燕麦干草和苜蓿按干物质比为80：20、60：40、40：60和20：80分为Ⅰ、Ⅱ、Ⅲ、Ⅳ组，通过体外产气法与人工瘤胃持续发酵法培养2h、4h、8h、12h和24h，各时间点3个重复，发酵终止后测定发酵参数和饲草养分降解率，通过24h时发酵参数的加权估算值计算饲草组合效应值。结果表明：①燕麦与苜蓿不同比例组合影响了其养分降解率，随着苜蓿比例的增加，干物质（DM）和酸性洗涤纤维（ADF）降解率增大，Ⅳ组显著高于Ⅰ组（$P<0.05$），各组中性洗涤纤维（NDF）降解率差异不显著（$P>0.05$）。②随着苜蓿含量的增加，pH逐渐升高，Ⅳ组显著高于Ⅰ组（$P<0.05$）；各时间点产气量（GP）均为Ⅱ组显著高于其余3组（$P<0.05$），且24h时Ⅳ组显著高于Ⅰ和Ⅲ组（$P<0.05$）；从发酵12h开始Ⅲ、Ⅳ组氨态氮（NH_3-N）浓度显著高于Ⅰ、Ⅱ组（$P<0.05$）；24h时Ⅱ组微生物蛋白（MCP）浓度显著高于Ⅲ组（$P<0.05$），与Ⅰ、Ⅳ组无显著差异（$P>0.05$）；燕麦与苜蓿不同比例组合对挥发性脂肪酸（VFA）有显著影响，24h时Ⅰ和Ⅳ组丙酸浓度显著高于Ⅱ和Ⅲ组（$P<0.05$），而Ⅰ、Ⅱ组总VFA（TVFA）含量显著高于Ⅲ、Ⅳ组（$P<0.05$）。③发酵24h后Ⅰ、Ⅱ和Ⅳ组均产生正组合效应，且Ⅳ组效应值最大，而Ⅲ组产生负组合效应。综上所述：燕麦与苜蓿按20：80组合时能提高DM、NDF和ADF降解率，且多项组合效应值更高；燕麦与苜蓿饲喂驴以20：80组合效果较好。

关键词：驴；盲肠；燕麦；苜蓿；体外发酵；组合效应

Effect of different proportions of oat hay and alfalfa on in vitro fermentation of donkey cecum

Liang Ting yü[1], Lang Xia[2], Wu Jian ping[1,2]*, Wang Cai lian[2],
Liu Li shan[2], Zhang Rui[1], Wei Sheng[1]

基金项目：甘肃省农业科学院农业科技创新专项学科团队项目（2017GAAS30）资助
作者简介：梁婷玉（1993—），女，汉，甘肃会宁人，在读硕士。E-mail: m18294499287@163.com
通信作者：Corresponding author. E-mail: wujp@gsagr.ac.cn

(1. College of Animal Science and Technology, Gansu Agricultural University, Lanzhou 730070, china; 2. Institute of Animal and Pasture Science and Green Agriculture, Gansu Academy of Agricultural Science, Lanzhou 730070, china)

Abstract: The study investigated the effects of the combination of oat hay and alfalfa in different proportion on in vitro fermentation of donkey cecum so as to provide theoretical basis and data support for scientific application of roughage in donkey breeding. Oat hay and alfalfa were mixed in the ration of 80∶20, 80∶40, 40∶60, 20∶80 and divided into group Ⅰ, Ⅱ, Ⅲ, Ⅳ respectively, which were cultured for 2, 4, 8, 12 and 24 hours by using in vitro gas production and artificial rumen continuous fermentation. There replicates in each time point. After termination of fermentation, fermentation parameters and nutrient degradation rate of forge were determined. The results showed as follows: 1) Combinations of oat hay and alfalfa influenced the degradation of nutrients. With the increase of alfalfa proportion, the degradation rate of dry matter (DM) and acid detergent fiber (ADF) increased gradually, and the group Ⅳ was significantly higher than group Ⅰ ($P<0.05$); there was no significant difference in the degradation of neutral detergent fiber (NDF) ($P>0.05$). 2) With the increase of alfalfa content, the pH increased gradually, and the Ⅳ group was significantly higher than the Ⅰ group ($P<0.05$); The gas production (GP) of group Ⅱ was significantly higher than that of the other three groups at each time point ($P<0.05$); The concentration of NH_3-N in group Ⅲ and Ⅳ was significantly higher than group Ⅰ and Ⅱ from 12 hours ($P<0.05$). At 24 h, the concentration of microbial protein (MCP) in group Ⅱ was significantly higher than in group Ⅲ ($P<0.05$), and there was no significant difference between Ⅰ, Ⅱ and Ⅲ group ($P>0.05$). The combination of oat hay and alfalfa had significant effects on volatile fatty acids (VFA), the concentration of propionic acid in groups Ⅰ and Ⅳ was significantly higher than that in groups Ⅱ and Ⅲ at 24 h ($P<0.05$), while the total VFA (TVFA) content in groups Ⅰ and Ⅱ was significantly higher than that in group Ⅲ and Ⅳ ($P<0.05$). 3) After 24 h of fermentation, the positive combination effect was produced in groups Ⅰ, Ⅱ and Ⅳ, and the effect value of group Ⅳ was the largest, while negative combination effects were observed in group Ⅲ. We concluded that better proportion of oat hay and alfalfa was 20∶80, which may improve the degradation rate of DM, NDF and ADF and produce the higher multiple combination effects value.

Key words: donkey; cecum; oat hay; alfalfa; in vitro fermentation; combination effect

驴（equus asinus）作为单胃草食动物，具有耐粗饲，抗逆性强等特性。我国养驴数在世界居首位，但目前国内尚没有专门饲养驴的营养标准，一般都根据小马营养需要量的75%来饲喂[1]。而相比于马，驴有更强的粗纤维消化能力，当按马的日粮配比饲喂驴时会出现一系列健康问题[2]。驴胃容积小，饲料在胃中停留时间短，是易饱又容易饿的动物，需采食大量低能量饲草来满足食欲，饲草中的纤维素能刺激胃肠蠕动进而促进营养物质的消化吸收。因此在驴的饲养管理中应结合其消化特性和生理需求供给充足的牧草。苜蓿（Medicago sativa）由于营养全面，蛋白含量高（20%以上）等特性，是草食家畜优质牧草之一[3]。研究发现，饲喂苜蓿干草可明显提高小马盲肠细菌总数，纤维分解菌的数目也显著增加，从而有利于纤维素降解[4-5]。在实践生产中，苜蓿不能单独饲喂家畜，其纤维含量低，缺乏可溶性碳水化合物，从而降低胃肠道微生物发酵[6]。研究表明，以秸秆等低质饲草作为家畜基础日粮时，苜蓿可作为理想补充料，可为瘤胃分解菌提供生长所必需的挥发性支链脂肪酸[7-8]。燕麦（Avena sativa）是仅次于小麦（Triticum aestivuml）、玉米（Zea mays）等粮食作物种植面积居世界第7的农作物，是我国唯一达到干草级的禾本科牧草。晾晒后的燕麦干草适口性好，养分含量高，中性洗涤纤维消化率高，且含有较多的水溶性碳水化合物，可为家畜提供充足的能量。研究发现燕麦干草代替部分苜蓿可改善断奶后犊牛瘤胃发酵，提高氮利用率，减少腹泻发生率[9]。

驴的盲肠有着与反刍动物瘤胃类似的作用，是纤维素被大量微生物发酵、分解、消化的地方[10]。Pearson等[11]研究发现饲喂稻草日粮时驴的表观消化率与牛相似。但饲喂任何单一牧草都不会使盲肠发酵达到优化，本研究通过体外发酵法来研究苜蓿与燕麦组合对驴盲肠降解率及其发酵参数组合效应的影响，为驴养殖业中饲草的科学利用提供理数据支持和论依据。

1 材料与方法

1.1 试验材料

本试验所用燕麦干草和苜蓿干草均采自甘肃省会宁县世民种养殖有限公司。饲草样品风干后粉碎，过40目筛，再在105℃下烘干至恒重后密封备用。饲草营养成分见表1。

1.2 盲肠液采集与处理

在甘肃省会宁县世民种养殖有限公司选2头3～4周岁、体重相近的成年驴作为盲肠液供体动物，屠宰后分离内脏，每头驴快速采集1.5L盲肠液，用4层纱布过滤，装入提前预热至39℃的保温瓶中，同时，持续注入CO_2气体，快速带回实验室进行体外发酵试验。

1.3 试验设计

本试验以燕麦和苜蓿为发酵底物进行体外发酵，将燕麦与苜蓿按80：20，60：40，40：60和20：80进行组合，依次为Ⅰ、Ⅱ、Ⅲ、Ⅳ组，各处理组设5个培养时间点，即2h、4h、8h、12h和24h，每组每个培养时间点设3个重复，测定各培养时间点的产气量、发酵参数及养分降解率。

1.4 盲肠液体外发酵试验

1.4.1 人工唾液配制

参照Menke等[12]的方法配制人工唾液。其主要成分包含5部分（表2）：微量元素溶液（A）、碳酸盐缓冲液（B）、常量元素溶液（C）、还原剂溶液（D）（现用现配）和指示剂（E）。在发酵试验开始前将各组分按以下比例混合配制缓冲液：依次加入蒸馏水400mL、B液200mL、C液200mL、A液0.1mL、D液40mL和E液1mL。在39℃恒温水浴锅中预热，并在充分混匀后持续通入CO_2气体，直至溶液颜色由粉红色变为无色即可。

1.4.2 体外发酵及样品采集

体外产气装置采用ANKOM RFS产气系统。准确称取按相应比例混合的饲草0.5g装入250mL厌氧发酵瓶底部，迅速向每个瓶中加入100mL预热的液体培养基和50mL经4层纱布过滤的盲肠液，并向瓶中持续通入CO_2 5s，立即盖上瓶塞，将每个发酵瓶与产气装置中相应的传感器相连接，于39℃下连续培养24h。发酵过程中实时记录每小时的产气量。

发酵参数及养分降解率用人工瘤胃系统进行发酵。准确称取按相应比例混合的饲草0.5g装入尼龙袋中，每组15个重复，在105℃下烘干至恒重后将4个处理组尼龙袋分别装入1号、2号、3号、4号发酵罐，再向每个发酵罐中加入1 000mL缓冲液和500mL经4层纱布过滤的盲肠液，并持续通入CO_2气体10s，盖上瓶盖放入人工瘤胃装置中进行发酵，在发酵过程中分别采集2h、4h、8h、12h和24h时每组的发酵液45mL分装于15mL离心管-20℃保存待测，同时，每组取3个尼龙袋，用自来水冲洗终止发酵，用于营养物质消化率测定。

1.5 测定指标及方法

1.5.1 常规营养成分分析及降解率测定

参考袁缨[13]主编的《动物营养学实验教程》检测燕麦和苜蓿干物质（dry matter，DM）、粗脂肪（ether extract，EE）、粗蛋白（crude protein，CP）、粗灰分（crude ash，Ash）、酸性洗涤纤维（acid detergent fiber，ADF）、中性洗涤纤维（neutral detergent fiber，NDF）钙（calcium，Ca）和磷（phosphorus，P）含量，计算燕麦与苜蓿不同比例组合DM、NDF和ADF体外降解率。其中，计算公式：

某养分降解率=〔（试验原料中某养分含量-发酵滤渣中某养分含量）/试验原料中某养分含量〕×100%

1.5.2 发酵参数测定

1.5.2.1 pH值及GP测定

采用pH值5系列笔式pH值计直接测定2h、4h、8h、12h、24h时培养液的pH值。读取发酵2h、4h、8h、12h和24h时的累积压力值，某时间点的累积产气量（gas production，GP）按下列公式计算：

$$V_x = V_j \times P_{psi} \times 0.068\ 004\ 084$$

式中：V_x为39℃下某时间点的产气体积（mL）；V_j为发酵瓶内液面上部空间的体积（mL）；P_{psi}为软件记录的累积压力psi。

1.5.2.2 $NH_3\text{-}N$、VFA及MCP浓度的测定

采用冯宗慈等[14]的方法测定培养液$NH_3\text{-}N$浓度；采用GC-2010岛津气相色谱仪测定挥发性脂肪酸（volatile fatty acids，VFA）；培养液中菌体蛋白（microbial protein，MCP）含量采用南京建成蛋白定量测试盒（A045-2）检测，即考马斯亮蓝法。

1.5.2.3 饲草组合效应的估算

单项组合效应指数（single-factor associative effects index，SFAEI）=100%×（实测值-加权估算值）/加权估算值

多项组合效应综合指数（multiple-factors associative effects index，MFAEI）=
$\sum$SFAEI=$SFAEI_{GP}$+$SFAEI_{MCP}$+$SFAEI_{NH_3\text{-}N}$+$SFAEI_{TVFA}$

式中：实测值为实际测定值；加权估算值=燕麦实测值×燕麦比例（%）+苜蓿实测值×苜蓿比例（%）。

1.6 数据统计分析

用Excel 2013整理后，用SPSS 21.0软件进行单因子方差分析，对营养物质降解率和发酵参数等数据用Duncan's法进行多重比较，结果用平均数±标准误（Mean±SE）表示，当$P<0.05$时认为差异显著；对组合效应值进行t检验。

表1 2种饲草常规营养成分（干物质基础）

Table 1 Nutrient components of 2 kinds of forage grass (%DM basis)

项目 Items	干物质 DM	粗蛋白 CP	中性洗涤纤维 NDF	酸性洗涤纤维 ADF	粗脂肪 EE	粗灰分 Ash
燕麦 Oat	93.63	11.15	17.71	39.20	1.38	84.77
苜蓿 Alfalfa	93.65	18.87	13.88	31.19	0.77	87.71

注：所有数据为实测值

Note: All datas were measurde values

表2 人工唾液配方
Table 2 The formula of artificial saliva

微量元素溶液（A液） Trace element solution（A）	缓冲液（B液） Buffer solution（B）	常量元素溶液（C液） Constants element solution（C）	指示剂溶液（D液） Indicator solution（D）	还原剂溶液（E液） Reducer solution（E）
$CaCl_2 \cdot 2H_2O$ 13.20g	NH_4HCO_3 4.00g	Na_2HPO_4 5.70g	刃天青 Resazurin 100.00mg	$1mol \cdot L^{-1}$ NaOH 4.00mL
$MnCl_2 \cdot 4H_2O$ 10.00g	$NaHCO_3$ 35.00g	KH_2PO_4 6.20g	—	$Na_2S \cdot 9H_2O$ 0.63g
$CoCl \cdot 6H_2O$ 1.00g	—	$MgSO_4 \cdot 7H_2O$ 0.60g	—	—
$FeCl_3 \cdot 6H_2O$ 8.00g	—	—	—	—
添加蒸馏水至100mL Bring to 100mL with distilled water	添加蒸馏水至1 000mL Bring to 1 000mL with distilled water	添加蒸馏水至1 000mL Bring to 1 000mL with distilled water	添加蒸馏至100mL Bring to 100mL with distilled water	添加蒸馏水至100mL Bring to 100mL with distilled water

注："—"表示不存在
Note：'—' means no exist

2 结果与分析

2.1 饲草组合发酵液pH值的变化

表3 饲草不同比例组合对驴盲肠体外发酵pH值的影响
Table 3 Effect of different proportions of forages on the pH of in vitro fermentation of donkey cecum

时间 Time（h）	组别Groups			
	Ⅰ	Ⅱ	Ⅲ	Ⅳ
2	6.80 ± 0.00a	6.79 ± 0.01ab	6.79 ± 0.00ab	6.78 ± 0.01b
4	6.76 ± 0.00	6.77 ± 0.01	6.77 ± 0.01	6.76 ± 0.00
8	6.72 ± 0.00b	6.72 ± 0.00b	6.74 ± 0.00a	6.75 ± 0.00a
12	6.72 ± 0.01b	6.71 ± 0.01b	6.72 ± 0.00ab	6.74 ± 0.01a
24	6.71 ± 0.01b	6.71 ± 0.00b	6.72 ± 0.00b	6.73 ± 0.00a

注：同行无字母或相同小写字母表示差异不显著（$P>0.05$），不同小写字母表示差异显著（$P<0.05$）。下同
Note：In the same row, values with no letter or the same small letter mean no significant difference（$P>0.05$），while with different small letters mean significant difference（$P<0.05$）. The same below

由表3可知，随着发酵时间的延长，各组pH值均逐渐降低。在发酵2h时，Ⅰ组pH值最高，且显著高于Ⅳ组（$P<0.05$）；8h时Ⅲ、Ⅳ组pH值均显著高于Ⅰ和Ⅱ组（$P<0.05$），12h时Ⅳ组pH值显著高于Ⅰ和Ⅱ组（$P<0.05$）；24h时Ⅳ组pH值显著高于其余3组（$P<0.05$）。

2.2 饲草不同比例组合对驴盲肠体外DM、NDF和ADF降解率的影响

表4 饲草不同比例组合对驴盲肠体外DM消失率的影响
Table 4 Effect of different proportions of forages on DM of in vitro fermentation of donkey cecum（%）

时间 Time（h）	组别 Groups			
	Ⅰ	Ⅱ	Ⅲ	Ⅳ
2	34.86 ± 0.00	34.82 ± 0.00	35.70 ± 0.02	36.03 ± 0.01
4	35.60 ± 0.01b	35.73 ± 0.01b	37.54 ± 0.01b	43.42 ± 0.02a
8	37.04 ± 0.00	36.40 ± 0.01	37.97 ± 0.01	45.24 ± 0.06
12	40.07 ± 0.01ab	38.13 ± 0.02b	41.50 ± 0.04ab	48.97 ± 0.04a
24	44.07 ± 0.02b	47.68 ± 0.01ab	48.87 ± 0.01ab	55.08 ± 0.05a

由表4可知，随着发酵时间的延长，DM降解率逐渐增加。Ⅳ组各时间点DM降解率最高，发酵4h时，Ⅳ组显著高于其余3组（$P<0.05$），12h时Ⅳ组显著高于Ⅱ组（$P<0.05$），24h时Ⅳ组显著高于Ⅰ组，其余各组间无显著性差异（$P>0.05$）。

表5 饲草不同比例组合对盲肠体外NDF消化率的影响
Table 5 Effect of different proportions of forages on NDF of in vitro fermentation of donkey cecum（%）

时间 Time（h）	组别 Groups			
	Ⅰ	Ⅱ	Ⅲ	Ⅳ
2	35.32 ± 0.01a	30.72 ± 0.03a	20.95 ± 0.03b	23.68 ± 0.01b
4	40.58 ± 0.00	33.42 ± 0.1	34.87 ± 0.05	40.54 ± 0.03
8	43.93 ± 0.06	34.31 ± 0.03	38.53 ± 0.05	46.67 ± 0.08
12	46.50 ± 0.04	36.33 ± 0.02	41.69 ± 0.11	49.86 ± 0.01
24	48.30 ± 0.05	44.21 ± 0.04	43.01 ± 0.03	52.11 ± 0.08

由表5可知，随着发酵时间的延长，NDF降解率逐渐增加，发酵2h时Ⅰ、Ⅱ两组NDF降解率均显著高于Ⅲ和Ⅳ组（$P<0.05$），从发酵8h开始，Ⅳ组各时间点NDF降解率高于其他各组，但差异不显著（$P>0.05$）。

表6 饲草不同比例组合对驴盲肠体外ADF降解率的影响
Table 6 Effect of different proportions of forages on ADF of in vitro fermentation of donkey cecum（%）

时间 Time（h）	组别 Groups			
	Ⅰ	Ⅱ	Ⅲ	Ⅳ
2	55.71 ± 0.02	56.69 ± 0.01	55.56 ± 0.05	64.82 ± 0.02
4	57.64 ± 0.01b	57.89 ± 0.02b	59.61 ± 0.00b	66.73 ± 0.01a

（续表）

时间 Time（h）	组别 Groups			
	Ⅰ	Ⅱ	Ⅲ	Ⅳ
8	58.70 ± 0.00b	58.66 ± 0.01b	60.90 ± 0.02b	67.5 ± 0.01a
12	61.46 ± 0.01b	59.08 ± 0.00b	61.33 ± 0.02b	69.77 ± 0.02a
24	63.24 ± 0.00b	68.72 ± 0.05ab	68.12 ± 0.01ab	73.73 ± 0.02a

由表6可知，随着发酵时间的延长，ADF降解率逐渐增加，发酵2h时，各组间无显著性差异（$P>0.05$）；发酵4h、8h和12h时，Ⅳ组ADF降解率显著高于Ⅰ、Ⅱ、Ⅲ组（$P<0.05$）；发酵24h时Ⅳ组显著高于Ⅰ组（$P<0.05$），其余各组间无显著性差异（$P>0.05$）。

2.3 饲草不同比例组合对驴盲肠体外发酵产气量（GP）的影响

表7 饲草不同比例组合对驴盲肠体外发酵GP的影响
Table 7 Effect of different proportions of forages on gas production of in vitro fermentation of donkey cecum（mL）

时间 Time（h）	组别 Groups			
	Ⅰ	Ⅱ	Ⅲ	Ⅳ
2	5.83 ± 0.33b	6.82 ± 0.08a	6.12 ± 0.31ab	6.44 ± 0.30ab
4	9.25 ± 0.43b	11.16 ± 0.17a	9.79 ± 0.41b	9.95 ± 0.33b
8	16.42 ± 0.36b	18.30 ± 0.17a	16.77 ± 0.37b	16.78 ± 0.26b
12	19.87 ± 0.50c	23.04 ± 0.38a	21.72 ± 0.19b	22.18 ± 0.22ab
24	25.68 ± 0.18c	28.19 ± 0.31a	24.92 ± 0.19c	27.09 ± 0.32b

由表7可知，各组产气量均随发酵时间的延长而不断增加，各时间点GP均为Ⅱ组显著高于其余3组（$P<0.05$），各组24h GP由高到低依次为Ⅱ>Ⅳ>Ⅰ>Ⅲ，其中Ⅰ、Ⅲ组总产气量显著低于Ⅱ和Ⅳ组（$P<0.05$）。

2.4 饲草不同比例组合对驴盲肠体外发酵NH_3-N浓度的影响

表8 饲草不同比例组合对驴盲肠体外发酵NH_3-N浓度的影响
Table 8 Effect of different proportions of forages on NH_3-N concentration of in vitro fermentation of donkey cecum（mg/100 mL）

时间 Time（h）	组别 Groups			
	Ⅰ	Ⅱ	Ⅲ	Ⅳ
2	4.58 ± 0.06bc	5.94 ± 0.08a	4.79 ± 0.11b	4.39 ± 0.06c
4	4.84 ± 0.06a	4.38 ± 0.06b	4.22 ± 0.15b	3.26 ± 0.03c
8	3.66 ± 0.17	3.51 ± 0.12	3.82 ± 0.04	3.52 ± 0.06
12	2.98 ± 0.04b	2.73 ± 0.05c	4.46 ± 0.08a	4.60 ± 0.10a
24	2.96 ± 0.04c	2.90 ± 0.03c	3.67 ± 0.07b	4.01 ± 0.09a

由表8可知，燕麦与苜蓿不同比例组合对驴盲肠体外发酵液中NH$_3$-N浓度有显著影响。发酵2h时，Ⅱ组NH$_3$-N浓度显著高于其余3组（$P<0.05$），4h时Ⅰ组显著高于Ⅱ、Ⅲ和Ⅳ组（$P<0.05$），12和24h时Ⅲ和Ⅳ组NH$_3$-N浓度均显著高于Ⅰ、Ⅱ组（$P<0.05$）。

2.5 饲草不同比例组合对驴盲肠体外发酵MCP浓度的影响

表9 饲草不同比例组合对驴盲肠体外发酵MCP浓度的影响
Table 9 Effect of different proportions of forages on MCP concentration of in vitro fermentation of donkey cecum（mg·mL^{-1}）

时间 Time（h）	组别 Groups			
	Ⅰ	Ⅱ	Ⅲ	Ⅳ
2	1.38 ± 0.05a	1.39 ± 0.01a	1.41 ± 0.05a	1.22 ± 0.02b
4	1.35 ± 0.049a	0.92 ± 0.01b	0.83 ± 0.02c	0.99 ± 0.01b
8	0.51 ± 0.05b	0.62 ± 0.01a	0.62 ± 0.02a	0.66 ± 0.02a
12	0.82 ± 0.02b	0.86 ± 0.01b	1.10 ± 0.02a	1.05 ± 0.03a
24	0.78 ± 0.02ab	0.85 ± 0.03a	0.73 ± 0.02b	0.79 ± 0.02ab

由表9可知，随着发酵时间的延长，MCP浓度呈先降低再升高再降低的变化趋势，发酵2h时Ⅳ组MCP浓度显著低于Ⅰ、Ⅱ和Ⅲ组（$P<0.05$），12h时Ⅲ、Ⅳ组MCP浓度显著高于Ⅰ、Ⅱ组（$P<0.05$），24h时Ⅱ组MCP浓度显著高于Ⅲ组（$P<0.05$），与Ⅰ、Ⅳ组间差异不显著（$P>0.05$）。

2.6 饲草不同比例组合对驴盲肠体外发酵VFA的影响

表10 饲草不同比例组合对驴盲肠体外发酵VFA影响
Table 10 Effect of different proportions of forages on VFA production of in vitro fermentation of donkey cecum（mmol·L^{-1}）

挥发性脂肪酸（VFA）	时间 Time（h）	组别 Groups			
		Ⅰ	Ⅱ	Ⅲ	Ⅳ
乙酸 Acetate	2	14.85 ± 0.61b	18.26 ± 0.62a	14.15 ± 0.93b	14.07 ± 0.61b
	4	16.50 ± 0.34b	19.02 ± 0.61a	14.02 ± 0.61c	16.77 ± 0.10b
	8	16.31 ± 0.72b	20.58 ± 0.24a	17.15 ± 0.23b	16.92 ± 0.45b
	12	15.64 ± 0.90b	19.38 ± 0.20a	14.26 ± 0.18b	15.71 ± 0.66b
	24	17.06 ± 0.03a	17.05 ± 0.24a	13.90 ± 0.37c	15.62 ± 0.32b
丙酸 Propionate	2	4.56 ± 0.23b	5.66 ± 0.17a	4.66 ± 0.31b	4.45 ± 0.29b
	4	5.31 ± 0.13	5.66 ± 0.12	5.46 ± 0.27	4.99 ± 0.26
	8	5.45 ± 0.43ab	6.03 ± 0.12a	5.59 ± 0.12ab	4.99 ± 0.01b
	12	5.31 ± 0.08a	5.04 ± 0.11ab	4.94 ± 0.15b	4.25 ± 0.04c
	24	5.66 ± 0.16a	5.04 ± 0.02b	4.99 ± 0.05b	5.70 ± 0.19a

（续表）

挥发性脂肪酸（VFA）	时间Time（h）	组别 Groups			
		Ⅰ	Ⅱ	Ⅲ	Ⅳ
异丁酸 Isobutyric	2	0.24±0.01b	0.35±0.04a	0.33±0.01ab	0.27±0.07ab
	4	0.36±0.02b	0.46±0.03a	0.14±0.01d	0.24±0.02c
	8	0.36±0.03b	0.61±0.03a	0.38±0.03b	0.24±0.02c
	12	0.31±0.05b	0.47±0.02a	0.37±0.02b	0.35±0.01b
	24	0.53±0.01a	0.56±0.01a	0.27±0.02c	0.34±0.01b
丁酸 Butyrate	2	1.88±0.03b	2.21±0.01a	1.50±0.03c	1.73±0.08b
	4	1.78±0.02b	2.56±0.12a	1.46±0.12b	1.75±0.10b
	8	1.92±0.08b	2.47±0.02a	1.90±0.06b	1.90±0.09b
	12	2.18±0.09b	2.69±0.21a	197±0.01bc	1.75±0.02c
	24	1.96±0.01b	2.43±0.05a	1.83±0.01c	1.78±0.02c
异戊酸 Isovaleric	2	0.31±0.03b	0.47±0.01a	0.42±0.04ab	0.37±0.03b
	4	0.42±0.01b	0.54±0.01a	0.35±0.02c	0.40±0.02b
	8	0.60±0.03	0.67±0.03	0.68±0.04	0.65±0.01
	12	0.64±0.02b	0.74±0.02a	0.52±0.02c	0.41±0.01d
	24	0.59±0.01b	0.65±0.01a	0.44±0.00c	0.56±0.02b
戊酸 Valerate	2	0.42±0.02ab	0.49±0.03a	0.38±0.01b	0.38±0.03b
	4	0.58±0.08ab	0.54±0.03a	0.27±0.01c	0.47±0.03b
	8	0.49±0.03	0.53±0.05	0.54±0.07	0.39±0.02
	12	0.51±0.04b	0.64±0.01a	0.49±0.03b	0.42±0.01b
	24	0.44±0.01	0.46±0.00	0.47±0.01	0.39±0.04
总挥发性酸（TVFA）	2	22.26±0.52b	27.45±0.63a	21.42±1.23b	21.26±0.92b
	4	24.94±0.46b	28.78±0.59a	21.67±0.76c	24.63±0.38b
	8	25.12±0.31b	30.89±0.17a	26.23±0.41b	25.08±0.42b
	12	24.58±0.95b	28.96±0.13a	22.54±0.23c	22.89±0.72c
	24	26.24±0.15a	26.19±0.21a	21.90±0.44c	24.39±0.50b

燕麦与苜蓿不同比例组合对体外发酵液中VFA有较大影响（表10）。乙酸浓度在发酵2～12h内，Ⅱ组均显著高于其他3组（$P<0.05$），24h时Ⅰ、Ⅱ组间无显著性差异（$P>0.05$），但均显著高于Ⅲ和Ⅳ组（$P<0.05$），且Ⅳ组显著高于Ⅲ组（$P<0.05$）；丙酸浓度在发酵2h时Ⅱ组显著高于其他3组（$P<0.05$），4、8和12h时Ⅰ、Ⅱ组间均无显著性差异（$P>0.05$），且在8h和12h时

Ⅰ、Ⅱ组丙酸浓度均显著高于Ⅳ组（$P<0.05$），24h时Ⅰ、Ⅳ组均显著高于Ⅱ和Ⅲ组；各组异丁酸浓度在各时间点均存在显著性差异，且Ⅱ组最高，在2h、4h、8h和12h时Ⅱ组显著高于其他3组（$P<0.05$），24h时与Ⅰ组无显著性差异（$P>0.05$）；丁酸浓度在发酵时间点均为Ⅱ组显著高于其他3组（$P<0.05$），24h时Ⅰ组显著高于Ⅲ和Ⅳ组（$P<0.05$）；异戊酸浓度除发酵8h时各组间差异不显著外（$P>0.05$），其他各时间点均为Ⅱ组显著高于Ⅰ、Ⅲ、Ⅳ组（$P<0.05$）；戊酸浓度分别在2h、4h和12h时Ⅱ组显著高于Ⅲ和Ⅳ组（$P<0.05$），其余时间点各组间无显著性差异（$P>0.05$）；发酵2～12h内各时间点总挥发性脂肪酸（TVFA）含量均是Ⅱ组显著高于Ⅰ、Ⅲ和Ⅳ组（$P<0.05$），24h时Ⅰ、Ⅱ组间无显著性差异（$P>0.05$），但均显著高于Ⅲ和Ⅳ组，且Ⅲ组显著低于Ⅳ组（$P<0.05$）。

2.7 饲草组合效应

表11 燕麦与苜蓿组合效应综合评价

Table 11 Comprehensive evaluation of combined effects of oat and alfalfa

项目 Items	组 Groups			
	Ⅰ	Ⅱ	Ⅲ	Ⅳ
单项组合效应指数（SFAEI）				
产气量（GP）	0.09	7.83	-6.41	-0.09
氨态氮（NH_3-N）	2.69	-4.51	15.00	19.86
挥发性脂肪酸（TVFA）	0.08	1.83	-12.00	-0.33
菌体蛋白（MCP）	0.05	11.96	-1.19	9.97
多项组合效应综合指数（MFAEI）	2.91	17.11	-4.60	29.41

由表11可知，单项组合效应值（SFAEI）中Ⅱ组的GP、TVFA和MCP效应值最高，Ⅳ组的NH_3-N浓度效应值最高。但通过多项组合效应值（MFAEI）综合评估来看，Ⅰ、Ⅱ和Ⅳ组均为正组合效应，且Ⅳ组组合效应值最高，Ⅲ组为负组合效应。

3 讨论

3.1 燕麦与苜蓿不同比例组合对盲肠体外发酵液pH值的影响

pH值是维持盲肠内环境正常的重要指标之一，也是评价盲肠发酵的基本指标。pH值的变化直接影响盲肠微生物对纤维类物质的降解[15]。细菌、原虫和厌氧性真菌最适生存pH值分别为6.7、5.8和7.5[16]。本试验测得发酵液的pH值为6.71～6.8，在盲肠微生物活动的适宜范围内，各比例组合的发酵环境稳定。试验结果显示在发酵2h时随苜蓿含量的增加pH值逐渐降低，从12h开始，pH值逐渐趋于稳定。有研究表明日粮中蛋白含量的增加可显著影响微生物发酵进而降低pH值，但随着发酵时间的延长，发酵体系逐渐趋于稳定，pH值逐渐趋于正常水平[17]，与本试验结果一致。

3.2 燕麦与苜蓿不同比例组合对DM、NDF和ADF体外降解率的影响

日粮中DM的降解率是评价饲料被动物可利用程度的重要指标，一般DM降解率越高饲料的可利用程度越高[18]。NDF和ADF是粗饲料纤维物质的主要组成部分，具有调控微生物发酵作用[19]。本研究发现各组DM、NDF和ADF降解率随着发酵时间的延长，均呈不同程度的上升趋势，该结果与

刘艳芳等[20]的研究结果一致。燕麦与苜蓿不同比例组合对NDF降解率无显著影响，对ADF降解率影响较为显著，但随着苜蓿比例增加DM、NDF和ADF降解率均有所升高。赵红艳通过苜蓿与其他秸秆类饲草组合得出了相似结果[21]。由于适宜的纤维含量会提高饲料利用率，但纤维含量过高会降低饲料利用率[22]。

3.3 燕麦与苜蓿不同比例组合对驴盲肠体外发酵产气量的影响

体外发酵产气量是衡量饲料可消化性的重要指标[23]。Silva等[24]发现不同粗饲料间组合可能会出现饲料间的正组合效应，改善劣质饲料的降解率，继而提高产气量。本试验结果显示，Ⅱ组各时间点累计产气量均为最高，Ⅱ和Ⅳ组产气量组合效应优于Ⅰ和Ⅲ组；此外，Ⅱ组产气量显著高于Ⅳ组，该结果与汤少勋等[25]研究结果相似。有学者认为产气量的增加表明微生物发酵活性越强，则饲料消化率会不断提高[26]。但由于不同饲料的产气量并不相同，故产气量的多少并不能直接来评价饲料的降解程度，需要与其他指标相结合进行评价[27]。

3.4 燕麦与苜蓿不同比例组合对驴盲肠体外发酵NH_3-N和MCP浓度的影响

NH_3-N浓度可反映日粮中蛋白的降解及MCP合成状况。有研究表明，瘤胃中NH_3-N浓度为8.5mg/100mL时瘤胃微生物蛋白质合成能力将达到饱和[28]。本研究结果表明，发酵液中NH_3-N浓度为2.73~5.94mg/100mL，且随着发酵时间的延长，发酵液中NH_3-N浓度呈降低趋势，但随着苜蓿比例的增加，NH_3-N浓度随发酵时间的延长而逐渐趋于稳定，Ⅱ组NH_3-N浓度从2h时的最高到24h时降至最低，由此推断Ⅱ组微生物对NH_3-N的利用较高。本试验所得NH_3-N浓度与赵红艳[21]研究结果相比偏低，可能是由于本试验以单纯的粗饲料为发酵底物而使可降解碳水化合物偏少，进而使微生物活性受限所致[29]。有研究报道体外培养中满足微生物生长需要的理想NH_3-N浓度为2~5mg/100mL[30]，因此本研究结果在正常范围内。MCP的代谢程度决定了消化道微生物区系的营养代谢水平[31]。MCP也反映饲料组合为微生物提供可利用蛋白质的能力，主要受饲料中可降解氮和可发酵能平衡程度的影响[32]。本研究结果显示在发酵12h时苜蓿比例较高的Ⅲ和Ⅳ组MCP浓度较苜蓿比例低的Ⅰ和Ⅱ组高，但在24h时Ⅱ组显著高于Ⅲ组，该结果与张锐等[33]的研究结果一致。

3.5 燕麦与苜蓿不同比例组合对驴盲肠体外发酵VFA的影响

饲粮经消化道微生物发酵所产生的乙酸、丙酸、丁酸等VFA是草食家畜主要的能量来源[34]。乙酸、丙酸和丁酸占消化道发酵TVFA的95%，其中乙酸是动物体合成乳脂肪和体脂肪的原料，丙酸主要是促进葡萄糖的转化与储存，丁酸可为动物机体供能[35]。试验中，燕麦与苜蓿不同比例组合对各种VFA及TVFA均有显著影响，其中在发酵24h时，除丙酸外，Ⅱ组其余各种脂肪酸含量均显著高于其他3组；相比于苜蓿含量高的Ⅲ和Ⅳ组，Ⅰ和Ⅱ组TVFA含量显著提高。饲粮中可降解纤维含量的升高可提高发酵液中VFA的浓度，进而为消化道微生物生长繁殖提供充足能量[36-37]。

3.6 燕麦与苜蓿组合效应的综合评估

家畜采食混合饲料是绝对的，各营养素通过饲料间的相互作用和影响作用于家畜。Ewing[38]将混合日粮中不同组分之间的相互影响定义为饲料组合效应。家畜品种、饲养水平、饲草料种类及配合比例等因素均可直接促使饲草料之间组合效应的发生[39]。单个饲料的营养价值及利用率会随着日粮结构和采食量等因素的不同而改变。本试验结果显示，燕麦与苜蓿不同比例组合，Ⅰ、Ⅱ两组SFAEI中24h总产气量和TVFA为正，Ⅲ和Ⅳ组为负，且Ⅱ组大于Ⅳ组。从产气量、NH_3-N、TVFA和MCP 4个指标综合分析发现Ⅰ、Ⅱ和Ⅳ组MFAEI均为正，且Ⅳ组MFAEI值最大，Ⅲ组MFAEI为负。

4 结论

燕麦与苜蓿按20∶80组合时能提高DM、NDF和ADF降解率，且多项组合效应值更高；燕麦与苜蓿饲喂驴以20∶80组合效果较好。

参考文献

[1] Li W Q. Effect of different energy and protein levels in diet on growth performance and expression of the skin related genes of Dezhou donkeys[J]. Jinzhou：Jinzhou Medical University，2017.
 李文强. 日粮能量蛋白水平对德州驴生长性能及驴皮相关基因表达的影响[J]. 锦州：锦州医科大学，2017.

[2] Burden F. Practical feeding and condition scoring for donkeys and mules[J]. Equine Veterinary Education，2012，24（11）：589-596.

[3] Broderick G A. In vitro procedures for estimating rates of ruminal protein degradation and proportions of protein escaping the rumen undegraded[J]. Journal of Nutrition，1978，108（2）：181-190.

[4] Berg M V D，Hoskin S O，Rogers C W，et al. Fecal pH and microbial populations in thoroughbred horses during transition from pasture to concentrate feeding[J]. Journal of Equine Veterinary Science，2013，33（4）：215-222.

[5] Ade F，Julliand V，Drogoul C，et al. Feeding and microbial disorders in horses：1-effects of an abrupt incorporation of two levels of barley in a hay diet on microbial profile and activities[J]. Journal of Equine Veterinary Science，2001，21（9）：439-445.

[6] Merchen N R，Berger L L，Jr F G. Comparison of the effects of three methods of harvesting and storing alfalfa on nutrient digestibility by lambs and feedlot performance of steers[J]. Journal of Animal Science，1986，63（4）：1 026-1 035.

[7] Bryant M P，Robinson I M. Some nutritional characteristics of predominant culturable ruminal bacteria[J]. Journal of Bacteriology，1962，84（4）：605-614.

[8] Bryant M P. Nutritional requirements of the predominant rumen cellulolytic bacteria[J]. Federation Proceedings，1973，32（7）：1 809-1 813.

[9] Zou Y，Zou X，Li X，et al. Substituting oat hay or maize silage for portion of alfalfa hay affects growth performance，ruminal fermentation，and nutrient digestibility of weaned calves[J]. AsianAustralasian Journal of Animal Sciences. 2017，31（3）：369-378.

[10] Frape D. Equine nutrition and feeding. 4thed[J]. Singapore：Blackwell Publishing LTD，2010：10-15.

[11] Pearson R A，Archibald R F，Muirhead R H. The effect of forage quality and level of feeding on digestibility and gastrointestinal transit time of oat straw and alfalfa given to ponies and donkeys[J]. British Journal of Nutrition，2001，85（5）：599-606.

[12] Menke K. Estimation of the energetic feed value obtained from chemical analysis and in vitro gas production using rumen fluid[J]. Animal Research and Development，1988，28（1）：47-55.

[13] Yuan Y. Animal nutrition experiment course[M]. Beijing：China Agricultural University Press，2006：12-44.
 袁缨. 动物营养学实验教程[M]. 北京：中国农业大学出版社，2006：12-44.

[14] Feng Z C，Gao M. Improvement of ammonia nitrogen content in rumen by colorimetric method[J]. Animal Husbandry and Feed Science，2010，40-41.
 冯宗慈，高民. 通过比色测定瘤胃液氨氮含量方法的改进[J]. 畜牧与饲料科学，2010（6）：40-41.

[15] Yang L. Study on the combined effect of alfalfa，corn stover and concentrate supplement in beef cattle diet[J]. Changchun：Jilin Agricultural University，2007.
 杨丽. 肉牛日粮中苜蓿、玉米秸秆、精料补充料组合效应研究[J]. 长春：吉林农业大学，2007.

[16] Wang Q L，Tian L Y，Zhao R Y，et al. Factors affecting the rumen pH of dairy cows[J]. Henan Animal Husband-

ry and Veterinary (Comprehensive Version), 2008 (10): 36-37.

王庆丽，田兰英，赵仁义，等.影响奶牛瘤胃pH值的因素[J].河南畜牧兽医（综合版），2008（10）：36-37.

[17] Ge T, Sun W W, Zhu W Y. Effects of different levels of protein substrates on fermentation characteristics and microbial protein synthesis ability of porcine colonic microbiota[J]. Journal of Animal Nutrition, 2016, 28 (7): 1 998-2 004.

葛婷，孙巍巍，朱伟云.不同水平蛋白质底物对猪结肠微生物体外发酵特性和菌体合成能力的影响[J].动物营养学报，2016，28（7）：1 998-2 004.

[18] Jiang H. The comprehensive evaluation of feed value of *Alhagi sparsifolia* Shap and alfalfa mix-silage[J]. Beijing: China Agricultural University, 2017.

蒋慧.骆驼刺与苜蓿混合青贮饲用价值综合评价[J].北京：中国农业大学，2017.

[19] Feng Y. Effects of dietary sulfur-nitrogen ratio on ruminal environment parameters, gas production and nutrient degradation of sheep in artificial simulation[J]. Shenyang: Shenyang Agricultural University, 2016.

冯媛.用体外模拟法研究日粮氮硫比对绵羊瘤胃内环境参数、产气性能和养分降解率的影响[J].沈阳：沈阳农业大学，2016.

[20] Liu Y F, Ma J, Du W, et al. Degradation characteristics of common roughage and roughage in the rumen of dairy cows[J]. Journal of Animal Nutrition, 2018, 30 (4): 1 592-1 602.

刘艳芳，马健，都文，等.常规与非常规粗饲料在奶牛瘤胃中的降解特性[J].动物营养学报，2018，30（4）：1 592-1 602.

[21] Zhao H Y. The associative effects of dietary roughage of donkey and its impact on the major of cecum cellulolytic bacteria[J]. Jilin: Jilin Agricultural University, 2014.

赵红艳.驴日粮粗饲料的组合效应及其对盲肠主要纤维分解菌的影响[J].吉林：吉林农业大学，2014.

[22] Li Y, Han X M, Li J G, et al. Associative effects of cornstalk, millet straw, and corn stalk on silage digestibility in vitro[J]. Acta Prataculturae Sinica, 2017, 26 (5): 213-223.

李妍，韩肖敏，李建国，等.体外法评价玉米秸秆、谷草和玉米秸秆青贮饲料组合效应研究[J].草业学报，2017，26（5）：213-223.

[23] Menke K H, Raab L, Salewski A, et al. The estimation of the digestibility and metabolizable energy content of ruminant feedingstuffs from the gas production w hen they are incubated w ith rumen liquor in vitro[J]. The Journal of Agriculture Science, 1979, 93 (1): 217-222.

[24] Silva A T, Greenhalgh J F D, Rakov E R. Influence of ammonia treatment and supplementationon the intake, digestibility and weight gain of sheepand cattle on barley straw diets[J]. Animal Production, 1989, 48 (1): 99-108.

[25] Tang S X, Jiang H L, Zhou C S, et al. Effects different forage species on in vitro gas production characteristics[J]. Acta Prataculturae Sinica, 2005 (03): 72-77.

汤少勋，姜海林，周传社，等.不同牧草品种对体外发酵产气特性的影响[J].草业学报，2005（3）：72-77.

[26] Menke K. Estimation of the energetic feed value obtained from chemical analysis and in vitro gas production using rumen fluid[J]. Animal Research and Development, 1988, 28 (1): 47-55.

[27] Zhang B Y, Zhao G Q, Jiao T, et al. Effects of adding oat hay to the diet on in vitro ruminal fermentation[J]. Acta Prataculturae Sinica, 2018, 27 (2): 182-191.

张毕阳，赵桂琴，焦婷，等.饲粮中添加燕麦干草对绵羊体外发酵的影响[J].草业学报，2018，27（2）：182-191.

[28] Yan S H, Zhao S P, Jiang Q H, et al. Effects of tea saponin on rumen fermentation and rumen microflora of dairy cows[J]. Journal of Animal Nutrition, 2016, 28 (8): 2 485-2 496.

严淑红，赵士萍，蒋琦晖，等.茶皂素对奶牛瘤胃发酵及瘤胃微生物区系的影响[J].动物营养学报，2016，28（8）：2 485-2 496.

[29] Sun L S, Li H W, Cui H H, et al. Associative effects of different combination ratios of silkworm excrement and rice straw on the rumen microbial fermentation in vitro[J]. Journal of Animal Nutrition, 2015, 27 (1): 313-319.

孙丽莎，李华伟，崔慧慧，等.蚕沙和稻秸不同比例组合对瘤胃微生物体外发酵的组合效应[J].动物营养学报，2015，27（1）：313-319.

[30] Schaefer D M, Davis C L, Bryant M P. Ammonia saturation constants for predominant species of rumen bacteria[J]. Journal of Dairy Science, 1980, 63（8）: 1 248-1 263.

[31] Mao H L, Wang J K, Zhou Y Y, et al. Effects of addition of tea saponins and soybean oil on methane production, fermentation and microbial population in the rumen of growing lambs[J]. Livestock Science, 2010, 129（1）: 56-62.

[32] Wang Z J, Ge G T, Gao J, et al. Research of associative effects of alfalfa, astragalus adsurgens, gaodan grass, chinese pennisetum and ryegrass[J]. Journal of Animal Nutrition, 2015, 27（11）: 3 628-3 635.
王志军，格根图，高静，等. 苜蓿、沙打旺、高丹草、狼尾草和黑麦草间的组合效应研究[J]. 动物营养学报，2015，27（11）：3 628-3 635.

[33] Zhang R, Zhu X P, Li J Y, et al. Combination effects between regular roughages of alfalfa hay and chinese wildrye in Liaoning cashmere goats[J]. Journal of Animal Nutrition, 2013, 25（10）: 2 481-2 488.
张锐，朱晓萍，李建云，等. 辽宁绒山羊常用粗饲料苜蓿和羊草间饲料组合效应[J]. 动物营养学报，2013，25（10）：2 481-2 488.

[34] Yi Y Q, Tang D, Yuan Y L, et al. In vitro test of combination of alfalfa and oat grass for meat sheep[J]. The Chinese Livestock and Poultry Breeding, 2017, 13（11）: 84-87.
衣艳秋，唐丹，袁英良，等. 肉羊日粮苜蓿和燕麦草组合体外法试验[J]. 中国畜禽种业，2017，13（11）：84-87.

[35] Pan M J. The impact of TMR composed with oat hay or *Leymus chinensis* on rumen digestion and metabolism[J]. Nanjing: Nanjing Agriculture University, 2007.
潘美娟. 燕麦草、羊草及其组合TMR日粮对奶牛瘤胃消化代谢的影响[J]. 南京农业大学，2012.

[36] Hao X Y, Zhang G N, Me E Y, et al. Effects of replacing alfalfa hay with dry corn fiber feed and chinese leymus on in vitro rumen fermentation[J]. Journal of Animal Nutrition, 2018, 30（3）: 953-962.
郝小燕，张广宁，么恩悦，等. 干玉米纤维饲料与羊草组合替代苜蓿干草对体外瘤胃发酵的影响[J]. 动物营养学报，2018，30（3）：953-962.

[37] Liu S Z, Li L, Fu G H, et al. Fermentation of different fiber by microbial of Tibetan pig fecal in vitro[J]. Chinese Veterinary Journal, 2017, 37（7）: 1 359-1 364.
刘锁珠，李龙，付冠华，等. 藏猪粪样微生物对不同纤维底物的体外发酵[J]. 中国兽医学报，2017，37（7）：1 359-1 364.

[38] Ewing P V, Wells C A. Associative digestibility of corn silage, cottonseed meal and starch in steer rations[J]. Agricultural Science and Technology, 1915: 13-15.

[39] Sun L, Jia Y S, Ge G T, et al. Comprehensive evaluation of combinational effects of five forages[J]. Chinese Grassland Science Journal, 2013, 35（3）: 61-66.
孙林，贾玉山，格根图，等. 五种饲草间组合效应的综合评定研究[J]. 中国草地学报，2013，35（3）：61-66.

不同类型藏羊消化率与采食量的比较研究

焦婷[3]，吴铁成[2]，赵生国[2]，吴建平[3]，雷赵民[2]，梁建勇[1]，冉福[1]，九麦扎西[4]，刘振恒[5]

（1.甘肃农业大学草业学院，草业生态系统教育部重点实验室，中—美草地畜牧业可持续发展研究中心，甘肃兰州 730070；2.甘肃农业大学动物科学技术学院，甘肃兰州 730070；3.甘肃省农业科学院，甘肃兰州 730070；4.甘南藏族自治州夏河县动物疫病预防控制中心，甘肃夏河，747100；5.甘肃省玛曲县草原站，甘肃玛曲，747300）

摘 要：采食量是放牧家畜生产性能的重要影响因素，在草地生态系统中起重要作用。夏季在甘南夏河分别选取不同生理类群（1岁母羊、2岁母羊、3岁母羊、4岁母羊、羯羊和种公羊）的欧拉型、甘加型和乔科型藏羊各4只进行试验。采用二氧化钛指示剂法与粪氮指数法分别测定藏羊排粪量和牧草有机物质消化率，从而计算放牧采食量，并对特征间的相关性进行研究。结果表明：欧拉型、乔科型和甘加型藏羊的平均放牧采食量分别为1 031.93g/d、834.59g/d和956.15g/d，乔科型藏羊放牧采食量显著（$P<0.05$）小于欧拉型和甘加型藏羊。三个类型藏羊的每千克代谢体重采食量和干物质采食量占体重比差异均不显著（$P>0.05$）。欧拉型、乔科型和甘加型藏羊对夏河天然草地牧草的平均有机物质消化率分别为50.79%、47.22%和55.58%。欧拉型、乔科型和甘加型藏羊的平均排粪量分别为561.26g/d、484.06g/d和466.74g/d，其中欧拉型藏羊的排粪量显著高于其他两个品系藏羊的排粪量。试验在高寒地区天然草地研究不同类型藏羊的排粪量、有机物质消化率和放牧采食量，旨在为该地区放牧藏羊的科学饲养与管理提供理论依据。

关键词：高寒草地；藏系绵羊；放牧采食量；TiO_2外源指示剂；排粪量；有机物质消化率

A comparative study on digestibility and feed intake of Tibetan sheep of different strains

Jiao Ting[1]*, Wu Tie cheng[2], Zhao Sheng guo[2], Wu Jian ping[3], Lei Zhao min[2], Liang Jian yong[1], Ran Fu[1], Jiu Mai Zha xi[4], Liu Zheng heng[5]

（1. College of Pratacultural Science, Gansu Agricultural University, Key Laboratory of

---

基金项目：农业部公益性行业（农业）科研专项（项目编号：201003019,201503134和201303059），甘肃现代农业（草食畜）产业技术体系（CARS-CS-4）和现代农业产业技术体系（CARS-40-09B）资助

作者简介：焦婷（1976—），女，甘肃靖远人，副教授。E-mail：jiaot@gsau.edu.cn

Grassland Ecosystem, Gansu Agricultural University, Ministry of Education, Sino-U.S. Centers for Grazingland Ecosystem Sustainability, Lanzhou 730070, China; 2. College of Animal Science and Technology, Gansu Agricultural University, Lanzhou 730070, China; 3. Animal Husbandry, Pasture and Green Agriculture Institute, Gansu Academy of Agricultural Sciences, Lanzhou, 730070, China; 4. Xiahe County, Animal Disease Prevention and Control Center in Gannan Tibetan Autonomous Prefecture, Xiahe 747100, China; 5. Grassland Management Office of Maqu County, Maqu 747300, China)

Abstract: Feed intake is an important factor affecting the production performance of grazing livestock and plays an important role in determining outcomes in grassland ecosystems. This research compared groups of 4 sheep of differing age and sex (lamb, 1-, 2-, 3-, and 4-year-old ewes, wethers and stud stock, of Oula, Ganjia and Qiaoke strains of Tibetan sheep). For these 21 groups of sheep, the feces output and organic matter digestibility were measured using the TiO_2 inert marker method and fecal nitrogen index method respectively in order to calculate grazing intake. The correlations between the various feed nutritive value, intake and digestibility data were also evaluated. The results showed that the average grazing intake of Oula, Qiaoke and Ganjia Tibetan sheep was 1 032 g/d, 835 g/d and 956 g/d, respectively. Although the grazing intake of Qiaoke was significantly lower than that of Oula and Ganjia strains ($P<0.05$), there was no significant differenceamong the three Tibetan sheep strains in grazing intake per kgof metabolic body weight or in the ratio of dry matter intake to body weight ($P>0.05$). The average organic matter digestibility of the Xiahe pasture when consumed by Oula, Qiaoke and Ganjia strains of Tibetan sheep was 51%, 47% and 56%, respectively, and their average feces output was 561 g/d, 484 g/d and 467 g/d, respectively, with the difference in excretion of Oula Tibetan sheep being significantly higher than the values for the other two strains of Tibetan sheep. The defecation, organic matter digestibility and grazing intake of the different strains of Tibetan sheep were studied while grazing natural pasture in an alpine region in order to provide a sound scientific basis for the husbandry and management of Tibetan sheep.

Key words: Alpine meadow; Tibetan sheep; grazing intake; TiO_2 inert marker; feces output; organic matter digestibility

放牧家畜采食量是评价草原生态系统转化效率和草地生产力的主要参数，对草地载畜量的正确计算、草原规划与草地合理利用以及发展草地畜牧业均有重要意义[1]。藏系绵羊是高寒草甸生态系统的主要组成部分，在我国畜牧业生产中占有很重要的地位，它主要分布于青藏高原及其周围山地；其生理机能、体质结构、外貌特征、生产性能等方面是对青藏高原独特环境长期适应的结果[2]。欧拉型藏羊、甘加型藏羊和乔科型藏羊均为甘南草地型藏系绵羊的地方类群。其中欧拉型藏羊体躯高大粗壮，抗逆性强，以产肉为主、肉皮毛兼用的一个地方类群；甘加型藏羊体格较小而紧凑，四肢端正较长，体躯近似长方形，甘加型藏羊合群性好，便于管理，主要分布在夏河县甘加乡，属毛肉兼用型；乔科型藏羊主要分布在甘南藏族自治州的玛曲县，属毛肉兼用型[3]。由于藏系绵羊全年放牧，测定其采食量的难度较大。当前国内外测定放牧家畜采食量的方法大致可分为3类，即直接测定法、间接测定法和经验法。直接测定法立足于牧草测定，根据牧前、牧后草地地上生物量之差求算[4]；间接测定法立足于反刍动物测定，包括反刍动物采食行为和生产性能差异，粪便收集技术（全收粪法、内外源指示剂法等）和消化率的测定（离体消化法、粪氮指数法等）[5-7]；而经验法立足于以往的基础数据来计算和估测反刍动物的采食量[8-9]。虽然关于放牧家畜采食量的测定方法较多，但能准确测定采食量的研究工作还尚未有所突破。目前应用最广泛的方法是依据动物对牧草的消化率并结合动物的排粪量来计算放牧采食量。任继周采用模拟采食法[10]测出了放牧绵羊的日采食量最大值80.61g/$W^{0.75}$kg/d是在8月的夏秋草场，采食量最低值37.84g/$W^{0.75}$kg/d是在1月的冬春草场。在藏北[11]、青海海北州[12]已有类似研究，而目前对生存在甘南藏族自治州高寒草地的欧拉型、甘加型和乔科型藏羊的放牧采食量还鲜有研究，因此我们开展了此项工作。藏系绵羊终年放牧饲养，生长发育表现明显的季节性特点，对高寒、缺氧和冷季缺草等严酷的生态环境有很强的适应能力。但也很难逃过"冬瘦、春乏甚至死亡"的恶性循环，采食量是影响藏羊生产性能的主要因素之一[2, 13]。准确地计算和测定藏羊的采食量，是制定其良好的营养方案基础和确定其补饲的重要依据。本研究测定欧拉型、甘加型和乔科型藏羊放牧采食量对了解高寒地区放牧家畜的采食行为、制定高寒地区草地的合理放牧制度以及放牧策略具有重要意义，进而对高寒地区草地畜牧业的可持续发展产生深远影响。

1 材料与方法

1.1 试验地自然概况

甘肃省夏河县地理位置34°33′N～35°34′N，101°44′E～103°25′E，处于青藏高原东北边缘，山原地貌。海拔2 900～4 600m，年平均气温为2.6℃，年平均降雨量516mm，无霜期30d，牧草每年于4月下旬萌发，5月下旬返青，9月中旬枯黄。由于海拔高，温度低、降水多，寒冷湿润的气候条件使植物得到充分适应和发展，形成高寒草甸和高寒灌丛草甸类植被为主体的草场。牧草种类以禾本科、莎草科、蔷薇科等为主，如异针茅（*Stipa aliena*）、紫羊茅（*Festuca vubra*）、垂穗披碱草（*Elymus nutans*）、草地早熟禾（*Poa pratensis*）、高山嵩草（*Kobresia pygmaea*）、委陵菜（*Potentilla chinensis*）等。

1.2 试验对象及设计

试验于2013年8月在甘南夏河的典型家庭牧场进行，分别选取体况良好和体重相近的不同类型藏羊（欧拉型、甘加型和乔科型），不同生理类群（0～12月龄：羔羊；13～24月龄：1岁母羊；25～36月龄：2岁母羊；37～48月龄：3岁母羊；49以上月龄：4岁以上母羊；37～48月龄：3岁羯羊和37～48月龄：3岁种公羊）的藏系绵羊各4只进行试验。

1.3 牧草有机物质消化率的测定

牧草有机物质消化率的测定采用粪氮指数法[14]。粪氮指数法测定家畜采食牧草消化率的主要原理：家畜所采食牧草有机物质消化率与粪中粗蛋白质（基于有机物质含量）呈非线性正相关关系。主要表现在随着牧草有机物质消化率的增加，粪中非饮食氮的增加（约占粪氮的80%）和粪中未消化有机物质的降低[14]。在羊上采用如下模型：

牧草有机物质的消化率（Organic Matter Digestibility）=0.899-0.644×exp［-0.577 4×粪中粗蛋白（Fecal crude protein）（g/kgOM）/100］[14]

1.4 牧草有机物质采食量的测定

牧草有机物质的消化率（OMD）=［（牧草有机物质采食量-粪中有机物质排出量）/牧草有机物质采食量］×100%

因此得出，牧草有机物质采食量=粪中有机物质排出量/（1-牧草有机物质消化率）其中，粪中有机物质排出量采用TiO_2外源指示剂法测定，具体方法如下。

试验期每天分别给选择的试验羊投饲装有TiO₂的胶囊3g（每天6粒，每粒0.5g，上下午各3粒），共投饲10d，预试期5d，正试期5d。正试期每天上午给试验羊挂集粪袋，收集每只试验羊的鲜粪样约60g，其中30g立即装入棕色广口瓶中，并用10%的H₂SO₄固氮用于测定粪中有机物的粗蛋白（Crude protein）含量，30g用于测定TiO₂含量，连续收集5d，将每只试验羊5d的粪样混合均匀，用于测定粗蛋白含量的置于4℃冰箱中冷藏；用于测定TiO₂和粪中有机物质含量的置于65℃烘箱中烘干粉碎备测。

采用分光光度计法测定粪中TiO₂浓度[15]；采用灰化法测定牧草与粪中有机物质含量。每次跟踪放牧羊只的放牧或采食路线，采集牧草，带回实验室避光处自然风干后，用四分法取100g左右作为分析样品测定牧草有机物质含量；牧草与粪中粗蛋白的测定采用半微量凯氏定氮法。

计算公式：

排粪量（g/d）=TiO₂指示剂剂量（g/d）/粪便中TiO₂的浓度（g/g干物质，Dry matter）

粪中有机物质排出量=排粪量/粪中有机物质含量

牧草干物质采食量=牧草有机物质采食量/牧草有机物质含量

1.5 统计方法

用SPSS19.0统计软件包对试验数据进行单因子方差分析，用Duncan法进行两两比较分析。试验数据用平均值±标准差表示。

2 不同类型藏羊评价研究

2.1 不同类型藏羊生长速度评价

由表1可知，随着年龄的增长，3个类型的藏羊体重均不同程度增加。甘加型和乔科型4岁及以上母羊体重差异不显著（$P>0.05$），甘加型的1~3岁母羊均极显著（$P<0.01$）小于乔科型。2~3岁以上母羊体重欧拉型显著高于甘加型（$P<0.01$）。

表1 不同类型藏羊体重的比较

Table 1 Comparing the Tibetan sheep weight of different types (kg)

类群Groups	欧拉型Oula	甘加型Ganjia	乔科型Qiaoke
T_1	—	22.88±1.06	29.24±7.69
T_2	37.73±2.41ab	32.63±3.93b	41.70±3.03a
T_3	43.00±1.00a	36.23±5.03b	47.36±3.28a
T_4	55.67±3.51a	43.40±6.04b	54.28±0.69a
T_5	65.33±4.04a	54.63±8.40b	58.33±0.85ab
T_6	—	54.83±6.06	49.20±5.11
T_7	—	52.33±4.08	60.05±0.85
平均值Average	50.43±11.56a	41.57±12.53b	47.65±11.39ab

注：同行间标注有不同小写字母表示差异显著（$P<0.05$），未标注者表示差异不显著（$P<0.05$）"—"为数据缺失。T_1：羔羊；T_2：1岁母羊；T_3：2岁母羊；T_4：3岁母羊；T_5：4岁以上母羊；T_6：3岁羯羊；T_7：3岁种公羊。下同

Note: Different lower-case letters in the same row indicate significant differences at 0.05 level. No lower-case letters in the same row indicate no significant differences at 0.05 level "—" means data loss; T_1: Lamb; T_2: 1-year-old ewe; T_3: 2-year-old ewe; T_4: 3-year-old ewe; T_5: More than 4-year-old ewe; T_6: 3-year-old wether; T_7: 3-year-old ram. The same below

2.2 不同类型藏羊有机物质消化率比较研究

由表2可知,随着年龄的增长,3个类型的藏羊对牧草有机物质的消化均有不同程度先增大后减小的趋势。欧拉型母羊和甘加型母羊、羯羊和公羊的有机物质消化率均显著低于乔科型($P<0.05$)。欧拉型1岁母羊、4岁及以上母羊有机物质消化率高于甘加型($P<0.05$),2岁和3岁母羊间差异不显著($P>0.05$)。

表2 不同类型藏羊有机物质消化率比较
Table 2 Comparison of organic matter digestibility among different types of Tibetan Sheep(%)

类群 Groups	欧拉型 Oula	甘加型 Ganjia	乔科型 Qiaoke
T_1	—	47.18 ± 1.52b	56.15 ± 2.89a
T_2	50.05 ± 1.47b	47.51 ± 1.53c	54.32 ± 0.89a
T_3	51.14 ± 5.12b	47.71 ± 0.83b	55.47 ± 5.88a
T_4	51.50 ± 2.76b	48.04 ± 3.89b	57.08 ± 1.22a
T_5	50.47 ± 2.03b	47.06 ± 2.15c	55.21 ± 2.00a
T_6	—	46.62 ± 0.57b	53.43 ± 1.80a
T_7	—	47.10 ± 1.31b	56.72 ± 5.21a
平均值 Average	50.79 ± 2.77b	47.22 ± 1.84c	55.58 ± 3.16a

2.3 不同类型藏羊粪特征比较研究

由表3可知,随着年龄的增长,除3岁和4岁欧拉型和甘加型母羊的每千克代谢体重排粪量显著高于乔科型外($P<0.05$),其他年龄段3个类群藏羊每千克代谢体重排粪量均差异不显著($P>0.05$);排粪量也表现出了相同的变化。1~4岁及以上欧拉型与甘加型母羊的粪中CP含量差异不显著($P>0.05$),但两者均显著低于乔科型母羊($P<0.05$)。

2.4 不同类型藏羊采食量比较研究

由表4可知,1岁和2岁乔科型藏羊干物质采食量显著高于甘加型和欧拉型藏羊干物质采食量($P<0.05$);甘加型和欧拉型之间差异不显著($P>0.05$),3岁及4岁欧拉型藏羊干物质采食量显著高于甘加型和乔科型($P<0.01$),甘加型和乔科型之间差异不显著($P>0.05$)。欧拉型、甘加型和乔科型藏羊平均每千克代谢体重采食量分别为54.73、52.95和54.32 g/$W^{0.75}$ kg/d,三者之间差异不显著($P>0.05$);欧拉型、甘加型和乔科型藏羊平均干物质采食量占自然体重百分比分别为2.07%、2.14%和2.11%,三者之间差异不显著($P>0.05$)。由表5可知,欧拉型、甘加型和乔科型藏羊干物质采食量变异系数分别为19.35%、13.88%和13.87%。

表3 不同类型藏羊排粪量与粪中粗蛋白含量比较

Table 3　Comparision of feces amount and crude protein in feces among different types of Tibetan sheep

类群 Groups	排粪量 Feces amount (g/d)			粪CP含量 CP in feces (g/kg DM)			每千克代谢体重排粪量 Feces amount per kg metabolic body weight (g/W$^{0.75}$ kg/d)		
	欧拉型Oula	甘加型Ganjia	乔科型Qiaoke	欧拉型Oula	甘加型Ganjia	乔科型Qiaoke	欧拉型Oula	甘加型Ganjia	乔科型Qiaoke
T$_1$	—	392.95 ± 26.74	386.12 ± 17.73	—	75.71 ± 9.36	112.39 ± 14.99	—	37.54 ± 1.36a	31.74 ± 5.80a
T$_2$	417.31 ± 26.60	400.08 ± 26.91	416.94 ± 20.49	83.21 ± 6.34b	72.53 ± 6.23b	102.81 ± 4.35a	27.48 ± 24.9a	29.47 ± 2.77a	25.46 ± 1.67a
T$_3$	542.20 ± 63.45	481.78 ± 21.41	490.00 ± 13.88	89.02 ± 23.86ab	62.60 ± 6.91b	110.46 ± 31.23a	32.28 ± 3.59a	33.04 ± 4.81a	27.18 ± 0.78a
T$_4$	623.98 ± 53.03a	526.39 ± 33.41b	507.91 ± 14.87b	89.86 ± 12.23b	75.18 ± 16.06b	116.21 ± 6.58a	30.59 ± 1.16a	31.45 ± 4.11a	25.40 ± 0.46b
T$_5$	661.56 ± 16.01a	548.67 ± 20.76b	484.05 ± 13.50c	85.12 ± 8.84b	66.73 ± 8.53c	107.58 ± 9.98a	28.85 ± 1.76a	27.32 ± 3.65a	22.94 ± 0.78b
T$_6$	—	543.27 ± 19.69a	508.54 ± 16.13b	—	70.92 ± 5.65b	91.12 ± 13.65a	—	27.48 ± 3.18a	27.27 ± 1.58a
T$_7$	—	520.56 ± 19.80	500.07 ± 19.79	—	71.17 ± 5.96b	120.15 ± 30.58a	—	26.87 ± 2.61a	23.38 ± 0.67a
平均值 Average	561.26 ± 104.81a	484.06 ± 66.63b	466.74 ± 50.53b	86.80 ± 12.67b	70.83 ± 9.19c	109.28 ± 18.18a	29.80 ± 2.80a	30.70 ± 4.73a	26.50 ± 3.92b

表4 不同类型藏羊采食量比较

Table 4 Comparison of feed intake among different types of Tibetan sheep

类群 Groups	干物质采食量（DM）(g/d) Dry matter intake (DM) (g/d)			每千克代谢体重采食量 (g/W$^{0.75}$kg/d) DMI per kg metabolic body weight (g/W$^{0.75}$kg/d)			干物质采食量占自然体重百分比 The percentage of intaked DM to nature weight of grazing sheep (%)		
	欧拉型Oula	甘加型Ganjia	乔科型Qiaoke	欧拉型Oula	甘加型Ganjia	乔科型Qiaoke	欧拉型Oula	甘加型Ganjia	乔科型Qiaoke
T$_1$	—	676.86 ± 51.57b	805.84 ± 59.74a	—	66.04 ± 3.33	66.26 ± 12.64	—	2.96 ± 0.09	2.90 ± 0.75
T$_2$	754.29 ± 46.60ab	694.51 ± 58.01b	833.57 ± 57.04a	49.62 ± 3.60	51.21 ± 6.00	50.88 ± 3.69	2.00 ± 0.16	2.15 ± 0.29	2.00 ± 0.17
T$_3$	1 000.40 ± 53.28ab	838.11 ± 51.29b	1 017.23 ± 143.32a	59.61 ± 3.88	57.55 ± 9.36	56.42 ± 8.26	2.33 ± 0.16	2.36 ± 0.46	2.15 ± 0.33
T$_4$	1 167.13 ± 154.26a	923.59 ± 66.20b	1 079.73 ± 49.45ab	57.13 ± 5.02	54.91 ± 4.07	53.99 ± 2.28	2.09 ± 0.15	2.15 ± 0.21	1.99 ± 0.08
T$_5$	1 205.89 ± 22.45a	925.86 ± 67.50b	984.60 ± 37.85b	52.57 ± 2.73	46.49 ± 5.25	46.65 ± 1.43	1.85 ± 0.12	1.72 ± 0.26	1.69 ± 0.05
T$_6$	—	925.57 ± 38.03	968.53 ± 48.32	—	46.33 ± 5.69	52.26 ± 1.65	—	1.71 ± 0.26	1.98 ± 0.35
T$_7$	—	895.72 ± 40.99	1 032.71 ± 206.83	—	46.22 ± 4.58	47.81 ± 9.08	—	1.72 ± 0.20	1.72 ± 0.32
平均值 Average	1 031.93 ± 199.65a	834.59 ± 115.81b	956.15 ± 132.61a	54.73 ± 5.24	52.95 ± 8.33	54.32 ± 9.39	2.07 ± 0.22	2.14 ± 0.50	2.11 ± 0.54

表5 不同类型藏羊采食量变异系数比较

Table 5 Comparison of feed intake variation coefficient among different types of Tibetan sheep

	欧拉型Oula	甘加型Ganjia	乔科型Qiaoke	Average
采食量变异系数 The variationcoefficient of dry matter intake（%）	19.35	13.88	13.87	15.70

2.5 不同类型藏羊采食量与消化率及相关指标的相关关系

通过对试验藏系绵羊的代谢体重、有机物质消化率、排粪量和干物质采食量的相关性分析，其结果表明（表6）：藏系绵羊的代谢体重与其排粪量（$R=0.74$）和干物质采食量（$R=0.75$）极显著相关（$P<0.01$），干物质采食量与有机物质消化率（$R=0.47$）和排粪量（$R=0.81$）也极显著相关（$P<0.01$）。

由表7可知，藏系绵羊代谢体重与排粪量和干物质采食量的回归方程分别为 $y=274.26e^{0.0327x}$（$R^2=0.58$），$y=476.09e^{0.037x}$（$R^2=0.59$）。

表6 藏系绵羊代谢体重、有机物质消化率、排粪量和干物质采食量相关系数

Table 6 Correlation coefficient on metabolic weight, organic matter digestibility, feces amount and dry matter intake of Tibetan sheep

	代谢体重 Metabolic body weight（$W^{0.75}$kg）	有机物质消化率 Organic matter digestibility（%）	排粪量 Feces anount（g/d）	干物质采食量 Dry matter intake（g/d）
代谢体重 Metabolic body weight（$W^{0.75}$ kg）	1			
有机物质消化率 Organic matter digestibility（%）	0.18	1		
排粪量 Feces amount（g/d）	0.74**	−0.12	1	
干物质采食量 Dry matter intake（g/d）	0.75**	0.47**	0.81**	1

注：**.表示在0.01水平相关显著

Note：**. Correlation is significant at the 0.01 level

表7 藏系绵羊代谢体重与排粪量与干物质采食量间的回归关系

Table 7 Regression relationship among metabolic weight, feces amount and dry matter intake of Tibetan sheep

Y	X	回归方程	R^2
排粪量 Feces amount（g/d）	代谢体重 Metabolic body weight（$W^{0.75}$kg）	$y=274.26e^{0.0327x}$	$R^2=0.58$
干物质采食量 Dry matter intake（g/d）	代谢体重 Metabolic body weight（$W^{0.75}$kg）	$y=476.09e^{0.037x}$	$R^2=0.59$

3 讨论

3.1 藏系绵羊放牧采食量研究方法

放牧家畜采食量的理想测定应在草地上进行，放牧生态系统中牧草营养成分和放牧环境都影响家畜的择食行为和放牧家畜的采食量。由于草地植被组成不同和放牧家畜完全自由状态下选食行为造成的差异性，使放牧家畜的采食量测定非常困难。本研究采用TiO_2指示剂按比例收粪法和粪氮指数法间接测得的放牧采食量。耿明等[16]研究表明，按比例收粪法测定放牧绵羊的采食量具有方法简便，测定效率快等特点，奥德等[17]对澳大利亚种公羊研究表明无论舍饲还是放牧都可以利用外源指示剂法代替全收粪法测定放牧绵羊的采食量。粪氮指数法的回归方程建立与应用均具有区域性和牧草种类不同的局限性。也可能与不同地域环境下试验动物采食量差异有关[18]。有研究表明[19]，家畜的年龄、饲养方式对外源指示剂的回收影响较小，但外源指示剂的投饲方法、每日采集粪样的次数与时间、预试期的长短对外源指示剂的回收率有较大影响。李永宏等[20]研究表明放牧采食量的科学研究方法还必须服从其影响因素，如：放牧草地的特征、环境因素、放牧方式、家畜的生理状况以及瘤胃内环境等因素。

3.2 不同品系藏羊粪特征、有机物质消化率和采食量的比较

草地生态系统中家畜粪便是养分来源的重要组成部分，含有大量C、N和P等元素，对草地生态系统的养分循环和平衡有重要作用[21]。在青藏高原牧区牦牛粪多数被燃烧利用，而藏羊粪绝大多数留在草地上，这是使放牧藏羊更有益于草地健康的部分原因[22]，粪便也对土壤微生物、植物群落、家畜取食等产生重要影响[23]。粪氮是畜体内源氮的一部分，并且代谢粪氮是按家畜所采食或消化的干物质的一定比例排出的。家畜所采食牧草有机物质消化率与粪中粗蛋白质呈非线性正相关关系[15, 24]。Flesse等[25]研究表明，草地生态系统中家畜粪便可能是N_2O重要的来源，家畜粪便虽然能够给予土壤大量养分，同时，也应该考虑到家畜粪给草地生态系统带来的风险。藏系绵羊排粪量与牧草有机物质消化率呈负相关，这表明藏系绵羊消化机能增强，从一定程度上使排粪量减小，这与郝正里等[26]对于不同季节瘤胃微生物的种类、数量以及对家畜的消化机能的研究结果相吻合。夏季（8月）欧拉型、甘加型和乔科型藏羊平均排粪量分别为561.26、484.06和466.74g/d，粪中粗蛋白含量分别为86.80、70.83和109.28g/kg DM，每千克代谢体重排粪量分别为29.80、30.70和26.50g·$W^{0.75}$ kg/d。郭璇等[27]研究表明，10月龄哈萨克羊排粪量为390~600g/d高于此试验测定的藏系羔羊的排粪量（386.12~392.91g/d）。随着年龄的增长排粪量有增加的趋势，但是每千克代谢体重排粪量的变化规律不明显。

随着年龄的增长，3个类型的藏羊对牧草有机物质的消化率呈倒"U"形变化即先增大后减小，说明藏羊的消化机能在2~3岁时较大。夏季（8月）欧拉型、甘加型和乔科型藏羊平均有机物质消化率分别为（50.79±2.77）%、（47.22±1.84）%和（55.58±3.16）%。此试验测定成年羯羊的有机物质消化率（46.62%~53.43%）低于李瑜鑫等[28]在藏北高寒牧区测定的放牧藏羯羊有机物质消化率（53.8%~56.2%）。

藏系绵羊的代谢体重与干物质采食量呈正相关，说明藏羊采食牧草干物质的量随代谢体重的增加而增加。因此，对代谢体重较大的藏羊，在秋季膘肥体壮时应及早出栏，淘汰体重较大家畜，回收资金购买饲草料以进行冬季补饲，这与陈代文等[29]的研究结果一致。采食量是衡量家畜营养物质摄入量的一个尺度，也是一个复杂的、动态的、生物和非生物因素相互作用和相互影响的过程[30-31]。供试藏羊放牧采食量与中国肉羊饲养标准[32]所建议的采食量相比要低，这与藏羊品种及高寒牧区天然草场牧草供应量和青藏高原特有的环境有关。家畜的放牧采食量并不等同于其自由采食

量,因为放牧条件下家畜的采食量不仅受牧草数量和品质,还受到环境的应激影响[33]。较低的采食量可致使藏羊生产性能的降低,这与藏羊的低出栏率、低产羔率、生长缓慢、饲养周期长等现状[34]相符。Van Dyne等[35]研究表明,放牧家畜采食量的个体变异较大,其主要原因是牧草种类不同以及季节变化使牧草养分差异较大造成的。Heaney等[36]测定2 427头绵羊的放牧采食量,变异系数平均为16%。与所测藏羊的平均干物质采食量变异系数15.7%结果相符。此试验测定的藏羊干物质采食量占体重百分比在1.40%~4.10%,而奥德等[17]等测定的放牧绵羊干物质采食量占体重的2%~4%。这与薛白等[37]青藏高原天然草场放牧家畜的采食量动态研究结果相符。代谢体重即体重的0.75次方,与家畜的体表面积有关,从表6可以看出,不同品系藏羊的代谢体重和干物质采食量有很好的相关性。可以通过藏羊的代谢体重估测藏羊的干物质采食量。

4 小结

夏季(8月)在甘南夏河放牧的欧拉型、乔科型和甘加型藏羊的平均放牧采食量分别为1 031.93、834.59g/d和956.15g/d,乔科型藏羊放牧采食量显著($P<0.05$)小于欧拉型和甘加型藏羊。3个类型藏羊的每千克代谢体重采食量和干物质采食量占体重比差异均不显著($P>0.05$)。欧拉型、乔科型和甘加型藏羊对夏河天然草地牧草的平均有机物质消化率分别为50.79%、47.22%和55.58%。欧拉型、乔科型和甘加型藏羊的平均排粪量分别为561.26g/d、484.06g/d和466.74g/d,其中,欧拉型藏羊的排粪量显著高于其他2个类型的藏羊。不同类型、不同生理类群藏羊干物质采食量、有机物质消化率和排粪量均有不同程度的差异,其差异可能与不同类型间藏羊的自身特性和同一类型不同生理类群间藏羊生理状况及养分消化代谢等因素有一定关系,此方面的研究还有待进一步开展。通过对藏系绵羊代谢体重与排粪量和放牧采食量进行相关性分析,可通过代谢体重估测藏系绵羊的排粪量和干物质采食量。制定藏系绵羊的饲养标准,才能科学地指导藏系绵羊的饲养,从而获取更大的效益。因此,还需要开展对高寒牧区放牧藏羊各种营养需求方面的研究。

参考文献

[1] Wei W D, Li X L. Analysis of research methods for carrying capacity and stocking rate on grazing grassland[J]. Prataculture & Animal Husbandry, 2011, 8(189): 1-4.
魏卫东,李希来. 放牧草地载畜量与放牧率研究方法分析[J]. 草业与畜牧, 2011, 8(189): 1-4.

[2] Li Y N. Tibetan sheep dynamic changes of body weight and its relationship with meteorological conditions[J]. Ecology of Domestic Animal, 1997(4): 11-15.
李英年. 藏系绵羊体重动态变化及其与气象条件的关系[J]. 家畜生态, 1997(4): 11-15.

[3] Introduction for excellent varieties. Gansu sheep breed introduction[J]. Gansu Animal and Veterinary Sciences, 2013(9): 53-54.
良种推介. 甘肃绵羊品种介绍[J]. 甘肃畜牧兽医, 2013(9): 53-54.

[4] Ren J Z. Grassland science research method[J]. Beijing: China agricultural press, 1983.
任继周. 草业科学研究方法[J]. 北京:中国农业出版社, 1983.

[5] Watson S J. Animals as means of evaluating pasture produotion. In: Animals and Grass, Report of proceeding of the 9th Meeting[J]. UK: BritishSoeiety of Animal Produetion, 1948: 7-43.

[6] Tilley J M, Terry R A. A two stage technique for the *in vitro* digestion of forage crops[J]. Grass and Forage Science, 1963, 18(2): 104-111.

[7] Wu T C, Wu J P, Zhao S G, et al. Seasonal dynamics research on grazing intake of Qula Tibetan Sheep at different ages in Gannan Maqu[J]. Acta Agrestia Sinica, 2016, 24(2): 317-321.

吴铁成，吴建平，赵生国，等. 甘南玛曲不同年龄欧拉型藏羊放牧采食量季节动态研究[J]. 草地学报，2016，24（2）：317-321.

[8] Cui Z H. Research progress on methods of determination of diet composition and feed intake of grazing animals[J]. Journal of Domestic Animal Ecology，2011，32（5）：1-4.
崔占鸿. 放牧家畜采食量和择食性测定方法的研究进展[J]. 家畜生态学报，2011，32（5）：1-4.

[9] Tian F Y，Li J Y，Li F D，et al. Advances in measuring method of feeding intake of ruminant[J]. Chinese Journal of Animal Science，2006，42（9）：62-64.
田富洋，李晋阳，李法德，等. 反刍动物采食量测定方法的研究进展[J]. 中国畜牧杂志，2006，42（9）：62-64.

[10] Liu J X，Hu Z Z，Ren J Z，et al. The series studies of grazing ecology and digestion and metabolism of sheep on alpine pasture Ⅳ seasonal dynamics of intake and digestion and metabolism of grazing sheep[J]. Acta Prataculturae Sinica，2001，10（3）：65-71.
刘金祥，胡自治，任继周，等. 高山草原绵羊放牧生态及消化代谢研究Ⅳ采食量和消化代谢季节动态[J]. 草业学报，2001，10（3）：65-71.

[11] Li Y X，Wang J Z，Li L，et al. Research of grazing sheep feed intake and digestibility in northern Tibet cold pastoral areas in different seasons[J]. Journal of Domestic Animal Ecology，2009，30（5）：41-45.
李瑜鑫，王建洲，李龙，等. 不同季节藏北高寒牧区放牧藏绵羊采食与消化率的研究[J]. 家畜生态学报，2009，30（5）：41-45.

[12] Xu G S，Fen X W，Zhang X Q，et al. Effects of different seasons on feed intake and digestibility of grazing sheep in the Haixi Prefecture four seasons meadow[J]. Heilongjiang Animal Science and Veterinary Medicine，2010，3：70-72.
许贵善，冯昕炜，张晓庆，等. 季节对海西州四季牧场放牧绵羊采食量与消化率的影响[J]. 黑龙江畜牧兽医，2010，3：70-72.

[13] Zhao X Q，Zhang Y S，Zhou X M. Theory and practice for sustainable development of animal husbandry on the alpine meadow pasture[J]. Resources Science，2000，22（4）：55-61.
赵新全，张耀生，周兴民. 高寒草甸畜牧业可持续发展：理论与实践[J]. 资源科学，2000，22（4）：55-61.

[14] Wang C J. Fecal crude protein content as an estimate for the digestibility of foragein grazing sheep[J]. Animal Feed Science and Technology，2008，149：199-208.

[15] Deng X J，Liu G H，Cai H Y，et al. Determination of titanium dioxide in poultry feed and chime by spectrophotography[J]. Feed Industry，2008，29（2）：57-58.
邓雪娟，刘国华，蔡辉益，等. 分光光度计法测定家禽饲料和食糜中二氧化钛[J]. 饲料工业，2008，29（2）：57-58.

[16] Geng M，Hahaerman H E B，An S Z，et al. The feed intake differences of fine-wool sheep grazing in spring and autumn[J]. Xingjiang Agricultural Sciences，2013，50（7）：1 340-1 346.
耿明，哈哈尔曼·胡尔班，安沙舟，等. 细毛羊放牧春秋季采食量的差异研究[J]. 新疆农业科学，2013，50（7）：1 340-1 346.

[17] Ao D，Fen Z C，Ao M，et al. Estimation of feed intake in grazing conditions for rams using two-stage technique *in vitro* digestion trial[J]. Animal Husbandry and Feed Science，1997（S1）：74-77.
奥德，冯宗慈，敖明，等. 藉助二级离体消化法估测种公羊放牧条件下的采食量[J]. 畜牧与饲料科学，1997（S1）：74-77.

[18] Jia S B，Cheng F X，Yan X H，et al. The study on intake，digestion and body weight gain of grazing lambs in warm-season[J]. China Animal Husbandry & Veterinary Medicine，2009，（7）：33-36.
贾帅兵，程发祥，闫学慧，等. 暖季放牧条件下对羔羊采食量、消化及体增重的研究[J]. 中国畜牧兽医，2009，（7）：33-36.

[19] Cui B H. A new method to determine the feed intake of grazing anmmals[J]. Journal of Jilin Agricultural University，1981，23（4）：45-48.
崔宝瑚. 测定放牧家畜采食量的新方法[J]. 吉林农业大学学报，1981，23（4）：45-48.

[20] Li Y H，Wang S P. Determination of daily food intake and selection of typical grassland herbage in Inner Mongo-

lia[J]. Acta Pratacalturae Sinica, 1998, 7 (1): 50-53.

李永宏, 汪诗平. 内蒙古细毛羊日食量及典型草原牧草的选食性测定[J]. 草业学报, 1998, 7 (1): 50-53.

[21] Haynes RJ, Williams PH. Nutrient cycling and soil fertility in the grazed pasture ecosystem[J]. Advancesin Agronomy, 1993, 49: 119-199.

[22] Yu X J. The action mechanism of yak dung to keep the health of alpine grassland in Qinghai Tibetan plateau[J]. Lanzhou: Gansu Agricultural University, 2010.

鱼小军. 牦牛粪维系青藏高原高寒草地健康的作用机制[J]. 兰州: 甘肃农业大学, 2010.

[23] He Y X, Sun G, Luo P, et al. Effects of dung deposition on grassland ecosystem: A review[J]. Chinese Journal of Ecology, 2009, 28 (2): 322-328.

何奕忻, 孙庚, 罗鹏, 等. 牲畜粪便对草地生态系统影响的研究进展[J]. 生态学杂志, 2009, 28 (2): 322-328.

[24] Lukas M, Sudekum K H, RaveG, et al. Relationship between fecal crude protein concentration and diet organic matter digestibility in cattle[J]. Journal of Animal Science, 2005, 83: 1 333-1 344.

[25] FlesseH, DorschP, Beese F. Influence of cattle wastens on nitrous and methane fluxes in pastureland[J]. Journal of Environmental Quality, 1996, 25: 1 366-1 370.

[26] Hao Z L, Liu S M, Meng X Z. Anti-animal nutrition science[J]. Lanzhou: Gansu national press, 2000: 112-156.

郝正里, 刘世民, 孟宪政. 反当动物营养学[J]. 兰州: 甘肃民族出版社, 2000: 112-156.

[27] Guo X, Bian X X, Pu X S, et al. Effect of different cotton seed hull contents on drinking, urination, excrement and other parameters of kazak sheep[J]. Journal of Xinjiang Agricultural University, 2009, 32 (3): 42-44.

郭璇, 卞欣欣, 蒲雪松, 等. 饲喂棉籽壳对哈萨克羊饮水量、排尿量、排粪量及相关指标的影响[J]. 新疆农业大学学报, 2009, 32 (3): 42-44.

[28] Li Y X, Wang J Z, Li L, et al. Research on feed intake and digestibility forTibetan sheep of alpine pastoral area in north Tibet[J]. Animal Husbandry and Veterinary Medicine, 2010, 42 (4): 51-54.

李瑜鑫, 王建洲, 李龙, 等. 藏北高寒牧区放牧藏绵羊采食与消化率的研究[J]. 畜牧与兽医, 2010, 42 (4): 51-54.

[29] Chen D W, Wang T. Animal nutrition and feed science[M]. China Agricultural Press, 2011.

陈代文, 王恬编著. 动物营养与饲料学[M]. 中国农业出版社, 2011.

[30] Gao T Y, Li J B. Study on feeding intake and sheepfold separation for adult ruminants in scattered feeding[J]. Chinese Ruminants, 1996, (6): 28-29.

高腾云, 李敬波. 散养成年反刍动物的采食量与分栏问题的研究[J]. 中国反刍动物, 1996, (6): 28-29.

[31] Van Soest P J. Nutritional ecology of the ruminant[J]. Cornell University Press, 1994.

[32] Wang J Q, Lu D X, Yang H J, et al. Breeding Standard for Mutton Sheep, NY/T 816—2004[S]. Beijing: Ministry of Agriculture, People's Republic of China, 2004

王加启, 卢德勋, 杨红建, 等. 肉羊饲养标准[S]. NY/T 816—2004. 北京: 中华人民共和国农业部, 2004.

[33] Chacon EA, StobbsTH. Influence of progressive defoliation of grass sward on the eating behaviour of cattle[J]. Australian Journal of Agricultural Research, 1976, 27: 709-727.

[34] Ma G L, Liu H L, Lu H X, et al. Effect of supplementary feed during gestation period on production performance of Gannan grassland Tibetan sheep[J]. Journal of Animal Science and Veterinary Medicine, 2010, 29 (1): 75-76.

马桂琳, 刘汉丽, 芦红霞, 等. 甘南草地型藏羊妊娠期补饲对生产性能的影响[J]. 畜牧兽医杂志, 2010, 29 (1): 75-76.

[35] Van Dyne G M, MeyerJ H. Forage intake by cattle and sheep on dry annualrange[J]. Journal of Animal Science, 1964, 23: 1 108-1 115.

[36] Heaney D P, PritchardGI, PigdenW J. Variability in ad libitum forage intake by sheep[J]. Journal of Animal Science, 1968, 27: 159-164.

[37] Xue B, Zhao X Q, Zhang Y S. Feed intake dynamic of grazing livestock in nature grassland in Qinghai-Tibetan plateau[J]. Ecology of Domestic Animal, 2004, 25 (4): 21-25.

薛白, 赵新全, 张耀生. 青藏高原天然草场放牧家畜的采食量动态研究[J]. 家畜生态, 2004, 25 (4): 21-25.

牛至精油结合储藏温度对羊肉保鲜效果的影响

张瑞[1]，刘婷[1]，宫旭胤[2]，梁婷玉[1]，高良霜[1]，吴建平[1,2*]

（1. 甘肃农业大学动物科学技术学院，甘肃兰州 730070；
2. 甘肃省农业科学院畜草与绿色农业研究所，甘肃兰州 730030）

摘 要：为了延长羊肉的保鲜时间，提高其货架品质，分别在4℃和-3℃条件下，比较不同牛至精油添加量（0.00%、0.15%、0.25%）处理下羊肉的a*值、pH值、质构特性、过氧化值（Peroxide value，POV）、丙二醛（Malondialdehyde，MDA）、挥发性盐基氮（Total volatile base-nitrogen，TVB-N）及菌落总数（Total bacteria count，TBC）的变化。结果表明，羊肉的POV、MDA、TVB-N及TBC随着储藏时间的延长总体呈逐渐上升的趋势；a*值呈现下降趋势；pH值呈现先下降后上升的趋势；质构参数中，弹性值随储藏时间的延长不断下降，硬度值和胶着性值部分先上升后下降，其余组呈下降趋势。当储藏温度一致时，牛至精油添加量越高，羊肉各项指标的变化速度越缓慢；当牛至精油添加量一致时，-3℃储藏比4℃储藏能更好地维持羊肉品质。综合来看，添加0.25%牛至精油并在-3℃条件下储藏对羊肉的保鲜效果最好，羊肉储藏12d时的pH值为6.44，处于国家规定的二级鲜度范围，TVB-N为0.26mg/g，TBC为$2.90×10^6$cfu/g，以上指标均在各处理组中最低，相比于添加0.00%牛至油并在4℃下储藏的羊肉，至少延长了3d的货架期。

关键词：羊肉；牛至精油；储藏温度；保鲜效果

Effect of Oregano Essential Oil Combined with Storage Temperature on Preservation of Mutton

Zhang Rui[1], Liu Ting[1], Gong Xu yin[2], Liang Ting yu[1], Gao Liang shuang[1], Wu Jian ping[1,2*]

（1. College of Animal Science & Technology, Gansu Agricultural University, Lanzhou730700, China; 2. Animal Husbandry, Pasture and Green Agriculture Institute, Gansu Academy of Agricultural Sciences, Lanzhou730030, China）

Abstracts: In order to prolong the preservation time of mutton and improve its shelf quality, the changes of a* value, pH value, texture characteristics, peroxide value (POV), malondialdehyde (MDA), total volatile base-nitrogen (TVB-N) and total bacteria count (TBC) of mutton treated with different addition of oregano essential oil (0.00%, 0.15%, 0.25%) were compared at 4℃ and -3℃ respectively. The results showed that POV, MDA, TVB-N and TBC of mutton increased generally with the prolongation of storage time and a* value decreased; the pH showed a trend of decreasing first and then rising. In texture parameters, springness decreased with storage time, while hardness and adhesiveness increased first and then decreased in some groups, others decreased all the way. And at the same storage temperature, the higher content of oregano essential oil, the slower change rate of various indexes. when the content of oregano essential oil is consistent, -3 ℃ is better than 4 ℃ to maintain the quality of mutton. In general, 0.25% oregano essential oil combined -3 ℃ storage had the best preservation effect on mutton. At 12 days, the pH value of mutton was 6.44, which was the second-order freshness range specified by the state; the TVB-N was 0.26 mg/g; the TBC was 2.90×10^6 cfu/g, they were the lowest among the treatment groups and it stored for at least 3 days longer than that added with 0.00% oregano essential oil and stored at 4℃.

Key words: Mutton; Oregano essential oil; Storage temperature; Preservation effect

羊肉富含优质蛋白,脂肪和胆固醇含量较低,与牛肉、猪肉相比,其肉质更鲜嫩,纤维更细,味美多汁,是老少皆宜的滋补品。但在加工、储藏及运输过程中,羊肉极易受到微生物的侵害而发生腐败变质,为此,寻求一种既经济又安全的保鲜技术是羊肉加工行业急需解决的问题。

近年来,植物精油被广泛应用于食品保鲜中,并取得了一定的成效。刘光发等[1]用百里香—丁香勒精油保存草莓发现,2种精油均具有一定的抗菌效果,有效防止了草莓在储藏过程中的腐烂;张慧芸等[2]利用丁香精油—壳聚糖复合可食性膜对生肉糜进行处理,结果表明,丁香精油提高了壳聚糖可食膜的抗菌性和抗氧化活性,两者结合可使生肉糜延长10~12d的货架期;AURELI等[3]利用0.25%的麝香精油处理碎猪肉,结果发现,麝香精油可有效抑制单增李斯特菌,延长碎猪肉的货架期,提高碎猪肉品质;FERNÁNDEZ-PAN等[4]在可食分离乳清蛋白中分别添加牛至精油和丁香精油后,对新鲜鸡脯肉的抑菌效果进行研究发现,20g/kg的牛至精油涂膜使鸡脯肉货架期延长了7d;邵兴锋等[5]利用茶树精油浸泡南美白对虾发现,茶树精油具有良好的氢氧自由基清除能力,可明显抑制对虾冷藏期间pH值、挥发性盐基氮和菌落总数的上升,从而保持对虾肉的新鲜度;GOULAS等[6]结合气调和低盐处理证实了甜橙精油对海鲤的保鲜效果;谢晶等[7]利用牛至、大蒜、生姜、丁香精油制成抗菌乳状液处理鸡蛋,结果表明,4种精油均增加了鸡蛋的抗菌效果,但牛至精油和丁香精油的保鲜效果最好。

牛至精油是从牛至中提取的淡黄色液体,主要成分为香荆芥酚和百里香酚,具有较强的抗菌和抗氧化活性[8],已被广泛应用于果蔬、肉制品、蛋类等的保鲜中。但有研究表明,高剂量的牛至精油会破坏肉制品的原有香味,例如,CHOULIARA等[9]发现,用0.3%(v/w)牛至精油涂抹鸡胸肉,结果使鸡胸肉产生了强烈的刺激味道,破坏了鸡肉品质,所以,建议使用低剂量的牛至精油结合其他保鲜技术用于肉制品保鲜中。

目前,羊肉主要采用冷藏(0~4℃)和冷冻(-18℃)进行保鲜和储藏,前者保鲜效果好但保质期短,后者虽保质期长,但解冻后汁液流失率严重,影响了羊肉的品质。微冻储藏是指在生物体冰点或冰点以下1~2℃的温度带轻度冷冻,既可解决冷藏保质期短的问题,又可减少解冻后汁液流失。本试验在许立兴等[10]的研究基础上,选择-3℃作为羊肉的微冻储藏温度,探讨不同牛至精油添加量结合不同储藏温度对羊肉货架期的影响,以期为提高羊肉保鲜效果的研究提供试验依据。

1 材料和方法

1.1 材料、试剂与仪器

牛至精油（纯度为99.9%）购自吉安市中香天然植物有限公司；GR60DA型高压灭菌器购自北京德泉兴业商贸有限公司；DZQ-400型真空包装机购自深圳市恒鑫兴包装机械厂；SPX-0850型低温生化培养箱购自杭州汇尔仪器设备有限公司；KjeltecTM 8400全自动凯氏定氮仪购自上海怀熙实业发展有限公司；eppenorf-5804R离心机购自上海艾研生物科技有限公司；VS-1300L-U型超净工作台购自苏净集团安泰有限公司；Brookfield-CT3质构仪购自美国BROOKFIELD公司；CR-10 plus色差仪购自日本柯尼卡美能达公司；PHS-3C型酸度计购自上海仪电科学仪器股份有限公司；低温冰箱购自青岛海尔电冰箱股份有限公司；DK-8AD型水浴锅购自上海顿克仪器科技有限公司；UV2550紫外分光光度计购自日本岛津公司。

1.2 试验设计与样品处理

1.2.1 试验设计

试验采用3×2双因子试验设计，共设2个试验因子，分别为牛至精油添加量（A因子）和贮藏温度（B因子），牛至精油设3个添加量，分别为0.00%（A1）、0.15%（A2）、0.25%（A3）；储藏温度为4℃（B1）和-3℃（B2），共6个处理。具体试验设计见下表。

表　试验设计
Tab　Design of experiment

牛至精油添加量 Oregano essential oil addition	储藏温度Storage temperature	
	B1（4℃）	B2（-3℃）
A1（0.00%）	A1B1	A1B2
A2（0.15%）	A2B1	A2B2
A3（0.25%）	A3B1	A3B2

1.2.2 样品处理

供试羊于屠宰后30min内取下右后腿，立即放入-18℃冷库冷却至中心温度低于4℃，用75%酒精消过毒的刀具和砧板去除结缔和脂肪组织，然后切成约100g的肉块，随机分成6组，每组15块。其中，A1B1组和A1B2组不做任何处理，其余4组精确称质量后用移液枪吸取牛至精油涂抹于羊肉表面，使A2B1组和A2B2组牛至精油添加量为0.15%，A3B1组和A3B2组为0.25%，用手轻轻按摩2min，以使牛至精油涂抹均匀，方法参考GIATRAKOU等[11]的研究，所有样品置于聚乙烯托盘中，用保鲜膜包裹，将A1B1组、A2B1组和A3B1组放入4℃冰箱，其余3组放入-3℃冰箱保存。分别于0d、3d、6d、9d、12d从各组中随机取出1份样品测定相关指标。

1.3 测定方法

1.3.1 肉色的测定

从冰箱取出羊肉样品，去掉保鲜膜后，避开脂肪和结缔组织，立即随机选取3个不同的点用已经校正过的色差仪测定，待读数稳定后读取色差仪显示的a*值。

1.3.2 pH值测定

pH值的测定按照《GB 5009.237—2016食品安全国家标准食品pH值的测定》中的方法进行，将校正后的pH计用蒸馏水反复冲洗，用滤纸擦干后，将探头插入待测样中，待读数稳定后读取数值，每个样品重复测定3次。

1.3.3 质构特性测定

按照张馨木[12]的方法，略作修改。用刀具将肉样顺着肌纤维的方向切割成4cm×4cm×2cm的方块，测试表面积为4cm×4cm，3个不同点进行测定，取其平均值。

测试模式为质构分析（Texture profile analysis，TPA），探头型号为A40，夹具为TA-BT-KIT，负载单元为1 000g，目标形变量为35%，触发点负载为7g，测试速度为2mm/s，可恢复时间为5s。记录硬度值、弹性值、胶着性等。

1.3.4 过氧化值（Peroxide value，POV）测定

过氧化值的测定按照《GB 5009.227—2016食品安全国家标准食品中过氧化值的测定》中的滴定法测定。准确称取2g左右的样品置于碘量瓶中，加入已配置好的30mL三氯甲烷—冰乙酸溶液，轻轻振摇以使完全溶解，加入1mL饱和碘化钾溶液，避光放置3min。然后加入100mL水后用硫代硫酸钠标准溶液滴定析出的碘，淡黄色时加1mL淀粉指示剂，滴定至蓝色消失，计算样品过氧化值，每个样品重复测定3次。

1.3.5 丙二醛（Malondialdehyde，MDA）测定

丙二醛的测定按照商业试剂盒的测定方法测定，试剂盒购于南京建成生物科技有限公司。首先按照试剂盒操作说明用考马斯亮蓝法测定样品蛋白浓度，然后在532nm处测定吸光度值，计算组织中丙二醛值。

1.3.6 挥发性盐基氮（Total volatile base-nitrogen，TVB-N）测定

挥发性盐基氮的测定按照《GB 5009.228—2016食品安全国家标准食品中挥发性盐基氮的测定》中自动凯氏定氮仪法测定。称取均质后的羊肉10g于蒸馏管中，加入75mL水，浸渍30min；标准溶液用0.100 0mol/L的盐酸溶液，关闭自动定氮仪自动排废、自动加碱和自动加水功能，并设定加碱、加水体积为0mL，硼酸接收液设为30mL，蒸馏时间设为180s；将蒸馏管置于定氮仪上测定挥发性盐基氮。

1.3.7 菌落总数（Total bacteria count，TBC）的测定

菌落总数的测定按照《GB 4789.2—2016食品安全国家标准食品微生物学检验菌落总数测定》方法测定。从冰箱中取出样品置于无菌操作台上，去掉保鲜膜后每个样品无菌切取约5g，装入无菌袋中，按照1∶9的比例加入生理盐水，拍打式均质机拍打2min，测定菌落总数，每个样品做3次重复。

1.4 数据处理

采用Excel 2016整理数据，SPSS 19.0进行方差分析，用Duncan's多重比较检验组间差异性，Origin 8.5软件作图。

2 结果与分析

2.1 羊肉在储藏期内a*值的变化

从图1中可以看出，随着储藏时间的延长，6个处理组的a*值总体呈现出下降趋势，0d时，是否经过牛至精油处理已对羊肉的a*值产生了影响，表现为牛至精油添加量越高，羊肉颜色越深；第6

天时，A1B2组、A2B1组、A2B2组和A3B1组之间没有明显差异；第12天时，按照A3B2、A2B2、A3B1、A1B2、A2B1、A1B1的顺序，a*值由大到小变化，且在整个储藏期内A3B2组的a*值始终最大，A1B1组的a*值一直最小。说明牛至精油依靠自身的抗菌和抗氧化活性，抑制了肌肉内部微生物的变化，降低了脂质氧化速度，使羊肉保持了新鲜的色泽；从9～12d的a*值变化可以看出，当牛至精油添加量相同时，-3℃储藏优于4℃储藏。

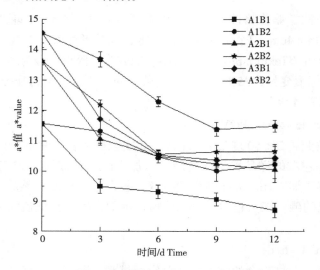

图1　储藏期内羊肉a*值的变化

Fig. 1　Change in a* value of mutton during storage

2.2　羊肉在储藏期内pH值的变化

从图2中可以看出，羊肉的pH值在储藏过程中呈现先下降后升高的趋势。0～3d时，6个处理组之间pH值差异不显著；第6天开始，A1B1组和A2B1组pH值快速上升，A2B2组、A3B1组、A3B2组之间差异不显著；第12天时，A1B1>A1B2、A2B1>A2B2、A3B1>A3B2，说明-3℃条件下储藏减缓了羊肉pH值的变化速度，且A1B1>A2B1>A3B1，说明牛至精油添加量越高，羊肉的pH值越低。

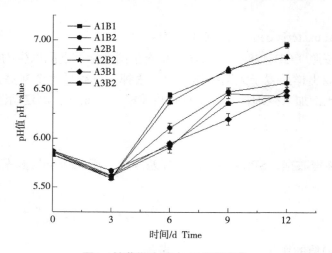

图2　储藏期内羊肉pH值的变化

Fig. 2　Change in pH value of mutton during storage

2.3 羊肉在储藏期内硬度值的变化

由图3可以看出,第3d时,A2B2组、A3B1组、A3B2组羊肉的硬度出现上升趋势,而其余3组出现下降趋势,这可能是因为高含量牛至精油与-3℃储藏相互作用使肌肉僵直期出现在第3天,而其余3组此时已过僵直期,所以表现出下降趋势。3~6d时,所有处理组呈现下降趋势,6~9d,部分组出现上升趋势,12d时,A3B2>A2B2>A3B1>A2B1>A1B2>A1B1,说明储藏温度相同时,牛至精油添加量越高,羊肉的硬度值越高;且当牛至精油添加量一致时,-3℃储藏比4℃储藏,羊肉硬度的变化更小。

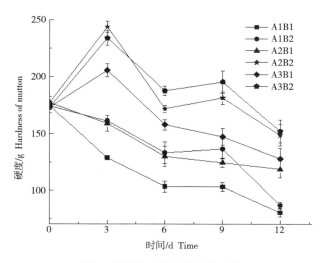

图3 储藏期内羊肉硬度的变化

Fig. 3 Change in hardness of mutton during storage

2.4 羊肉在储藏期内弹性值的变化

从图4可以看出,整个储藏期内,羊肉的弹性值不断下降,且几乎一直按照A3B2>A2B2>A3B1>A2B1>A1B2>A1B1的趋势变化,第12天时,A3B2组弹性值显著高于A1B1组,说明添加高剂量的牛至精油结合-3℃储藏对维持羊肉组织结构的稳定性效果最好。

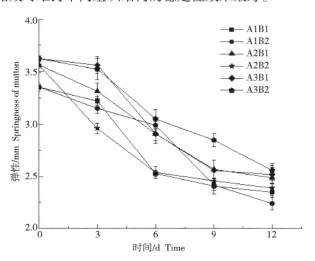

图4 储藏期内羊肉弹性的变化

Fig. 4 Change in springiness of mutton during storage

2.5 羊肉在储藏期内胶着性的变化

由图5可以看出，胶着性的变化趋势与硬度值的变化趋势大致相同，说明添加高剂量的牛至精油协同低温储藏可以减少羊肉胶着性的降低。

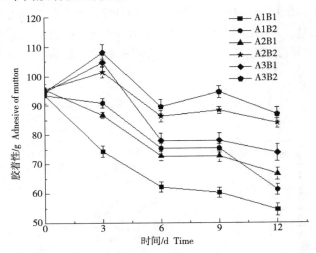

图5 储藏期内羊肉胶着性的变化

Fig. 5 Change in adhesive of mutton during storage

2.6 羊肉在储藏期内过氧化值的变化

由图6可以看出，在整个储藏期内，6个处理组羊肉的过氧化值随着储藏时间的延长不断增加。储藏前3d，各组过氧化值之间没有表现出明显差异；第6天时，A3B2和A2B2组过氧化值的增长速度明显低于其他4组，且一直保持到试验结束；第9天时，A3B1组过氧化值的增速也逐渐降低；第12天时，A1B1组过氧化值快速上升，在所有处理组中过氧化值最大。

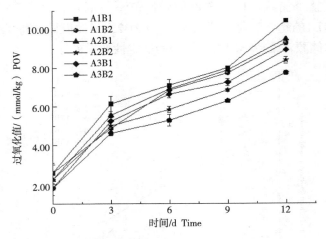

图6 储藏期内羊肉过氧化值的变化

Fig. 6 Change in POV of mutton during storage

2.7 羊肉在储藏期内丙二醛的变化

由图7可以看出，丙二醛在储藏期间总体呈上升趋势，说明随着储藏时间的延长，羊肉脂肪氧化程度加深，速度加快。在整个储藏期内，A1B1组丙二醛值始终处于最高，A3B2组丙二醛值一直最低。第12天时，A1B1、A1B2、A2B1组丙二醛值之间无显著差异，A3B2、A2B2、A3B1各组丙二醛值之间无显著差异，说明0.25%的牛至精油结合-3℃储藏对抑制羊肉脂肪氧化效果最好，而0.25%牛至精油结合4℃储藏的保鲜效果与0.15%牛至精油结合-3℃储藏效果相当，0.15%牛至精油结合4℃储藏保鲜效果与0.00%牛至精油结合-3℃储藏保鲜效果无显著差异。

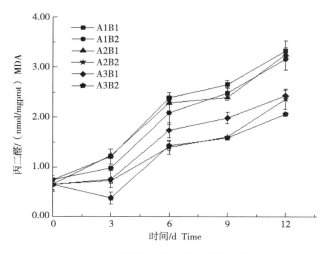

图7 储藏期内羊肉丙二醛的变化

Fig. 7 Change in MDA of mutton during storage

2.8 羊肉在储藏期内挥发性盐基氮的变化

由图8可以看出，0~6d，各处理组挥发性盐基氮之间没有明显差别，都呈缓慢上升趋势，从第6天开始，各组挥发性盐基氮快速上升，但A3B2组一直最低，A2B2组次之；第9天时，A1B1组挥发性盐基氮（0.29mg/g）和A2B1组挥发性盐基氮（0.27mg/g）快速上升，根据冷鲜肉挥发性盐基氮的判断标准：一级鲜度≤0.15mg/g，二级鲜度≤0.20mg/g，变质肉≥0.25mg/g，A1B1组和A2B1组羊肉均成为变质肉；第12天时，所有处理组均超出可接受程度，但A3B2组挥发性盐基氮为0.26mg/g，属于轻微超过标准值，在6个处理组中数值最低。

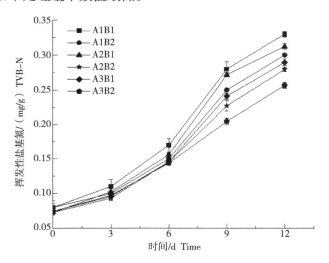

图8 储藏期内羊肉挥发性盐基氮的变化

Fig. 8 Change in TVB-N of mutton during storage

2.9 羊肉在储藏期内菌落总数的变化

由图9可以看出,随着储藏时间的增加,各处理组羊肉的菌落总数不断上升。3~6d时,各处理组菌落总数增长缓慢,且各组之间无显著差异;第6天后开始快速增长,12d时,A3B2组增长速度降低,菌落总数值最低,为2.90×10^6cfu/g,A1B1组增长速度最快,为6.60×10^8cfu/g。

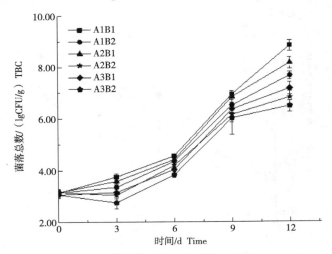

图9 在储藏期内羊肉菌落总数的变化

Fig. 9 Change in TBC of mutton during storage

3 结论与讨论

肉色是肉品变化的最直观反应,是影响消费者购买欲望的最直接因素。其变化与肌红蛋白有关,随着氧合肌红蛋白被氧化生成高铁肌红蛋白,肉逐渐由鲜红色变为褐色。此外,肌肉脂肪氧化也会引起肉色的变化[13]。pH值是评价肉品新鲜度的重要指标,活体动物肌肉的pH值一般呈中性,宰后由于肌糖原的无氧降解产生大量乳酸,同时,ATP分解产生磷酸,使肌肉pH值下降;随着储藏时间的延长,蛋白质失活变性,产生氨及胺类碱性物质,又使pH值上升[14]。pH值用来评价冷鲜肉新鲜度的标准:pH值在5.80~6.20时为一级鲜度,pH值在6.30~6.60为二级鲜度,pH值在6.70以上为变质肉。单一经过牛至精油处理或-3℃储藏均可保持羊肉具有较高的a*值,并能够一定程度上降低羊肉pH值。当牛至精油添加量为0.00%,储藏温度为4℃时,羊肉在第9d变质,而0.25%牛至精油结合-3℃储藏的羊肉在第12d时仍为二级鲜度,且在6个处理组羊肉中pH值和a*值均最低。林顿等[15]对不同温度储藏下猪肉的货架期进行研究发现,低温可以维持猪肉的a*值,并降低猪肉的pH值;刘立山等[16]在日粮中添加牛至精油饲喂荷斯坦奶牛发现,牛至精油可以更长时间保持牛肉的红度值,维持牛肉pH值的稳定,这与本研究结果相一致。此外本研究发现,当牛至精油结合-3℃储藏时,效果更佳。

硬度、弹性和胶着性反应的是羊肉的质构特性。硬度指的是样品在受力时对变形的抵抗力的大小;弹性是指样品经过压缩后再恢复的程度;胶着性可模拟表示半固态的食品破裂成吞咽时的稳定状态所需要的能量,由硬度和内聚性的乘积来表示。屠宰后肉的变化经历了尸僵、成熟、腐败3个阶段,在此过程中,肌肉内水分流失,蛋白质变性,使肌肉组织结构遭到破坏,延展性消失,肌肉变得松软,硬度、弹性和胶着性均出现不同程度的下降[17-18]。牛至精油以及-3℃储藏均能减缓羊肉内部的生理生化反应,防止水分外逸,维持较好的组织结构。

过氧化值是表示油脂和脂肪酸被氧化程度的指标，是脂质氧化的初级产物，丙二醛是脂质氧化的次级产物，因此，两者常被用来评价肉品的新鲜程度[19-20]。挥发性盐基氮是指动物性食品在酶和细菌的作用下，使蛋白质分解产生氨或胺类碱性物质，是评价肉品新鲜度的重要指标。而菌落总数常被用来判定食品的污染程度。牛至精油成分中各种酚类物质抑制了羊肉脂质氧化速度和蛋白质的分解速度，降低了微生物的生长，而-3℃低温储藏使羊肉温度处于冻结点附近，此时，肌肉内部生物活动几乎处于"休眠"状态，组织细胞新陈代谢速度降低，阻止了羊肉脂肪和蛋白的氧化变质、微生物的生长[21]。杜云飞等[22]研究发现，牛至精油可以抑制鱼肉脂质氧化，减缓微生物生长速度。此外，牛至精油可通过延长真空包装切片火腿中微生物的生长停滞期，来降低微生物生长速率，阻止脂质氧化达到延长货架期的目的。以上研究均与本研究的结果相似，此外，本研究还发现，牛至精油和低温储藏之间存在交互作用，两者结合使用时对羊肉脂质氧化和微生物生长抑制作用更明显。

本研究发现，单一使用牛至精油或低温储藏均可使羊肉保持较高品质，且牛至精油添加量越高，保鲜效果越好；-3℃比4℃储藏更能维持储藏期羊肉的品质，延长羊肉的货架期。同时，牛至精油和储藏温度之间存在互作效应，两者结合使用时，以挥发性盐基氮为考虑因素，与A1B1组相比，A3B2组使羊肉的货架期至少延长了3d，因此，0.25%牛至精油结合-3℃低温储藏对羊肉的保鲜效果最好，可以考虑应用于食品保鲜行业。

参考文献

[1] 刘光发，宋海燕，罗婉如，等. 百里香-丁香罗勒精油抗菌纸对草莓的防腐保鲜效果[J]. 包装工程，2018，39（19）：91-97.

[2] 张慧芸，郭新宇. 丁香精油-壳聚糖复合可食性膜对生肉糜保鲜效果的影响[J]. 食品科学，2014，35（18）：196-200.

[3] AURELI P, COSTANITINI A, ZOLEA S. Antimicrobial activity of some plant essential oils against Listeria monocytogenes[J]. Journal of Food Protection, 1992, 55（5）: 344-348.

[4] FERNÁNDEZ-PAN I, CARRIÓN-GRANDA X, MATÉ J I. Antimicrobial efficiency of edible coatings on the preservation of chicken breast fillets[J]. Food Control, 2014, 36（1）: 69-75.

[5] 邵兴锋，曹保英，王鸿飞，等. 茶树精油的生物活性及其在对虾保鲜中的应用[J]. 江苏农业学报，2013，29（1）：172-177.

[6] GOULAS A E, KONTOMINAS M G. Combined effect of light salting, modified atmosphere packaging and oregano essential oil on the shelf-life of sea bream (Sparus aurata): Biochemical and sensory attributes[J]. Food Chemistry, 2007, 100（1）: 287-296.

[7] 谢晶，马美湖，高进. 植物精油抗菌乳状液涂膜对鸡蛋的保鲜效果[J]. 农业工程学报，2009，25（8）：299-304.

[8] 王双，马现永. 植物抗生素—牛至油在畜禽生产中的应用[J]. 饲料研究，2010，（4）：9-11.

[9] CHOULIARA E, KARATAPANIS A, SAVVAIDIS I N, et al. Combined effect of oregano essential oil and modified atmosphere packaging on shelf-life extension of fresh chicken breast meat, stored at 4 degrees C[J]. Food Microbiology, 2007, 24（6）: 607-617.

[10] 许立兴，薛晓东，仵轩轩，等. 微冻及冰温结合气调包装对羊肉的保鲜效果[J]. 食品科学，2017，38（3）：232-238.

[11] GIATRAKOU V, KYKKIDOU S, PAPAVERGOU A, et al. Potential of oregano essential oil and MAP to extend the shelf life of fresh swordfish: A comparative study with ice storage[J]. Journal of Food Science, 2008, 73（4）: M167.

[12] 张馨木. 质构仪测定冷鲜肉新鲜度方法的研究[D]. 长春：吉林大学，2012.
[13] 吴桂苹. 肉的颜色变化机理及肉色稳定性因素研究进展[J]. 肉类工业，2006（6）：32-34.
[14] 王晓香，夏杨毅，张斌斌，等. 不同包装方式对黑山羊冷鲜肉保鲜效果的比较[J]. 包装工程，2014，35（7）：11-16，59.
[15] 林顿，黄斯，陶晓亚，等. 兰溪花猪肉微冻气调包装的保鲜效果[J]. 食品工业科技，2014，35（24）：332-337.
[16] 刘立山，刘婷，石磊，等. 日粮中添加牛至精油改善牛肉熟化过程中的肉品质[J]. 食品工业科技，2016，37（5）：334-337，342.
[17] 何其，林向东，鹿常胜，等. 基于质构参数的低温保藏罗非鱼片品质评价方法[J]. 包装与食品机械，2013，31（6）：1-6.
[18] 孙天利. 冰温保鲜技术对牛肉品质的影响研究[D]. 沈阳：沈阳农业大学，2013.
[19] 王丹丹，李婷婷，刘烨，等. 茶多酚对冷藏带鱼品质及抗氧化效果的影响[J]. 食品科学，2015，36（2）：210-215.
[20] WANG S，ZHANG L，LI J，et al. Effects of dietary marigold extract supplementation on growth performance, pigmentation, antioxidant capacity and meat quality in broiler chickens[J]. Asian-Australasian Journal of Animal Sciences，2017，30（1）：71-77.
[21] 刘明爽，李婷婷，马艳，等. 真空包装鲈鱼片在冷藏与微冻贮藏过程中的新鲜度评价[J]. 食品科学，2016，37（2）：210-213.
[22] 杜云飞，樊立源，沈春华. 牛至精油活性膜对黑鱼片的保鲜效果[J/OL]. 食品与机械：1-12[2018-12-30]. http：//kns. cnki. net/kcms/detail/43. 1183. ts. 20181120. 1506. 004.

肌纤维类型分类及转化机理研究进展

梁婷玉[1]，吴建平[1,2,*]，刘婷[1]，柏妍[1]，张瑞[1]

（1. 甘肃农业大学动物科学技术学院，甘肃兰州 730000；
2. 甘肃省农业科学院，甘肃兰州 730000）

摘　要：肌纤维作为骨骼肌的基本组成单位，其类型组成的差异与产肉动物的产肉量及其肉品的质量密切相关，故肌纤维成为近年来国内外的研究热点。本文先对肌纤维ATP酶染色法、免疫组化染色法等肌纤维类型的分类方法进行综述，进一步对肌纤维特性进行简要概述，最后回顾了肌纤维类型转化的外界因素及分子调控通路研究进展。以期为今后的肌纤维类型及转化机理研究提供参考。
关键词：肌纤维类型；免疫组化染色；ATP酶染色；肌纤维类型转化

Research Progress on Classification and Transformation Mechanism of Muscle Fiber Types

Liang Ting yu[1], Wu Jian ping[1,2,*], Liu Ting[1], Bai Yan[1], Zhang Rui[1]

(1. College of Animal Science and Technology, Gansu Agricultural University, Lanzhou, 730000, China; 2. Gansu Academy of Agricultural Sciences, Lanzhou, 730000, China)

Abstract: Muscle fibers are the basic unit of skeletal muscle and the type of muscle fiber is closely related to meat production and quality. In this context, muscle fibers have recently been a hot topic for researchers both in China and abroad. In this pater, we review methods such as ATPase staining and immunohistochemical staining to classify muscle fiber typesand presents a brief overview of the characteristics of muscle fibers. Moreover, we review the external factors that influence the transformation of muscle fiber types and the underlying signaling pathways. This review is expected to provide reference for future studies on muscle fibers and the mechanism underlying their transformation.
Key words: muscle fiber type; immunohistochemical staining; ATPase staining; muscle fiber type

随着生活水平的提高，人们对于食品的需求已从基本的量的需求上升到对于营养均衡和高品质的要求，因此，对肉类食品品质的要求也在不断提升。肉品质主要由其本身是形态结构及化学组成决定，肌纤维作为组成肌肉的基本单位，其生长发育及类型组成是影响畜禽生长发育和肉品质的重要因素之一[1]。根据肌纤维形态、代谢酶活性、收缩速率及肌球蛋白重链（myosin heavy chain，MyHC）亚型等可对肌纤维类型进行差异区分。随着分子生物学的蓬勃发展，骨骼肌肌纤维的分型方法也在不断改进和演变。从最初的基于形态机能的分类法逐渐发展到肌原纤维ATP酶染色法、十二烷基硫酸钠—聚丙烯酰胺凝胶电泳（sodium dodecyl sulfate-polyacrylamide gel electropheresis，SDS-PAGE）法和免疫组化法等。恰当的肌纤维分型方法对肌纤维特性及肉产品品质研究至关重要，而不同的分类方法在不同条件下的应用会存在一定的局限性，如实时荧光定量PCR（Quantitative Real-time PCR，qRT-PCR）适用于对肌肉中4种MyHC表达的定量分析，SDS-PAGE可用于微量的单个肌纤维类型鉴定[2]。动物出生后，其肌纤维数目已经确定，但类型组成并非固定不变，肌纤维类型保持高度可塑性[3]，一些外界因素，如营养水平、个体的运动状态以及环境和年龄等，均可影响肌纤维类型的转化。肌纤维类型的转化也受机体内多种信号通路及调控因子等内在因素的调控[4]。本文主要从肌纤维类型的分类方法及转化影响因素两方面进行阐述。

1 肌纤维类型的分类

肌纤维类型的研究已经有近百年的历史。早期的分类方法是基于肌纤维形态结构的分类，随着各种先进生物技术的相继产生和广泛应用，肌纤维分类也逐渐发展到肌原纤维ATP酶染色法、SDS-PAGE法、qRT-PCR法和免疫组化法等。

1.1 基于肌纤维形态和功能特性的分类

骨骼肌肌纤维高度分化，根据生理功能、组织化学和形态结构可将其分为不同的类型。早在1873年，Ranvier根据肉色提出将骨骼肌划分为红肌和白肌2种类型[5]。Berri等[6]研究发现，肌肉色泽与肉品质及动物生长性能有关，高比例的红肌纤维在一定程度上代表较好的肉品质，红肌纤维比例相对较高的肉色泽鲜亮、肉质细嫩，而高比例的白肌纤维则更多地代表较强的生长性能。

根据电刺激后肌纤维的收缩特性，将肌纤维分为慢速收缩型（Ⅰ型）和快速收缩型（Ⅱ型）[7]，该分类方法将肌纤维类型与机能相关联。随着科学技术的发展，大量研究人员根据肌纤维代谢类型及酶活性等生理特异性对肌纤维类型进行进一步区分。根据代谢酶系活性的相对大小，将Ⅱ型肌纤维分为Ⅱa型（快速氧化型）、Ⅱb型（快速酵解型）和Ⅱx型（中间型）。根据骨骼肌的代谢类型可将肌纤维分为慢收缩氧化型（slow oxidative，SO）、快收缩氧化型（fast oxidative，FO）、快收缩氧化酵解型（fast oxido-glycolytic，FOG）及快收缩酵解型（fast glycolytic，FG）[8]。

1.2 基于肌球蛋白ATP酶染色法的分类

20世纪70年代，Guth-Samaha肌球蛋白ATP酶染色法建立，该方法的应用极大地推动了骨骼肌相关研究的深入与发展，并对神经性肌萎缩和肌源性肌萎缩的诊断具有重要价值[9]。1970年，Brooke和Kaiser用一系列不同pH值的缓冲液对肌纤维进行孵育，形成了一套能够将肌纤维类型分为Ⅰ、Ⅱa和Ⅱb3类的方法，即肌球蛋白ATP酶酸法染色（pH值4.4）和碱法染色（pH值10.4）[10]。ATP酶碱法染色可区分Ⅰ、Ⅱ2种肌纤维类型：Ⅰ型肌纤维较细，染色浅，呈淡蓝色；Ⅱ型肌纤维较粗，染色深，呈深蓝色。ATP酶酸法染色可进一步将Ⅱ型肌纤维区分为Ⅱa和Ⅱb型[11]，该方法是目前被广泛接受的分类法之一，可较好地分辨肌肉中不同的肌纤维类型。

在ATP酶染色的基础上，结合异染性染料甲苯胺蓝可同时鉴别4种不同肌纤维型，即为异染ATP酶染色法。该方法的基本原理是不同肌纤维ATP酶在酸性预孵育液中的活性差异导致局部磷酸钙与染料聚合体浓度不同，继而呈现染色结果的不同[12]。1990年，Ogilvie首次用异染ATP酶染色法在1

张切片上同时区分出Ⅰ、Ⅱa、Ⅱb和Ⅱx 4种肌纤维[13]。异染ATP酶染色法是通过生理机能来区分肌纤维类型，而不是通过MyHC亚型蛋白的差异表达。

除ATP酶外，也可以利用其他肌纤维酶进行肌纤维分类。朱道立[14]利用琥珀酸脱氢酶染色法（依据肌纤维氧化能力）及烟酰胺腺嘌呤二核苷酸—四唑还原酶染色（依据肌纤维酵解能力）等组织化学染色方法来区分肌纤维，但这2种染色方法影响因素较多，染色结果不稳定，如运动可使琥珀酸脱氢酶活性增强，从而导致染色结果不稳定。

1.3 基于MyHC的分类

收缩蛋白和代谢蛋白结构与功能的多样性决定了骨骼肌肌纤维功能的差异性。作为骨骼肌主要的收缩蛋白，肌球蛋白分子由2对起调节作用的肌球蛋白轻链（myosin light chain，MLC）和2个具有三磷酸腺苷酶（ATPase）活性的MyHC组成，肌肉的收缩特性由MyHC亚型决定[14]。MyHC有4种不同亚型（即MyHCⅠ、MyHCⅡa、MyHCⅡb和MyHCⅡx），据此可将肌纤维分为4种类型，即Ⅰ型（慢速氧化型肌纤维）、Ⅱa型（快速氧化型肌纤维）、Ⅱb型（快速酵解型肌纤维）和Ⅱx型（中间型肌纤维）[15]。近年来，许多研究人员试图从MyHC基因表达水平不断深入研究骨骼肌纤维的组成及特性，如采用电泳法和免疫组化染色法，并取得了显著成效。

1.3.1 MyHC基因PCR检测法

MyHC基因是目前研究肌纤维类型及组成的重要分子标记。1989年，Ansved等[16]利用聚丙烯酰胺梯度凝胶电泳及MyHC单克隆抗体免疫组化等方法鉴定出一种新型肌纤维——Ⅱx型。依据MyHC的4种不同亚型，通过电泳法可以清晰地区分单肌纤维的4种纯合型，同时，可以显示不同MyHC亚型表达的杂合肌纤维。另外，结合荧光定量检测技术可灵敏、精确地确定不同肌纤维的比例及含量，该方法相比于其他组化染色法既省时又省力[17]。

1.3.2 免疫组化染色法

免疫组织化学染色即抗原与抗体的特异性结合，通过荧光素、酶等化学反应中抗体标记显色剂显色来对组织细胞中的抗原（多肽和蛋白质）进行定位和定量分析。而对于肌纤维分型研究，是根据肌纤维类型找到各类型肌纤维所对应的抗体，从而将其区分开[18]。相对于前文中的各方法，该方法的针对性和精确性均较高，也可以避免ATP酶染色法的缺陷。特异性抗体进行单独免疫染色可以识别特定类型的肌纤维。在大鼠中已确定出与Ⅰ、Ⅱa、Ⅱb和Ⅱx 4种肌纤维对应的单克隆抗体分别为BAF8、A4.74、BF-F3和BF-35[19]。Wu等[20]使用上述抗体分别对大鼠胫骨前肌和比目鱼肌的Ⅰ、Ⅱa、Ⅱb和Ⅱx型肌纤维进行免疫酶染色，4种纤维染色结果依次为深灰色、深棕色、深红色和不被染色或被染为淡棕色。但该免疫染色法需要多个连续组织切片才可以鉴定肌肉组织中所有的肌纤维类型，因此，该方法工作量大，操作过程繁琐。早在1968年，Nakane[21]就提出多重免疫组化染色法，该方法能够在同一张肌肉切片上同时鉴别出所有的肌纤维类型，如三联免疫荧光染色（triple immunofluorescence staining，TIF）和三联免疫酶染色（triple immunoenzyme staining，TIE）。TIF是基于MyHC蛋白的差异表达来区分不同类型肌纤维及其横截面积。Babcock等[22]用免疫荧光染色法鉴定大鼠胫骨前肌肌肉中的4种肌纤维，同时研究同一区域中肌肉生长抑制素和激活素受体（ac-tRⅡB）的表达，结果表明，采用TIF对慢性卸载后肌纤维类型特异性萎缩反应的研究结合基本差干涉对比成像系统可以有效区分肌纤维类型间蛋白的差异表达，也表明该技术可以在空间上分辨细胞核、卫星细胞和间质细胞，以评估其在卸载后肌肉特异性萎缩反应中的潜在作用。相比于TIF，TIE更具优势。TIE能够更好展示肌纤维的形态特征和组织结构，其以免疫反应为基础的染色经过很长时间也不会褪色；另外，该方法能够弥补TIF法对基底膜不能清晰区分的缺陷，尤其是在Ⅱx型肌纤维存在的条件下[23]。Wu等[20]确立了一种新型的特异性TIE法，该方法对大鼠正常胫骨前肌、比目鱼肌、不同程度下去神经支配和神经再支配后胫骨前肌和比目鱼肌中的肌纤维类型及比例进行了较为精确的分析，同时鉴定出杂合型肌纤维Ⅱa/Ⅱx型、Ⅱb/Ⅱx型和Ⅰc（Ⅰ/Ⅱa）型。Sawano等[24]提出一步四重免疫染色法，该方法摒弃了二级抗体的使用，仅用4种初级抗体的混合物就可以在1张切片上有效染色并区分出4种肌纤维类型，该方法能够应用于由环境因素等诱导肌纤维类型转化的检测。

尽管肌纤维因分类方法多样而命名各异，但不同肌纤维之间存在一定的相关性，如SO型肌纤维即为Ⅰ型，FO型肌纤维为Ⅱa型，FG型肌纤维为Ⅱb型，FOG型肌纤维为Ⅱx型[25]。但不同分类方法所确定的肌纤维类型之间是否存在完全对应关系还有待进一步研究。

以上所列举的基于组织化学染色的方法不需要特异性抗体，故成本较低，染色结果直观、清晰，但缺点是结果不够精确，重复性差，且耗时耗力。异染ATP酶法效果较优，但也存在一定的局限性：对pH值和温度变化敏感，随着时间的延长，ATP酶活性逐渐减弱，不能对严重萎缩的肌纤维进行染色[26]。多重免疫染色能够克服这些不足，该方法在鼠类等啮齿类动物的肌纤维分型中应用更为成熟。

不同类型肌纤维的形态特征、收缩性能等生理生化特性具有显著差异。肌纤维的形态和生理特征指标包括肌纤维数量、肌纤维直径、肌纤维长度和肌纤维类型[27]。不同肌纤维类型酶活性的不同决定了其代谢性能的差异。由于Ⅰ型肌纤维含有较高活性的有氧代谢酶（琥珀酸脱氢酶、细胞色素氧化酶等）、线粒体含量高，而ATP酶活性较低（与收缩强度相关），故收缩慢而持久。相反，Ⅱb型肌纤维中ATP酶和糖酵解酶系活性高、糖原含量高，而线粒体含量少、有氧代谢酶活性低，故收缩快但不持久[28]。相比于Ⅰ型肌纤维，Ⅱb型肌纤维直径大、血管化程度低、ATP酶活性较高、抗疲劳性较弱。Ⅱx型纤维特征与Ⅱb型接近，但其收缩速率略低，氧化代谢程度较高。Ⅱa型纤维在收缩和代谢方面介于Ⅱx和Ⅰ型之间[29]。4种肌纤维类型的氧化能力由高到低依次为Ⅰ型>Ⅱa型>Ⅱx型>Ⅱb型，肌纤维收缩速率表现为Ⅰ型<Ⅱa型<Ⅱx型<Ⅱb型。

2 肌纤维类型转化及调控因素

一般认为肌纤维总数在动物出生后基本保持不变，但肌纤维类型在生长过程中持续相互转化，且其转化是环境等外界因素和机体内部因子协同调控的结果。动物出生时几乎没有酵解型肌纤维，主要以氧化型肌纤维为主。一些肌纤维在生长过程中具有由氧化型向酵解型转化的能力，一些后天因素会导致肌纤维类型整体由氧化型向酵解型转化，且早期生长阶段是肌纤维类型转变的重要阶段[30]。肌纤维在年龄、营养、环境等多种因素影响下发生表型转化，以适应外界环境的要求，将这些外界因素区分为营养因素和非营养因素。机体内部调控因子主要为机体信号通路及相关细胞因子。Dingboom等[31]认为，肌纤维类型的转化次序为慢肌向快肌转化，快肌向中间型快肌转化，最终转化为白肌。总体来说肌纤维转化遵循Ⅰ型↔Ⅱa型↔Ⅱx型↔Ⅱb型[32]。

2.1 营养因素

肌肉发育的基础保障便是营养水平，肌纤维生长发育及类型组成受动物出生前后营养水平的影响[33]。动物出生前妊娠母体的营养水平对其肌纤维有调控作用。在胚胎肌纤维形成前，降低母体营养水平会使羔羊背最长肌和骨外侧肌的快肌纤维显著减少，慢肌纤维明显增加，而在妊娠后期降低母羊营养水平对羔羊肌纤维数量无影响[34]。出生后幼畜的营养水平对肌纤维类型转化也有重要影响。Fahey等[35]对禁食条件下（断食不断水24h）不同代谢类型肌肉肌纤维类型组成的研究结果表明，比目鱼肌和腓肠肌中MyHCⅠ mRNA表达显著提高，而趾长伸肌则无显著影响。而长期营养不良会导致趾长伸肌中Ⅱa/Ⅱx型纤维比例提高，Ⅱb型纤维的比例降低[33]。综上所述，营养不足会导致肌纤维类型由快速酵解型向慢速氧化型或中间型转化。

饲粮中能量水平、蛋白质、脂肪酸和天然饲料添加剂等营养组分的含量及其原料来源均会引起肌纤维类型转化。高能量饲粮可以提高肉中Ⅱa和Ⅱx型肌纤维的比例，降低Ⅱb型肌纤维的比例[36]。Li Yinghui等[37]发现，饲粮中蛋白质水平由16%降至13%时，育肥猪背最长肌和腰大肌Ⅱa型肌纤维和股二头肌中Ⅰ型肌纤维的比例显著升高。低淀粉、高纤维饲粮可降低Ⅱb型肌纤维的比例[38]。

作为日粮的重要组成成分，脂肪酸被动物肠道消化吸收，最终影响动物机体内肌肉发育。Eshima等[39]研究发现，长期高脂饮食（high fat diet，HFD）可能通过对肌纤维组成等形态特征的改变使小鼠快收缩肌纤维收缩能力受损；但短期的HFD无此作用。相比于饱和脂肪酸，不饱和脂肪酸可以显著降低小鼠肌肉中酵解型肌纤维的含量，提高氧化型肌纤维含量[40]。不饱和脂肪酸的种类对肌纤维类型的转化也有一定影响。小鼠饲粮中添加富含n-3多不饱和脂肪酸的鱼油可以显著增加趾伸长肌中Ⅱx型肌纤维的比例，显著降低Ⅱb型肌纤维的比例[41]。共轭亚油酸可以改变体外培养的猪肌纤维类型组成，且主要表现为提高Ⅰ和Ⅱa型肌纤维比例，显著降低Ⅱx和Ⅱb型肌纤维比例[42]。天然提取物中的多酚类物质可以提高骨骼肌中腺苷酸活化蛋白激酶（AMP-activatedprotein kinase，AMPK）的磷酸化程度，进而促进过氧化物酶受体增殖激活受体γ（peroxisome proliferator-activated receptors-γ，PPAR-γ）辅助激活因子-1α（PPAR-γco-activator 1α，PGC-1α）磷酸化并活化，推测天然植物提取物可能通过调节AMPK途径调控肌纤维类型的转化[43]。白藜芦醇作为一种植物类多酚化合物，能够诱导氧化型肌纤维的表达，而抑制酵解型肌纤维的表达[44]。饲粮中添加5%苹果酸多酚可以提高小鼠肌肉中慢肌纤维的比例[45]。但也有研究表明，营养因素对肌纤维类型的转化无显著影响。日粮中添加中草药对育肥猪肌纤维类型比例无显著影响[46]。因此，营养可能因动物物种、个体年龄、体质量及肌肉部位等因素的差异而对骨骼肌肌纤维类型组成产生不同影响。

2.2 非营养因素

肌纤维是动态学结构，随着生理环境的变化，其类型组成也在不断改变。在动物生长发育阶段，随着年龄的增加，氧化型肌纤维比例减少，酵解型肌纤维比例升高[47]。大量研究表明，品种、性别、年龄和部位等因素对动物肌肉肌纤维类型组成的影响较大，但品种和组织部位是影响肌肉纤维类型组成的最主要因素[48]。品种间肌纤维类型、数目及特性存在显著差异，早在1985年，Essén-gustavsson等[49]就发现，与瑞典约克郡猪相比，汉普夏猪背最长肌和臀中肌的氧化能力更强。因肌肉部位的不同，品种对肌纤维含量的影响也不同[50]。苏琳等[51]研究发现，苏尼特羊肱二头肌Ⅰ型肌纤维数量比例、面积比例及Ⅱa型肌纤维的面积比例均显著小于巴美肉羊，表明对于特定部位的肌肉，肌纤维类型组成受遗传因素的极大影响。性别对肌纤维类型分布的影响有种属特异性[52]。随着年龄的增长，所有类型肌纤维的横截面积逐渐增大，不同类型的肌纤维增长速率不同，当生长到一定阶段时，氧化型肌纤维开始向酵解型肌纤维转化[53]。除上述影响因素外，外界刺激和运动等对肌纤维类型组成也至关重要。高温应激会诱导Ⅰ型肌纤维向Ⅱ型肌纤维转化[54]。运动对肌纤维类型的影响包括运动方式、运动强度等[55]。关于运动对肌纤维类型转化的影响观点不一，目前还没有形成一致的结论。任阳[28]的研究表明，经有氧运动后，动物骨骼肌的氧化能力明显提高，并可以诱导酵解型肌纤维向氧化型转化（Ⅱb型或Ⅱx型向Ⅱa型转化）。长期高强度间歇训练课能够提高SD小鼠快肌中Ⅰ型、Ⅱa型肌纤维及慢肌中Ⅰ型肌纤维的比例[56]。运动引起的肌纤维类型转变与原来肌肉组织中肌纤维类型的组成密切相关，而运动等外界因素对肌纤维转化的调控需通过一系列生物学通路来实现。

2.3 信号通路及细胞因子

肌纤维类型间的相互转化受复杂的生物学通路调节。由于骨骼肌的高度可塑性，机体在自然生长发育或受到某些生理变化、病理刺激和应激时，细胞内相关的信号通路就会发生改变，调节肌纤维特异性基因的表达，进而诱发肌纤维类型的转化[57]。这些特异性的变化涉及肌节中MyHC和轻链结构表达的修饰以及神经肌肉去极化等[58]。肌纤维类型转化过程的信号通路主要包括Ca^{2+}信号通路、AMPK信号通路和PGC-1α信号通路等。

2.3.1 Ca^{2+}/CaN信号通路

骨骼肌中的Ca^{2+}依赖转运途径对肌纤维转化起重要作用，其可通过激活转录因子调节线粒体核编码的基因，使肌纤维类型发生转化[59]。细胞内的Ca^{2+}分为游离钙和结合钙，只有当Ca^{2+}与底物蛋白结合时才能发挥其作用[60-61]。存在于细胞质中的钙蛋白酶水解系统，即钙蛋白酶（包括μ-calpain和m-calapain）和钙蛋白酶抑制蛋白（calpastatin），受Ca^{2+}浓度调节，在肌纤维生长和降解过程中起决定性作用。Felicio等[62]的研究表明，鸡肉中的钙蛋白酶基因与肌纤维组成及生长性状显著相关。Moyen等[63]的研究表明，编码μ-calpain蛋白大亚基的CAPN1基因参与肌细胞分化和肌纤维形成过程。敲除CAPN1基因会影响肌纤维的组成比例。高强等[64]研究发现，敲除CAPN1基因小鼠的Ⅱb型肌纤维比例显著高于野生型小鼠。CAPN1基因可能参与鸡骨骼肌纤维类型的转化[65]。位于细胞质中的钙调神经磷酸酶（calcineurin，CaN）受Ca^{2+}/钙调蛋白活化，可以调节肌纤维类型特异性基因的表达，从而改变肌纤维表型。不同肌纤维中Ca^{2+}浓度不同，故CaN会被不同程度的激活，活化CaN通路，慢肌纤维特异性基因启动子的活性选择性上调，进一步实现由快肌向慢肌的转化[66]。

2.3.2 AMPK信号通路

AMPK是平衡细胞能量的重要调节激酶，被称为"细胞能量调节器"。除对肌肉能量代谢起关键调控作用外，AMPK与肌纤维类型的转化也密切相关。运动训练等外界刺激对肌纤维类型转化的影响可能通过AMPK代谢途径来实现。辛雪等[40]的研究表明，氧化型肌纤维含量高的金华猪肌肉中AMPK显著高表达，揭示了AMPK与猪肌纤维组成密切相关。AMPK受多种代谢因子的调节，如抑癌基因FLCN及其伴侣分子FLCN相互作用蛋白1（FNIP1）复合物FLCN-FNIP1可负向调控AMPK活性[67]。AMPK经磷酸化激活后会调控其下游通路PGC-1α、NAD^+/NADH等，进而影响MyHC基因的表达，改变肌纤维类型[68]。AMPK的磷酸化水平受高浓度ATP引起的上游激酶磷酸化和蛋白质磷酸酶抑制去磷酸化作用影响[69]。

2.3.3 PGC-1α信号通路

转录因子与辅因子是联系肌纤维类型与机体运动能力的关键。PGC-1α是参与线粒体生物合成、能量代谢和糖脂代谢等过程的多功能转录调节因子。PGC-1α基因表达可诱导Ⅱx型肌纤维向Ⅰ型肌纤维转化[70]。PGC-1α基因可以通过多种信号途径调控畜禽骨骼肌肌纤维类型的转化。Yamaguchi等[71]研究发现，PGC-1α基因的表达可以使人的肌纤维由快肌向慢肌转化，鸡胸肌中部分Ⅱb型肌纤维向Ⅱa型转化。束婧婷等[72]研究发现，PPARGC1A基因能够与钙离子信号通路相关基因协同作用，改变鸡肌纤维组成。PGC-1α基因可能通过PGC-1α/MEF2、PGC-1α/HIF2α、PGC-1α/PPAR-δ等途径影响肌纤维转化，且其表达具有导向性[73]。Zhang Lin等[74]研究发现，骨骼肌PGC-1α基因过表达通过提高线粒体呼吸作用及脂肪酸氧化作用，诱导小鼠和猪肌纤维组成发生变化，其研究结果表明，相比于野生型，PGC-1α转基因猪腓肠肌中Ⅰ型肌纤维的含量显著增加，转基因小鼠腓肠肌Ⅱa型肌纤维的含量显著减少，表明PGC-1α基因的过表达促进了红肌纤维（氧化型肌纤维）的形成。

2.3.4 其他调控因子

调控肌纤维代谢的信号通路复杂多样，除上述通路外，还有大量通路与肌纤维转化相关，如下图所示[75]。另有部分研究证实microRNA和部分代谢因子同样是影响肌纤维类型组成的重要因素。例如，成肌纤维生长因子21（FGF21）及细胞增长因子（MEF2）等均可调控肌纤维类型的转化。郭佳等[53]通过基因芯片筛选和活体基因超表达模型发现，细胞外信号调节激酶超表达后Ⅰ型肌纤维含量降低，Ⅱ型肌纤维含量升高。化朝举[76]研究表明，miR-378a在股四头肌、胫骨前肌和腓肠肌等酵解型肌纤维含量较高的肌肉中表达水平高，而在富含氧化型肌纤维的比目鱼肌中表达水平低；通过ATP酶染色发现，敲除miR-378a后氧化型肌纤维的单位面积百分比增加，从而表明miR-378a可能对快肌纤维的形成起调控作用。

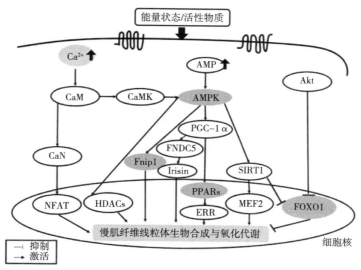

CaM. 钙调素（calmodulin）；CaN. 钙调磷酸酶（calcineurin）；NFAT. T细胞核因子（nuclear factor of activated T cells）；CaMK. 钙调素依赖性蛋白激酶（calmodulin dependent protein kinase）；HDACs. 组蛋白脱乙酰酶（histone deacetylases）；Fnip1. 卵泡素互作蛋白1（folliculin interacting protein-1）；PGC-1α. 过氧化物酶受体增殖激活受体γ辅助激活因子-1α（peroxisome proliferator-activated receptor γ co-activator 1α）；FNDC5. 纤维联结蛋白Ⅲ型域包含蛋白5（fiber links protein Ⅲ domain contains 5）；Irisin. 莺尾素；PPARs. 过氧化物酶体增殖剂激活受体（peroxisome proliferators-activated receptors）；ERR. 雌激素相关受体（estrogen-related receptor）；SIRT1. 沉默信息调节因子1（silent information regulator 1）；MEF2. 肌细胞特异性增强结合因子2（myocyte-specific enhancer-binding factor 2）；Akt. 蛋白激酶B（protein kinase B）；FoxO1. 叉头框转录因子O亚族1（forkhead box transcription factor O1）。

图　骨骼肌纤维类型转化信号通路

Fig　Signaling pathways of skeletal muscle fiber transition

肌纤维转化调控因子形式多样，且不同信号通路对肌纤维类型转化的作用机理不同。但由于调控网络的复杂性，各信号通路之间不能被完全划分，而是调控因子之间相互影响、相互依存。如AMPK信号通路的激活可能与Ca²⁺信号通路相关；PGC-1α基因的表达受AMPK信号通路的激活或抑制的影响[77]。因此，对肌纤维类型的转换机理有待进一步深入研究。

3　结语

随着科技的不断进步，肌纤维类型的分类方法也在不断改进与完善，为进一步深入研究各类肌纤维特性及其对肉品质的影响提供理论依据。由于肌纤维的可塑性，近年来多数研究人员通过营养调控的方式来改变骨骼肌肌纤维类型组成，进而改善畜禽肉品质。另外，从骨骼肌miRNA和卫星细胞等分子水平进一步深入研究肌纤维转化机制及影响因子是后续肌纤维研究的主要方向。本文对国内外近年来肌纤维的相关研究进行综述，简要介绍了不同肌纤维类型特性及其转化影响因素，以期为肌纤维类型特性及转化机理的研究提供参考，为精准、高效的畜牧养殖和畜禽肉质改善奠定理论基础。

参考文献

[1] 刘露露，宋阳，苏定.猪肌纤维发育及其对肉品质的影响[J].湖南畜牧兽医，2017（2）：36-38.

[2] LEFAUCHEUR L A. Second look into fibre typing-relation to meat quality[J]. Meat Science, 2010, 84: 257-270. DOI: 10.1016/j.meatsci.2009.05.004.

[3] 徐娥.CNR1基因的表达对肌纤维类型的影响及其机制研究[D].杭州：浙江大学，2012：5-6.

[4] 孙君志，陶小平.骨骼肌纤维类型分类研究进展[C]// Proceedings of the 2011 Second International Conference on Education and sports Education. Intelligent Information Technology Application Association, 2011: 4.

[5] BROOKE M H, KAISER K K. Three "myosin adenosinetriphosphatase" systems: the nature of their pH lability and sulfhydryl dependence[J]. The Journal of Histochemistry and Cytochemistry, 1970, 18(9): 670-672. DOI: 10.1177/18.9.670.

[6] BERRI C, WACRENIER N, MILLET N, et al. Effect of selection for improved body composition on muscle and meat characteristics of broilers from experimental and commercial lines[J]. Poultry Science, 2001, 80(7): 833-838. DOI: 10.1093/ps/80.7.833.

[7] BROOKE M H, KAISER K K. Muscle fiber types: how many and what kind?[J]. Archives of Neurology, 1970, 23(4): 369-379. DOI: 10.1001/archneur.1970.00480280083010.

[8] PETER J B, SAWAKI S, BARNARD R J, et al. Lactate dehydrogenase isoenzymes: distribution in fast-twitch red, fast-twitch white, and slow-twitch intermediate fibers of guinea pig skeletal muscle[J]. Archives of Biochemistry and Biophysics, 1971, 144(1): 304-307. DOI: 10.1016/0003-9861(71)90482-6.

[9] 高美钦，晋雯，张文敏.肌球蛋白三磷酸腺苷酶的染色技术[J].解剖学杂志，2004，27（1）：104-105.

[10] 李江华，沙海燕，王智慧.组织化学染色法检测骨骼肌纤维类型[J].实验室研究与探索，2010，29（10）：224-226；230.

[11] 刘静，刘文静，张德莹，等.区分骨骼肌纤维类型的几种染色法及其对比研究[C]//中华口腔医学会第四届颞下颌关节病学及（牙合）学专业委员会换届大会暨第十一次全国颞下颌关节病学及（牙合）学学术研讨会论文集.北京：中华口腔医学会，2014.

[12] 王月丽，周越，王瑞元，等.区分肌纤维类型的异染ATPase法改良研究[J].北京体育大学学报，2008（5）：610-612. DOI: 10.19582/j.cnki.11-3785/g8.2008.05.012.

[13] OGILVIE R W, FEEBACK D L. A metachromatic dye-ATPase method for the simultaneous identification of skeletal muscle fiber types Ⅰ, ⅡA, ⅡB and ⅡC[J]. Stain Technology, 1990, 65(5): 231-241. DOI: 10.3109/10520299009105613.

[14] 朱道立.趾肌肌球蛋白腺苷三磷酸酶与琥珀酸脱氢酶染色的相关性探讨[J].动物学杂志，2003，38（2）：32-35. DOI: 10.13859/j.cjz.2003.02.010.

[15] SCHIAFFINO S, REGGIANI C. Fiber types in mammalian skeletal muscles[J]. Physiological Reviews, 2011, 91(4): 1447-1531. DOI: 10.1152/physrev.00031.2010.

[16] ANSVED T, LARSSON L. Effects of ageing on enzyme-histochemical, morphometrical and contractile properties of the soleus muscle in the rat[J]. Journal of the Neurological Sciences, 1989, 93(1): 105-124. DOI: 10.1016/0022-510X(89)90165-2.

[17] 程晓芳.白藜芦醇通过脂联素信号通路调控肌纤维类型转化的研究[D].南宁：广西大学，2017：8-9.

[18] 秦召,康相涛,李国喜.肌纤维组织学特性与肌肉品质的关系[J].安徽农业科学,2006(22):5 872-5 873.

[19] MCMILLAN E M, QUADRILATERO J. Differential apoptosis-related protein expression, mitochondrial properties, proteolytic enzyme activity, and DNA fragmentation between skeletal muscles[J]. American Journal of Physiology-Regulatory, Integrative and Comparative Physiology, 2011, 300(3): R531-R543. DOI: 10. 1152/ajpregu. 00488. 2010.

[20] WU P, ZHANG S, SPINNER R J, et al. A novel triple immunoenzyme staining enables simultaneous identification of all muscle fiber types on a single skeletal muscle cryosection from normal, denervated or reinnervated rats[J]. Neural Regeneration Research, 2017, 12(8): 1 357-1 364. DOI: 10. 4103/1673-5374. 213560.

[21] NAKANE P K. Simultaneous localization of multiple tissue antigens using the peroxidase-labeled antibody method: a study on pituitary glands of the rat[J]. Journal of Histochemistry and Cytochemistry, 1968, 16(9): 557-560. DOI: 10. 1177/16. 9. 557.

[22] BABCOCK L W, KNOBLAUCH M, CLARKE M S. The role of myostatin and activin receptor ⅡB in the regulation of unloading-induced myofiber type-specific skeletal muscle atrophy[J]. Journal of Applied Physiology, 2015, 119(6): 633-642. DOI: 10. 1152/ japplphysiol. 00762. 2014.

[23] MCMILLAN E M, QUADRILATERO J. Differential apoptosis-related protein expression, mitochondrial properties, proteolytic enzyme activity, and DNA fragmentation between skeletalmuscles[J]. American Journal of Physiology Regulatory Integrative and Comparative Physiology, 2011, 300(3): R531. DOI: 10. 1152/ajpregu. 00488. 2010.

[24] SAWANO S, KOMIYA Y, ICHITSUBO R, et al. A one-step immunostaining method to visualize rodent muscle fiber type within a single specimen[J]. PLoS One, 2016, 11(11): e0166080. DOI: 10. 1371/journal. pone. 0166080.

[25] 刘培峰,冯佳炜,段晓雪,等.肌纤维类型及其转化对畜禽肉品质的影响[J].中国饲料,2015(16):16-19. DOI: 10. 15906/j. cnki. cn11-2975/s. 20151604.

[26] JERGOVIC D, STAL P, LIDMAN D, et al. Changes in a rat facial muscle after facial nerve injury and repair[J]. Muscle and Nerve, 2001, 24(9): 1 202-1 212. DOI: 10. 1002/mus. 1133.

[27] 何茂章,张震,伍仲平,等.不同冻存法对肌肉冰冻切片后HE染色和肌球蛋白ATP酶染色效果的影响[J].江西农业大学学报,2016,38(3):519-523. DOI: 10. 13836/j. jjau. 2016075.

[28] 任阳.饱和与不饱和脂肪酸对猪肌纤维组成的影响及其AMPK途径研究[D].杭州:浙江大学,2014:7-8.

[29] 王建华.肌纤维类型转化通路CaN/NFAT相关基因的表达分析及CAML基因的分离鉴定[D].武汉:华中农业大学,2010:15-17.

[30] 张丽,孙宝忠.肌纤维类型与生理代谢、生长性能及肉质的关系[J].肉类研究,2013,27(8):25-30.

[31] DINGBOOM E G, EIZEMA K, WEIJS W A. Changes in fibre typecom position of gluteus medius and semitendinosus muscles of Dutch Warmblood foals and the effect of exercise during the first year postpartum[J]. Equine Veterinary Journal, 2002, 34(2): 177-183. DOI: 10. 2746/042516402776767312.

[32] LEFAUCHEUR L. Myofiber typing and pig meat production[J]. Slovenski Veterinarski Zbornik, 2001, 38(1): 5-28.

[33] 孙相俞.不同品种和营养水平对猪肌纤维类型和胴体肉质性状的影响[D].雅安:四川农业大学,2009:22-23.

[34] 郭秋平,文超越,王文龙,等.肌纤维类型转化的分子信号通路及其营养调控进展[J].动物营养学报,2017,29(6):1 836-1 842.

[35] FAHEY A J, BRAMELD J M, PARR T, et al. The effect of maternal undernutrition before muscle differentiation on the muscle fiber development of the newborn lamb[J]. Journal of Animal Science, 2005, 83(11): 2 564-2 571.

[36] 关丹丹.成纤维细胞生长因子21对骨骼肌肌纤维类型的影响及其机制研究[D].雅安:四川农业大学,2016:18-19.

[37] LI Yinghui, LI Fengna, WU Li, et al. Effects of dietary protein restriction on muscle fiber characteristics and mTORC1 pathway in the skeletal muscle of growing-finishing pigs[J]. Journal of Animal Science and Biotechnology, 2017, 7(1): 47-58.

[38] LI Yanjiao, LI Jiaolong, ZHANG Lin, et al. Effects of dietary energy sources on post mortem glycolysis, meat quality and muscle fibre type transformation of finishing pigs[J]. PLoS One, 2015, 10（6）: e0131958. DOI: 10.1371/journal.pone.0131958.

[39] ESHIMA H, TAMURA Y, KAKEHI S, et al. Long-term, but not short-term high-fat diet induces fiber composition changes and impairedcontractile force in mouse fast-twitch skeletal muscle[J]. Physiological Reports, 2017, 5（7）: e13250.

[40] 辛雪，苏琳，马晓冰，等. 体质量对巴美肉羊肌纤维特性及肉品质的影响[J]. 食品科学, 2014, 35（19）: 39-42.

[41] MIZUNOYA W, IWAMOTO Y, SHIROUCHI B, et al. Dietary fat influences the expression of contractile and metabolic genes in rat skeletal muscle[J]. PLoS One, 2013, 8（11）: e80152. DOI: 10.1371/journal.pone.0080152.

[42] 黄金秀，刘作华，杨飞云，等. 品种、体质量和营养对猪背最长肌肌纤维组织学特性的影响[J]. 中国畜牧杂志, 2010, 46（13）: 39-43.

[43] VACCA R A, VALENTI D, CACCAMESE S, et al. Plant polyphenols as natural drugs for the management of down syndrome and related disorders[J]. Neuroscience Biobehavioral Reviews, 2016, 71: 865-877. DOI: 10.1016/j.neubiorev.2016.10.023.

[44] 张树润，陈小玲，陈代文，等. 白藜芦醇对畜禽骨骼肌纤维类型转化的影响及其机理[J]. 动物营养学报, 2017, 29（7）: 2 278-2 282.

[45] MIZUNOYA W, MIYAHARA H, OKAMOTO S, et al. Improvement of endurance based on muscle fiber-type composition by treatment with dietary apple polyphenols in rats[J]. PLoS One, 2015, 10（7）: e0134303. DOI: 10.1371/journal.pone.0134303.

[46] 王志永，李军乔，东贤，等. 日粮添加中草药对育肥猪生长性能、肉品质和肌纤维特性的影响[J]. 中国饲料, 2018（4）: 55-59. DOI: 10.15906/j.cnki.cn11-2975/s.20180411.

[47] 任列娇，赵素梅，胡洪，等. 肌纤维类型及其对猪肉品质影响的研究进展[J]. 云南农业大学学报, 2010, 25（1）: 124-131. DOI: 10.16211/j.issn.1004-390x（n）.2010.01.022.

[48] 王莉. 牦牛肉肌纤维类型组成及其代谢酶活力差异对宰后肉嫩度的影响[D]. 兰州: 甘肃农业大学, 2016: 2-3.

[49] ESSÉNGUSTAVSSON B, FJELKNERMODIG S. Skeletal muscle characteristics in different breeds of pigs in relation to sensory properties of meat[J]. Meat Science, 1985, 13（1）: 33-47.

[50] 李玥，许雪萍，杨晓静，等. 早期限饲对肉鸡肌肉生长及肌纤维类型的影响[J]. 农业生物技术学报, 2006（6）: 855-860.

[51] 苏琳，辛雪，刘树军，等. 苏尼特羊肉肌纤维特性与肉质相关性研究[J]. 食品科学, 2014, 35（7）: 7-11.

[52] KARLSSON A H, KLONT R E, FERNANDEZ X. Skeletal muscle fibres as factors for pork quality[J]. Livestock Production Science, 1999, 60（2/3）: 255-269. DOI: 10.1016/S0301-6226（99）00098-6.

[53] 郭佳. 金华猪和长白猪肌纤维组成差异及ERK基因对肌纤维转化的影响研究[D]. 杭州: 浙江大学, 2011: 93-95.

[54] 宋小珍，符运斌，黄涛，等. 金银花提取物对高温条件下肉牛抗氧化指标和骨骼肌肌纤维结构的影响[J]. 动物营养学报, 2015, 27（11）: 3 534-3 540.

[55] 贾安峰，冯京海，张敏红. 调控骨骼肌肌纤维类型转化的因素及机制[J]. 动物营养学报, 2014, 26（5）: 1 151-1 156.

[56] HARRISON A P, ROWLERSON A M, DAUNCEY M J. Selectiveregulation of myofiber differentiation by energy status during postnataldevelopment[J]. American Journal of Physiology, 1996, 270（2）: 667-674. DOI: 10.1152/ajpregu.1996.270.3.R667.

[57] 孙一，朱荣，梁永桥，等. 高强度间歇训练对不同类型肌纤维代谢与分布的调节[J]. 广州体育学院学报, 2018, 38（1）: 82-89. DOI: 10.13830/j.cnki.cn44-1129/g8.2018.01.020.

[58] PETTE D, STARON R S. Myosin isoforms, muscle fiber types, and transitions[J]. Microscopy Research and Technique, 2000, 50（6）: 500-509. DOI: 10.1002/1097-0029（20000915）50:6%3C500::AID-

JEMT7%3E3. 0. CO；2-7.

[59] CHIN E R. Role of Ca^{2+}/calmodulin-dependent kinases in skeletalmuscle plasticity[J]. Journal of Applied Physiology, 2005, 99（2）：414-423. DOI：10. 1152/japplphysiol. 00015. 2005.

[60] MAKAREWICH C A, CORRELL R N, GAO H, et al. A caveolae-targeted L-type Ca 2+ channel antagonist inhibits hypertrophic signalingwithout reducing cardiac contractility[J]. Circulation Research, 2012, 110（5）：669-674. DOI：10. 1161/CIRCRESAHA. 111. 264028.

[61] 张学林, 周越, 王瑞元. 运动与骨骼肌中钙振荡[J]. 中国运动医学杂志, 2009, 28（5）：581-584. DOI：10. 16038/j. 1000-6710. 2009. 05. 032.

[62] FELICIO A M, BOSCHIERO C, BALIEIRO J C, et al. Identification and association of polymorphisms in CAPN1 and CAPN3 candidate genes related to performance and meat quality traits in chickens[J]. Genetics and Molecular Research, 2013, 12（1）：472-482.

[63] MOYEN C, GOUDENEGE S, POUSSARD S, et al. Involvement of micro-calpain（CAPN 1）in muscle cell differentiation[J]. International Journal of Biochemistry and Cell Biology, 2004, 36（4）：728-734. DOI：10. 1016/S1357-2725（03）00265-6.

[64] 高强. 肌球蛋白重链基因MyHC与中国地方鸡肌肉品质之间的相关研究[D]. 北京：中国农业大学, 2007：25-28.

[65] 葛雅琼, 秦昊, 高强, 等. 鸡骨骼肌纤维类型鉴定及CAPN1基因与鸡腿肌纤维类型比例的关联分析[J]. 中国家禽, 2016, 38（11）：9-13. DOI：10. 16372/j. issn. 1 004-6 364. 2016. 11. 002.

[66] LIU Y, SHEN T, RANDALL W R, et al. Signaling pathways in activity-dependent fiber type plasticity in adult skeletal muscle[J]. Journal of Muscle Research and Cell Motility, 2005, 26（1）：13-21. DOI：10. 1007/s10974-005-9002-0.

[67] 周启程. 二氢杨梅素调控FLCN-FNIP1/AMPK通路抑制肥胖诱导的骨骼肌纤维类型转换[D]. 重庆：第三军医大学, 2017：32-33.

[68] 朱文奇, 徐文娟, 束婧婷, 等. 鸭骨骼肌早期发育过程中钙蛋白酶3（CAPN3）基因的表达及其与肌纤维性状的关联[J]. 畜牧兽医学报, 2014, 45（3）：385-390.

[69] 于亮, 陈晓萍, 王瑞元. 骨骼肌纤维类型转化的分子调控机制研究进展[J]. 中国运动医学杂志, 2014, 33（5）：470-475. DOI：10. 16038/j. 1000-6710. 2014. 05. 007.

[70] INAGAKI T, DUTCHAK P, ZHAO G, et al. Endocrine regulation of the fasting response by PPAR alpha-mediated induction of fibroblast growth factor 21[J]. Cell Metabolism, 2007, 5（6）：415-425.

[71] YAMAGUCHI T, SUZUKI T, ARAI H, et al. Continuous mild heat stress induces differentiation of mammalian myoblasts, shifting fiber type from fast to slow[J]. American Journal of Physiology Cell Physiology, 2010, 298（1）：140-148. DOI：10. 1152/ajpcell. 00050. 2009.

[72] 束婧婷, 姬改革, 单艳菊, 等. 基于表达谱芯片挖掘鸡骨骼肌不同类型肌纤维的差异表达基因[J]. 中国农业科学, 2017, 50（14）：2 826-2 836.

[73] 周招洪, 陈代文, 田刚, 等. 过氧化物酶体增殖物激活受体γ辅激活因子1α与肌纤维类型转化及其表达调控研究进展[J]. 中国畜牧兽医, 2015, 42（10）：2 636-2 643. DOI：10. 16431/j. cnki. 1 671-7 236. 2015. 10. 019.

[74] ZHANG Lin, ZHOU Ying, WU Wangjun, et al. Skeletal muscle-specific overexpression of PGC-1α induces fiber-type conversion through enhanced mitochondrial respiration and fatty acid oxidation in mice and pigs[J]. International Journal of Biological Sciences, 2017, 13（9）：1 152-1 162. DOI：10. 7150/ijbs. 20132.

[75] HOPPELER H. Molecular networks in skeletal muscle plasticity[J]. Journal of Experimental Biology, 2016, 219（Pt 2）：205-213. DOI：10. 1242/jeb. 128207.

[76] 化朝举. miR-378a对骨骼肌肌纤维类型及其代谢的调控机理[D]. 北京：中国农业科学院, 2016：18-19.

[77] 王丽娜, 王珍, 彭建龙, 等. 表没食子儿茶素没食子酸酯对育肥猪骨骼肌纤维类型的影响[J]. 畜牧兽医学报, 2016, 47（8）：1 581-1 591.

不同强度放牧对祁连山高寒草甸优势种牧草营养价值的影响

姚喜喜[1]，宫旭胤[2]，张利平[1]，郎侠[2]，吴建平[1,2]*

（1. 甘肃农业大学动物科学技术学院，甘肃兰州 730070；
2. 甘肃省农科院畜草与绿色农业研究所，甘肃兰州 730070）

摘 要：为探究放牧强度对祁连山高寒草甸优势牧草营养价值的影响，本研究以10年围封、轻度放牧、中度放牧牧和重度放牧4个放牧强度处理下的高寒草甸作为研究对象，采用野外采样、室内测定和数据统计分析相结合的方法，研究不同放牧强度对4个优势种牧草营养价值年际和月际变化及其相互关系的影响，以期为放牧和极端气候条件下祁连山高寒草甸的管理提供指导。结果表明：与10年围封对照相比，放牧显著的增加了嵩草的CP（粗蛋白）和DMD（消化率），显著降低了NDF含量（中性洗涤纤维）（$P<0.05$），但对金露梅、珠芽蓼和锦鸡儿3个优势种牧草的CP、DMD和NDF含量没有显著影响（$P>0.05$），且随着放牧强度的增加，群落总生物量和优势种牧草相对生物量呈下降趋势，优势种CP、DMD和NDF含量呈上升趋势，且在中等强度放牧时优势种的CP和DMD含量最高，NDF含量最低；围封和不同强度放牧对优势种牧草CP、DMD和NDF含量表现出明显的年际变化规律，即多雨年份4个优势种牧草的CP、DMD含量显著高于干旱年份（$P<0.05$）；而NDF则与之相反，即多雨年份4个优势种牧草的NDF含量显著低于干旱年份（$P<0.05$）；围封和不同强度放牧对优势牧草CP、DMD和NDF含量表现出明显的月际变化规律，即在牧草返青季6月CP和DMD含量显著高于牧草枯黄季9月（$P<0.05$），且CP和DMD含量在6月最高，9月最低，而NDF含量则与之相反，即牧草返青季6月NDF含量显著低于牧草枯黄季9月（$P<0.05$），且NDF含量在6月最低，9月最高；优势种牧草CP、DMD和NDF含量受到放牧强度、年际变化、月际变化和牧草种的相互影响；放牧对优势种牧草营养价值（CP、DMD和NDF）的影响表现出明显的年际、月际动态和种的特异性响应。因此，本研究建议对围封10年的高寒草甸进行中等强度放牧，以充分利用草地资源，同时，在进行草地管理时，如生长季末补饲、转移草场、施肥和种植高营养价值的牧草等相应的管理措施可以被考虑。本研究结果对放牧和极端气候变化条件下祁连山高寒草甸的管理和生态保护具有重要的指导意义。

关键词：高寒草甸；优势种；放牧强度；营养价值；年际和月际变化

基金项目：国家绒毛用羊产业技术体系饲养管理与圈舍环境岗位科学家任务支持（CARS-40-18）；公益性行业（农业）科研专项—北方作物秸秆饲用化利用技术研究与示范（201503134）和国家自然科学基金（#31460592）资助
作者简介：姚喜喜（1989—），男，汉，甘肃镇原人，在读博士。E-mail：1468046362@qq.com
*通讯作者 Corresponding author. E-mail：wujp@gsagr.ac.cn

Effects of different grazing intensities on nutritive values of dominant species in alpine meadow of Qilian Mountains

Yao Xi xi[1], Gong Xu yin[2], Zhang Li ping[1], Lang Xia[2], Wu Jian ping[1,2]

(1. College of animal science and technology, Gansu Agricultural University, Lanzhou, 730070, China; 2. Animal Husbandry, Pasture and Green Agriculture Institute, Gansu Academy of Agricultural Sciences, Lanzhou, 730070, China)

Abstract: In order to study the effects of grazing intensities on the nutritive value of dominant species in an alpine meadow of Qilian Mountains. In this study, we selected four different grazing intensities (10 years fencing, light grazing, middle grazing and high grazing), and we used the combined analytical method collecting in field, measuring in lab and analysing statistics to study the effects of four grazing intensities on the inter-annual, inter-month variations and their interactions of four dominant species nutritive values, and we aims to provide some suggestions for alpine meadow management under intense graing and extreme climatic changes in Qilian Mountains. The results showed that: compared with 10years fencing, grazing significantly increased ($P<0.05$) the crude protein (CP) and dry matter digestibility (DMD) content of *K. capillifolia*, and significantly decreased ($P<0.05$) the two species neutral detergent fibre (NDF) content, but no significant influence ($P<0.05$) on *P. viviparum*, *P. fruticosa* and *C. sinica*. With the increaseofgrazing intensities, the community biomass and dominant species relative biomass have a decline trend, and the CP, DMD and NDF of dominant species have a increase trend, and in the high grazing intensity, the CP and DMD of dominant species is highest, and NDF is lowest. For all dominant species, the effects of fencing and different grazing on the nutritional value showed obvious inter-annual change regulation, that is the CP and DMD of dominant species in the wetter year were signifiantly higher ($P<0.05$) than in the drier year, however, conversely, the NDF content in the wetter year were signifiantly lower than in the drier year ($P<0.05$); For all dominant species, the effects of fencing and different grazing on the nutritional value showed obvious inter-month change regulation, that is CP and DMD were highest in the early (June) and were lowest at the end (September) of the growing season, and there were significant difference ($P<0.05$). Conversely, the NDF content in the early (June) were signifiantly lower ($P<0.05$) than in the end (September) of the growing season; The nutritive value of dominant species were affected by grazing, inter-annual and inter-month variations. The effects of grazing on dominant species nutritive value showed significant inter-annual, inter-month changes and species specific response. Therefore, it is recommended that the alpine meadows fenced for 10 years should be properly grazed in order to fully utilize grassland resources in Qilian Mountains. At the same time, in grassland management, corresponding measures such as supplementary feeding at the end of the growing season, changing pastures, fertilizing, and planting high-nutritional value grasses can be considered. Our results have an important significance to the management and ecological protection of Qilian Mountains of grasslands under intense grazing and global climatic change.

Key words: alpine meadow; dominant species; grazing intensity; nutritive value; inter-annual and inter-month variations

祁连山牧区地处青藏高原东北部边缘，横跨甘肃和青海2个省份[1]，属高原寒带亚干旱气候，草地总面积143万hm²，是我国北方牧区的重要组成部分。草地畜牧业是当地占主导地位的土地使用类型并且是当地GDP的重要组成部分[2]。近年来，由于草地退化严重，当地畜牧生产受到牧草营养产量的限制，而牧草营养产量由地上净初级生产力（ANPP）和牧草营养价值决定[3]。由于目前祁连山草原处于退化和ANPP的降低状态[4]，牧草营养价值对于草地畜牧业生产显得愈发重要。放牧作为最基本的草地利用方式，长期的围栏封育不仅会造成草地生产资源的浪费，而且会对植被的恢复和牧草的营养品质产生严重的负面影响[5]。放牧活动通常可以提高牧草的营养价值[6-7]，进而影响家畜的生产性能[8-11]，而放牧强度不同，草地和家畜的表现亦有不同[7]。研究表明，放牧对牧草营养价值的影响取决于放牧强度、环境因素及牧草的功能特性[6-7, 12-13]，这些因素之间的相互关系尚未见报道。因此，研究生物及非生物因素和放牧活动对牧草营养价值的影响及其之间的相互关系对祁连山高寒草甸的管理和保护具有重要意义。

此前关于放牧活动对牧草营养价值的影响研究主要集中在放牧对牧草生物量和土壤养分利用造成的间接影响[14-16]，而对围封和不同强度放牧对牧草营养价值的影响研究报道较少。首先，牧草生物量对放牧强度具有积极的响应。放牧强度的增加和草地生物总量的减少能够促进牧草的再生，提高牧草的营养价值和消化率[17-18]。牧草的再生是由物候期、土壤养分和土壤水分有效性决定的，同时，受到降水量和季节变化的影响[19-22]；其次，不同放牧强度下，植被盖度发生变化进而影响土壤水分含量、土壤温度和土壤中微生物数量，进而影响氮素的矿化和土壤养分的利用效率[23-24]；此外，家畜粪便能够加快土壤N和P的代谢和循环并进一步提高了土壤养分的利用率[25]。降雨量对植物再生和土壤养分供应的影响也会间接影响放牧的营养价值[7, 26]，土壤养分利用率的所有变化均受到降雨量的调控，高寒牧区牧草的生长及营养价值的变化均受水分和氮素利用率的限制[9, 12, 21]。因此，降水通过影响牧草的再生和土壤养分的利用率影响牧草营养价值对放牧活动的响应[7, 26]。有关牧草生长的大量研究中未见放牧活动和降水量交互影响牧草营养价值的报道。

草地对土壤资源利用和牧草的生长具有季节性特征，进而引起牧草营养价值及其对放牧的响应亦表现出明显的季节性变化规律[27]。是祁连山草原牧草生长季在5—10月，土壤养分供应表现出明显的季节性变化[23]。这种变化对于牧草生长和营养价值的季节性具有显著影响[28]，牧草的生长表现出春季返青、秋季成熟的季节性变化，牧草营养成分随返青而快速积累，而当牧草停止生长时，成熟和木化进程开始，营养价值开始下降[29]。不同物候特征的物种对放牧的反应可能有所不同。由于家畜放牧活动具有明显的季节性特点，牧草间存在物候特征的差异，因此，牧草对于放牧活动的响应表现出明显的物种间差异[8]。基于此，本研究以祁连山高寒草甸为研究对象，以2015年（多雨年份）和2016年（干旱年份）2个年份，6月、7月、8月、9月牧草生长季4个月为时间尺度，研究长期围封（10年）和放牧（低、中、高强度）对祁连山高寒草甸4个优势种牧草营养价值的影响，研究结果对强度放牧和气候变化条件下祁连山高寒草甸的管理和生态保护具有重要的指导意义。

1 材料与方法

1.1 研究区概况

研究地区位于甘肃省肃南裕固族自治县康乐乡—祁连山国家级自然保护区（99°48′E，38°45′N），属高寒半干旱气候，温差较大，冬春季长而寒冷，夏秋季短而凉爽。年平均气温在

4℃左右，年平均降水量在255mm（1985—2014）（图1），约85%的降水量主要集中在牧草生长季的5—10月，年平均风速为4km/h，蒸发量在250~2 900mm，平均无霜期为127d，平均日照时数达3 085h。低温、干旱、大雪、寒潮、秋季连阴雨、冰雹及霜冻为主要灾害性天气。土壤为富含大量钙的深棕色高寒草甸土壤。以嵩草、珠芽蓼、金露梅和锦鸡儿为草地优势种[30]。

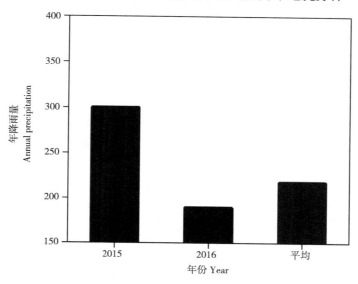

图1　祁连山2015年、2016年和近30年（1985—2014）年均降水量

Fig. 1　Annual precipitation（mm）in the Qilian Mountains in 2015 and 2016 and annual mean precipitation over 30 years（1985—2014）

1.2　试验设计

试验样地选择位于地势平坦、环境相对均匀的同一连续地段。于2005年开始，选择当地畜种甘肃高山细毛羊成年母羊作为试验对象，随机选择4个坡向、坡度、面积、植被类型和土壤状况相同的夏季牧场（属高寒草甸类型）作为试验样地，每个样地面积为10hm²，样地间采用围栏隔离，随机分配试验样地，分别作为围封CK（0个羊单位/hm²）、轻度放牧G1（light grazing，3.6个羊单位/hm²）、中度放牧G2（middle grazing，5.3个羊单位/hm²）和重度放牧G3（high grazing，7.6个羊单位/hm²）处理，共设置4个试验处理，围封草地全年均不进行放牧，放牧草地仅在每年6月、7月、8月、9月进行放牧，其余时间不放牧，放牧强度各年份保持不变，试验周期为2015年（多雨年份）、2016年（干旱年份）2年。

1.3　取样方法

6—9月放牧期间每月中旬在各放牧样地进行草地监测和优势种牧草采样，每个样点设置样方面积大小为1m×1m的15个重复样方（间距50m），测定样方内的植物种数、植被盖度，然后齐地面刈割样方中的植物种，带回实验室，65℃烘干至恒重，计算样方内各物种的生物量，将同一处理水平样地中的优势种收集待测营养品质和消化率，优势种牧草在草地群落中生物量所占比例以生物量最高的8月表示（表1）。

1.4　测定方法

测定指标及方法：牧草粗蛋白（CP）测定采用全自动凯氏定氮仪（Foss Kheltec 8400），中性洗涤纤维（NDF）测定采用全自动纤维分析仪（ANKOM 2000 Fiber Analyzer），牧草消化率（DMD）采用体外发酵装置（DaisyPIIP Incubator）测定。

1.5 数据处理

采用Excel 2010进行数据数据整理与作图，采用SPSS19.0统计软件进行数据统计分析。放牧处理（10年围封、轻度、中度和重度放牧）、采样年份和采样月份对优势种牧草营养品质的影响进行交互作用分析，将"年份"作为随机效应，"放牧强度和月份"作为固定效应，采用协方差分析，并进行Tukey检验，采用LSD法采用显著性比较（$P<0.05$）。

2 结果与分析

2.1 放牧对群落地上生物量和优势种相对生物量的影响

放牧显著降低了群落地上生物量（$P<0.05$）（表1），且多雨年份（2015年）高于干旱年份（2016年）（表2）。地上总生物量随放牧强度的增加而降低，轻度和中度放牧差异不显著（$P>0.05$），重度放牧显著低于轻度放牧草地（$P<0.05$）。在多雨年份，蒿草相对生物量随放牧强度的增加而降低，与围封和轻度放牧相比，中度放牧和重度放牧显著降低了蒿草的相对生物量（$P<0.05$），中度和重度放牧间差异不显著（$P>0.05$）；与围封、轻度和中度放牧相比，重度放牧显著地降低了珠芽蓼的相对生物量（$P<0.05$）；与围封相比，放牧显著降低了金露梅和锦鸡儿的相对生物量（$P<0.05$），各放牧强度之间没有显著差异（$P>0.05$）。在干旱年份，蒿草相对生物量随放牧强度的增加而降低，与围封相比，轻度、中度放牧和重度放牧显著降低了蒿草的相对生物量（$P<0.05$），轻度和中度之间差异不显著（$P>0.05$），重度放牧显著低于轻度和重度放牧（$P<0.05$）；与围封、轻度和中度放牧相比，重度放牧显著地降低了珠芽蓼的相对生物量（$P<0.05$）；与围封相比，放牧对金露梅和锦鸡儿相对生物量没有显著影响（$P>0.05$）。

表1 不同放牧处理下高寒草甸优势种牧草相对生物量所占比例（%）

Table 1　Relative biomass（%）of alpine meadow in different grazing treatment

项目 Project	年份 Year	放牧处理 Grazing treatment	蒿草 *Kobresia capillifolia*	珠芽蓼 *Polygonum viviparum*	金露梅 *Potentilla fruticosa*	锦鸡儿 *Caragana sinica*	地上总生物量 Aboveground total biomass（g/m²）
生物量所占比例 Relative biomass（%）	2015	围封CK	43.52±1.43a	34.23±3.05a	14.41±1.09a	13.42±0.87a	50.33±7.55a
		轻牧G1	39.50±1.36b	33.23±1.93ab	10.47±2.08b	9.45±2.57b	36.73±3.86b
		中牧G2	35.79±2.37c	31.49±2.44bc	10.26±1.23b	8.19±0.97b	32.50±5.90bc
		重牧G3	33.20±0.79c	25.34±1.35d	9.75±0.19b	8.76±2.07b	24.01±3.80c
	2016	围封CK	39.28±11.52a	32.20±4.60a	13.86±12.02a	12.99±0.65a	38.87±14.58a
		轻牧G1	34.12±6.10b	29.18±2.10a	13.19±2.29a	11.01±2.48a	22.30±4.25b
		中牧G2	32.45±1.36b	28.99±1.69a	12.49±2.41a	11.23±2.78a	18.87±2.19bc
		重牧G3	29.76±3.36c	23.83±4.88b	10.56±10.56a	11.79±1.49a	14.33±1.56c

备注：同列肩注不同小写字母表示差异显著（$P<0.05$），相同字母表示差异不显著（$P>0.05$），下同

Note: the different small letters in the same column indicate significant difference（$P<0.05$）, the same letter indicates that the difference is not significant（$P>0.05$）, the same as below

2.2 放牧对牧草营养品质年际变化的影响

由图2可知，多雨年份4种优势种牧草粗蛋白含量（CP）高于干旱年份。在多雨年份，放牧显著的提高（$P<0.05$）了4种优势种牧草的CP含量。在干旱年份，放牧仅显著提高（$P<0.05$）了锦鸡儿的CP含量，而对嵩草、珠芽蓼和金露梅CP含量没有显著影响（$P>0.05$）。

多雨年份4种优势种牧草消化率（DMD）高于干旱年份。在多雨年份，放牧显著地提高了（$P<0.05$）优势种嵩草、珠芽蓼和锦鸡儿的消化率（DMD），但对金露梅DMD无显著影响（$P>0.05$）。在干旱年份，相对于围封处理，放牧没有显著增加4种优势种牧草的DMD（$P>0.05$）。

多雨年份4种优势种牧草中性洗涤纤维含量（NDF）含量低于干旱年份。在多雨年份，放牧显著降低了（$P<0.05$）嵩草、珠芽蓼和锦鸡儿的NDF含量，但对金露梅无显著影响（$P>0.05$）。在干旱年份，放牧对嵩草、金露梅、珠芽蓼NDF无明显影响（$P>0.05$），但显著提高了锦鸡儿的NDF含量（$P<0.05$）。

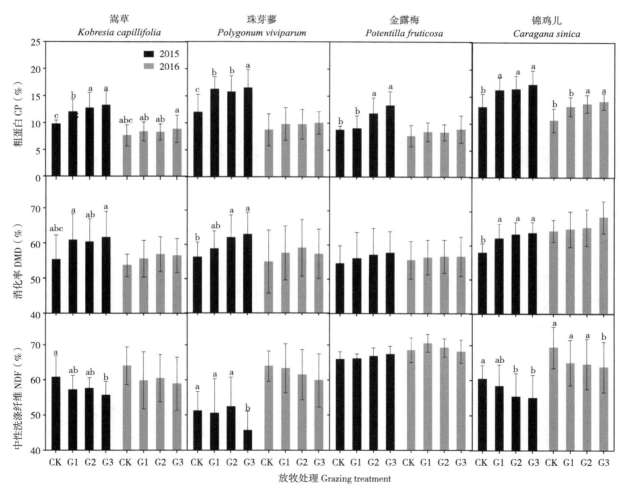

图2 放牧强度在多雨（2015）和干旱（2016）年份对4个优势种牧草营养品质的影响（平均数±标准差），同一年份相同字母表示差异不显著

Fig. 2 Effects of grazing intensity on herbage nutritive value of four dominant species in a relatively wetter year (2015) and a drier year (2016) (mean ± standard error), bars with the same letter were no significant difference ($P>0.05$) in the same year

2.3 放牧对牧草营养品质月际变化的影响

由图3可知，4种优势种牧草CP、DMD、NDF含量的季节变化对放牧处理存在不同程度的响应。牧草CP含量在6月最高，在9月最低。放牧显著提高了嵩草和锦鸡儿在整个生长季的CP含量（$P<0.05$）。放牧显著提高了7—8月珠芽蓼的CP含量（$P<0.05$）。放牧显著提高了6月金露梅CP含量（$P<0.05$），在7月、8月、9月没有显著影响（$P>0.05$）。随放牧强度的增加，嵩草CP含量显著升高，且各处理间差异显著（$P<0.05$）。

牧草DMD在6月最高，在9月最低。放牧显著提高了嵩草和锦鸡儿在整个生长季的DMD（$P<0.05$）。放牧显著提高了6月、7月、9月珠芽蓼DMD（$P<0.05$）。放牧显著提高了6—7月金露梅DMD（$P<0.05$），8—9月无显著影响（$P>0.05$）。

放牧显著降低了6月、8月、9月嵩草NDF含量（$P<0.05$），而对7月嵩草NDF含量无显著影响（$P>0.05$）。放牧显著降低了6月、7月、9月珠芽蓼NDF含量（$P<0.05$），而对8月珠芽蓼NDF含量无显著影响（$P>0.05$）。放牧对金露梅整个生长季NDF含量均无显著影响（$P>0.05$）。放牧显著降低6—7月锦鸡儿的NDF含量（$P<0.05$）而对8—9月锦鸡儿的NDF含量影响不显著（$P>0.05$）。

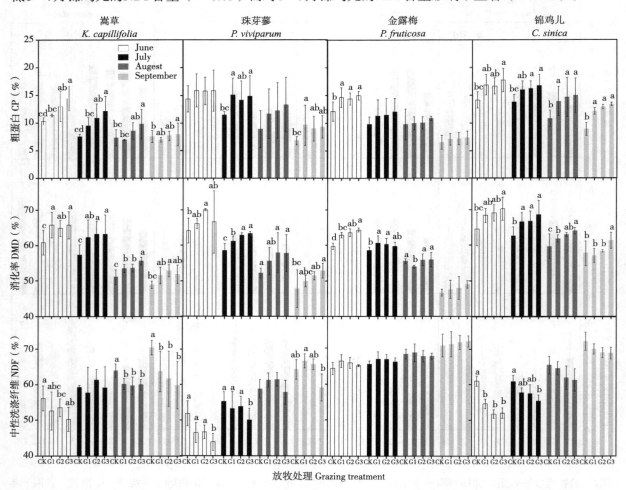

图3 放牧强度对生长季（6月、7月、8月、9月）4个优势种牧草营养品质的影响（平均数±标准差），同一月份相同字母表示差异不显著

Fig. 3 Effects of grazing intensity on herbage nutritive value of four dominant species in each month (June, July, August and September) (mean ± standard error), bars with the same letter were no significant difference ($P>0.05$)

2.4 放牧、年份和月份互作效应

由表2可知，放牧处理显著提高了蒿草的CP含量（$P<0.05$），对其他3种优势种牧草CP含量没有显著影响（$P>0.05$）。采样年份显著影响了珠芽蓼、金露梅和锦鸡儿的CP含量（$P<0.05$）。采样月份显著影响了蒿草、珠芽蓼和锦鸡儿的CP含量有（$P<0.05$），而对金露梅无显著影响（$P>0.05$）。放牧处理和采样年份互作显著影响了珠芽蓼、金露梅和锦鸡儿的CP含量（$P<0.05$），放牧处理和采样月份互作对4种优势种牧草CP含量均无显著影响（$P>0.05$）。

放牧处理显著影响了锦鸡儿DMD（$P<0.05$），对其他3种优势种牧草无显著影响（$P>0.05$）。采样年份显著影响了蒿草和珠芽蓼DMD（$P<0.05$）。采样月份显著影响了4种优势种牧草DMD（$P<0.05$）。放牧处理和采样年份互作显著影响了蒿草和珠芽蓼DMD（$P<0.05$）。放牧处理和采样月份互作对珠芽蓼DMD有显著影响（$P<0.05$），但对蒿草、金露梅和锦鸡儿DMD无明显影响（$P>0.05$）。

放牧处理显著影响了锦鸡儿NDF含量（$P<0.05$），对蒿草、珠芽蓼和金露梅没有显著影响（$P>0.05$）。采样年份显著影响了珠芽蓼和锦鸡儿NDF含量（$P<0.05$）。采样月份显著影响了蒿草和珠芽蓼NDF含量（$P<0.05$），对金露梅无显著影响（$P>0.05$）。放牧处理和采样年份互作显著影响了蒿草和珠芽蓼NDF含量（$P<0.05$），对金露梅和锦鸡儿无显著影响（$P>0.05$）。放牧处理和采样月份互作对4种优势种牧草NDF含量均无显著影响（$P<0.05$）。

表2 放牧处理、年份、月份交互作用的方差分析
Table 2 Variance analysis of the interaction of grazing treatment（G）, year（Y）, month（M）

指标 Index	项目 Term	蒿草 Kobresia capillifolia	珠芽蓼 Polygonum viviparum	金露梅 Potentilla fruticosa	锦鸡儿 Caragana sinica
粗蛋白 CP	放牧G	0.04	0.12	0.25	0.12
	年份Y	0.12	<0.01	0.04	0.01
	月份M	0.03	0.03	0.09	0.01
	放牧×年份G×Y	0.33	0.01	0.02	0.01
	放牧×月份G×M	0.65	0.73	0.99	0.91
消化率 DMD	放牧G	0.25	0.16	0.06	0.02
	年份Y	0.04	0.02	0.76	0.86
	月份M	0.03	0.01	0.04	0.04
	放牧×年份G×Y	<0.01	<0.01	0.12	0.15
	放牧×月份G×M	0.27	0.10	0.85	0.84
中性洗涤纤维 NDF	放牧G	0.27	0.07	0.13	0.01
	年份Y	0.06	0.01	0.67	0.02
	月份M	0.01	<0.01	0.33	<0.01
	放牧×年份G×Y	<0.01	0.11	0.37	0.60
	放牧×月份G×M	0.54	0.72	0.44	0.87

注：同一指标，同一项目中相同小写字母表示在0.05水平差异不显著（$P<0.05$）

Note: Within the same category, groups with the same letters are not significant at the 0.05 level（$P<0.05$）

2.5 牧草营养品质的线性拟合关系

由表3和图4可知，4种优势种牧草DMD和NDF含量与牧草N素浓度极显著相关（$P<0.01$），说明牧草营养价值受N素含量限制。牧草N浓度与DMD关系的线型拟合模型的斜率受采样年份和采样月份影响显著（$P<0.05$），牧草N浓度与NDF含量关系的线型拟合模型的斜率受到采样年份、采样月份和优势种影响显著（$P<0.05$）。多雨年份（2015年）牧草N浓度与DMD关系的线型拟合模型的斜率极显著（$P<0.01$）小于干旱年份（2016年），而多雨年份牧草N浓度与NDF含量关系的线型拟合模型的斜率极显著（$P<0.01$）大于干旱年份。6月牧草返青期N浓度与DMD关系的线型拟合模型的斜率显著（$P<0.05$）小于牧草枯黄期9月，而6月牧草返青期N浓度与NDF含量关系的线型拟合模型的斜率极显著（$P<0.01$）大于牧草枯黄期9月。放牧强度对N浓度与DMD关系的线型拟合模型的斜率和N浓度与NDF含量关系的线型拟合模型的斜率均无显著差异（$P>0.05$）。优势种对N浓度与DMD关系和N浓度与NDF关系的线型拟合模型的斜率对放牧强度没有显著的响应（$P>0.05$）。

表3 牧草氮含量和消化率、中性洗涤纤维之间的线性拟合关系
Table 3 Slopes of fitted model for the relationship between herbage N and DMD or NDF

类别 Category	组别 Group	消化率-氮 DMD-N 斜率 Slope	P值 P value	中性洗涤纤维-氮 NDF-N 斜率 Slope	P值 P value
采样年份 Sampling year	2015	8.70b	<0.01	-11.07b	<0.01
	2016	11.13a		-8.75a	
采样月份 Sampling month	6月 June	7.09a	0.03	-12.76b	<0.01
	7月 July	8.06a		-10.19ab	
	8月 August	4.45ab		-8.56ab	
	9月 September	8.84b		-9.40a	
放牧处理 Grazing treatment	CK	8.34a	0.34	-10.77a	0.29
	G1	8.99a		-11.21a	
	G2	8.77a		-11.20a	
	G3	8.22a		-9.67a	
优势种 Domiant species	嵩草 Kobresia capillifolia	9.69a	0.58	-4.86a	<0.01
	珠芽蓼 Polygonum viviparum	10.88a		-13.07b	
	金露梅 Potentilla fruticosa	10.26a		-8.10ab	
	锦鸡儿 Caragana sinica	9.80a		-11.88ab	

注：同一类别，同一组别中相同小写字母表示在0.05水平差异不显著（$P<0.05$）
Note: Within the same category, groups with the same letters are not significant at the 0.05 level（$P<0.05$）

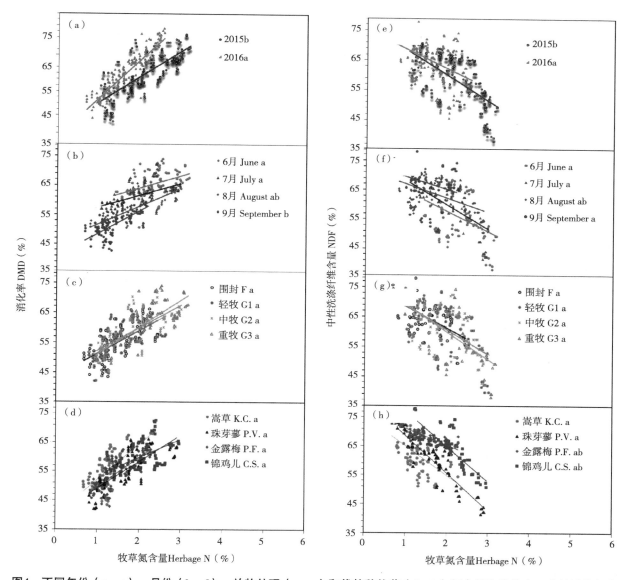

图4 不同年份（a, e）、月份（b, f）、放牧处理（c, g）和优势种牧草（d, h）氮含量和消化率、中性洗涤纤维的相关关系。在每组中，同一字母组在拟合线性模型斜率上差异不显著（$P>0.05$）

Fig. 4 Relationship between herbage nitrogen (N) concentration and DMD and NDF by year (a, e), by month (b, f), by grazing treatment (c, g) and by species (d, h). In each panel, groups with the same letters were not significantly ($P>0.05$) different in the slopes of fitted linear model

3 讨论与结论

3.1 放牧对牧草营养品质的影响

本研究表明围封显著增加了群落地上生物量和4种优势种牧草的相对生物量，这与此前其他学者的研究结果一致[31-32]。但考虑到放牧作为草地最基本的利用方式，长期的围栏封育不仅会造成草地生产资源的浪费，而且会对植被的恢复和牧草的营养品质产生严重的负面影响[33]。本研究中，随着放牧强度的增加，地上生物量呈下降趋势，且重度放牧处理下，草地群落生物量和4种优势种牧草相对生物量最低，这与大部分学者的研究一致[18, 34]。

放牧可以提高牧草的营养价值[12, 21]。研究中放牧增加了4种优势种牧草的营养价值，这与此前其他学者的研究结果一致[12, 21]。据报道，放牧活动引起的土壤pH值升高、家畜的踩踏行为及其产生的粪便加速了凋落物分解进入土壤[18, 23-24, 32, 35-37]，为土壤微生物的生长发育提供能源，进而促进N素矿化特别是硝化作用速率增加，导致土壤中N浓度增加，牧草中的N含量也随之增加。草原生态系统中的N素循环速率随着放牧压力的增加而加快，放牧促使根系向土壤上层集中[38-39]，随着放牧强度的增加，土壤表层碱解氮和速效钾含量提升，进而增加土壤肥力，最终使牧草CP含量增加[32, 40]。研究表明，放牧活动可以增加富含蛋白的新生牧草组织代替衰老的牧草组织[11, 21, 41-42]，同时，放牧也促进了新生组织再生，使牧草的成熟和木质化过程被推迟[43-44]，地上部分生长速度快于地下部分，新生地上组织中的N在中牧和重牧下显著地高于轻牧[39]，与本研究结果一致。

研究还发现牧草营养价值对放牧处理的响应具有物种特异性。放牧处理显著提高了蒿草和珠芽蓼和锦鸡儿的营养价值，而对金露梅影响较少。相对蒿草、珠芽蓼和金露梅，锦鸡儿对放牧具有明显的响应。这可能是由于锦鸡儿属于豆科牧草且被绵羊所喜食，因此，锦鸡儿的地上生物量减少从而促进了富含蛋白质的幼嫩组织再生[13]，同时营养价值的增加进一步提升牧草的适口性进而吸引了更多的绵羊采食。本研究结果表明，牧草对放牧的响应机制不尽相同，包括耐受（即较强的再生能力，如蒿草和珠芽蓼）和避牧（即较低的适口性，如金露梅）。

3.2 年际变化对牧草营养品质的影响

降水量的年际变化反映了牧草营养价值的年际变化。本研究表明，多雨年份牧草营养价值高于干旱年份，与之前的研究结果一致[9, 37, 21]。降水量和水分利用率严重限制了高寒草甸植被的生长[37]。多雨年份丰沛的降水增加了土壤水分含量和微生物的数量[24, 32]，加速了N素的矿化[45]，增强了牧草对N素的吸收能力[46]，最终使牧草CP含量增加。相反，在干旱年份，土壤微生物数量减少、活性下降，使得土壤中有效养分含量明显比多雨年份少[47]，另外干旱会造成严重的水分胁迫，使植物快速成熟并进一步导致牧草N浓度降低[21]。水分胁迫导致牧草纤维含量升高，可消化养分降低，而降水则延缓了牧草的成熟过程并提高了牧草的营养价值。

和之前的研究[7, 37]结果一致，本研究发现降水量影响了牧草营养价值对放牧的响应。放牧显著提高了多雨年份蒿草、珠芽蓼和锦鸡儿的营养价值，而在干旱年份差异不显著，说明相对放牧处理来说，降水量对这3种牧草营养品质的影响更为重要。牧草被采食部位中大部分的N是从茎基部或根部调动到发育中的芽和叶[48]。因为N素浓度受水分利用率的限制[12]，所以再生生物量的N素浓度在干旱年份受到的限制比在湿润年份大。因此，放牧对金露梅的营养价值没有显著影响可能是因为其具有较高的水分利用率。由于蒿草、珠芽蓼和金露梅在群落中所占的生物量比例超过60%，牧草营养价值对放牧活动的响应整体呈现出年际变化格局且干旱年份低于多雨年份[9]。

3.3 季节变化对牧草营养品质的影响

研究发现牧草营养价值表现出明显的季节性变化特征[21, 49-50]。本研究中牧草营养价值随生长季而呈下降趋势。这与[29]的研究结果一致，即牧草生长停止后CP含量开始下降，此时牧草开始成熟和木质，植物细胞内纤维素、半纤维素和木质素含量不断增加。相应地，在牧草生长期内，CP含量增加，而NDF含量下降。本研究中，放牧处理增加了优势种蒿草、珠芽蓼和锦鸡儿营养价值的季节性变化，可能是因为放牧延迟了牧草的成熟和木质化过程[17]。放牧对金露梅营养价值季节性变化无明显影响可能是因为其适口性低，家畜不愿采食。

本研究发现，优势种蒿草、珠芽蓼、金露梅和锦鸡儿营养价值对放牧的响应程度在6月最高。这是因为牧草6月开始返青，幼嫩组织的营养品质较高，已有研究表明[24]，5月高寒草地土壤微生物数量最高，有利于土壤有机质的矿化，营养元素的转化，促进了牧草的返青和营养物质的积累。之后随着牧草逐渐成熟，木质化进程加快，营养品质开始下降，即本研究发现的牧草营养价值在9月明显下降。虽然放牧可以提高牧草的营养价值，但是由于重度放牧使得牧草质量和数量的下降，牲畜在9月面临严重的饲料短缺。此外，牲畜在觅食过程中需要行走更长的路程，能量的过多消耗会造成牲畜体重下降，导致集约放牧的预期利润下降。同时，家畜为了补充行走过程中的能量消耗会过度采食牧草，会造成植被覆盖率下降和风蚀风险增大。9月绵羊采食量的增加会降低草地剩余生物量和储存在植物茎基部、根部的能量物质，直接影响了牧草来年的再生[51]。根据"过载效应"理论，长期的强度放牧可能对草地生产力产生负面影响[3]。因此，为了实现草地畜牧业的可持续性生产和更好地保护祁连山草原生态环境，建议在牧草生长末期对绵羊进行补饲或转移草场，以降低草地负荷。

3.4 牧草营养指标之间的关系

本研究发现牧草N浓度（CP）与DMD呈正相关，与NDF含量呈负相关。这与之前的研究结果一致[37, 52]。说明牧草较高的营养价值与其高N浓度存在关联[51]。植物高浓度的纤维含量和较厚的细胞壁可以在一定程度上减少蒸腾作用造成的水分损失[53-54]。本研究中牧草N浓度（CP）与NDF含量之间的负相关反映了生产力和生产可持续性之间基本平衡的本质[55]。另外，牧草诸多营养指标之间的关系受到放牧处理、年份、月份和牧草种类的影响，说明这些因素对牧草营养品质的影响是通过改变N浓度及其与营养价值的关系来实现的。建议对围封10年的高寒草甸进行强度放牧，以充分利用草地资源，同时，在进行草地管理时，响应的管理措施如生长季末补饲、转移草场、施肥和种植高营养价值的牧草等可以被采纳。本研究结果对强度放牧和极端气候变化条件下祁连山高寒草甸的管理和生态保护，具有重要的指导意义。

参考文献

［1］ Li Z J, Li Z X, Wang T T, et al. Composition of wet deposition in the central Qilian Mountains, China[J]. Environmental Earth Sciences, 2015, 73（11）: 7 315-7 328.

［2］ Kang L, Han X, Zhang Z, et al. Grassland ecosystems in China: review of current knowledge and research advancement[J]. Philos Trans R Soc Lond B Biol Sci, 2007, 362: 997-1 008.

［3］ Ren H, Han G, Lan Z, et al. Grazing effects on herbage nutritive values depend on precipitation and growing season in Inner Mongolian grassland[J]. Journal of Plant Ecology, 2016, 9（6）: 712-723.

［4］ 杨博，吴建平，杨联. 中国北方草原草畜代谢能平衡分析与对策研究[J]. 草业学报，2012b，21（2）: 187-195.

［5］ Cuevas, J G, C. Le Quesne. Low vegetation recovery after short-term cattle exclusion on Robinson Crusoe Island[J]. Plant Ecology, 2005, 183: 105-124.

［6］ Bai Y, Wu J, Clark CM, et al. Grazing alters ecosystem func-tioning and C∶N∶P stoichiometry of grasslands along a regional pre-cipitation gradient[J]. J Appl Ecol, 2012, 49: 1 204-15.

［7］ Schönbach P, Wan H, Gierus M, et al. Effects of grazing and precipitation on herbage production, herbage nutritive value and performance of sheep in continental steppe[J]. Grass Forage Sci, 2012, 67: 535-45.

［8］ Lin L, Dickhoefer U, Müller K, et al. Grazing behavior of sheep at different stocking rates in the Inner Mongolian steppe, China[J]. Appl Anim Behav Sci, 2011, 129: 36-42.

［9］ Müller K, Dickhoefer U, Lin L, et al. Impact of grazing intensity on herbage quality, feed intake and live weight gain of sheep graz-ing on the steppe of Inner Mongolia[J]. J Agric Sci, 2014, 152: 153-65.

［10］ Mysterud A, Langvatn R, Yoccoz NG, et al. Plant phenology, migration and geographical variation in body weight of a large her-bivore: the effect of a variable topography[J]. J Anim Ecol, 2001, 70: 915-23.

[11] Mysterud A, Langvatn R, Yoccoz N G, et al. Plant quality, sea-sonality and sheep grazing in an alpine ecosystem[J]. Basic Appl Ecol, 2011, 12: 195-206.

[12] Fanselow N, Schönbach P, Gong X Y, et al. Short-term regrowth responses of four steppe grassland species to grazing intensity, water and nitrogen in Inner Mongolia[J]. Plant Soil, 2011, 340: 278-289.

[13] Wan H, Bai Y, Schönbach P, et al. Effects of grazing management system on plant community structure and functioning in a semiarid steppe: scaling from species to community[J]. Plant Soil, 2011, 340: 215-226.

[14] 鲁为华,于磊,蒋惠.新疆昭苏县沙尔套山天然草地植物群落数量分类与排序(简报)[J]. 草业学报, 2008, 17(1): 135-139.

[15] 李凯辉,王万林,胡玉昆,等.不同海拔梯度高寒草地地下生物量与环境因子的关系[J]. 应用生态学报, 2008, 19(11): 2 364-2 368.

[16] 张凡凡,和海秀,于磊,等.天山西部高山区夏季放牧草地4种重要牧草营养品质评价[J]. 草业学报, 2017, 26(8): 207-215.

[17] Schiborra A, Gierus M, Wan H W, et al. Short-term responses of a Stipa grandis/Leymus community to frequent defo-liation in the semi-arid grasslands of Inner Mongolia China[J]. Agric Ecosyst Environ, 2009, 132: 82-90.

[18] 鱼小军,景媛媛,段春华,等.围栏与不同放牧强度对东祁连山高寒草甸植被和土壤的影响[J]. 干旱地区农业研究, 2015, 33(1): 252-277.

[19] Gebauer R L E, Ehleringer J R. Water and nitrogen uptake pat-terns following moisture pulses in a cold desert community[J]. Ecology, 2000, 81: 1 415-24.

[20] Pakeman R J. Consistency of plant species and trait responses to grazing along a productivity gradient: a multi-site analysis[J]. J Ecol, 2004, 92: 893-905.

[21] Schönbach P, Wan H, Schiborra A, et al. (2009) Short-term man-agement and stocking rate effects of grazing sheep on herbage quality and productivity of Inner Mongolia steppe[J]. Crop Past Sci 60: 963-74.

[22] Vesk P A, Leishman M R. Simple traits do not pre-dict grazing response in Australian dry shrublands and woodlands[J]. J Appl Ecol, 2004, 41: 22-31.

[23] Shan Y, Chen D, Guan X, et al. Seasonallly dependent inpacts of grazing on soil nitrogen mineralization and linkages to ecosystem functioning in Inner Mongolia grassland[J]. Soil Biol Bilchem, 2011, 43: 1 943-1 954.

[24] 丁玲玲,祁彪,尚占环,等.东祁连山不同高寒草地型土壤微生物数量分布特征研究[J]. 农业环境学报, 2007, 26(6): 2 104-2 111.

[25] Giese M, Brueck H, Gao Y Z, et al. N balance and cycling of Inner Mongolia typical steppe: a comprehensive case study of graz-ing effects[J]. Ecol Monogr, 2013, 83: 195-219.

[26] Grant K, Kreyling J, Dienstbach L F, et al. Water stress due to increased intra-annual precipitation variability reduced for-age yield but raised forage quality of a temperate grassland[J]. Agric Ecosyst Environ, 2014, 186: 11-22.

[27] Kleinebecker T, Weber H, Hölzel N. Effects of grazing on sea-sonal variation of aboveground biomass quality in calcareous grasslands[J]. Plant Ecol, 2011, 212: 1 563-76.

[28] Čop J, Lavrenčič A, Košmelj K. Morphological development and nutritive value of herbage in five temperate grass species dur-ing primary growth: analysis of time dynamics[J]. Grass Forage Sci, 2009, 64: 122-31.

[29] Osborne D J. Senescence in seeds, In Thimann KV (ed). Senescence in Plants[M]. Boca Raton, FL: CRC Press, 1980, 13-17.

[30] 杨博,吴建平,杨联,宫旭胤,David Kemp,冯明廷,孙亮.牧区绵羊精准管理技术体系建立与草畜平衡研究[J]. 草地学报, 2012a, 20(3): 589-596.

[31] 郑伟,董全民,李世雄,等.放牧强度对环青海湖高寒草原群落物种多样性和生产力的影响[J]. 草地学报, 2012, 20(6): 1033-1038.

[32] 王向涛,张世虎,陈懂懂,等.不同放牧强度下高寒草甸植被特征和土壤养分变化研究[J]. 草地学报, 2010, 18(4): 510-516.

[33] Cuevas, J G, C. Le Quesne. Low vegetation recovery after short-term cattle exclusion on Robinson Crusoe Is-

[34] Li Y Q, Shi T L, Zhang Z W. Development of microsatellite markers from tartary buckwheat[J]. Biotechnology letters, 2007, 29 (5): 823-827.

[35] 王天乐, 卫智军, 刘文亭, 等. 不同放牧强度下荒漠草原土壤养分和植被特征变化研究[J]. 草地学报, 2017, 25 (4): 711-716.

[36] Wang C J, Wang S P, Zhou H, et al. Fecal crude protein content as an estimate for the digestibility of forage in grazing sheep[J]. Anim Feed Sci Technol, 2009, 149: 199-208.

[37] Miao F H, Guo Z G, Xue R, et al. Effects of Grazing and Precipitation on Herbage Biomass, Herbage Nutritive Value, and Yak Performance in an Alpine Meadow on the Qinghai-Tibetan Plateau[J]. PloS one, 2015, 10 (6), e0127275.

[38] 李香真, 陈佐忠. 不同放牧率对草原植物与土壤C、N、P含量的影响[J]. 草地学报, 1998, 6 (2): 168-176

[39] 侯扶江, 扬中艺. 放牧对草地的作用[J]. 生态学报, 2006, 26 (1): 244-264.

[40] 林丽, 张德罡, 曹广民, 等. 放牧强度对高寒蒿草草甸土壤养分特性的影响[J]. 生态学报, 2016, 36 (15): 4 664-4 671.

[41] Albon S D, Langvatn R. Plant phenology and the benefits of migration in a temperate ungulate[J]. Oikos, 1992, 65: 502-513.

[42] Hebblewhite M, Merrill E, McDermid G. A multi-scale test of the forage maturation hypothesis in a partially migratory ungulate population[J]. Ecol Monogr, 2008, 78: 141-166.

[43] Garcia F, Carrere P, Soussana J F, et al. The ability of sheep at different stocking rates to maintain the quality and quantity of their diet during the grazing season[J]. J Agric Sci, 2003, 140: 113-124.

[44] Milchunas D G, Varnamkhasti A S, Lauenroth W K, et al. Forage quality in relation to long-term grazing history, current-year defo-liation, and water-resource[J]. Oecologia, 1995, 101: 366-374.

[45] Austin A T, Yahdjian L, Stark J M, et al. Water pulses and bio-geochemical cycles in arid and semiarid ecosystems[J]. Oecologia, 2004, 431: 181-184.

[46] Xu Z Z, Zhou G S. Effects of water stress on photosynthesis and nitrogen metabolism in vegetative and reproductive shoots of Leymus chinensis[J]. Photosynthetica, 2005, 43: 29-35.

[47] 盛海彦, 张春萍, 曹广民等. 放牧对祁连山高寒金露梅灌丛草甸土壤环境的影响[J]. 生态环境学报, 2009, 18 (3): 1 088-1 093.

[48] Volenec J J, Ourry A, Joern B C. A role for nitrogen reserves in forage regrowth and stress tolerance[J]. Physiol Plantarum, 1996, 97: 185-193.

[49] Wang C J, Wang S P, Zhou H, et al. Effects of forage composition and growing season on methane emission from sheep in the Inner Mongolia steppe of China[J]. Ecol Res, 2007, 22: 41-48.

[50] Wang C J, Wang S P, Zhou H, et al. Influences of grassland degradation on forage availability by sheep in the Inner Mongolian steppes of China[J]. Anim Sci J, 2011, 82: 537-542.

[51] Pérez-Harguindeguy N, Díaz S, Garnier E, et al. New handbook for standardised measurement of plant functional traits world-wide[J]. Aust J Bot, 2013, 61: 167-234.

[52] Karn J, Berdahl J, Frank A. Nutritive quality of four perennial grasses as affected by species, cultivar, maturity, and plant tissue[J]. Agron J, 2006, 98: 1 400-1 409.

[53] Frank A B, Bittman S, Johnson D A. Water Relations of Cool-Season Grasses[M]. Madison, 1996, WI: ASA-CSSA-SSSA.

[54] Ridley E J, Todd G W. Anatomical variations in the wheat leaf following internal water stress[J]. Bot Gaz, 1966, 127: 235-238.

[55] He J S, Wang X, Flynn D F, et al. Taxonomic, phylogenetic, and environmental trade-offs between leaf productivity and persistence[J]. Ecology, 2009, 90: 2 779-2 791.

牛至精油在食品保鲜中的应用

张瑞[1]，刘婷[1]，吴建平[1,2*]，梁婷玉[1]，柏妍[1]

(1. 甘肃农业大学动物科学技术学院，甘肃兰州　730070
2. 甘肃省农业科学院，甘肃兰州　730030)

摘　要：我国食品行业使用的保鲜剂可分为化学合成保鲜剂和天然保鲜剂。随着化学合成保鲜剂引起的食品安全问题的出现，天然保鲜剂因其绿色、环保、安全、无毒成了研究的热点。牛至精油作为天然植物保鲜剂的一种，以广谱的抑菌效果和抗氧化活性在食品保鲜行业快速发展。从牛至精油的特性、保鲜机制出发，论述其在果蔬、肉制品、蛋类和奶酪保鲜中的应用现状，并探讨牛至精油在食品保鲜中存在的问题，以期为牛至精油的广泛应用提供理论基础。

关键词：牛至精油；食品保鲜；研究现状；前景

Application of Oregano Essential Oil in Food Preservation

Zhang Rui[1], Liu Ting[1], Wu Jian ping[1,2*], Liang Ting yu[1], Bai Yan[1]

(1. College of Animal Science & Technology, Gansu Agricultural University, Lanzhou, 730700, China; 2. Gansu Academy of Agricultural Sciences, Lanzhou, 730030, China)

Abstract: Chemical synthetic preservatives and natural preservatives are the two main preservatives in China's food industry. With the advent of food safety problems caused by chemical synthetic preservatives, natural preservatives have become a research hot spot because of their green, environmental protection, safety and non-toxicity. Oregano essential oil as a natural plant preservative rapidly develops for its broad-spectrum antibacterial effect and antioxidant activity in the food preservation industry. Based on the characteristics of Oregano essential oil and the preservation mechanism, this paper discusses its application status in the preservation of fruits and vegetables, meat products, eggs and cheese, and describes the

---

作者简介：张瑞，硕士研究生，研究方向为动物遗传育种与繁殖。E-mail: zrfd0782@163.com
*通讯作者：吴建平，博士，教授，研究方向为动物遗传育种、家畜生产体系。E-mail: wujp@gsau.edu.cn
基金项目：农业部公益性行业（农业）科研专项（20150313）；甘肃省自然基金（1610RJZA083）；校基金（GSAU-STS-1615）

problems of Oregano essential oil in food preservation, which intend to provide a theoretical basis for the further use of oregano essential oil.

Key Words: Oregano essential oil; Food preservation; Research status; Prospects

随着生活水平的提高，人们对膳食品质的要求也越来越高。自然界中，很多食品营养丰富，对人类的身体健康十分有益，但是，在其生产、加工、运输、储存及销售过程中，很容易受到微生物的入侵而发生酸化腐败，不仅损坏了食品自身的营养价值，而且给消费者造成了安全威胁。因此，如何安全、有效地减少因腐败导致的资源的浪费以及延长食品的贮存期成了食品界研究的热点。合成保鲜剂曾一度成为食品制造商的宠儿，但随着合成保鲜剂引起的食品安全问题的出现，消费者开始质疑其安全性[1]。从食品安全和绿色环保角度出发，天然保鲜剂被广泛应用于食品保鲜中。

1 牛至精油的特性

牛至，又名止痢草，土香薰，小叶薄荷等，为唇形科牛至属，是一种常见的野生植物，可长到90cm高，茎直立、多毛，叶片暗绿色、卵形，在分枝顶端簇生粉色花朵，有浓郁香味[2]。根据《药用植物辞典》的记载，牛至共有8种类型，分布于世界各地。我国只有一个牛至品种，主要分布在西北、华北及长江以南地区[3]。牛至被认为是中草药的一种，具有清热解表、顺气祛湿、利尿消肿等作用，常被用于预防感冒，中暑，腹泻等[4]。此外，牛至也作为香料调味品在欧洲广泛使用[3]。根据美国农业部报道，牛至共含有50多种化合物。牛至精油是从牛至中提取的淡黄色液体，可从牛至花中提取，也可在牛至草中提取。从牛至花中提取的精油含有30种化合物，占牛至成分总量的96%，从牛至草中提取的精油含有21种化合物，占总量的94%。但两者的主要成分相同，均为香荆芥酚和百里香酚（麝香草酚）[5]。牛至因其生长地域、收获时间的不同而提取的牛至油的成分和含量也有所差异[6]。

2 牛至精油的作用机制

2.1 牛至精油的抗菌作用

牛至精油中酚类和萜烯类物质是主要的抗菌成分，其中，香荆芥酚和百里香酚的含量和比例是评价牛至精油抗菌效果的主要指标。根据Mellencamp[7]的报道，牛至精油中香荆芥酚的含量为55%~85%，百里香酚为5%~10%。此外，γ-萜品烯和β-异丙甲苯作为合成香荆芥酚和百里香酚的前体物质，也有较高的抑菌活性[8]。牛至精油的抗菌机制为：①通过破坏细菌细胞壁和细胞膜来达到抑菌效果。牛至精油具有高度疏水性和脂溶性，可以造成细胞壁松弛，细胞膜通透性增大，胞内物质外流，使细菌失去保护而失活。②阻止细菌蛋白质的合成。牛至精油中的酚类物质可以使细胞膜中的蛋白质变性，也可以通过磷脂反应阻止蛋白质的合成以减少细菌的繁衍生殖。③酚类和萜烯类物质还会抑制菌体核酸的自我复制、合成过程，导致微生物无法生长[3,9]。

2.2 牛至精油的抗氧化作用

牛至精油中起抗氧化作用的主要是酚酸类和萜类物质。酚酸类物质苯环上的酚羟基是抗氧化活性基团，萜类易发生加成反应。牛至精油的抗氧化机制为：①终止链式反应。酚酸类物质上的酚羟基释放氢离子，与自由基结合生成稳定的化合物，同时，自身通过脱氢反应产生比较稳定的化合物来终止链式反应。②通过加成反应保持膜的完整性。萜类是一种具有异戊二烯骨架的化合物，含有丰富的烯键，化学性质活泼，易发生加成反应，保护细细胞膜的完整性[3,9]。

3 牛至精油在食品保鲜中的应用

3.1 牛至精油在果蔬保鲜中的应用

果蔬富含营养物质，尤其是维生素含量很高，深受消费者的喜爱。但是，果蔬体内水分含量也高，极易引起细菌的繁衍生殖。此外，在运输与加工过程中，轻微的碰撞也会引起果蔬表面的破损，使得营养物质外流，加快微生物的生长，严重破坏其营养价值。牛至精油在果蔬保鲜中的保鲜方法为：第一，将牛至精油直接涂抹于果蔬表面，阻断果蔬体内物质与外界的交流。第二，使用以牛至精油制成的保鲜材料包装果蔬，延长货架期。近年来，国内外对牛至精油在果蔬保鲜中的应用研究甚多，并取得了一定成效。萨仁高娃[10, 11, 12]等运用可食性涂膜分别在鲜切哈密瓜和苹果上证明了牛至精油对病原菌单增李斯特菌、金黄色葡萄球菌、大肠杆菌以及鼠伤寒沙门氏菌的抑菌效果，这一研究为牛至精油在果蔬保鲜中的进一步应用奠定了理论基础。王建清[13]将牛至精油、β-环糊精和壳聚糖的复配溶液涂抹瓦楞纸箱用于草莓保鲜，结果显示，与对照组相比，牛至精油显著降低了草莓的腐烂率。林晓雨[14]等用牛至精油制作保鲜纸贮存鲜杏，结果表明，牛至精油可达到长期贮存果蔬的效果，但出现的问题是高浓度的牛至精油对鲜杏的香味有一定的影响。Kwon[15]等用含有牛至精油的聚乙烯醇膜包装圣女果，结果表明，牛至精油对病原菌和腐败菌都有明显的抑菌作用，延长了圣女果的贮存时间，且在贮存期间，圣女果的理化特性没有发生明显变化。Elshafie[16]等研究表明，牛至精油可以替代合成杀菌剂用于防止果蔬采摘后的酸败腐化，保证果蔬的品质不被破坏。

3.2 牛至精油在肉制品保鲜中的应用

肉类制品富含脂肪和蛋白质，是人体健康成长所需的饮食结构中极为重要的一部分。但在生产与存储过程中，丰富的脂肪和蛋白质极易发生氧化分解而引起酸败现象，同时，也可滋长微生物的繁衍。因此，采取安全、有效的措施控制肉制品中细菌和酶的生长，防止其变质，延长货架期显得尤为重要。近年来，牛至精油在肉制品保鲜中的研究国外已有大量报道，但是，国内研究不是很多。

3.2.1 单一使用牛至精油在肉制品保鲜中的应用

单一使用牛至精油用于食品保鲜可分为两个途径：第一，将牛至精油作为饲料添加剂饲喂动物，屠宰后研究肉品质。一部分研究者发现牛至精油可以改善肉质，延长货架期，而有些学者发现牛至精油并没有影响肉品质，对货架期也没有作用。郑宗林[17]等在红罗非鱼饲料中添加不同水平的牛至精油，经过20周的饲喂试验发现，与对照组相比，高水平的牛至精油组的货架期延长到了18d。但是，Simitzis[18]在猪日粮中添加不同水平的牛至精油发现，牛至精油对肉品质没有产生影响，且对脂质氧化速度也没有抑制作用。第二，制作牛至精油可食性涂膜或将肉制品在牛至精油溶液中浸泡可达到延长货架期的目的。Ünal[19]等在绞碎的牛肉中分别添加2%的牛至、鼠尾草和迷迭香精油，于-4℃储藏10d，结果表明，3种精油均降低了牛肉的脂质氧化速度，延长了货架期，但牛至精油表现出了最高的抗氧化活性。

3.2.2 牛至精油结合其他保鲜技术在肉制品保鲜中的应用

虽然单一使用牛至精油在肉制品保鲜中有一定的保鲜效果。但是，研究者发现，牛至精油结合其他保鲜剂以及包装技术可增强保鲜效果，同时，随着牛至精油浓度的升高，抑菌效果也在不断增强，但会产生强烈的刺激性气味，影响肉制品本身的香味。Petrou[20]等分别用牛至精油、壳聚糖以及复配溶液结合气调包装处理鸡胸肉，结果表明，牛至精油、壳聚糖以及两者的复配溶液均能抑制微生物的生长，延长货架期，但是，单独使用牛至精油和壳聚糖使货架期延长了6d，而两者的复配溶液则使货架期延长了14d。Giatrakou[21]等用牛至精油、气调包装（5% O_2/50% CO_2/45% N_2）、

4℃常温储藏以及0℃冷冻储藏地中海剑鱼鱼片，结果表明，4℃常温储藏时，剑鱼鱼片货架期为5~6d，牛至精油组为10~11d，气调包装组为13d，牛至精油和气调包装结合组为14d，这表明牛至精油结合气调包装可显著延长货架期。顾仁勇[22]对冷却猪肉进行植物精油浸泡试验，结果表明，植物精油的有效组合抑制了猪肉微生物的生长，降低了挥发性盐基氮含量，保持了肉质，延长了货架期。同时发现，0.9%牛至精油+0.9%丁香精油+0.9%山苍子精油+0.9%肉桂精油+0.9%连翘精油的保鲜效果最好，使猪肉的货架期延长到18d。Karabagias[23]等用牛至精油、百里香酚结合气调包装研究在4℃储藏条件下对新鲜羊肉货架期的影响，结果发现，0.3% v/w的牛至精油和百里香酚精油对羊肉产生了强烈的刺激性气味。

3.3 牛至精油在鲜蛋保鲜中的应用

微生物、贮存环境和鲜蛋本身三者的相互作用引起了鲜蛋变质。一方面，鲜蛋产后表面微生物繁多，同时，在贮存过程中，鲜蛋内丰富的营养物质也可以加快微生物的繁衍生殖；另一方面，鲜蛋贮存环境的温度和湿度与鲜蛋变质紧密相关，温度越高，湿度越大，鲜蛋越容易变质。因此，蛋产后如不及时进行保鲜处理，鲜蛋容易发生腐败。目前，很多国家都采用涂抹技术对鲜蛋进行保鲜。保鲜原理为：将保鲜剂涂膜涂在蛋壳表面，封闭蛋壳上数以万计的微小气孔，防止蛋壳内外物质的交换，也可阻止微生物的入侵，起到保鲜效果。我国主要采用植物精油涂膜进行保鲜。杨秀娟[24]等采用牛至精油、丁香精油、肉桂精油、香薷精油及其复配后的混合精油对新鲜鸡蛋进行涂抹，在温度30℃、相对湿度70%的条件下贮存20d，经过分析各项感官指标和内部指标的变化，结果证明牛至精油的保鲜效果最好。谢晶[25]等采用牛至精油、丁香精油、大蒜精油和生姜精油分别制成复配液对新鲜鸡蛋进行涂抹，35d后通过分析其理化特性，结果证明牛至精油和丁香精油的保鲜效果最好，好蛋率为100%。

3.4 牛至精油在奶酪保鲜中的应用

奶酪俗称奶豆腐，又称"干酪"，是通过凝乳酶或其他适宜的促凝剂使牛奶浓缩发酵而成的乳制品，一般来说，1kg奶酪制品需要10kg牛奶浓缩而成。奶酪以水分含量为标准可分为硬质奶酪、半硬质奶酪和软质奶酪[26]。奶酪富含脂肪、蛋白质、矿物质和维生素，深受欧美消费者和我国少数民族的青睐[27]。奶酪制作多集中在夏季，且工艺相对比较复杂，冷藏条件下，鲜奶酪的保质期仅为一周，因此，研究延长奶酪贮存期的技术是满足消费者需求的最佳途径。奶酪含水量较高，其表面水分蒸发引起的真菌和青真菌是其变质的主要原因[28]，即使在低温贮存条件下，细菌繁衍也比较快。奶酪变质使其原有的商业价值和营养价值大跌，给生产者和消费者造成了巨大损失。目前奶酪保鲜主要采用匹马菌素作为抗菌剂，但匹马菌素作为合成类抗生素，安全性深受消费者的担忧。因此，寻求绿色、天然的植物保鲜剂是奶酪保鲜领域亟待解决的问题。美国瓦伦西亚理工大学的研究人员研制出一种可用于软质奶酪外面的涂膜，这种涂膜以牛至精油为主要原料，不仅可以抑制真菌的生长，还可以食用[29]。Gurdian[30]等将牛至精油复配乳清分离蛋白可食性膜涂在白奶酪表面，发现涂膜降低了脂质氧化速度并阻止了酵母和真菌的生长。这一结果证明了牛至精油在奶酪冷冻存储期间的抗氧化和抗微生物性能。

4 牛至精油在食品保鲜中的问题

单一使用牛至精油虽然可以起到一定的抑菌、抗氧化作用，但是没有牛至精油与其他溶液复配时的效果明显，因此，可以考虑将牛至精油与其他天然保鲜剂复配使用，例如，壳聚糖、茶多酚、乳酸链球菌素、丁香油等。同时，高浓度的牛至精油会对食品产生强烈的刺激性气味，破坏食品的感官品质，因此采取低浓度的牛至精油与其他天然保鲜剂复配可达到高浓度时的抑菌效果。近年来，牛至精油胶囊包埋技术也不断应用于食品行业，以减少牛至精油对食品感官品质的破坏[31]。此外，牛至精油还可以结合其他包装技术以提高保鲜效果，例如，真空包装、气调包装等，大量的试验结果表明，牛至精油结合气调包装可以大大延长食品的货架期。

5 总结与展望

近年来，牛至精油在食品保鲜中的研究应用较多，尤其是在果蔬保鲜中，国内外的研究已相当成熟。但是在肉制品保鲜中，因其强烈的气味和保鲜技术的限制，在国内有待进一步的探讨研究，此外，研究牛至精油在其他食品保鲜中的应用也尤为重要。总的来说，牛至精油作为新型的天然食品保鲜剂，以广谱的抑菌、抗氧化效果，结合绿色、环保、安全、无毒的特性，必将在食品行业应用前景广阔。

参考文献

[1] 陈永生. 食品添加剂概述[J]. 食品安全导刊，2016（03）：76-77.
[2] 王双，马现永. 植物抗生素—牛至油在畜禽生产中的应用[J]. 饲料研究，2010（04）：9-11.
[3] 蔡杰，张文举. 新型饲料添加剂——牛至油的研究进展[J]. 饲料博览，2013（02）：38-42.
[4] 孙鎏国，杨海燕，陆玉娟. 等. 牛至油对断奶仔猪生产性能的影响[J]. 中国畜牧兽医文摘，2006（02）：37.
[5] 张潇月，肖丹，白冰如. 等. 牛至和石香薷精油成分的GC-MS分析[J]. 中草药，2009，40（02）：208-209.
[6] 刘红兵，孙丽娟，许汉林. 等. 我国不同产地牛至中麝香草酚和香荆芥酚的分析[J]. 中草药，2006（05）：778-780.
[7] MELLENCAMP M A, KOPPIENFOX J, LAMB R, et al. Antibacterial and antioxidant activity of oregano essential oil[J]. 2011.
[8] 何兰花，甘萌全. 植物抗生素——牛至油及其应用[J]. 黑龙江畜牧兽医，2004（06）：75-76.
[9] 赵海伊. 牛至精油的制备及体外抗氧化活性的抑菌作用的研究[D]. 重庆：西南大学，2012.
[10] 萨仁高娃，胡文忠，修志龙，等. 15种植物精油对鲜切苹果抑菌性的研究[C]//中国食品科学技术学会第十三届年会论文摘要集. 北京：中国食品科学技术学会，2016：2.
[11] 萨仁高娃，胡文忠，修志龙，等. 植物精油对鲜切哈密瓜上单增李斯特菌的抗菌性研究[C]//中国食品科学技术学会中美食品业高层论坛论文集. 大连：中国食品科学技术学会，2015：10.
[12] 萨仁高娃，胡文忠，修志龙. 等. 可食性活性涂膜在鲜切果蔬保鲜中的应用[J]. 食品安全质量检测学报，2015，6（07）：2 427-2 433.
[13] 王建清，赵亚珠，金政伟. 等. 牛至精油涂膜瓦楞纸箱对草莓保鲜效果的研究[J]. 食品科技，2011，36（02）：26-30.
[14] 林晓雨，王玉峰，王建清. 等. 牛至精油保鲜纸的制备及在杏保鲜中的应用[J]. 中国果菜，2016，36（08）：1-5.
[15] KWON S J, CHANG Y, HAN J. Oregano essential oil-based natural antimicrobial packaging film to inactivate Salmonella enterica and yeasts/molds in the atmosphere surrounding cherry tomatoes[J]. Food Microbiology，2017，65：114.
[16] ELSHAFIE H S, MANCINI E, SAKR S, et al. Antifungal Activity of Some Constituents of Origanum vulgare L. Essential Oil Against Postharvest Disease of Peach Fruit[J]. Journal of Medicinal Food，2015，18（8）：929.
[17] 郑宗林，朱成科. 饲料中添加牛至精油对红罗非鱼货架期的影响[J]. 食品科学，2015，36（22）：203-209.
[18] SIMITIZIS P E, SYMEON G K, CHARISMIADOU M A, et al. The effects of dietary oregano oil supplementation on pig meat characteristics[J]. Meat Science，2010，79（2）：670-676.
[19] ÜNAL K, BABAOGLU A S, KARAKAYA M. Effect of Oregano, Sage and Rosemary Essential Oils on Lipid Oxidation and Color Properties of Minced Beef During Refrigerated Storage[J]. Journal of Essential Oil Bearing

Plants, 2014, 17 (5): 797-805.

[20] PETROU S, TSIRAKI M, GIATRAKOU V, et al. Chitosan dipping or oregano oil treatments, singly or combined on modified atmosphere packaged chicken breast meat[J]. International Journal of Food Microbiology, 2012, 156 (3): 264.

[21] GIATRAKOU V, KYKKIDOU S, PAPAVERGOU A, et al. Potential of oregano essential oil and MAP to extend the shelf life of fresh swordfish: a comparative study with ice storage[J]. Journal of Food Science, 2008, 73 (4): 167-73.

[22] 顾仁勇. 五种香辛料精油的提取及用于冷却猪肉保鲜研究[D]. 湖南: 湖南农业大学, 2007.

[23] KARABAGIAS I, BADEKAA, KONTOMINAS M G. Shelf life extension of lamb meat using thyme or oregano essential oils and modified atmosphere packaging[J]. Meat Science, 2011, 88 (1): 109-116.

[24] 杨秀娟, 邓斌, 赵金燕. 等. 不同植物精油挥发物对鸡蛋保鲜效果的研究[J]. 保鲜与加工, 2014, 14 (03): 29-33.

[25] 赵建, 谢晶, 金晨钟. 等. 几种植物精油在鲜蛋涂膜保鲜中的应用前景[J]. 现代农业科技, 2011 (05): 17-18+21.

[26] 杜琨, 朱杰. 干酪——21世纪乳制品的主导[J]. 食品研究与开发, 2005, (04): 137-138.

[27] 苗君莅, 乔成亚, 梅芳. 等. 我国干酪的消费现状与前景分析[J]. 食品研究与开发, 2012, 33 (03): 208-210.

[28] 王文芳. 蒙古族传统奶酪的防腐保藏研究[D]. 内蒙古: 内蒙古农业大学, 2015.

[29] 杨俊花. 新型的可食抗生素薄膜增加奶酪的保质期[J]. 上海菜, 2015 (01): 81.

[30] GURDIAN C, CHOULJENKO A, SOLVAL K M, et al. Application of Edible Films Containing Oregano (Origanum vulgare) Essential Oil on Queso Blanco Cheese Prepared with Flaxseed (Linum usitatissimum) Oil[J]. Journal of Food Science, 2017, 82 (6): 1 395-1 401.

[31] 刘光发, 王建清, 赵亚珠. 牛至精油微胶囊的制备及其抑菌效果研究[J]. 包装工程, 2012, 33 (03): 19-22.

添加乳酸菌制剂和麸皮对去穗玉米秸秆青贮质量的影响

王建福[1]，雷赵民[1]，成述儒[1]，焦婷[2]，李洁[1]，吴建平[6]*

(1. 甘肃农业大学动物科学技术学院，甘肃兰州 730070；
2. 甘肃农业大学草业学院，甘肃兰州 730070)

摘 要：为阐明乳酸菌制剂和麸皮对去穗玉米秸秆在不同装填时间青贮质量的影响，利用自制青贮发酵桶研究了乳酸菌制剂Sila-Max、Sila-Mix及麸皮和在2种装填时间（1次和3次装填）条件下对去穗玉米秸秆青贮的发酵参数、营养组成、发酵后干物质含量、干物质损失率以及48h体外干物质消化率的影响。结果表明：密封发酵45d后，各试验组玉米秸秆青贮质量良好，未添加组中，3d延迟装填使发酵产物的乙酸、氨氮、粗蛋白、酸性洗涤纤维、木质素、钙及干物质损失率分别提高了22.05%、50.00%、10.34%、5.19%、10.92%、20.51%和48.37%，干物质含量降低了7.37%，差异显著（$P<0.05$）；1次装填，同时添加麸皮和Sila-Max组与未添加组相比，使发酵产物的乳酸、粗脂肪和干物质含量分别提高了22.98%、12.46%和5.57%，干物质损失率降低了39.27%，差异显著（$P<0.05$），添加Sila-Max组干物质含量提高了6.41%，干物质损失率降低了45.80%，差异显著（$P<0.05$），添加麸皮使粗蛋白含量降低了9.17%，差异显著（$P<0.05$）；3次装填，添加Sila-Max组相比未添加组，使发酵产物的乙酸和木质素含量分别提高10.94%和9.14%，粗脂肪含量降低了11.29%，差异显著（$P<0.05$），添加麸皮组，使乙酸含量提高10.94%，粗脂肪含量降低了11.29%，差异显著（$P<0.05$），同时添加麸皮和Sila-Max使产物乙酸、木质素和干物质含量分别提高9.67%、12.13%和6.23%，粗脂肪含量和干物质损失率分别降低了15.81%和26.73%，差异显著（$P<0.05$）；所有处理均未对去穗玉米秸秆青贮的48h体外干物质消化率产生显著影响（$P>0.05$）。可见，延迟装填会使去穗玉米秸秆青贮的干物质含量降低，有氧发酵增加，降低发酵品质，增加干物质损失率，1次装填添加Sila-Max及其与麸皮混合添加均可以提高发酵品质，减少营养物质损失，3次装填同时添加Sila-Max和麸皮，不能提高发酵品质，但可以减少营养物质损失。

关键词：青贮；添加剂；玉米秸秆；装填时间；青贮品质

基金项目：农业部公益性行业科研专项（201503134），兰州市科技局科技计划项目（农业科技攻关；2012-2-159），甘肃省农业生物技术研究与应用开发项目（GNSW.2012-25），农业部公益性行业科研专项（20130305907），甘肃项省科技重大专项（143NKDC017），甘肃省科技重大专项（17ZD2NC020）和甘肃省农牧厅秸秆饲料化利用研究专（〔2016〕269号）资助。

作者简介：王建福（1982—），男，河南商丘人，讲师，博士。E-mail: wangjf@gsau.edu.cn

*通信作者：Corresponding author. E-mail: wujp@gsagr.ac.cn

Effects of lactic acid preparation and bran on the quality of corn stover silage

Wang Jian fu[1], Lei Zhao min[1], Cheng Shu ru[1], Jiao Ting[2], Li Jie[1], Wu Jian ping[1*]

(1. College of Animal Science and Technology, Gansu Agricultural University, Lanzhou, 730070, China; 2. College of Pratacultural Science, Gansu Agricultural University, Lanzhou, 730070, China)

Abstract: To elucidate the effect of lactic acid bacteria preparation and bran on the quality of corn stover silage in two different loading time (prompt, 3days delayed), the effect of three inoculants (Sila-Max, Sila-Mix and bran) on the nutritive value and fermentation parameters of ensiling corn stover silage was studied using 20L self-made mine-silos for 45d under normal environmental conditions. The results demonstrated that all treatments made good quality corn silage in the mini-silos. In the un-inoculated group, delaying ensiling time by 3 d significantly ($P<0.05$) increased the acetic acid, ammonia nitrogen, crude protein, acid detergent fiber, lignin, calcium and dry matter loss by 22.05%, 50.00%, 10.34%, 5.19%, 10.92%, 20.51% and 48.37%, respectively, while decreasing dry matter content by 7.37%. For the prompt ensiling, Sila-Max+bran significantly ($P<0.05$) increased lactic acid, ether extract and crude protein by 22.98%, 12.46% and 5.57%, respectively, while decreasing dry matter loss by 39.27%, while Sila-Max significantly ($P<0.05$) increased dry matter by 6.41%, decreased dry matter loss by 45.80%, and bran decreased crude protein by 9.17%. For the 3 d delayed ensiling, Sila-Max significantly ($P<0.05$) increased the acetic acid and lignin by 10.94% and 9.14%, respectively, decreased ether extract by 11.29%, while bran increased acetic acid by 10.94%, decreased ether extract by 11.29%. Sila-Max+bran significantly ($P<0.05$) increased acetic acid, lignin and dry matter by 9.67%, 12.13% and 6.23%, respectively, while decreasing ether extract and dry matter loss by 15.81% and 26.73%. All treatments were similar ($P>0.05$) for 48 hour in vitro dry matter digestibility. In conclusion, delayed ensiling will decrease dry matter and fermentation quality, enhance aerobic fermentation, increase dry matter loss, while Sila-Max+bran enhanced corn silage fermentation quality and decrease nutrient loss when ensiling promptly (1 d) but had no effect on fermentation quality when ensiling was delayed by 3d.

Key words: silage; inoculants; corn stover; ensiling time; silage quality

我国是世界第二大玉米种植国，每年玉米秸秆产量超过2亿t，占农作物秸秆总产量的39%以上[1-2]。合理的开发利用玉米秸秆作为草食家畜养殖的优质粗饲料来源并提高其利用效率成为了发展节粮型畜牧业的重要研究课题。由于玉米秸秆茎秆粗硬，粗纤维含量高，而且其细胞壁中的木质素和半纤维素以牢固的醚键或酯键相连接，尤其是在其成熟去穗后，木质化程度增加，可溶性糖类减少，动物更加难以消化利用。青贮可以较大限度的保存原料的营养价值并通过保持其鲜嫩、多汁的特点而使原料长时间保持较好的适口性，从而调节青绿饲料的季节性盈缺，提高动物的采食量和利用率[3]。新鲜的玉米秸秆以其可溶性糖分含量高、青贮缓冲能力小、适口性较好、种植范围广、产量高等特点，已经成为制作青贮饲料最主要的原料。刚去穗的玉米秸秆水分含量尚高，如能及时制作青贮饲料，无疑对保存和利用玉米秸秆的营养物质具有重要意义。然而，去穗后的玉米秸秆干物质含量逐渐增加，可溶性糖分降低，发酵缓冲能力增强，青贮腐败的风险增加。玉米秸秆青贮时，其表面的乳酸菌数量有限，同时，混有大量不良菌种，要使乳酸菌能够在青贮的前几天迅速大量繁殖而形成优势菌群，迅速降低发酵pH值环境，抑制有氧发酵菌的生长，从而减少发酵过程中的营养物质损失，提高发酵产物的品质，在青贮中添加乳酸菌制剂，已经成为国内外青贮的主要方法。

乳酸菌制剂在国外的应用已经十分普遍，有许多成熟的产品，这些产品往往具有不同的特点，针对不同的青贮原料、青贮方法和青贮条件等，其应用的范围也有不同。这些青贮制剂的共同特点是均含有大量的同质发酵乳酸菌，以便在青贮发酵中能补充原料乳酸菌的不足，使乳酸大量生成而迅速降低环境pH值[4]。然而仅仅青贮成功还不能保证其被高效的利用，青贮在密封状态和低pH值环境条件下保存了大量的营养，而在取用过程中使物料又重新暴露在空气中，真菌、酵母菌等有氧发酵菌又被重新激活大量生长，使得青贮后变质和损失现象十分严重。乳酸菌制剂中的异质发酵乳酸菌可以使青贮发酵产生乙酸、乙醇等物质，可以抑制有氧发酵菌的生长，从而提高青贮发酵产物的有氧稳定性[5-6]。另外，为了弥补青贮原料中可溶性糖类的不足，增加乳酸菌发酵的底物营养浓度，乳酸菌制剂中往往还添加有能产生纤维素酶和淀粉酶等酶类的枯草芽孢杆菌等[7-8]。另有研究表明：碳酸钙可以通过提高青贮发酵产物的有机酸产量及pH值从而提高其适口性[9]，有机酸（如丙酸）、氨、防霉剂等则可以直接起到抑制青贮发酵有氧腐败菌生长的作用[10-11]。麸皮含有较高的蛋白和可溶性糖类，可以提高青贮发酵底物中营养物质的浓度，从而促进发酵过程，而且其来源广，价格低。

装填时间过长是影响我国玉米秸秆青贮质量的主要因素之一，由于我国传统的耕作地块小，大型青贮机械应用十分有限，农区养殖场制作青贮主要靠收购后加工贮存，导致青贮窖装填速度慢，有氧发酵产热明显，容易造成营养成分和能量的大量损失[12-13]，最终影响发酵产物的品质和青贮制作的效率及效益。

乳酸菌制剂Sila-Max同时含有同质发酵乳酸菌和异质发酵乳酸菌以及能产生分解酶类的枯草芽孢杆菌等；Sila-Mix除了含有Sila-Max所含有的菌类之外还含有碳酸钙。以去穗玉米秸秆为研究对象，评估在2种装填时间条件下，2种乳酸菌制剂及麸皮的添加对其青贮质量的影响，为提高去穗玉米秸秆青贮制作生产水平提供参考依据。

1 材料与方法

1.1 材料

蜡熟期收割的去穗玉米秸秆（豫玉22号，定西市临洮县八里铺镇种植），留茬高度10~15cm；青贮添加剂Sila-Max（美国Ralco Nutrition提供，乳酸菌≥1×10^{11}cfu/g，添加量：2.5g/t，有效乳酸菌2.5×10^5cfu/g发酵底物）；青贮添加剂Sila-Mix（美国Ralco Nutrition提供，总钙含量25%~29.5%，乳酸菌≥1.8×10^6cfu/g，添加量：1.0kg/t，有效乳酸菌1.8×10^3cfu/g发酵底物）；麸皮（由临洮华加牧业有限公司提供，制作去穗玉米青贮时按底物湿重的1%添加）；青贮发酵桶由20L圆形旋盖式聚乙烯塑料桶改造而成，桶盖加装单向排气阀装置（Kartell，cod：418，意大利），物料粉碎并与添加物混合均匀后装填入桶，密封桶盖；秸秆粉碎机（9Z-9A型青贮铡草对辊揉搓型，洛阳四达农机有限公司生产）；每个试验组准备100kg粉碎玉米秸秆，准确称取1g Sila-Max溶解于400mL纯水中，分别均匀喷洒在4组物料上，准确称取200g Sila-Mix和4kg麸皮，分别与4组物料均匀混合，使每组添加水分相同；相关实验室检测设备由甘肃农业大学动物科学技术学院实验室提供。

1.2 试验设计

试验设计如表1所示。试验共有Sila-Max，Sila-Mix，1%麸皮和1%麸皮+Sila-Max 4个添加类型，未添加组仅添加等量纯水，每种添加类型设置1次和3次2种装填形式，共计8个处理组，2个未添加组，每组4个重复。1次装填为秸秆切短（1～1.5cm）按设计剂量均匀喷洒添加物后立即装填压实后密封发酵桶，3次装填为每天将粉碎秸秆与添加物均匀混合后装填压实1/3发酵桶，3d后装满压实密封，装填密度控制在550kg·m^{-3}左右。室温发酵45d，开盖后去掉最上层5cm和最底层5cm，均匀混合后，按梁瑜等[14]的几何采样法取样处理并检测。

表1 试验设计
Table 1 The design of experiment

添加物 Inoculants	装填方式 Ensiling pattern	编号 Number
Sila-Max	1次装填Prompt	HMax$_1$
	3次装填Delayed	HMax$_3$
Sila-Mix	1次装填Prompt	HMix$_1$
	3次装填Delayed	HMix$_3$
1%麸皮1%Bran	1次装填Prompt	HF$_1$
	3次装填Delayed	HF$_3$
1%麸皮+Sila-Max 1%Bran+Sila-Max	1次装填Prompt	HFMax$_1$
	3次装填Delayed	HFMax$_3$
未添加No addition	1次装填Prompt	HC$_1$
	3次装填Delayed	HC$_3$

1.3 测定方法

按张丽英[15]的方法测定青贮饲料的干物质（Dry Matter，DM），粗脂肪（Ether Extract，EE），粗蛋白（Crude Protein，CP），粗灰分（Ash），钙和磷含量；采用Van Soest等[16]的方法测定酸性洗涤纤维（Acid Detergent Fiber，ADF）和中性洗涤纤维（Neutral Detergent Fiber，NDF）含量；水溶性碳水化合物（Water Soluble Carbohydrate，WSC）含量测定采用蒽酮比色法；液相色谱法测定青贮中的乳酸和乙酸含量（Waters ACQUITY UPLC，色谱柱BEH C18 1.0×50mm，1.7μm，流动相为水和0.3%磷酸甲醇，流速为0.1mL·min^{-1}，检测波长210nm，进样量5μL）；苯酚—次氯酸钠比色法测定NH_3-N含量，计算氨态氮与总氮的比例；48h体外干物质消化率采用两步法[17]；按照青贮料青贮前后重量和干物质含量计算干物质损失率，干物质损失率（%）=（原料重×原料DM%-青贮重×青贮DM%）/原料重×原料DM%。

1.4 统计分析

本试验为双因素（装填次数×添加物）试验设计，采用SAS 8.2软件进行双因素方差分析和多重比较。

2 结果与分析

2.1 青贮前去穗玉米秸秆的化学组成

青贮前去穗玉米秸秆的化学成分检测结果见表2。可见，青贮原料的DM和WSC含量可以满足青贮的要求。

表2 青贮前去穗玉米秸秆营养组成

Table 2 Chemical composition of pre-ensiled corn stover（%，DM）

干物质 Dry matter	粗蛋白 Crude protein	粗脂肪 Ether extract	粗灰分 Ash	可溶性碳水化合物 Water soluble carbohydrate	中性洗涤纤维 Neutral detergent fiber	酸性洗涤纤维 Acid detergent fiber
28.40 ± 2.29	5.31 ± 0.15	3.47 ± 0.97	5.38 ± 1.33	14.92 ± 0.03	67.26 ± 1.17	49.00 ± 2.21

2.2 不同添加物及装填时间对去穗玉米秸秆青贮发酵参数的影响

不同添加物及装填时间的去穗玉米秸秆青贮发酵品质参数如表3所示。乳酸含量：除HC_3外，3次装填各处理组乳酸含量数值上均低于1次装填各组（$P>0.05$）；1次装填组间比较，$HFMax_1$组显著高于HC_1组（$P<0.05$）；3次装填组间比较，差异不显著（$P>0.05$）；全处理间比较，$HMax_3$组乳酸含量显著低于$HFMax_1$组与$HMax_1$组（$P<0.05$）。乙酸含量：3次装填各组乙酸含量显著高于1次装填各组（$P<0.05$）；1次装填组间比较，添加Sila-Mix组乙酸含量显著高于麸皮和Sila-Max+麸皮混合添加组（$P<0.05$）；3次装填组间比较，除$HMix_3$外，HC_3组乙酸含量显著低于其他各组（$P<0.05$）。氨氮含量：除HC_3显著高于HC_1和$HMix_1$组外（$P<0.05$），其他各组间差异不显著（$P>0.05$）。氨氮/总氮：1次装填、3次装填或添加其他添加剂等物均不影响青贮中氨氮与总氮比（$P>0.05$）。pH值：除$HFMax_3$ pH值显著高于$HFMax_1$与HC_3组外（$P<0.05$），其他各组间差异不显著（$P>0.05$）。

表3 去穗玉米秸秆青贮发酵品质

Table 3 The fermentation quality of post-ensiled corn stover silage

分组 Group	乳酸 Lactic acid（%）	乙酸 Acetate acid（%）	氨氮 NH_3-N（%）	氨氮/总氮 NH_3-N/TN	pH值
HC_1	7.18 ± 1.57bc	3.22 ± 0.16cd	0.28 ± 0.08bc	13.09 ± 1.43	3.82 ± 0.08ab
$HMax_1$	8.19 ± 0.68ab	3.29 ± 0.43cd	0.31 ± 0.01abc	13.47 ± 1.92	3.80 ± 0.01ab
$HMix_1$	7.80 ± 0.37abc	3.51 ± 0.28c	0.27 ± 0.08c	13.35 ± 1.91	3.90 ± 0.08ab
HF_1	7.99 ± 0.31abc	3.18 ± 0.19d	0.32 ± 0.02abc	14.29 ± 2.14	3.79 ± 0.02ab
$HFMax_1$	8.83 ± 0.54a	3.01 ± 0.09d	0.38 ± 0.02abc	14.92 ± 1.01	3.76 ± 0.02b

（续表）

分组 Group	乳酸 Lactic acid（%）	乙酸 Acetate acid（%）	氨氮 NH_3-N（%）	氨氮/总氮 NH_3-N/TN	pH值
HC_3	8.01 ± 0.38abc	3.93 ± 0.12b	0.42 ± 0.02a	14.59 ± 0.25	3.77 ± 0.02b
$HMax_3$	6.60 ± 0.79c	4.36 ± 0.17a	0.37 ± 0.20ab	13.93 ± 0.45	3.94 ± 0.20ab
$HMix_3$	7.07 ± 0.62bc	4.09 ± 0.18ab	0.38 ± 0.08abc	14.37 ± 0.26	3.90 ± 0.08ab
HF_3	6.84 ± 1.98bc	4.36 ± 0.02a	0.39 ± 0.10abc	14.07 ± 0.68	3.89 ± 0.10ab
$HFMax_3$	6.83 ± 0.35bc	4.31 ± 0.04a	0.41 ± 0.26ab	14.50 ± 0.36	3.97 ± 0.26a
P值 P-value					
LT	0.003 6	<0.000 1	0.002 2	0.250 6	0.047 7
I	0.869 5	0.098 3	0.482 4	0.518 3	0.461 8
LT×I	0.045 2	0.005 3	0.717 9	0.520 4	0.208 2

注：同列不同小写字母表示差异显著（$P<0.05$），LT，装填时间；I，添加物；LT×I装填时间与添加物互作，下同

Note: Different lowercase letters within the same column show significant difference（$P<0.05$），LT, loading time; I, inoculants, LT×I, interaction among loading time and inoculants, the same below

2.3 不同添加物及装填时间对去穗玉米秸秆青贮的营养参数的影响

不同添加物及装填时间的去穗玉米秸秆青贮的营养物质参数如表4所示。CP：3次装填各组CP含量均显著高于1次装填各组（$P<0.05$）；1次装填组间比较，添加麸皮组CP含量显著低于未添加组和添加Sila-Mix组（$P<0.05$）；3次装填组间比较，添加麸皮组和Sila-Max+麸皮混合添加组CP含量显著高于添加Sila-Mix组（$P<0.05$）。EE：3次装填添加麸皮组和Sila-Max+麸皮混合添加组EE含量显著低于1次装填组（$P<0.05$）；1次装填组间比较，Sila-Max+麸皮混合添加组EE含量显著高于未添加组和Sila-Mix添加组（$P<0.05$）；3次装填组间比较，未添加组EE含量显著高于各处理组（$P<0.05$）。WSC：3次装填各处理组WSC含量均显著低于1次装填各组（$P<0.05$）；1次装填和3次装填组间比较均无显著差异（$P>0.05$）。NDF：1次装填、3次装填或添加其他添加剂等物均不影响青贮中NDF含量（$P>0.05$）。ADF：除HF_3和$HFMax_3$外，3次装填各处理组ADF含量均显著高于1次装填各组（$P<0.05$），1次装填和3次装填组间ADF含量均无显著差异（$P>0.05$）。木质素：3次装填各组木质素含量显著高于1次装填各组（$P<0.05$）；1次装填组间木质素含量无显著差异（$P>0.05$）；3次装填添加Sila-Max组和Sila-Max+麸皮混合添加组木质素含量显著高于未添加组（$P<0.05$）。钙：除$HMix_3$外，3次装填各处理组钙含量均显著高于1次装填各组（$P<0.05$）；1次装填组间比较，Sila-Max+麸皮混合添加组钙含量显著高于除麸皮添加组之外的其他各组（$P<0.05$）；3次装填组间钙含量无显著差异（$P>0.05$）。磷：3次装填添加麸皮组和Sila-Max+麸皮混合添加组磷含量显著高于1次装填组（$P<0.05$）；1次装填组间比较，添加麸皮组和Sila-Max+麸皮混合添加组磷含量显著高于未添加组（$P<0.05$）；3次装填组间磷含量无显著差异（$P>0.05$）。

表4 去穗玉米秸秆青贮营养参数

Table 4 The nutrient component of post-ensiled corn stover silage (%, DM)

分组 Group	粗蛋白 Crude protein	粗脂肪 Ether extract	可溶性碳水化合物 Water soluble carbohydrate	中性洗涤纤维 Neutral detergent fiber	酸性洗涤纤维 Acid detergent fiber	木质素 Lignin	钙 Calcium	磷 Phosphorus
HC$_1$	7.74 ± 0.37cd	2.97 ± 0.17bc	3.83 ± 0.35abc	65.07 ± 0.89	38.36 ± 0.29e	5.13 ± 0.22d	0.39 ± 0.04cde	0.28 ± 0.01abc
HMax$_1$	7.55 ± 0.37d	3.08 ± 0.23abc	3.95 ± 0.36ab	65.88 ± 2.00	38.75 ± 1.69de	5.11 ± 0.24d	0.41 ± 0.06bcd	0.27 ± 0.01bcd
HMix$_1$	7.42 ± 0.23de	2.97 ± 0.27bc	4.00 ± 0.33a	66.32 ± 1.48	38.98 ± 1.10cde	5.37 ± 0.08cd	0.43 ± 0.06bc	0.27 ± 0.01cde
HF$_1$	7.03 ± 0.09e	3.19 ± 0.16ab	4.26 ± 0.34a	67.18 ± 1.85	39.46 ± 1.46bcde	5.31 ± 0.12cd	0.37 ± 0.07de	0.26 ± 0.01e
HFMax$_1$	7.25 ± 0.24de	3.34 ± 0.08a	4.13 ± 0.21a	66.75 ± 1.36	39.67 ± 0.86abcde	5.01 ± 0.19d	0.35 ± 0.02e	0.26 ± 0.00de
HC$_3$	8.54 ± 0.32ab	3.10 ± 0.17ab	3.57 ± 0.12bcd	65.74 ± 0.43	40.35 ± 0.58abcd	5.69 ± 0.31bc	0.47 ± 0.03ab	0.28 ± 0.00abc
HMax$_3$	8.71 ± 0.35ab	2.75 ± 0.12cd	3.44 ± 0.22cd	66.33 ± 0.99	40.69 ± 1.03ab	6.21 ± 0.31a	0.50 ± 0.02a	0.29 ± 0.00ab
HMix$_3$	8.22 ± 0.55bc	2.75 ± 0.13cd	3.39 ± 0.27d	66.33 ± 0.64	40.85 ± 0.60ab	6.10 ± 0.26ab	0.47 ± 0.03ab	0.29 ± 0.01abc
HF$_3$	8.88 ± 0.23a	2.74 ± 0.44cd	3.23 ± 0.19d	65.59 ± 1.39	40.59 ± 1.36abc	6.12 ± 0.64ab	0.51 ± 0.01a	0.29 ± 0.02a
HFMax$_3$	8.83 ± 0.38a	2.61 ± 0.08d	3.35 ± 0.12d	66.36 ± 0.43	41.26 ± 0.27a	6.38 ± 0.03a	0.52 ± 0.01a	0.29 ± 0.03ab
P值 P-value								
LT	<0.000 1	<0.000 1	<0.000 1	0.675 4	<0.000 1	<0.000 1	<0.000 1	<0.000 1
I	0.310 2	0.541 0	0.991 5	0.417 1	0.319 5	0.180 9	0.733 7	0.681 1
LT×I	0.010 6	0.005 6	0.084 1	0.423 3	0.915 9	0.061 3	0.011 1	0.001 4

2.4 不同添加物及装填时间对去穗玉米秸秆青贮DM含量、干物质损失率及48h体外干物质消化率的影响

不同添加物及装填时间的去穗玉米秸秆青贮DM含量、干物质损失率及48h体外干物质消化率如表5所示。DM含量：除麸皮添加组外，3次装填各组DM含量均显著低于1次装填组（$P<0.05$）；1次装填组间比较，添加Sila-Max组和Sila-Max+麸皮混合添加组DM含量显著高于未添加组（$P<0.05$）；3次装填组间比较，Sila-Max+麸皮混合添加组DM含量显著高于未添加组（$P<0.05$）。干物质损失率：除麸皮添加组外，3次装填各组干物质损失率均显著高于1次装填组（$P<0.05$）；1次装填组间比较，添加Sila-Max组和Sila-Max+麸皮混合添加组干物质损失率显著低于未添加组（$P<0.05$）；3次装填组间比较，Sila-Max+麸皮混合添加组干物质损失率显著低于未添加组（$P<0.05$）。48h体外干物质消化率：1次装填、3次装填或添加其他添加剂等物均不影响青贮48h体外干物质消化率（$P>0.05$）。

表5 去穗玉米秸秆青贮干物质含量、干物质损失率及48h体外干物质消化率

Table 5 Dry matter content, dry matter loss and 48h in vitro dry matter digestibility of post-ensiled corn stover silage (%)

分组 Group	干物质 Dry matter	干物质损失率 Dry matter loss ratio	消化率 Digestibility ratio
HC1	24.95 ± 1.10bc	12.86 ± 3.89bc	72.31 ± 0.52
HMax1	26.55 ± 1.40a	6.97 ± 5.04d	71.71 ± 1.03
HMix1	25.37 ± 0.70ab	11.31 ± 2.42cd	70.60 ± 0.46
HF1	24.96 ± 0.24bc	12.61 ± 0.83bc	71.05 ± 0.84
HFMax1	26.34 ± 1.35a	7.81 ± 4.71d	72.50 ± 0.57
HC3	23.11 ± 0.85d	19.08 ± 2.99a	71.67 ± 0.43
HMax3	24.00 ± 0.40cd	15.92 ± 1.40abc	70.30 ± 0.85
HMix3	23.91 ± 0.51cd	16.28 ± 1.79ab	70.22 ± 0.88
HF3	24.21 ± 0.32bcd	15.38 ± 1.16abc	71.00 ± 1.44
HFMax3	24.57 ± 0.36bc	13.98 ± 1.15bc	70.12 ± 0.63
P值 P-value			
LT	<0.000 1	<0.000 1	0.000 8
I	0.012 8	0.010 5	0.011 4
LT × I	0.321 8	0.344 4	0.057 3

3 讨论

3.1 不同装填时间对玉米秸秆青贮的影响

水分和可溶性糖类的含量是影响青贮制作的主要因素，在利用水分含量高、可溶性糖类含量不足的物料进行青贮时，往往需要收获后进一步使其萎蔫来降低水分含量并提高可溶性糖类含量，从而减少青贮过程中氨氮和挥发性有机酸的产量以及营养物质流失[18]。Kim等[12]研究延迟装填玉米秸秆青贮3h可以显著降低发酵产物中氨氮和总挥发性有机酸含量，也有降低酵母菌含量的作用，但也会

降低其有氧稳定性，但同时也发现，延迟装填超过10h，将会使发酵产物的pH升高，蛋白质水解加剧，热损伤蛋白含量升高，加速产物变质。类似的研究结果在大麦青贮中也得到了证实，Mills等[10]研究发现，延迟装填24h的大麦青贮酵母菌含量增加了1 000倍，WSC含量降低了50%，氨含量增加了40%，pH值升高了1；Arbabi等[19]还发现延迟装填48h的玉米秸秆青贮消化率显著降低；Loučka[20]发现延迟3d装填可以显著地降低甜菜渣青贮的果胶含量，并建议尽量缩短装填时间来减少青贮损失。但在我国，由于耕作地块普遍较小，机械化程度低，青贮窖的装填很难在短时间内完成，大型青贮窖的装填时间往往会超过3d。本研究以正常的1次装填和延迟的3次装填来模拟生产实际的两种形式，发现3次装填相比1次装填，使去穗玉米秸秆青贮的发酵产物中乙酸含量增加了22.05%，氨氮增加了50.00%，与Kim等[12]和Mills等[10]的研究结果一致。在营养物质含量上，延迟的3次装填可能由于干物质损失量显著增加而使得发酵产物的CP和EE含量增加，但其同时也显著提高了ADF和木质素的含量，从而降低了发酵产物的饲喂价值，这一结果与公美玲[21]报道一致。所以，3d的延迟装填不但降低了去穗玉米秸秆的发酵品质和饲喂价值，还使干物质损失量大幅增加（48.37%）。

3.2 添加Sila-Max、Sila-Mix及麸皮对去穗玉米秸秆青贮的影响

Sila-Max和Sila-Mix是美国瑞科动物营养公司生产的两种青贮饲料乳酸菌类添加剂，其中，Sila-Max含有不同类型的乳酸菌及能产生淀粉酶和纤维素酶的菌类，Sila-Mix除了含有以上菌类外，还添加有25%~29.5%的$CaCO_3$。根据本研究的结果，单独添加Sila-Max对1次装填的去穗玉米秸秆青贮发酵品质和营养品质均无显著影响，但可以显著提高发酵产物的干物质含量，降低干物质损失率，由于其可以提高3次装填发酵产物的乙酸含量，可能对提高其有氧稳定性有作用[22]。Sila-Mix对1次和3次装填去穗玉米秸秆青贮发酵品质和营养品质均无显著影响，但有提高乳酸含量和pH值并减少干物质损失的趋势，可能由于其含有的$CaCO_3$提高了pH值缓冲能力的原因[23]。麸皮在1次装填中对发酵产物的发酵品质和营养品质等均无显著影响，但会提高3次装填发酵的乙酸产量，降低其粗脂肪含量，可能是延迟装填过程中麸皮所含有的可溶性糖类和蛋白促进了有氧腐败菌的生长[24]。Sila-Max和麸皮的混合添加组可以显著增加1次装填去穗玉米秸秆青贮发酵产物的乳酸和EE含量，提高其发酵品质和营养品质，也可以提高3次装填发酵产物的乙酸含量和pH值，可能对提高其有氧稳定性有作用，同时，其还可以显著（$P<0.05$）提高1次和3次装填发酵产物的DM含量，减少发酵的干物质损失率。可见，去穗玉米秸秆青贮过程中要保持较高的干物质保存率，缩短装填时间才是最为有效的方法，另外，添加乳酸菌制剂并同时保证发酵底物中可溶性糖类的充足对降低青贮损失和提高产物品质是有利的[25-26]。

Sila-Max对提高去穗玉米秸秆1次装填青贮发酵产物的乳酸含量和3次装填发酵产物的乙酸含量均有良好的效果，而对于1次装填的乙酸含量以及3次装填乳酸含量则无明显影响。由于乙酸对其他有氧发酵菌的生长具有良好的抑制效果，所以在去穗玉米青贮中添加Sila-Max+麸皮对提高1次装填发酵产物的品质以及3次装填发酵产物的稳定性具有一定的作用，而单独添加Sila-Max仅在3次装填中提高乙酸含量有效。Sila-Mix对提高1次装填和3次装填的去穗玉米秸秆青贮发酵品质均无明显效果。麸皮有提高1次装填去穗玉米秸秆青贮的发酵品质的趋势（乳酸含量增加，$P>0.05$），但有降低3次装填去穗玉米秸秆青贮发酵品质的作用（乙酸含量增加，$P<0.05$）。麸皮的添加同样影响到发酵产物的营养成分含量，在1次装填中添加麸皮使CP的含量降低，可能是由于麸皮的添加促进了微生物的生长，利用了大量的蛋白质。但由于装填时间的延长，有氧发酵的增强而导致了干物质损失率的增加（未添加组干物质损失19.08%）和粗脂肪等营养成分的消耗增加，且使得粗蛋白、木质素、钙和磷的相对含量增加，这一结果与吕建敏[24]等报道一致。3种添加物及复合添加组均能使去穗玉米秸秆青贮发酵产物的干物质含量提高，干物质损失量下降。其中，Sila-Max对1d装填组干

物质保存效果最好，可以使去穗玉米秸秆青贮干物质含量增加6.41%，干物质损失率降低84.51%，Sila-Max+麸皮混合添加组保存效果次之，麸皮单独添加组最差，与未添加组相比差异并不显著。3次装填组Sila-Max+麸皮的混合添加组对干物质的保存效果最好，可以使去穗玉米秸秆青贮干物质含量增加6.32%，干物质损失率降低36.48%，麸皮单独添加组保存效果次之，Sila-Mix组最差，但除了Sila-Max+麸皮的混合添加组外对干物质的保存效果与未添加组相比均差异不显著。麸皮含有较高的蛋白和可溶性糖类，其单独添加在快速装填且可溶性糖类含量不足的青贮中可以起到增加发酵底物和促进微生物生长的作用，对乳酸菌发酵的快速启动具有促进作用[22]。本试验中发现，在延迟装填中，麸皮可能也同时促进了有氧腐败菌的生长，而不能对青贮发酵起到明显的有益作用。3种添加物均有降低去穗玉米秸秆青贮发酵产物48h体外干物质消化率的趋势，可能因为3种添加物均没有显著降低去穗玉米秸秆的NDF和ADF含量，而使发酵产物保存了大量的干物质，相对增加了纤维和木质素含量，而消化率主要和纤维含量相关[24]。

4 结论

延迟3d装填会降低去穗玉米秸秆青贮的发酵品质、营养品质及DM含量，提高干物质损失率。

在去穗玉米秸秆青贮中单独添加乳酸菌制剂Sila-Max可以提高1次装填发酵产物的DM含量，降低干物质损失率，但未对3次装填发酵产物产生显著有利作用。

在去穗玉米秸秆青贮中单独添加乳酸菌制剂Sila-Mix和麸皮对1次和3次装填发酵产物均未产生显著有利作用。

在去穗玉米秸秆青贮中添加Sila-Max和麸皮的混合物对提高1次装填发酵产物的营养品质和发酵品质及1次和3次装填发酵产物的DM含量，降低2种装填方式的干物质损失率有显著作用。

参考文献

[1] Zeng X, Ma Y, Ma L. Utilization of straw in biomass energy in China[J]. Renewable & Sustainable Energy Reviews, 2007, 11（5）: 976-987.

[2] Shi H T, Cao Z J, Wang Y J, et al. Effects of calcium oxide treatment at varying moisture concentrations on the chemical composition, in situ degradability, in vitro digestibility and gas production kinetics of anaerobically stored corn stover[J]. Journal of Animal Physiology and Animal Nutrition, 2015, 100（4）: 748-757.

[3] Goeser J P, Heuer C R, Crump P M. Forage fermentation product measures are related to dry matter loss through meta-analysis[J]. Professional Animal Scientist, 2015, 31（2）: 137-145.

[4] Huisden C M, Adesogan A T, Kim S C, et al. Effect of applying molasses or inoculants containing homofermentative or heterofermentative bacteria at two rates on the fermentation and aerobic stability of corn silage[J]. Journal of Dairy Science, 2009, 92（2）: 690-697.

[5] Hu W, Schmidt R J, Mcdonell E E, et al. The effect of *Lactobacillus buchneri* 40788 or *Lactobacillus plantarum* MTD-1 on the fermentation and aerobic stability of corn silages ensiled at two dry matter contents[J]. Journal of Dairy Science, 2009, 92（8）: 3 907-3 914.

[6] Jr L K, Schmidt R J, Ebling T E, et al. The effect of *Lactobacillus buchneri* 40788 on the fermentation and aerobic stability of ground and whole high-moisture corn 1[J]. Journal of Dairy Science, 2007, 90（5）: 2 309-2 314.

[7] Kang T W, Adesogan A T, Kim S C, et al. Effects of an esterase-producing inoculant on fermentation, aerobic stability, and neutral detergent fiber digestibility of corn silage[J]. Journal of Dairy Science, 2009, 92（2）: 732-738.

[8] Khota W, Pholsen S, Higgs D, et al. Natural lactic acid bacteria population of tropical grasses and their fer-

mentation factor analysis of silage prepared with cellulase and inoculant[J]. Journal of Dairy Science, 2016, 99 (12): 9 768-9 781.

[9] Essig H W. Urea-limestone-treated silage for beef cattle[J]. Journal of Animal Science, 1968, 27 (3): 730-738.

[10] Mills J A, Jr K L. The effect of delayed ensiling and application of a propionic acid-based additive on the fermentation of barley silage[J]. Journal of Dairy Science, 2002, 85 (8): 1 969-1 975.

[11] Jr K L, Robinson J R, Ranjit N K, et al. Microbial populations, fermentation end-products, and aerobic stability of corn silage treated with ammonia or a propionic acid-based preservative[J]. Journal of Dairy Science, 2000, 83 (7): 1 479-1 486.

[12] Kim S C, Adesogan A T. Influence of ensiling temperature, simulated rainfall, and delayed sealing on fermentation characteristics and aerobic stability of corn silage[J]. Journal of Dairy Science, 2006, 89 (8): 3 122-3 132.

[13] Berger L L, Bolsen K K. Sealing strategies for bunker silos and drive-over piles. Natural Resource, Agriculture, and Engineering Service Cooperative Extension Conference[J]. Ithaca, New York: NRAES, 2006: 1-18.

[14] Liang Y, Lei Z M, Wu J P, et al. Influence of different additives on the organic acid of corn silage[J]. Journal of Gansu Agricultural University, 2012, 47 (5): 34-39.
梁瑜, 雷赵民, 吴建平, 等. 不同添加剂（物）对玉米秸秆青贮有机酸含量的影响[J]. 甘肃农业大学学报, 2012, 47 (5): 34-39.

[15] Zhang L Y. Feed analysis and feed quality testing technology[M]. Beijing: China Agricultural University Press, 2003: 46-75.
张丽英. 饲料分析及饲料质量检测技术[J]. 北京: 中国农业大学出版社, 2003: 46-75.

[16] Van Soest P J, Robertson J B, Lewis B A. Methods for dietary fiber, neutral detergent fiber, and nonstarch polysaccharides in relation to animal nutrition[J]. Journal of Dairy Science, 1991, 74 (10): 3 583-3 597.

[17] Tilly J M A, Terry R A. A two-stage technique for the vitro digestion of forage crops[J]. Grass and Forage Science, 1963, 18: 104-111.

[18] Vendramini J M, Aguiar A D, Adesogan A T, et al. Effects of genotype, wilting, and additives on the nutritive value and fermentation of bermudagrass silage[J]. Journal of Animal Science, 2016, 94 (7): 3 061-3 071.

[19] Arbabi S, Ghoorchi T, Hasani S. The effect of delayed ensiling and application of an propionic acid-based additives on the nutrition value of corn silage[J]. Asian Journal of Animal Sciences, 2010, 4 (5): 219-227.

[20] Loučka R. Effect of delayed with ensiling on feeding value of sugar beet pulp[J]. Listy Cukrovarnické a Řepařské, 2012, 128 (3): 106-109.

[21] Gong M L. Study on the nutrient dynamic of corn stalks in silage[J]. Taian: Shandong Agricultural University, 2013.
公美玲. 玉米秸秆青贮过程中的营养动态研究[J]. 泰安: 山东农业大学, 2013.

[22] Danner H, Holzer M, Mayrhuber E, et al. Acetic acid increases stability of silage under aerobic conditions[J]. Applied & Environmental Microbiology, 2003, 69 (1): 562-567.

[23] Simkins K L J, Baumgardt B R, Niedermeier R P. Feeding value of calcium carbonate-treated corn silage for dairy cows[J]. Journal of Dairy Science, 1965, 48 (10): 1 315-1 318.

[24] Lv J M, Hu W L, Liu J X. Effect of enzyme and wheat bran additions on fermentation characteristics of rice straw silage[J]. Acta Zoonutrimenta Sinica, 2005, 17 (2): 58-62.
吕建敏, 胡伟莲, 刘建新. 添加酶制剂和麸皮对稻草青贮发酵品质的影响[J]. 动物营养学报, 2005, 17 (2): 58-62.

[25] Jalc D, Laukova A, Simonova P M, et al. Bacterial inoculant effects on corn silage fermentation and nutrient composition[J]. Asian Australasian Journal of Animal Sciences, 2009, 22 (7): 977-983.

[26] Lv W L, Diao Q Y, Yan G L. Effect of *lactobacillus buchneri* on the quality and aerobic stability of green cornstalk silages[J]. Acta Praraculturae Sinica, 2011, 20 (3): 143-148.
吕文龙, 刁其玉, 闫贵龙. 布氏乳杆菌对青玉米秸青贮发酵品质和有氧稳定性的影响[J]. 草业学报, 2011, 20 (3): 143-148.

5株乳酸菌复合物与$CaCO_3$, 酶及尿素不同组合对全株玉米青贮品质影响

王建福[1], 雷赵民[1], 万学瑞[2], 姜辉[1], 李洁[1], 吴建平[1*]

(1. 甘肃农业大学动物科学技术学院, 甘肃兰州 730070;
2. 甘肃农业大学动物医学院, 甘肃兰州 730070)

摘　要: 为探讨前期筛选出的5株对好氧细菌、酵母菌和真菌具有优良抑菌活性乳酸菌的复合物及其与$CaCO_3$、酶及尿素不同组合对全株玉米青贮发酵品质及营养成分的影响, 进一步筛选优质复合青贮生物制剂, 共设置7个不同组合添加物进行全株玉米青贮, 并设空白对照组, 测定青贮3d、10d和30d时其发酵品质和营养成分的变化情况。结果表明: 添加5株乳酸菌混合剂有提高全株玉米青贮发酵品质和营养品质的趋势; 同时添加$CaCO_3$和复合乳酸菌能进一步增加青贮饲料的乳酸(LA)和乙酸(AA)产量, 尤其是AA产量, 防止pH值过分降低, 也有提高青贮营养品质的趋势; 同时添加尿素和复合乳酸菌能进一步提高青贮的AA和氨态氮的含量, 防止pH值过分降低, 显著提高粗蛋白(CP)含量, 从而提高青贮营养品质; 纤维素酶和淀粉酶复合物可以提高发酵产物的水溶性碳水化合物(WSC)含量及LA和AA产量, 改善青贮发酵品质; 复合$CaCO_3$、尿素、纤维素酶、淀粉酶和复合乳酸菌的添加对提高全株玉米青贮的发酵品质和营养品质的效果最好; 全株玉米青贮发酵品质和营养品质在前3d变化最快, 发酵不同阶段不同添加组合的变化不尽一致。

关键词: 乳酸菌复合物; $CaCO_3$; 尿素; 酶; 青贮品质

Effects of different combinations of 5 strains of lactic acid bacterial with $CaCO_3$, enzyme and urea on the quality of corn silage

Wang Jian fu[1], Lei Zhao min[1], Wan Xue rui[2], Jiang Hui[1], Li Jie[1], Wu Jian ping[1*]

基金项目: 农业部公益性行业科研专项(20130305907), 农业部公益性行业科研专项(201503134), 兰州市科技局科技计划项目(农业科技攻关; 2012-2-159), 甘肃省农业生物技术研究与应用开发项目(GNSW.2012-25), 甘肃省科技重大专项(143NKDC017), 甘肃省科技重大专项(17ZD2NC020)和甘肃省农牧厅秸秆饲料化利用研究专项([2016]269号)资助

作者简介: 王建福(1982—), 男, 河南商丘人, 讲师, 博士。E-mail: wangjf@gsau.edu.cn

*通信作者: Corresponding author. E-mail: wujp@gsagr.ac.cn

(1. College of Animal Science and Technology, Gansu Agricultural University, Lanzhou, 730070, China; 2. College of Veterinary Medicine, Gansu Agricultural University, Lanzhou, 730070, China)

Abstract: To investigate the effects of 5 strains of lactic acid bacterial (LAB) which have the ability of restraining aerobic bacteria, yeast and mould combined with $CaCO_3$, enzyme and urea differently, 8 treatmentswere carried out. The fermentation quality and nutrient contents of silage were evaluated in the days of 3, 10 and 30 after being ensiled. The result shows that the compound of 5 strains of LAB increased the quality of whole corn crop fermentation and nutrition; the combination of $CaCO_3$ with lactic acid bacterial compound can increase the contents of lactic acid (LA) and acetic acid (AA), especially AA, it also can prevent pH to be decreased lower and improve the silage nutritional quality; the combination of urea with LAB compound can increase the AA, NH_3-N and crude protein (CP) content, prevent pH to be decreased lower and improve the silage nutritional quality; the combination of cellulase and amylase with LAB compound can improve the quality of silage by increasing the production of water soluble carbohydrate (WSC), LA and AA; the combination of $CaCO_3$, urea, cellulose and amylase with the LAB compound is the best inoculant for the corn silage's ferment and nutritional quality; The quality of silage change fast in first 3days and it changes in different groups at different time during ensiling.

Key words: lactic acid bacterial compound; $CaCO_3$; urea; enzyme; ensiling quality

青贮是提高玉米（*Zea mays*）秸秆利用率并有效保存其营养价值的重要手段。在青贮发酵的微生物体系中，同质发酵乳酸菌所产生的乳酸可以使环境pH值迅速降低，从而抑制其他有氧细菌、酵母菌和真菌的生长，减少其他有机酸的生成量，从而减少青贮营养损失并保证青贮品质[1]。玉米秸秆上所附着的乳酸菌数量往往不足，导致发酵后pH值下降缓慢，腐败菌生长期延长，营养物质损失增加[2]。通过添加外源乳酸菌，使其在青贮发酵系统中形成优势菌群，产生大量乳酸，迅速降低pH值并抑制其他腐败菌的生长，对保存青贮营养价值具有重要作用[3]。$CaCO_3$、纤维素酶、淀粉酶和尿素在青贮中的应用均有报道：$CaCO_3$不仅可以补充饲料中钙含量，而且可以中和青贮中的酸，提高发酵产物的适口性[4]；淀粉酶和纤维素酶可以增加青贮发酵中的可溶性糖的浓度，为乳酸菌发酵的迅速启动提供充足底物，以促进发酵[5]；尿素不但可以为微生物发酵提供氮源，提高发酵产物的粗蛋白含量和营养价值，其本身还可以直接作为反刍动物饲料中的非蛋白氮添加剂[6]。在前期的试验中筛选出了5株具有提高青贮发酵品质并抑制二次发酵潜力的乳酸菌[7]，为了检测其混合菌液及其与$CaCO_3$、纤维素酶、淀粉酶和尿素等复合制剂对全株玉米青贮发酵促进和营养成分保存的作用过程和效果，通过检测发酵过程中不同添加组合青贮发酵品质和营养品质的变化，为玉米秸秆青贮调制及乳酸菌复合制剂研制提供理论依据和技术参考。

1 材料与方法

1.1 材料及设备

蜡熟期收获的全株玉米为2016年10月由临洮县华加牧业有限公司提供，干物质含量29%~33%；肠膜明串珠菌肠膜亚种（*Leuconostoc mesenteroides subsp. mesenteroides*）B1-7、戊糖片球菌（*Pediococcus pentosaceus*）B2-3、植物乳杆菌（*Lactobacillus plantarum*）B3-1、屎肠球菌

（*Enterococcus faecium*）B5-2、发酵乳杆菌（*Lactobacillus fermentum*）E2-3均由本实验室分离鉴定并保存，乳酸菌用Modified Sholtens' Broth（MSB）液体培养基培养至对数生长期，调浓度为$1×10^9$cfu/mL，按5mL/kg青贮原料添加，即$5×10^6$cfu/g，不添加菌液组添加等体积的MSB液体培养基；$CaCO_3$和尿素为分析纯试剂；纤维素酶酶活20 000U/g，α-淀粉酶酶活3 700U/g）；秸秆粉碎机（9Z-9A型青贮铡草对辊揉搓型）由洛阳四达农机有限公司生产；相关仪器还包括聚乙烯真空包装袋（22cm×28cm）及真空包装机；相关发酵品质及营养成分检测设备由甘肃农业大学动物科学技术学院实验室提供。

1.2 试验设计

试验共设置8个组，其中1个空白对照组（CK），1个复合乳酸菌对照组（B），6个处理组（Bca、BU、BCA、BCaCA、BCAU、BCaCAU），见表1。每组设置3个重复，每袋装样量为0.5kg，真空包装后室温保存。

表1 试验设计
Table 1 The design of experiment

分组 Groups	混合菌液 Bacteria mixture（cfu/g）	碳酸钙 $CaCO_3$（%）	纤维素酶 Cellulase（%）	淀粉酶 Amylase（%）	尿素 Urea（%）
CK	—	—	—	—	—
B	$5×10^6$	—	—	—	—
BCa	$5×10^6$	0.5	—	—	—
BU	$5×10^6$	—	—	—	0.5
BCA	$5×10^6$	—	0.01	0.01	—
BCaCA	$5×10^6$	0.5	0.01	0.01	—
BCAU	$5×10^6$	—	0.01	0.01	0.5
BCaCAU	$5×10^6$	0.5	0.01	0.01	0.5

1.3 测定方法

按常规法[8]测定青贮饲料的干物质（Dry Matter，DM）、粗蛋白（Crude Protein，CP）和粗脂肪（Ether Extract，EE）含量；采用Van Soest等[9]的方法测定酸性洗涤纤维（Acid Detergent Fiber，ADF）和中性洗涤纤维（Neutral Detergent Fiber，NDF）；按照Dubois等[10]的方法测定水溶性碳水化合物（Water Soluble Carbohydrate，WSC）含量；液相色谱法（Waters ACQUITY UPLC，色谱柱BEH C18 1.0×50mm，1.7μm，流动相为水和0.3%磷酸甲醇，流速为0.1mL·min^{-1}，检测波长210nm，进样量5μL。）测定青贮中的乳酸（Lactic Acid，LA）和乙酸（Acetic Acid，AA）；苯酚—次氯酸钠比色法[11]测定NH_3-N；取青贮样品20g，加入180mL蒸馏水，搅拌均匀，组织捣碎机均匀捣碎后纱布过滤，pH值计测定滤液pH值。

1.4 数据处理与分析

利用Excel软件进行数据整理，SPSS Statistic19.0软件包进行单因素ANOVA方差分析和Duncan氏多重比较，试验结果采用平均值±标准差表示，$P<0.05$表示差异显著。

2 结果与分析

2.1 发酵前玉米秸秆营养成分

青贮前全株玉米粉碎后的DM含量为28.86%，CP含量为7.73%，EE含量为3.47%，WSC含量为14.92%，NDF含量为52.17%，ADF含量为26.13%。原料的可溶性糖类含量和含水量符合青贮饲料调制要求。

2.2 全株玉米青贮发酵不同时期产物品质

全株玉米青贮发酵不同时期产物品质如表2所示。发酵3d，BCAU组LA含量最高，显著高于除BCaCA组和BCaCAU组外的其他各组（$P<0.05$），B组含量最低；BCa组AA含量最高，显著高于其他各组（$P<0.05$），B组含量最低；B组LA/AA最高，BCa组最低，但差异不显著（$P>0.05$）；BCaCA组氨态氮含量最低，显著低于除CK组和B组之外的其他各组（$P<0.05$），BU组含量最高；B组pH值显著低于其他各组（$P<0.05$），BCa组和BCaCA组pH值较高，显著高于其他各组（$P<0.05$）。

表2 不同添加物对全株玉米青贮发酵不同时间产物品质变化影响

Table 2　Fermentation quality of corn silage in different time with different inoculant

时间 Time	分组 Group	乳酸 Lactic acid（LA，%DM）	乙酸 Acetic acid（AA，%DM）	乳酸/乙酸 LA/AA	氨态氮 NH_3-N（g/kg）	pH值
3d	CK	4.59 ± 0.16e	1.31 ± 0.34d	3.68	3.34 ± 0.24de	3.27 ± 0.07c
	B	4.35 ± 0.46e	0.91 ± 0.33d	5.11	3.39 ± 0.22de	3.20 ± 0.00d
	BCa	5.40 ± 0.11bc	2.89 ± 0.01a	1.87	4.71 ± 0.22c	3.47 ± 0.03a
	BU	5.00 ± 0.05d	1.92 ± 0.46bc	2.70	8.78 ± 0.77a	3.29 ± 0.04c
	BCA	5.14 ± 0.08cd	1.82 ± 0.12c	2.83	4.02 ± 0.44cd	3.31 ± 0.02c
	BCaCA	5.47 ± 0.05ab	2.33 ± 0.02b	2.35	2.63 ± 0.31e	3.47 ± 0.00a
	BCAU	5.74 ± 0.02a	1.75 ± 0.19c	3.32	8.06 ± 0.76ab	3.37 ± 0.02b
	BCaCAU	5.56 ± 0.05ab	1.80 ± 0.04c	3.08	7.83 ± 0.07b	3.36 ± 0.03b
10d	CK	6.43 ± 0.08e	1.79 ± 0.31d	3.66	3.74 ± 0.47d	3.33 ± 0.05e
	B	6.51 ± 0.35e	2.20 ± 0.14cd	2.97	5.29 ± 0.85c	3.41 ± 0.04d
	BCa	7.26 ± 0.22bc	3.17 ± 0.22a	2.30	4.81 ± 0.30cd	3.63 ± 0.05a
	BU	6.63 ± 0.68de	2.38 ± 0.66c	3.04	10.46 ± 0.25b	3.48 ± 0.02cd
	BCA	6.90 ± 0.21cde	2.49 ± 0.18bc	2.77	5.73 ± 1.20c	3.54 ± 0.03bc
	BCaCA	7.10 ± 0.22cd	3.09 ± 0.18a	2.31	3.55 ± 0.80d	3.64 ± 0.05a
	BCAU	8.22 ± 0.19a	2.36 ± 0.09c	3.48	13.25 ± 0.09a	3.59 ± 0.06ab
	BCaCAU	7.74 ± 0.12ab	2.93 ± 0.05ab	2.64	11.17 ± 0.96b	3.53 ± 0.02bc

（续表）

时间 Time	分组 Group	乳酸 Lactic acid （LA，%DM）	乙酸 Acetic acid （AA，%DM）	乳酸/乙酸 LA/AA	氨态氮 NH_3-N（g/kg）	pH值
30d	CK	7.12 ± 0.39b	2.71 ± 0.10c	2.63	7.01 ± 0.32b	3.50 ± 0.03e
	B	7.35 ± 0.21b	2.74 ± 0.36c	2.71	6.56 ± 1.24b	3.48 ± 0.07e
	BCa	9.28 ± 0.48a	3.70 ± 0.40ab	2.54	7.41 ± 0.67b	3.74 ± 0.02ab
	BU	7.82 ± 0.77b	3.75 ± 0.72ab	2.16	15.13 ± 1.69a	3.63 ± 0.02cd
	BCA	7.50 ± 0.68b	3.09 ± 0.33bc	2.45	8.09 ± 0.64b	3.58 ± 0.06d
	BCaCA	9.95 ± 0.43a	3.69 ± 0.36ab	2.72	7.41 ± 0.51b	3.76 ± 0.03a
	BCAU	9.95 ± 0.63a	3.68 ± 0.24ab	2.72	12.57 ± 3.87a	3.67 ± 0.05bc
	BCaCAU	9.58 ± 0.78a	4.45 ± 0.71a	2.21	14.50 ± 0.17a	3.72 ± 0.01ab

注：同列不同小写字母表示差异显著（$P<0.05$），无任何相同小写字母或无字母表示差异不显著（$P>0.05$），下同

Note：The different lowercase in the same column mean significant differences at $P<0.05$，and the same lowercase or no letter mean no significant differences at $P>0.05$．The same below

发酵10d，BCAU组LA含量最高，显著高于除BCaCAU组外的其他各组（$P<0.05$），CK组含量最低；CK组AA含量最低，显著低于除B组之外的其他各组（$P<0.05$），BCa组含量最高；CK组LA/AA最高，BCa组最低，但差异不显著（$P>0.05$）；BCaCA组氨态氮含量最低，显著低于除CK组和BCa组外的其他各组（$P<0.05$），BCAU组氨态氮含量最高；CK组pH值最低，显著低于其他各组（$P<0.05$），BCaCA组最高。

发酵30d，BCa、BCaCA、BCAU和BCaCAU组LA含量均较高，显著高于其他各组（$P<0.05$），CK组最低；CK组AA含量最低，显著低于除B组和BCA组外的其他各组（$P<0.05$），BCaCAU组含量最高；BCaCA组和BCAU组LA/AA最高，BU组最低，但差异不显著（$P>0.05$）；B组氨态氮含量最低，显著低于BU组、BCAU组和BCaCAU组（$P<0.05$），BU组含量最高；B组pH值最低，显著低于除CK组之外的其他各组（$P<0.05$），BCaCA组最高。

2.3 全株玉米青贮发酵不同时期产物化学成分

全株玉米青贮发酵不同时期产物化学成分如表3所示。发酵3d，BU组CP含量最高，显著高于除BCaCAU组的其他各组（$P<0.05$），BCaCA组含量最低；BCaCA组EE含量最高，显著高于除BCa组外的其他各组（$P<0.05$），BCaCAU组含量最低；B组ADF含量最低，显著低于除CK组、BU组和BCA组之外的其他各组（$P<0.05$），BCa组含量最高；B组NDF含量最低，显著低于除CK组、BU组、BCA组和BCaCA组之外的其他各组（$P<0.05$），BCAU组含量最高；BCA组的WSC含量最高，显著高于除CK组、B组、BCAU组和BCaCAU组外的其他各组（$P<0.05$），BU组含量最低。

发酵10d，BCaCAU组的CP含量最高，显著高于除BCAU组外的其他各组（$P<0.05$），BCaCA组含量最低；BCaCA组EE含量最高，显著高于除BCa组之外的其他各组（$P<0.05$），BCAU组含量最低；ADF和NDF各组均无显著差异（$P>0.05$）；BCA组WSC含量最高，显著高于除CK组和B组之外的其他各组（$P<0.05$），BCaCAU组含量最低。

表3 不同添加物对全株玉米青贮发酵不同时间产物化学成分变化的影响

Table 3 Chemical composition of corn silage in different time with different inoculant

时间 Time	分组 Group	粗蛋白 Crude protein （CP，%DM）	粗脂肪 Ether extract （EE，%DM）	酸性洗涤纤维 Acid detergent fiber （ADF，%DM）	中性洗涤纤维 Neutral detergent fiber （NDF，%DM）	水溶性碳水化合物 Water soluble carbohy- drate （WSC，%DM）
3d	CK	10.57 ± 0.07cd	1.70 ± 0.02c	29.57 ± 1.33ab	51.14 ± 1.58ab	2.64 ± 0.28a
	B	10.67 ± 0.01c	1.23 ± 0.50d	27.16 ± 0.61b	47.93 ± 1.64b	2.36 ± 0.17ab
	BCa	11.69 ± 0.10b	2.31 ± 0.06ab	31.66 ± 0.35a	53.04 ± 0.02a	1.61 ± 0.04bc
	BU	13.03 ± 0.41a	0.73 ± 0.09e	28.77 ± 0.98ab	50.36 ± 1.45ab	1.35 ± 0.13c
	BCA	10.35 ± 0.31cd	1.99 ± 0.36bc	29.62 ± 2.67ab	52.14 ± 4.42ab	2.74 ± 0.88a
	BCaCA	10.24 ± 0.23d	2.52 ± 0.09a	30.84 ± 3.02a	51.49 ± 4.25ab	1.72 ± 0.42bc
	BCAU	12.02 ± 0.18b	1.15 ± 0.10d	31.62 ± 1.93a	54.44 ± 2.41a	2.60 ± 0.28a
	BCaCAU	12.68 ± 0.22a	0.69 ± 0.07e	31.24 ± 1.48a	53.30 ± 2.23a	2.17 ± 0.46ab
10d	CK	10.06 ± 0.13de	1.93 ± 0.15bc	29.75 ± 0.48	52.42 ± 0.50	2.43 ± 0.16a
	B	10.21 ± 0.30cd	1.40 ± 0.48cd	29.10 ± 1.55	52.45 ± 1.96	2.33 ± 0.58ab
	BCa	10.57 ± 0.13c	2.41 ± 0.24ab	32.21 ± 1.23	53.48 ± 2.65	1.07 ± 0.48c
	BU	12.39 ± 0.22b	1.04 ± 0.24de	29.74 ± 2.46	51.23 ± 3.29	1.32 ± 0.43bc
	BCA	10.07 ± 0.15de	1.78 ± 0.44bc	29.57 ± 2.10	52.88 ± 2.44	2.93 ± 0.52a
	BCaCA	9.78 ± 0.23e	2.84 ± 0.51a	29.74 ± 3.86	49.77 ± 4.92	0.71 ± 0.79c
	BCAU	13.03 ± 0.30a	0.49 ± 0.39e	27.92 ± 3.12	49.72 ± 5.13	1.09 ± 0.96c
	BCaCAU	13.20 ± 0.17a	0.91 ± 0.15de	30.95 ± 2.77	50.85 ± 3.69	0.45 ± 0.58c
30d	CK	10.34 ± 0.19c	2.25 ± 0.19bc	32.83 ± 1.43ab	56.61 ± 1.55	2.90 ± 0.35a
	B	10.57 ± 0.05c	2.27 ± 0.40bc	30.17 ± 2.66b	53.08 ± 3.27	2.08 ± 0.27ab
	BCa	11.43 ± 0.26bc	2.62 ± 0.45abc	33.62 ± 1.60ab	56.61 ± 2.64	0.69 ± 0.47c
	BU	13.28 ± 0.76a	1.83 ± 0.41c	33.15 ± 1.92ab	56.21 ± 2.78	1.25 ± 0.57bc
	BCA	10.73 ± 0.10c	2.58 ± 0.29abc	31.86 ± 2.34ab	55.38 ± 2.83	2.79 ± 0.38a
	BCaCA	10.53 ± 0.45c	3.48 ± 0.30a	33.09 ± 0.86ab	55.34 ± 1.43	0.70 ± 0.11c
	BCAU	12.12 ± 1.42b	2.91 ± 0.65ab	31.84 ± 2.05ab	54.14 ± 2.60	0.50 ± 0.41c
	BCaCAU	13.51 ± 0.22a	2.24 ± 0.82bc	34.59 ± 3.74a	55.97 ± 3.96	0.93 ± 0.99c

发酵30d，BCaCAU组CP含量最高，显著高于除BU组之外的其他各组（$P<0.05$），CK组含量最低；BCaCA组EE含量最高，显著高于除BCa组、BCA组和BCAU组外的其他各组（$P<0.05$），BU组含量最低；B组ADF含量最低，但除显著低于BCaCAU组之外（$P<0.05$），与其他各组差异均

不显著（$P>0.05$）；各组NDF差异均不显著（$P>0.05$）；CK组WSC含量最高，显著高于除B组、BCA组外的其他各组（$P<0.05$），BCAU组含量最低。

3 讨论

3.1 复合乳酸菌对全株玉米青贮发酵品质和营养品质变化的影响

乳酸菌可以分为同质发酵乳酸菌和异质发酵乳酸菌，同质发酵往往仅产生乳酸，青贮的品质较高，营养成分损失较少[12]，但青贮取用后的有氧稳定性往往较差，在实际生产中使用并不理想。异质发酵过程除了产生乳酸之外，还产生乙酸、甘露醇甚至乙醇等物质，发酵过程的营养和能量损失往往较大，但乙酸等可以抑制有害菌的生长，使取用后的青贮有氧稳定性增强[13]。所以，在青贮实际使用的乳酸菌制剂中，往往既有同质发酵乳酸菌也有异质发酵乳酸菌，并添加其他青贮促进或不利发酵抑制物质。本试验所使用的5株乳酸菌中，戊糖片球菌B2-3、植物乳杆菌B3-1和屎肠球菌B5-2属于同质发酵乳酸菌，肠膜明串珠菌肠膜亚种B1-7和发酵乳杆菌E2-3属于异质发酵乳酸菌。从5株菌复合物的添加效果来看，其提高了30d发酵LA和AA的产量以及LA/AA比例，降低了氨态氮和pH值，提高了30d发酵产物的CP、EE，降低了ADF和NDF含量，提高了全株玉米青贮的发酵品质和营养品质。但从时间上来看，发酵过程中的发酵品质和营养品质变化是复杂的，趋势并不完全一致，所以，还需要对发酵过程中微生物种类和数量的变化及其发酵的底物和产物进行综合分析来揭示复合添加物对发酵品质变化的影响机制。

3.2 复合乳酸菌和$CaCO_3$复合添加对玉米秸秆青贮发酵品质和营养品质变化的影响

从本试验结果可见，$CaCO_3$的添加提高了青贮过程中的LA和AA的产量，可以提高青贮产物中的总酸产量，其中，对AA的增加作用较大，降低了LA/AA比例，提高了发酵的pH值以及氨态氮的含量。随着发酵时间的延长，$CaCO_3$除了能进一步显著提高LA和AA产量外，还可以提高LA/AA的比例，从而提高青贮发酵品质。在30d发酵后，$CaCO_3$与乳酸菌复合添加组LA含量相比单独的复合乳酸菌添加组及空白对照组分别提高了26%和30%；AA含量相比单独的复合乳酸菌添加组和空白对照组分别提高了35%和37%。AA对真菌具有较好的抑制作用，所以AA含量的提高对提高青贮产物的有氧稳定性是有利的。Pejin等[14]在啤酒糟的发酵过程中添加$CaCO_3$分别使添加发酵乳杆菌和鼠李糖乳杆菌发酵组LA产量增加了13%和17%。Li等[15]发现在玉米青贮中添加$CaCO_3$能够快速的产生LA，发酵3d的LA产量已经比对照组高出3倍，同时也提高了AA的产量。本试验中发酵3d添加$CaCO_3$组也获得了较高的LA产量，但AA产量增幅更大。

郭天龙等[16]发现在甜菜（*Beta vulgaris*）青贮发酵中添加$CaCO_3$可使WSC含量降低，而对其他营养成分含量无影响，而本试验发现，$CaCO_3$的添加提高了玉米秸秆青贮的CP和EE含量，有提高ADF和NDF的趋势，降低了WSC的含量。可能是因为与单独添加复合乳酸菌相比，添加$CaCO_3$进一步促进了复合乳酸菌以及其他菌类的发酵，利用了发酵底物WSC，增加了微生物的含量所致。Santos等[17]在甘蔗（*Saccharum officinarum*）青贮试验中也发现添加复合乳酸菌不能使青贮营养成分含量提高，但是添加$CaCO_3$提高了发酵产物的营养价值。本试验中，复合乳酸菌和$CaCO_3$复合添加对进一步促进青贮发酵具有显著效果，并且随着发酵时间的延长，EE、ADF、NDF有增加的趋势，WSC有降低的趋势。

3.3 复合乳酸菌和尿素复合添加对玉米秸秆青贮发酵品质和营养品质变化的影响

尿素作为一种含氮物质，在玉米青贮过程中可以显著提高CP含量，弥补玉米秸秆本身蛋白含量的不足[18]。但也有研究认为，青贮中添加尿素会使LA/AA比例降低，氨态氮含量增加，降低青贮发酵品质[19]。本研究中，复合乳酸菌和尿素的复合添加提高了青贮料氨态氮的含量及pH值，LA/

AA比例下降，但LA和AA的含量均高于空白对照组和复合乳酸菌单独添加组，尤其是AA含量的增加明显。发酵产物中增加的氨态氮含量主要由添加的尿素产生，反刍动物瘤胃中本身也可以利用这种非蛋白氮，而且尿素作为氮源，促进了青贮过程中发酵菌的生长，进一步提高了蛋白含量，发酵产生的乙酸具有抑制真菌等有害菌的作用，有利于提高发酵产物的有氧稳定性，降低青贮取用后的二次发酵损失[20]。

3.4 复合乳酸菌和纤维素酶、淀粉酶复合添加对全株玉米青贮发酵品质和营养品质变化的影响

纤维素酶和淀粉酶可以分解秸秆中的纤维素和淀粉，为青贮发酵提供更多的可溶性糖类底物，从而促进青贮发酵过程，尤其是当发酵底物中的WSC含量不足时，这种作用更加显著[21]。本研究发现在全株玉米青贮中添加复合乳酸菌和两种酶制剂在发酵3d时，可以显著提高LA和AA的产量，但随着发酵时间的延长，这种作用变弱，并且与对照组和复合乳酸菌单独添加组差异变得不显著。随着发酵时间的延长，纤维素酶和淀粉酶的添加可以进一步增加AA产量，降低LA/AA比例，更有利于提高青贮发酵产物的有氧稳定性。纤维素酶和淀粉酶与复合乳酸菌的复合添加没有使全株玉米青贮发酵过程中的营养品质有所改善，CP、EE、ADF、NDF以及WSC与对照组和复合乳酸菌单独添加组相比差异均不显著。但与添加$CaCO_3$和复合乳酸菌组以及尿素和复合乳酸菌组相比，显著提高了发酵产物的WSC含量，进一步体现了多种添加剂组合可能对乳酸菌发酵的促进作用。但是可能由于全株玉米青贮原料的可溶性糖类含量丰富，2种酶对可溶性糖类的增加作用有限[22-23]。

3.5 复合乳酸菌、$CaCO_3$、尿素与纤维素酶和淀粉酶的复合添加对全株玉米青贮发酵品质和营养品质变化的影响

复合乳酸菌、$CaCO_3$和两种酶的复合添加可以增加全株玉米青贮发酵的LA和AA产量，提高EE含量和pH值，降低WSC含量，并且在所测定的时间内这种趋势是持续的。可见，同时添加复合乳酸菌、$CaCO_3$和2种酶有利于促进青贮发酵，提高全株玉米青贮的发酵品质和营养品质，也有利于改善发酵产物的适口性[24]。复合乳酸菌、2种酶和尿素的复合添加可以增加全株玉米青贮发酵的LA和AA产量，提高发酵产物的氨态氮含量、pH值和CP含量，降低WSC含量，在所测定的时间内LA和AA产量、pH值及WSC含量的变化趋势是持续的，氨态氮和CP含量呈现先增加后降低的趋势。可见，同时添加复合乳酸菌、2种酶和尿素有利于促进青贮发酵，提高全株玉米青贮的发酵品质和营养品质，尤其是可以显著提高发酵产物的CP含量，也有利于改善发酵产物的适口性。复合乳酸菌、$CaCO_3$、2种酶和尿素的复合添加可以增加全株玉米青贮发酵的LA和AA产量，提高发酵产物的氨态氮含量、pH值和CP含量，降低WSC含量，在所测定的时间内LA和AA产量、氨态氮含量、pH值及CP含量的变化趋势是持续的，WSC含量呈现先降低后增加的趋势。可见，同时添加复合乳酸菌、$CaCO_3$、2种酶和尿素有利于促进青贮发酵，提高全株玉米青贮的发酵品质和营养品质，也有利于改善发酵产物的适口性。同时添加$CaCO_3$、尿素和两种酶组CP随着发酵时间的延长逐渐增加，而EE、ADF、NDF和WSC均表现出了先降低后增加的趋势，可见微生物发酵在3~30d期间活跃且复杂[25]，而相关的机理尚需进一步通过研究不同微生物组成及产物和底物变化的特点来阐明。综合比较，同时添加复合乳酸菌、$CaCO_3$、2种酶和尿素组30d后发酵产物的发酵品质和营养品质最好。

4 结论

5株乳酸菌混合剂的添加可以提高全株玉米青贮发酵的发酵品质和营养品质；同时添加$CaCO_3$和复合乳酸菌能进一步增加青贮的LA和AA产量，尤其是AA产量，防止pH值过分降低，也有提高青贮营养品质的趋势；同时添加尿素和复合乳酸菌能进一步提高青贮的AA和氨态氮的含量，防止pH值过分降低，显著提高CP含量，从而提高青贮营养品质；纤维素酶和淀粉酶可以提高发酵产物

的WSC含量，提高LA和AA的产量，提高青贮发酵品质；CaCO$_3$、尿素、纤维素酶、淀粉酶和复合乳酸菌的添加对全株玉米青贮的发酵品质和营养品质的提高效果最好；全株玉米青贮发酵品质和营养品质在前3d变化最快，发酵不同阶段不同添加组合的变化不尽一致。

参考文献

[1] Ranjit N K, Kung L J. The effect of *Lactobacillus buchneri*, *Lactobacillus plantarum*, or a chemical preservative on the fermentation and aerobic stability of corn silage[J]. Journal of Dairy Science, 2000, 83（3）: 526-535.

[2] Santos A O, Ávila C L, Pinto J C, et al. Fermentative profile and bacterial diversity of corn silages inoculated with new tropical lactic acid bacteria[J]. Journal of Applied Microbiology, 2015, 120（2）: 266-279.

[3] Aksu T, Baytok E D. Effects of a bacterial silage inoculant on corn silage fermentation and nutrient digestibility[J]. Small Ruminant Research, 2004, 55（3）: 249-252.

[4] Simkins K L J, Baumgardt B R, Niedermeier R P. Feeding value of calcium carbonate-treated corn silage for dairy cows[J]. Journal of Dairy Science, 1965, 48（10）: 1 315-1 318.

[5] Kowaluk E A, Roberts M S, Polack A E. Effects of an enzyme-inoculant mixture on the course of fermentation of corn silage[J]. Journal of Dairy Science, 1994, 77（11）: 3 401-3 409.

[6] Jr K L, Robinson J R, Ranjit N K, et al. Microbial populations, fermentation end-products, and aerobic stability of corn silage treated with ammonia or a propionic acid-based preservative[J]. Journal of Dairy Science, 2000, 83（7）: 1 479-1 486.

[7] Wan XR, Wu JP, Lei ZM, et al. Effect of lactic acid bacteria on corn silage quality and stability after aerobic exposure[J]. Acta Prataculturae Sinica, 2016, 25（4）: 204-211.
万学瑞, 吴建平, 雷赵民, 等. 优良抑菌活性乳酸菌对玉米青贮及有氧暴露期微生物数量和pH的影响[J]. 草业学报, 2016, 25（4）: 204-211.

[8] Zhang L Y. Feed Analysis and Feed Quality Testing Technology[M]. Beijing: China Agricultural University Press, 2003: 46-75.
张丽英. 饲料分析及饲料质量检测技术[M]. 北京: 中国农业大学出版社, 2003: 46-75.

[9] Van Soest P J, Robertson J B, Lewis B A. Methods for Dietary Fiber, Neutral Detergent Fiber, and nonstarch polysaccharides in relation to animal nutrition[J]. Journal of Dairy Science, 1991, 74（10）: 3 583-3 597.

[10] Dubois M, Gilles K A, Hamilton J K. Colorimetric method for determination of sugars and related substances[J]. Analytical Chemistry, 1956, 28（3）: 350-356.

[11] Wang Y, Yuan X, Guo G, et al. Fermentation and aerobic stability of mixed ration forages in Tibet[J]. Acta Prataculturae Sinica, 2014, 23（6）: 95-102.

[12] Sadeghi K, Khorvash M, Ghorbani G R, et al. Effects of homo-fermentative bacterial inoculants on fermentation characteristics and nutritive value of low dry matter corn silage[J]. Iranian Journal of Veterinary Research, 2012, 41（4）: 303-309.

[13] Kleinschmit D H, Schmidt R J, Kung L J. The effects of various antifungal additives on the fermentation and aerobic stability of corn silage[J]. Journal of Dairy Science, 2005, 88（6）: 2 130-2 139.

[14] Pejin J, Radosavljević M, Mojović L, et al. The influence of Calcium-Carbonate and yeast extract addition on lactic acid fermentation of brewer's spent grain hydrolysate[J]. Food Research International, 2014, 73（30）: 31-37.

[15] Li X, Hansen W P, Otterby D E, et al. Effect of additives on fermentation of corn silage containing different amounts of added nitrate nitrogen 1[J]. Journal of Dairy Science, 1992, 75（6）: 1 555-1 561.

[16] Guo T L, Hou X Z, Han J Y, et al. The effect of different additives on quality of beet silage[J]. China Animal Husbandry & Veterinary Medicine, 2009, 36（5）: 14-17.

郭天龙，侯先志，韩吉雨，等. 不同添加剂对甜菜茎叶青贮品质的影响[J]. 中国畜牧兽医，2009，36（5）：14-17.

[17] Santos M C, Nussio L G, Mourão G B, et al. Nutritive value of sugarcane silage treated with chemical additives[J]. Scientia Agricola, 2009, 66（2）: 159-163.

[18] Zang Y Y, Wang Y, Gu X Y, et al. Effects of propionic acid and urea on the quality of whole-crop corn silage[J]. Pratacultural Science, 29（1）: 156-159.

臧艳运，王雁，顾雪莹，等. 添加丙酸和尿素对玉米青贮品质的影响[J]. 草业科学，2012，29（1）：156-159.

[19] Rong H, Yu C Q, Li Z H, et al. Effects of adding molasses and urea on fermentation quality of napier grass silage[J]. Acta Agrestia Sinica, 2012, 20（5）: 940-946.

荣辉，余成群，李志华，等. 添加糖蜜和尿素对象草青贮发酵品质的影响[J]. 草地学报，2012，20（5）：940-946.

[20] Danner H, Holzer M, Mayrhuber E, et al. Acetic acid increases stability of silage under aerobic conditions[J]. Applied & Environmental Microbiology, 2003, 69（1）: 562-567.

[21] Sun Z H, Liu S M, Tayo G O, et al. Effects of cellulase or lactic acid bacteria on silage fermentation and in vitro gas production of several morphological fractions of maize stover[J]. Animal Feed Science & Technology, 2009, 152（4）: 219-231.

[22] Nadeau E M G, Russell J R, Buxton D R. Intake, digestibility, and composition of orchardgrass and alfalfa silages treated with cellulase, inoculant, and formic acid fed to lambs[J]. Journal of Animal Science, 2000, 78（11）: 2980-2989.

[23] Sheperd A C, Kung L J. Effects of an enzyme additive on composition of corn silage ensiled at various stages of maturity[J]. Journal of Dairy Science, 1996, 79（10）: 1 767-1 773.

[24] Jalc D, Laukova A, Simonova P M, et al. Bacterial inoculant effects on corn silage fermentation and nutrient composition[J]. Asian Australasian Journal of Animal Sciences, 2009, 22（7）: 977-983.

[25] Kleinschmit D H, Kung L J. The effects of *Lactobacillus buchneri* 40788 and *Pediococcus pentosaceus* R1094 on the fermentation of corn silage[J]. Journal of Dairy Science, 2006, 89（10）: 3 999-4 004.

牛至精油对奶牛产后发情及繁殖性能的影响

王欣荣，苏东伟，成述儒，刘婷*，吴建平

（甘肃农业大学动物科学技术学院，甘肃兰州　730070）

摘　要：研究牛至精油对奶牛产后子宫感染预防、子宫复旧的作用及对产后发情的影响，为奶牛产后护理和合理安排配种提供依据。将新产犊荷斯坦奶牛分为试验A组（子宫投放牛至精油）和B组（对照组），测定其部分繁殖及血液生理指标。分析发现，A组奶牛的宫颈黏液、直肠检查评分均显著高于B组，血液中白细胞和中性粒细胞数显著低于B组，其产后15d和30d时血液白细胞数、中性粒细胞数、淋巴细胞数、红细胞数和血红蛋白浓度均显著低于产后0d的水平（$P<0.05$）。结果表明，牛至精油可杀灭一定数量的病原菌并可预防持续感染，有利于奶牛产后子宫复旧及提早发情，建议在奶牛生产中酌量使用。

关键词：牛至精油；产后发情；繁殖性能

Effect of oregano oil on postpartum estrus and reproductive traits in cow

Wang Xin rong, Su Dong wei, Cheng Shu ru, Liu Ting*, Wu Jian ping

(College of Animal Science and Technology, Gansu Agricultural University, Lanzhou, China, 730070)

Abstract: To study Effects on preventing puerperal uterine affection, uterine recover and changes of blood physiological index in cow, and provide a basis for the puerperal care and mating arrangement. Some puerperal Holstein dairy cows were divided into treatment group A (Oregano oil was placed in cows' uterus) and control group B, and partial reproductive performance and physiological index data were detected and analyzed. Results showed that scores for cervical mucus and rectal examination were significantly higher

---

基金项目：公益性行业（农业）科研专项（201503134），国家自然科学基金（31560634）
作者简介：王欣荣（1974—），男，副教授，博士，硕士生导师。主要研究方向：动物繁殖原理与技术
*通信作者：liut@gsau.edu.cn

than that of group B, and numbers of white cell and neutrophil cell in blood were significantly lower than that of group B, and numbers of white cell, neutrophil cell, lymphocyte, red blood cell and hemoglobin concentration in blood were significantly lower than that of 0 day postpartum ($P<0.05$). Results indicated that Oregano oil can kill a certain amount of bacteria and prevent subsequent affection and it will benefit for uterine recover and postpartum estrus, so the reasonable utilization of Oregano oil would be suggested in production.

Key words: Oregano oil; Postpartum estrus; Reproductive performance

奶牛子宫的健康与否直接关系到奶牛的繁殖性能和养殖场的经济效益。在生产中，奶牛繁殖障碍性疾病多数是由于金黄色葡萄球菌、溶血性链球菌、化脓棒状杆菌、大肠杆菌等的大量入侵而引起[1]。因此，加强奶牛分娩之后子宫的防御机能，抑制并消灭侵入子宫的病原微生物，可减轻或消除奶牛的繁殖疾病，提高其繁殖性能和生产效益。目前，利用化学药物治疗奶牛子宫感染是奶牛生产中常见的治疗繁殖障碍性疾病的措施之一，但长期使用容易产生耐药菌株和药物残留，也不利于乳品安全。研究表明，牛至精油中含有丰富的多酚类物质如香芹酚、百里香酚等，对引发奶牛繁殖障碍的主要病原菌均有很强的抑制和杀灭作用[2, 3]。另外，血液生理指标的变化是奶牛健康状况的晴雨表，特别是白细胞和红细胞，是机体重要的免疫细胞或具备免疫功能，对诊断疾病也有重要的参考价值[4]。本研究在新产犊后的荷斯坦奶牛中使用牛至精油，通过对部分繁殖及生理指标的测定分析，探讨牛至精油对奶牛产后子宫感染预防、产后子宫复旧及产后发情的效果，为奶牛产后护理、子宫感染诊疗及合理安排配种提供理论依据。

1 材料和方法

1.1 试验设计

将产犊后的荷斯坦奶牛随机分为A、B 2个组，A组为试验组，B组为对照组。A组牛分别在产后12h和24h向子宫投放2次牛至精油胶囊（美国瑞科公司），每次投放2粒，B组的牛不做处理，A组、B组均采用相同的饲喂标准及饲养管理条件。试验期间，定期进行宫颈黏液、直肠检查评分、发情时间观察、白细胞计数、血液生理指标测定等，并对相关数据进行统计分析。

1.2 观测指标与方法

宫颈黏液评分：分别在每头牛产后15d、30d和40d采集3次宫颈黏液，用输精枪伸入子宫颈口蘸取适量黏液样品，样品采集后迅速制片染色并镜检、白细胞计数。按照白细胞数目的多寡为计数范围，依次评定为1～5分。

直肠检测评分：每头牛分别在产后45d和60d进行2次直肠检查，主要检查子宫颈、子宫体和子宫角的大小、质地以及子宫角的收缩反应状况。

产后第一次发情时间：每天观察产后奶牛的发情状况，准确记录产后第一次发情时间。

采血及生理指标测定：所有试验奶牛分别在产后0d、15d和30d采血3次，收集于5mL EDTA-K2真空抗凝管中，于2h内用全自动血细胞计数分析仪进行血液生理指标的测定。

1.3 统计与分析

奶牛繁殖性能数据采用完全随机设计的PROC MIXED混合程序进行分析，假设检验采用t检验中差异显著的p<0.05水平和有趋势的p<0.10 2个水平进行。血液生理数据作为重复测量设计，用SAS的混合程序分析，当固定效应的F检验显著，平均数就被t检验的$P<0.05$和$P<0.10$水平分开。

2 试验结果

2.1 牛至精油对奶牛产后发情及繁殖指标的影响

测定发现,在产后12h和24h分别使用牛至精油后,A组奶牛的第一次发情时间和第一次配种时间与B组相比,均表现出显著的差异($P<0.10$),其中A组奶牛的第一次发情时间平均提前了6.6d,第一次配种时间平均提前了9.6d。此外,在其他繁殖指标如子宫黏液评分和直肠检查的评分方面,A组奶牛也显著高于B组($P<0.05$)(表1)。

表1 牛至精油对繁殖性能的影响

组别	B组[1]	A组[2]
第一次发情时间(d)	48.11 ± 3.41^a	41.51 ± 3.29^b
第一次配种时间(d)	91.42 ± 6.45^a	81.80 ± 6.56^b
胎衣排出时间(h)	22.26 ± 0.74	21.04 ± 0.91
子宫黏液评分	3.46 ± 0.11^A	4.00 ± 0.11^B
直肠检测评分	2.90 ± 0.10^B	3.40 ± 0.10^A

注:同行不同大写字母肩标表示差异显著($P<0.05$);1使用牛至精油,2未做处理

2.2 牛至精油对奶牛血液生理指标的影响

通过测定奶牛产后的血液生理指标数值发现,A组奶牛血液中的白细胞数和中性粒细胞百分比显著低于B组($P<0.05$);血液中其他生理指标如淋巴细胞数、红细胞数和血红蛋白数在A组、B组间无显著差异($P<0.05$)(表2)。

表2 牛至精油对产后血常规各指标的影响

血常规指标	组别	
	B组[1]	A组[2]
白细胞数目(10~9/L)	8.99 ± 0.41^a	7.83 ± 0.32^b
中性粒细胞数目(10~9/L)	5.73 ± 0.38^a	4.56 ± 0.30^b
淋巴细胞数目(10~9/L)	2.90 ± 0.14	2.94 ± 0.11
红细胞数目(10~12/L)	6.29 ± 0.13	6.36 ± 0.11
血红蛋白(g/L)	109.49 ± 2.37	111.11 ± 1.97

注:同行不同小写字母肩标表示差异显著($P<0.05$);1使用牛至精油,2未做处理

2.3 产后不同天数血液生理指标的变化

本研究测定了A组、B组奶牛产后0d、15d和30d时的血液生理指标,发现在产后不同时间,奶牛生理指标表现出不同的变化,并且A、B组之间亦表现出明显的差别(表3)。

表3 不同处理与天数血常规部分指标的变化

参数	组别	0	15	30
白细胞（10~9/L）	A	11.88 ± 3.73^a	7.99 ± 0.46^b	6.68 ± 0.45^c
	B	11.33 ± 3.90^a	8.81 ± 0.55^b	9.18 ± 0.53^b
中性粒细胞（10~9/L）	A	7.00 ± 2.92^a	5.66 ± 0.47^b	4.52 ± 0.39^c
	B	7.13 ± 2.67^a	5.60 ± 0.40^b	5.61 ± 0.46^b
淋巴细胞（10~9/L）	A	3.28 ± 1.48^a	2.71 ± 0.18^b	2.92 ± 0.15^{bc}
	B	3.19 ± 2.08^a	2.86 ± 0.15^{ab}	3.10 ± 0.18^b
红细胞（10~12/L）	A	6.89 ± 0.97^a	6.66 ± 0.15^{ab}	6.22 ± 0.15^c
	B	6.72 ± 0.72^a	6.45 ± 0.13^{bc}	6.28 ± 0.13^c
血红蛋白（g/L）	A	120.55 ± 9.71^a	112.71 ± 2.94^b	109.77 ± 2.47^b
	B	121.45 ± 9.08^a	112.46 ± 2.59^{ab}	106.26 ± 2.82^{ab}

注：同行不同小写字母肩标表示差异显著（$P<0.05$）；A：使用牛至精油，B：未做处理

2.3.1 白细胞数目

表3表明，分别在产后0d和15d的时，A组和B组奶牛白细胞数目无显著差异（$P>0.05$），在30d时A组白细胞数目显著低于B组（$P<0.05$）；A组奶牛产后0~15d白细胞数目显著减少（$P<0.05$），15~30d也显著减少（$P<0.05$）；B组奶牛产后0~15d白细胞数目显著减少（$P<0.05$），而15~30d白细胞数目有所增长，但差异不显著（$P>0.05$）。

2.3.2 中性粒细胞

表3表明，分别在产后0d和15d时，A组和B组奶牛中性粒细胞数目无显著差异（$P>0.05$），在产后30d时，A组奶牛中性粒细胞数目显著低于B组；A组奶牛产后0~15d中性粒细胞数目显著减少（$P<0.05$），15~30d也显著减少（$P<0.05$）；B组奶牛产后0~15d中性粒细胞数目显著减少（$P<0.05$），但15~30d差异不显著（$P>0.05$）。

2.3.3 淋巴细胞数目

表3表明，分别在产后0d、15d和30d时，A组和B组淋巴细胞数目差异均不显著（$P>0.05$）；A组奶牛产后0~15d淋巴细胞数目显著减少（$P<0.05$），15~30d淋巴细胞数目增多，但差异不显著（$P>0.05$），0~30d淋巴细胞数目显著减少（$P<0.05$）；B组奶牛产后0~15d淋巴细胞数目有所减少，但差异不显著（$P>0.05$）。

2.3.4 红细胞数目

表3表明，A组奶牛产后0~15d红细胞数目减少，但差异不显著（$P>0.05$），15~30d红细胞数目显著减少（$P<0.05$），0~30d红细胞数目总的呈显著降低趋势（$P<0.05$）；B组奶牛产后0~15d红细胞数目显著减少（$P<0.05$），15~30d红细胞数目减少，但差异不显著（$P>0.05$）。

2.3.5 血红蛋白

表3表明，A组奶牛产后0~15d红细胞数目显著减少（$P<0.05$），15~30d红细胞数目也减少，但差异不显著（$P>0.05$），0~30d红细胞数目显著降低（$P<0.05$）；B组奶牛产后0~30d血红蛋白

减少，但差异不显著（$P>0.05$）。

3 讨论

对试验组奶牛（A组）产后12h和24h投放2次牛至精油后，发现产后第一次发情时间较对照组（B组）提前了6.6d，产后第一次配种时间提前了9.6d，均有差异显著的趋势；在子宫黏液评分和直肠检查评分方面，A组均显著高于B组。有研究表明，在生产中奶牛繁殖障碍性疾病多数是由于细菌入侵而引起，且污染子宫的细菌多数为非特异病原菌如葡萄球菌、大肠杆菌、克雷白杆菌、烟曲霉菌等[5]，牛至精油中丰富的多酚类物质对以上病原菌都有很强的抑制和杀灭作用[2,3]。因此，牛至精油有效地抑制了奶牛产后子宫感染，减少了产后子宫炎的发生，促使其发情时间提前。另外，通过监测白细胞的数量变化可以反映出妊娠母体内是否有炎症及感染程度[6-8]，并且中性粒细胞是炎症初期和机体严重感染时最活跃的细胞，通过其吞噬作用来消灭入侵的细菌，当有炎症时白细胞总数、中性粒细胞数目会明显升高[9]。因此当奶牛子宫有炎症发生时，其产后恢复变得缓慢。如果子宫机能恢复不到一定的状态将不会出现新的发情，因而会显著地推迟其产后第一次发情的时间。通过牛至精油的合理使用，血液中白细胞和中性粒细胞数目显著降低，是奶牛产后感染及炎症减轻或消退的主要标志，也是奶牛产后发情时间提早的根本原因。在奶牛生产中，可以利用牛至精油的这一抑菌功效，酌量使用并提早安排配种，从而提高生产效益。

本研究发现，产后15d时，A组和B组奶牛血液白细胞数目和中性粒细胞数目差异不显著，但在30d时，A组白细胞数目和中性粒细胞数目显著低于B组；与15d时相比，A组白细胞数目和中性粒细胞数目显著降低，B组反而有所升高。这说明，B组这种情况可能是产后子宫感染所致，因没有施行有效的抑菌措施，导致白细胞数量和中性粒细胞数目均增高，该实验结果与麻延峰等[7]的研究结果相同。数据显示，A组、B组奶牛血液中的淋巴细胞数目在0～30d都呈降低趋势，这说明奶牛在分娩应激以后机体处于一个恢复期；而在0d、15～30d时，A组与B组血液中的淋巴细胞数目差异均不显著，推断是由于淋巴细胞升高时常考虑为病毒感染，而牛至精油的主要作用是杀菌，对病毒不敏感，所以两组差异不显著。

试验结果还显示，除淋巴细胞外，奶牛产后0d时血液中白细胞总数、中性粒细胞数目、红细胞数目、血红蛋白含量、红细胞压积等指标均显著高于产后15～30d时各项指标的值，这是因为妊娠期间由于胎儿生长发育的需要，母体各系统发生了一系列的适应性变化[10]，而分娩对于奶牛是一个很大的应激，产后机体的营养代谢和内分泌机能变化和调整十分剧烈，故而新产后各项指标均高于产后15～30d时，而该趋势与申秀敏[11]在孕产妇上的研究结果相似。王秋芳等[12]的研究指出，红细胞数目和血红蛋白含量在子宫发生感染时会显著降低，但本试验结果与此不一致，据分析，原因可能是红细胞在机体的主要功能是造血和氧气运输，究竟在机体出现感染时红细胞和血红蛋白是否会降低还有待进一步深入研究。

参考文献

［1］ 宋振威，周学章. 奶牛子宫内膜炎病因和诊治的研究进展[J]. 中国奶业协会2009年论文集，2009：229.
［2］ PreussHG, EchardB, ElliottTB. Minimum inhibitory concentrations of herbal essential oils and monolaurin for gram-positive and gram-negative bacteria[J]. Mol. Cell Biochem2005, 272: 29-34.
［3］ MellencampMA, KoppienFJ, LambR. Minimum inhibitory concentration (MIC) and minimum bactericidal

[4] concentration (MBC) of oregano essential oil for common livestock and poultry pathogens[J]. Ralco Animal Health, Marshall MN.

[4] 李正国，罗瑞卿，宋华容，等. 中药复方制剂对患子宫内膜炎奶牛部分血液学指标的影响[J]. 西北农业学报，2009，18（4）：5-9.

[5] 王良娟，李跃民，马勋，等. 产后健康母牛与子宫炎牛子宫内细菌分离与鉴定[J]. 甘肃畜牧兽医，1996，26（2）：11-12.

[6] MateusL, Lopes Da CostaL, DinizaP. Relationship between endotoxin and prostaglandin (PGE2and PGFM) concentrations and ovarian function in dairy cows with puerperal Endometritis[J]. Animal Reproduction Science. 2003, 76, 143-154.

[7] 韩旭东，陈有旺，王韫，等. 妊娠山羊全血细胞参数的动态变化及意义[J]. 黑龙江畜牧兽医，2009，3：60-61.

[8] 麻延峰，傅春泉，王宏艳，等. 金华地区奶牛子宫内膜炎的血常规变化研究[J]. 中国奶牛，2007，4：29-32.

[9] 孔祥峰，胡元亮，郭振环，等. 家兔子宫内膜炎模型的建立和临床病理学观察[J]. 中国试验动物学报，2006，14（3）：213-216.

[10] 李小麟. 精神科护理学[M]. 成都：四川大学出版社，2002，71.

[11] 申秀敏. 正常孕妇分娩前后血细胞分析[J]，基层医学论坛，2006，S1：40-41.

[12] 王秋芳，张森涛，效梅，等. 中药对隐性乳房炎奶牛红细胞免疫黏附功能的影响[J]. 西北农业学报，2001，10（1）：4-6.

青藏高原东缘高寒草甸区欧拉型藏羊生长发育规律

蒲小剑[1]，杜文华[1]，吴建平[1*]，毛红霞[2]

（1. 甘肃农业大学草业学院/草业生态系统教育部重点实验室/甘肃省草业工程实验室/中—美草地畜牧业可持续发展研究中心，甘肃兰州　730070；
2. 甘肃省甘南藏族自治州畜牧科学研究所，甘肃合作　747000）

摘　要：2013年3月至2014年9月在甘肃省甘南藏族自治州玛曲县高寒草甸和沼泽化草甸上分别选择60只欧拉型藏羊（公、母各30只，出生时间差不超过72h），测定初生至18月龄公羊和母羊的生长指标（体重、体高、体长、胸围、胸宽、胸深、腰角宽），以研究高寒草原不同草地类型欧拉型藏羊的生长发育规律，为6月龄羔羊适时出栏提供技术支撑。结果表明，欧拉型藏羊初生至6月龄体重显著增加（$P<0.05$），为体重增加的主要阶段，其中，2～4月龄为最快增重期；8～12月龄体重显著降低（$P<0.05$）。说明欧拉型藏羊适宜于羔羊肉生产。欧拉型藏羊初生-6月龄亦为各项体尺指标的主要生长阶段，6～14月龄各体尺指标生长缓滞，14～18月龄体尺虽呈增长趋势，但增长总量较初生至6月龄阶段小，说明欧拉型藏羊初生至6月龄体躯发育已经基本完成，能够达到羔羊当年出栏的要求。就欧拉型藏羊性别而言，生长发育前期公羊与母羊各体尺间差异不显著（$P>0.05$），到生长发育后期各指标间变化不一，未出现明显的规律性。

关键词：欧拉型藏羊；体重；日增重；体尺；生长发育规律

Researches on the growth and development law of oula-type of Tibet sheep in alpine meadow area at eastern margin of the Qinghai Tibet Plateau

Pu Xiao jian[1]，Du Wen hua[1]，Wu Jian ping[1*]，Mao Hong xia[2]

基金项目：公益性行业（农业）科研专项（201003019）；绒毛用羊产业技术体系放牧生态岗位科学家（CARS-40-09B）
第一作者：蒲小剑（1990—），男，甘肃天水人，在读博士生，主要从事牧草种质资源与育种研究。
　　　　　E-mail：578300683@qq.com
通信作者：吴建平（1960—），男，甘肃临洮县人，教授，博士，主要从事动物遗传育种和家畜生产体系研究。
　　　　　E-mail：wujianping@gsau.edu.cn

(1. College of Pratacultural Science, Gansu Agricultural University, Lanzhou, 730070, Key Laboratory of Grassland Ecology System, Ministry of Education, Sino-U. S. Center for Grazing land Ecosystem Sustainability, 730070, China; 2. Gannan Prefecture Institute of Animal Science, Hezuo, 730070, China)

Abstract: The research based on the measurement from 30 ewes and 30 rams which born in less than 72 hours of Oula Tibetan-Type sheep which were at two local representative grasslands in Maqu County, Tibetan Autonomous Prefecture of Gannan, Gansu from March, 2013 to September, 2014. We measured their weight, height at wither, body length, heart girth, chest width, chest depth, hip width and analyzed their growth and development law from birth to 18 months old. The result shows that the stage from birth to 6 months old is major time to increase their weight and the level of increasing is at the level of significant. ($P<0.05$) And it is fastest in 2 months to 4 months old to grow while the stage from 8 months to 12 months old significantly reducing. ($P<0.05$). From this point we can see the stage from birth to 6 months old is the main growing time, so it is suit for the sheep to produce lambs. The body indexes of this type of sheep grow mainly from birth to 6 months old, then the indexes growing slowly from 6 months to 14 months old, although there is a growing trend from 14 months to 18 months old, it is smaller than period from birth to 6 months totally. This type of sheep has been basically completed their development from birth to 6 months old. Therefore, the lambs can be marketed when the lambs grow to 6 months old. In a word, there are no significant difference in growth and development period between the ewes and rams at each body index, but the differences appear with the growing of the sheep.

Key words: Oula-Type of Tibetan sheep; body weight; ADG (average daily gain); body size index; Growth and Development Law

　　藏系绵羊是青藏高原的主体畜种之一，为历史悠久的地方品种，主要有欧拉型、甘加型、乔科型3个生理类群，为肉毛兼用草地型藏系绵羊[1]。欧拉型藏羊以甘肃省玛曲县与青海省河南县接壤地区的欧拉山而得名。欧拉和欧拉秀玛两乡是甘肃省欧拉型藏羊的中心产区，饲养量约为7.7万只[2-3]。欧拉型藏羊具良好的肉用羊体形，同时，具备耐粗饲，抗寒和抗病力强，生长发育快，育肥性能好，繁殖能力强的特征[4]。

　　生长发育性状（体重、体尺）是肉羊生产的基础性状，也是衡量肉羊生长发育状况的重要指标。通常采用定期称重和测量体尺的方法计算家畜不同时期的累积生长、绝对生长和相对生长率[5]，并通过绘制生长曲线来研究动物生长发育状况[6-7]。对肉羊生长曲线的分析，不仅可以了解其动态生长过程，预测生长规律，还可以指导饲养管理，提高选育效果[8]。研究发现，欧拉型藏羊公、母羊初生重无显著差异（$P>0.05$）[9-11]，初生至6月龄生长发育较快，之后生长速度减缓[2]，其中，4月龄时日增重最大[9]。6月龄后公羊体重较母羊大[4, 11]，18月龄时欧拉型藏羊体高、体长和胸围等体尺大小接近成羊[4, 12]。

　　家畜体尺数据直接反映家畜的体格大小、体躯结构和发育等状况，也间接反映畜体组织器官的发育情况，与家畜的生理机能、生产性能、抗病力及对外界生活条件的适应能力等密切相关，是影响体重的重要因素[13-14]。欧拉型藏羊体重与体高、体长、胸围、胸宽和胸深等体尺指标均存在极显著相关关系，且体重与体长的相关性最大[15-16]。胸围和体高是影响甘南草地型藏羊体重的主要体尺指标[17]。由于海拔高度、有效积温、降水量和牧草生长量差异较大，青藏高原高寒草甸区欧拉型藏羊体重和体尺的变化各异。前人研究欧拉型藏羊生长发育规律时，基本着眼于从初生到6月龄这一阶段[9, 18-19]，或者直接从牧户羊群中选取不同年龄群体进行分析[20]。本研究以青藏高原东缘牧区典型牧户为试点，以牧区当家畜种——欧拉型藏羊为材料，探明其在试验区的生长发育规律，以期为牧区羔羊当年出栏提供科学依据和技术支撑。

1 材料与方法

1.1 试验区概况

试验区位于甘肃省甘南藏族自治州玛曲县欧拉乡，草地类型为高寒草甸和沼泽化草甸，选取欧拉型藏羊为主要畜种的高原区典型家庭牧场为试验单元。玛曲县位于青藏高原东北部[21]，地处100°45′E~102°29′E，33°06′N~34°30′N，高寒阴湿高原大陆性季风气候。海拔3 500~3 800m，年均温1.1℃，极端最低温-29.6℃，无绝对无霜期，年日照时间2 583.9h，辐射33kJ·cm^{-2}，降水量615.5mm，蒸发量1 353.4mm，牧草一般于4月下旬开始萌发，9月中旬枯黄，青草期约120d，枯草期长达240d左右[21-22]。高寒草甸试验区地处101.888 23°E、33.867 21°N，海拔3 766m，优势牧草为垂穗披碱草（*Elymus nutans*），试验期内地上生物量3月最低，8月最高，分别为2 446.12kg/hm^2、5 442.50kg/hm^2，平均放牧率16.81SU/hm^2。沼泽化草甸试验区地处102.054 30°E、33.935 30°N，海拔3 438m，优势牧草为矮嵩草（*Kobresia tibetica*）[23-24]，地上生物量最小值与最大值分别是3月的1 911.65kg/hm^{2}和8月的4 754.30kg/hm^2，平均放牧率13.66SU/hm^2（数据未发表）。

1.2 试验设计

试验共设年龄和性别两个因素，年龄为初生、2月龄、4月龄、6月龄、8月龄、12月龄、14月龄、16月龄、18月龄9个水平；性别为公、母2个水平。按同质原则于2013年3月2家牧户集中产羔期随机选择体况相近（平均体况2~2.5分），年龄相同（均为4齿），体健且无病史母羊，待其生产后选择初生时间差不超过72h公、母羔各30只，佩带耳号，登记后作为实验羊只。

1.3 试验方法

1.3.1 试验动物及饲养管理

欧拉型藏羊为试验区当家畜种，其体形高大，背腰平且直，体躯肌肉丰满，后躯发达，有良好的肉用羊体形，具有耐粗饲，抗寒和抗病力强，遗传性能稳定，生长发育快，育肥性能好，繁殖能力强等优良特征，适应当地气候条件，为牧区重要的生产资料。

试验羊只按当地农民的放牧习惯在同一草地内随群进行出牧和归牧，出牧前和归牧后在牧主家饮水，春秋两季定期防疫、驱虫，7月中旬剪毛。

1.3.2 测定指标及方法

分别测定高寒草甸和沼泽化草甸欧拉型藏羊在放牧条件下初生、2月龄、4月龄、6月龄、8月龄、12月龄、14月龄、16月龄和18月龄羊只的体重及体尺（体高、体长、胸围、胸宽、胸深、腰角宽）。所有测定工作均在上午家畜空腹时进行。测定时，将试验羊固定在较平坦地方，尽量让羊保持自然站立状态。

体尺：胸围用卷尺测定，用测杖测量胸宽、腰角宽、胸深、体长和体高。

体重：用上海友声公司生产的家畜称重仪测量体重[25-27]。

体况评分：通过触摸脊柱（主要是椎骨棘突和腰椎横突）以及在眼肌上的脂肪覆盖程度进行直观评分（分数1~5分）。棘突和横突是体况评分的主要依据。在绵羊的腰椎骨上（最后一根肋骨后面）可以摸到2个突起，连接腰椎的棘突形成高低不平的背中线，横突是从腰椎横向突出的骨头，很容易被摸到[28]。具体操作如下：①用手指压腰椎评定棘突的突出程度；②通过挤压腰椎两侧评定横突的突出程度；③将手伸到最后几个腰椎下触摸横突下面的肌肉和脂肪组织；④评定棘突与横突间眼肌的丰满度；⑤给每只羊评分并作记录，用于进行个体之间或同一个体不同时间体况分的比较[29]。

$$日增重（g）= \frac{本月龄体重测定值（kg）-前一月龄体重测定值（kg）}{两次体重测定相隔的天数（d）} \times 1\,000$$

1.3.3 数据处理与分析

采用SPSS 19.0软件进行统计分析，结果用"均值±标准误"表示，用一般线性模型多变量分析模块对影响体尺指标的年龄和性别两因素进行F检验，用Duncan法对年龄间各体尺指标进行多重比较，对高寒草甸体高和沼泽化草甸腰角宽进行单因素方差分析，最后对性别、年龄、体重、体况评分及各体尺指标进行Pearson相关性分析。采用Excel 2013制图。

2 结果与分析

F检验（表1）表明，2种草地类型性别间，年龄间体重存在显著（$P<0.05$）或极显著差异（$P<0.01$）；性别间和年龄间除高寒草甸体长、胸围，胸深和腰角宽无显著性差异外，其余各指标均呈显著（$P<0.05$）或极显著差异（$P<0.01$），高寒草甸体高和沼泽化草甸腰角宽性别×年龄交互作用间存在显著差异；2种草地类型性别间和年龄间均存在显著或极显著差异，故要对上述存在显著或极显著差异的指标进行多重比较。

表1 青藏高原高寒草甸区两种草地类型欧拉型藏羊体重、各体尺指标以及体况评分的方差分析

Table 1 The variance analysis on weight, parameters of body size and score of Oula type of Tibetan Sheep on two types of grassland on alpine pasture of Qinghai-Tibet Plateau

草地类型 Grassland Type	变异来源 Variation Sources	df	体重 Weight	体高 Height	体长 Length	胸围 Chest circumference	胸宽 Chest width	胸深 Chest depth	腰角宽 Hip width	体况评分 Body score
高寒草甸 Alpine Pasture	性别 Gender	1	9.98**	7.19**	2.24	1.27	6.31*	0.06	0.05	11.48**
	年龄 Age	8	169.66**	138.80**	52.14**	263.57**	66.15*	76.08**	55.13**	299.94**
	性别×年龄 Gender×Age	8	0.28	0.77	0.09	1.51	0.34	0.20	2.36*	1.32
沼泽化草甸 Marsh Meadow	性别 Gender	1	5.931*	21.85**	11.72**	28.29**	55.25**	22.31**	5.55*	5.64*
	年龄 Age	8	98.53**	229.21**	42.67**	128.58**	39.47**	39.17**	26.95**	132.53**
	性别×年龄 Gender×Age	8	0.489	2.01*	0.08	1.07	1.18	0.32	1.10	0.42

注：*和**分别表示显著（$P<0.05$）或极显著（$P<0.01$）影响

Note: * and ** means significant effect at 0.05 and 0.01 level, respectively.

2.1 体重

2.1.1 性别对欧拉型藏羊体重的影响

高寒草甸，公羊体重极显著高于母羊（$P<0.01$）；沼泽化草甸，公羊体重显著高于母羊（$P<0.05$）（表2）。

表2 青藏高原高寒草甸区两种草地类型欧拉型藏羊性别间体重及体况评分的差异

Table 2 Differences on weight, parameters of body score of Oula Tibet Sheep between different genders on two types of grasslands on alpine pasture of Qinghai-Tibet Plateau

草地类型 Grassland Type	性别 Gender	体重 Weight（kg）	体况评分 Body score
高寒草甸 Alpine Pasture	母羊Ewe	27.94 ± 0.50B	1.95 ± 0.05a
	公羊Ram	30.30 ± 0.56A	1.93 ± 0.05a
	均值Mean	29.12	1.94
沼泽化草甸 Marsh Meadow	母羊Ewe	31.01 ± 0.59b	1.80 ± 0.05A
	公羊Ram	33.22 ± 0.69a	1.63 ± 0.06B
	均值Mean	32.11	1.72

注：同列不同大写字母表示同一草地类型公羊和母羊间差异极显著（$P<0.01$），小写字母表示差异显著（$P<0.05$）。下同

Note: Differentlowercase or capital letters within the same column for the same grassland mean significant differences between ewe and ram at 0.05 and 0.01 level, respectively, similarly for the following tables.

2.1.2 年龄对欧拉型藏羊体重的影响

在高寒草甸，除4月龄、12月龄和14月龄间，6月龄、8月龄间欧拉型藏羊的体重无显著差异外（$P>0.05$），其他年龄间均存在显著差异（$P<0.05$）。初生至6月龄体重增加，6~14月龄体重降低，14~18月龄又开始增加。其中，2~4月龄体重增加最快，日增重达211.46g；其次为14~16月龄、4~6月龄、16~18月龄和初生至2月龄；6月龄体重是最大体重（18月龄）的71.91%。在沼泽化草甸，0（初生）、2月龄、4月龄和6月龄间体重显著增长（$P<0.05$），6~14月龄体重各阶段体重出现不同程度降低；6月龄体重是18月龄的72.81%（表3）。

表3 青藏高原高寒草甸区两种草地类型欧拉型藏羊年龄间体重，日增重以及体况评分的差异

Table 3 Differences on weight, ADG, parameters of body score of Oula Tibet Sheep among different ages on two types of grasslands on alpine pasture of Qinghai-Tibet Plateau

草地类型 Grassland type	年龄 Age（month）	体重 Weight（kg）	日增重 Average daily gain（g）	体况评分 Body score
高寒草甸 Alpine Pasture	0（初生Birth）	4.60 ± 1.13f	—	0.50 ± 0.11f
	2	13.31 ± 1.52e	145.27	1.00 ± 0.15e
	4	26.00 ± 1.76d	211.46**	1.75 ± 0.17d

（续表）

草地类型 Grassland type	年龄 Age（month）	体重 Weight（kg）	日增重 Average daily gain（g）	体况评分 Body score
高寒草甸 Alpine Pasture	6	35.75 ± 0.84c	162.44**	2.67 ± 0.08ab
	8	35.38 ± 0.97c	-6.03	2.41 ± 0.09b
	12	28.63 ± 0.79d	-56.29*	1.88 ± 0.09cd
	14	28.02 ± 1.00d	-10.17	2.01 ± 0.10c
	16	40.65 ± 0.80b	210.52*	2.39 ± 0.08b
	18	49.71 ± 0.86a	150.97**	2.87 ± 0.08a
	均值Mean	29.12	31.14	21.29
沼泽化草甸 Marsh Meadow	0（初生Birth）	3.97 ± 2.19f	—	0.50 ± 0.18g
	2	12.71 ± 1.36e	145.80	1.00 ± 0.11f
	4	33.62 ± 1.18d	348.47**	1.57 ± 0.10e
	6	38.53 ± 1.05c	81.86**	2.21 ± 0.08b
	8	37.63 ± 1.64c	-15.14	1.99 ± 0.13bc
	12	32.47 ± 1.02d	-42.95*	1.84 ± 0.08cd
	14	31.05 ± 0.86d	-23.77	1.64 ± 0.07de
	16	46.13 ± 1.16b	251.36*	2.11 ± 0.09bc
	18	52.92 ± 1.31a	113.27**	2.61 ± 0.11a
	均值Mean	32.11	34.09	21.29

注：同列不同小写字母表示同一草地类型不同年龄间体重差极显著（$P<0.05$）。*和**分别表示不同草地类型相同生育期日增重差异显著（$P<0.05$）或极显著（$P<0.01$）

Note: Differentlowercase within the same column for the same grassland mean significant differences between differentages at 0.05 level. * and ** means significant effect at 0.05 and 0.01 level insamegrowingperiodat different types of grassland, respectively.

2.2 体尺

2.2.1 性别对欧拉型藏羊体高的影响

高寒草甸欧拉型藏羊公羊体高（63.25cm）极显著高于母羊（61.30cm）（$P<0.01$），沼泽化草甸公羊和母羊体高分别为69.57cm和66.78cm，差异也极显著（$P<0.01$）（表4）。

表4 青藏高原高寒草甸区两种草地类型欧拉型藏羊性别间各体尺指标的差异
Table 4　Differences on parameters of body size of Oula Tibet Sheep between different genders on two types of grasslands on alpine pasture of Qinghai-Tibet Plateau

草地类型 Grassland Type	性别 Gender	体高 Height（cm）	体长 Length（cm）	胸围 Chest Circumference（cm）	胸宽 Chest width（cm）	胸深 Chest depth（cm）	腰角宽 Hip width（cm）
高寒草甸 Alpine Pasture	母 Ewe	61.30±0.49B	61.28±0.42	89.22±0.66A	21.02±0.24	28.73±0.31B	22.57±0.25
	公 Ram	63.26±0.55A	60.56±0.47	85.89±0.73B	21.55±0.26	29.92±0.35A	22.66±0.27
	均值 Mean	62.28	60.92	87.56	21.29	29.33	22.62
沼泽化草甸 Marsh Meadow	母 Ewe	66.78±0.39B	59.79±0.45B	80.74±0.70B	20.70±0.22B	29.66±0.30B	20.32±0.20B
	公 Ram	69.57±0.45A	63.44±0.52A	83.30±0.82A	21.88±0.26A	33.12±0.35A	21.79±0.24A
	均值 Mean	68.18	61.62	82.02	21.29	31.39	21.06

2.2.2 年龄对欧拉型藏羊体高的影响

高寒草甸欧拉型藏羊从初生至6月龄体高生长迅速，0（初生）、2月龄、4月龄、6月龄间体高差异极显著（$P<0.05$），之后体高无显著变化（$P>0.05$），14月龄开始第二次生长，到18月龄达到最大值（77.78cm）。沼泽化草甸欧拉型藏羊初生至6月龄、12～18月龄体高显著增加（$P<0.05$），6～14月龄体高变化不大，18月龄、16月龄体高显著增高（$P<0.05$）（表5）。

表5 青藏高原高寒草甸区两种草地类型欧拉型藏羊年龄间各体尺指标差异
Table 5　Differences on parameters of body size of Oula Tibet Sheep among different ages on two types of grasslands on alpine pasture of Qinghai-Tibet Plateau

草地类型 Grassland Type	年龄 Age (month)	体高 Height（cm）	体长 Length（cm）	胸围 Chest Circumference（cm）	胸宽 Chest width（cm）	胸深 Chest depth（cm）	腰角宽 Hip width（cm）
高寒草甸 Alpine Pasture	0（初生 Birth）	35.52±1.11e	28.98±0.96g	35.88±1.49g	11.92±0.54e	17.35±0.71e	12.19±0.56f
	2	48.75±1.49d	46.50±1.29f	54.88±2.00f	20.25±0.72d	24.63±0.96d	19.00±0.75e
	4	61.00±1.72c	55.67±1.49e	81.17±2.31e	21.50±0.84cd	26.83±1.11c	21.33±0.86d
	6	65.97±0.82b	64.23±0.71d	100.96±1.10bc	22.51±0.40bc	31.30±0.53b	23.76±0.41c
	8	67.46±0.95b	66.30±0.82cd	101.07±1.27bc	22.59±0.46bc	31.62±0.61b	24.22±0.48c
	12	66.96±0.78b	68.91±0.67c	99.96±1.04cd	22.65±0.38bc	31.75±0.50b	24.72±0.39bc

（续表）

草地类型 Grassland Type	年龄 Age (month)	体高 Height (cm)	体长 Length (cm)	胸围 Chest Circumference (cm)	胸宽 Chest width (cm)	胸深 Chest depth (cm)	腰角宽 Hip width (cm)
高寒草甸 Alpine Pasture	14	66.35 ± 0.98b	68.11 ± 0.84c	97.69 ± 1.31d	22.25 ± 0.47bc	31.57 ± 0.63b	24.70 ± 0.49bc
	16	72.76 ± 0.78a	72.47 ± 0.68b	105.49 ± 1.05b	23.29 ± 0.38ab	32.85 ± 0.50b	25.93 ± 0.39b
	18	75.78 ± 0.84a	77.13 ± 0.73a	110.92 ± 1.13a	24.63 ± 0.41a	36.03 ± 0.54a	27.70 ± 0.42a
	均值 Mean	60.92	87.56	21.29	29.33	22.62	1.94
沼泽化草甸 Marsh Meadow	0（初生 Birth）	35.71 ± 1.44f	28.83 ± 1.66f	37.63 ± 2.60g	11.17 ± 0.83e	17.58 ± 1.12e	12.21 ± 0.75e
	2	48.55 ± 0.90e	46.23 ± 1.03e	54.30 ± 1.62f	17.27 ± 0.52d	27.03 ± 0.70d	18.36 ± 0.47d
	4	63.18 ± 0.78d	62.67 ± 0.90d	76.51 ± 1.40e	21.72 ± 0.45c	31.82 ± 0.61c	20.60 ± 0.40c
	6	76.18 ± 0.69bc	67.88 ± 0.79c	94.74 ± 1.24bc	23.41 ± 0.40b	33.66 ± 0.54b	22.33 ± 0.36b
	8	76.01 ± 1.08c	67.57 ± 1.24c	94.13 ± 1.95bcd	23.26 ± 0.62b	33.56 ± 0.84bc	22.60 ± 0.56b
	12	75.67 ± 0.67bc	66.73 ± 0.77c	90.90 ± 1.21cd	22.76 ± 0.39bc	33.40 ± 0.52b	22.49 ± 0.35b
	14	75.77 ± 0.57bc	67.07 ± 0.65c	89.00 ± 1.03d	22.84 ± 0.33bc	33.43 ± 0.44b	22.32 ± 0.30b
	16	78.49 ± 0.76b	71.47 ± 0.87b	97.32 ± 1.37b	23.53 ± 0.44b	34.81 ± 0.59b	23.43 ± 0.39b
	18	84.02 ± 0.86a	76.10 ± 0.99a	103.67 ± 1.56a	25.65 ± 0.50a	37.21 ± 0.67a	25.17 ± 0.45a
	均值 Mean	61.62	82.02	21.29	31.39	21.06	1.72

2.2.3 性别×年龄互作对欧拉型藏羊体高的影响

由图1可知沼泽化草甸中欧拉型藏羊在6月龄时已基本完成体高生长，期间同性别不同年龄的体高差异显著（$P<0.05$）；6~14月龄母羊体高无明显增长，公羊差异显著（$P<0.05$）；16月龄与18月龄体高无显著差异；6月龄公、母羊体高分别已达18月龄公、母羊的88.60%和92.91%。14~18月龄为体高第2次增长期，但只有公羊增长有显著差异（$P<0.05$）。同月龄公、母羊体高无显著性差异，但公羊体高均高于母羊。

2.2.4 性别对欧拉型藏羊体长的影响

高寒草甸欧拉型藏羊公母羊的体长无显著差异（$P>0.05$），沼泽化草甸公羊的体长极显著高于母羊（$P<0.01$）。

2.2.5 年龄对欧拉型藏羊体长的影响

高寒草甸欧拉型藏羊从初生至6月龄体长显著增加（$P<0.05$），8～14月龄体长无显著差异（$P>0.05$），14～18月龄体长又开始显著增加（$P<0.05$）。初生至6月龄体长增加121.60%，6～18月龄体长增加20.08%，初生至6月龄为体长的主要增长期；沼泽化草甸欧拉型藏羊体长的变化与高寒草甸相似，但每个年龄段体长的均值均较小。

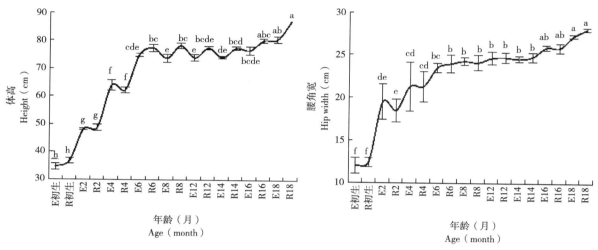

注：上图中R代表公羊，E代表母羊。

图1 性别×年龄互作对沼泽化草甸欧拉型藏羊体高的影响

Fig. 1 The height of Oula type Tibet sheep at the interaction of gender and age on swamp meadow of Qinghai-Tibet Plateau

图2 性别×年龄互作对高寒草甸欧拉型藏羊腰角宽的影响

Fig. 2 Hip width of Oula type Tibet sheep at the interaction of gender and age on alpine pasture of Qinghai-Tibet Plateau

2.2.6 性别对欧拉型藏羊胸围的影响

高寒草甸欧拉型藏羊公母羊的胸围无显著差异（$P>0.05$），沼泽化草甸公羊胸围（83.30cm）显著高于母羊（80.74cm）（$P<0.05$）。

2.2.7 年龄对欧拉型藏羊胸围的影响

高寒草甸欧拉型藏羊从初生至6月龄为胸围的主要生长阶段，6月龄时胸围达到100.96cm，为18月龄胸围（110.92cm）的91.12%。欧拉型藏羊胸围初生至6月龄迅速生长，8～12月龄略微下降，14～18月龄又恢复正常生长；沼泽化草甸欧拉型藏羊初生至6月龄胸围快速增长，0（初生）月龄、2月龄、4月龄、6月龄间差异显著（$P<0.05$）；6～14月龄胸围下降，除6月龄和14月龄间差异显著外，其他月龄间无显著差异（$P>0.05$）；14～18月龄又恢复正常生长。

2.2.8 性别对欧拉型藏羊胸宽的影响

高寒草甸欧拉型藏羊公羊胸宽（21.55cm）略高于母羊（21.02cm）（$P>0.05$），沼泽化草甸公羊胸宽（21.88cm）极显著高于母羊（20.70cm）（$P<0.01$）。

2.2.9 年龄对欧拉型藏羊胸宽的影响

高寒草甸欧拉型藏羊初生至2月龄胸宽显著增加（$P<0.05$）；2～6月龄虽然增加，但相邻生长

阶段无显著差异（$P>0.05$）；6～14月龄胸宽无显著变化（$P>0.05$）；14～18月龄恢复增长，18月龄达最大值；沼泽化草甸欧拉型藏羊胸宽的变化和高寒草甸相似。

2.2.10 性别对欧拉型藏羊胸深的影响

高寒草甸欧拉型藏羊公母羊的胸深无显著差异（$P>0.05$），沼泽化草甸公羊胸深（33.12cm）极显著高于母羊（29.66cm）（$P<0.01$）（表4）。

2.2.11 年龄对欧拉型藏羊胸深的影响

高寒草甸欧拉型藏羊0（初生）月龄、2月龄、4月龄、6月龄间的胸深差异显著（$P<0.05$），6～16月龄胸深略有增加，16～18月龄又开始显著增加（$P<0.05$），18月龄胸深最大（36.03cm）。6～18月龄胸深仅增加4.73cm，增率15.12%；沼泽化草甸胸深增长趋势与高寒草甸相同，6～18月龄胸深增长3.55cm，增率为10.55%。

2.2.12 性别对欧拉型藏羊腰角宽的影响

高寒草甸欧拉型藏羊公母羊的腰角宽无显著差异（$P>0.05$），沼泽化草甸公羊的腰角宽（21.79cm）极显著高于母羊（20.33cm）（$P<0.01$）。

2.2.13 年龄对欧拉型藏羊腰角宽的影响

高寒草甸欧拉型藏羊腰角宽初生至6月龄为主要生长阶段，其生长动态也表现为初期迅速生长，6～14月龄基本停滞，16月龄后又恢复生长的趋势；6月龄时腰角宽（23.76cm）为18月龄（27.70）的85.79%。沼泽化草甸欧拉型藏羊初生至6月龄腰角宽快速增长，0（初生）月龄、2月龄、4月龄、6月龄间差异显著（$P<0.05$），6～16月龄无显著变化（$P>0.05$），16～18月龄又显著增加（$P<0.05$）。

2.2.14 性别×年龄互作对欧拉型藏羊腰角宽的影响

初生至6月龄为高寒草甸欧拉型藏羊腰角宽的主要生长阶段，且各阶段同一性别间腰角宽差异显著（$P<0.05$），但除初生至2月龄公母羊的腰角宽有显著差异外（$P<0.05$），其他年龄段腰角宽无显著差异（$P>0.05$）；6～16月龄腰角宽无显著变化（$P>0.05$）；16月龄与18月龄的腰角宽也无显著差异（$P>0.05$）（图2）。

2.3 体况评分

2.3.1 性别对欧拉型藏羊体况评分的影响

高寒草甸欧拉型藏羊母羊体况评分（1.95）略大于公羊（1.93），但差异不显著（$P>0.05$）。沼泽化草甸母羊体况评分（1.80）极显著高于公羊（1.63）（$P<0.01$）。

2.3.2 年龄对欧拉型藏羊体况评分的影响

高寒草甸欧拉型藏羊体况评分初生至6月龄逐渐增大，6～12月龄体况评分降低，12～18月龄体况评分又逐渐增大；6月龄体况评分（2.67）与18月龄体况评分（2.87）无显著差异（$P>0.05$）。沼泽化草甸欧拉型藏羊体况评分的变化与高寒草甸较为一致，但其评分较低时期（8～14月龄）较高寒草甸长；虽然6月龄体况评分（2.21）显著低于18月龄（2.62）（$P<0.05$），但高于其他时期。

2.4 欧拉型藏羊体况评分、性别、年龄、体重和各项体尺指标的相关性

除草地类型和性别外，欧拉型藏羊体重和体尺间均呈极显著正相关（$P<0.01$），其中，第一体长与体高的相关性最大（$r=0.885$），第二为胸围与体长（$r=0.882$），第三为胸围与腰角宽（$r=0.848$），第四为胸宽与腰角宽（$r=0.830$），第五为体长与体重，其余各体况指标间相关系数小于0.800（表6）。

表6 欧拉型藏羊体况评分、性别、年龄、体重和各体尺指标的Pearson相关性
Table 6 Pearson correlation among score, gender, age, body weight and size

指标 Index	草地类型 Grassland type	性别 Gender	年龄 Age	体况评分 Body Score	体重 Weight	体高 Height	体长 Length	胸围 Chest circumference	胸宽 Chest width	胸深 Chest depth	腰角宽 Hip width
草地类型 Grassland type	1.000										
性别 Gender	0.047	1.000									
年龄 Ages	-0.075	-0.045	1.000								
体况评分 Body score	-0.221**	-0.188**	0.503**	1.000							
体重 Weight	0.076	-0.010	0.664**	0.775**	1.000						
体高 Height	0.266**	0.015	0.721**	0.562**	0.798**	1.000					
体长 Length	-0.019	-0.060	0.768**	0.654**	0.816**	0.885**	1.000				
胸围 Chest circumference	-0.221**	-0.136**	0.715**	0.750**	0.786**	0.782**	0.882**	1.000			
胸宽 Chest width	0.053	0.015	0.588**	0.554**	0.724**	0.782**	0.794**	0.762**	1.000		
胸深 Chest depth	0.167**	0.129**	0.622**	0.535**	0.727**	0.807**	0.805**	0.723**	0.750**	1.000	
腰角宽 Hip width	-0.252**	-0.016	0.689**	0.658**	0.705**	0.697**	0.824**	0.848**	0.830**	0.721**	1.000

3 讨论

3.1 采用体况评分提升家畜出栏准确性

体况评分法在畜牧业生产中常用，本研究比较了孙亮等[29]、郭勇庆等[30]和金显栋[31]的体况评分方法，发现9分制体况评分方法太过细化，不利于牧户实际操作。因此，本研究对甘肃省甘南藏族自治州玛曲县2种草地类型的欧拉型藏羊从初生至18月龄进行了不间断跟踪观测，并采用5分制的体况评分方法来更加直观地了解欧拉型藏羊的生长发育规律，这一方法较传统的称重法和目测法更准确。传统的通过称重和目测来计算家畜生长速度和饲料利用率的方法费时费力且影响羊只生长，采食后或怀孕时使用也不准确；目测则可能受羊的被毛长度等的影响，也存在误差；而体况评分不需要辅助工具，简单易行，可应用于生产管理和科研结果的描述，用来评价羊只的日粮利用效率、饲养管理是否存在问题、体重估测及体脂肪沉积量等，出现问题可以及时纠正。此外，规模化羊场可通过对不同阶段的羊只体况进行量化和数据评价，以确定不同时期的适宜体况，为今后羊群整体的生长、生产和繁育等打下基础，从而确定相应的营养和管理策略[30]，故此法可以更准确地定位欧拉型藏羊的畜群结构并确定家畜出栏的适宜时期。

3.2 放牧距离对家畜生长发育的影响

在天然放牧条件下，欧拉型藏羊早期生长发育快，肉用体型较明显，初生重约4kg，较索南[32]和吴振霞[33]的结果偏高，可能与本试验选取牧户草地质量较好有关。体重是衡量动物生产最重要的指标[34]。本试验得出，沼泽化草甸欧拉型藏羊体重、体高和胸深的均值均高于高寒草甸，但沼泽化草甸夏秋草地和冬春草地的草地生产力均显著低于高寒草甸（数据未发表）。究其原因，主要是试验区欧拉型藏羊完全天然放牧。沼泽化草甸虽然地上生物量较高寒草甸低，但由于地势平坦，羊群放牧采食过程中消耗能量较小；而高寒草甸海拔较高，草地为山地型草地，羊群在放牧采食的过程中必须爬山消耗能量，加之草地离圈舍距离较远，也要消耗一部分能量。游走放牧会消耗家畜一部分能量[35]，羊群放牧距离增大，将大大降低其用于生长发育的能量供应[36]，而适宜的放牧距离对羊生长发育非常重要[37]。

3.3 家畜生长发育速率受所在草地生产力限制

欧拉型藏羊体重和体尺受天然草地牧草养分和气候变化的影响，且具有一定滞后性[38-39]。在甘肃省玛曲项目区，母羊一般3月产羔，6月龄时体重最大，虽然此时牧草已经枯黄，但多数牧草的种子已成熟，籽粒中含有大量营养成分，动物采食后还能维持一段时间的能量需要[40-41]。2种草地类型欧拉型藏羊体重和体尺的变化趋势与牧草的生长发育规律一致。牧草的生长发育规律是决定欧拉型藏羊生长发育规律最为主要的因素，要改变羊群"夏壮、秋肥、冬瘦、春乏（死）"的恶性循环，冬春季补饲是最重要措施[42]。由于试验期间，当地牧场9月至翌年4月底为漫长枯草期，通过采食天然牧草已经不能满足试验羊的营养需要，故自6月龄起体重及其他各体尺指标生长均出现不同程度的减缓、停滞甚至负增长的现象。草地放牧压力较大，家畜又无补饲条件，因此，羊只这一阶段的体况极差，如遇灾害性天气死亡极其严重。翌年6月底，羊群转到夏秋草地后，体况才开始恢复，体重开始增加。藏羊的出栏期集中在每年的9—10月，但牧户不愿当年羔羊育肥后出栏，使本就处于强压下的草地压力进一步增大，草地不能供给孕期母羊足够营养，直接影响来年春羔的出生质量，如此往复，恶性循环。草地生产力和生态价值每况愈下。这种现象增加了活体羊市场以及羊肉市场的不稳定性，造成供求关系不稳定，导致价格波动明显，降低了养殖户的经济收入。

3.4 草地与家畜供求受时空限制难达"平衡"

尽管草地类型不同，但欧拉型藏羊体尺（体高、体长、胸围、胸宽、胸深、腰角宽）的变化保持了较高的一致性，即从初生至6月龄时羔羊生长最明显，各体尺指标显著增加。2种草地类型母羊的胸围均大于公羊，其他指标的变化趋势不一致。9月后，牧草进入枯黄期，羊群通过采食牧草获得的能量已经不能满足其生长代谢能的需要。随着温度降低，羊群获得的能量除满足自身生存外还要消耗一部分能量御寒，直到翌年5月牧草返青。因此，在无补饲情况下羊群体尺生长极为缓慢[43-44]。翌年5月后，随着牧草返青，羊只又恢复正常生长状态，9月后又出现掉膘，循环往复。高寒草甸欧拉型藏羊从出生到6月龄各体尺增长78.63%～196.12%，6～18月龄仅增长7.14%～21.62%，前者历时6个月，而后者历时12个月。同样，沼泽化草甸欧拉型藏羊从出生至6月龄体长增加82.35%～155.97%，6～18月龄增加5.38%～16.03%。由此，欧拉型藏羊6月龄已基本完成其体尺的生长发育，为出栏的合适时间。如果不出栏，经历漫长枯草期后要恢复生长有一定困难，而且要消耗大量饲草，但体尺增加微乎其微。

4 结论

高寒草甸和沼泽化草甸体重自初生至6月龄分别增加677.74%和871.43%达到31.15kg和34.57kg，；两草地类型6月龄各体尺达到18月龄83%以上，各体尺指标接近成年羊！6月龄体重超过羔羊出栏标准（30kg），已达18月龄体重的70%左右，因此，6月龄为欧拉型藏羊适宜出栏时期。在牧户中应大力推广羔羊出栏技术，在留有充足后备母羊的前提下，加快当年羔羊出栏，提高养殖效率，增加牧民收入。

冬春季补饲是减轻冬春草场压力，缓解草畜矛盾的一项重要措施，对草地合理利用和畜牧业可持续发展具有重要意义。阎明毅等[45]通过对哺乳期羔羊饲喂代乳料发现其具较大增重和生长发育潜力，并具有减少哺乳次数，减轻母羊负担，促进母羊产后恢复等优势，为实施下次繁殖打下了良好基础。此法为试验地进行科学补饲、育肥和出栏等畜牧业生产带来新的思路和方法，值得借鉴！

参考文献

[1] 张玉珍，郭淑珍，牛小莹，等. 欧拉羊杂交改良乔科羊后代各年龄段生长速度分析[J]. 畜牧兽医杂志，2010，29（6）：36-38.
    Zhang Y Z, Guo S Z, Niu X Y. Analysis of growth speed of offspring from Oula crossbreeding Qiaoke sheep[J]. Journal of Animal Science and Veterinary Medicine, 2010, 29（6）: 36-38. (in Chinese)

[2] 马桂琳，杨勤，刘汉丽，尕旦吉，等. 半血野生盘羊与欧拉羊杂交效果初报[J]. 黑龙江畜牧兽医，2015（2）：33-34.

[3] 张玉珍，马忠涛，郭淑珍，等. 欧拉羊种羊选育技术研究[J]. 畜牧与兽医，2014，46（1）：54-56.

[4] 祁玉香，余忠祥. 欧拉型藏羊[J]. 中国草食动物，2006，26（4）：62-65.

[5] 张帆，颜亭玉，杨佐君，等. 多元统计分析方法在羊体质量与体尺研究中的应用[J]. 北京农学院学报，2012，27（4）：16-19.
    Zhang F, Yan T Y, Yang Z J. Application of multivariate statistical analysis methods on ovine body size and body weight[J]. Journal of Beijing University of Agriculture, 2012, 27（4）: 16-19. (in Chinese)

[6] 叶瑞卿，袁希平，黄必志，等. 云岭黑山羊生长发育规律研究与应用[J]. 中国草食动物，2008，28（3）：11-15.
    Ye R Q, Yuan X P, Huang B Z. Application and research on the growth pattern of Yunling black goat[J]. China Herbivores, 2008, 28（3）: 11-15. (in Chinese)

[7] 马学录，孙晓萍，张万龙，等. 白萨福克改良滩羊生长发育性状效果研究[J]. 黑龙江畜牧兽医：科技版，

2014，（3）：71-74.

[8] 张年，索效军，熊琪，等.湖北黑头羊生长发育规律的研究[J].湖北农业科学，2013，52（20）：4 987-4 990.
Zhang N, Suo X J, Xiong Q. Researches on the growth and development law of Hubei black-head goat[J]. Hubei Agricultural Sciences, 2013, 52（20）: 4 987-4 990. （in Chinese）

[9] 贝丽琴，徐尚荣.杜泊羊、藏羊及其杂种一代生长发育对比研究[J].青海畜牧兽医杂志，2015，45（5）：15-18.
Bei L Q, Xu S R. Comparing study on growth development of Dorper sheep, Tibet sheep and its F1[J]. Chinese Qinghai Journal of Animal and Veterinary Sciences, 2015, 45（5）: 15-18. （in Chinese）

[10] 石少英，杨树猛，马登录，等.欧拉型藏羊选育效果研究[J].畜牧兽医杂志，2013，32（6）：94-95，97.

[11] 包永清，孙超，谢亮，等.甘南州欧拉羊品种资源调查[J].畜牧兽医杂志，2008，27（2）：50-52.

[12] 余忠祥.青海省河南县欧拉羊品种资源调查及研究报告[J].畜牧与饲料科学，2009，30（10）：120-123，124.
Yu Z X. Investigation of variety resources of Oula sheep at Henan County in Qinghai Province[J]. Animal Husbandry and Feed Science, 2009, 30（10）: 120-123, 124. （in Chinese）

[13] 贾存灵，魏泽辉，孔祥浩，等.萨陶寒三元杂交肉羊主要经济性状表型相关及回归分析[J].湖北农业科学，2008，47（2）：203-206.
Jia C L, Wei Z H, Kong X. Phenotype correlation and regression analysis of the main economic character in Sa-Tao-Han three breeds hybridized sheep[J]. Hubei Agricultural Sciences, 2008, 47（2）: 203-206. （in Chinese）

[14] 白俊艳，庞有志，王永伟.大尾寒羊体重与体尺的回归分析[J].安徽农业科学，2007，35（15）：4 537-4 538.
Bai J Y, Pang Y Z, Wang Y W. Regression analysis between body weight and body size of large-tail sheep[J]. Journal of Anhui Agricultural Sciences., 2007, 35（15）: 4 537-4 538. （in Chinese）

[15] 韩学平.欧拉型藏羊体重与体尺指标的回归分析[J].中国畜牧兽医，2009，36（6）：199-201.
Han X P. Regression analysis between body weight and body measurement of Oura-type of Tibetan sheep[J]. China Animal Husbandry & Veterinary Medicine, 2009, 36（6）: 199-201. （in Chinese）

[16] 白生魁.欧拉型藏羊体重与体指标通径分析[J].黑龙江畜牧兽医：科技版，2009（9）：34-35.

[17] 王欣荣，吴建平，杨联，等.甘南草地型藏羊体质量与体尺指标的相关性研究[J].甘肃农业大学学报，2011，46（5）：7-11，17.
Wang X R, Wu J P, Yang L. Regression analysis between body weight and body size of Gannan Tibetan sheep[J]. Journal of Gansu Agricultural University, 2011, 46（5）: 7-11, 17. （in Chinese）

[18] 韩玉梅，孙建忠.不同日粮组合对羔羊育肥的增重试验效果[J].青海畜牧兽医杂志，2015，45（3）：29.
Han Y M, Sun J Z. Effect of different diet on weight gaining of fattening lamb[J]. Chinese Qinghai Journal of Animal and Veterinary Sciences, 2015, 45（3）: 29. （in Chinese）

[19] 孙建忠，韩玉梅.不同日粮组合对羔羊育肥的增重效果[J].畜牧与兽医，2015，47（9）：128-129.

[20] 闫德财.祁连县高原型藏羊生长发育及主要生产性能测定[J].青海畜牧兽医杂志，2015，45（3）：24-25.
Yan D C. Detection of growth development and main production performance of Plateau Tibetan sheep in Qilian County[J]. Chinese Qinghai Journal of Animal and Veterinary Sciences, 2015, 45（3）: 24-25. （in Chinese）

[21] 高鹏，王召锋，常生华，等.西北主要生态区家畜生产特征及发展对策分析[J].草业科学，2014，31（12）：2 316-2 322.
Gao P, Wang Z F, Chang S H. Livestock production features and development strategy in main ecological regions of northwest of China[J]. Pratacultural Science, 2014, 31（12）: 2 316-2 322. （in Chinese）

[22] 王素萍，宋连春，韩永翔，等.玛曲气候变化对生态环境的影响[J].冰川冻土，2006，28（4）：556-561.
Wang S P, Song L C, Han Y X. Impacts of Climate Change on Ecological Environment in Maqu Grassland[J]. Gansu. Journal of Glaciology and Geocryology. 2006, 28（4）: 556-561. （in Chinese）

[23] 王建兵.近40年玛曲地区牧草生长期蒸降差的变化特征[J].草业科学，2015，32（2）：203-209.
Wang J B. Variation characteristics of the difference between evaporation and precipitation during grass growing season in Maqu County from 1971—2010[J]. Pratacultural Science, 2015, 32（2）: 203-209. （in Chinese）

[24] 许涛，祁娟，蒲小鹏，等.甘南玛曲七种主要饲草营养价值比较[J].中国草地学报，2012，34（3）：113-116.

Xu T, Qi J, Pu X P. Comparison of the yields and nutrients of seven forage species in Maqu County[J]. Chinese Journal of Grassland, 2012, 34（3）: 113-116. （in Chinese）

[25] 王永智. 牛的外貌鉴定、体尺测量及体重估测[J]. 畜禽饲养, 2013（12）: 20.

[26] 王丽娟, 凌英会, 张晓东, 等. 安徽白山羊新品系生长发育规律的研究[J]. 安徽农业大学学报, 2013, 40（2）: 185-190.
Wang L J, Ling Y H, Zhang X D. Development properties of new line in Anhui white goat[J]. Journal of Anhui Agricultural University, 2013, 40（2）: 185-190. （in Chinese）

[27] 詹靖玺, 杨国荣, 王安奎, 等. 努比羊生长性能研究[J]. 养殖与饲料, 2010（1）: 2-3.

[28] 周贵, 李淑琴, 张绍清. 应用肉牛体况评分方法研究繁殖母牛的生产性能[J]. 中国草食动物, 1999, 1（4）: 45-47.

[29] 孙亮, 吴建平, 杨联. 母羊的体况评分方法及其在生产中的应用[J]. 湖南农业科学, 2009（7）: 148-149, 153.
Sun L, Wu J P, Yang L, Zhao H J, Gong X Y. The body condition score method and application in production of ewe[J]. Hunan Agricultural Sciences, 2009（7）: 148-149, 153. （in Chinese）

[30] 郭勇庆, 刘洁, 刘进军, 等. 体况评分在养羊生产中的应用[J]. 山东聊城: 全国养羊生产与学术研讨会, 2014: 389-390.

[31] 金显栋. 肉羊体况评分及在生产中的应用[J]. 云南畜牧兽医, 2007（3）: 29-30.

[32] 索南. 欧拉型藏羊的生产性能及发展前景探讨[J]. 中国草食动物, 2005, 25（5）: 30-32.

[33] 吴振霞. 不同品种杂交羔羊育肥增重效果试验分析[J]. 畜牧与兽医, 2016, 48（3）: 166-167.

[34] 李文娆, 张岁歧, 杨刚, 等. 不同放牧强度对滩羊生产性能影响的研究[J]. 草业科学, 2006, 23（1）: 65-70.
Li W R, Zhang S Q, Yang G. Studies on effects of different grazing intensity on productivity of Tan sheep[J]. Pratacultural Science, 2006, 23（1）: 65-70.

[35] Lachica M, Aguilera J F. Energy expenditure of walk in grassland for small ruminats[J]. Small Ruminant Ressearch, 2005, 59（2）: 105-121.

[36] 金曙光, 郭素珍. 荒漠草原不同饮水半径和放牧距离对山羊生产性能的影响[J]. 内蒙古农牧学院学报, 1998, 19（4）: 13-19.
Jin S G, Guo S Z. The effects of drinking radius and grazing distance on the performance of goats in desert grassland[J]. Journal of Inner Mongolia Institute of Agriculture & Animal Husbandry, 1998, 19（4）: 13-19. （in Chinese）

[37] 杨大忠. 羊的四季放牧技术[J]. 四川农业科技, 1995（2）: 31.

[38] 赵忠, 王宝全, 王安禄. 藏系绵羊体重动态监测研究[J]. 中国草食动物, 2005, 25（1）: 14-16, 21.
Zhao Z, Wagn B Q, Wang A L. Research of dynamic monitoring weight of Tibetan sheep[J]. China Herbivores, 2005, 25（1）: 14-16, 21. （in Chinese）

[39] 李英年. 藏系绵羊体重动态变化及其与气象条件的关系[J]. 家畜生态, 1997, 18（4）: 11-15.

[40] 王宏博, 丁学智, 郎侠, 等. 甘南玛曲夏季牧场欧拉型藏羊牧食行为的研究[J]. 草地学报, 2012, 20（3）: 583-588.
Wang H B, Ding X Z, Lang X. Foraging behavior of Oula Sheep in summer pasture of MaquGannan[J]. Acta Agrestia Sinica, 2012, 20（3）: 583-588. （in Chinese）

[41] 毛学荣. 欧拉型藏羊生长发育规律的研究[J]. 青海畜牧兽医杂志, 2005, 35（4）: 8-9.
Mao X R. Study on growth and development regulation of Tibetan sheep with Oura-type[J]. Chinese Qinghai Journal of Animal and Veterinary Sciences, 2005, 35（4）: 8-9. （in Chinese）

[42] 魏玉蓉. 中国典型草原牧草生长发育和畜草平衡模型的研究[J]. 北京: 中国农业大学硕士学位论文, 2004.
Wei Y R. Research on the grassland model and balance model of livesotck capacity in typical grassland of China[J]. Master degree Thesis. Beijing: China Agricultural University, 2004. （in Chinese）

[43] 阎明毅. 青海省河南县欧拉型藏羊现状调查报告[J]. 青海畜牧兽医杂志, 2006, 36（3）: 25-26.

[44] 阎明毅. 欧拉型藏羊良种公羊培育效果[J]. 畜牧与兽医, 2013, 45（2）: 103-104.

[45] 阎明毅, 余忠祥. 高寒牧区放牧条件下欧拉羊羔羊代乳料补饲试验[J]. 畜牧与兽医, 2016, 48（2）: 65-66.

脂尾去除对"兰州大尾羊"和"蒙古羊"生长性能及脂肪沉积分布的影响

刘政，赵生国，李华伟，岳燕，程箫，刘立山，周瑞，刘丽，吴建平

（甘肃农业大学动物科学技术学院，兰州 730070）

摘 要：为了研究脂尾去除对'兰州大尾羊'和'蒙古羊'生长性状及脂肪沉积分布的影响，选取发育正常、年龄、体重基本一致的兰州大尾羊和蒙古羊各18只，各随机选取9只进行断尾，'兰州大尾羊'采用外科手术法，'蒙古羊'采用橡圈结扎法。断尾羊为试验组，未断尾羊为对照组。屠宰后的结果显示：'兰州大尾羊'和'蒙古羊'试验组的采食量均低于对照组，而日增重、宰前活重和热胴体重则均是试验组比对照组高，但差异均不显著（$P>0.05$）。'兰州大尾羊'对照组的尾臀部脂肪重和总脂肪重明显高于试验组，尾臀部脂肪重差异极显著（$P<0.01$），总脂肪重差异显著（$P<0.05$）。'兰州大尾羊'其余各部位脂肪重均是对照组低于试验组。其中，皮下脂肪重和肾周脂肪重差异不显著（$P>0.05$）；睾丸脂肪重、肠胃脂肪重和内部脂肪重呈现显著性差异（$P<0.05$）。'蒙古羊'对照组的尾臀部脂肪重高于试验组，且差异性极显著（$P<0.01$）。皮下脂肪重、睾丸脂肪重、肾周脂肪重、肠胃脂肪重、内部脂肪重和总脂肪重在'蒙古羊'的试验组和对照组之间没有显著性差异（$P>0.05$）。由分析可知，脂尾去除有提高兰州大尾羊和蒙古羊日增重及降低二者采食量的趋势；脂尾去除对'蒙古羊'脂肪沉积分布影响不大，而'兰州大尾羊'则有更多的脂肪沉积到了皮下、睾丸、肾周和肠胃周围，且断尾的'兰州大尾羊'总脂肪重显著降低。

关键词：'兰州大尾羊'；'蒙古羊'；脂尾；脂肪；沉积分布

Impact on Growth Performance and Fat Deposition Distribution of 'Lanzhou Fat-tailed Sheep' and 'Mongolian Sheep' with Fat-tail Removal

Liu Zheng, Zhao Sheng guo, Li Hua wei, Yue Yan, Cheng Xiao, Liu Li shan, Zhou Rui, Liu Li, Wu Jian ping

(College of Animal Science & Technology, Gansu Agricultural University, Lanzhou 730070)

Abstract: In order to study growth performance and fat deposition distribution of fat-tail sheep with no tail, the impact on the growth performance and fat deposition distribution of 'Lanzhou fat-tailed sheep' and 'Mongolian sheep' with fat-tail removal was studied. 18 'Lanzhou fat-tailed sheep' and 18 'Mongolian sheep' which were healthy, at the same age and had almost the same weight were collected in the test. Nine 'Lanzhou fat-tailed sheep' and nine 'Mongolian sheep' were randomly selected to remove their fat-tail by different methods. Surgical method was used for 'Lanzhou fat-tailed sheep', and rubber ring ligation method was used for 'Mongolian sheep'. Notail sheep formed the treatment group and tail sheep made upthe control group of each breed.The results showed that feed intake of each breed in treatment group was lesser than control groupafter slaughtered, while the average daily gain, live weight before slaughter and hot carcass weight in treatment group was greater than that of control group, but the difference was not significant ($P>0.05$). There was a highly significant difference in tail and rump fat weight of 'Lanzhou fat-tailed sheep' between control group and treatment group ($P<0.01$), and control group was highly greater than treatment group. The total body fat weight of 'Lanzhou fat-tailed sheep' in control group was also significantly greater than that of thetreatment group ($P<0.05$). The remaining parts of the fat weight of 'Lanzhou fat-tailed sheep' in control group were lesser thanthat of thetreatment group. Among them, there was no significant difference of the subcutaneous fat weight and perinephric fat weight between each group ($P>0.05$). The testicular fat weight, omentalandmesentericfat weight and internal fat weight showed significant difference between the two groups ($P<0.05$). There was also a highly significant difference in tail and rump fat weight of 'Mongolian sheep' between control group and treatment group ($P<0.01$), and control group was highly greater than treatment group. The subcutaneous fat weight, testicular fat weight, perinephric fat weight, omentalandmesentericfat weight, internal fat weight and total body fat weight of 'Mongolian sheep' showed no significant differencesbetween the two groups ($P>0.05$). There was a trend in improving the average daily gain and decreasing feed intake of 'Lanzhou fat-tailed sheep' and 'Mongolia sheep' with tail removal. There was a little influence on fat deposition distribution with removing fat-tail of 'Mongolian sheep', while the fat are more deposited into the skin, testis, kidney and stomach and intestines with removing fat-tail of 'Lanzhou fat-tailed sheep'. What's more, the total body fatweight of 'Lanzhou fat-tailed' sheep was significantly declined.

Key words: 'Lanzhou fat-tailed sheep'; 'Mongolian sheep'; fat-tail; fat; deposition distribution

脂肪的沉积是能量贮存的主要方式，动物体脂的沉积量是脂肪合成代谢与分解代谢的一种平衡状态[1]。绵羊机体脂肪沉积的生理过程由脂肪细胞的分化、数目增加和细胞肥大组成，脂肪沉积的时间因机体部位而异，从早到晚的时间顺序依次为：皮下脂肪、腹脂、内脏脂肪和肌内脂肪[2]。脂肪的沉积分布是肉用家畜的一个重要的经济性状，与肉用家畜的生产效率和肉品质有着直接的关系。因此，研究脂肪的沉积分布对精确测量胴体脂肪具有重要意义。绵羊脂尾（臀）性状尤为重要，是一种逆境生存所必需的生物性状，在特定的历史时期发挥着不可替代的作用[3]。脂肪集中囤积于尾部，脂尾肥大，有利于在牧草生长旺盛季节抓膘，而在冬季寒冷时节，绵羊则可动用脂尾中的脂肪产生能量，帮助顺利度过冬季。绵羊将脂肪从皮下、内脏集中囤积于尾椎周围，形成长大的脂尾，既可以扩大皮肤面积，又可提高皮肤的散热速度，非常利于绵羊顺利渡过盛夏、酷暑的炎热天气。由于消费者对瘦肉的青睐，脂肪的市场越来越小，尾脂的存在降低了胴体的品质，再加上大规模化的舍饲圈养，不再有极端恶劣的生存环境，首先被填充的脂尾造成了资源的浪费，脂尾的作用逐渐变小。Mehmet等研究发现断尾提高了'Norduz'公羔的日增重和胴体品质[4]。而Muammer Tilki等的研究结果显示断尾对'Tuikish Tuj'公羔的生长性能和胴体品质没有影响，但对脂肪的沉积分布有一定的影响[5]。国外的不同品种羊脂尾去除对生长性能、胴体品质以及脂肪分布沉积影响的报道说法不一，国内基本没有对本土品种的研究报道。因此，笔者通过对"兰州大尾羊"和"蒙古羊"均做脂尾去除和未去除的处理,研究分析在人为干扰因素下脂尾去除对其生长性能及脂肪沉积分布的影响,旨在把握脂尾去除对'兰州大尾羊'和'蒙古羊'脂肪沉积的影响规律,为制定'兰州大尾羊'和'蒙古羊'育种方案,把握育种方向提供科学的依据。

1 材料与方法

1.1 试验时间和地点

试验于甘肃省定西市临洮县华加牧业科技有限责任公司进行。预试期30d,正式期为2013年7月15日至2014年5月15日,共计300d。

1.2 试验材料

在兰州市七里河区和永昌市分别购买2月龄健康'兰州大尾羊'和'蒙古羊'各18只(公羊),各随机选取9只进行断尾,'兰州大尾羊'采用外科手术法,'蒙古羊'采用橡圈结扎法[6]。断尾羊为试验组,未断尾羊为对照组。2个品种的试验组和对照组各分一个圈舍,共4个圈舍。试验开始前进行圈舍消毒和试验羊驱虫、防疫。

1.3 饲养管理

饲喂时间是每天8:00和19:00 2次,并且于每日早晨饲喂前清除前一天所剩的粗饲料(黄贮)。粗饲料(黄贮)自由采食,保证充足饮水,精料根据试验羊的月龄和生长状况限量饲喂,同品种羊饲喂精料量相同。在试验期间,每2周在试验羊空腹状态下进行体重称量以及测定试验羊的采食量。

1.4 胴体各部位脂肪重量测定

屠宰前禁食24h,并称量试验羊的宰前活重。屠宰按照清真屠宰方式,屠宰过程中避免羊只过于惊慌和挣扎。屠宰后,在脂肪的剥离过程中,分别称取胴体胃肠周围的脂肪(omental and mesenteric fat,OMF),肾脏周围脂肪(perinephric fat,PF),睾丸周围脂肪(testicular fat,TF),皮下脂肪(subcutaneous fat,SF),尾臀部脂肪(tail and rump fat,TRF),计算内部脂肪(internal fat,IF)和总脂肪(total body fat,TBF)。

$IF=OMF+PF+TF$,$TBF=IF+SF+TRF$[2, 7]。

1.5 数据统计分析

所有试验数据的分析和处理以(平均值±标准差)表示,试验数据采用SPSS19.0统计软件中ANOVA方差分析和Duncan多重比较检验进行分析,检测误差为5%与1% 2个标准,用Excel整理结果。

2 结果与分析

2.1 '兰州大尾羊'生长性能及脂肪沉积分布分析

由表1可以看出,'兰州大尾羊'试验组的采食量低于对照组,而日增重、宰前活重和热胴体重则是试验组比对照组要高,但差异均不显著($P>0.05$)。从'兰州大尾羊'对照组脂肪沉积分布数据(表2)来看,脂肪在尾臀部沉积最多,达到3.35kg,占总脂肪重的48.48%;皮下脂肪重、睾丸脂肪重、肾周脂肪重和肠胃脂肪重分别占总脂肪的26.34%、2.75%、5.07%和17.36%。'兰州大尾羊'对照组的尾臀部脂肪重和总脂肪重明显高于试验组,尾臀部脂肪重差异极显著($P<0.01$),总脂肪重差异性显著($P<0.05$)。其余各部位脂肪重均是对照组低于试验组。其中,皮下脂肪重和肾周脂肪重差异不显著($P>0.05$);试验组的睾丸脂肪重、肠胃脂肪重和内部脂肪重分别比对照组多出0.1kg、0.55kg、0.74kg,呈现显著性差异($P<0.05$)。

表1 脂尾去除对'兰州大尾羊'和'蒙古羊'生长性能的影响

生长性能	兰州大尾羊		蒙古羊	
	断尾	未断尾	断尾	未断尾
日增重/（g/d）	92.48 ± 13.55	86.42 ± 8.51	83.06 ± 9.45	78.31 ± 11.42
采食量/（kg/d）	1.32 ± 0.27	1.39 ± 0.21	0.76 ± 0.15	0.83 ± 0.14
宰前活重/kg	47.26 ± 5.18	46.89 ± 4.49	37.11 ± 3.42	36.79 ± 4.04
热胴体重/kg	23.77 ± 3.44	23.57 ± 3.00	17.67 ± 1.78	17.36 ± 2.00

注：同品种同行肩标有不同小写字母表示差异显著（$P<0.05$），不同大写字母表示差异极显著（$P<0.01$），没标字母表示不显著（$P>0.05$）

表2 脂尾去除对兰州大尾羊和蒙古羊脂肪沉积分布的影响（单位：kg）

脂肪重量	兰州大尾羊		蒙古羊	
	断尾	未断尾	断尾	未断尾
尾臀部脂肪重	0.58 ± 0.17A	3.35 ± 0.68B	0.27 ± 0.15A	1.01 ± 0.26B
皮下脂肪重	2.17 ± 0.73	1.82 ± 0.60	1.29 ± 0.48	1.17 ± 0.35
睾丸脂肪重	0.29 ± 0.1a	0.19 ± 0.07b	0.19 ± 0.06	0.20 ± 0.08
肾周脂肪重	0.44 ± 0.15	0.35 ± 0.19	0.43 ± 0.16	0.53 ± 0.26
肠胃脂肪重	1.75 ± 0.46a	1.20 ± 0.39b	1.11 ± 0.32	1.23 ± 0.43
内部脂肪重	2.48 ± 0.65a	1.74 ± 0.61b	1.73 ± 0.50	1.96 ± 0.72
总脂肪重	5.22 ± 1.45a	6.91 ± 1.54b	3.29 ± 0.88	4.13 ± 1.30

注：同品种同行有不同小写字母表示差异显著（$P<0.05$），不同大写字母表示差异极显著（$P<0.01$），没标字母表示不显著（$P>0.05$）

2.2 '蒙古羊'生长性能及脂肪沉积分布分析

由表1可以看出，'蒙古羊'试验组的采食量低于对照组，而日增重、宰前活重和热胴体重则是试验组比对照组要高，但差异均不显著（$P>0.05$）。表2'蒙古羊'对照组脂肪沉积数据说明，脂肪在'蒙古羊'肠胃周围沉积最多，达到1.23kg，占总脂肪的29.78%；尾臀部脂肪、皮下脂肪、睾丸脂肪和肾周脂肪分别占总脂肪的24.46%、28.33%、4.84%和12.83%。'蒙古羊'对照组的尾臀部脂肪重高于试验组，且差异性极显著（$P<0.01$）。皮下脂肪重、睾丸脂肪重、肾周脂肪重、肠胃脂肪重、内部脂肪重和总脂肪重在'蒙古羊'的试验组和对照组之间没有显著性差异（$P>0.05$）。

3 讨论

由试验结果可以看出，'兰州大尾羊'和'蒙古羊'的日增重、宰前活重和热胴体重均是试验组略高于对照组，但差异不显著。这与Kusina报道的'Sabi'公羔断尾与不断尾羊的胴体重没有差异[8]以及Muammer Tilki等研究发现'Tuikish Tuj'公羔断尾处理的试验组和对照组的宰前活重、胴体重和屠宰率差异不显著的结果相似[5]。但Joubert和Ueckerman研究表明对于肥尾型羊，断尾羊的屠宰率低于不断尾羊[9]，Marai等[10]的研究结果则与之报道相反。另外，Shelton等[11]和Bicer等[12]也研究发现不同品种断尾羊和不断尾羊的屠宰率没有差异。中国的张英杰[13]研究了'大尾寒羊'公羔的断尾试验，结果显示断尾对屠宰率、净肉率、胴体净肉率基本无影响。试验结果显示，2个品种绵羊的采食量均是试验组略低于对照组，但差异均不显著，这与Mehmet等[4]研究发现'Norduz'公羔断尾和不断尾处理间采食量差异不显著的结果一致。

'蒙古羊'对照组数据显示，脂肪在全身的沉积分布相对比较平均，主要沉积在尾臀部、皮下和肠胃周围，'兰州大尾羊'对照组的脂肪则最主要沉积在尾臀部，这反映了2种不同脂尾型绵羊在脂肪沉积上各自的品种特性。从试验组和对照组'蒙古羊'的各部位脂肪重的数据来看，断尾处理对于'蒙古羊'的脂肪沉积分布影响不大，可能是因为'蒙古羊'属于短脂尾羊，脂尾的去除对于'蒙古羊'全身的脂肪沉积分布影响有限。而对于长脂尾型的'兰州大尾羊'，断尾处理明显提高了试验组各部位脂肪的沉积。O'Donovan等研究发现'Kellakui'肥尾羊原本沉积在尾部的脂肪有近50%因断尾而转移沉积到皮下，肌间和体内中[14]。笔者研究发现，断尾'兰州大尾羊'更多的脂肪沉积到了皮下、睾丸、肾周和肠胃周围中，与O'Donovan等的研究结果一致。同样Al-Jassim等也报道断尾羔羊在盆腔和肾脏周围沉积了更多的脂肪[15]。断尾的'兰州大尾羊'原本沉积在尾巴上的脂肪，因尾部脂肪代谢通路被阻断，部分转移沉积在其他部位脂肪上，其中，最主要的沉积部位就是皮下脂肪和肠胃脂肪。试验组在其他部位沉积了更多脂肪，但其总脂肪重仍显著低于对照组，显示了'兰州大尾羊'的品种特性，即在尾巴上超强的沉积脂肪能力。

脂尾型绵羊在尾巴上大量沉积脂肪是为了适应极端恶劣的生存环境进化而来的性状，但在现代化的养羊业中，大量的脂肪沉积在尾巴上不仅增加了养羊成本，而且从健康营养角度考虑，人们更喜爱脂肪含量低的羊肉。目前，像'兰州大尾羊'这样具有优良的耐粗饲、抗病抗旱性和适应性的高脂肪绵羊品种正经历着逐渐被淘汰及杂交改良的过程。因此，利用分子生物学技术对这些高脂肪绵羊品种进行定向改良和基因保护，既可保留优良的特性，又能降低其脂肪含量，是以后绵羊育种工作的一个方向。

4 结论

脂尾去除有提高'兰州大尾羊'和'蒙古羊'日增重及降低两者采食量的趋势。脂尾去除对'蒙古羊'脂肪沉积分布影响不大；而'兰州大尾羊'则有更多的脂肪沉积到了皮下、睾丸、肾周和肠胃周围，且断尾羊总脂肪重显著降低。

参考文献

[1] 邵明丽, 许梓荣. 猪脂肪代谢及其调控研究进展[J]. 饲料博览, 2002（10）: 12-15.

[2] 张巧娥. 沙葱提取物的分离鉴定及其对绵羊消化道共轭亚油酸含量和胴体脂肪沉积影响的研究[D]. 呼和浩特: 内蒙古农业大学, 2007: 1-2.

[3] 甘尚权, 张伟, 宋天增, 等. X染色体一处新发现的SNP位点在脂尾（臀）、瘦尾绵羊群体中的多态检测及分析[J]. 西南农业学报, 2013, 26（5）: 2 066-2 070.

[4] Bingöl M, Aygünemail T, Gökdal Ö, et al. The effects of docking on fattening performance and carcass characteristics in fat-tailed Norduz male lambs[J]. Small Ruminant Research, 2006, 64（1-2）: 101-106.

[5] Tilki M, Saatci M, Aksoy A, et al. Effect of Tail Docking on Growth Performance and Carcass Traits in Turkish

Tuj Lambs[J]. Journal of Animal and Veterinary Advances, 2010, 9 (15): 2 094-2 097.

[6] 王秀清. 肉羊早期断尾的好处和方法[J]. 河南畜牧兽医: 综合版, 2013 (3): 14-14.

[7] ErmiasE, Yami A, RegeJEO. Fat deposition in tropical sheep as adaptive attribute to periodic feed fluctuation[J]. Journal of Animal Breeding and Genetics, 2002, 119 (4): 235-246.

[8] Kusina NT. Lamb tail docking: Effect of tail amputation on productivity, carcass composition and carcass quality of fat-tailed intact indigenous Sabi male lambs[J]. Joural of the Zimbabwe Society for Animal Production, 1995, 7 (4): 187-193.

[9] Joubert D, Ueckerman L. A note on the effect of docking on fat deposition in fat-tailed sheep[J]. Animal Production, 1971, 13 (1): 191-192.

[10] MaraiIFM, NowarMS, Bahgat LB, etal. Effect of docking and shearing on growth and carcass traits of fat tailed Ossimi sheep[J]. The Journal of Agricultural Science, 1987 (3), 109: 513-518.

[11] SheltonM, Willingham T, Thompson P, etal. Influence of docking and castration on growth and carcass traits of fat-tail Karakul, Rambouillet and crossbred lambs[J]. Small Rumindant Research, 1991, 4 (3): 235-243.

[12] Bicer O, Pekel E, Guney O. Effect of docking on growth performance and carcass characteristics of fat-tailed Awassi ram lambs[J]. Small Ruminant Research. 1992, 8 (4): 353-357.

[13] 张英杰. 大尾寒羊公羔断尾效果的研究[J]. 中国畜牧杂志, 1991, 27 (4): 28-30.

[14] O'DonovanPB, Ghadaki MB, Behesti RD, etal. Performance and carcass composition of docked and control fat-tailed Kellakui lambs[J]. Animal Prodution, 1973, 16 (1): 67-76.

[15] Al-Jassim RAM, Brown G, Salman ED, etal. Effect of tail docking in Awassi lambs on metabolizable energy requirements and chemical composition of carcasses[J]. Animal Science, 2002, 75 (3): 359-366.

全混合日粮中添加牛至精油对泌乳期荷斯坦奶牛生产性能和蹄病发生率的影响

姚喜喜,吴建平,刘婷,陈昊,吴宁,岳燕

(甘肃农业大学动物科学技术学院,兰州 730070)

摘　要：本研究旨在探讨向全混合日粮（TMR）中添加牛至精油对日粮温度、荷斯坦奶牛干物质采食量、产奶量和蹄病发生率的影响。选择72头健康荷斯坦奶牛,根据生产性能、泌乳天数和胎次相近原则进行配对试验设计分为试验组[产奶量：(29.88±8.55)kg/d, TMR中添加牛至精油]和对照组[产奶量：(29.15±7.07)kg/d, TMR中未添加牛至精油]，每组36头牛。试验组奶牛按每天每头0.028kg添加牛至精油。结果表明：在6月17:00、7月13:00、17:00、8月13:00、17:00试验组TMR日粮温度升高幅度显著低于对照组（$P<0.05$）；5月试验组奶牛干物质采食量显著高于对照组（$P<0.05$），6月、7月、8月显著高于对照组（$P<0.01$）；6月、7月、8月、9月试验组产奶量显著高于对照组（$P<0.01$）。因此,牛至精油可降低TMR温度、改善适口性、提高新鲜度；同时,还可增加奶牛干物质采食量及产奶量,尤其当奶牛处于北方夏季高温天气下,这一效果尤为显著。

关键词：牛至精油；全混合日粮；荷斯坦奶牛；采食量；产奶量；蹄病

Effects of adding the oregano essential oil to the total mixedration of lactating Holstein dairy cows on production performance and incidence of hoof disease

Yao Xi xi, Wu Jian ping, Liu Ting, Chen Hao, Wu Ning, Yue Yan

(College of Animal Scienceand Technology, Gansu Agricultural University, Lanzhou 730070, China)

基金项目：兰州市高产奶牛选育策略与高效养殖技术研究示范（2011-1-110）
第一作者：姚喜喜（1989—），男,甘肃镇原人,在读硕士生,主要研究方向为动物遗传繁育及营养与饲料。
E-mail：1468046362@qq.com
通信作者：吴建平（1960—），男,陕西西安人,教授,博导,博士,主要从事动物遗传育种繁殖与家畜生产体系研究。
E-mail：wujp@gsau.edu.cn

Abstract: This study was carried out to investigate the effects, of adding oregano essential oil to the mixed ration of lactating Holstein, on the TMR temperature, dry matter intake, milk yield and incidence of hoof disease. As far as the design is concerned, 72 healthy Holstein dairy cattle were selected to be used in the experiment and were all divided into two groups i.e.trail group[milk production: (29.88 ± 8.55) kg/d, addoregano essential oil in TMR]and control group[milk production: (29.15 ± 7.07) kg/d, not addoreganoessentialoilinTMR]. The trail group which was given an additional, 0.028kg/d, dose of oregano essential oil. The results showed that: after adding oregano essential oil, compared with control group, the temperature of thetrail group diet was lower than that of the control group, which took place on June at17: 00, July and August at 13: 00 and 17: 00. The rate at which the temperatures rise in the diet were lower than that of the control group ($P<0.05$). The dry matter intake of trail group cattle is significantly higher than control group ($P<0.05$) in May, are significantly higher than control group ($P<0.01$) in June, July and August. The milk yield of trail group cattle are significantly higher than control group ($P<0.01$) in June, July, August and Sptember. By chi-square test, the trail group and control group hadno significant difference for the incidence of hoof disease ($P>0.05$). An addition of 0.028kg/head/d oregano essential oil can reduce the temperature of TMR and improve the palatability of TMR, improve the freshness of TMR, increase dry matter intake and milk yield, especially for Holstein dairy cattle in the during the summer periods in the north where temperatures are high.

Key words: oregano essential oil; total mix ration; Holstein cow; dry matter intake; milk yield; hoof disease

牛至（*Origganum vulgare*）又名止痢草、土香薷、小叶薄荷，为唇形科牛至属的多年生草本植物。主要分布在地中海地区至中亚、北非、北美及我国的华北、西北至长江以南各地。牛至精油（Oregano Essential Oil）是从天然植物牛至中提取的一种挥发油[1]。根据周俊逸和史合群[2]报道，牛至精油作为多年生草本植物提取物，其主要成分具有优良的抗菌效果且毒副作用极小，在动物体内残留量极低，是一种安全、高效、环保型的天然饲用抗菌剂。现代医学研究发现，牛至精油具有抗细菌、抗真菌、抗氧化及抗原虫等作用[3]。Bendini等[4]和Rhayourria等[5]研究报道，牛至精油有很强的抗细菌和真菌作用[4-5]。牛至油对31株肠炎常见菌均有不同程度的杀菌和抑菌作用[6-7]。牛至油还有一定的抗氧化功能，不但不影响机体内的酶活性，又比常用的天然抗氧化剂的效力高，欧洲很早就把牛至油当做防腐保鲜剂（8~15mg/kg）使用[8]。在中国，牛至精油虽然是政府批准使用的安全、高效、绿色、无配无禁忌饲料添加剂，但与西方国家相比，我国对其在饲料添加剂方面的研究相对较少。目前，国内对牛至精油的研究主要集中在猪上，牛至精油能有效提高仔猪的成活率，特别对仔猪的下痢、腹泻等有特别的治疗效果，还能明显的控制和减少仔猪的发病率，有效提高仔猪日增重和饲料利用率[9]。而在奶牛上仅见于对牛奶乳脂率的研究，牛至精油可以提高牛奶乳脂率含量和增强抗氧化功能[10]。

奶牛的全混合日粮（Total Mixed Ration，TMR）是根据奶牛不同生长阶段对营养的不同需求，将切割好的粗饲料、精料和各类添加剂按照一定比例充分混合而得到的营养相对平衡的日粮。TMR能够保证奶牛所采食每一口饲料都具有均衡的营养，因此，在奶牛饲养中显得尤为重要。TMR主要组分是玉米青贮饲料，而玉米青贮饲料又是一个复杂的微生物共生体系，富含乳酸菌、酵母菌、真菌及其他腐败菌在内的多种细菌，容易在北方夏季气温过高时因真菌、细菌、大肠菌群等腐败菌大量繁殖、放出热量，导致TMR变质，影响奶牛采食量、产奶量[11]。奶牛蹄病发生率和奶牛的生产性能呈正相关关系，当生产性能得不到充分发挥，随之蹄病的发生率也会相应提高。因此，如何降低TMR温度，改善TMR的新鲜度已显得十分必要[12]。添加牛至精油可抑制TMR中的真菌、细菌、大肠菌群的生长（$P<0.05$），从而提高TMR的新鲜度[13]。本研究旨在探讨添加牛至精油对由于夏季高温造成TMR温度升高、牛群采食量下降、产奶量下降和蹄病发生率升高的影响。

1 材料与方法

1.1 试验设计

根据配对试验设计原则，将72头生产性能、泌乳天数和胎次相近的健康荷斯坦奶牛（Holstein Friesian）按产奶量相近原则分为对照组和试验组，每组36头；对照组动物采食常规TMR，试验组动物每天饲喂添加牛至精油的TMR（每头0.028kg/d牛至精油，购自Ralco动物营养公司）。试验于2014年4月10日至2014年10月31日在甘肃省临洮县八里铺镇华加牧业科技有限责任公司进行。试验预试期20d，正试期6个月。试验自开始之日起，每隔10d为一个试验周期（表1）。

表1 试验奶牛状况
Table 1 Condition of dairy cattle for experiment

项目 Items	产奶量 Milk yield（kg/d）	胎次 Parity	泌乳天数 DIM/d
对照组 Control	29.15 ± 7.07	2.00 ± 1.44	30.00 ± 24.00
试验组 Treatment	29.88 ± 8.55	2.00 ± 1.21	30.00 ± 16.00

1.2 饲养管理

72头试验奶牛集中饲养于双列头对头牛舍，每个牛舍36头，统一饲养管理。日饲喂两次，分别在9：00和19：00饲喂，自由采食，自由饮水。采用管道式挤奶，日挤奶3次，分别在5：00、14：00和18：00。试验牛使用相同的日粮参考NRC2000标准，试验日粮组成及营养水平见表2。

表2 试验日粮组成及营养水平（干物质基础）
Table 2 Composition and nutrient levels of experimental diet（%）

原料 Ingredient	每头每天饲喂干物质量 Feeding amount of each head（dry matter）·kg
玉米青贮 Corn silage	5.31
苜蓿干草 Alfalfa hay	3.19
全棉籽 Cottonseed	2.46
玉米 Corn	7.20
DDGS（酒糟）DDGS（lees）	2.46
棉籽粕 Cottonseed meal	0.74
菜粕 Rapeseed meal	0.61
豆粕 Soybean meal	0.41
预混料 Premix	0.28
碳酸氢钠 $NaHCO_3$	0.11
食盐 NaCl	0.04

（续表）

原料 Ingredient	每头每天饲喂干物质量Feeding amount of each head（dry matter）·kg
氟石 Fluorspar	0.03
石粉 Limestone	0.42

注：每千克预混料含有one kilogram of premix contains：VA 630 KIU；VD_3 164 KIU；VE 1 260 IU；Mn 3 300mg；Zn 5 500mg；Fe 5 500mg；Cu 2 200mg；Se 33mg；P 44mg；Co 68mg.

1.3 TMR温度记录

温度的测定使用Smart Button（ACR Systems Inc.An ISO 9001 Company 公司生产）。随机称取3份充分混匀的TMR样品，每份10kg，分别装入3个高31cm，桶口直径34cm，桶底直径24.5cm的桶，将Smart Button埋藏于所有桶中间位置，用于读取桶内样品的温度。

在每个试验周期的当天、前1d和后1d接连3d分别测定试验组和对照组在9：00、13：00、17：00的TMR温度，每天每组设置3个重复。最后求出两组在3d内9：00、13：00、17：00的平均温度作为代表该试验周期内的温度数据。

1.4 干物质采食量测定

在每个试验周期的当天、前1d和后1d接连3d分别测定试验组和对照组奶牛的实际风干物质采食量，每天每组设置3个重复。最后求出两组在3d内平均实际风干物质采食量，作为代表该试验周期的实际风干物质采食量数据。

1.5 产奶量记录

在每个试验周期的当天、前1d和后1d接连3d分别测定试验组和对照组奶牛的产奶量。产奶量的测定分早晨（6：00）、中午（13：00）、晚上（20：00）3次，其和作为当天的产奶量。最后求出两组在3d内的平均产奶量，作为代表该试验周期的产奶量数据。

1.6 蹄病发病情况记录

参照程郁昕等蹄病轻重程度判断标准[14]，将蹄病根据患病原因和临床症状，划分程度由轻到重，分别记为1分、2分、3分、4分，如表3所示。在每个试验周期内，观察所有牛的蹄病发病情况并做好记录，每头牛有3次以上分值即可代表该头牛的蹄病发病情况，最后统计发病和未发病牛个数，作为蹄病发病率分析数据。

表3 奶牛蹄病打分标准
Table 3 The dairy cattle hoof disease score standard

蹄病原因 Hoof disease reason	打分 Score	临床症状Clinical symptoms
蹄叶炎 Laminitis	1	行走步伐小弓背、跛行不愿活动，踢过长出现蹄壁轮 Walking pace is small and arch，the cow ishalting and have no design to motion，hoofing too long and almost to be a hook.
蹄底溃疡 Shoe bottom ulcer	2	行走时步伐很小，翻起蹄底可看到溃疡处，运步缓慢、步履蹒跚 Walkingpace is very small，you can see the area of fester when it turns up the canker，it moves slowly and stumblingly.

（续表）

蹄病原因 Hoof disease reason	打分 Score	临床症状 Clinical symptoms
蹄裂 Sand crack	3	病牛跛行，以蹄尖着地，站立时，患肢负重不实，有的以患部频频打地或蹭腹 Cattle limp and move with hoof pointed, its hoof can not touch ground adequately, some cattle touch ground frequently and rub on the stomach.
腐蹄病 Foot rot	4	奶牛体温升高，食欲下降，蹄部肿胀、跛行，有异味 Cows increasedtemperature and loss of appetite, swelling in the hoof and walking lame and smell.

1.7 统计分析

所有试验数据采用Excel进行初步统计。温度数据采用EXCEL表格做曲线图。实际干物质采食量和产奶量数据采用SPSS19.0软件进行t检验，统计结果以平均数±标准误并标以显著水平表示。蹄病发病率数据采用SPSS19.0进行卡方检验。

2 结果与分析

2.1 TMR温度记录结果

试验期间对照组和试验组TMR温度变化显示，5月、9月、10月试验组和对照组奶牛在9：00、13：00、17：00 TMR的温度变化差异均不显著（表4）；6月9：00、13：00温度变化差异不显著，17：00对照组温度显著高于试验组温度（$P<0.05$）；7、8月9：00温度变化差异不显著，而在13：00、17：00对照组温度显著高于试验组温度（$P<0.05$）。

表4 各试验期试验组和对照组TMR 9：00、13：00、17：00温度变化
Table 4 The treatment groupand control groupof the temperature change of the TMR 9：00, 13：00, 17：00

试验期 Trial period		环境温度 Environment（℃）	对照组温度 Control（℃）	试验组温度 Treatment（℃）	P
5月 May	9：00	16.67 ± 2.93	13.33 ± 3.97	12.94 ± 3.86	0.948
	13：00	21.33 ± 1.89	15.44 ± 4.79	14.94 ± 4.57	0.902
	17：00	17.67 ± 1.61	18.22 ± 6.96	17.83 ± 6.77	0.948
6月 June	9：00	19.67 ± 0.76	17.17 ± 1.44	17.00 ± 1.45	0.897
	13：00	23.83 ± 2.36	20.44 ± 0.82	19.50 ± 1.32	0.353
	17：00	25.50 ± 1.00	22.50 ± 1.80a	18.83 ± 0.89b	0.034
7月 July	9：00	19.67 ± 0.76	22.56 ± 3.52	22.39 ± 3.07	0.955
	13：00	26.83 ± 2.36	25.79 ± 0.12a	22.34 ± 2.14b	0.049
	17：00	25.50 ± 1.00	26.94 ± 2.69a	22.50 ± 0.31b	0.047
8月 August	9：00	21.67 ± 4.62	21.00 ± 0.87	20.80 ± 1.03	0.807
	13：00	28.17 ± 2.89	22.35 ± 0.74a	19.61 ± 1.51b	0.048
	17：00	27.67 ± 0.29	23.75 ± 0.47a	20.69 ± 1.75b	0.043

（续表）

试验期 Trial period		环境温度 Environment（℃）	对照组温度 Control（℃）	试验组温度 Treatment（℃）	P
9月 September	9:00	18.17 ± 0.29	15.50 ± 1.50	15.44 ± 1.77	0.968
	13:00	23.17 ± 2.02	17.24 ± 2.21	17.11 ± 2.53	0.948
	17:00	19.50 ± 0.50	19.56 ± 1.29	19.33 ± 1.48	0.854
10月 October	9:00	14.17 ± 0.29	13.12 ± 3.05	13.06 ± 3.22	0.982
	13:00	17.00 ± 0.87	14.64 ± 3.56	14.61 ± 3.95	0.994
	17:00	11.83 ± 0.29	15.83 ± 3.98	15.83 ± 4.19	0.999

注：同行不同小写字母表示试验组与对照组差异显著（$P<0.05$），无字母表示差异不显著。下同

Note：Values with different lower case letters mean significant difference between control group and treatment group at 0.05 level，and no lower case letters mean no significant difference at 0.05 level.The same below.

2.2 干物质采食量变化规律

5月试验组实际干物质采食量显著高于对照组奶牛的采食量（$P<0.05$）（表5）；6月、7月、8月试验组几显著高于对照组（$P<0.01$）；9月、10月差异不显著（$P>0.05$）。在整个试验周期内，5月试验组奶牛实际干物质采食量显著高于对照组，6月、7月、8月极显著高于对照组，9月、10月相比于对照组差异不显著。

表5 各试验期试验组和对照组干物质采食量
Table 5 The trial groupand control groupof dry matter intake

试验期 Trial period	对照组 Control（kg/head/d）	试验组 Treatment（kg/head/d）	P
5月 May	28.65 ± 0.80b	30.55 ± 0.65a	0.033
6月 June	29.99 ± 0.43B	31.79 ± 0.26A	0.003
7月 July	29.66 ± 0.43B	32.20 ± 0.13A	0.001
8月 August	28.99 ± 0.53B	32.67 ± 0.34A	0.001
9月 September	29.52 ± 0.34	30.48 ± 0.76	0.116
10月 October	27.71 ± 0.39	28.17 ± 0.42	0.234

注：同行不同大写字母表示试验组与对照组差异极显著（$P<0.01$）。下同

Note：Values with different capital letters showed extremely significant between control group and treatment group at 0.01 level. The same below.

2.3 产奶量变化规律

5月试验组和对照组产奶量差异不显著（$P>0.05$）（表6）；6月、7月、8月、9月产奶量试验组极显著高于对照组（$P<0.01$）；10月份产奶量差异不显著。

表6 各试验期试验组和对照组产奶量

Table 6 The trial groupand control groupof milk yield

试验期 Trial period	对照组 Control（kg/head/d）	试验组 Treatment（kg/head/d）	
5月 May	29.92 ± 0.43	30.35 ± 0.10	0.163
6月 June	31.26 ± 0.22B	33.66 ± 0.54A	0.002
7月 July	30.35 ± 0.63B	34.54 ± 0.60A	0.001
8月 August	29.04 ± 0.74B	34.56 ± 0.29A	0.000
9月 September	31.54 ± 0.13A	30.61 ± 0.28B	0.006
10月 October	28.95 ± 0.73	29.28 ± 0.44	0.535

2.4 蹄病发病率分析

试验组奶牛蹄病发病率为9.37%，对照组为10.19%。经卡方检验，2组奶牛蹄病患病率差异不显著（$P>0.05$）。

3 讨论

随着近几年养殖业的快速发展，TMR饲养技术已被广泛采用。由于TMR中含有丰富的蛋白质、脂肪、碳水化合物、无机盐等营养物质[15]，同时，也为微生物的生长、繁殖提供了适宜环境，如真菌孢子在生长和繁殖过程中会消耗TMR中的营养物质，使其干物质含量下降[16]，真菌的大量繁殖会释放出大量的热量，导致TMR的温度明显上升[17]。奶牛采食被真菌毒素污染过的TMR后，可通过食物链（肉、奶）影响人体健康[18]，饲料霉变已成为全球关注的问题，而饲料的安全性将直接影响到动物产品的质量[19]。细菌污染TMR后使其营养成分，如脂肪、动物蛋白质产生腐败[20]，同时也降低了饲料的营养价值[21]。真菌、细菌等腐败菌类的大量繁殖都会导致TMR产生霉变、发热现象，TMR温度的升高，降低了TMR新鲜度，导致奶牛不愿采食，营养水平下降，健康状况受到影响，蹄病发病率相应升高，进而影响奶牛生产性能和健康状况。因此，如何有效解决TMR发热变质问题，提高牛群的采食量和改善牛群的营养水平已显得十分重要。

本研究通过向荷斯坦奶牛TMR中添加0.028kg/头/d牛至精油，结果表明，在北方夏季高温天气下，当环境温度在（25.50 ± 1.00）℃范围变化时，添加牛至精油可以显著降低TMR温度（$P<0.05$）；当环境温度在（28.17 ± 2.89）℃范围变化时，可以显著降低TMR温度（$P<0.05$）。这主要是因为牛至精油抑制了会造成TMR发热、变质的真菌、细菌和大肠菌群等有害微生物的生长，保持了TMR原有的新鲜度。杨昭等[13]已验证了含有的酚类物质且具有抗菌效果的牛至精油，尤其对真菌、细菌、大肠菌群等能引起家畜疾病的有害微生物有显著抑制作用（$P<0.05$），可有效降低TMR温度，付春丽，刘文静和高腾云也已通过研究报道了真菌侵染含有青贮饲料的TMR，其会分泌多种酶分解饲料养分供其生长繁殖，造成青贮饲料释放出大量热量，导致TMR发热、腐败[19]，新鲜度和适口性降低，奶牛不愿采食。

另一方面，本研究还发现在北方夏季高温天气下，荷斯坦奶牛食用添加牛至精油的TMR，会提高牛群的干物质采食量和产奶量。6月17：00，环境温度在（25.50 ± 1.00）℃范围；7月13：00和17：00，环境温度分别在（26.83 ± 2.36）℃和（28.17 ± 2.89）℃范围；8月13：00和17：00，环境温度分别在（25.50±1.00）℃和（27.67±0.29）℃范围时，可极显著提高牛群采食量（$P<0.01$），极显著提高产奶量（$P<0.01$）。研究表明奶牛的采食量常随气温的变化而改变，气温的变化又与TMR日粮的温度呈显著正相关，奶牛适宜采食的温度范围为5~25℃；当环境温度达到27℃时，TMR饲料温度也相应升高，表现出过度发酵、腐败变质，适口性下降，奶牛不愿采食，奶牛采食量明显下降，产奶量只有10℃时的75%；当环境温度达到30℃时，产奶量只有10℃时的69%，高温是影响奶牛采食量和产奶量下降的直接原因[22]。如何有效解决北方夏季气温过高造成奶牛采食量下降，产奶量降低，已十分必要。

综上，本研究通过向TMR中添加牛至精油，有效降低了TMR温度，改善了新鲜度，提高了适口性，使得奶牛即使在高温天气下也更愿意采食，同时，在TMR中添加牛至精油提高了牛群干物质采食量，增加了产奶量，为北方夏季高温天气环境饲养荷斯坦奶牛过程中易出现的TMR发热变质和由其所导致的牛群采食量降低、产奶量下降问题提出可行的建议。

参考文献

[1] 王金荣. 牛至油的研究进展及其在养殖业中的应用[J]. 饲料博览，2007（11）：19-21.
[2] 周俊逸，史合群. 新型的植物抗生素—牛至油[J]. 广东饲料，2003，12（4）：32-33.
[3] Ayala R S, De Castro M D L. Continuous subcritical water extraction as a useful tool for isolation of edible essential oils[J]. Food Chemistry, 2001, 75（1）: 109-113.
[4] Bendini A, Toschi T G, Lercker G. Antioxidant activity of oregano (*Origanum vulgare* L.) leaves[J]. Italian Journal of food science, 2002, 14（1）: 17-24.
[5] Rhayour K, Bouchikh T, Tantaoui-Elara A. The mechanism of bactericidal action of oregano and clove essential oils and of their phenolic major components on escherichia coli and bacillus subtilis[J]. Journal of Essential Oil Research, 2003, 15（5）: 356-362.
[6] 林清华，刘波，徐有为. 牛至挥发油对肠炎常见菌体外抗菌作用[J]. 应用与环境生物学报，1997，3（1）：76-78.
[7] 林清华，杨清平，李常健，李雁，刘焱文. 致肠炎常见菌对牛至浸膏的敏感性试验[J]. 氨基酸和生物资源，1999，21（02）：30-32.
[8] Nakatani N. Phenolicantioxidantsfromherbsandspices[J]. BioFactors, 2000, 13: 141-146.
[9] 邱楚武. 牛至油在仔猪饲料中的应用试验[J]. 粮食与饲料工业，2003（7）：32-32.
[10] 陈会良，顾有方，应小强，杨静. 牛至油对奶牛产奶性能和抗氧化功能影响的研究[J]. 粮食与饲料工业，2005（5）：42-43.
[11] 杨云贵，张越利，杜欣，刘桂要，曹社会. 2种玉米青贮饲料青贮过程中主要微生物的变化规律研究[J]. 畜牧兽医学报，2012，43（3）：398-400.
[12] Gabriella A, Varga, Ryan S. Protein and energy needs of the transition cow[J]. Journal of Dairy Science, 2001, 13: 29-40.
[13] 杨昭，刘婷，吴建平，雷赵民，万学瑞，何冰. TMR中添加牛至精油抑菌作用的研究[J]. 中国农学通报，2015，31（14）：8-13.
[14] 程郁昕，李小满，任晓塑，陆青玲，丁建华. 奶牛腐蹄病的分析与防治[J]. 中国牛业科学，2006，32（6）：15-17.
[15] 余海波. TMR的优势及应用[J]. 广东饲料，2014，23（8）：42-44.
[16] 刘汉武，金曙光. 真菌对饲料安全性的影响与检测[J]. 畜牧与饲料科学，2010，31（3）：43-48.
[17] 姜建宏，张兴隆. 全混合日粮（TMR）专用稳定剂的研究与应用[A]. 中国奶业协会年会论文集[C]. 2009（上册）.

[18] CAST. Mycotoxins: Economic and health risks[R]. Council for Agricultural Science and Tednology, 1989: 1-91.
[19] 付春丽, 刘文静, 高腾云. 真菌毒素对奶牛的影响及其控制措施[J]. 草业科学, 2015, 32 (09): 1 500-1 507.
[20] 徐廷生, 雷雪芹, 樊天龙. 饲料细菌污染及其防治对策[J]. 中国饲料, 2000 (19): 27-28.
[21] 于炎湖. 饲料安全性问题 (7) 细菌和病毒污染饲料的危害及其控制措施[J]. 养殖与饲料, 2003 (5): 6-7.
[22] 周娟. 高温影响奶牛产奶量的机制及应对措施[J]. 河南畜牧兽医, 2007, 28 (07S): 18-19.

祁连山牧区四季草地合理利用技术研究

李成[1]，吴建平[2]，张利平[2]，宫旭胤[2,3]，刘婷[2]

（1.甘肃农业大学草业学院，甘肃兰州 730070；2.甘肃省农业大学动物与科学技术学院；3.甘肃省农科院畜草与绿色农业研究所，甘肃兰州 730070）

摘　要：通过对祁连山牧区四季草地的合理利用，在降低夏草场再续量的同时合理利用闲置的冬草场，实现四季牧场的季节性草畜平衡。在夏季将部分细毛羊羔羊转移至冬草场，后监测转场后各草场的情况以及羔羊和母羊体重指标变化情况，并计算不同草场载畜量及牧户经济效益，（结果）结果表明：降低夏草场载畜量后，可分别提高夏草场和冬草场鲜草产量18.5kg/hm^{2}和3.5kg/hm^2，由于试验组羔羊转移至冬草场后被强制断奶，试验组母羊一个月的平均日增重达到215g，极显著高于对照组组母羊（$P<0.01$）；同时，提高牧户纯收入940元。

关键词：祁连山；四季牧场；合理利用；载畜量

Technical research for rational utilization on four-season pastures in Qilian mountain grazing area

Li Cheng[1], Wu Jian ping[2], Zhang Li ping[2], Gong Xu yin[2,3], Liu Ting[2]

（1. College of Pratacltural Science, Gansu Agricultural University, Lanzhou, Gansu Province, 730070, China; 2. College of Animal Science and Technology, Gansu Agricultural University, Lanzhou, Gansu Province, 730070, China; 3. Gansu Provincial Agricultural Academy, Lanzhou, Gansu Province, 730070, China）

基金项目：牧区极端气候条件牛羊应急在专用饲料的开发与示范（201303062）；祁连山牧区草地畜牧业生产体系优化模式研究（1104WCGA191）；绒毛用羊产业技术体系放牧生态岗位科学家（CARS-40-09B）；ACIAR项目（AS2/2001/094）；北方荒漠草原畜营养平衡技术研究（200903060）资助

作者简介：李成（1989—），男，山西榆次人，在读硕士，主要从事家畜生产体系和草地放牧生态体系的研究工作　　E-mail: 597138450@qq.com

宫旭胤为通讯作者。

Abstract: By the means of rational utilization on four-season pastures in Qilian pastoral area, the carrying capacity was reduced, meanwhile the idle winter pastures were used rationally in order to achieve the seasonal feed balance on four-season pastures. Parts of the fine-wool sheep were transferred to the winter pastures during summer time, the pasture condition on both winter and summer pastures and the change of the indicator like body weights of lambs and ewes were determined after transition, and the carrying capacities on different pastures and the economic benefits of herders were also calculated. (Result) Results showed that the biomasses of summer and winter pastures were increased by 18.5 kg/ha and 3.5 kg/ha, respectively. Because the lambs in experimental group were weaned by force after they were transferred to the winter pastures, the averaged-daily-gain of the ewes was 215g in a month and was significantly higher compared to the number of contrast ewes. The net income of herders were increased by 940 RMB.

Key words: QilianMountain; Four-season Pasture; Rational Utilization; Carrying Capacity

我国有3.928亿hm^{2}不同类型的草地，其中90%以上处于不同程度退化之中，现平均产草量与上世纪60年相比降低了30%~60%，草地虫鼠害日趋严重，生态环境逐步恶化[1, 2]。研究表明，超载过牧是草原退化的最主要因素[3]。从2006年开始，我国政府实施了禁牧、休牧等保护和恢复草地生态的政策，但迄今为止，草地生态环境"局部治理，全局恶化"的趋势尚未得到有效遏制[4]。

新中国成立以来，特别是自1982年以来，我国草地的利用、建设、管理都有了很大的进展。我国颁布了《草原法》；各省区建立了牧草种子生产检测、飞播牧草和人工种草的技术管理、草地鼠虫害防治、草地科研和技术推广、草地自然保护区等体系[5]。全国通过试验创办了一批草地开发、草地牧业综合发展项目，运用系统工程的理论和方法指导并发展了适合我国国情的草地畜牧业基地，并且在全国重点牧区开展了防灾基地建设，逐步改变了靠天养畜的局面；草地自然保护区事业的兴起，促进了对我国草地资源的保护和合理利用[6]。我国关于草地资源合理利用的研究有很多，赵萌莉[7]对内蒙古草地资源合理利用进行了研究，发展生态畜牧业；走畜草平衡、增草增畜的道路等，加强草原管理，合理利用草地资源，建立"效益型畜牧业"的经济体制。朱桂林[8]对内蒙古自治区自治区进行了天然草地合理利用的判别模型研究，在短花针茅荒漠草原群落，实地观测研究了建群种短花针茅、优势种无芒隐子草和碱韭的枝条密度、单枝重及株丛枝条数目对不同放牧制度的响应，初步建立了草地合理利用的判别模型。不同放牧制度下植物的枝条密度、单枝重存在差异，轮牧区植物的单枝重高于自由放牧区，枝条生长也较优越。株丛单枝重与枝条数目之间负相关，单枝重随枝条数目的增加最终出现负增长。张立运[9]对天山高寒草地进行研究，探究了其合理利用的方式，因地制宜的增加夏牧场载畜量；提高冷季载畜量，充分利用夏场；加强高山牧区基本建设；增加部分适应性强的家畜等。刘金荣[10]对祁连山高寒草地进行畜牧业可持续发展的研究，得出应建立科学合理利用草地的制度，搞好饲草饲料建设等方式对当地草地合理利用。

祁连山地区的牧户在长期的生产实践过程中同样认识到生态保护的重要性，其所总结采用的四季草场利用也是轮牧的一种方式，对于草地恢复起到了积极的作用。但是其所使用轮牧方式也有一定的不足之处，四季草场的划分及利用等更多的是根据天气、气候等因素，这也就造成了季节草场的草畜不平衡，如何根据家畜的营养需求，制定合理的草原利用方式，是实现季节性草畜平衡的前提。本文主要是通过对产羔后将母畜和羊羔进行草场的合理分配，对母畜产羔后体况的恢复，草场产草量的增加，提高当地牧民的经济效益有重要意义。

1 材料和方法

1.1 试验地基本情况

本研究在甘肃省祁连山北麓的肃南裕固族自治县康乐乡,该地地处河西走廊,属高原亚寒带亚干旱气候[11],年平均气温4℃,平均降水量350mm,主要集中在6—9月,蒸发量1 500~1 800mm,年日照时数约2 200h,相对无霜期80~110d,天然草原属山地草原类坡地针茅草原组[12],根据草地的放牧与利用时间将放牧草地分为:春秋草场、夏草场及冬草场。甘肃高山细毛羊是当地的主要饲养畜种,细毛羊生产节律见表1,各草场草地类型及利用时间见表2[13]。

表1 甘肃高山细毛羊生产节律

Table 1 Gansu fine wool sheep production rhythms altitude

	配种	产羔	剪毛	断奶	出栏
时间	11月20日至12月20日	3—4月	7月1—20日	自然断奶	9月20日至10月15日

表2 草原利用类型及利用时间

Table 2 Grassland types and utilization time

	冬草场	春秋草场(春)	夏草场	春秋草场(秋)
放牧时间	10月下旬至翌年5月下旬	05月下旬至翌年6月上旬	06月上旬至翌年8月下旬	08月下旬至翌年10月下旬
天数(d)	213	20	71	61
海拔(m)	2 000~2 500	2 800~3 200	3 400~3 800	2 800~3 200
草原类型	山地草原	高山草甸草原	高寒草甸草原	高山草甸草原
优势种	蒿草、针茅 Kobresia Willd、Stipa capillata	蒿草、针茅 Kobresia Willd、Stipa capillata	蒿草、山生柳、锦鸡儿 Kobresia Willd、Ix oritrepha、Caragana sinica	蒿草、针茅 Kobresia Willd、Stipa capillata

在现有的生产体系下,6月中旬至10月是草地快速生长期,可以满足绵羊维持生长需求[14]。但这一阶段母羊已不再补饲,与4—5月出生的羔羊一起进入夏草场,这造成了夏草场载畜量最高的事实。而且夏草场的海拔较高,如果载畜量继续保持甚至超过现在的水平,生态环境将进一步恶化[15]。7—8月冬草场草势生长良好,如能在此时对冬草场和夏草场进行合理的轮牧,对于降低夏草场载畜量,提高冬草场利用率具有积极作用[16]。

1.2 试验设计

试验于2014年7月5日开始,8月25日结束,试验期共50d。

结合牧区实际情况,按照体重、体况评分相近的原则,选择2户典型牧户,每户(表3)4月下旬至5月初产的健康羔羊100只,分为两组,每组50只,对照组按照传统饲养模式跟随母羊进夏草场,自由放牧,试验组强制断奶后,进冬草场放牧,并辅以少量补饲,补饲饲料使用兰州正大公司生产的正大仔猪宝30kg前使用的配合饲料,营养成分如表4所示。

表3 典型牧户基本情况
Table 3 The information of the typical farm

母羊			羔羊	草场面积/hm²		
存栏量/只	体重（kg）	产毛量（kg）	出栏重（kg）	夏草场	春秋草	冬草场
100	43±5.50	3.2±0.70	30±3.62	36	32	43

表4 补饲饲料营养成分
Table 4 Supplementary feeding nutritional components

粗蛋白质	粗纤维	粗灰分	钙	总磷	食盐	水分
≥19.0%	≤5.0%	≤7.0%	0.5%	≥0.50%	0.3%~1.0%	≤13.0%
赖氨酸≥1.15%				植酸酶500FTU/kg		

1.3 测定项目

1.3.1 草场盖度及产草量的测定

随机选取1m²草场作为一个样方，选取10个样方，使用针刺法对草地盖度进行测量[17]，并齐地刈割，称鲜重，在70°下烘干48h后称干重。

1.3.2 羊只体重测定

利用上海有声公司制造的简易可拆卸围栏的小型地磅秤对羔羊初生重、转场前体重及其出栏重和母羊转场前后的体重进行称量。

1.3.3 草地载畜量计算

根据公式计算不同草场载畜量及牧户经济效益，根据《天然草地合理载畜量的计算》[18]，草地利用率为55%。

$$草地载畜量（羊单位）= \frac{草地可利用面积（hm^2）\times 利用时期草地单产（kg/hm^2）\times 利用率（\%）}{放牧天数（d）\times 羊单位日食量（kg/h·d）}$$

1.4 数据分析

试验数据在Excel中进行初步计算整理，采用SPSS 14.0进行统计分析[19]。

2 结果与分析

2.1 不同草场利用方式对草场的影响

不同草场利用方式下草场的盖度及鲜草产量测定结果表明（表5），在降低了夏草场的载畜量后，翌年试验组夏草场和冬草场的鲜草产量分别提高了18.5kg/hm²和3.5kg/hm²，植被盖度提高了1%，同时理论载畜量提高了2只，而按照传统方式放牧后，第二年对照组的夏草场和冬草场鲜草产量分别降低44kg/hm²和3.5kg/hm²，同时，植被盖度和理论载畜量也有所下降。翌年试验组夏草场和冬草场的鲜草产量显著高于对照组，分别高出21kg/hm²和7kg/hm²（$P<0.05$）。

表5 草地恢复情况变化

Table 5 The conditions of grassland recovery

	试验组				对照组			
	夏草场		冬草场		夏草场		冬草场	
时间	2013	2014	2013	2014	2013	2014	2013	2014
理论载畜量（只）	124	126	88	88	124	122	88	88
实际载畜量（只）	150	125	0	25	150	150	150	150
超载率	20.9%	0%	0%	0%	20.9%	22.9%	150%	150%
鲜产草量（kg/hm²）	635b ± 6.63	649a ± 4.79	604.5de ± 4.25	608d ± 3.63	635b ± 6.63	628c ± 4.24	604.5de ± 4.25	601e ± 3.89
盖度（%）	80 ± 0.93	81 ± 2.30	80 ± 2.42	81 ± 1.61	80 ± 0.93	78.5 ± 1.61	80 ± 2.42	79 ± 1.44

注：同行数字上标字母相同表示差异不显著（$P>0.05$），上标小写字母不同表示差异显著（$P<0.05$），大写字母不同表示差异极显著（$P<0.01$）

Note: Column of figures with the same superscript letters indicates no significant difference（$P>0.05$），different showed significant difference（$P<0.05$），different lowercase letters showed extremely significant difference（$P<0.01$）

2.2 不同草场利用方式对羔羊生产性能的影响

不同草场利用方式下羔羊的生长发育测定结果表明（表6），试验组羔羊日增重为125g，显著低于对照组羔羊（$P<0.05$）。观察发现是因为冬草场海拔较低，平均日温比夏草场高6℃，使羔羊产生了热应激，羊机体产热增加，维持需要提高，饲料报酬降低，生产力也受到不同程度的影响。同时，高温使采食量也下降，在试验初期，试验组羔羊每天仅在6：00之前及17：00之后采食，其余时间卧息，导致了生长发育的不理想。试验中期为羔羊搭建了遮阴网，羔羊采食情况有所好转。

表6 羔羊生长发育变化

Table 6 The conditions of lamb growth

组别	数量（只）	初生重（kg）	平均转场前体重（kg）	平均出栏体重（kg）	体重变化（kg）	平均日增重（g）
试验组	50	3.28 ± 0.56	19.65 ± 2.48	25.89 ± 3.32	6.24	125
对照组	50	3.12 ± 0.52	19.50 ± 2.67	26.61 ± 2.90	7.11	142*

注：同列数字上标为*表示差异显著（$P<0.05$），上标为**表示差异极显著（$P<0.01$）），无*表示差异不显著（$P>0.05$）

Note: The same column figures marked * mean significant difference at 0.05 level, marked ** mean significant difference at 0.01 level, no * indicates no significant difference at 0.05 level

2.3 不同草场利用方式对母羊生产性能的影响

不同草场利用方式下母羊的生长发育测定结果表明（表7），2014年在向夏草场转场前两组母羊体重差异不显著的前提下，试验组母羊转出夏草场后平均体重为45.63kg，显著高于对照组母羊

（$P<0.05$），平均日增重为215g，极显著高于试验组母羊（$P<0.01$）。母羊体况恢复明显，有利于下一阶段的生长繁育。

表7 母羊体重变化
Table 7 The conditions of ewe growth

组别	平均转场前体重（kg）	平均转场后体重（kg）	平均日增重（g）
试验组	34.88 ± 4.42	45.63 ± 4.55*	215**
对照组	35.42 ± 5.02	41.86 ± 3.02	128.8

注：同列数字上标为*表示差异显著（$P<0.05$），上标为**表示差异极显著（$P<0.01$），无*表示差异不显著（$P>0.05$）

Note: The same column figures marked * mean significant difference at 0.05 level, marked ** mean significant difference at 0.01 level, no * indicates no significant difference at 0.05 level.

2.4 不同草场利用方式对牧户经济效益

细毛羊养殖牧户收入由出售母羊、羔羊及羊毛三部分组成，根据当地牧户生产节律，一般在7月初剪毛后进行转场，因此，剪毛收入及母羊繁殖力提高等潜在收益均不计算。在此前提下分析不同利用方式下牧户经济收入的变化，结果表明，夏季将羔羊转入冬草场利用50d后，牧户纯收入为14 490元，较对照组高940元（表8）。

表8 经济效益
Table 8 conomic benefits

组别	体重变化		毛收入（元/只）	饲料成本（元/只）	纯收入（元）
	母羊（kg）	羔羊（kg）			
试验组	10.75	6.24	339.80	50.00	14 490*
对照组	6.44	7.11	271.00	0.00	13 550

注：经济效益分析中体重变化均以20元/kg计算，同列数字上标为*表示差异显著（$P<0.05$），上标为**表示差异极显著（$P<0.01$），无*表示差异不显著（$P>0.05$）

Note: Weight change in the economic benefit analysis are calculated with 20 yuan/kg. The same column figures marked * mean significant difference at 0.05 level, marked ** mean significant difference at 0.01 level, no * indicates no significant difference at 0.05 level.

3 讨论与结论

很多研究结果均表明超载过牧是造成草地退化的主要原因，那么毫无疑问降低载畜量是恢复草地生态，实现草畜平衡的前提。本文通在夏季时对牧户闲置的冬草场的短期利用，在降低了夏草场载畜量的同时对牧户冬草场进行适度的利用。通过试验表明，此种草场利用方式提高了母畜转场后的平均体重，试验组母羊转场后平均体重为45.63kg，显著高于对照组母羊；但试验组羔羊日增重显著低于对照组，这主要是由羔羊产生了热应激反应。热应激对反刍动物采食行为的影响在很多研究中也均有提到，本研究中因为热应激导致羔羊采食行为异常，在试验初期羔羊生产能力有所下降，在后期的生产实践中发现，可以通过搭建遮阴网，凉棚等方式减少天气因素对于羔羊采食行为的影响，增加其采食量，这在以后的生产中可以同步采用[20]。

通过此种放牧方式对草场的恢复也起到了一定的作用，使夏草场的鲜草产量和植被盖度都有所提高，冬草场的草地也得到一定程度的恢复，翌年试验组夏草场和冬草场的鲜草产量显著高于对照组，分别高出21kg/hm^{2}和7kg/hm^2，这和一些研究中提出的"适度利用有利于草场恢复"的结果相符[21, 22, 23]。但草地恢复是一个长期的过程，分析草地恢复情况所需要的指标也应该包括草地草产量、植被盖度、草地群落组成、优势种等。本文仅短期内从草地草产量和植被盖度方面统计，如果长期对牧户冬草场进行适度利用和降低夏草场的载畜量，将会对草地群落组成、优势种等草地恢复情况指标起到积极的作用。

在我国大多数牧区包括祁连山牧区，一般都采取自然断奶的饲养方式。羔羊断奶月龄多在4~5月龄。断奶时间晚，导致母羊泌乳素分泌水平较高，抑制雌性激素的分泌，从而推迟母羊的发情期，造成母羊发情配种时间较晚，同时，母羊哺乳期的延长，造成体力无法提前恢复，延长了配种周期，降低了母羊繁殖力。从生理学角度而言，母羊在分娩后2~3周产奶量达到最大，其后产奶量迅速下降。2月龄时母乳已经无法满足羊羔的生长发育的需求[24]，青草的生长和适当的补饲是肥羔生产的合理途径。因此，本文将2月龄羔羊和母羊放置于不同的草场进行强制断奶，并对羊羔进行补饲。此种方式既能提高羔羊的生产性能，还能恢复母羊体况和提高母羊繁殖力，对提高牧户的经济效益有积极的作用。

本研究中仅以典型牧户饲养量的25%作为研究对象，因此对于载畜量的降低以及草地恢复情况的影响效果有限，但如果样本量过大，则可能造成冬草场的过度利用，不利于细毛羊在冷季采食。因此，根据四季草场面积、能量供应等要素确实合理的载畜量和利用时间，才能够在最大程度上实现四季草场的合理利用和草地畜牧业的可持续发展。

参考文献

［1］ 刘黎明，张凤荣.2000—2050年中国草地资源综合生产能力预测分析[J].草业学报，2002，11（1）：76-83.
［2］ 张芮嘉，龙建，蒋伟，等.若尔盖地区草地沙化特征研究[J].草原与草坪，2012，32（4）：39-43.
［3］ 贾幼陵.草原退化原因分析和草原保护长效机制的建立[J].中国草地学报，2011.
［4］ 王建兵，张德罡，田青.自然和人为因素对牧业发展的影响及对策——以永昌县新城子镇马营沟村为例[J].草原与草坪，2013（1）：54-58.
［5］ 龙瑞军，董世魁，胡自治.西部草地退化的原因分析与生态恢复措施探讨[J].草原与草坪，2005，6（3）：7.
［6］ 雷明刚.我国草地现状及其合理利用[J].江西畜牧兽医杂志，1997，4：023.
［7］ 柳海鹰，成文连.草原管理与草地畜牧业可持续发展对策[J].草原与草坪，2002（4）：21-23.
［8］ 朱桂林，卫智军，韩国栋，等.天然草地合理利用的判别模型研究[J].生态学报，2004，24（3）：464-468.
［9］ 张立运，道来提.天山高寒草地特点及合理利用[J].干旱区研究，1999，16（3）：33-40.
［10］ 刘金荣，谢晓蓉.祁连山高寒草地特点及可持续发展利用对策[J].草原与草坪，2002（2）：15-18.
［11］ 肃南裕固族自治县牧业区划办公室.甘肃省肃南裕固族自治县牧业区划报告汇编[G].1986，179-187.
［12］ 宫旭胤，吴建平，张利平，等.饲养模式对绵羊冷季生产效益的影响[J].草业科学，2011，28（1）：141-145.
［13］ 杨博，吴建平，杨联.中国北方草原草畜代谢能平衡分析与对策研究[J].草业学报，2012，21（2）：187-195.
［14］ 马志愤.草畜平衡与家畜生产体系优化模型建立与实例分析[D].甘肃农业大学硕士研究生论文，2008.
［15］ 宫旭胤.草畜平衡和精准管理模型在肃南县绵羊生产中的应用研究[D].甘肃农业大学硕士研究生论文，2010.
［16］ Молдабеква К М，丁永齐，张普全.蒿属放牧地合理利用的生物学基础[J].草原与草坪，1992，4：007.

[17] 陈建纲. 植被研究方法之——针刺法简介[J]. 青海草业，1996，1.

[18] 苏大学，孟有达，武保国. 天然草地合理载畜量的计算[J]. 中华人民共和国农业行业标准（NY/T635—2002），2002，1.

[19] 余建英，何旭宏. 数据统计分析与SPSS应用[M]. 北京：人民邮电出版社，2003.

[20] 杜卫佳，张英杰，李发弟. 羊热应激及营养调控[C]. 中国畜牧兽医学会养羊学分会2012年全国养羊生产与学术研讨会议论文集. 2012.

[21] 刘士义，马东，王祥云，等. 季节性休牧是解决生态保护草场利用矛盾的有效途径[J]. 2010中国羊业进展，2010.

[22] 包根晓，宝勒德，图雅，等. 关于封育区内鼠害及放牧利用对梭梭林影响状况的调研报告[J]. 内蒙古草业，2006，18（2）：52-54.

[23] 程中秋. 半荒漠地区人工封育草场植被恢复研究[D]. 北京林业大学，2012.

[24] 王金文. 绵羊肥羔生产[M]. 北京：中国农业大学出版社，2008.

PMSG对甘肃高山细毛羊同期发情和繁殖率的影响

李成[1]，张利平[1]，吴建平[1]，宫旭胤[2]，刘婷[1]，童建伟[3]

（1.甘肃农业大学，甘肃兰州　730070；2.甘肃省农科院畜草与绿色农业研究所，甘肃兰州　730070；3.甘肃省张掖市平山湖乡畜牧站，甘肃张掖　734099）

摘　要：在甘肃省肃南县康乐乡对甘肃高山细毛羊应用阴道栓与PMSG（孕马血清促性腺激素）结合处理效果表明，不同注射剂量和处理方式对母羊的同期发情和繁殖率均有影响，在埋栓后12.5d注射550IUPMSG并在第14天撤除阴道栓后的0~48h发情率显著高于其他试验组（$P<0.05$）；在埋栓后第13天注射600IU孕马血清同时撤除阴道栓的试验组繁殖率最高（$P<0.05$）。但综合繁殖率和经济效益考虑，在埋栓后间隔12.5天注射550IU孕马血清并在第14d撤除阴道栓0~48h的试验组效果最好，平均每只母羊净收入可达773.7元。

关键词：孕马血清；甘肃高山细毛羊；繁殖率；发情率

Effects of PMSG on Estrus Synchronization and Reproductive rate of Gansu Alpine Fine-wool Sheep

Li Cheng[1], Zhang Li ping[1], Wu Jian ping[1], Gong Xu yin[2], Liu Ting[1], Tong Jian wei[3]

（1. College of Animal Science and Technology，Gansu Agricultural University，Lanzhou，Gansu Province，730070，China；2. Gansu Provincial Agricultural Academy，Lanzhou，Gansu Province，730070，China；3. Animal husbandry Bureau of Pingshanhu，Zhangye，Gansu Province，734400，China）

基金项目：绒毛用羊产业技术体系放牧生态岗位科学家（CARS-40-09B）；ACIAR项目（AS2/2001/094）；祁连山牧区草地畜牧业生产体系优化模式研究（1104WCGA191）；甘肃牧区生态高效草原牧养技术模式研究与示范（201003061）资助

第一作者：李成（1989—），男，山西榆次人，在读硕士，主要从事家畜资源优化与配置等研究597138450@qq.com

通信作者：吴建平，E-mail：wujp@gsau.edu.cn

Abstract: CIDR and PMSG were combined to treat the Gansu Alpine-Fine-wool Sheep in Kangle, Sunan County, Gansu province, and the results show that the rate of both estrus synchronization and reproduction of reproductive ewes were affected. The treatment, which injecting 550IU PMSG after 12.5 days of using CIDRs and removing them in the 14th day, showed a significant higher estrus rate in 48 hours than other treatments ($P<0.05$). The other treatment, which injecting 600IU PMSG after 13 days of using CIDRs and removing them at the same time, showed a highest reproductive rate ($P<0.05$). While taking reproductive rate and economic benefit into consideration, the former treatment could bring the best result, with the average net income of per ewe reaching RMB773.7.

Key words: PMSG; Gansu alpine fine-wool sheep; Reproductive rate; Estrus rate

孕马血清促性腺激素，即PMSG（Pregnant Mare Serum Gonadotropin），是在怀孕母马血清中提取的一种激素，兼有卵泡刺激素（Follicle-stimulating hormone，FSH）和促黄体素（Luteinizing hormone，LH）2种活性，有着明显的促卵泡发育作用，同时，有一定的促排卵和黄体形成的功能[1]。在现代畜牧业生产中，被广泛应用于家畜繁殖如催情、同期发情、超数排卵等技术中。在生产实践中通常与CIDR栓或PG配合使用。

自20世纪70年代类固醇激素被应用于提高绵羊产羔率的研究后，仅10年时间，澳大利亚就研制出提高母羊排卵率的免疫商品-Fecundin，并在生产实践中获得了18%~25%的双羔率[2]。PMSG促性腺激素属于类固醇激素的一种，国内近年来开展了很多利用活体免疫技术来提高羊只繁殖效率的研究：董文成等应用羊用孕酮栓、孕马血清促性腺激素和氯前烯醇相结合的方法对小尾寒羊进行处理，在48h内同期发情率为89.9%[3]。李俊杰等利用孕酮栓+PMSG+PG法对河北省承德、唐山、衡水、邢台、邯郸5个地区的本地山羊、小尾寒羊进行处理，其0~72h同期发情率分别为96.3%和80.5%[4]。王平福等运用孕酮栓+PMSG+HCG法对细毛羊进行同期发情处理，同期发情率达到92%[5]。田树军等运用孕马血清对小尾寒羊进行免疫处理，注射量为250IU/只的同期发情率为90%[6]。张永刚等运用孕马血清对受体羊进行处理，同期化程度高达89.33%[7]。田宁宁等运用孕马血清，对波杂母羊处理，注射量为8IU/kg时发情母羊的受胎率最好达到68.75%[8]。王尚宽等应用孕马血清（PMSG），分3组对东北细毛羊进行免疫处理，分别注射1 200IU、1 000IU、800IU，平均提高产羔率至182.6%[9]。李桂香对青海高原型藏羊运用孕马血清进行免疫处理，14d撤栓同时肌肉注射400~500IU孕马血清（PMSG），同期发情率达到81.3%，产羔率和成活率达到91.9%和89%[10]。乃比江等运用双胎素对中国美利奴绵羊进行处理，注射两次每次1mL，产羔率可达120.27%，每只母羊净收入可达138.35元[11]。

甘肃高山细毛羊是以新疆细毛羊和高加索细毛羊为父本、以当地藏羊和蒙古羊为母本，经过杂交改良（1943—1957年）、横交固定（1958—1965年）和选育提高（1966—1980）3个阶段培育而成的我国第一个适应高寒牧区生态环境的毛肉兼用细毛羊品种[12]。放牧条件下孕马血清对高山细毛羊产羔率影响的研究较少，并且当地牧民经济收入主要来源于出售羊羔的收入，所以，本研究对提高甘肃高山细毛羊生产力及牧民经济收入有重要意义。

1 材料与方法

1.1 试验材料

1.1.1 试验区域情况

本研究试验区域位于祁连山北麓的甘肃省肃南县裕固族自治县康乐草原，地理位置处于东经90°20′~102°13′，北纬37°28′~39°49′，地形狭长，东西长650km，南北宽120~200km，海拔

1 327～5 564m，相对高差4 327m，是蒙新大陆性气候区与青藏高原气候区的交接带，冬春季长且寒冷，夏秋季短且凉爽。据肃南国家气象局观测站1975—2006年所测数据，该地区年平均气温在4℃左右，平均降水量350mm，降水主要集中在6—9月，蒸发量在1 500～1 800mm，年日照时数约2 200h，相对无霜期80～110d，土壤为山地栗钙土，天然草原属山地草原类，坡地针茅草原组[13]。

1.1.2 试验区域典型牧户饲养生产节律

肃南康乐乡典型牧户甘肃高山细毛羊饲养生产节律及主要生产环节时间如表1的所示。

表1 典型牧户生产节律
Table 1 Production rhythm of typical farm

生产节律 Production rhythm	配种 Mating	产羔 Lambing	剪毛 Shearing	断奶 Weaning	出栏 Sale	补饲 Supplement
月份 Month	11—12	3—4	7	9—10	9—10	3—5

1.1.3 试验动物

选择90只具有正常繁殖能力、体质健康、膘情良好、年龄3～4岁的经产甘肃高山细毛母羊为试验动物。

1.1.4 免疫药品

孕马血清（PMSG）为新西兰ICPbio公司生产。阴道栓（CIDR）为新西兰Pfizer Animal Health公司产EAZI-BREED-CIDR，20个/袋。

1.2 试验方法

1.2.1 注射剂量及处理方式

将试验用羊随机分为3组，每组30只，进行PMSG的注射，3户的注射剂量分别为500IU、550IU和600IU，在此基础上，每户细毛羊分为3个试验组，共九组。试验一、试验四和试验七组在埋栓后第12天注射孕马血清同时撤除阴道栓，试验二、试验五和试验八组在埋栓后间第12.5天注射孕马血清并在第14天撤除阴道栓，试验三、试验六和试验九组在埋栓后第13天注射孕马血清同时撤除阴道栓（表2）。

表2 试验设计及处理方法
Table 2 experimental study design and processing method

试验组别 Test groups	注射剂量 Dose	处理方式Treatments				
		第0天 0 days	第12天 12 days	第12d半 12 and a half days	第13天 13 days	第14天 14 days
试验组一 Test group 1		放栓 Putting CIDR	注射+撤栓 Injection and remove CIDR	/	/	/
试验组二 Test group 2	500IU	放栓 Putting CIDR	/	注射 Injection PMSG	/	撤栓 Remove CIDR
试验组三 Test group 3		放栓 Putting CIDR	/	/	注射+撤栓 Injection and remove CIDR	/

（续表）

试验组别 Test groups	注射剂量 Dose	处理方式 Treatments				
		第0天 0 days	第12天 12 days	第12d半 12 and a half days	第13天 13 days	第14天 14 days
试验组四 Test group 4		放栓 Putting CIDR	注射+撤栓 Injection and remove CIDR	/	/	/
试验组五 Test group 5	550IU	放栓 Putting CIDR	/	注射 Injection PMSG	/	撤栓 Remove CIDR
试验组六 Test group 6		放栓 Putting CIDR	/	/	注射+撤栓 Injection and remove CIDR	/
试验组七 Test group 7		放栓 Putting CIDR	注射+撤栓 Injection and remove CIDR	/	/	/
试验组八 Test group 8	600IU	放栓 Putting CIDR	/	注射 Injection PMSG	/	撤栓 Remove CIDR
试验组九 Test group 9		放栓 Putting CIDR	/	/	注射+撤栓 Injection and remove CIDR	/

注：以放栓当天为第0d
Note：The day putting CIDR in ewes is the 0th day.Day 0 is the day to insert CIDR to vagina.

1.2.2 试情及配种方式

在撤栓后0~24h、24~48h、48~72h采用试情公羊进行试情，同时，人工观察母羊阴道黏膜、黏液，子宫颈口情况，以母羊接受爬跨不动，且阴道黏液有黏性，子宫颈口肿胀变色为判断发情标准，记录每24h内的母羊发情表现。发情后母羊均采用自然交配方式配种。

1.2.3 数据分析

利用SPSS16、Excel2003软件进行数据整理和统计分析[14]。

2 结果与分析

2.1 同期发情率

不同PMSG注射量及处理方式对细毛羊发情率影响统计结果表明（表3）：注射剂量为500IU孕马血清的试验组中试验组二的0~48h发情率最高，显著高于试验组三40%（$P<0.05$），但与试验组一差异不明显（$P>0.05$）；注射剂量为550IU孕马血清的试验组中试验组五的0~48h发情率最高，但与同等注射量的试验组差异不明显（$P>0.05$）；注射剂量为600IU孕马血清的试验组中试验组八的0~48h发情率最高，显著高于试验组九33.3%（$P<0.05$），但与试验组七差异不显著（$P>0.05$）。根据分析得出，注射剂量为550IU孕马血清的试验组0~48h内发情情况最好，试验组四、试验组五和试验组六的发情率都在90%以上；在放栓后12d半进行孕马血清的注射并在14d时撤栓，以此方式处理的试验组二、试验组五和试验组八0~48h发情情况最好，发情率达到100%。

表3 发情率结果统计表

Table 3 The statistical table of sheep estrous rate

试验组别 Test groups	注射剂量 Dose	数量（只） Number	0~24h发情羊只数 Number of estrus sheep in 0~24h	0~24h内发情率（%） Rate of estrus sheep in 0~24h	24~48h发情羊只数 Number of estrus sheep in 24~48h	0~48h内发情率（%） Rate of estrus sheep in 0~48h	48~72h发情羊只数 Number of estrus sheep in 48~72h	0~72h发情率（%） Rate of estrus sheep in
试验组一 Test group 1		10	2	20	5	70ab	2	90
试验组二 Test group 2	500IU	10	8	80	2	100a	0	100
试验组三 Test group 3		10	3	30	3	60b	2	80
试验组四 Test group 4		10	3	30	6	90ab	1	100
试验组五 Test group 5	550IU	10	9	90	1	100a	0	100
试验组六 Test group 6		10	4	40	5	90ab	1	100
试验组七 Test group 7		10	4	40	3	70ab	0	70
试验组八 Test group 8	600IU	10	8	80	2	100a	0	100
试验组九 Test group 9		9	4	44.4	2	66.7b	2	88.9
合计Total		89						

注：同列相同字母表示差异不显著（$P>0.05$）；不同字母表示差异显著（$P<0.05$）。试验组九中死亡1只试验母羊

Note: In the same column, the same figures mean there is no significant difference ($P>0.05$); different figures mean a significant difference ($P<0.05$). A ewe in test group 9 died and it was not included.

2.2 繁殖率

通过对不同注射量和不同处理方式的分析比较表明（表4）：试验组八的繁殖率显著高于其他试验组20%~50%（$P<0.05$）；注射500IU孕马血清的试验组间差异不显著（$P>0.05$）；注射550IU孕马血清的试验组中试验组五的繁殖率显著高于试验组四和试验组六（$P<0.05$），分别高出30%和20%；注射600Iu孕马血清的试验组中试验组八的繁殖率显著高于其他2个试验组（$P<0.05$），高出27.8%~50%。根据分析得出，在放栓后12d半注射600IU孕马血清并在14d时撤栓的试验组八，其繁殖率最高，达到150%。

表4 繁殖率结果统计表
Table 4 The statistical table sheep reproduction rate

试验组别 Test groups	注射剂量 (IU)	母羊数量 Number of ewes/head	产羔数量 Lambing number/head	产羔数量 Lambing number			繁殖率(%) Reproductive rate	存活率(%) Survival rate
				单羔 Single birth	双羔 Twins	三羔 Triplet birth		
试验组一 Test group 1		10	10	10	—		100d	100
试验组二 Test group 2	500	10	10	10	—	—	100d	100
试验组三 Test group 3		10	12	8	2	—	120bcd	83.3
试验组四 Test group 4		10	10	10	—	—	100d	100
试验组五 Test group 5	550	10	13	7	3	—	130b	100
试验组六 Test group 6		10	11	9	1		110cd	100
试验组七 Test group 7		10	10	10	—	—	100d	100
试验组八 Test group 8	600	10	15	7	1	2	150a	73.3
试验组九 Test group 9		9	11	7	2	—	122.2bc	100

注：同列相同字母表示差异不显著（$P>0.05$）；不同字母表示差异显著（$P<0.05$）。试验组九中死亡一只试验母羊

Note: In the same column, the same figures mean there is no significant difference ($P>0.05$); different figures mean a significant difference ($P<0.05$). A ewe in test group 9 died and it was not included.

2.3 经济效益

通过对不同注射量和不同处理方式的分析比较表明（表5），注射600IU孕马血清并在第14天撤除阴道栓的试验组八中细毛羊繁殖率最高，但由于三羔多，其羔羊存活率仅为73.3%，因此，综合经济效益并不高；而注射550IU孕马血清并在第14天撤除阴道栓的试验组五中羔羊存活率较高，因此，获得的经济效益最高，平均每只母羊净收入为773.7元。

表5 经济效益

Table 5 Economic benefits

试验组别 Test groups	母羊数量 Number of ewes/head	产羔数量 Lambing number/head	成活羔羊 Survival of lamb/head	PMSG成本 The cost of PMSG/CNY	CIDR成本 The cost of CIDR/CNY	饲料费 The cost of feed/CNY	总收入 Total income/CNY	纯收入 Net income/CNY	每只母羊净收入 Each ewes net income/CNY
试验组一 Test group 1	10	10	10	122.5	300	668	6 800	5 709.5	571.0
试验组二 Test group 2	10	10	10	122.5	300	668	6 800	5 709.5	571.0
试验组三 Test group 3	10	12	10	122.5	300	668	6 800	5 709.5	571.0
试验组四 Test group 4	10	10	10	134.75	300	668	6 800	5 697.25	569.7
试验组五 Test group 5	10	13	13	134.75	300	668	8 840	7 737.25	773.7
试验组六 Test group 6	10	11	11	134.75	300	668	7 480	6 377.25	637.7
试验组七 Test group 7	10	10	10	147	300	688	6 800	5 665	566.5
试验组八 Test group 8	10	15	11	147	300	688	7 480	6 345	634.5
试验组九 Test group 9	9	11	11	147	300	688	7 480	6 345	634.5

注：羔羊断奶采取自然断奶，出售时间为6个月龄；断奶羔羊市场平均出售价格为680元/只

Note: The natural way of lamb weaning was adopted, and their sold-age is 6 months; the average selling price of weaned lambs is RMB680 for each.

3 讨论

对于家庭牧场而言，羔羊的出售是其最主要的经济收入来源，在祁连山牧区，由于长期饲养方式的原因，放牧型甘肃高山细毛羊的繁殖率一直较低，即使饲养管理水平较高，繁殖率也只能达到100%，而在低海拔地区半舍饲的细毛羊，其繁殖率能达到120%左右，这说明甘肃高山细毛羊的生产潜力没有得到充分的发挥。试验结果表明，孕马血清可提高甘肃高山细毛羊生产母羊的繁殖率。在3个项目户的注射量不同的情况下母羊繁殖率都有不同程度的提高。饲养管理条件较好的牧户的生产母羊注射孕马血清后，通过在间隔12d半注射并在第14天撤除阴道栓的方式繁殖率可达到150%。表明应用孕马血清能够提高甘肃高山细毛羊的繁殖率及其生产潜力。

但在生产中也应当注意，甘肃高山细毛羊的体重较轻，属于中型接近小型羊[15]，且与小尾寒羊、湖羊等典型的多胎羊相比，其体型较小，盆骨较窄，因此单羔和双羔的成活率都比较高，而三羔的成活率极低，几乎仅能存活1只。因此，在实际处理时应综合考虑羊只的类型、试剂的效价和

注射剂量。

总之，甘肃高山细毛羊同期发情率的提高对于细毛羊的饲养管理具有积极影响，而繁殖率对当地牧民的经济收入的提高有显著促进作用，随着该技术的进一步发展和熟练应用，还可以配套应用羔羊短期育肥、大羔育肥等技术，提高细毛羊的生产周转速度，减轻草场压力，优化生产要素，对于实现家庭牧场的优质高效生产、草原畜牧业的可持续发展均有十分重要的意义。

参考文献

[1] 张春礼，刘恩柱.PMSG的生物学特性及在生命科学研究领域中的应用[J].实验动物科学，2009（4）：47-50.
[2] 杨利国.牛双胎的研究[J].草与畜杂志.1987（4）：37-38.
[3] 董文成，贾日东，刘艳敏，等.小尾寒羊同期发育对比试验[J].中国农业科技导报，2003，5（5）：108-110.
[4] 李俊杰，桑润滋，田树军，等.利用孕酮栓+PMSG+PG法对羊同期发情效果的试验研究[J].畜牧与兽医，2004，36（2）：3-5.
[5] 王平福，杨顺利，冯菊慧.利用孕酮栓+PMSG+HCG法进行羊同期发情及多胎性试验[J].黑龙江动物繁殖，2004，12（3）：6-7.
[6] 田树军，桑润滋，李俊杰，等.应用生殖激素对小尾寒羊同期发情效果研究[J].河北农业大学学报，2004，27（1）：89-91.
[7] 张永刚，彭学波，杨光.孕马血清促性腺激素诱导受体羊同期发情效果[J].贵州畜牧兽医，2006，30（1）：10-10.
[8] 田宁宁，杨玉敏，孟祥辉，等.不同剂量PMSG对夏季波杂山羊诱导发情效果的影响[J].动物医学进展，2008，29（6）：39-42.
[9] 王尚宽，潘士荣，王恩良.注射不同剂量孕马马血清（PMSG）提高绵羊繁殖率及对生殖机能影响的探讨[J].现代畜牧兽医，1986，5：001.
[10] 李桂香，王成林，巴文胜，等.青海高原型藏羊的同期发情试验[J].青海畜牧兽医杂志，2014，44（4）：28-29.
[11] 乃比江，张如志，巴哈提，等.双胎素对细毛羊产羔率的影响[J].草食家畜，2007（4），33-37.
[12] 王天翔.甘肃高山细毛羊育种现状及发展前景[J].畜牧兽医杂志，2012，31（3）：46-48.
[13] 宫旭胤，吴建平，张利平，等.饲养模式对绵羊冷季生产效益的影响[J].草业科学，2011，28（1）：141-145.
[14] 米红，张文璋.实用现代统计分析方法与SPSS应用[M].北京：当代中国出版社，2000.
[15] 中华人民共和国农业行业标准.2002NYT天然草地合理载畜量的计算[D].2002.

# 藏绵羊脑动脉系统的结构特征

王欣荣[1*]，刘英[2]，吴建平[1]

（1.甘肃农业大学动物科学技术学院甘肃，兰州 730070；
2.甘肃农业大学动物医学院甘肃，兰州 730070）

摘 要：以成年欧拉型藏绵羊头为试验材料，采用管道铸型腐蚀技术，制作了藏羊脑动脉系统的铸型标本，用大体解剖学方法对其结构特性开展了研究。研究显示，藏羊颅内主要脑动脉由脑部颈动脉、大脑动脉环和各脑动脉分支组成；大脑动脉环的整体形状呈"倒葫芦"形，管径均匀一致，其上发源的脑动脉各分支左右对称，基本走形相同；藏羊的脑硬膜外异网主要由一对左右对称的长三角形四面体构成，脑异网左右两叶间有2~3条"V"形吻合支呈疏松或紧密连接。藏羊大脑动脉环与其他动物类似，主要脑动脉间少有细小侧支出现；本试验观察的藏羊标本，其左、右大脑前动脉之间没有交通支连接；藏羊与牛科动物比较，其颅外主要的供脑血管网无脑硬膜外后异网及附属结构。

关键词：藏绵羊；脑动脉系统；结构特征

Structural Features of the Cerebral Arterial System in Tibetan Sheep

Wang Xin rong[1], Liu Ying[2], Wu Jian ping[1]

(1. College of Animal Science and Technology in Gansu Agricultural University;
2. College of Animal Veterinary in Gansu Agricultural University, Lanzhou, 730070, China)

Abstract: In present study, some Tibetan sheep heads samples were collected in Qinghai province, and vascular corrosion casts of the cerebral arterial system of these sheepwere made, then their structural features were observed and analyzed by gross anatomic method. Results found that the intracranial cerebral arteries

---

*Corresponding author
基金项目：国家自然科学基金资助项目（30960164），国家绒毛用羊产业体系资助项目（CARS-40-09B）
作者简介：王欣荣（1974—），男，副教授，博士
*通讯作者 Email：wangxr@gsau.edu.cn

of Tibetan sheep were mainly composed of cerebral carotid artery, cerebral arterial circle and all of cerebral arterial branches. The basic shape of cerebral arterial circle looks like "reverse calabash", its vessel caliber were homogeneous, and main cerebral arteries branches from it were eudipleural and showed similar spread. The epidural retia mirabile of Tibetan sheep was composed of a pair of long eudipleuraltetrahedron, and there were 2 or 3 "V" shape anastomotic vessels among the retia. Study results showed that composition of cerebral arterial circle of Tibetan sheep was similar to other domestic animals, and there were little thin branches from main intracranial arteries. There was no anterior communicating artery between anterior cerebral arteries in Tibetan sheep in present samples. The anatomical features of main extracranial arteries of supplying blood to the brain were not similar to bovine animals, such as no posterior retia and its attached structures.

Key words: Tibetan sheep; cerebral arterial system; structural features

西藏羊是我国原有绵羊品种中数量最多、分布最广的羊，遍布西藏自治区、青海省以及甘肃、四川两省和云贵高原的部分地区[1]。西藏羊又称藏羊、藏系羊，主要有高原型、山谷型和欧拉型3个生态类型，其中，欧拉型藏羊是藏系绵羊的一个特殊生态类型，主产于甘肃省玛曲县、青海省河南县及久治县等地[2]。藏羊长期繁衍生息在高寒牧区，产区地势高寒，平均海拔为3 500～5 000m，多数地区的平均气温在-1.9～6℃[3]。经过长期的自然选择，藏羊已成为能适应高寒牧区严峻的生态环境的少数特殊畜种[4]，也是高寒牧区最适宜发展的畜种之一。

动物组织器官的形态和结构特性反映了功能的适应性，有许多学者研究了高原世居动物组织器官的解剖学特性。管道铸型技术是研究动物血管系统结构特征的理想方法，截至目前，许多学者运用该技术研究了哺乳动物脑动脉系统的解剖学特性[5]，并对脑硬膜外异网的结构和供血途径有详尽的描述[6]。对于高原哺乳动物脑动脉血管铸型的研究还不多，特别是通过管道铸型技术研究藏羊脑动脉系统的解剖特性方面还属空白。本研究从大体解剖角度对欧拉型藏羊脑动脉系统的形态特征进行观察，可丰富藏羊脑血管系统解剖学研究资料，为其脑血管特性的研究提供参考。

1 材料和方法

1.1 试验材料

本试验材料为12只成年欧拉型藏羊的头部标本，均采自海拔为3 500m的青海省黄南藏族自治州境内。

1.2 试验方法

铸型剂配置：根据绵羊头颈部动脉管径大小，配置15%浓度的铸型剂。即每100mL丙酮：丁酮（1：1）混合液加15g ABS树脂（丙烯腈、丁二烯及苯乙烯的三元共聚物）。

铸型标本制作：首先用解剖工具小心找到左、右颈总动脉并牵拉一定长度以便插管，插管完成后开始用铸型剂进行灌注，灌注通过颈总动脉进行全头灌注，灌注时用注射器来掌握灌注压力的大小，灌注过程中应及时将细小血管渗漏处用止血钳夹紧。灌注完成后拔管待标本硬化2～3d，铸型剂硬化完全后将包含完整脑组织及脑外血管的头部标本浸入36%浓盐酸腐蚀7～10d，直到动物脑部铸型标本完成为止。

解剖学观察：对所有12只藏羊头部标本进行动脉血管灌注，根据脑动脉铸型标本呈现状况，应用大体解剖学方法，对其解剖学特征进行观察与描述，对其特定血管（如吻合支等）用游标卡尺测量并计算均值，并对其脑动脉血管铸型与其他家畜（如牛等）进行比较分析。

2 试验结果

2.1 藏羊颅内的主要脑动脉

藏羊颅内的主要脑动脉指位于颅腔硬膜内的动脉，大部分是供应脑组织各部的动脉血管，主要包括脑动脉环、大脑前动脉、大脑中动脉、大脑后动脉、基底动脉、小脑前动脉、小脑后动脉等。

2.1.1 脑动脉环

观察颅内主要脑动脉的铸型标本发现，藏羊的脑动脉环位于脑底部，紧贴大脑的腹侧面，围绕在脑垂体的周围。脑动脉环由脑动脉系统中管径最粗的部分组成，形成了一个几近连通的闭合回路（图1）。脑动脉环呈"倒葫芦"状，左右对称，用来接收和运送供应脑组织各部的绝大部分动脉血，其上发出的各条脑动脉主干分布于脑的不同部位（图2）。藏羊脑动脉环的管径均匀一致，其上发源的脑动脉基本走形相同，并且各主要颅内脑动脉间少有细小侧支出现，观察个体间也没有异常或畸形分支出现。

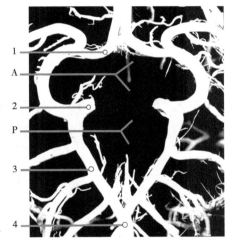

A. 脑动脉环前部（前环）；P. 脑动脉环后部（后环）；
1. 大脑前动脉；2. 脑部颈动脉；3. 后交通动脉；4. 基底动脉

图1 藏羊脑动脉环的基本形态

Fig. 1 Basic morphology of cerebral arterial circle in Tibetan sheep

2.1.2 大脑前动脉

在脑部颈动脉的前环段［图1（A）］路径上，向左右两侧对称发出一对大脑中动脉［图2（1）］，另外，前环的前端延伸成为一对大脑前动脉并迅速靠拢接近闭合，这时两侧的大脑前动脉呈近于直角的方向在同一平面上向前回折，并行向前方伸展进入左、右大脑纵裂，并在此时分出3~5条细小动脉供应附近脑组织的血液。大脑前动脉一直延伸至大脑额叶的前缘，再向上方包围整个大脑额叶，在其路径上发出的其他分支用于供应额叶的血液。

2.1.3 大脑中动脉

大脑中动脉是脑部颈动脉在脑动脉环路径上发出的一对最大侧支，在起始端发出后向前方形成一个弯曲后才向两侧伸展［图2（2）］。大脑中动脉的主干在大脑梨状叶的前方沿着嗅三角后部腹侧面向外侧延伸，至背外侧进入外侧嗅沟，一直到达位于深部的脑岛。

2.1.4 大脑后动脉

大脑后动脉是脑动脉环后环段[图2（4）]发出的最大的一对侧支，起自后交通动脉[图2（9）]中部的稍前方，此动脉走向外侧，环绕大脑脚，于视径的后面弯曲向后上方伸展，再沿外侧膝状体的背侧一直到达大脑半球的后内侧。

2.1.5 小脑前动脉

小脑前动脉起始于后交通动脉，横过大脑脚，沿着脑桥和脑桥臂的前缘向后上方斜行[图2（11）]，延伸至小脑的前部分为3支，即外侧支、中间支和内侧支，分别分布于小脑半球的前外侧部、小脑半球与蚓部之间和小脑蚓部的前部。

2.1.6 基底动脉

基底动脉起始端是后交通动脉的汇合点，主干由椎动脉的终末支组成[图2（5）]，管径由前至后逐渐变细，向后延伸为脊髓腹侧动脉[图2（6）]。基底动脉沿脊髓和脑桥的腹侧面延伸，在其路径上变细过渡为脊髓腹侧动脉。

2.1.7 小脑后动脉

小脑后动脉起始于基底动脉中端，该动脉在脑桥和斜方体之间延伸到达小脑的后下方，其分支分布于小脑半球和蚓部[图2（12）]。小脑后动脉的起源位置比较固定，左右对称且从同一点发出，观察的样本中没有发现交错起源的例子。

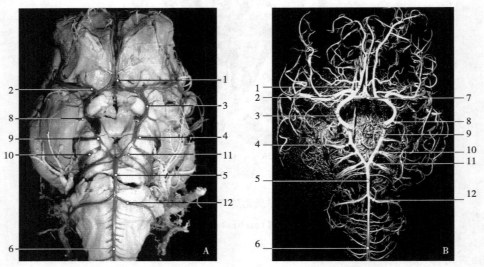

A.组织附着时的脑动脉分布；B.组织腐蚀后的动脉铸型

1.大脑前动脉；2.大脑中动脉；3.脑部颈动脉；4.大脑后动脉；5.基底动脉；6.脊髓腹侧动脉；7.大脑前交通动脉丛；8.脉络膜前动脉；9.后交通动脉；10.脉络膜后动脉；11.小脑前动脉；12.小脑后动脉

图2 藏羊颅内脑动脉血管分布及铸型标本

Fig. 2 Distribution and cast of the intracranial cerebral arteries in Tibetan sheep

2.2 脑动脉系统的基本结构

2.2.1 颅内主要脑动脉的结构特征

观察脑动脉系统血管铸型标本，发现藏羊颅内主要脑动脉由脑部颈动脉、大脑动脉环和各脑动脉分支组成。大脑动脉环（即威氏环）的组成与其他动物类似，均由大脑前动脉、脑部颈动脉、后交通动脉和基底动脉组成（图1）。藏羊形成大脑动脉环的主要血管和在其上发出的主要动脉有脑部颈动脉、大脑前动脉、大脑中动脉、脉络膜前动脉、后交通动脉、大脑后动脉、脉络膜后动脉、小脑前动脉、小脑后动脉、基底动脉及脊髓腹侧动脉等（图2）。脑部颈动脉进入硬膜内，立即向前后分支形成前环的脑部颈动脉段和后环的后交通动脉段。位于前环或在其上发出的主要动脉是大脑前动脉、大脑中动脉、脉络膜前动脉；位于后环或在其上发出的主要动脉是后交通动脉、大脑后动脉、脉络膜后动脉、小脑前动脉；从基底动脉上发出的主要动脉是小脑后动脉。在前环大脑中动脉的后侧和脑部颈动脉入颅处的中间位置，发出脉络膜前动脉。而在后环中段位置，发出一条比较粗大的大脑后动脉，其后依次为脉络膜后动脉和小脑前动脉。藏羊的小脑后动脉位于基底动脉中段，左右侧动脉起源位置在同一点上。位于环上的其他的小动脉为自大脑动脉环发出的供应至脑垂体、小脑部及脑桥、延髓部的各分支动脉，管径均在1mm以下。

在样本中我们观察到了藏羊的前交通动脉丛，但仅仅是大脑前动脉左右两侧沿其走向发出的对称的侧支，且侧支上还有小的分支，虽然两侧紧靠在一起，但据观察左右两侧没有实质性的交通联系，在本研究中我们将其称为前交通动脉丛［图2（7）］。

2.2.2 脑硬膜外异网的结构特点

铸型标本显示，藏羊脑硬膜外异网的结构组成、形态特征与牛科动物的不同（图3）。第一，藏羊的脑硬膜外异网主体结构由一对左右对称的三角形四面体血管网组成，相当于牛的脑硬膜外前异网。脑硬膜外异网与上颌动脉通过3～5条前吻合支［（图3（1）］和1条后吻合支［图3（3）］组成，构成向脑异网供血的主要通道。第二，藏羊脑异网的左右两叶间吻合支很少且结合不是很牢固，仅在两叶间距最近的三角形顶点部位（或位于脑垂体后边缘位置），通过1条主支和数条细小吻合支相连，从而将脑硬膜外异网左右叶相互贯通，该结构亦称为脑异网V形结构。第三，脑异网V形结构的形态在绵羊个体之间有一定差异，有些脑异网两叶间距较近，吻合支连接较紧密；而有些脑异网两叶间距较远，连接较疏松。而在脑异网的其他部位，本研究没有发现有其他吻合支将两叶相交通，在藏羊脑硬膜外异网前部亦没有发现类似与牛科动物的前V形扩展结构。另外，与牛科动物不同，藏羊脑硬膜外异网没有后异网及基枕动脉丛结构。也没有发现来自椎动脉的分支连接于脑异网的后部。在脑异网的末端，仅有发自枕动脉中部的颈内动脉与之连接。

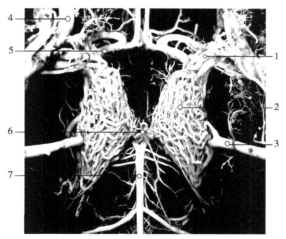

1.脑异网前吻合支；2.脑异网；3.脑异网后吻合支；4.上颌动脉；5.脑动脉环；6.脑异网间联合；7.基底动脉.

图3 藏羊脑硬膜外异网铸型

Fig. 3 Cast of the epidural retia mirabilein Tibetan sheep

在藏羊脑硬膜外异网的背侧，左右两叶分别发出一条粗大的脑部颈动脉，将脑异网血液收集后供应至脑动脉环直至脑部组织。与牛科动物略有不同的是，连接脑异网的前后吻合支，管径相对比较粗大（平均管径1.68mm，与牛科动物的相当）。其后吻合支从上颌动脉发出后，在其路径上没有经过更多的分支，到达脑异网附近才分出多个小动脉完全进入脑异网内。

2.2.3 颅外主要供脑动脉的组成

藏羊颅外主要供脑动脉的基本组成与牛科动物类似。作为脑部的间接供血管道，藏羊颅外主要供脑动脉有颈总动脉、颈外动脉、上颌动脉、眼外动脉、枕动脉等（图4）。牛科动物的椎动脉发出的分支连接到脑硬膜外异网的后部，而在藏羊上没有此结构，椎动脉直接与脑动脉环后部的脊髓腹侧动脉连接后到达基底动脉，将动脉血直接供应进入脑组织。而从枕动脉发出的髁动脉的走形，在绵羊上是与牛科动物类似的，即由枕动脉分出的髁动脉分成2支。但分支后与牛科动物不同，牛科动物的髁动脉分出的异网支连接到基枕动脉丛，而椎支连接到椎动脉；但在藏羊上，分出的前支即相当于异网支直接连接到脊髓腹侧动脉，而椎支则连接到椎动脉。

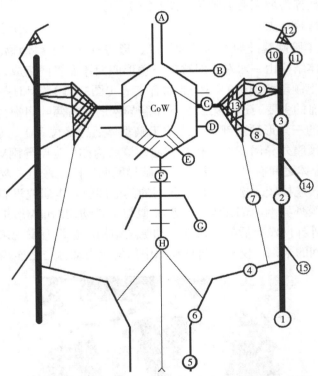

1.颈总动脉；2.颈外动脉；3.上颌动脉；4.枕动脉；5.椎动脉；6.髁动脉；7.颈内动脉；8.后吻合支；9.前吻合支；10.眶下动脉；11.眼外动脉；12.眼异网；13.脑异网；14.颞浅动脉；15.舌面干；A.大脑前动脉；B.大脑中动脉；C.脑部颈动脉；D.大脑后动脉；E.小脑前动脉；F.基底动脉；G.小脑后动脉；H.脊髓腹侧动脉；CoW：脑动脉环

图4 藏羊颅外供血脑组织路径示意图

Fig. 4 Sketch map of supplying blood to brain tissues in extracranial arteries in Tibetan sheep

3 讨论

3.1 藏羊脑动脉系统特征及前交通动脉

通过观察藏羊脑动脉系统的血管铸型标本，发现在供应脑组织的主要脑动脉组成方面，本研究与许多学者在其他绵羊上的研究结果类似[7-9]。另有研究认为，牛、羊、猪等家畜形成威利氏环的主要血管包括前交通动脉、脑部颈动脉、大脑前动脉及后交通动脉[5]，本研究关于藏羊的研究也与此结果相一致。另外，本研究关于脑外主要动脉的铸型分析，在供应脑部血液的血管系统方面，藏羊也是通过上颌动脉、椎动脉和枕动脉供应，并经由脑硬膜外异网进行血液、血流的分配和调节，该结果与Baldwin（1964）[8]和Khamas（1985）[9]等学者的研究结论相一致。

但在本研究所观察的所有样本上，没有发现在2条大脑前动脉之间通过前交通动脉或微细血管将二者连接起来，即在高原藏羊的研究中，我们没有观察到典型的有代表性的前交通动脉形式的存在。对于绵羊前交通动脉的描述，有研究指出，绵羊的前交通动脉是存在的，但其缺失的发生率20%左右[5]。本研究认为，高原藏羊两条前交通动脉之间没有实质性的连接。虽然从前交通动脉所在的位置发出的侧支是紧挨在一起的，但侧支之间亦没有发现有交通支相通，说明左右大脑前动脉及其分出的侧枝是各自独立地向左右大脑半球的前端供血的，没有证据显示两者在该处有交通支。

3.2 藏羊颅内、外脑动脉组成特点及与其他家畜的异同

在本研究中，我们根据藏羊的脑形态结构，结合脑动脉铸型腐蚀技术，观察了藏羊主要脑动脉的起源、路径和分布特点。并将藏羊脑动脉的基本特性与相关文献进行了比较。分析发现，在主要脑动脉的起源、路径等方面，藏羊与牛科动物的一致，但与其他动物如猪相比，存在明显差别。在猪上，颅外供脑动脉系中有一条比较粗大的咽升动脉，是所有向脑组织供血的最大一条颅外血管，因此承担的血量也最多[10]，而其他连接于脑异网的上颌动脉吻合支管径相对要细。此外，有研究报道，在绵羊上，还从大脑中动脉前部发出1条吻合管道连接到眼异网的基部，即除了通过脑异网向脑组织供血外，还有一条吻合支从眼异网向大脑组织供血[11]。而在我们的试验中，在藏羊上没有发现该吻合支。关于髁动脉的分支，牛科动物的髁动脉是枕动脉末端的延续，并且髁动脉分为异网支和椎支两条分支。在藏羊上，在髁动脉上还发出1条中脑膜动脉，而在山羊上，中脑膜动脉则起源于枕动脉[12]。

4 小结

本研究利用管道铸型技术，首次获得了中国藏绵羊脑动脉系统的整体铸型标本。观察发现，其颅内主要脑动脉由脑部颈动脉、大脑动脉环和各脑动脉分支组成。大脑动脉环的组成与其他动物类似，环的整体形状呈"倒葫芦"形，管径均匀一致，其上发源的脑动脉各分支左右对称，基本走形相同，并且各主要颅内脑动脉上少有细小侧支出现。

研究显示，所观察的12例欧拉型藏羊脑动脉铸型标本中，其颅内左、右大脑前动脉之间没有前交通动脉连接；颅外主要供脑动脉的解剖特点与牛科动物相比有显著的不同，主要是髁动脉和椎动脉均直接与基底动脉相接，没有到达脑异网的后部。本研究显示欧拉型藏羊的脑硬膜外异网主要由一对左右对称的长三角形四面体构成，脑异网左右两叶间有2～3条"V"形吻合支呈疏松或紧密连接，藏羊也没有与牛科动物类似的后异网及附属结构。

参考文献

[1]　山西农业大学主编.养羊学（第二版）[M].北京：农业出版社，1992.
[2]　国家畜禽遗传资源委员会组编.中国畜禽遗传资源志——羊志[M].北京：中国农业出版社，2011.
[3]　赵有璋主编.羊生产学[M].北京：中国农业出版社，1999.

[4] 刘海珍. 青海牦牛、藏羊的肉品质特性研究[D]. 甘肃农业大学硕士学位论文, 2005.

[5] Shwini, C., R. Shubha, and K. Jayanthi. Comparative anatomy of the circle of Willis in man, cow, sheep, goat and pig [J]. Neuroanatomy, 2008, 7: 54-65.

[6] Steven, D. H. The distribution of external and internal ophthalmic arteries in the ox[J]. J. Anat, 1964, 98（3）: 429-435.

[7] Daniel, P. M., J. D. K. Dawes and M. M. L. Prichard. Studies of the carotid rete and its associated arteries[J]. Philos. Trans. R. Soc. Lond, 1953, 237: 173-208.

[8] Baldwin. B. A. The anatomy of the arterial supply to the cranial regions of the sheep and ox[J]. Am. J. Anat, 1964, 115: 101-117.

[9] Khamas, W. A. and N. G. Ghoshal, Gross and scanning electronmicroscopy of the carotid rete cavernous sinus complex of the sheep（Ovis aries）[J]. Anat. Anz., 1985, 159: 173-179.

[10] Massoud, T. F., F. J. Vinuela, G. Guglielmi. et al., An experimental arteriovenous malformation model in swine: anatomic basis and construction technique[J]. A. J. N. R. Am. J. Neuroradiol, 1994, 15: 1 537-1 545.

[11] Zhong, Q, C. Salvador, M. Manuel, et al. A Simplified Arteriovenous Malformation Model in Sheep: Feasibility Study[J]. A. J. N. R. Am. J. Neuroradiol, 1999, 20: 765-770.

[12] Nanda, B. S., Sisson and Grossman's the anatomy of the domestic animals[M]. Ed. Getty, R, 5ed. vol., Philadelphia, London and Tronto: W. B. Saunder Co, 1975.

甘肃省畜牧业发展现状及存在的问题研究

宋淑珍[1,2]，杨发荣[1]，吴建平[2]

（1. 甘肃省农业科学院畜草与绿色农业研究所，兰州 730070；
2. 甘肃农业大学动物科学技术学院，兰州 730070）

摘 要：畜牧业发展水平是衡量一个国家和地区经济发展程度的重要指标，体现人民生活的富裕状况，在促进农业结构优化升级、农民增收中发挥着十分重要的作用。阐述了甘肃省畜牧业发展现状及成就，在充分分析其发展现状的基础上，深入剖析了畜牧业发展中存在的问题，提出促进甘肃畜牧业发展的措施与建议。

关键词：畜牧业；发展现状；问题；措施

Problems and Countermeasures of Animal Husbandry in Gansu

Song Shu zhen[1,2]，Yang Fa rong[1]，Wu Jian ping[2]

（1. Livestock Grass and Green Agriculture Research Institute，Gansu Academy of Agricultural Science，Lanzhou，730070，China；2. Animal Science and Technology in Gansu Agricultural University College，Lanzhou，730070，China）

Abstract: The animal husbandry development level is not only an important symbol of agricultural modernization in a country and area, but also an important reflection of people's life.Which plays an important role in increasing the peasant's income.This paper expounds the present situation and achievements in the development of animal husbandry in Gansu, On the basis of analyzing the development status and the

---

作者简介：宋淑珍（1980—），女（汉），甘肃通渭人，畜牧师，硕士，研究方向：动物遗传育种与繁殖。Email：shuzhen_101@163.com
通讯作者：杨发荣（1964—），男（汉），甘肃宁县人，研究员，大学，研究方向：草食畜牧业产业化。Email：Lzyfr08@163.com
基金项目：甘肃省农科院院列重大专项"牛羊健康养殖及粪便废弃物资源循环利用技术研究与示范"（2013GAAS04-3）

problems in the development of animal husbandry, put forward the measures and suggestions to promote the development of animal husbandry in Gansu.

Key Words: Animal Husbandry; Development Situation; Problem; Countermeasure

进入"十一五"以后，甘肃省畜牧业方兴未艾，主要畜产品肉、奶、蛋等的产量逐年稳步增加，进入了一个生产不断发展、质量稳步提高、综合生产能力不断增强的新阶段[1]。尤其是自2008年以来，甘肃省委、省政府更加重视畜牧业的发展，出台了多项措施支持畜牧业特别是草食牧畜业的发展，通过资金的多元整合，促进了畜牧业生产方式的转变，使全省畜牧业步入健康发展的快车道，草食畜牧业增加值占全省畜牧业增加值比重达到53%以上。草食畜牧业是推进甘肃现代农业建设的必选路径[2]，对解决"农村问题、农民问题、农业问题"具有重要的现实意义[3-6]。本文对当前甘肃省畜牧业发展现状及存在的问题进行了综述，提出促进甘肃畜牧业的发展的建议，以期为甘肃畜牧业的健康发展提供参考。

1 甘肃畜牧业发展的现状

畜牧业发展水平是权衡一个国家和地区经济发展程度的重要指标，也是人们生活富足的重要表现[7]。近年来，甘肃省各地积极贯彻落实中央一系列支持畜牧业发展政策，并多方筹措、整合资金，以特色优势产业发展为重点，通过加大政策推动和项目建设力度，扩大生产规模和标准化水平，促使畜牧业实现了跨越式发展。截至2012年年底，全省大牲畜存栏587.6万头，羊存栏1 788.7万只、猪存栏590.7万头[8]，畜牧业增加值增长达10.5%，相比农业增加值增幅高出4个百分点，有力地促进了全省畜牧产业化的快速健康发展。

1.1 产业区域化布局初具规模

"十一五"以来，甘肃省通过调整畜牧业产业结构、培育畜牧业优势产业、扶持龙头企业等措施，初步形成了"区域布局合理、产业特色鲜明"的畜牧业区域化布局，促进了畜牧业的产业化进程。目前，肉牛、肉羊、奶牛、生猪、蛋鸡等五大产业基地基本形成[9]，肉牛生产基地以陇东、河西及甘南牧区为主，年出栏肉牛100万头；肉羊生产基地以甘肃中部、甘肃南部及河西为主，年出栏肉羊957万只；奶牛生产基地以兰州、酒泉、临夏、张掖为主，存栏奶牛13.7万头；生猪生产基地以武威、天水、陇南为主，年出栏生猪472万头；蛋鸡生产基地以兰州、白银、张掖为主，年生产禽蛋8.78万t。

1.2 规模化养殖比重增大

作为衡量现代畜牧业规模化养殖水平的规模养殖场、养殖小区、养殖大户的比例逐年上升，截至2012年年底，全省标准化规模养殖场、养殖小区达到6 442个，参与畜牧业规模化养殖的农户80万户，规模化养殖的比例超过了40%。蛋鸡养殖规模化比重达90%以上，生猪规模化比重为61%，农区及半农半牧区肉羊规模化比重为38%，肉牛规模化比重为30%[11]。在畜牧业规模化蓬勃发展的过程中，创新了发展模式，完善、延长了产业链条，涌现出了"正大"模式、"康美"模式、"中天"模式等集畜禽养殖、产品品牌连锁经营、熟食产品加工于一体的畜牧业产业化经营模式，已创立各类畜禽标准化示范场336个，其中，部级标准化示范场45个，省级标准化示范场118个，市级标准化示范场173个。农业部评选兰州市红古区花庄奶牛养殖场、天水嘉信牧业有限公司奶牛养殖场场两个奶牛养殖场为全国百例标准化"典型示范场"[12-13]。

1.3 草食畜牧业是发展潜力最大的优势产业

甘肃省是西部8个牛羊肉重点发展省份之一，《全国牛羊肉生产发展规划（2013—2020年）》

将甘肃省列为重点扶持省份，从构建良种繁育体系、建设标准化生产示范基地、推行秸秆饲用技术等方面给予重点支持，为草食畜牧业产业化开发创造良好的政策环境[14]。近几年，甘肃省畜牧业尤其是草食畜牧业发展迅速，牛存栏量居全国第11位，羊存栏量居全国第5位，每年向外省输出牛羊肉产品超过12万t，是西北重要的牛羊肉及其产品生产供应基地。草食畜牧业增加值超过86亿元，农民人均收入的20%来源于草食畜牧业。草食畜牧业是甘肃省的特色优势产业[15]，也是农民致富的支柱产业，在调整农业产业机构、促进农业转型升级、推进农业现代化等方面具有重要的意义。

甘肃省养牛大县达到20个，养羊大县累计为30个，牛羊产业大县年出栏牛羊占全省80%以上，出栏周期平均缩短2~3个月[16]，50个牛羊产业大县畜牧业科技含量达到45%以上，是全省畜牧业发展的典范。统计数据显示，2012年，全省羊饲养量3 020万只，超过50万只的县（区）达到28个，其中，12个县（区）的饲养量超过了100万只；牛饲养量662万头，超过10万头的县（区）有21个。依靠草食畜牧业养殖转移了一大批农村劳动力，全省有200万人通过牛羊养殖实现了脱贫致富。

1.4 畜牧业产业化步伐加快

全省各地通过"公司+基地+农户"的运行机制，促进养殖业规模经营和提高科技含量，推动全省畜牧业的产业化步伐。作为甘肃省农业支柱产业的畜牧业已基本实现了由传统经营向产业化经营的重要转变[17-18]。目前，全省拥有771个各类畜禽养殖、加工龙头企业，其中：496个畜禽养殖企业，120个畜禽产品加工企业，71个饲料加工企业，43个饲草饲料加工企业，41个乳制品加工企业。仅屠宰加工龙头企业的年屠宰加工量就将近2 000万头（只），加工畜禽肉类产品将近30万t[10]。与过去相比，龙头企业的级别进一步提升，国家级、省部级龙头企业达到93个，占龙头企业总数的12%。据测算，全省从事畜禽规模经营的农户80万户，比2008年增加了15万户，参与规模养殖户的比重提高了6%。

1.5 畜牧业迈上资源循环利用之路

甘肃省每年种植玉米1 000万亩以上，加上小麦和其他作物，年产各类秸秆总量达1 790万t，为草食畜牧业的健康发展提供了饲草料的保障。探索出秸秆氨化、青贮、黄贮等多种秸秆加工模式，形成了"秸秆—饲草—牛羊养殖—粪便有机肥—有机蔬菜、粮食—秸秆"的循环农业发展模式。2013年，全省农作物秸秆约850万t作为养殖业饲草料，秸秆饲料化利用率增加至45%以上，其中，50个牛羊产业大县秸秆饲料化利用率达50%以上[19]。通过秸秆饲料化利用，既节约了饲料用粮，又转变了传统养殖方式，发展秸秆养畜，保护生态环境，使畜牧业迈上了持续健康发展的生态、循环畜牧业之路。据调查，100万t农作物秸秆相当于饲料粮24万t。

1.6 饲养模式多样

甘肃省畜牧业依据区域特色分为农区畜牧业和牧区半牧区畜牧业[20]。农区以甘肃中南部、陇东地带为主，主要依靠农作物秸秆，苜蓿、高粱等饲草，通过秸秆养畜发展舍饲养殖业。目前，较为普遍的有家庭分户小规模养殖模式、家庭标准化规模养殖模式、集约化养殖模式，其中：占比重较大的是家庭标准化规模养殖模式，也是甘肃养殖业发展主要目标之一。牧区半牧区以河西、甘南地带为主，主要依靠天然草场，通过轮牧发展草原养殖业。目前，主要有传统放牧养殖模式、依托放牧养殖的产业化模式、草原生态畜牧业模式，其中，草原生态畜牧业是在草原可承载力下，最大限度合理的发展畜牧业，是一种可持续发展模式，具有广阔的发展前景。

2 甘肃省畜牧业发展中存在的问题

2.1 农村劳动力短缺，养殖业新技术推广难

劳动的有效供给是保证产业顺利发展的基础，高质量的劳动力，是现代经济发展的核心要素。近几年，随着经济的发展，农村劳务输出持续增加，农村从事养殖业的人员大量退出，再加上人口老龄化趋势的加快，在农村参与养殖业的大多为留守的老人和妇女。并且留守劳动力总体文化水平偏低，阻碍新技术的组装配套应用，致使养殖业科技含量低，养殖成本上升，影响畜牧业的进一步健康发展。

2.2 畜产品流通体系不完善

畜产品运输、加工企业和中介组织较少，融会贯通的产加销一体化的有机链条缺乏。畜禽及其产品流通体系不健全，流通环节多，流通成本高，组织化程度低，信息网络不健全，流通服务滞后，基础设施薄弱[10]。养殖户缺乏及时准备的信息，在一定程度上，大型屠宰加工企业因缺乏屠宰畜禽不能满负荷运转的状况和养殖户的畜禽不能及时出栏的情况同时并存，畜产品"买难卖难"现象突出。畜禽及其产品迫切需要建立"权力平衡""结构称性""关系稳定性"流通体系，克服交易过程中质量的"边际双重加价"现象，解决畜产品价格大幅度波动的现象。

2.3 家畜疫病复杂，影响畜产品安全生产

伴随着畜牧业的蓬勃发展和畜禽及其产品的广泛流通，动物疫情对畜牧业威胁越来越大，防疫形势愈来愈严峻，严重影响着畜产品的健康安全生产[21]。特别是在当前畜禽频繁流动的大市场、大格局下，国际国内动物疫情频频发生，部分养殖户"防病控病"意识不强，将病死畜禽体随意丢弃或低价出售，造成疫病的进一步蔓延。同时，一些养殖户不按相关规定引进畜禽，畜禽引进以后不实施隔离观察，引进的羊只混入大群饲养而发生疫情。疫病发生时，大量滥用抗生素，导致畜禽体内药物残留、超标，引发畜禽产品的食品安全危机。

3 畜牧业发展的措施及建议

根据目前形势的特点，甘肃省畜牧业的发展及存在的问题，围绕畜产品竞争力增强、农业增效和农民增收目标，大力培育和发展龙头企业，完善企业与农户的利益联结机制，推进畜牧业经营体制创新，全面提升畜牧产业化水平。

3.1 提高养殖业从业人员科技水平

提高畜牧业从业人员素质是提高畜牧业生产能力、增强畜牧业经济效益和产品竞争力的一项重要的基础性工作。通过"养殖公司+养殖户"的契约农业模式，为养殖户提供生产贷款和技术服务，对养殖户进行免费培训，提高养殖业从业人员的技术水平，提高养殖业科技含量和生产效益[22-25]。加强大专院校、科研机构和养殖场的联系，定期或不定期的举办各类养殖技术培训班，普及科学养殖知识。当地的畜牧部门科技工作者包村包户，送技术下场户，提高养殖业运用新技术、新科技的能力，从而提高养殖业科技贡献率。

3.2 促进畜牧业产加销一体化的产业化发展

畜牧业呈现产加销一体化畜牧业的发展趋势，无论是从国外畜牧业发展还是从国内农业发达地区的畜牧业发展历程来看，尽管产业化形式不尽相同，但生产、加工和销售一体化模式则是一个共同的特点。美国的"公司+农户"模式，欧洲的"农户+专业合作社+专业合作社办企业"模式，日本的"农户+农协+企业"模式，都是一种小农户与大企业、大市场的契约合作模式，对于解决农户小规模生产与大市场的矛盾具有举足轻重的意义。

依据"特色突出、优势明显、产业聚居、竞争力增强"的原则,充分利用甘肃省现有畜牧业特色资源和良好的生产环境优势,编制甘肃省畜牧产业化发展中长期规划,优化产业区域布局,明确产业建设重点及任务。同时,建设完善畜牧业产业化发展评价体系,使畜牧业养殖、加工、销售、流通等重点环节协调发展,建立融会贯通的产加销一体化的有机链条,延伸产业链,增加产品附加值,引领现代畜牧业经济持续健康发展。

3.3 培育壮大龙头企业

通过税收、财政、土地等多方面采取措施,扶持龙头企业和专业合作组织发展壮大,培育龙头企业。一是优化龙头企业布局。根据畜牧业区域布局规划,依据重点突出、目标明确的原则,支持龙头企业发展。二是鼓励龙头企业发展畜牧业下游产业,提高畜牧养殖效益和产品附加值。随着人民生活水平的提高和生活节奏的加快,对于精深加工的半成品、成品畜产品消费需求增加,鼓励龙头适应现代市场的需求,发展畜产品精深加工业,提高畜产品附加值。三是引导促进龙头企业提高科技创新能力。通过科技创新项目的支持,引导有实力的龙头企业进行科技创新,提高企业的科研开发能力,带动整个产业的发展。四是推进龙头企业的集群发展。采取股份制、股份合作制、吞并、收购等形式,聚集资金、科技、人才等方面的要素,促进龙头企业的发展壮大。

3.4 建立畜牧业安全生产体系

3.4.1 建立完善畜产品质量安全体系

建立从畜禽饲养、屠宰加工、物流运输、储藏到销售等各生产环节的质量安全监测体系,尤其是强化畜禽产品投入品饲料、抗生素等及加工过程的添加剂的监管,从源头上保证产品安全,使各个质量安全控制的关键点都有专门的机构和专业队伍把控,形成一套"多屏障"的质量安全控制体系[26],保证畜产品从"畜禽舍到餐桌"的质量安全,形成产品可追溯机制。

3.4.2 抓好畜禽重大疫病防控

加强口蹄疫、布氏杆菌病、结核病、猪瘟、禽流感等重大动物疫病的防治控制,做到及时发现及时上报。同时,规范和强化家畜产地检疫、屠宰检疫和市场监督检查,定期或不定期地开展畜禽重大疫病防控讲座,普及重大疫病的相关防控知识,动员社会力量参与畜禽重大疫病防控,做到疫情及时发现,及时扑灭,保护广大养殖户和消费者的利益。

3.4.3 提倡发展崇尚自然防疫的健康生态养殖

随着畜牧业的迅速发展和生产方式的转变,千家万户分散的小规模饲养逐渐退出,取而代之的是高密度集约化的规模养殖。规模养殖在养殖科技含量提高、养殖效益提高的同时,由于饲养密度大,导致饲养环境与畜禽群体受疫病侵害程度较大,畜禽自身免疫能力降低,诱发重大动物疫病的发生和流行,使养殖业的健康发展受到致命的冲击。为了预防和治疗疫病,广大养殖户滥用抗生素等化学有害物质,引发食品安全危机。近年来,微生物酶制剂的应用为解决这一问题提供了有效的途径,微生物酶制剂通过有益菌的化学反应,可以提高畜禽自身的免疫力和对疾病的自然防疫抵抗能力[27],达到少用抗生素直至不用抗生素的目的,使畜禽产品品质达到国际绿色标准。

参考文献

[1] 张登辉.甘肃省畜牧业发展概况及发展对策研究[J].畜牧兽医杂志,2008(3):75-77.
[2] 王汝富.草食畜牧业与饲草料科学利用[DB/OL].http://www.chinamd.com/file/v36z3zer33w6accrsrct3cx6_1.html,2014-5-14.

[3] 魏强伍. 浅谈甘肃省畜牧产业发展现状及其对策[J]. 甘肃畜牧兽医, 2013 (5): 44-46.

[4] 乔志霞, 白佳玉. 甘肃省畜牧业发展模式与优化思路[J]. 新疆农垦经济, 2012 (09): 29-31.

[5] 李占魁. 甘肃省生态畜牧业发展战略研究[J]. 开发研究, 2008 (01): 26-28.

[6] 王朝霞, 万占全. 甘肃省草食畜牧业迈向转型跨越[J]. 中国畜牧业, 2012 (20): 84-86.

[7] 陈玉江, 张国才, 苟静平, 等. 吉林大学畜牧兽医学科服务于畜牧业的实践与思考[J]. 中国兽医学报, 2012, 32 (10): 25-30.

[8] 马建堂, 张为民, 罗兰, 等. 中国统计年鉴[M]. 北京, 中国统计出版社, 2013.

[9] 武文斌. 甘肃天然优质畜产品与生产体系可持续发展[DB/OL]. http://www.gs.xinhuanet.com/ztzb-ft/2011-06/02/content_22918878.htm, 2011-6-02.

[10] 赵希智, 陈励芳, 曹江虹, 等. 加快发展方式转变 提升畜牧产业化水平——甘肃省畜牧产业化现状的调查与思考[J]. 甘肃农业, 2013 (11): 3-5.

[11] 王朝霞. 甘肃省通过龙头企业带动畜禽标准化规模养殖[N]. 甘肃日报, 2012-09-21 (01).

[12] 张道正. 甘肃养殖业正向精准化迈进[N]. 中国畜牧兽医报, 2012-10-09 (01).

[13] 王朝霞. 标准化规模养殖成甘肃省畜牧业主角[DB/OL]. http://www.mofcom.gov.cn/aarticle/resume/n/201210/20121008375661.html, 2012-10-10.

[14] 韩天虎, 王汝富, 王俊梅. 甘肃发展草产业优势分析及对策[J]. 草业科学, 2005, 22 (5): 66-70.

[15] 陶积汪. 甘肃草食畜牧业30年发展历程与成就[J]. 农业科技与信息, 2009 (9): 2-5.

[16] 王朝霞, 万占全. 甘肃草食畜牧业成为甘肃农民增收支撑点[J]. 中国畜牧业, 2012 (22): 80-81.

[17] 梁伟. 甘肃草食畜牧业产业化发展研究[J]. 中国畜牧杂志, 2010, 46 (10): 22-24.

[18] 魏强伍. 甘肃省畜牧产业发展现状、问题及对策[J]. 甘肃畜牧兽医, 2011, 41 (4): 44-48.

[19] 董俊, 白滨, 郝怀志. 甘肃省草食畜牧业发展和秸秆资源利用现状与分析[J]. 畜牧兽医杂志, 2012, 31 (5): 30-39.

[20] 乔志霞, 白佳玉. 甘肃省畜牧业发展模式与优化思路[J]. 新疆农垦经济, 2012 (9): 29-50.

[21] 王志琴, 陈静波, 王军. 我国畜产品质量安全存在的问题及控制对策[J]. 草食家畜, 2010 (2): 11-14.

[22] 罗列, 王征兵, 杨朔. 农户参与契约农业项目的障碍分析及其社会效应研究——以生猪养殖项目为例[J]. 开发研究, 2010 (3): 42-46.

[23] Little, P. D, Watts, M. Living under contract: Contract farming and agrarian transformation in Sub-Saharan Africa. Madison, WI: University of Wisconsion Press Press, 1994.

[24] Warming, M. Key, N. The social performance and distributional consequences of contract farming: An equilibrium analysis of the Arachide de Bouche program in Senegal. World Development, 2002, 30 (2): 255-263.

[25] 赵建军, 黄琦, 杨小杰. 企业参与农业产业化经营项目的风险及防范——基于企业与农户采取合同契约合作模式的分析[J]. 安徽农业科学, 2007 (12): 3 727-3 728.

[26] K. N. Bhilegaonkar, S Rawat, PK Agarwal. Food Animal Husbandry Practice. Encyclopedia of Food Safety, 2014 (4): 168-173.

[27] 褚素萍. 绿色畜牧业是我国畜牧业发展的必由之路[J]. 家畜生态, 2004, 25 (4): 30-35.

脂联素基因在荷斯坦公牛不同组织部位的表达差异

张长庆,刘婷,赵生国,雷赵民,王欣荣,孙国虎,李世歌,李耀东,吴建平

(甘肃农业大学 动物科学技术学院,甘肃兰州 730070)

摘 要:研究脂联素基因在荷斯坦公牛不同组织及月龄间的相对表达差异性,为脂联素基因作为荷斯坦公牛育肥指标的分子辅助标记提供依据。运用实时荧光定量PCR法检测了脂联素基因在15月龄和17月龄荷斯坦公牛脂肪组织(背部脂肪、腰部脂肪、肾周脂肪、肠系膜脂肪)和肌肉组织(背最长肌和半腱肌)间的相对表达差异性。15月龄时脂联素基因在荷斯坦公牛肾周脂肪和肠系膜脂肪中的相对表达量极显著高于腰部脂肪、背部脂肪、背最长肌和半腱肌($P<0.01$),17月龄时仅显著高于背最长肌和半腱肌($P<0.05$);17月龄时该基因在背部脂肪中的相对表达量显著高于15月龄时($P<0.05$)。脂联素基因在15月龄和17月龄荷斯坦公牛脂肪组织和肌肉组织中均有表达,且在脂肪组织和肌肉组织间具有组织表达差异性。

关键词:脂联素基因;荷斯坦公牛;不同组织部位;表达差异

Expression differences of *ADIPOQ* gene indifferent tissues of Holstein bull

Zhang Chang qing, Liu Ting, Zhao Sheng guo, Lei Zhao min,
Wang Xin rong, Sun Guo hu, Li Shi ge, Li Yao dong, Wu Jian ping

(Faculty of Animal Sci-Tech, Gansu Agricultural University,
Lanzhou, Gansu, 730070, China)

Abstract: 【Objective】The objective of this study was to compare the expressions of adiponectin (*ADIPOQ*) gene in different tissues of Holstein bulls atdifferent ages. 【Method】Real-time fluorescent quantitative PCR was used to determine the relative expression of the *ADIPOQ* gene using RNA isolated from different adipose tissues (subcutaneous fat over sirloin, subcutaneous fat over rib, kidney fat, and mesenteric fat) and muscle tissues (longissimus dorsi and semitendinosus) of Holstein bulls with two different ages (15 and 17 months). 【Result】Expressions of *ADIPOQ* in kidney fat and mesenteric fat were greater ($P<0.01$) than in subcutaneous sirloin fat, subcutaneous rib fat, longissimus dorsi and semitendinosus in 15 month group and greater ($P<0.05$) than in longissimus dorsi and semitendinosus in 17 month group. Expressions of *ADIPOQ* gene also differed between 15 month and 17 monthold Holstein bulls in the same adipose tissues. The expressionsin subcutaneous rib fat in 17 monthgroup were greater ($P<0.05$) than in 15 monthgroup. 【Conclusion】Expressions of the *ADIPOQ* gene in different tissues of Holstein bulls with ages of 15 month and 17 month differed. These results suggested that evaluation of expressions of *ADIPOQ* gene should consider the age as well as the tissue.

Key words: *ADIPOQ* gene; Holstein bulls; differenttissues; differential expression

脂联素（adiponectin）是脂肪细胞分泌的一种脂肪细胞因子，又被称为ACRP30、*ADIPOQ*、APM1或GBP28。目前，对小鼠[1]和人[2-3]脂联素基因结构及小鼠[4]、鸡[5]、鸭[6]和猪[7]等物种的脂联素基因的表达研究认为，脂联素具有多种生理功能，它参与血脂血糖代谢、炎症等病理生理过程，在代谢综合征及拮抗动脉粥样硬化等方面都具有重要作用；在临床上它与肥胖、胰岛素抵抗、Ⅱ型糖尿病及心血管疾病等密切相关[8-11]。牛脂联素基因定位于第1号染色体上，由3个外显子和2个内含子构成，全长11 779bp，其中，cDNA长度为720bp，编码240个氨基酸[12]。研究表明脂联素参与了牛脂肪代谢的调节[13]。丛立新等[14]曾从牛脂肪组织中提取总RNA，成功克隆了牛脂联素全基因671bp cDNA。在对夏洛莱牛×红安格斯牛和海福特牛×亚伯丁安格斯牛的研究中发现脂联素基因的特异表达与其背膘厚度具有一定的相关性[15]。但目前对牛脂联素基因在不同组织部位的表达研究较少。本研究利用实时荧光定量PCR法，对荷斯坦公牛不同组织部位脂联素基因的相对表达量进行了研究，为脂联素基因作为荷斯坦公牛育肥指标的分子辅助标记提供了依据。

1 材料与方法

1.1 试验动物

选取6头同胎次体质量相近的荷斯坦公犊牛，在同一饲养条件下育肥至15月龄和17月龄时（育肥条件下，15月龄和17月龄时荷斯坦公牛平均活体质量分别为：500kg/头和550kg/头，达到适宜出栏的体质量）各屠宰3头，屠宰剥皮后立即采集脂肪组织（背部脂肪、腰部脂肪、肾周脂肪、肠系膜脂肪）和肌肉组织（背最长肌（12~13肋骨间）和半腱肌），放入液氮罐中速冻，带回实验室后于-70℃冰箱保存备用。所有样品均在牛屠宰剥皮后15min内采集，除肠系膜脂肪外，其他组织样品均采自左半胴体。

1.2 总RNA的提取

参照RNAiso Plus（Total RNA extraction reagent）的RNA提取步骤分别提取牛各组织样品中的总RNA，每头牛各组织部位样品提取1份总RNA，并利用Implen超微量紫外可见分光光度计（Nano-Photometer）测定总RNA浓度和纯度，其完整性以琼脂糖凝胶电泳检测。

1.3 cDNA的合成

1.3.1 总RNA中少量基因组DNA污染的去除

基因组DNA去除反应的反应液需在冰上准备。反应液为：5×gDNA Eraser Buffer 2.0μL，gDNA Eraser 1.0μL，total RNA（使加入的总RNA量达到1μg），RNase Free dH_2O补齐到10.0μL。反应程序：42℃ 2min；4℃保存备用。

1.3.2 反转录反应

在冰上准备反应液：DNA去除反应混合液10.0μL，5×PrimeScript Buffer2（for Real Time）4.0μL，PrimeScript RT Enzyme Mix I 1.0μL，RT Primer Mix 1.0μL，RNase Free dH_2O 4.0μL，合计20.0μL。反应程序：37℃ 15min；85℃ 5s；4℃保存。反应结束后将合成的cDNA稀释至100μL，即终浓度相当于10 ng/μL总RNA，-20℃保存备用。cDNA的合成反应均在普通PCR仪上进行。

1.4 引物设计与内参基因的选择

根据脂联素基因mRNA序列（GenBank登录号NM_004797），利用Primer3s设计脂联素基因引物序列，F：5'-GATCCAGGTCTTGTTGGTCCTAA-3'，R：5'-GAGCGGTATACATAGGCACTTTCTC-3'，产物预期长度131bp，退火温度61.1℃。参照Duckett等[16]设计的GAPDH引物序列F：5'-GGGTCAT-CATCTCTGCACCT-3'，R：5'-GGTCTAAGTCCCTCCACGA-3'，产物预期长度176bp，退火温度59.8℃。将GAPDH基因作为实时荧光定量PCR的内参基因。引物均由赛百盛生物技术有限公司合成。

1.5 实时荧光定量PCR

利用SYBR Premix Ex Taq II（Tli RNaseH Plus）试剂盒进行实时荧光定量PCR。PCR反应体系包括SYBR Premix Ex Taq II（Tli RNaseH Plus）（2×）10.0μL；稀释的cDNA模板（<100ng）2μL；上、下游引物（10μmol/L）各0.8μL，dH_2O（灭菌蒸馏水）补齐到20μL。PCR反应在LightCycler 480 System Real Time PCR扩增仪上完成。PCR反应程序为：95℃ 30s（升温速率4.4℃/s）1cycle；95℃ 5s（升温速率4.4℃/s），60℃ 30s（升温速率2.2℃/s，Acquisition Mode：Single），40cycles；95℃ 5s（升温速率4.4℃/s），60℃ 1min（升温速率2.2℃/s），95℃（升温速率0.11℃/s，Acquisition Mode：Continuous，Acquisitions：5/℃），1cycle；50℃ 30s（升温速率2.2℃/s），1cycle。每个样品重复3次。每对引物分别设立3个内参基因不含模板的阴性对照。

1.6 数据分析

运用SPSS17.0软件对脂联素基因在荷斯坦公牛同月龄不同组织部位及不同月龄同一组织部位的相对表达量进行统计分析，采用LSD法和Duncancs法对各部位的相对表达差异性进行检验，结果均表示为"平均值±SD"。

2 结果与分析

2.1 牛RNA提取结果检测

RNA提取结果是决定实时荧光定量PCR成败的关键。电泳检测结果（图1）显示，荷斯坦公牛各组织部位样品的RNA均可见清晰的2条带（28S rRNA、18S rRNA），其条带亮度比值均大于3:1，表明提取的总RNA未出现降解。用超微量紫外可见分光光度计定量，D_{260}/D_{280}值均在1.82～2.04，说明提取的总RNA纯度较高，可以用于后续的反转录及实时荧光定量PCR。

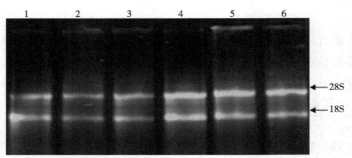

1. 背部脂肪；2. 腰部脂肪；3. 肾周脂肪；4. 肠系膜脂肪；5. 背最长肌；6. 半腱肌

图1 牛不同组织部位样品RNA电泳检测

Fig. 1 RNA electrophoresis of different tissue samples

2.2 牛脂联素基因RT-PCR扩增产物检测

以荷斯坦公牛不同组织部位的总RNA为模板，以设计的引物分别对脂联素基因和GAPDH基因进行RT-PCR扩增，扩增产物用3%的琼脂糖凝胶电泳检测，分别获得大小约131bp和176bp的条带，与预期目的片段和内参基因片段大小基本相符（图2）。

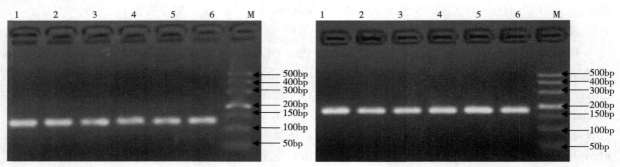

M：DNA分子标记；1. 背部脂肪；2. 腰部脂肪；3. 肾周脂肪；4. 肠系膜脂肪；5. 背最长肌；6. 半腱肌

图2 牛脂联素基因和GAPDH基因扩增产物3%琼脂糖凝胶电泳结果

Fig. 2 The 3% agarose gelelectrophoresis of ADIPOQ and GAPDH gene amplification products

2.3 脂联素基因在牛组织间的相对表达

通过实时荧光定量PCR对荷斯坦公牛背部脂肪、腰部脂肪、肾周脂肪、肠系膜脂肪、背最长肌、半腱肌等6个脂肪和肌肉组织部位中脂联素基因的mRNA相对表达量进行测定，结果见下表。

表1 脂联素基因在荷斯坦公牛不同组织部位的相对表达量

Table 1 The relative expression of ADIPOQ gene in different tissues of Holstein bulls

组织部位	15月龄	17月龄
肾周脂肪（Kidney fat）	6.002 ± 0.960[A]	5.149 ± 3.028[a]
肠系膜脂肪（Mesenteric fat）	4.531 ± 1.783[A]	5.880 ± 4.132[a]
背部脂肪（Subcutaneous over rib fat）	0.921 ± 0.809[B]	4.298 ± 1.612[ab*]
腰部脂肪（Subcutaneous oversirloin fat）	1.233 ± 0.166[B]	1.909 ± 2.282[ab]

（续表）

组织部位	15月龄	17月龄
背最长肌（Longissimus dorsi）	0.00272 ± 0.00301^{B}	0.00087 ± 0.00056^{b}
半腱肌（Semitendinosus）	$0.000197 \pm 0.000053^{B}$	$0.000421 \pm 0.000360^{b}$

注：同列不同大写字母表示同月龄不同组织部位差异极显著（$P<0.01$），不同小写字母表示同月龄不同组织部位差异显著（$P<0.05$）；"*"表示同一组织部位不同月龄差异显著（$P<0.05$）

Note: Different uppercase and lowercase letters indicate highly significant difference ($P<0.01$) and significant difference ($P<0.05$) among different tissues at each age, respectively; "*" shows significant difference ($P<0.05$) between different ages in each tissue

由表1可以看出，脂联素基因在15月龄和17月龄荷斯坦公牛的不同组织部位均存在不同程度的表达。在15月龄荷斯坦公牛不同脂肪和肌肉组织中，其相对表达量由高到低依次为：肾周脂肪、肠系膜脂肪、腰部脂肪、背部脂肪、背最长肌、半腱肌，且肾周脂肪和肠系膜脂肪相对表达量极显著高于背部脂肪、腰部脂肪、背最长肌和半腱肌（$P<0.01$）；而在17月龄荷斯坦公牛不同脂肪和肌肉组织中，其相对表达量由高到低依次为：肠系膜脂肪、肾周脂肪、背部脂肪、腰部脂肪、背最长肌、半腱肌，且肠系膜脂肪和肾周脂肪相对表达量显著高于背最长肌和半腱肌（$P<0.05$）。对于同一组织部位，脂联素基因的相对表达量随着年龄变化而不同，在背部脂肪中该基因的相对表达量17月龄显著高于15月龄（$P<0.05$）。

3 讨论

脂联素是脂肪组织基因表达最丰富的蛋白质产物之一，受到激素水平的调控，可以调节脂肪代谢，是机体脂质代谢调控网络中的重要调节因子[17-18]，它以内分泌方式循环于血液中，参与调节葡萄糖、脂肪酸代谢及抵抗炎症反应等生命活动[19]。近年来，大量研究发现，脂联素及脂联素基因与人类代谢综合征、肥胖综合征、动脉粥样硬化、Ⅱ型糖尿病、胰岛素抵抗等许多疾病有着较为密切的关系[8-11]。

研究表明，脂联素是迄今为止所发现的唯一一个与肥胖呈负相关的细胞因子[20]，肥胖症患者血浆脂联素水平较正常人有所下降，提示脂联素参与了脂肪代谢的调节[14]。张辉等[21]通过对荷斯坦新生犊牛前脂肪细胞体外单层贴壁培养的实验研究表明，脂联素基因在荷斯坦犊牛前脂肪细胞不同培养时期均有不同程度的表达，而且随着前脂肪细胞分化成熟脂肪细胞内甘油三酯逐渐蓄积，脂联素基因mRNA水平也逐渐升高，到第12d时表达最高，说明脂联素基因的表达可能与脂肪细胞的分化和脂质积聚有着密切的关系。张辉等[22]研究发现，延边黄牛脂肪组织脂联素基因mRNA水平与肌肉脂肪含量呈正相关关系（$P<0.001$），验证了之前的研究结果，两者一致表明脂联素基因可能通过调节脂肪细胞分化及影响肌内脂肪含量而影响胴体性状。研究证明脂肪细胞是诱导脂联素基因表达的必须组织[23]，小鼠和大鼠的脂联素基因高度特异地表达于脂肪组织。Wang等[24]研究发现，猪脂联素基因在脂肪组织细胞中表达丰富；Dai等[25]半定量RT-PCR研究结果表明，猪脂联素基因mRNA特异表达于脂肪组织；Maddineni等[26]、Yuan等[5]研究表明，鸡脂联素基因在脂肪组织中表达量最高；薛茂云等[6]对鸭脂联素基因在不同组织中表达差异的研究显示，该基因在脂肪组织的表达最高。本研究结果显示，脂联素基因在同月龄荷斯坦公牛的不同组织部位均有不同程度的表达，15月龄时，脂联素基因的相对表达在肾周脂肪组织最高，而在半腱肌极低，总体来看该基因在肾周脂肪组织和肠系膜脂肪组织的相对表达量极显著高于其他组织部位（$P<0.01$）；17月龄时，脂联素基因

的相对表达量在肠系膜脂肪组织最高，而在半腱肌依然很低，显然该基因在半腱肌和背最长肌的相对表达量显著低于其他脂肪组织部位（$P<0.05$）。这一结果与上述诸多研究结果一致，由此推断脂联素基因在荷斯坦公牛脂肪组织中的相对表达量显著高于肌肉组织。

有研究表明，延边黄牛在饲喂同一能量水平日粮时，脂肪组织脂联素基因mRNA水平有随着育肥日龄增加而增加的趋势[22]。而本研究结果显示，在17月龄时荷斯坦公牛背部脂肪组织、腰部脂肪组织、肠系膜脂肪组织和半腱肌脂联素基因的相对表达量较15月龄均有升高，且在背部脂肪组织17月龄显著高于15月龄（$P<0.05$），这与上述研究结果一致，但在肾周脂肪组织和背最长肌17月龄低于15月龄，与上述研究结果有差异。在人[18]和小鼠[27]的研究中发现，当脂肪过度沉积时，脂肪组织中脂联素基因的表达量降低，肉牛皮下脂肪的生长发育与脂联素基因的表达具有负相关性[15]，而且在牛体躯脂肪组织生长中肾周脂肪与腹腔和盆腔脂肪的生长先于肌肉间脂肪、皮下脂肪和肌肉内脂肪[28]，由此断定17月龄时肾周脂肪可能已大量沉积，也进一步说明脂联素在调节脂肪沉积过程中具有一定作用。

曾有研究者将脂联素基因作为猪脂肪沉积的候选基因，对其进行多态性研究，结果发现脂联素基因的多态性与猪脂肪沉积及胴体性状相关[25, 29]。研究还发现脂联素基因的基因型与波尔山羊的生长性状具有一定相关性[30]。Morsci等[31]研究证实，在安格斯牛脂联素基因座（位于安格斯牛BTA1上）附近的数量性状位点（QTL）影响着牛肉的大理石纹、眼肌面积和脂肪厚度。本研究中，脂联素基因在所检测的组织部位均有不同程度的表达，从15月龄到17月龄，脂联素基因的相对表达量在背最长肌和肾周脂肪组织下降，而在其他组织部位上升，且在背部脂肪组织17月龄显著高于15月龄（$P<0.05$）。这些变化必然与各组织部位脂联素水平的变化有着密切的关系，脂联素又是脂肪细胞所分泌的一种蛋白因子，所以这些变化也在不同程度上反映了荷斯坦公牛在育肥过程中体躯脂肪的生长发育变化。

杨彦杰等[12]研究发现，脂联素基因与秦川牛胸围、眼肌面积、背膘厚、胴体腿臀围等育肥指标密切相关，推断该基因可以作为影响秦川牛产肉性状的候选基因而用于秦川牛新品系的辅助选择。Shin等[32]研究发现，脂联素基因单核苷酸多态性对朝鲜牛的背膘厚度和眼肌面积有显著影响，由此推断该基因可作为朝鲜牛胴体性状选择的有效分子标记。作为唯一随脂肪含量的增加而表达下降的脂肪因子，脂联素在脂肪生长发育及代谢中的作用还有待于更深入的研究，脂联素基因也将有望成为影响肉牛胴体性状的分子标记并在肉牛育肥选育中发挥重要作用。

本研究只是初步探讨了脂联素基因在荷斯坦公牛不同月龄、不同组织的表达差异性规律，本课题组还将对血液生化指标进行检测，并对荷斯坦牛肌肉和脂肪组织的生长发育进行分析，进一步探讨脂联素基因在牛肌肉和脂肪生长发育及代谢中的作用机制，并对该基因对牛胴体性状的影响进行总结，以期推广应用于生产实践。

4 结论

首先，脂联素基因在15月龄和17月龄荷斯坦公牛的脂肪组织（背部脂肪、腰部脂肪、肠系膜脂肪、肾周脂肪）和肌肉组织（背最长肌、半腱肌）均有不同程度的表达，且脂肪组织与肌肉组织间具有表达差异性。其次，在同一组织部位脂联素基因的相对表达量随着月龄变化而不同，尤其在背部脂肪组织差异最大。

参考文献

[1] Kubota N, Terauchi Y, Yamauchi T, et al. Disruption of adiponectin causes insulin resistance and neointimal formation[J]. Journal of Biological Chemistry, 2002, 277(29): 25 863-25 866.

[2] Saito K, Tobe T, Minoshima S, et al. Organization of the gene for gelatin-binding protein(GBP28)[J]. Gene, 1999, 229(1/2): 67-73.

[3] Takahashi M, Arita Y, Yamagata K, et al. Genomic structure and mutations in adipose-specific gene, adiponectin[J]. International Journal of Obesity and Related Metabolic Disorders, 2000, 24(7): 861-868.

[4] Das K, Lin Y, Widen E, et al. Chromosomal localization, expression pattern, and promoter analysis of the mouse gene encoding adipocyte-specific secretory protein acrp30[J]. Biochemical and Biophysical Research Communications, 2001, 280(4): 1 120-1 129.

[5] Yuan J, Liu W, Liu ZL, et al. cDNA cloning, genomic structure, chromosomal mapping and expression analysis of *ADIPOQ*(adiponectin) in chicken[J]. Cytogenetic and Genome Research, 2006, 112(1/2): 148-151.

[6] 薛茂云,董飚,张营,等.鸭脂联素基因全长cDNA的克隆和原核表达的研究[J].畜牧兽医学报,2010,41(10): 1 232-1 239.
Xue M Y, Dong B, Zhang Y, et al. Identification and prokaryotic expression of duck adiponectin gene [J]. Acta Veterinaria et Zootechnica Sinica, 2010, 41(10): 1 232-1 239. (in Chinese)

[7] Jacobi SK, Ajuwon KM, Weber TE, et al. Cloning and expression of porcine adiponectin, and its relationship to adiposity, lipogenesis and the acute phase response[J]. The Journal of Endocrinology, 2004, 182(1): 133-144.

[8] 南楠,金泽宁,杨泽.脂联素基因多态性与Ⅱ型糖尿病合并冠心病的关联研究[J].首都医科大学学报,2012, 33(4): 421-426.
Nan N, Jin Z N, Yang Z. Genetic association of *ADIPOQ* gene polymorphisms with type 2 diabetes mellituswith coronary artery disease [J]. Journal of CapitalMedicalUniversity, 2012, 33(4): 421-426. (in Chinese)

[9] BergAH, Combs TP, SchererPE. ACRP30/adiponectin: An adipokine regulating glucose and lipid metabolism[J]. Trends in Endocrinology and Metabolism, 2002, 13(2): 84-89.

[10] 徐丽,凌文华.脂联素基因SNP+45 T/G单核苷酸多态性与冠心病的相关性研究[J].中国病理生理杂志, 2010, 26(6): 1 064-1 068.
Xu L, Ling W H. Correlation of adiponectin gene SNP+45 T/G polymorphism with coronary heart disease [J]. Chinese Journal ofPathophysiology, 2010, 26(6): 1 064-1 068. (in Chinese)

[11] 王遂军,贾伟平,包玉倩,等.脂联素基因多态性与肥胖、血清脂联素水平的相关性[J].中国组织工程研究与临床康复,2008,12(7): 1 295-1 299.
Wang S J, Jia W P, Bao Y Q, et al. Association of adiponectin gene polymorphism with obesity and adiponectin [J]. Journal of Clinical Rehabilitative Tissue Engineering Research, 2008, 12(7): 1 295-1 299. (in Chinese)

[12] 杨彦杰,昝林森,王洪宝,等.秦川牛脂联素基因第2外显子多态性及其与部分产肉性状的相关性[J].西北农林科技大学学报:自然科学版,2009,37(9): 53-58.
Yang Y J, Zan L S, Wang H B, et al. Relationship between the polymorphism in exon2of theadiponectin gene and several production traits in Qinchuan cattle [J]. Journal of NorthwestA & FUniversity: Natural Science Edition, 2009, 37(9): 53-58. (in Chinese)

[13] 张辉,丛立新,张才,等.围产期酮病牛脂联素mRNA和甘油三酯脂肪酶mRNA的表达[J].中国兽医学报, 2008, 28(4): 465-468.
Zhang H, Cong L X, Zhang C, et al. Expression of ADPN mRNA and HSL mRNA of ketosis-cows in peripartum [J]. Chinese Journal of Veterinary Science, 2008, 28(4): 465-468. (in Chinese)

[14] 丛立新,李鹏,闫峰,等.牛脂联素cDNA全基因序列的克隆[J].安徽农业科学,2009,37(17): 7 895-7 896, 7 931.
Cong L X, Li P, Yan F, et al. Cloning of bovine adiponectin whole gene cDNA [J]. Journal ofAnhui AgriSci, 2009, 37(17): 7 895-7 896, 7 931. (in Chinese)

[15] Taniguchi M, Guan LL, Basarab JA, et al. Comparative analysis on gene expression profiles in cattle subcutaneous fat tissues[J]. Comparative Biochemistry and Physiology, 2008, 3(4): 251-256.

[16] Duckett SK, Pratt SL, Pavan E. Corn oil or corn grain supplementation to steers grazing endophyte-free tall fescue. II: Effects on subcutaneous fatty acid content and lipogenic gene expression[J]. Journal of Animal Science, 2009, 87(3): 1 120-1 128.

[17] 丛立新, 张才, 车英玉, 等. 胰岛素、胰高血糖素对体外培养的牛脂肪细胞HSL mRNA和ADPN mRNA丰度的影响[J]. 中国兽医学报, 2007, 27(5): 741-743.
Cong L X, Zhang C, Che Y Y, et al. Effects of insulin and glucagons on abundance of HSL mRNA and ADPN mRNA inbovine adipocyte [J]. Chinese Journal of Veterinary Science, 2007, 27(5): 741-743. (in Chinese)

[18] Yamauchi T, Kamon J, Waki H, et al. The fat-derived hormone adiponectin reverses insulin resistance associated with both lipoatrophy and obesity[J]. Nature Medicine, 2001, 7(8): 941-946.

[19] 李付娟, 王帅, 朱亚楠, 等. ADIPOQ shRNA在猪前体脂肪细胞中转染体系的优化[J]. 中国兽医学报, 2013, 33(4): 616-626.
Li F J, Wang S, Zhu Y N, et al. Optimization of ADIPOQ shRNA transfection system in porcine preadipocyte [J]. Chinese Journal of Veterinary Science, 2013, 33(4): 616-626. (in Chinese)

[20] Chandran M, Phillips SA, Ciaraldi T, et al. Adiponectin: More than just another fat cell hormone[J]. Diabetes Care, 2003, 26(8): 2 442-2 450.

[21] 张辉, 常维毅, 张才, 等. 乳牛前脂肪细胞原代培养过程中ADPN基因和HSL基因表达水平的检测[J]. 中国兽医科学, 2007, 37(6): 510-514.
Zhang H, Chang W Y, Zhang C, et al. Detection of expression leVels of ADPN mRNA and HSL mRNA ofdairy cow preadipocytes in different stages [J]. Veterinary Science in China, 2007, 37(6): 510-514. (in Chinese)

[22] 张辉, 李鹏, 闫峰, 等. 日粮能量水平对延边黄牛肌内脂肪含量与脂联素表达水平的影响[J]. 中国饲料, 2010, 10: 21-26.
Zhang H, Li P, Yan F, et al. Effects of dietary energy levels on intramuscular fat content and expression of adiponectin in Yanbian cattle [J]. China Feed, 2010, 10: 21-26. (in Chinese)

[23] KornerA, Wabitsch M, Seidel B, et al. Adiponectin expression in humans is dependent on differentiation of adipocytes and down-regulated by humoral serum components of high molecular weight[J]. Biochemical and Biophysical Research Communications, 2005, 337(2): 540-550.

[24] Wang PH, Ko YH, Liu BH, et al. The expression of porcine adiponectin and stearoyl coenzyme a desaturase genes in differentiating adipocytes[J]. Asian-Australasian Journal of Animal Sciences, 2004, 17(5): 588-593.

[25] Dai MH, Xia T, Zhang GD, et al. Cloning, expression and chromosome localization of porcine adiponectin and adiponectin receptors genes[J]. Domestic Animal Endocrinology, 2006, 30(2): 117-125.

[26] Maddineni S, Metzger S, Ocón O, et al. Adiponectin gene is expressed in multiple tissues in the chicken: Food deprivation influences adiponectin messenger ribonucleic acid expression [J]. Endocrinology, 2005, 146(10): 4 250-4 256.

[27] BergAH, CombsTP, Xue L D, et al. The adipocyte-secreted protein Acrp30 enhances hepatic insulin action [J]. Nature Medicine, 2001, 7(8): 947-953.

[28] 昝林森. 牛生产学[M]. 2版. 北京: 中国农业出版社, 2007.
Zan L S. Cattle production science [M]. 2nd ed. Beijing: Chinese Agricultural Press, 2007. (in Chinese)

[29] Dall'Olio, Davoli R, Buttazzoni L, et al. Study of porcine adiponectin (ADIPOQ) gene and association of a missense mutation with EBVs for production and carcass traits in Italian Duroc heavy pigs[J]. Livestock Science, 2009, 125(1): 101-104.

[30] Fang X T, Du Y, Zhang C, et al. Polymorphism in a microsatellite of the Acrp30 gene and its association with growth traits in goats[J]. Biochem Genet, 2011, 49: 533-539.

[31] Morsci NS, Schnabel RD, Taylor JF, et al. Association analysis of adiponectin and somatostatin polymorphisms on BTA1 with growth and carcass traits in Angus cattle[J]. Animal Genetics, 2006, 37(6): 554-562.

[32] Shin S C, Chung E. Novel SNPs in the bovine ADIPOQ and PPARGC1A genes are associated with carcass traits in Hanwoo (Korean cattle)[J]. Molecular Biology Reports, 2013, 40(7): 4 651-4 660.

PPARγ基因在荷斯坦公牛不同组织部位表达差异性研究

张长庆，刘婷，赵生国，雷赵民，王欣荣，孙国虎，李世歌，吴建平*

（甘肃农业大学 动物科学技术学院，兰州 730070）

摘 要：研究PPARγ基因在荷斯坦公牛组织及月龄间的相对表达差异性。运用实时荧光定量PCR法检测了PPARγ基因在在15月龄和17月龄荷斯坦公牛脂肪组织（背部脂肪、腰部脂肪、肾周脂肪、肠系膜脂肪）和肌肉组织（背最长肌和半腱肌）间的相对表达差异性。PPARγ基因的表达在荷斯坦公牛月龄间没有发现差异性，而组织间差异表达分析表明：肠系膜脂肪、肾周脂肪和腰部脂肪的相对表达量显著高于背最长肌和半腱肌（$P<0.05$）；肠系膜脂肪和肾周脂肪相对表达量显著高于背部脂肪（$P<0.05$）。PPARγ基因在荷斯坦公牛不同部位脂肪组织和肌肉组织中均有表达，且部位不同表达不同，存在部位差异性。

关键词：PPARγ基因；荷斯坦公牛；不同组织部位；表达差异

Differential expression of PPARγ gene in different tissues of Holstein bulls

Zhang Chang qing, Liu Ting, Zhao Sheng guo, Lei Zhao min, Wang Xin rong, Sun Guo hu, Li Shi ge, Wu Jian ping

(Faculty of Animal Sci-Tech, Gansu Agricultural University, Lanzhou, 730070)

Abstract: 【Objective】The objective of this study was to compare the differential expression of the peroxisome proliferators-activated receptor-γ (PPARγ) gene in different adipose tissues and muscle tissues in two ages of Holstein bulls. 【Method】Real-time fluorescent quantitative PCR was used to determine the relative expression of the PPARγ gene using RNA isolated from different adipose tissues (subcutaneous fat over the rib, subcutaneous fat over the sirloin, kidney fat, and mesenteric fat) and muscle tissues (longissimus dorsi and semitendinosus) in two ages (15 and 17 mo) of Holstein bulls. 【Result】Expression of PPARγ had no difference between 15 and 17 mo of Holstein bulls. But it was greater ($P<0.05$)

in mesenteric fat, kidney fat and subcutaneous sirloin fat than inlongissimus dorsi and semitendinosus. And it was also greater (P<0.05) in mesenteric fat and kidney fat than in subcutaneous rib fat. 【Conclusion】 The expression of the *PPARγ* gene in tissues of Holstein bulls differed among sources of tissue.These results suggest that evaluation of gene expression of *PPARγ* gene should consider the sources of the tissue.

Key words: *PPARγ* gene; Holstein bulls; different tissues; differential expression

过氧化物酶体增殖物激活受体（peroxisome proliferators-activated receptors，PPARs）是一类由配体激活的核转录因子，属于核内受体超家族成员[1, 2]。可调控与脂肪代谢有关的基因表达，在脂肪代谢中具有重要作用[3-5]。根据结构不同，PPARs可分为α、β（或δ）和γ3种类型，均由特定的单拷贝基因编码。其中，*PPARγ*是脂肪细胞分化和成熟过程中重要的转录因子，它可以诱导脂肪细胞的分化，与脂肪沉积关系最为密切，能同时调控多种基因表达，参与脂肪细胞分化与脂代谢调节等重要生理过程[6]。*PPARγ*基因在多种组织中表达，在脂肪细胞分化的早期就有表达，脂肪细胞成熟时表达量达到最高。有关*PPARγ*基因的组织表达特点目前已有许多研究，但结果不一致。在禽类和哺乳动物脂肪组织中*PPARγ*基因表达水平较高[7-9]，Braissant等[10]曾在鼠的白色脂肪组织、脾脏、肾脏中检测到*PPARγ*基因的表达。王丽等[8, 9, 11-13]研究发现*PPARγ*基因在猪、鸡、羊和牛的脂肪、内脏、肌肉等组织中均有不同程度的表达，其中脂肪组织中表达量最高。王小梅[14]研究指出不同品种肉牛背最长肌中*PPARγ*基因的表达量存在显著差异（P<0.05），草原红牛显著高于夏洛莱牛、西门塔尔牛和红安格斯牛，同时，和相关研究报道一致[15-17]，草原红牛肌内脂肪含量也显著高于其他3个品种肉牛（P<0.05），表明脂肪组织通过*PPARγ*基因的表达可以调控脂肪代谢，且*PPARγ*基因在肌肉中的表达水平与肌内脂肪含量成正比，在此之前，Ohyama等[18]研究证实*PPARγ*参与牛脂肪细胞的分化和脂质代谢，*PPARγ*及其配体在牛脂肪生成过程中起着重要的作用。本研究利用实时荧光定量PCR法对荷斯坦公牛不同部位脂肪和肌肉组织中*PPARγ*基因的相对表达差异性进行研究，为*PPARγ*基因在牛不同组织的表达特点及其与家畜脂肪沉积等关系的进一步深入研究提供了素材。

1 材料与方法

1.1 实验动物

选取甘肃省临洮县华加牧业科技有限责任公司的6头同胎次体重相近的荷斯坦公犊牛，在同一饲养条件下饲喂至15月龄和17月龄时（此时荷斯坦公牛平均活体重达到适宜出栏的体重：500kg和550kg）各屠宰3头，屠宰剥皮后立即采集脂肪组织（背部脂肪、腰部脂肪、肾周脂肪、肠系膜脂肪）和肌肉组织［背最长肌（12～13肋骨）和半腱肌］，放入液氮罐中速冻，带回实验室后于-70℃冰箱保存备用。所有样品均在牛屠宰剥皮后15min内采集，除肠系膜脂肪外，其他组织样品均采自左半胴体。

1.2 总RNA的提取

参照RNAiso Plus（Total RNA extraction reagent）给出的RNA提取步骤分别提取各组织样品中的总RNA，每头牛各组织部位样品提取一份总RNA，并利用Implen超微量紫外可见分光光度计（NanoPhotometer）测定总RNA浓度和纯度，其完整性以琼脂糖凝胶电泳检测。

1.3 cDNA的合成

1.3.1 总RNA中少量基因组DNA污染的去除

基因组DNA去除反应的反应液需在冰上准备。反应液为：5×gDNA Eraser Buffer 2.0μL，gDNA Eraser 1.0μL，total RNA*（*：使加入的总RNA量达到1μg），RNase Free dH$_2$O补齐到10.0μL。反应

程序：42℃ 2min；4℃保存备用。

1.3.2 反转录反应

在冰上准备反应液：DNA去除反应混合液10.0μL，5×PrimeScript Buffer2（for Real Time）4.0μL，PrimeScript RT Enzyme Mix Ⅰ 1.0μL，RT Primer Mix 1.0μL，RNase Free dH$_2$O 4.0μL，合计20.0μL。反应程序：37℃ 15min；85℃ 5s；4℃保存。反应结束后将合成的cDNA稀释至100μL，即终浓度相当于10ng/μL总RNA，-20℃保存备用。cDNA的合成反应均在普通PCR仪上进行。

1.4 引物设计与内参基因的选择

参照Duckett等[19]设计的引物序列：$PPAR\gamma$，F：5'-AGGATGGGGTCCTCATATCC-3'，R：5'-GCGTTGAACTTCACAGCAAA-3'，产物预期长度121bp，退火温度57.8℃；$GAPDH$，F：5'-GGGTCATCATCTCTGCACCT-3'，R：5'-GGTCATAAGTCCCTCCACGA-3'，产物预期长度176bp，退火温度59.8℃。将$GAPDH$基因作为实时荧光定量PCR的内参基因。引物均由赛百盛生物技术有限公司合成。

1.5 实时荧光定量PCR

利用SYBR Premix Ex Taq Ⅱ（Tli RNaseH Plus）试剂盒进行实时荧光定量PCR。PCR反应体系包括：SYBR Premix Ex Taq Ⅱ（Tli RNaseH Plus）（2×）10.0μL；稀释的cDNA模板（<100ng）2μL；上下游引物（10μM）各0.8μL，dH$_2$O（灭菌蒸馏水）补齐到20μL。PCR反应在LightCycler 480 System Real Time PCR扩增仪上完成。PCR反应程序为：（1）预变性：95℃ 30s（升温速率4.4℃/s）1cycle；（2）PCR：分析模式：定量分析，95℃ 5s（升温速率4.4℃/s），60℃ 30s（升温速率2.2℃/s，Acquisition Mode：Single），40cycles；（3）融解：分析模式：融解曲线，95℃ 5s（升温速率4.4℃/s），60℃ 1min（升温速率2.2℃/s），95℃（升温速率0.11℃/s，Acquisition Mode：Continuous，Acquisitions：5per℃），1cycle；（4）降温：50℃ 30s（升温速率2.2℃/s），1cycle。每个样品重复3次。每对引物分别设立3个内参基因不含模板的阴性对照。

1.6 数据分析

利用SAS软件分别分析基因表达在部位、年龄、部位和年龄互作中是否具有差异性，结果发现除在部位有显著性差异外，其他均无显著性差异。因此，在第二次分析模型中仅对不同部位的显著性做t检验分析。

2 结果与分析

2.1 RNA提取结果检测

RNA提取结果是决定实时荧光定量PCR成败的关键。电泳检测结果（图1）显示，各组织部位样品的RNA均可见清晰的2条带（28S rRNA、18S rRNA），其条带亮度比值均大于3:1，表明提取的总RNA未出现降解。用超微量分光光度计定量，D260/D280值均在1.82~2.04，说明提取的总RNA纯度较高。可以用于后续的反转录及实时荧光定量PCR。

2.2 $PPAR\gamma$基因RT-PCR扩增产物检测

以荷斯坦公牛不同组织的总RNA为模板，用已设计的引物分别对$PPAR\gamma$基因和$GAPDH$基因进行RT-PCR扩增，扩增产物用3%的琼脂糖凝胶电泳检测，分别获得大小约121bp和176bp的条带，与预期目的片段和内参基因片段大小基本相符（图2）。

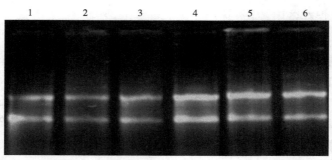

1. 背部脂肪；2. 腰部脂肪；3. 肾周脂肪；4. 肠系膜脂肪；5. 背最长肌；6. 半腱肌

图1 不同组织部位样品RNA电泳检测

Fig. 1 RNA electrophoresis of different tissue samples

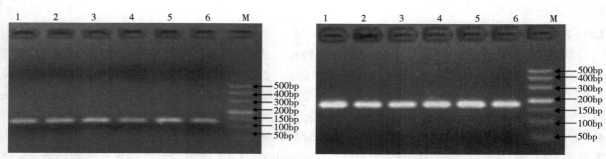

M：DNA分子标记；1. 背部脂肪；2. 腰部脂肪；3. 肾周脂肪；4. 肠系膜脂肪；5. 背最长肌；6. 半腱肌

图2 牛 PPARγ 基因和 GAPDH 基因扩增产物3%琼脂糖凝胶电泳图（121bp，176bp）

Fig. 2 The 3% agarose gelelectrophoresis of PPARγ and GAPDH gene amplification products.（121bp，176bp）

2.3 PPARγ 基因在牛不同组织间相对表达分析

通过实时荧光定量PCR对荷斯坦公牛背部脂肪、腰部脂肪、肾周脂肪、肠系膜脂肪、背最长肌、半腱肌等6个脂肪和肌肉组织中 PPARγ 基因的mRNA相对表达量进行测定，结果如图3、图4及下表所示。

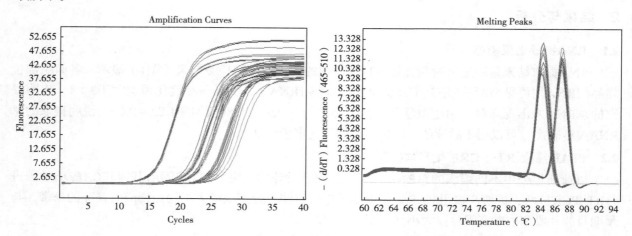

图3 PPARγ/GAPDH 基因实时荧光定量PCR扩增曲线和溶解曲线

Fig. 3 The amplification curves and melting curves of real-time fluorescence quantitative PCR of PPARγ gene

表 PPARγ基因在牛不同组织部位的相对表达量

Table The relative expression of *PPARγ* gene in different tissues of Holstein bulls

组织部位	PPARγ相对表达量
肠系膜脂肪	0.77 ± 0.15^{A}
肾周脂肪	0.72 ± 0.15^{A}
腰部脂肪	0.44 ± 0.15^{AB}
背部脂肪	0.23 ± 0.15^{BC}
背最长肌	0.002 ± 0.15^{C}
半腱肌	0.001 ± 0.15^{C}

注：表中不同大写字母表示同月龄不同组织部位差异显著（$P<0.05$），下同

Note：The different majuscule shows significant difference（$P<0.05$）among different tissues. Same as below

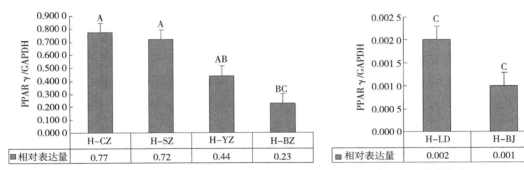

组织部位H-CZ，H-SZ，H-YZ，H-BZ，H-LD，H-BJ分别代表肠系膜脂肪，肾周脂肪，腰部脂肪，背部脂肪，背最长肌，半腱肌

图4 *PPARγ*基因在荷斯坦公牛不同组织部位的相对表达量柱状图

Fig. 4 The Relative expression of *PPARγ* gene in different tissues of Holstein bulls

分析结果表明*PPARγ*基因的表达在不同月龄间无差异性，而在不同部位脂肪和肌肉组织间存在差异性，由上表和图4可以看出*PPARγ*基因在荷斯坦奶公牛的不同脂肪和肌肉组织中均有不同程度的表达，其相对表达量由高到低依次为：肠系膜脂肪、肾周脂肪、腰部脂肪、背部脂肪、背最长肌和半腱肌。肠系膜脂肪、肾周脂肪和腰部脂肪的相对表达量显著高于背最长肌和半腱肌（$P<0.05$）；肠系膜脂肪和肾周脂肪的相对表达量显著高于背部脂肪（$P<0.05$）。

3 讨论

3.1 *PPARγ*基因的组织表达差异性

*PPARγ*基因表达于多种组织，在脂肪组织中表达量较高，近年来，国内外对该基因的组织表达特点进行了广泛的研究。Mukherjee等[7]在人的心脏、肝脏、肾脏、脂肪及肌肉组织中均检测到了*PPARγ*基因的表达。在啮齿动物成熟器官，*PPARγ*基因高度表达于棕色和白色脂肪，低水平表达于肠黏膜、视网膜、骨骼肌和淋巴器官[20]。半定量RT-PCR检测显示，PPARγ基因在鸡[11, 21]脂肪、脑、肾脏、脾脏、心脏、肺脏和九龙牦牛[13]心脏、肝脏、脾脏、肺脏、脂肪、背最长肌等组织以及

猪[9]脂肪、肌肉、肝脏、肾脏、脾脏、心脏和肺脏中均有不同程度表达，且在脂肪组织中表达量最高。本研究结果显示PPARγ基因在荷斯坦公牛脂肪组织（背部脂肪、腰部脂肪、肾周脂肪、肠系膜脂肪）和肌肉组织（背最长肌和半腱肌）均有表达，这与上述研究结果一致。林婧婧等[12]以不同月龄广灵大尾羊和小尾寒羊为研究对象，用实时荧光定量方法研究发现PPARγ基因在7种脂肪组织（大网膜、小网膜、尾部脂肪、皮下脂肪、肠系膜、肾周脂肪、腹膜后脂肪）中都有表达，但作为主效应，品种和月龄基本不影响PPARγ基因的表达，与该研究结果一致，本研究中不同月龄PPARγ基因的表达无显著差异。在本研究结果中，PPARγ基因在肠系膜脂肪、肾周脂肪和腰部脂肪的相对表达量显著高于背最长肌和半腱肌（$P<0.05$），即在脂肪组织的相对表达量极显著高于肌肉组织，这与PPARγ基因在九龙牦牛[13]脂肪组织中表达极显著高于其他组织（$P<0.01$）和PPARγ2基因在不同发育阶段西杂一代（宣汉黄牛×西门塔尔牛）公牛[22]不同脂肪中的相对表达量均极显著高于不同类型肌肉的表达量完全相符。研究表明PPARγ基因在不同脂肪组织的表达也存在一定的差异性，PPARγ基因在浅层脂肪组织中的表达量低于深层脂肪组织，如在小尾寒羊中，除肠系膜外，PPARγ基因在浅层肪组织（皮下和尾部）中的表达量低于其他深层脂肪组织[12]，同样PPARγ2基因在6月龄、12月龄、24月龄和36月龄4个年龄段的西杂一代（宣汉黄牛×西门塔尔牛）公牛腹部脂肪的相对表达量高于背部脂肪，但差异没达到显著[22]，与这些研究结果一样，本研究中PPARγ基因在肠系膜脂肪和肾周脂肪的相对表达量显著高于背部脂肪（$P<0.05$）。

3.2 PPARγ基因与脂肪代谢的关系

PPARγ作为脂肪细胞分化重要的转录因子，主要参与诱导脂肪细胞的分化，能促进肌内前体脂肪细胞不断分化为成熟脂肪细胞，从而使前体脂肪细胞数量逐渐减少，成熟脂肪细胞数量不断增加，对畜禽肌内脂肪的沉积存在一定的影响。

Torii等[23]试验从肉牛背最长肌分离得到成纤维细胞，经TZD诱导分化为脂肪细胞，证明PPARγ也存在于肌肉组织未分化的成纤维细胞中，说明PPARγ在肉牛育肥中后期的脂肪沉积中发挥重要作用。Taniguchi等[24]报道，PPARγ与SREBP1联合在体外培养的牛肌肉外围的前体脂肪细胞再分化过程中起关键的调控作用。近年来研究发现，PPARγ基因的mRNA水平与影响肉质性状的肌内脂肪（IMF）含量有关，Schoonjans等[25,26]报道称PPARγ基因参与调控脂类代谢及与脂肪相关基因的表达，在该基因的调控下前脂肪细胞分化，甘油三酯在脂肪细胞沉积，脂肪细胞代谢相关基因（如脂蛋白脂酶、Leptin、脂肪酸结合蛋白和脂肪酸合成酶等）被激活，最终导致白色脂肪组织沉积增加。李健[22]在不同月龄西杂一代（宣汉黄牛×西门塔尔牛）公牛上研究发现PPARγ2可以正向调节脂肪细胞分化，随着脂肪细胞的分化，PPARγ2的表达量逐渐增加，到成熟脂肪细胞时，表达量最高，和上述报道相一致。另有研究显示PPARγ基因的表达量与2~90日龄雄性哈萨克羊IMF含量高度负相关[27]，与湖羊IMF含量呈不同程度负相关[28]，还与朗德鹅肥肝形成有一定的关系[29]。本研究只是初步探讨了PPARγ基因在荷斯坦公牛不同月龄、不同部位脂肪和肌肉组织的表达差异性规律，对于该基因与牛脂肪代谢与沉积之间的关系有待深入研究，本课题组也将在以后的研究中从血液生化指标及肌肉和脂肪组织的生长发育等方面进行进一步的研究和探讨。

4 结论

本研究结果表明：PPARγ基因在15月龄和17月龄荷斯坦公牛脂肪组织（背部脂肪、腰部脂肪、肾周脂肪、肠系膜脂肪）和肌肉组织（背最长肌和半腱肌）均有表达，部位间存在差异性，月龄间无差异。

参考文献

[1] Issmann I, Green S. Activation of a member of the steriod hormone receptor superfamily by peroxisome proliferators[J]. Nature, 1990, 347: 645-650.

[2] Thomas L, Béatrice D, Walter W. peroxisome proliferator-activated receptor signaling pathway in lipid physiology[J]. Annual review of cell and developmental biology, 1996, 12: 335-363.

[3] Schoonjans K, Staels B, Auwerx J. Role of the peroxisome proliferator-activated receptor (PPAR) in mediating the effects of fibrates and fatty acids on gene expression[J]. Journal of Lipid Research, 1996, 37: 907-925.

[4] QiC, ZhuY, Reddy J. K. Peroxisome proliferator-activated receptors, coactivators and downstreamtargets[J]. Cell Biochem Biophys, 2000, 32(1-3): 187-204.

[5] Lee CH, Olson P, Evans RM. Minireview: Lipid Metabolism, Metabolic Diseases, andPeroxisome Proliferator-Activated Receptors [J]. Endocrinology, 2003, 144(6): 2 201-2 207.

[6] Abdelrahman M, Sivarajah A, Thiemermann C. Beneficial effects of PPAR-γ ligands inischemia-reperfusioninjury, inflammation and shock[J]. Cardiovascular Research, 2005, 65(4): 772-781.

[7] Mukherjee R, Jow L, Croston GE, et al. Identification, Characterization, and Tissue Distribution of Human-Peroxisome Proliferator-activated Receptor (PPAR) IsoformsPPARγ2 versus PPARγ1 and Activation with RetinoidX ReceptorAgonists and Antagonists[J]. The Journal of Biological Chemistry, 1997, 272(12): 8 071-8 076.

[8] 孟和, 李辉, 王宇祥. 鸡PPARγ基因组织表达特性的研究[J]. 遗传学报, 2004, 31(7): 682-687.

[9] 王博, 吴江维, 杨公社. PPARγ在八眉猪不同组织中的表达差异[J]. 畜牧兽医学报, 2008, 39(3): 273-277.

[10] Braissant O, Foufelle F, Scotto C, et al. Differential expression of peroxisome proliferator-activated receptors (PPARs): tissue distribution of PPAR-alpha, -beta, and -gamma in the adult rat [J]. Endocrinology, 1996, 137(1): 354-366.

[11] 王丽, 那威, 王宇祥, 等. 鸡PPARγ基因的表达特性及其对脂肪细胞增殖分化的影响[J]. 遗传, 2012, 34(5): 454-464.

[12] 林培婧, 高中元, 袁亚男, 等. PPARα和PPARγ基因在不同脂尾型绵羊脂肪组织中的发育性表达研究[J]. 畜牧兽医学报, 2012, 43(9): 1 368-1 376.

[13] 林亚秋, 邝良德, 徐亚欧, 等. 九龙牦牛 PPARγ 基因的克隆及其表达谱分析[J]. 遗传育种, 2010, 46(17): 6-9.

[14] 王小梅. 内蒙古地区不同品种肉牛生产性能和肉品质及脂肪代谢相关基因mRNA表达量的比较研究[D]. 内蒙古农业大学博士学位论文, 2012.

[15] 姜俊芳. 脂肪细胞分化相关因子表达在猪生长过程中的变化规律研究[D]. 浙江大学博士学位论文, 2006.

[16] Soret B, Lee H. J, Finley E, etal. Regulation of differentiation of sheep subcutaneous and abdominal preadipocytes in culture [J]. Journal of Endocrinology, 1999, 161: 517-524.

[17] 黄治国. 绵羊生长及肌内脂肪部分相关基因表达的发育性变化研究[D]. 南京农业大学博士学位论文, 2006.

[18] Ohyama M, Matsuda K, Torii S, et al. The Interaction Between Vitamin Aand Thiazolidinedione on BovineAdipocyte Differentiation in Primary Culture [J]. J. Anim. Sci, 1998, 76: 61-65.

[19] Duckett SK, Pratt SL, Pavan E. Corn oil or corn grain supplementation to steers grazing endophyte-free tall fescue. II. Effects on subcutaneous fatty acid content and lipogenic gene expression[J]. Journal of Animal Science, 2009, 87(3): 1 120-1 128.

[20] Michalik L, Desvergne B, Dreyer C, et al. PPAR expression and function during vertebrate development[J]. Int J Dev Biol, 2002, 46(1): 105-114.

[21] Meng H, Li H, Zhao JG, et al. Differential expression of peroxisome proliferator-activated receptors alpha and gamma gene in various chicken tissues[J]. Domest Anim En-docrinol, 2005, 28(1): 105-110.

［22］ 李健. 西杂牛PPARγ2、PGC1α、MEF2C基因表达量及其与肌内脂肪含量、嫩度的相关分析[D]. 硕士学位论文，雅安：四川农业大学，2010.

［23］ Torii SI, Kawada T, Matsuda K, et al. Thiazolidinedione induces the adipose differentiation of fibroblast-like cells resident within bovine skeletal muscle[J]. Cell Biology International，1998，22（6）：421-427.

［24］ Taniguchi M, Guan LL, Zhang B, et al. Adipogenesis of bovine perimuscular preadipocytes[J]. Biochem Biophys Res Commun，2008，366（1）：54-59.

［25］ Schoonjans K, Watanabe M, Suzuki H, et al. Induction of the acyl-coenzyme A synthetase gene by fibrates and fatty acids ismediated by a peroxisome proliferator response element in theC promoter [J]. J Biol Chem，1995，270（33）：19 269-19 276.

［26］ 宋新磊，王静，崔焕先，等. PPARγ对脂类代谢和脂肪细胞分化的调控[J]. 云南农业大学学报，2008，23（6）：851-855.

［27］ Huang Z G, Xiong L, Liu ZS, et al. The developmental changes and effect on IMF content of H-FABP and PPARγ mRNA expression in sheep muscle[J]. Acta Genetica Sinica，2006，33（6）：507-514.

［28］ 郝称莉，李齐发，乔永，等. 湖羊肌肉组织H-FABP和PPARγ基因表达水平与肌内脂肪含量的相关研究[J]. 中国农业科学，2008，41（11）：3 776-3 783.

［29］ 苏胜彦，李齐发，刘振山，等. 朗德鹅填饲后不同组织PPARγ基因mRNA表达量差异的初步研究[J]. 畜牧兽医学报，2008，39（7）：879-884.

不同血统含量奶牛泌乳性能与体重的相关性研究

李世歌，赵生国，王欣荣，李耀东，张长庆，孙国虎，吴建平*

（甘肃农业大学动物科学技术学院，兰州 730070）

摘 要：为了研究不同荷斯坦牛血统含量对头胎泌乳性能和早期体重的影响，并分析两者之间的相关性，本试验选取荷斯坦牛血统含量不同的荷黄级进杂交奶牛和纯种荷斯坦牛共85头，分为3组，分别测定其头胎泌乳性能及初生、2月龄、4月龄、6月龄、9月龄体重，在此基础上探讨头胎泌乳性能与不同月龄体重的关系。结果表明：泌乳性能和早期体重随着荷斯坦牛血统含量的提高均有上升的趋势，且3组奶牛的6月龄体重与头胎泌乳性能呈极显著相关（$P<0.01$）；初生重、9月龄体重与部分泌乳性能指标极显著（$P<0.01$）或显著（$P<0.05$）相关。表明随着荷斯坦牛血统含量的提高，杂种牛与纯种荷斯坦牛泌乳性能和早期体重的差距逐渐缩小；不同血统含量奶牛的初生重、6月龄体重与泌乳性能呈显著正相关。

关键词：血统含量；体重；泌乳性能；相关性

Analysis of the correlations between milk performance and body weight in various blood line dairy cows

Li Shi ge, Zhao Sheng guo, Wang Xin rong, Li yao dong,
Zhang Chang qing, Sun Guo hu, Wu Jian ping

(College of Animal Science and Technology, Gansu Agricultural University,
Lanzhou 730070)

Abstract: For studying the effect of the various blood line on milk performance and early body weight, eighty-five dairy cows were divided into three groups according to the various blood line of Holstein Friesian and milk performance of first lactation and body weight (birth, 2, 4, 6 and 9 mo) were measured, respectively. The results showed that the milk performance and body weight were improved with the increasing of upgrading. The correlation coefficients between milk performanceof first lactation and body weight among three groups were highly significant（$P<0.01$）at 6 mo and significant（$P<0.05$）or highly significant（$P<0.01$）at birth and 9 mo.The milk performance and body weight gap between pure Holstein and descendants by grading hybridization were reduced gradually with the increasing of upgrading. There was significant positive correlation between milk performance and body weight（birth and 6 mo）in different blood line of Holstein Friesian.

Key words: blood line; body weight; milk performance; correlation

为了获得生产性能更高、经济效益更好的奶牛群体，利用国外优秀的荷斯坦种公牛对本地黄牛进行级进杂交改良，是我国奶牛育种工作的重要手段。以优良品种的公牛与低产品种母牛交配，所产杂种一代母牛再与该优良品种公牛交配，产下的杂种二代继续与该优良品种公牛交配，如此连续进行的杂交方法，称为级进杂交[1]。在级进杂交过程中，随着级进杂交代数的增加，杂种牛的外血含量也逐级增加，级进一代至五代的外血含量分别为50%、75%、87.5%、93.75%、96.88%。中国荷斯坦奶牛就是利用国外的荷斯坦种公牛对本地黄牛实行级进杂交改良，经横交固定后选育而成。对于荷黄级进杂种母牛，由于其所含荷斯坦奶牛和黄牛的血统含量不同，因而表现在生长发育、生产性能等方面都可能存在不同程度的差异[2]。奶牛泌乳性能的高低是衡量奶牛生产性能的核心指标，而后备奶牛的早期体重指标是最早的且易于测量的发育指标。而且育成牛的饲养成本占到牛奶生产成本的15%~20%[3]。刘贤侠等[4]研究表明，荷斯坦奶牛第一胎次产奶量与终身产奶量的极显著（$P<0.01$）相关，说明奶牛的头胎产奶量高，其终身产奶量一般也较高。因此，如果能找出奶牛早期月龄体重与头胎产奶量之间的关系，便可在级进杂交改良的基础上，把体重指标作为重要的辅助选择性状，对奶牛未来的泌乳性能进行早期选育。

研究表明，荷斯坦牛的部分早期体重指标对头胎产奶量有显著的影响。顾亚玲[5-6]报道荷斯坦奶牛的初生重和6月龄体重与头胎产奶量的遗传相关分别达到了0.75和0.72；张孔杰等[7]研究发现，荷斯坦奶牛初生重与头胎产奶量呈极显著正相关（$P<0.01$）；冯登侦[8]报道，奶牛初生重、12月龄体重、16月龄体重间以及第1胎、第2胎、第3胎305d产奶量间表现出极显著的中等正相关（$P<0.01$）。但是，此前的研究大都集中在纯种荷斯坦奶牛，且没有考虑对乳脂量、乳蛋白量、乳糖量等重要乳品质性状的选择，事实上，牛奶按质论价已是市场趋势，单纯的强调产奶量的高低，而忽视对乳脂、乳蛋白等乳成分指标的选择显然是不明智的。本研究在对不同血统含量的荷黄级进杂种奶牛和纯种荷斯坦奶牛准确分组的基础上，对其进行泌乳性能和早期体重的差异性研究，同时，分别探讨了不同血统含量奶牛的早期体重指标与头胎产奶量、乳脂量、乳蛋白量和乳糖量的相关性，为选育适应我国西北农区生产体系下的高效良种奶牛提供一定的理论依据。

1 材料与方法

1.1 试验材料

选取甘肃省临洮县华加牧业科技有限公司85头健康、泌乳正常的奶牛，根据荷斯坦牛血统含量分为3组，其中，A组13头，为荷黄级进杂交三代，荷斯坦牛血统含量87.5%；B组35头，为级进杂交四代，荷斯坦牛血统含量93.75%；C组37头，为纯种荷斯坦牛，荷斯坦牛血统含量100%。

试验牛的各项指标测定及前期数据收集工作于2008—2012年进行。

1.2 数据处理

整理生产性能数据，统计奶牛初生重、2月龄体重、4月龄体重、6月龄体重、9月龄体重和第一胎次的305d产奶量、305d乳脂量、305d乳蛋白量以及305d乳糖量。统计产奶量时要求泌乳天数大于

150d，达到或超过305d时按305d计算产奶量，不足305d时则根据滕晓红报道的校正系数校正到305d产奶量[9]。

1.3 数据统计与分析

试验数据利用SPSS19.0软件对各性状指标进行单因素方差分析和Pearson相关性分析。

2 结果与分析

2.1 荷斯坦牛血统含量对头胎泌乳性能的影响

随着荷斯坦奶牛血统含量的提高，杂种奶牛的头胎305d产奶量、305d乳脂量、305d乳蛋白量和305d乳糖量均有显著提升，如表1所示，C组各项泌乳性能指标均极显著（$P<0.01$）高于A组奶牛，B组奶牛305d乳脂量极显著（$P<0.01$）高于A组，而305d产奶量、305d乳蛋白量、305d乳糖量显著（$P<0.05$）高于A组，C组奶牛的305d产奶量、305d乳脂量、305d乳蛋白量和305d乳糖量比B组奶牛分别高出4.7%、4.4%、4.5%和3.9%，但两组间的差异不显著（$P>0.05$）；其他各组间差异不显著（$P>0.05$）。

表1 各试验组头胎泌乳性能指标的比较
Table 1 Comparison for first lactation milk yield and quality of different group

组别	305d产奶量（kg）	305d乳脂量（kg）	305d乳蛋白量（kg）	305d乳糖量（kg）
A	4 989.58 ± 582.17^{Aa}	182.42 ± 24.86^A	152.05 ± 16.63^{Aa}	231.70 ± 22.91^{Aa}
B	5 406.66 ± 622.31^{ABb}	209.59 ± 29.92^B	167.07 ± 26.61^{ABb}	254.00 ± 34.58^{ABb}
C	5 661.09 ± 520.08^{Bb}	218.91 ± 33.12^B	174.72 ± 19.14^{Bb}	264.00 ± 33.66^{Bb}

注：同列数据肩标不同大写字母表示差异极显著（$P<0.01$），不同小写字母表示差异显著（$P<0.05$），标有相同字母或未标字母表示差异不显著（$P>0.05$）。

2.2 荷斯坦牛血统含量对早期体重的影响

由表2可知，相较于A组，随着血统含量的提高，B、C组各月龄体重均有升高的趋势，其中，C组奶牛的初生重和9月龄体重极显著高于A组（$P<0.01$），而A、B组和B、C组间初生重和9月龄体重则差异不显著（$P>0.05$）；C组奶牛的2月龄体重显著高于A组（$P<0.05$）；B、C组奶牛的6月龄体重显著高于A组（$P<0.05$）；其他各组间体重无显著性差异（$P>0.05$）。

表2 各试验组部分月龄体重的比较
Table 2 Comparison for body weight of different month of age

组别	初生重（kg）	2月龄体重（kg）	4月龄体重（kg）	6月龄体重（kg）	9月龄体重（kg）
A	39.31 ± 2.46^A	70.69 ± 10.33^a	117..31 ± 12.00	164.46 ± 6.73^a	223.00 ± 24.58^A
B	40.57 ± 2.58^{AB}	74.94 ± 8.22^{ab}	119.26 ± 10.86	169.71 ± 9.19^b	233.80 ± 21.50^{AB}
C	41.86 ± 3.11^B	77.24 ± 7.01^b	120.73 ± 8.75	170.24 ± 6.59^b	243.08 ± 16.44^B

注：同列数据肩标有不同大写字母表示差异极显著（$P<0.01$），不同小写字母表示差异显著（$P<0.05$），标有相同字母或未标字母表示差异不显著（$P>0.05$）

2.3 不同血统含量奶牛早期体重与头胎泌乳性能的相关分析

表3列出了3个血统含量水平奶牛的初生、2月龄、4月龄、6月龄、9月龄体重与头胎次泌乳性能的相关系数。由表3中可知，不同组间体重与泌乳性能指标的相关性略有不同。总体来说，3组奶牛的初生重、6月龄体重和9月龄体重与泌乳性能呈强正相关，6月龄体重与头胎次各项泌乳性能指标极显著相关（$P<0.01$），2月龄体重、4月龄体重与泌乳性能相关不显著（$P>0.05$）；A组奶牛的初生重与305d产奶量、305d乳蛋白量、305d乳糖量极显著相关（$P<0.01$），与305d乳脂量显著相关（$P<0.05$）；9月龄体重与305d产奶量和乳糖量显著相关（$P<0.05$）；B组奶牛的初生重与305d产奶量、乳脂量、乳糖量显著相关（$P<0.05$），与305d乳蛋白量极显著相关（$P<0.01$），9月龄体重与305d乳脂量显著相关（$P<0.05$）；C组奶牛的初生重与305d产奶量极显著相关（$P<0.01$），与305d乳蛋白量显著相关（$P<0.05$），9月龄体重与305d产奶量和乳蛋白量极显著相关（$P<0.01$），与305d乳脂量显著相关（$P<0.05$）；其他各性状间相关不显著（$P>0.05$）。

表3 不同血统含量奶牛体重与泌乳性能的相关系数
Table 3 Correlation of body weight with milk performance in different group

组别	泌乳性能指标	初生重	2月龄体重	4月龄体重	6月龄体重	9月龄体重
A	305d产奶量	0.915**	0.416	0.357	0.923**	0.575*
A	305d乳脂量	0.678*	0.246	0.180	0.741**	0.491
A	305d乳蛋白量	0.835**	0.438	0.370	0.897**	0.537
A	305d乳糖量	0.716**	0.276	0.126	0.807**	0.659*
B	305d产奶量	0.407*	−0.128	0.211	0.879**	0.269
B	305d乳脂量	0.409*	−0.049	−0.005	0.596**	0.385*
B	305d乳蛋白量	0.466**	−0.053	0.254	0.711**	0.115
B	305d乳糖量	0.344*	−0.290	0.061	0.596**	0.137
C	305d产奶量	0.430**	−0.065	0.098	0.812**	0.548*
C	305d乳脂量	0.260	−0.236	−0.042	0.660**	0.403*
C	305d乳蛋白量	0.388*	−0.178	−0.004	0.632**	0.542**
C	305d乳糖量	0.225	−0.281	−0.138	0.490**	0.237

注："**"表示相关系数极显著（$P<0.01$），"*"表示相关系数显著（$P<0.05$）

3 讨论

3.1 级进杂交改良效果分析

回顾自20世纪70年代末至今，人工授精技术在由黄牛改良到荷斯坦奶牛的过程中发挥了重要作用，中国奶牛群体大致经历了比较完整的品种水平改良和部分家系水平的改良，但基本还未进入个体水平改良，国外优秀公牛的核心和巨大作用并没有得到充分利用[10]。因此，使用验证公牛冻精进行持续改良，使群体改良由家系水平过渡到个体水平，培育更为理想的后代，是提升养殖效益的根本保证。

本试验中选取的奶牛来源于荷黄级进杂交三代、杂交四代奶牛和纯种荷斯坦奶牛。结果表明，纯种荷斯坦奶牛的头胎泌乳性能高于级进杂交奶牛，这与Heins（2006）[11]纯种荷斯坦奶牛的产奶量显著（$P<0.05$）高于所有杂交组合的结论一致，但与Bryant（2007）[12]新西兰娟珊牛/荷斯坦奶牛杂种比纯种荷斯坦奶牛有更高的乳脂量和乳蛋白量的结果不同，这可能与娟珊牛的乳干物质含量较高有关；本次试验中，杂交四代与纯种荷斯坦奶牛的头胎泌乳性能差异不显著（$P>0.05$），但杂交四代和纯种荷斯坦奶牛的泌乳性能极显著（$P<0.01$）或显著（$P<0.05$）高于杂交三代奶牛。这与马彦男（2010a）[13]高血统含量杂种奶牛和纯种荷斯坦奶牛305d乳脂量、305d乳蛋白量、305d乳糖量显著（$P<0.05$）高于低血统含量奶牛的结论一致，说明随着荷斯坦牛血统含量的提高，杂种后代的泌乳性能有了很大改善，乳用特征更加明显。生长性能方面，本试验发现纯种荷斯坦奶牛和杂交四代奶牛的初生重、9月龄体重极显著（$P<0.01$）高于杂交三代奶牛，杂交三代与杂交四代奶牛之间，除6月龄体重外差异不显著。这与马彦男（2010b）[14]纯种荷斯坦奶牛的初生重显著（$P<0.05$）高于杂种奶牛，高血统含量奶牛的6月龄体重显著（$P<0.1$）高于低血统含量奶牛的结论一致。

3.2 不同月龄体重与泌乳性能相关性研究

在育种工作中，血统含量只是表明某一品种可能具有的遗传，一个品种或某一个体实际所表现的性状未必与血统含量相吻合，事实上，实际生产中确有一部分级进改良牛生产性能不理想，究其原因，除了环境、饲料、饲养管理、适应性等因素的影响外，基因的重组和分离可能导致的个体差异也是重要原因。所以，在级进杂交改良的基础上，分别对不同血统含量的奶牛进行针对性的辅助选择，将起到事半功倍的效果。在畜禽中，有一些所要改良的性状，在畜禽的活体身上难以度量，如屠宰体重，肉的品质等。或者，由于限性性状在牲畜幼年时期尚未发育成熟，需要等到这些个体生长到一定阶段才能有测量记录。这时，就要寻找一个与所要选择的性状之间存在高度相关的性状，通过对这个辅助性状的选择，间接地改进或提高所要选择主要性状的选择效果[5]。奶牛的体尺、体重性状不仅反映了奶牛体格的大小和结实程度，而且也直接反映了奶牛生长发育阶段饲养管理水平及遗传因素影响的大小，进而间接影响奶牛终身生产性能[15]。

本研究结果表明，不同血统含量水平奶牛的6月龄体重与泌乳性能均呈正的极显著（$P<0.01$）相关关系，这与顾亚玲（2003）[5]荷斯坦奶牛6月龄体重与其头胎产奶量存在高遗传相关的结论一致；3组奶牛的初生重与泌乳性能显著（$P<0.05$）或极显著（$P<0.01$）相关，这与张孔杰（2011）[6]荷斯坦奶牛初生重与头胎产奶量呈极显著正相关（$P<0.01$）的结论一致，但与C.Lee（2002）[16]等报道朝鲜牛的初生重与产后1~4个月平均日产奶量遗传相关系数为-0.08到-0.16的结论不同，其原因可能是由于品种间的差异；且纯种荷斯坦奶牛的初生重、9月龄体重与泌乳性能的相关系数，和杂种奶牛相比差别较大，说明奶牛体重与泌乳性能的相关关系可能存在品种间的差异。因此在选种实践中，要根据牛场实际的生产情况、选种方向等因素综合考虑选种的时机。由此可见，尽管奶牛早期体重与泌乳性能的相关性的趋势大体相同，但对于不同荷斯坦牛血统含量，在不同泌乳性能指标上仍有不同，因此，这对奶牛场根据自身实际情况，针对不同群体有目的地进行早期选种具有重要意义。

4 结论

随着荷斯坦牛血统含量的提高，杂种牛与纯种荷斯坦牛泌乳性能和早期体重的差距逐渐缩小；不同血统含量奶牛的初生重和6月龄体重与头胎305d产奶量、305d乳脂量、305d乳蛋白量和305d乳糖量呈显著正相关。

参考文献

[1] 昝林森. 牛生产学[M]. 2版. 北京：中国农业出版社, 2007：127-129.
[2] 李忍益. 荷兰牛和黄牛血液含量与贵州黑白花奶牛新品种培育的探讨[J]. 贵州农学院学报, 1983（1）：37-41.
[3] J. Heinrichs. Raising dairy replacements to meet the needs of the 21st century. J. Dairy Sci. 1993, 76（10）: 3 179-3 187.
[4] 刘贤侠, 何高明, 王学龙, 等. 荷斯坦奶牛各胎次产奶量的相关分析与终生产奶量的早期预测[J]. 当代畜牧, 2003（2）：25-31.
[5] 顾亚玲. 荷斯坦奶牛初生重与头胎产奶量之间遗传相关的研究[J]. 内蒙古农业科技, 2005（3）：13-16.
[6] 顾亚玲, 李艳燕. 奶牛6月龄体重与头胎产奶量之间的遗传相关[J]. 黑龙江畜牧兽医, 2003（9）：20.
[7] 张孔杰, 张文龙, 张桂芬, 等. 荷斯坦奶牛初生重与305d产奶量的相关性分析[J]. 新疆畜牧业, 2011（7）：19-20.
[8] 冯登侦, 宁小波, 李艳艳, 等. 宁夏荷斯坦奶牛早期生长发育、头胎年龄及对产奶量的影响[J]. 黑龙江畜牧兽医, 2006（10）：34-35.
[9] 滕晓红. 中国荷斯坦奶牛产奶量校正系数的研究[D]. 中国农业大学. 2006.
[10] 张文灿, 张廷青, 张家骅. 中国发展千万头优质奶牛的战略思考[J]. 中国农学通报, 2003（5）：20-24.
[11] B. J. Heins, L. B. Hansen, and A. J. Seykora. Production of pure Holsteins versus crossbreds of Holstein with Normande, Montbeliarde, and Scandinavian Red. J. Dairy Sci. 2006, 89（7）: 2 799-2 804.
[12] J. R. Bryant, N. López-Villalobos, and D. J. Garrick. Short Communication: Effect of environment on the expression of breed and heterosis effects for production traits. J. DairySci. 2007, 90（3）: 1 548-1 553.
[13] 马彦男, 不同基因型奶牛生产性能遗传改良效果评估及GH和GHR基因SNPs与泌乳性能的相关性研究[D]. 甘肃农业大学. 2010.
[14] 马彦男, 刘哲, 吴建平, 等. 荷斯坦奶牛改良黄牛的效果分析[J]. 甘肃农业大学学报, 2010（1）：16-19.
[15] 于孟虎, 韩广文, 孙晓玉. 荷斯坦牛体尺、体重性状与繁殖性状的相关分析[J]. 中国奶牛, 2002（4）：30-32.
[16] C. Lee and E. J. Pollak. Genetic antagonism between body weight and milk production in beef cattle. J. Animal Sci. 2002, 80（2）：316-321.

早胜牛及其杂交群体遗传多样性研究*

刘丽[1]，赵生国[1,2]，蔡原[1]，雷赵民[1,2]，Michael A. Brown[3]，
王建福[1,2]，张长庆[1]，吴建平[1,2]**

(1. 甘肃农业大学动物科学技术学院，兰州　730070;
2. 中美草地畜牧业可持续研究中心，兰州　730070;
3. Grazinglands Research Laboratory，USDA-ARS，El Reno，OK　73036)

摘　要：主产于甘肃庆阳的早胜牛先后迁徙到平凉、固原等周边地区，在长期的适应性驯化中，形成了具有各自遗传特征的地方性类群。本研究对6个早胜牛类群（庆阳类群、平凉类群、固原类群、南德温与庆阳类群杂种、西门塔尔与平凉类群杂种、秦川牛与固原类群杂种）共166个个体线粒体DNA D环部分片段进行了分析，在长度为612bp的序列中，共检测到131个变异位点，界定了103个单倍型。结果表明，早胜牛庆阳、平凉和固原3个地方类群的平均核苷酸差异数（13.884，10.266，3.111）和核苷酸多样度（0.022 95，0.016 82，0.005 11）依次降低，与3个杂交类群的结果类似（15.362，9.264，7.495；0.025 31，0.015 24，0.012 33）；3个地方类群的共享单倍型数和特有单倍型数均以庆阳类群为最高（6和32），平凉类群（6和9）和固原类群（2和5）分别依次降低，3个杂交类群（11和17；9和16；8和9）也有类似结果；就对维持早胜牛总体多样性而言，早胜牛庆阳类群及其杂交类群、早胜牛平凉杂交类群具有正效应，而早胜牛平凉类群、早胜牛固原类群及其杂交类群均起到不同程度的负效应。因此，认为早胜牛庆阳类群及其杂交类群的遗传多样性高于其他两个地方类群及其杂交类群，杂交类群遗传多样性分布规律与其对应的地方类群一致，没有受到杂交影响，说明早胜牛杂交类群是引入父本的杂交方式，同时，也说明平凉和固原早胜牛可能相继从早胜牛的主产区庆阳迁徙而来，逐渐形成两个母系分枝，这将为早胜牛的遗传资源保护提供更多的科学依据。

关键词：早胜牛；线粒体DNA D-loop；遗传多样性；单倍型遗传贡献

---

*基金项目甘肃省农业生物技术研究与应用开发项目（No.GNSW-2010-04，GNSW-2011-27），甘肃省高等学校科研项目（2013A-063、2013A-069）

The genetic diversity of Zaosheng native cattle and associated crossbred population

Liu Li[1], Zhao Sheng guo[1,2], Cai yuan[1], Lei Zhao min[1,2], Michael A. Brown[3], Wang Jian fu[1,2], Zhang Chang qing[1], Wu Jian ping[1,2]**

(1. College of Animal Science and Technology, Gansu Agricultural University, Lanzhou, 730070; 2. MOST-USDA Joint ResearchCenter for Grazingland Ecosystem Restoration, Lanzhou, 730070; 3. Grazinglands Research Laboratory, USDA-ARS, El Reno, OK, 73036)

Abstract: Maternally inherited mitochondrial DNA (mtDNA) has been used extensively to determine genetic diversity, guide genetic resource conservation, and determine phylogeny. Zaosheng cattle, mainly produced in Qingyang Prefecture of Gansu, were introduced to Pingliang, Guyuan, and other areascoinciding with the growth of farming culture. Local genetic groups in various locations were formed through long term domestication and adaptation, respectively. To investigate the genetic diversity of Zaosheng cattle, six Zaosheng cattle groups (Qingyang group, QZ; QZ × South Devon group, QZ × N; Pingliang group, PZ; PZ × Simmental, PZ × X; Guyuan group, GZ; GZ × Qinchuan cattle, GZ × Q) were analyzed using mtDNA D-loop. A total of 131 variable sites and 103 haplotypes were identified. Among the QZ, PZ and GZ groups, the average number of nucleotide differences (13.884, 10.266, 3.111, respectively) andnucleotide diversity (0.022 95, 0.016 82, 0.005 11, respectively) decreased. Similar results were observed inQZ × N, PZ × X and GZ × Q groups (15.362, 9.264, 7.495, respectively; and 0.025 31, 0.015 24, 0.012 33, respectively for nucleotide differences and diversity). There were 6 shared and 32 unique haplotypes found in the QZ group, which was greater than PZ (6 shared, 9 unique) and GZ (2 shared, 5 unique). In conclusion, the genetic diversity of QZ and QZ × Nwas higher than other groups, and the genetic diversity of crossbred groups was similar to native groups.Consequently, crossbreeding had little influence on mtDNA genetic diversity in Zaosheng cattle and crossbreeding of Zaosheng cattle was generally through paternal crosses. We can also draw a conclusion that Zaosheng cattle in Pingliang and Guyuan could have migrated from Qingyang and gradually formed two maternal branches and provide a scientific foundation for genetic resources conservation of Zaosheng native cattle.

Key words: Zaosheng cattle; mtDNA D-loop; genetic diversity; genetic contribution of haplotype

中国黄牛包括普通牛（B.tauraus）和瘤牛（B.indicus），上千年来随着人类农耕技术的发展传播、人口迁徙、战争和贸易等活动，黄牛、水牛（Bubalusbubalis）和牦牛（B.grunniens）经过长期驯化和培育已广泛分布在各种环境和生产系统中。然而，伴随庆阳农耕文化的起源、发展及传播，原产于庆阳宁县的早胜牛先后迁徙到平凉、固原等周边地区，在长期的适应性驯化中，形成了具有各自遗传特征的地方性类群。早胜牛作为秦川牛的一个优良地方类群，以宁县早胜、良平、平子和中村4个乡为最优。

线粒体DNA（mtDNA）是动物核外唯一的遗传物质，具有严格的母系遗传方式。高等动物mtDNA是共价闭合的环状双链DNA分子，因其具有结构简单、稳定，序列和组成比较保守、母系遗传、无重组、单拷贝、无组织特异性、很少受到序列重排影响等特点，因此，被广泛地应用于遗传多样性研究。牛的mtDNA大小约为16 338bp，由37个基因和一段D-loop区组成。D-loop区又称mtDNA非编码区或控制区，mtDNA D-loop区的碱基替换率比其他区域高5~10倍，是mtDNA的高变区，比较适于分子群体遗传学中近缘种群间的分析研究（Brown，1981）。D-loop区序列的变异特征已经被广泛应用于牛亚科动物中普通牛、瘤牛和牦牛的遗传多态性和母系起源进化的研究（Troy et al.，2001；Lai et al.，2006；Lei et al.，2006；赖松家等，2005）。Troy等分析了欧洲牛、非洲牛和印度牛的mtDNAD-loop序列多态性，已证明现代欧洲牛起源于亚洲的近东。Lai等对中国南方和西南部14个品种进行遗传多样性分析后，均得出中国黄牛起源于普通牛和瘤牛的结论。雷初朝分析了我国北方和中原地区8个黄牛品种mtDNAD-loop区910bp全序列，发现中国黄牛的D-loop序列表现为3个单倍型组，揭示中国黄牛可能以普通牛起源和瘤牛起源为主，还发现1种单倍型尚不知其母系起源。本研究通过对分布在庆阳、平凉和固原的早胜牛及其杂交群体mtDNA D-loop区部分序列进行测序并分析其变异特征，进而系统研究了分布在庆阳、平凉和固原的早胜牛及其杂交群体的遗传多样性，为早胜牛的遗传资源保护提供更多的科学依据。

1 材料和方法

1.1 材料与试剂

在庆阳、平凉和固原分别采集早胜牛地方类群及其杂交群体颈静脉血液样品166份，共六个类群。采样过程中通过体型外貌特征及杂交过程调查、并结合养殖户或养殖企业提供的相关的系谱记录，进行类群鉴别。其中，早胜牛庆阳类群（QZ）43头，南德温与早胜牛庆阳类群杂种（QZ×N）41头；早胜牛平凉类群（PZ）20头，西门塔尔与早胜牛平凉类群杂种（PZ×X）32头；早胜牛固原类群（GZ）10头，秦川牛与早胜牛固原类群杂种（GZ×Q）20头。血液加抗凝剂低温带回实验室后，-70℃保存备用。

1.2 方法

参照《分子克隆实验指南》（Sambrook et al.，2002）中常规的酚氯仿抽提法提取血液中的基因组DNA。以牛mtDNA D-loop高变区序列为标记，采用已发表的牛mtDNA D-loop核苷酸序列扩增引物（Forward 5′-TAA GAC TCA AGG AAG AAA CTG CA-3′，Reverse 5′-AGC CCA TGC TCA CAC ATA ACT-3′）（赵生国等，2013）进行聚合酶链式反应（PCR反应体系为50μL，其中，ddH$_2$O 22μL，上、下游引物各1μL，预混酶25μL，DNA模板1μL。PCR反应程序为：94℃预变性3min，94℃变性30s，60℃退火1min，72℃延伸1min，30~35个循环，最后72℃延伸10min，4℃保存），获得的目的片段经2%的琼脂糖凝胶电泳检测后送上海生工生物工程股份有限公司进行测序。

1.3 数据处理

测序获得的原始序列数据通过Chromas Version2.33（http://www.technelysium.com.au/chromas.html）进行人工编辑，校对电泳峰图与碱基对应关系，剪切非研究区域序列。用MEGA 5.0（http://www.megasoftware.net）收集所有参加分析的序列数据并建立数据库，然后用Clustal X软件（http://www.igbmc.ustrasbg.fr/pub/ClustalX）进行同源序列比对分析。采用DnaSP 5.10.1（http://www.ub.edu/dnasp）进行核苷酸变异位点、单核苷酸多态性、单倍型的数目、单倍型多样性分析以及进行Tajima's中性显著性检验，并计算单倍型多样度、核苷酸多样度和平均核苷酸差异数。

2 结果

牛线粒体D-loop区的PCR扩增，见下图所示。

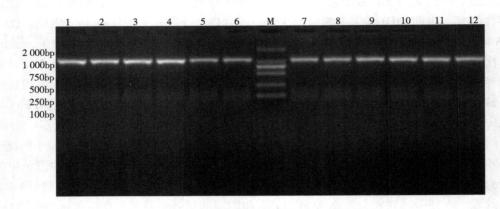

图　牛线粒体D-loop区的PCR扩增

Fig　Amplification of mtDNA D-loop fragment in cattle

2.1 早胜牛及其杂交群体mtDNA D-loop变异位点

牛mtDNA全长为16 338bp，其中，D-loop区全序列为910bp，在D-loop区的16 032到63bp间为高变区（Anderson et al.，1982），长度为370bp（Brakley et al.，1996）。以Anderson等测定的欧洲牛mtDNA D-loop全序列（15 792～16 338，1～363bp）（GenBank登录号V00654或J01394）为标准（Anderson et al.，1982），对166头早胜牛及其杂交群体mtDNA D环长度为612bp（包含高变区）的核苷酸序列进行分析，在不考虑插入、缺失和Poly（C）末端长度变异的条件下，共检测到131个变异位点（表1），占核苷酸总数的21.41%，其中，单一多态位点（Singleton variable sites）64个，简约信息位点（Parsimony informative sites）67个（表2）。单一多态位点中两碱基变异62个，三碱基变异2个。简约信息位点中两碱基突变有60个，三碱基突变有7个。碱基组成分析表明：A、T、C、G平均含量分别为34.3%、29.0%、23.4%、13.3%，A+T平均含量63.3%，显著高于G+C含量36.7%，可见早胜牛及其杂交群体mtDNA D-loop区富含A和T。131个变异位点占所测核苷酸总长的21.41%，表明早胜牛及其杂交群体具有较高的遗传变异。

表1 早胜牛及其杂交群体变异位点分布

Table 1 The distribution of mtDNA D-loop variable sites in Zaosheng cattle and associated crossbred population

单倍型 Haplotypes	变异位点 Variable Sites	频率 Frequency
H1	GATTATCGGGG-TCGGAATTAGTTGTTGACCTTGCAATATATGGGCG-CACTCCAATTTGTCTTGCGTTCTTTTTCTAATATTGGGCG-CACTCCAATTTGTCTCGA-ATCAACGGTCAAAAGGTCTGCGCAAAGTGCCATGTTT	2
H2	.........-....A.................................-...-..................-...................................	13
H3	.........-....A..G...............................-..-..................-...................................	1
H4	.........-....A..C...............................-..-..................-...................................	1
H5	.........-....A........C..........................-..-..................-...................................	1
H6	.........-....A........C..........................-..-..................-...................................	1
H7	....C....-....A....................................-..-..................-...................................	1
H8	.........-..C.A....................................-.....................................C..C.............-..................-...................................	1
H9	.........-....A....................................-..................................C..................-..................-...................................	1
H10	.........-....A..................A.................-..-..................-...................................	2
H11	.........-....A....................................-...G..T.-..................A..T.AG-T.TC.AT.TT.....A..-..................-...................................	1
H12	...A..-..-....A....................................-..-..................-...................................	2
H13	.........-....A....................................-..-..................-...................................	1
H14	.........-....A............................C.......T...-..................A................................	1
H15	.........-....A....................................-.....T..T......................T..T..................-..................-...................................	3
H16	.........-....A.......................C..T.........-..-..................-...................................	1
H17	.........-....A.......................C..T.........-..T............-..........C.......-...................................	1
H18	.........-....A...................C................-....................................T..T..T.-..........-........A.-....T....................................	1
H19	.........-....A.......................C............-..T..............-..................-...................................	1
H20	.........-....A..T..................................-....................................T...............-..................-...................................	2
H21	.........-....A..T..................................-....................................T.................-..................-...................................	1

（续表）

单倍型 Haplotypes	变异位点 Variable Sites	频率 Frequency
H22	......................A........................T..	1
H23	......................A................................T..................C...	1
H24	......................A................................T............................A....................................	1
H25	...A..................A................................T...	1
H26	......................A..............G.................T...	1
H27	.....G...............A...	1
H28	......................A..............G.................T...	1
H29	....................AC.................................T...	1
H30	......................A.................................T.....................G...	10
H31	......................A.................................T..	2
H32	.C....................A...........C.....A..............T........T..	1
H33	......................A...........C.....A..............T........T..	1
H34	......................A..A........C.....................T........T...........................C..........................	1
H35	......................A..A..............A..............T........A..	1
H36	......................C..A........C......................T.C........A.........................C.........................	1
H37	......................C..A........C......................T..........A.........................C.........................	1
H38	......................A...........C......................T..........A.....T...................C.........................	2
H39	......................A...........C......................T..........A.........................C.........................	5
H40	..T...................A...........C......................T..........A.........................C.........................	1
H41	.C..................AC.............................T..........A.........................C.........................	1
H42	.C....................A..T..........A.....A.........C.........................	1
H43	.C....................A...........C......................T..........A.........................C.........................	1

(续表)

单倍型 Haplo-types	变异位点 Variable Sites	频率 Frequency
	12569111111111111112222222222222222222222222222222233333333333333333333334444444444444444444445555555555555555555555555556666666 67529123445566667789902355556666666677888889990011112233334445555666777888889900001 9701827139145254562267890357827834572345672468268967682678934113470	
H44	.G..........................A......T........C...C.................................-..	1
H45	............G..A.......C...............A.............C.A..........................-..............A.............................	1
H46	............G..A...G...C...............A.............C.............................-..............C.............................	1
H47	...............A.......................A.............C.............................-..	1
H48	...............A...T.C.................A.............C.T...........................-..	1
C49	C..............A.......C................A............C.............................-.G.....A.....................................	1
H50	...............A.......C................A.........T..C.............................-..	1
H51	...............A.......C................A.T.T.T....A.................................-..	1
H52	...............A.......C................A.....C......C.............................-..	1
H53	...............A.......C................A.....CC.....C.............................-..	1
H54	...............A.......T................A...T.........C............T...............-..	1
H55	...............A.......C................A............CT.............T...............-..	2
H56	...............A.......C................A.............C.............................-..	2
..A57	..A............A.......T................A............C.........................C...-..	1
H58	...............A.......C............C...A.............T.C.A.....-.......................-..............C..	1
H59	......G........A.......................A..............C.............................-..	1
H60	......G........A.......................A..............C.............................-..	1
H61	...............A.......................A..............T.A...........................-..	1
H62	...............A..C....A...............A.........G...T..............................-............A.............................	2
H63	...............A..C....A................A..............T.............................-............A.............................	9
H64	...............A..C....A................A........T..A..............TTTT....T..T.....	1
H65	...............A..C................A................T..............................-............A.............................	1

（续表）

单倍型 Haplo-types	变异位点 Variable Sites	频率 Frequency
	1256911111111111111122222222222222222222222222223333333333333333333333344444444444444444444445555555555555555555555666666 67529123445566778899002355556666677788889999000111112223333344445555667788889900001 9701827139145254562678903578278345724563412890235679150589493567124567246786826896768267893413470	
H66	......-......A.C.........A........T...C..............A................	1
H67	......-......A.C.........A........T....................A..............	1
H68	......-......A.C........A.A........T...................A..............	1
H69	...A..-......A.C.........A........T.C..................A..............	1
H70	......-......A.C.........A..C.....T................-...A..............	1
H71	......-......A..........A.C.........T............-.TT..A..............	2
H72	......-......A...........A........T................-...A..............	1
H73	......-......A..........A........C.T................-..A..............	1
H74	......-......A..............T.C.....................-..A..............	1
H75	...G..-......A..............T.C..................-.....A..............	1
H76	......-...C..A..............C.....T................-...................	1
H77	......-......A..............C.....T................-.T.................	1
H78	......-......A......................T..............-...T................	1
H79	......-......A..............T..C.....................-...T..............	1
H80	......-......A..............T......................-....T...............	1
H81	......-......A..C...........T........................-..................	2
H82	......-......A..C...........T.......................-...T.............	1
H83	......-......A..C...........T......................-...T...A..........	2
H84	..C...-....A.A..A...........C...T...................-......A..........	1
H85	..C...-......A..............C...T....................-.....A..........	1
H86	......-......A..............A.....T.............C......................	1
H87	.....A.T......A.C...........T....C.........G...........................	1

（续表）

变异位点 Variable Sites

单倍型 Haplotypes	Variable Sites	频率 Frequency
H88	..........................A..................G................T..C.................................	1
H89	..........................A...................................T....................................	1
H90	.-........................A...................T..................................-..................	3
H91	..........................A......................TA...............................T................	1
H92	..........................A.........................T.CC..........................T................	1
H93	.-........................A..........................T.C..................A.......T................	1
H94	.G........-CGA.....GA.A..AT..C.AT....A.C..C.CAAC..C.CC..-..A..A.G.TT.........A......................	1
H95	.G........-CGA.....GA.A...T.AT....A.C..C.CA.AC..C.CC..-..A..A.G.TT...........-..GT..................	1
H96	.G........-CGA.....GA.A...T.AT....A.C..C.CA.AC..C.CC..-..A..A.G.TT...........-..GT..............A...	15
H97	.G........-CGA.....GA.A...T.AT....A.C..C.CA.AC..C.CC..-..A..A.G.TT...........-..GT................A.	1
H98	.G........-CGA.....GA.A...TT.AT...A.C..C.CA.AC..C.CC..-..A..A.G.TT...........-..GT.............A....	1
H99	.G........-CGA.....GA.A...T.AT....A.C..C.CA.AC..C.CC..-..A..A.G.GTT..G..G.....-..GT..........G.GA.G.G.G.G.G	1
H100	.G........-CGA.....GA.A...T.AT....A.C..C.CA.AC..C.CC..-CT..A..A.T.TT.T.......-..GT............T.A.C..T.T.	1
H101	.G........-CGA.....GA.A.-.T.AT....A.C..C.CA.AC..C.CC..-..A..A.G.TT...........-..GT............T..A.T.T.	1
H102	.G........-CGA.....GA.A...T.AT....A.C..C.C..AC..C.CC..-..A..A.G.TT.........T.C..-..GT............A...	1
H103	.G........-CGA.....GA......T.AT....A.C..C.C.C.AC..C.CC..-..A..A.G.TT...........-..GT.............A...	1
总计 Total		166

圆点表示与第一个序列有相同碱基，横线表示缺失；变异位点中由上至下的数字表示变异位点的位置

A dot indicates identity and a dash indicates a gap relative to the top sequence. Numbers at the top of the figure indicate the variable sites.

表2 早胜牛及其杂交群体在mtDNA D-loop区的变异位点数统计

Table 2 The number of mtDNA D-loop variable sites in Zaosheng cattle and associated crossbred population

类群 Group	变异位点 Variable sites	单一多态位点 Singleton variable sites	简约信息位点 Parsimony informative sites
早胜牛庆阳类群（QZ）*	95	51	44
早胜牛平凉类群（PZ）*	47	9	38
早胜牛固原类群（GZ）*	14	12	2
南德温与早胜牛庆阳类群杂种（QZ×N）*	61	23	38
西门塔尔与早胜牛平凉类群杂种（PZ×X）*	53	16	37
秦川牛与早胜牛固原类群杂种（GZ×Q）*	52	38	14

注："*"下同。QZ-早胜牛庆阳类群，PZ-早胜牛平凉类群，GZ-早胜牛固原类群，QZ×N-南德温与早胜牛庆阳类群杂种，PZ×X-西门塔尔与早胜牛平凉类群杂种，GZ×Q-秦川牛与早胜牛固原类群杂种

Note: "*" same meaning as below. QZ-Qingyang group, PZ-Pingliang group, GZ-Guyuan group, QZ×N-QZ×South Devon group, PZ×X-PZ×Simmental group, GZ×Q-GZ×Qinchuan group.

2.2 早胜牛及其杂交群体mtDNA D-loop遗传多样性

采用DnaSP5.10.1（http://www.ub.edu/dnasp）对早胜牛及其杂交群体mtDNA D-loop区的遗传多样性进行分析，6个类群的166个个体总体单倍型多样度（Hd±SD）为0.978 7±0.004 9，平均核苷酸差异数（k）为11.575，核苷酸多样度（Pi）为0.019 16，对所有突变位点进行Tajima中性检验，Tajima's（D）值：1.685 5，经检验差异不显著（$P>0.05$），说明其遵循中性进化模型。各类群遗传多样性参数详见表3。

表3 早胜牛及其杂交群体在mtDNA D-loop区的遗传多样性分析

Table 3 The genetic diversity of mtDNA D-loop variable sites in Zaosheng cattle and associated crossbred population

类群 Group	单倍型多样度（Hd±SD） Diversity of haplotypes	平均核苷酸差异数（k） Average number of nucleotide differences	核苷酸多样度（Pi） Nucleotide diversity	Tajima's检验 D
QZ	0.993±0.007	13.884	0.022 95	1.447 46
PZ	0.968±0.028	10.266	0.016 82	1.043 76
GZ	0.911±0.077	3.111	0.005 11	1.700 72
QZ×N	0.959±0.022	15.362	0.025 31	0.155 41
PZ×X	0.984±0.013	9.264	0.015 24	1.144 06
GZ×Q	0.984±0.020	7.495	0.012 33	2.009 93

2.3 早胜牛及其杂交群体单倍型分析

基于6个类群166个个体的131个变异位点，界定了103个单倍型。单倍型频率差异较大，H96单倍型频率最高，有15个个体，H2、H30、H63、和H39频率依次降低，个体数分别为13、10、9

和5，H16和H90单倍型频率为3，还有12个单倍型的频率均为2，其余单倍型频率仅为1。103个单倍型中，有84个单倍型均只有1个个体，在共享单倍型中，QZN01、QZN10、QZN11、QZN17、QZN18、QZN25、QZN26、QZN28、QZN36、QZN38、GZQ16、PZ22、QZ83、QZ91和PZX03共享单倍型H96，单倍型H2与PZX09、PZX26、QZN05、QZN47、QZN48、GZQ09、GZQ21、PZ17、PZ34、PZ37、QZ12、QZ24、QZ79共享，GZQ29、GZQ45、GZ48、GZ130、GZ322、PZX04、PZX05、PZX10、QZ98和QZ131共享单倍型H30，单倍型H63与QZN07、QZN35、GZQ32、PZ01、PZ02、PZ15、PZX13、PZX22、QZ16共享，GZQ38、PZX14、PZX34、PZX100和QZ80共享单倍型H39，单倍型H16与QZN41、PZX36、QZ11共享，QZN34、QZN42和GZQ36共享单倍型H90，H55、H10、H38、H12、H72、H81、H1、H83、H62、H56、H20和H31分别包含2个个体。6个类群中，单倍型多样度早胜牛庆阳类群最高，为0.993±0.007，早胜牛固原类群最低，为0.911±0.077。将各个类群分别与整个群体单倍型多样度进行比较，早胜牛庆阳类群、西门塔尔与早胜牛平凉类群杂种和秦川牛与早胜牛固原类群杂种均高于整个群体单倍型多样度，其余3个类群均低于群体多样度。6个类群单倍型多样度详见表4。

表4 早胜牛及其杂交群体的单倍型多样度

Table 4 Haplotype diversity among Zaosheng cattle and associated crossbred population

单倍型 Haplotypes	QZ	PZ	GZ	QZ×N	PZ×X	GZ×Q
共享单倍型数 Number of shared haplotypes	6	6	2	11	9	8
特有单倍型数 Number of unique haplotypes	32	9	5	17	16	9
合计 Total	38	15	7	28	25	17

2.4 各类群单倍型遗传贡献率分析

在遗传多样性计算中，平均计算了每个变异位点及单倍型发生的频率，即把它们在为遗传多样性中所做的贡献同等对待，未显示出其中某些特有变异位点所决定的某些特有单倍型为维持群体多样性和为提高群体多样性2个方面所作出的贡献。因此，为了综合考虑群体内的遗传变异及群体内的遗传独特性两方面的贡献，采用了Petite等于1998年最早提出的通过遗传贡献率模型评估物种优先保护顺序的方法（Petit et al., 1998）。该方法分别计算了各类群的单倍型数（H）、各类群的单倍型对早胜牛这个群体的遗传变异贡献[$R_{S(k)}$]、遗传独特性贡献[$R_{D(k)}$]和总体遗传贡献[$R_{T(k)}$]，总体遗传贡献[$R_{T(k)}$]是前两者的综合贡献；以及各类群在维持群体遗传变异效应[$C_{RS(k)}\%$]、维持类群间遗传分化中的效应[$C_{RD(k)}\%$]及维持整个早胜牛总体单倍型丰富度中的效应[$C_{RT(k)}\%$]，总体单倍型丰富度中的效应[$C_{RT(k)}\%$]是前两者的综合效应。

计算结果见表5。6个类群166个个体的遗传变异贡献率在6.3333（早胜牛庆阳类群）和1.1667（早胜牛固原类群）之间；遗传独特性贡献率在33.1977（早胜牛庆阳类群）和5.682（早胜牛固原类群）之间；总体遗传贡献率在39.5310（早胜牛庆阳类群）和6.8487（早胜牛固原类群）之间。这说明早胜牛庆阳类群遗传变异和遗传独特性最高，相对其他类群总体遗传贡献也最大。同时，也可以看出遗传独特性贡献率的最高值与最低值相差较大，即反映了特有单倍型在不同类群中差异较大，其对总体遗传贡献的影响比遗传变异的影响更为突出。在维持早胜牛群体遗传变异效应、类群间遗传分化效应和维持早胜牛总体单倍型丰富的计算中发现：均存在正值和负值，正值表明该类群在各效应中起正效应作用，反之，为负效应。早胜牛庆阳类群的这3种效应相对均呈现最高正值，分别为2.56%、15.77%和18.33%。而呈现最高负值的类群是早胜牛固原类群，分别为-2.45%、-10.95%和-13.40%，与各个类群对整个早胜牛遗传变异贡献、遗传独特性贡献和总体遗传贡献的计算结果是一致的。但这一结果更准确的表明了各类群对维持早胜牛这个群体的遗传变异、种群遗传分化和总体单倍型多样性方面的影响程度：即正值表明正效应，说明该类群对早胜牛的综合遗传贡献高于各类群的平均综合遗传贡献；反之亦然。就对维持早胜牛总体多样性而言，早胜牛庆阳类群及其杂交类群和与早胜牛平凉杂交类群起到不同程度的正效应，而早胜牛平凉类群和早胜牛固原类群及其杂交类群起到不同程度的负效应，就早胜牛平均遗传多样性来说，起正效应的3个早胜牛类群的存在有助于提高早胜牛的遗传多样性，起负效应的3个早胜牛类群的存在降低了早胜牛的遗传多样性。

表5 遗传贡献率模型分析结果

Table 5　The results of analysis based on the genetic contribution model

类群 Group	样本量 Size	单倍型数 Number of Haplotypes	$R_{S(k)}$	$R_{D(k)}$	$R_{T(k)}$	R_S平均	R_D平均	R_T平均	$C_{RS(k)}$	$C_{RD(k)}$	$C_{RT(k)}$
QZ	43	38	6.3333	33.1977	39.5310	3.695	16.956	20.651	0.02562	0.157683	0.1833
PZ	20	16	2.6667	11.2543	13.9210	3.695	16.956	20.651	-0.00998	-0.05536	-0.0653
GZ	10	7	1.1667	5.682	6.8487	3.695	16.956	20.651	-0.02454	-0.10946	-0.1340
QZ×N	41	29	4.8333	21.2114	26.0447	3.695	16.956	20.651	0.011057	0.041312	0.0524
PZ×X	32	26	4.3333	18.8239	23.1572	3.695	16.956	20.651	0.006202	0.018132	0.0243
GZ×Q	20	17	2.8333	11.5682	14.4015	3.695	16.956	20.651	-0.00836	-0.05231	-0.0607
总共（Total）	166	103	22.1670	101.7375	123.9040						

注：$R_{S(k)}$：遗传变异贡献

$R_{D(k)}$：遗传独特性贡献

$R_{T(k)}$：总体遗传贡献

$C_{RS(k)}$：维持类群内遗传变异的效应

$C_{RD(k)}$：类群内遗传分化效应

$C_{RT(k)}$：维持群体总体单倍型丰富度中的效应

Note：$R_{S(k)}$: genetic variation contribution

$R_{D(k)}$: genetic unique contribution

$R_{T(k)}$: total genetic contribution

$R_{T(k)}$: maintain genetic variation effect on group

$C_{RD(k)}$: genetic differentiation effect on group

$C_{RT(k)}$: maintain total haplotype richness effect on population

3 讨论

3.1 早胜牛及其杂交群体遗传多样性分布规律

家畜mtDNA D环高变区变异分析在动物遗传多样性（Kantanen et al., 2009）、种质资源保护（赵生国，2009.）、系统发育（Pfeiffer et al., 2005）和亲缘关系（Ramachandran et al., 2005）研究方面具有广泛应用。本研究对6个类群166头早胜牛及其杂交群体mtDNA D环长度为612bp（包含高变区）的核苷酸序列进行分析，在不考虑插入、缺失和Poly（C）末端长度变异的条件下，共检测到131个变异位点，占核苷酸总数的21.41%，表明早胜牛及其杂交群体具有较高的遗传变异。mtDNA分子是由很不均一的片段构成的，G+C含量在21%~50%，其中无脊椎动物为21%~43%，脊椎动物为37%~50%（Jia et al., 2007），本试验中为36.7%，略低于变化范围最低值。碱基组成分析表明：A+T平均含量63.3%，显著高于G+C含量36.7%，可见早胜牛及其杂交群体mtDNA D-loop区富含A和T，这与其他物种的研究结果一致（陈小勇等，2002）。6个类群mtDNA D-loop的遗传多样性分析结果表明，六个类群总体单倍型多样度为0.9787 ± 0.0049，核苷酸差异数为11.575，平均核苷酸多样度为0.01916，Tajima中性检验值$1.6855>0.1$，差异不显著，说明其遵循中性进化模型。本研究结果还显示，3个早胜牛地方类群中，早胜牛庆阳类群的单倍型多样度、核苷酸差异数和核苷酸多样度均高于总体均值，早胜牛平凉类群的单倍型多样度、核苷酸差异数和核苷酸多样度均略低于总体均值，而早胜牛固原类群的单倍型多样度、核苷酸差异数和核苷酸多样度均明显低于总体均值，这说明平凉早胜牛和固原早胜牛以庆阳早胜牛为中心，其遗传多样性逐渐降低。

3.2 早胜牛单倍型分布趋势

早胜牛3个地方类群及其3个地方杂交类群特有单倍型数分别为32（庆阳）、9（平凉）、5（固原）、17（庆阳杂种）、16（平凉杂种）和9（固原杂种），分别占到各自单倍型总数的84.21%、60%、71.43%、60.71%、64%和52.94%，反映出平凉和固原早胜牛经过长期的自然选择和人工选择，已经形成了各自独特的遗传结构。同时，平凉和固原类群分别于庆阳类群之间也存在共享单倍型，说明平凉和固原早胜牛在遗传结构上虽然具有特殊性，但是也与庆阳早胜牛存在密切关系。在对103个单倍型进行区域性分布研究时发现，早胜牛庆阳类群单倍型多样度最高，且高于6个类群的总体均值，相对于其他5个类群，同时拥有最多的特有单倍型，这说明庆阳早胜牛的遗传多样性最丰富。平凉和固原的地方早胜牛拥有的特有单倍型依次减少，3个早胜牛杂交类群结果类似。

3.3 各类群维持早胜牛单倍型丰富度效应

基于遗传多样性是从遗传变异丰富程度角度确定遗传资源保护价值和重要性，因此，为了综合考虑群体内的遗传变异及群体内的遗传独特性两方面的贡献，即群体的遗传独特性和遗传多样性与遗传独特性两者的结合（Petit et al., 1998）。遗传多样性和遗传独特性分别强调了遗传多样性的2个不同方面，分别类似于物种多样性中的α和β多样性。然而，这2个方面对于物种的遗传资源保护都很重要，仅考虑其中一个方面不利于物种的有效保护，因此，需要对两者进行综合考虑。所以为了充分考虑遗传变异和遗传独特性两个方面的因素，$C_{RS(k)}$和$C_{RD(k)}$分别反映了类群k在维持类群内遗传变异和类群间遗传分化中的效应，而$C_{RT(k)}$则反映了两者的综合效应，即维持群体总体等位基因丰富度中的效应。这3个值的计算分别以各类群内的遗传变异、遗传分化和总体遗传贡献率为基础，通过比较类群遗传贡献与各类群内的群体平均遗传贡献间的差异程度，分别反映了每个类群内遗传变异、类群遗传独特性以及群体总体遗传贡献的相对贡献率度量（陈小勇等，2002）。它们的值可正可负，正值表示正效应，说明类群的遗传贡献高于各类群的平均遗传贡献，该类群的存在增加了类群内遗传变异、类群间遗传分化或者群体总体等位基因丰富度；负值则表示负效应，说明类群的遗传贡献低于各类群的平均遗传贡献,该类群的存在反而降低了类群内遗传变异、类群间遗传分化或者群体总体等位基因丰富度(陈小勇等,2002)。因而,$C_{RS(k)}$、$C_{RD}(k)$或$C_{RT(k)}$表现为正值的各类群分别是在维持类群内遗传变异、类群间遗传分化或群体总体等位基因丰富度中起较重要作用的类群。

本研究对早胜牛及其杂交群体遗传多样性分布规律、单倍型分布趋势和各类群维持早胜牛单倍型丰富度效应进行分析,认为早胜牛庆阳类群及其杂交类群遗传多样性高于早胜牛平凉类群及其杂交类群和早胜牛固原类群及其杂交类群,本研究结果还表明,杂交类群遗传多样性分布规律与其对应的地方类群一致,没有受到杂交影响,进而说明早胜牛杂交类群是引入父本的杂交方式,同时,也说明平凉和固原早胜牛可能是相继从早胜牛的主产区庆阳迁徙而来,逐渐形成两个母系分枝,这将为早胜牛的遗传资源保护提供更多的科学依据。

参考文献

[1] Anderson S, de Bruijn M H, CoulsonAR, Eperon I C, Sanger F and Young I G. Complete sequence of bovinemitochondrial DNAconserved features of the mammalian mitochondrial genome[J]. 1982, *J Mol Biol*, 156(4): 683-717.

[2] Brakley D G, Machugh D E, Cunningham P and Loftus R T. Mitochondrial diversity and the origins of African and European cattle[J]. *Proc Natl Acad Sci USA*, 1996, 93: 5 131-5 135.
Brown W M. Mechanism of evolution in animal mitochondrial DNA[J]. *Ann NY AcadSci*, 1981, 361: 119-134.

[3] Chen X Y(陈小勇), Lu H P(陆慧萍), Shen L(沈浪), Li Y Y(李媛媛). Identifying populations for priority conservation of important species[J]. *Biodiversity Science*(生物多样性). 2002, 10(3): 332-338.

[4] Jia S G, Chen H, Zhang G X, Wang Z G, Lei C Z, Ru Y and Xu H. Genetic variation of mitochondrial D-loop region and evolution analysis in some Chinese cattle breeds[J]. *Genet Genomics*, 2007, 34: 510-518.

[5] KantanenJ, EdwardsC J, Bradley D G, Viinalass, Thessler S, Ivanova Z, Kiselyova T, Cinkulov M, Popov R, Stojanovic S, Ammosov I and Vilkki J. Maternal and paternal genealogy of Eurasian taurine cattle(Bos Taurus)[J]. *Nature*, 2009, 103: 404-415.

[6] Lai S J, Liu Y P, Liu Y X, Liu Y X, Li X W and Yao Y G. Genetic diversity and origin of Chinese cattlerevealed by mtDNA D-loop sequence variation[J]. *Mol Phylogenet Evol*, 2006, 38(1): 146-154.

[7] Lai S J(赖松家), Wang L(王玲), Liu Y P(刘益平), Li X W(李学伟). Stud y on Mitochondrial DNA Gen etic Polymorphismof Some Yak Breeds in China[J]. *Acta Genetica Sinica*(遗传学报), 2005, 32(5): 463-470(in Chinese with English abstract).

[8] Lei C Z, Chen H, Zhang H C, Cai X, Liu R Y, Luo L Y, Wang C F, Zhang W, Ge Q L, Zhang R F, Lan X Y and Sun W B. Origin and phylogeographical structure of Chinese cattle[J]. *Anim Genet*, 2006, 37(6): 579-582.

[9] Petit R. J, Mousadik A. E and Pons O. Identifying populations for conservation on the basis ofgenetic markers[J]. *Conservation Biology*. 1998, 12(4): 844-855.

[10] Pfeiffer I, Voelkel I and Brenig B. Phylogenetics of the European Dahomey miniature cattle based on mitochondrial D-loop region DNA sequence[J]. *Animal Genetics*, 2005, 36: 179-181.

[11] Ramachandran S, Deshpande O, Roseman CC, Rosenberg NA, Feldman MW and Cavalli-Sforza LL. Support from the relationship of genetic and geographic distance in human populations for a serial founder effect originating in Africa[J]. PNAS, 2005, 102(44): 15 942-15 947.

[12] Sambrook J, Russell D W. Molecular Cloning: a Laboratory Manual. 3rd[D]. New York: ColdSpringHarbor Laboratory Press, 2002, 484-485.

[13] Troy C S, MacHugh D E, Bailey J F, Magee D A, LoftusR T, Cunningham P, Chamberlain A T, Sykes B C and Bradley D G. Genetic evidence for Near Eastern origins of European cattle[J]. *Nature*, 2001, 410(6832): 1 088-1 091.

[14] Zhao S G(赵生国). Phylogeny and Assessment of Conservation Priority forAsian Native Chicken Genetic Resources. 2009, Gansu: *Doctoral dissertation of Gansu Agricultural University*(甘肃农业大学博士论文)[D]. (in Chinese with English abstract).

[15] Zhao S G(赵生国), Li W B(李文彬), Chen F G(陈富国), Li S L(李三禄), Zhang C Q(张长庆), Wu J P(吴建平). Maternal Genetic Background of Pingliang Native Cattle[J]. (*Chinese Journal of Zoology*), 2013, 48(1): 109-117 (in Chinese with English abstract).

中国黄牛脑硬膜外异网结构特征观察

王欣荣[1,*]，刘英[2]，吴建平[1]

（1. 甘肃农业大学动物科学技术学院；
2. 甘肃农业大学动物医学院，甘肃兰州　730070）

摘　要：采集饲养在甘肃省广河县的成年黄牛的头部标本，采用管道铸型腐蚀技术，制作了黄牛脑动脉系统整体铸型标本，选取脑硬膜外异网血管铸型开展解剖学研究。研究发现，中国黄牛脑硬膜外异网主要由四部分组成：脑硬膜外前异网、脑硬膜外后异网、前"V"形扩展部及基—枕动脉丛。供应黄牛脑硬膜外异网的主要动脉有上颌动脉、枕动脉、椎动脉、眼外动脉及髁动脉，同时，这些血管也是向脑组织供血的间接来源。研究认为，中国黄牛脑硬膜外异网的体积大小、异网吻合支数目、前"V"形扩展结构、基—枕动脉丛等形态学特性与国外报道的普通牛相似；基—枕动脉丛是连通黄牛脑硬膜外异网多条供血管道的枢纽结构，该枢纽将后异网、椎动脉、枕动脉及髁动脉贯通，成为向脑硬膜外异网供血的主要结构保障。

关键词：黄牛；脑硬膜外异网；结构特征

Structural Features of the Epidural Retia Mirabile in Chinese Cattle

Wang Xin Rong[1,*], Liu Ying[2], Wu Jian Ping[1]

（1. College of Animal Science and Technology of Gansu Agricultural University, Lanzhou, 730070, China; 2. College of Animal Veterinary of Gansu Agricultural University, Lanzhou, 730070, China）

Abstract: In present study, some cattle heads samples were collected in Guanghe of Gansu province. Vascular corrosion casts of the cerebral arterial system of Chinese cattle weremade, and the epidural retia

---

基金项目：国家自然科学基金项目（No.30960164）
作者简介：王欣荣（1974—），男，甘肃临潭人，副教授，博士。研究方向：动物科学与动物医学
*通讯作者

mirabile was carried out detailed research. Results found that main structure of the epidural retia mirabile of Chinese cattle were divided into four parts: anterior epidural retia mirabile, posterior epidural retia mirabile, basi-occipital arterial plexus and anterior V-shaped extension. Main arteries supplying blood to the epidural retia mirabile were the maxillary artery, occipital artery, vertebral artery, condylar artery and external ophthalmic artery while they were also regarded as the indirect sources of supplying blood to the brain. We considered that basic structural composition of the epidural retia mirabile in Chinese cattle was similar with previous reports in international journals. It can be inferred that the basi-occipital arterial plexus may be taken as a hinge structure connecting with most of supplying blood arteries of the epidural retia mirabile in cattle, and it has linked the posterior epidural retia mirabile, occipital artery, vertebral artery and condylar artery together. We thought the basi-occipital arterial plexus was a main structural foundation of supplying blood to the epidural retia mirabile in Chinese cattle.

Key words: Chinese Cattle; Epidural retia mirabile; Structural features

脑硬膜外异网（也称脑异网、异网）位于硬膜外的脑底部，处在颅内、外动脉血管之间，是与海绵窦部分重叠的主要向脑组织供血的一个吻合血管网。脑硬膜外异网普遍存在于偶蹄动物颅内[1]，其解剖学特点与脑部血流、血压的调节紧密相关[2]。截至目前，国外学者运用管道铸型技术对普通牛脑硬膜外异网解剖结构的研究较多。例如，有资料报道了小牛脑硬膜外异网的形态学特点[3]，有学者通过眼异网动脉供应的研究，探讨了公牛脑硬膜外异网的形态[4]，而国内学者对中国牦牛脑硬膜外异网也有形态学研究[5]。目前国内对中国黄牛脑硬膜外异网解剖特性的相关研究资料尚少。在本研究中，我们采用管道铸型技术和大体解剖学方法，对中国黄牛脑硬膜外异网的解剖学特征及血液供应特点进行研究分析，以丰富我国黄牛脑动脉系统结构特性的相关基础研究，为深入研究其机理奠定形态学基础。

1 材料和方法

1.1 试验材料

本试验材料为饲养在甘肃省广河县的成年黄牛头部标本。

1.2 标本处理

标本采集时，选择新鲜屠宰的且屠宰面整齐、没有撕裂状且头面部其他部位皮肤完整无破损、口腔和鼻孔无流血现象的黄牛头部样本；牛只屠宰后要求其头颈部的动脉血已自然流尽，并且在脑部残留淤血尚未凝固时迅速带回实验室进行处理。

1.3 试验药械

1.3.1 试验药品

ABS铸型剂（丙烯腈、丁二烯及苯乙烯的三元共聚物）、丙酮、丁酮、多聚甲醛、36%浓盐酸等。

1.3.2 试验器械

解剖器械、灌注工具、注射器、游标卡尺、电子秤、数码相机等。

1.4 试验方法

1.4.1 灌注工具制作

灌注采用胶头玻璃滴管为主要工具，在玻璃管末端接长约15cm、直径1cm弹性乳胶管，在另一端连接注射针头，注射针头须剪短并磨钝以免灌注时刺破管壁。

1.4.2 铸型剂配置

根据试验动物需灌注的各级动脉管径大小，试验配置25%浓度左右的ABS铸型剂，将铸型剂充分溶解并静置的时间不少于7d，以保证塑化剂溶解至最小颗粒。

1.4.3 铸型标本制作

清理动物颈部屠宰面上的淤血块及可能的杂质，用解剖工具找到颈总动脉后插管。插管完成后要抽出玻璃管的空气，然后开始用铸型剂进行灌注。灌注通过颈总动脉进行全头灌注，同时，用注射器来掌握灌注压力的大小。当铸型剂灌注到一定程度，观察到枕骨大孔露出的延髓部位呈饱满状态，这时应停止灌注，之后最多间隔2h补灌2次即可。补灌完成后拔管待标本硬化2~3d。铸型剂硬化完全后手工剥离牛头皮肤和表层肌肉，小心卸去牛头下颌骨，并截去大脑嗅球以外骨组织，将包含完整脑组织及脑外血管的头部标本浸入36%浓盐酸腐蚀7~10d，在腐蚀过程中随时用流水轻轻冲洗残留组织块，直到动物脑部铸型标本完成为止。

2 试验结果

2.1 脑硬膜外异网的结构特征

观察发现，脑硬膜外异网位于脑底部、脑硬膜之外，是一个由大量细小血管紧密缠绕、相互联通吻合的立体血管网络（图1）。

其主要组成有：上颌动脉吻合前后支［图1（1）、图1（3）］、前异网（含左、右两叶）［图1（4）］、后异网［图1（6）］、脑部颈动脉异网段、前V形扩展部、基—枕动脉丛［图1（8）］等。其中，前异网是脑硬膜外异网的主体结构，由许多动脉吻合支围绕着脑垂体交叉重叠形成。在血管铸型标本上，观察到前异网中间的空洞即是脑垂体所在的位置［图1（9）］。后异网主要指前异网后部从交通支开始到基枕动脉丛之前的数条动脉血管。

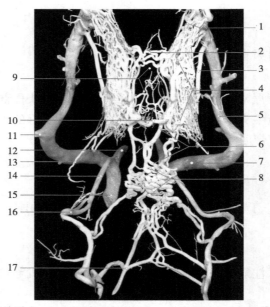

1.上颌动脉吻合前支；2.异网前联合；3.上颌动脉吻合后支；4.前异网；5.上颌动脉；6.后异网；7.颈外动脉；8.基—枕动脉丛；9.脑垂体部；10.异网后联合；11.躁浅动脉；12.舌面干；13.颈内动脉颅外段；14.枕动脉；15.颈总动脉；16.髁动脉；17.椎动脉

图1 中国黄牛脑硬膜外异网整体铸型标本

观察显示，与脑硬膜外异网各处连接的主要动脉有：眼内动脉、眼外动脉、上颌动脉、颈内动脉、髁动脉、枕动脉和椎动脉等（图1和图2）。脑部颈动脉异网段在脑硬膜外异网结构中作为血液的主要收集管道，承担着向脑动脉环运送血液的工作，其动脉管径相对粗大，左右2支管径均匀并对称分布［图2（5）］。脑部颈动脉从脑异网背侧中间位置发出后即穿过脑硬膜，此前部分即为脑部颈动脉异网段，而其后段继续向前弯曲伸展与脑动脉环中部相接，直接沟通了脑动脉环与脑异网的血液，可视作是脑部颈动脉环段［图2（1）］。

研究发现，在黄牛前异网的上缘存在前"V"形扩展部，该结构位于视交叉腹侧位置，是由数条微细动脉组成的略呈伸展的"V"字形的血管吻合网络，其左右两侧下部连接于上颌动脉的吻合前支，上部连接到眼内动脉，底部与前异网前联合部相接［图2（B）］。后异网后部的基—枕动脉丛，是位于基枕骨之上的由枕动脉、椎动脉和髁动脉到达脑底后交叠形成的一个近似平面的血管网，管径较粗，其交通支贯通邻近所有动脉［图2（5）］。

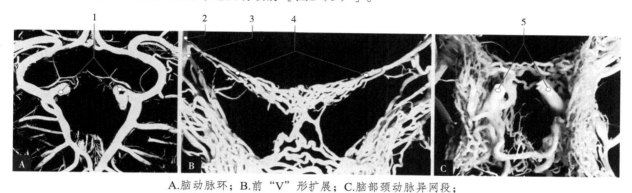

A.脑动脉环；B.前"V"形扩展；C.脑部颈动脉异网段；
1.脑部颈动脉环段；2.眼外动脉；3.眼内动脉；4.前"V"形扩展；5.脑部颈动脉异网段

图2 中国黄牛脑动脉环、前"V"形扩展及脑部颈动脉异网段铸型

2.2 脑硬膜外异网的形态学特性

通过观察脑硬膜外异网铸型标本，可将其主要构造分成四部分：脑硬膜外前异网、脑硬膜外后异网、前"V"形扩展结构及基—枕动脉丛。脑硬膜外前异网与上颌动脉、眼外动脉形成的吻合前支（5~6条）和后支（1条）相交通，脑硬膜外后异网与枕动脉、椎动脉形成的基—枕动脉丛连接，前后异网间也通过交通支连接。脑硬膜外前异网围绕于脑垂体的周围并有血管连通，并被分成左右对称的两叶。

观察发现，黄牛前异网结构类似"H"形，左右两叶对称分布。据测定，前异网中间宽度为30.23mm，上颌动脉与前异网的吻合支数目平均为5.22条；黄牛前异网前联合部由多条中动脉连接，后联合部主要由一条管径在1mm以上的动脉组成。在形态学上，黄牛脑硬膜外后异网是由稀疏排列的交通支组成，数目3~4条，平均3.21条。此外，观察牛脑动脉铸型标本，发现在前异网尾侧伸出管径不足1mm的颈内动脉颅外段，该动脉起源自枕动脉，在进入前异网之前，在其路径上折返形成一个S形弯曲［图1（6）］。

3 讨论

3.1 中国黄牛脑硬膜外异网基本结构反映了种属特点

本研究发现，中国黄牛脑硬膜外异网的主体部分是前异网，而后异网将前异网及基—枕动脉

丛联通起来，椎动脉、枕动脉和髁动脉相连汇合形成基—枕动脉丛。前异网V形扩展位于前异网前端，是前异网上颌动脉吻合支左右两侧直接相交通的细动脉网。有学者认为可将普通牛的脑硬膜外异网分为两部分：一个主体结构和一个前异网"V"形扩展部[3]。本研究中我们将脑异网主体结构细分为三部分，这样能够详细区分每部分的结构特点。另外通过对比黄牛、小牛、水牛及牦牛异网结构特点[3-6]，我们认为牛科动物脑硬膜外异网的基本结构是相似的，中国黄牛的脑硬膜外异网结构亦反映了其种属特点，但与其他哺乳动物相比存在明显的区别。

关于脑硬膜外异网的形态学数据，有国外学者研究表明，普通牛脑硬膜外异网高13.3mm，异网主体部分最宽处达到28.2mm，并且异网尺寸在个体上少有变异[3]。本研究测得的异网形态学相关数据与该结果也是近似的，说明中国黄牛异网的大小与其他普通牛无异。关于脑异网与上颌动脉的吻合支数目，报道认为普通牛的脑硬膜外异网吻合前支有2～4条[7]，吻合支数目平均为4.9个，其中，来自上颌动脉的1～4条，而来自眼外动脉的0～3条[3]。本研究中关于中国黄牛脑异网前吻合支数目的测定结果也与此一致，而Ding等（2007）在牦牛上的研究也有类似的结果[5]。因此我们认为，中国黄牛的脑硬膜外异网在体积大小、吻合支数目等形态学特性方面与普通牛相似。

有学者研究证实，对比家畜的脑异网结构，发现前异网中的"V"形扩展结构仅见于小牛[3]，而在水牛上未发现[6]。本研究发现前异网"V"形扩展在黄牛上也存在。因此可初步推断，前异网"V"形扩展可能是大部分牛科动物的共有特征。另有研究认为，脑异网是经由基—枕动脉丛的形式与椎动脉直接交通的[8]。在本研究中，中国黄牛亦具备该项特征，即首先是前异网的远端与后异网相交通，而后异网又于基—枕动脉丛相交通，基—枕动脉丛直接联通椎动脉，左右两侧又与枕动脉和髁动脉相交通，通过这样一种交通关系，使大脑也获得来自枕动脉和椎动脉的血液。

3.2 关于黄牛脑硬膜外异网的动脉供应来源分析

有研究表明，在牛羊等动物上供应脑硬膜外异网的血液主要源自颈外动脉，是经上颌动脉吻合分支而进入脑异网血管，且枕动脉参与了较大比例的血液供应[3, 9]。通过观察黄牛脑硬膜外异网铸型标本发现，由上颌动脉和眼外动脉发出脑硬膜外前异网的吻合前支，同时，上颌动脉还发出1条吻合后支，两者将上颌动脉的部分血液输入异网。有关研究也发现，公牛脑硬膜外异网的后部通过多吻合支的形式也获得了来自于椎动脉和枕动脉的更多血液[10]。本研究表明，硬膜外后异网也通过基—枕动脉丛接收来自椎动脉、枕动脉和髁动脉的血液，然后通过前、后脑硬膜外异网交通支与前异网的血液汇合在一起，共同构成了黄牛脑硬膜外异网这一脑底动脉血液的收集和调节中心（图3）。

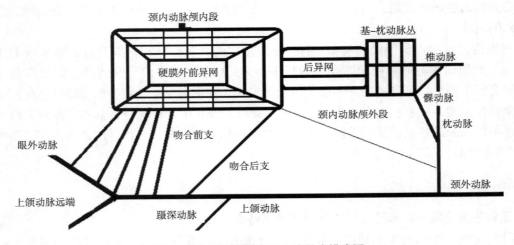

图3 黄牛脑硬膜外异网血液供应模式图

脑硬膜外异网中的血液经过最终的收集出口——脑部颈动脉异网段，将动脉血集中运送至脑动脉环，再通过脑动脉环上的各级脑血管及其分支将血液输入脑组织各部。因此，本研究结果认为，中国黄牛脑硬膜外异网主要接收以下五部分的血液：上颌动脉、枕动脉、椎动脉、眼外动脉及髁动脉，并且上颌动脉吻合支是脑硬膜外异网最主要的供血来源。另外，本试验观察到的基—枕动脉丛，可认为是连通多条脑硬膜外异网供血管道的枢纽，而通过该枢纽将后异网、椎动脉、枕动脉及髁动脉全部贯通，成为向脑硬膜外异网供血的主要结构保障之一。

4 结论

通过管道铸型技术，制作了中国黄牛脑硬膜外异网的整体铸型标本。观察显示，中国黄牛脑硬膜外异网主要由四部分组成：脑硬膜外前异网、脑硬膜外后异网、前"V"形扩展部及基—枕动脉丛。研究认为，中国黄牛脑硬膜外异网的体积大小、异网吻合支数目、前"V"形扩展结构、基—枕动脉丛等形态学特性与国外报道的普通牛相似。

分析认为，供应黄牛脑硬膜外异网的主要动脉有上颌动脉、枕动脉、椎动脉、眼外动脉及髁动脉，同时，这些血管也是向脑组织供血的间接来源。研究推断，基—枕动脉丛是连通黄牛脑硬膜外异网多条供血管道的枢纽结构，该枢纽将后异网、椎动脉、枕动脉及髁动脉贯通，成为向脑硬膜外异网供血的主要结构保障。

参考文献

[1] Septimus Sisson, James Daniels Grossman, Robert Getty. Sisson and Grossman's the anatomy of the domestic animals[J]. Vol 1, 5th edn (ed. Getty R), pp. 960-976. Philadelphia: W. B. Saunders. 1975.
[2] Edelman NH., Epstein P., Cherniack NS., Fishman AP., 1972. Control of cerebral blood flow in the goat; role of the carotid rete, Am[J]. J. Physiol., 223, 615-619.
[3] Uehara M, Kudo N, Sugimura M (1978) Morphological studies on the rete mirabile epidurale in the calf[J]. Jpn J Vet Res 26, 11-18.
[4] StevenD H. The distribution of external and internal ophthalmic arteries in the ox[J]. J Anat. 1964, 98 (3): 429-435
[5] Ding, Y. P., B. P. Shao and J. L. Wang, The arterial supply to the brain of the yak (*Bos grunniens*)[J]. Ann. Anat. 2007. 189: 31-38.
[6] 《中国水牛》研究组主编. 中国水牛解剖学[M]. 长沙：湖南科学技术出版社，1984：273-277.
[7] Nanda, B. S., Sisson and Grossman's the anatomy of the domestic animals[M], Ed. Getty, R, 5ed. vol., Philadelphia, London and Tronto: W. B. Saunder Co. 1975.
[8] Baldwin. B. A. The anatomy of the arterial supply to the cranial regions of the sheep and ox[J]. Am. J. Anat. 1964. 115: 101-117.
[9] Lois, A. G, Blood supply to the brains of ungulates with and without a rete mirabile caroticum[J], The Journal of Comparative Neurology, 1974, 153 (3): 275-290.
[10] Bamel, S. S., L. D. Dhingra and D. N. Sharma, Anatomical studies on the arteries of the brain of buffalo (*Bubalus bubalis*)[J]. I. The rete mirabile cerebri. Anat Anz. 1975. 137: 440-446.

不同能量水平的日粮对四个绵羊类群部分血液指标的影响

孙国虎，王欣荣，赵生国，张长庆，李世歌，吴建平

（甘肃农业大学动物科学技术学院，兰州 730070）

摘 要：为了研究不同能量水平日粮对兰州大尾羊、小尾寒羊、藏羊、小尾寒羊及德国美利奴高代杂种羊血液生理生化指标的影响。试验选发育正常、年龄、体重基本一致的兰州大尾羊、小尾寒羊、藏羊、小尾寒羊及德国美利奴高代杂种羊各30只，每个绵羊类群随机分为3组，每组10只，采用全自动生化分析仪测定了血液中葡萄糖（GLU）、总蛋白（TP）、白蛋白（ALB）、球蛋白（GLO）、甘油三酯（TG）、总胆固醇（CHO）、高密度脂蛋白（HDL）、低密度脂蛋白（LDL）的含量。结果表明：同一类群绵羊血液中的TP、ALB、GLO含量随着日粮能量水平的增加而降低；而对于各类群绵羊血液中的TG、CHO含量而言，高能量水平日粮条件下显著高于中能量水平与低能量水平日粮（$P<0.05$）；在同一能量水平日粮条件下，小尾寒羊与藏羊血液中的GLU含量显著（$P<0.05$）或极显著（$P<0.01$）低于兰州大尾羊与德国美利奴高代杂种羊，兰州大尾羊和小尾寒羊血液中的TP、ALB、GLO含量显著（$P<0.05$）或者极显著（$P<0.01$）高于藏羊和德国美利奴高代杂种羊。

关键词：不同能量水平；绵羊类群；血液指标

The Effect Upon Blood Index of Some Sheep Groups from Different Energy Level Daily Ration

Sun Guo hu, Wang Xing rong, Zhao Sheng guo, Zhang Chang qing, Li Shi ge, Wu Jian ping

（College of Animal Science and Technology, Gansu Agricultural University, Lanzhou 730070）

Abstract: For studying the effects of different energy rations on blood physiological and biochemical indexes of Lanzhou Fat-Tailed Sheep, Small-Tailed Han sheep, Tibetan sheep and high hybrid German Merino. 120 sheep [Lanzhou Fat-Tailed sheep（n=30）, Small-Tailed Han sheep（n=30）, Tibet sheep（n=30）and high hybrid German Merino（n=30）] within well-developed, same age and weight were selected in the study, respectively. Every group was dividedequally into three subgroups randomly and each subgroup had 10. The contents of blood glucose (GLU), total protein (TP), albumin (ALB), globulin (GLO), triglyceride (TG), total cholesterol (CHO), high-density lipoprotein (HDL) and low-density lipoprotein (LDL) were determined by Automatic Chemistry Analyzer. The results showed that: With the increasing levels of dietary energy, the contents of TP, ALB, GLO were reduced in the same groups. however, the percent of TG and total CHO of blood under high energy ration was significantly higher than intermediate and low energy ration ($P<0.05$), at the same energy ration, the GLU percent in the blood of Small-Tailed Han sheep and Tibetan sheep was significantly ($P<0.05$) or very significantly ($P<0.01$) lower than Lanzhou Fat-Tailed sheep and high hybrid German Merino. The contents of total (TP), (ALB) and (GLO) in the blood of Lanzhou Fat-Tailed sheep and Small-Tailed Han sheep was significantly ($P<0.05$) or very significantly ($P<0.01$) higher than Tibetan Sheep and high hybrid Germany Merino.

Key words: Different energy level; Sheep groups; Blood index

血液是机体内环境最重要的组成部分。它是机体与外界环境联系的媒介；能沟通体内各组织间的联系，运输养分与代谢废物；能维持组织细胞正常生命活动所需的最适温度、pH值、渗透压及各种离子浓度的适当比例并具有防御机能。血液各成分可反映机体代谢的情况。如血液中的小分子酶和蛋白质在代谢、免疫调节、能量传递及生长发育等方面发挥着十分重要的作用[1]。血液学参数、血清酶学指标、血清蛋白质水平和无机离子含量等生理生化指标是反映和影响羊只营养满足程度、新陈代谢状况、体内外环境平衡、机体健康生长发育及生产性能的综合因素[2]。

研究发现血液生理生化指标测定在一些脏器疾病诊断中发挥着重要作用[3]，通过血液生理生化指标的测定可以间接了解家畜机体健康状况。在畜牧生产中，可以根据畜禽血液生理生化指标改善饲养管理条件，对其营养进行适时调控，充分发挥畜禽生产性能。杨慈清等[4]研究报道，测定血清生化指标还可以间接了解动物对其所处自然生态环境的适应程度。利用某些血液生化指标，不仅可以对畜禽疾病进行早期诊断，同时还可以借助血液指标对畜禽进行早期选育[5]；赵有璋等[4]对许多国外引进品种绵羊的血液指标做了详细的分析，如无角陶赛特、波德代等，研究表明，这些引进品种羊对当地环境有良好的适应性[2]。目前，国内对绵羊血液生理生化指标进行了广泛的研究，而对兰州大尾羊、藏羊及当地羊×引进品种杂种羊血液生理生化指标之间的差别研究报道较少，尤其是在同一饲养条件对当地羊及当地羊×引进品种杂种羊血液生理生化指标之间的差别未见研究报道，本试验对兰州大尾羊、藏羊、小尾寒羊和小尾寒羊×德国美利奴高代杂种羊进行血液生理生化指标的比较分析，旨在研究能量水平对其生理指标的影响，为这些绵羊种质资源的保护及疾病的诊断和预防提供科学依据。

1 材料与方法

1.1 时间与地点

试验在甘肃省临洮县华加牧业科技有限责任公司进行，预试期10d，正式期从2012年10月1日至2013年2月1日，共计120d。

1.2 试验设计

试验选健康、发育正常、年龄基本一致的兰州大尾羊（LD）、小尾寒羊（X）、藏羊（Z）、杂种羊（HD）各30只。每一类群随机分3组，包括低能蛋比（LE）、中能蛋比（ME）和高能蛋比组（HE），每个组饲喂的粗饲料都是玉米青贮，饲喂量为3kg/d，精饲料配方、营养水平与饲喂量见表1，每个月末采血1次。采血在第2天清晨空腹条件下，颈静脉采血10mL，收集于塑料离心管中。

表1 日粮精料组成及营养水平

成分	不同能量水品的精料配方		
	低	中	高
玉米（%）	59.28	78.43	90.96
麸皮（%）	3.23	3.05	0
豆粕（%）	15.09	10.20	5.48
菜粕（%）	9.48	4.57	0
棉粕（%）	8.62	0	0
1%的预混料（%）	1.00	1.00	1.00
磷酸氢钙（%）	0.17	0	0
石粉（%）	1.60	1.25	1.05
食盐（%）	1.51	1.51	1.50
精料用量（kg/D）	0.46	0.66	0.84
营养成分			
CP/（g/d）	132.01	132.22	132.06
ME/（MJ/d）	7.85	9.81	11.67
Ca/（g/d）	6.45	6.44	6.42
P/（g/d）	4.56	4.61	4.61

1.3 饲喂与管理

入舍前，对试验羊只进行驱虫、健胃，并注射口蹄疫疫苗。对整个羊舍、羊栏、食槽等均进行消毒，全部试验羊饲喂精料补充料，每天喂料2次（粗饲料与精料均定量），时间为早上7：00，18：00。

1.4 血样的采集与处理

每月末全部试验羊颈静脉采血10mL，倾斜45°放置制备血清，在-20℃低温保存备用，测定指标包括GLU、TP、ALB、GLO、TG、CHO、HDL、LDL、ALB/GLO等9项指标，用全自动生化分析仪进行测定。

1.5 数据统计分析

所有试验数据的分析和处理以平均值±标准差（SD）表示，试验数据的统计分析采用SPSS 11.5统计软件ANOVA过程进行方差分析和Duncan多重比较检验，检测误差为5%与1%2个标准，用Excel整理结果。

2 结果与分析

2.1 不同能量水平的日粮对4种绵羊类群血液指标的影响

由表2看出，在高能日粮水平下的兰州大尾羊血清TP、ALB、LDL、CHO、GLO低于低能日粮与中能日粮水平（P<0.05），低能日粮水平下血液中的GLU极显著低于中能日粮与高能日粮水平（P<0.01），血液中的CHO、HDL都为达未到显著性差异的水平（P>0.05）。在不同能量日粮水平下，小尾寒羊血液中的TP、ALB、GLO、CHO、LDL、HDL含量差异不显著（P>0.05）；高能日粮水平下血液中的TG极显著高于低能水平与中能水平（P<0.01），而高能日粮水平下血液中的GLU显著高于低能日粮水平与中能日粮水平（P<0.05）。在不同能量日粮条件下，藏羊血液中的TP、ALB、GLO、LDL含量各组之间的该物质含量基本一致，差异不显著（P>0.05），无论血液中的A/G、CHO、GLU、TG，高能量日粮试验组最高，其中前三者的含量显著高于低能日粮组与中能日粮组（P<0.05），而血液中的TG含量高能组极显著高于低能组与中能组（P<0.01）。

表2 不同能量水平的日粮对四种绵羊类群血液指标的影响

品种与能量水平		TP/(g/L)	ALB/(g/L)	GLO/(g/L)	ALB/GLO	TG/(mmol/L)	CHO/(mmol/L)	HDL/(mmol/L)	LDL/(mmol/L)	GLU/(mmol/L)
LD	LE	79.8±2.89a	31.6±2.10a	46.6±4.67a	0.68±0.05	0.395±0.10Aa	1.675±0.53	1.254±0.43	0.242±0.09a	3.747±0.522Aa
	ME	75.62±3.00a	30.26±1.28a	44.80±2.46a	0.65±0.05	0.49±0.26Bb	1.72±0.41	1.21±0.30	0.29±0.19a	4.04±0.72Bb
	HE	72.90±2.30b	29.70±1.79b	43.08±3.12b	0.69±0.08	0.52±0.11Bc	1.75±0.36	1.16±0.24	0.41±0.16b	4.19±0.51Bc
X	LE	74.6±3.3	28.2±1.16	46.49±3.54	0.604±0.03	0.36±0.57Aa	1.48±0.22	1.06±0.18	0.26±0.15	3.87±0.56a
	ME	75±3.26	28±0.82	46.82±2.39	0.6±0.02	0.42±0.05Aa	1.56±0.09	1.17±0.10	0.2±0.05	3.61±0.53Ba
	HE	70.2±1.94	27.8±1.16	42.44±1.75	0.67±0.04	0.47±0.09Bb	1.59±0.33	1.13±0.28	0.18±0.09	4.74±0.55b
Z	LE	70.5±3.5	27.5±2.14	47.85±3.5	0.61±0.13a	0.44±0.09ABa	2.07±0.26a	1.74±0.29Aa	0.2±0.06	3.27±0.76a
	ME	68.4±2.98	29.4±0.45	38.82±3.48	0.77±0.08b	0.50±0.05Aa	2.04±0.25a	1.59±0.19ABa	0.2±0.14	4.23±0.44b
	HE	66.8±3.25	29.00±0.63	37.82±3.04	0.77±0.06b	0.60±0.11Bb	2.58±0.10b	1.14±0.21Bb	0.31±0.20	4.13±0.27b
HD	LE	70.56±3.1	31.78±1.6	37.71±4.90	0.86±0.10	0.42±0.09Aa	2.08±0.31Aa	1.65±0.19Aa	0.24±0.16	3.73±0.58a
	ME	69.78±3.91	30.89±1.28	37.86±1.32	0.86±0.14	0.64±0.18Bb	2.17±0.28Aa	1.55±0.14Aa	0.33±0.17	3.98±0.50a
	HE	67.22±3.50	31.33±1.14	34.88±3.71	0.91±0.09	0.14±0.07Cc	1.53±0.28Bb	1.67±0.21Bb	0.41±0.19	4.03±0.55b

注：同列同品种羊肩标有不同小写字母着表示差异显著（P<0.05），不同大写字母表示差异极显著（P<0.01），标有相同字母或未标有字母着表示差异不显著（P>0.05）

对于高代杂种羊，其血液中的TP、ALB、GLO、A/G、LDL含量在不同能量日粮条件下差异不显著（$P>0.05$），但前三者在中能日粮条件下最低，LDL在低能日粮条件下最低，而杂种羊血液中的TG、CHO、GLU含量随着日粮中能量水平的增大而增大，其中后两者高能组显著高于低能组与中能组（$P<0.01$），而前者在高能组，低能组，中能组之间差异极显著（$P<0.01$）。

2.2 同一能量水平对4个绵羊类群血液生理生化指标的影响

不同能力量水平的日粮对4个绵羊类群血液生理生化指标的影响见表3。结果表明，在同一低能日粮条件下，4种绵羊血液中的TG、GLU、LDL含量基本一致（$P>0.05$），杂种羊血液中的TP、ALB、GLO、A/G、CHO的含量与兰州大尾羊，小尾寒羊、藏羊血液中的含量存在显著性差异（$P<0.05$），其中杂种羊羊血液中的ALB、A/G含量与其他3种绵羊的含量差异极显著（$P<0.01$），而兰州大尾羊和小尾寒羊血液中的HDL含量与藏羊和杂种羊的含量差异极显著（$P<0.01$）。在中能日粮水平，兰州大尾羊和小尾寒羊血液中的TP，ALB、GLO、A/G与藏羊和杂种羊有极显著的差异（$P<0.01$），TG与LDL在四种绵羊血液中的含量没有差异性，但兰州大尾羊和小尾寒羊血液中的CHO、HDL极显著低于藏羊与杂种羊（$P<0.01$），小尾寒羊血液中的GLU显著低于其他3种绵羊（$P<0.05$），而在高能日粮饲养条件下，兰州大尾羊和尾寒羊血液中的TP、GLO含量极显著高于藏羊和杂种羊（$P<0.01$），杂种羊血液中的ALB、A/G含量与其他3种绵羊存在极显著的差异（$P<0.01$），小尾寒羊和藏羊血液中的TG与GLU含量与兰州大尾羊和杂种羊存在极显著的差异性（$P<0.01$），其他项目四种绵羊血液中的含量基本一致，没有差异性。

表3 不同能量水平的日粮对4个绵羊类群血液生理生化指标的影响

能量水平与品种		TP/(g/L)	ALB/(g/L)	GLO/(g/L)	ALB/GLO	TG/(mmol/L)	CHO/(mmol/L)	HDL/(mmol/L)	LDL/(mmol/L)	GLU/(mmol/L)
LE	LD	79.8±2.89a	31.6±2.10Aa	46.6±4.67a	0.68±0.05Aa	0.40±0.10	1.68±0.53ab	1.25±0.43ABa	0.24±0.09	3.75±1.17
	X	74.6±3.3ab	28.2±1.16ABb	46.49±3.54a	0.604±0.03Aa	0.36±0.57	1.48±0.22a	1.06±0.18Aab	0.26±0.15	3.87±0.56
	Z	70.5±3.5ab	27.5±2.14BCb	47.85±3.5a	0.61±0.13Aa	0.44±0.09	2.07±0.26ab	1.74±0.29Bb	0.2±0.06	3.27±0.76
	HD	70.56±3.1b	31.78±1.6Ca	37.71±4.90b	0.86±0.10Bb	0.42±0.09	2.08±0.31b	1.65±0.19Bb	0.24±0.16	3.73±0.58
ME	LD	75.62±3.00Aa	30.26±1.28Aa	44.80±2.46Aa	0.65±0.05ABab	0.49±0.26	1.72±0.41ABa	1.21±0.30Aa	0.29±0.19	4.04±0.72a
	X	75±3.26ABa	28±0.82Cb	46.82±2.39Aa	0.6±0.02Aa	0.42±0.05	1.56±0.09Aab	1.17±0.10ABa	0.2±0.05	3.61±0.53b
	Z	68.4±2.98Cb	29.4±0.45BCc	38.82±3.48Bb	0.77±0.08bBCc	0.55±0.05	2.04±0.25ABb	1.59±0.19Bb	0.2±0.14	4.23±0.44ab
	HD	69.78±3.91BCb	30.89±1.28ABa	37.86±1.32Bb	0.86±0.14Cc	0.64±0.18	2.17±0.28Bb	1.55±0.14ABb	0.33±0.17	3.98±0.50ab

（续表）

能量水平与品种		测定指标								
		TP/(g/L)	ALB/(g/L)	GLO/(g/L)	ALB/GLO	TG/(mmol/L)	CHO/(mmol/L)	HDL/(mmol/L)	LDL/(mmol/L)	GLU/(mmol/L)
HE	LD	72.90±2.30Aa	29.70±1.79ABa	43.08±3.12BCa	0.69±0.08ABa	0.19±0.11ABa	1.65±0.36	1.16±0.24	0.41±0.16	4.19±0.51Aa
	X	75±3.26Ab	28±0.82Aa	46.82±2.39Ba	0.6±0.02Ab	0.42±0.05Cb	1.56±0.09	1.17±0.10	0.2±0.05	3.61±0.53Bb
	Z	66.8±3.25Bb	29.00±0.63ABa	37.82±3.04ABb	0.77±0.06BCa	0.30±0.11BCc	1.58±0.10	1.14±0.21	0.31±0.20	4.13±0.27Bb
	HD	67.22±3.50Bb	31.33±1.14Bb	34.88±3.71Ab	0.91±0.09Cc	0.14±0.07Aa	1.53±0.28	1.27±0.21	0.21±0.19	4.03±0.55Aa

注：同列同能水平肩标有不同小写字母着表示差异显著（$P<0.05$），不同大写字母着表示差异极显著（$P<0.01$），标有相同字母或末标有字母着表示差异不显著（$P>0.05$）

3 讨论

血液对动物体的生命活动有极其重要的作用。对绵羊血液学的研究，在绵羊血液生理学的基础理论和绵羊的大规模饲养、疾病防治等方面有着广泛的运用，血液中中非蛋白氮含量的变化，可反映动物体内蛋白分解代谢和肾功能的情况，可作为临床诊断的参考指标。本试验结果表明，在各个试验阶段，4种绵羊血液中的GLU、TP、ALB、GLO、TG、CHO、HDL、LDL含量都在正常的范围内（TP：47.30~78.03g/L，ALB：15.48~38.11g/L，A/G：的比值0.4~0.8，GLU：0.35~0.60mmol/L，TG：0.142~1.09mmol/L）且随着日粮能量的提高，血液中的TP、ALB、GLO含量基本不变，这与周顺武[1]研究畜禽体内的氨基酸有两个来源，其一是蛋白饲料在消化道被蛋白酶水解吸收；其二是体蛋白被酶水解产生的和其他物质合成的是一致的。本研究提示：在本试验的各个试验阶段，每个品种绵羊摄入的蛋白质都是一样的。在高能量日粮水平下同一品种绵羊血液中的TG、CHO含量显著高于中能日粮与低能日粮（$P<0.05$），这与王安奎等[6]研究结果，低能量蛋白比日粮能够使公牛血清总脂有所降低，该研究说明，血清脂肪含量可以反映日粮能量水平的高低；Ozek等[7]研究发现，日粮蛋白质水平，特别是能量水平对鹌鹑的血清甘油三酯、CHO有极显著影响相一致。在相同能量日粮饲养下，四种绵羊血液中的LDL与TG含量之间没有差异（$P>0.05$），而兰州大尾羊与小尾寒羊血液中的TP、ALB、GLO含量显著（$P<0.05$）或者极显著（$P<0.01$）高于藏羊与杂种羊，表明兰州大尾羊与小尾寒羊对日粮中氮的利用率高于杂种羊与藏羊，适应于舍饲环境的饲养。

动物体内糖的来源有2种途径，一是饲料中的淀粉及少量蔗糖、乳糖和麦芽糖等在消化道转化成单糖被吸收；二是有发酵产生的挥发性脂肪酸和乳酸在肝脏中通过糖的异生作用生成葡萄糖，血糖含量变化是机体对糖吸收、运转、代谢动态平衡的反应，但对每一种动物而言血糖浓度是恒定的它的恒定是神经、激素和肝脏组织器官共同调节的[1]，本试验随着日粮中能量水平的提高，每种绵羊血液中的GLU含量升高，除藏羊在低能日粮水平下，其他3种绵羊在不同能量水平下其含量都在0.35~0.60mmol/L的正常范围内，这表明日粮中能量浓度对GLU含量有一定的影响（$P<0.05$）。李胜利等[8]在血糖浓度与瘤胃丙酸产量的研究中也得出了类似的结果；李福昌等[9]的研究表明，血糖

浓度与真胃灌注淀粉量之间、与真胃后淀粉消化量之间均存在很强的正线性相关,这与本研究的结果相似,本研究提示,随着能量水平的提高,羊只采食精料显著增多,很大程度增加了玉米的采食量,从而使血糖浓度升高。在同一中能和高能日粮饲养下,小尾寒羊与藏羊血液中的GLU含量显著($P<0.05$)或极显著($P<0.01$)低于兰州大尾羊与杂种羊。表明兰州大尾羊与杂种羊通过对瘤胃的发酵对挥发性脂肪酸和乳酸在肝脏中通过糖的异生作用生成GLU的能力强于小尾寒羊与藏羊。但是杂种羊在高能日粮水平下血液中CHO的含量极显著的低于在中能与低能日粮下的含量($P<0.01$),这与其他3种羊的结果相反,有待进一步研究。

4 结论

在不同能量水平下,同类群绵羊的血液TP、ALB、GLO含量随着能量水平的增加而降低,而TG、CHO、GLU含量随着能量水平的增加而升高。因此,不同能量水平对纯种绵羊的血液生理生化指标有相似的影响,但在同一能量水平下,不同类群的绵羊对血液生化指标的影响没有规律。

参考文献

[1] 周顺伍. 动物生物化学[M]. 北京:中国农业大学出版社,1999:76-178.

[2] 王玉琴,赵有璋. 波德代羊主要生理生化指标的测定和分析[J]. 甘肃畜牧兽医,2003,33(3):2-4.

[3] 刘玉清,陈云. 中国沙皮犬血液生理生化指标的测定[J]. 黑龙江畜牧兽医,2003(2):18-19.

[4] 杨慈清,赵有璋,姚军. 无角陶赛特羊和蒙古羊及其杂种后代血液生理生化指标测定分析[J]. 甘肃农业大学学报,2005,40(3):278-281.

[5] 周玉香,吕玉玲,王洁,等. 侯鹏霞. 畜牧与饲料科学[J]. 2012,33(5-6):72-73.

[6] 王安奎,杨国荣,金显栋,等. 不同能量与蛋白比对BMY公牛血液生化指标的影响[J]. 中国牛业科学,2010,36(5):14-16.

[7] Ozek K,Bahtiyarca Y. Effects of sex and protein and energy levels in the diet on the blood parameters of the chukar partridge (Alectoris chukar)[J]. Br Poult Sci,2004,45(2):290-293.

[8] 李胜利. 瘤胃灌注不同比例的混合VFA对肉牛血液相关代谢指标影响规律的研究[J]. 动物营养学报,1998,2:16-21.

[9] 李福昌,冯仰廉. 真胃灌注熟玉米面对单一羊草日粮下肉牛营养物质消化、能量利用及血糖浓度的影响[J]. 动物营养学报,2002,13(2):38-42.

[10] 邹继业,王天增. 河南小尾寒羊生理生化常值测定[J]. 河南农业科学,1994(8):38-39.

[11] 李利,陈圣偶. 凉山半细毛羊生理生化指标的研究[J]. 四川农业大学学报,1999,17(2):208-210.

[12] 毕振东,邹存章. 无角美利奴亲本母羊生产性能与血液生化指标相关性[J]. 黑龙江畜牧兽医,1994(5):10-12.

[13] 王俊东,刘宗平. 兽医临床诊断学[M]. 北京:中国农业出版社,2004:191-212.

[14] 王欣荣,吴建平,杨联,等. 甘南草地形藏羊质量与体尺指标的相关性研究[J]. 甘肃农业大学学报,2011(5):7-11.

[15] 方翟,吴建平. 早起断奶对羔羊生长发育的影响[J]. 中国草食动物2009(4):30-32.

GH基因遗传多态性与中国荷斯坦牛泌乳性状的遗传效应分析*

马彦男[1,2]，贺鹏迦[1]，朱静[1]，雷赵民[2]，刘哲[2]，吴建平[2]△

（1. 甘肃民族师范学院化学与生命科学系，合作　747000；
2. 甘肃农业大学动物科学技术学院，兰州　730070）

摘　要：为分析GH基因SNPs与中国荷斯坦牛泌乳性状的相关性。以232头中国荷斯坦牛为研究材料，采用PCR-SSCP技术检测GH基因第5外显子及其相邻区域的多态性，并进行相关性分析。结果发现GH基因第4内含子（2 017bp处）存在C→T的碱基转换，该群体在此位点处于Hardy-Weinberg平衡状态，为中度多态。与泌乳性状的相关性分析表明，该多态位点与泌乳性状显著相关（$P<0.05$），TT型305d产奶量、305d乳脂量、305d乳蛋白量和305d乳糖量显著高于CC型（$P<0.05$）；TC型与TT型、CC型之间305d产奶量、305d乳脂量、305d乳蛋白量差异均不显著（$P>0.05$），但TC型在数值上有优于CC型的趋势。建议将等位基因T作为提高奶牛产奶量、乳脂量和乳蛋白量的候选分子标记。

关键词：奶牛；生长激素（GH）基因；单核苷酸多态性；泌乳性能

Associations of GH Gene Polymorphisms with Milk Traits in Chinese Holstein

Ma Yan nan[1,2], He Peng jia[1], Zhu Jing[1], Lei Zhao min[2], Liu Zhe[2], Wu Jian ping[2]

(1. Department of Chemistry and Life Sciences, Gansu Normal University for Nationalities, Hezuo, 747000; 2. Animal Science and Technology, College of Gansu Agricultural University, Lanzhou, 730070, China)

---

*基金项目：科技部星火计划项目（2008GA860014）；甘肃省生物技术专项（GNSW-2009-08）

作者简介：马彦男（1985—），男，硕士，讲师，主要从事奶牛遗传育种方面的研究，E-mail: lslymyn@163.com

△通讯作者：吴建平，男，教授，博士生导师，主要研究方向为动物遗传育种

Abstract: 232 Chinese Holstein cattle were selected to study the correlation of GH gene SNPs and milk production traits.Using PCR-SSCP method to detect the polymorphisms of Exon5 and adjacent domains of GH gene and study the correlation analysis. The results showed that there exist C→T mutation ant Intron4, it is moderate polymorphic and Hardy-Weinberg equilibrium. The correlation of milk production traits analysis showed that this SNPs has significant correlation with milk production traits, 305d milk yield, 305d milk fat yield, 305d milk protein yield and 305d lactose of TT genotype were significantly higher than CC genotype, 305d milk yield, there is no significant difference in 305d milk fat yield, 305d milk protein yield of TC, CC and TT type, but TC type has a higher numeric trend than CC type. T allele can be considered as a genetic marker to improve milk yield, milk fat yield, and milk protein yield.

Key words: Dairy cattle; growth hormone (GH) gene; SNP; milk performance

奶牛泌乳受到神经内分泌系统的多种激素和乳腺外组织及自身分泌的多种生长因子的调控[1]。它们相互协同，以内分泌、旁分泌、自分泌等方式共同调节乳腺的生长发育和泌乳[2]。Rhoads等[3]和Isabel等[4]研究结果表明，奶牛的泌乳维持主要受到以生长激素为核心的生长激素轴的调控。生长激素（growth hormone，GH）是由脑垂体前叶嗜酸性细胞分泌的一类不含糖的单链多肽，其生物学作用主要包括增加脂解作用、糖异生作用、促进骨生成、乳腺发育及维持泌乳[5]。目前对于GH调控泌乳的作用机制尚不十分清楚，一般认为GH发挥作用主要由胰岛素样生长因子-1（IGF-1）介导，并通过信号传导识别相应受体，在结合蛋白的协助下影响动物的物质代谢、肉品质和乳腺发育等[6]。有关肉牛研究，国内学者应用RFLP或SSCP方法在不同品种肉牛第5外显子区检测到多态性，但其与生长发育性状和胴体性状的关系并不明确[7-10]；在GH基因第4内含子区也检测到了多态位点，其对生长发育性状和胴体性状无显著性影响[11-12]；关于奶牛，牛志刚等[13]用RFLP方法在新疆褐牛GH基因第5外显子区检测到多态性，但未进行与泌乳性能的关联性分析；而中国荷斯坦牛GH基因第5外显子区多态性及其与泌乳性能的关联性研究仅见张海容等[14]和何桦[15]的报道，且与Yao等[16]和Lucy等[17]的研究结果不一致；有关中国荷斯坦牛GH基因第4内含子区多态性及其与泌乳性能的关联性研究未见报道。

本研究采用PCR-SSCP方法进一步检测中国荷斯坦牛GH基因第5外显子及其相邻区域的多态性，分析其与产奶量、乳脂量、乳蛋白量和乳糖量的相关性，试图为奶牛育种寻找有效的分子标记，为中国荷斯坦奶牛的优化育种提供相应的分子遗传学依据。

1 材料和方法

1.1 材料

试验牛共232头，来自甘肃临洮华加牧业科技有限公司。其中，低代杂种（荷斯坦血统含量≥50%）72头，高代杂种（荷斯坦血统含量≥87.5%）96头，纯种荷斯坦奶牛64头。试验血样由颈静脉采取，ACD抗凝，-20℃保存备用。

1.2 数据采集

泌乳牛每天挤奶2次，参照DHI生产性能测定方法，每10d测定1次产奶量；使用浙大优创UL-40AC乳成分分析仪每个月测定1次乳成分（乳脂率、乳蛋白率、乳糖率）；统计产奶量时要求泌乳天数必须大于150d，泌乳天数达到或超过305d时按实际305d计算产奶量；泌乳天数不足305d时，校正到305d产奶量。

1.3 试验方法

1.3.1 基因组DNA提取

基因组DNA用试剂盒提取，试剂盒购自天根（TIANGEN）生化科技有限公司。

1.3.2 PCR扩增

PCR反应所用引物根据普通牛GH基因序列（GenBank No.：M57764），用Primer Premier5.0软件设计、检测和筛选，引物序列如下。

Forward：5'-CTTTCTAGCAGTCCAGCCTTGAC-3'
Reverse：5'-AGAGCAGACCGTAGTTCTTGAGC-3'

引物由天根生化科技（北京）有限公司合成。扩增区域从1 975bp开始，包括了GH基因内含子4和外显子5的部分序列，目的片段275bp。总反应体系为50μL，其中模板DNA2μL，10×buffer（15mmol/L MgCl$_2$）5μL，dNTP（2.5mmol/L）4μL，上下游引物（12.5pmol/μL）各1μL，Taq DNA聚合酶（2.5U/μL）1μL。PCR反应程序为：94℃预变性8min；94℃变性30s，60.8℃复性35s，72℃延伸45s，35个循环；最后72℃延伸10min。PCR产物经1%琼脂糖凝胶电泳检测后置于4℃冷藏保存供SSCP分析。

1.3.3 PCR产物的SSCP分析

取3.0μLPCR产物与7.0μL上样缓冲液（6×buffer：98%甲酰胺=1：3）混合，98℃变性10min，迅速置于冰上冷却5min。170V、10%的聚丙烯酰胺凝胶（丙烯酰胺：亚甲双丙烯酰胺=29：1），4℃电泳22h，银染显带，拍照保存。

1.3.4 测序

经SSCP分析后，选择不同基因型个体的PCR扩增产物各3个，由上海生工生物工程公司测序。

1.3.5 数据统计处理

（1）基因型频率和等位基因频率的计算：

基因型频率=基因型个体数/测定群体总数

等位基因A的频率：p（A）=（D+1/2H）

等位基因B的频率：q（B）=（R+1/2H）

D、H、R分别为AA、AB和BB基因型频率。

（2）遗传杂合度（H_e）计算：

$$H_e = 1 - \sum_{i=1}^{m} p_i^2$$

式中：P_i为第i个等位基因在群体中的频率，m为等位基因数。

（3）多态信息含量（PIC）计算：

$$PIC = 1 - \sum_{i=1}^{m} p_i^2 - \sum_{i=1}^{m-1} \sum_{j=i+1}^{m} 2p_i^2 p_j^2$$

式中：P_i和P_j分别为第i和第j个等位基因在群体中的频率，m为等位基因数。

（4）基因型与泌乳性能相关性分析：

应用SAS统计软件，调用混合模型程序，按下列统计模型分析基因型、品种、胎次和分娩季节与305d产奶量、305d乳脂量、305d乳蛋白量和305d乳糖量的相关性。

$$Y = \mu + G_i + P_j + L_k + J_l + \varepsilon$$

式中：

Y 为个体某性状表型值，μ 为群体某性状均值，G_i 为基因型效应，P_j 为品种效应（低代杂种、高代杂种和纯种荷斯坦奶牛），L_k 为胎次的固定效应（2胎和2胎后），J_l 为分娩季节效应（春夏和秋冬），ε 为随机残差效应。

2 结果和分析

2.1 GH基因PCR产物扩增结果

经检测扩增产物与目的片段275bp大小一致，产物带型清晰且无杂带，稳定性和特异性好（图1）。

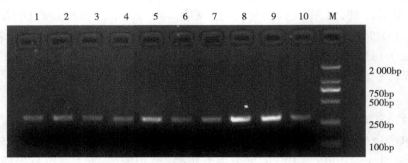

M：DL2000 Marker；其余泳道为PCR产物

图1 GH基因PCR扩增产物检测

Fig. 1　Detection of PCR product of GH gene

2.2 SSCP电泳结果与分析

经SSCP分析，GH基因检测的区域有2个等位基因（C和T），3种基因型（CC、TT和TC）（图2）。

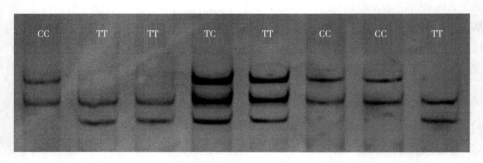

图2 GH基因扩增产物SSCP检测结果

Fig. 2　Detection of PCR-SSCP product of GH gene

2.3 测序结果与分析

选取CC型、TT型和TC型样品各3个进行测序。从测序结果可知，T等位基因在M57764的第2 017bp处（PCR产物的第42bp，位于第4内含子区域）发生了C→T的碱基转换，而C等位基因在此处与M57764序列相同。图3是GH基因扩增产物第4内含子多态位点的测序图。

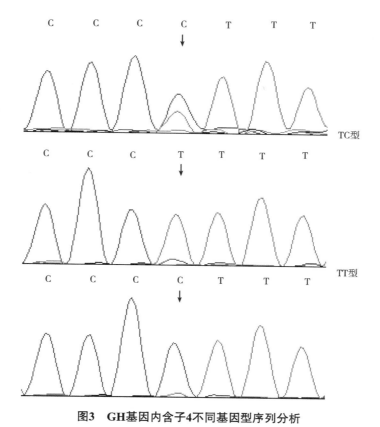

图3 GH基因内含子4不同基因型序列分析

Fig. 3 Sequence comparison of TC, TT and CC genotypes of GH gene intron 4

2.4 基因频率和基因型频率

表1 GH基因内含子4基因型频率和基因频率

Table 1 Genotypic and allelic frequencies of the GH intron 4

样本数	基因型个体数			基因型频率			等位基因频率		卡方（df=1）
	CC	TT	TC	CC	TT	TC	C	T	
232	108	41	83	0.465 5	0.176 7	0.357 8	0.644 4	0.355 6	2.92

$\chi^2=2.92<\chi_{0.05}^2$ (df=1) =3.84, $P>0.05$

根据SSCP检测结果，统计全部基因型与等位基因的频率分布（表1）。由表1可知，TT型个体在整个试验群体中的频率最低，从基因频率来看，C为优势等位基因。

2.5 多态信息含量和遗传杂合度

PIC和He计算结果显示，试验群体GH基因第4内含子PIC为0.353 3，处于中度多态（0.25<PIC<0.5），He为0.357 8。χ^2适合性检验证实，试验群体在该位点的突变达到Hardy-Weinberg平衡状态（$P>0.05$），说明其在适应性方面可能具有遗传优势，并通过长期进化和选择达到平衡。

2.6 基因型与泌乳性能相关性分析

应用建立的混合模型，对232头奶牛的305d产奶量、305d乳脂量、305d乳蛋白量和305d乳糖量进行方差分析，结果见表2和表3。

表2 GH基因内含子4多态性与泌乳性能的相关性
Table 2 Correlation of polymorphism of intron 4 of GH gene with milk performance

变异来源	305d产奶量		305d乳脂量		305d乳蛋白量		305d乳糖量	
	F	P	F	P	F	P	F	P
基因型	3.58	0.041 9	3.95	0.036 0	3.96	0.035 6	3.83	0.039 1
品种	3.78	0.028 6	1.51	0.244 4	1.46	0.256 3	1.31	0.292 8
胎次	5.15	0.027 0	3.44	0.078 6	3.67	0.069 7	4.12	0.055 8
分娩季节	1.19	0.311 8	0.66	0.628 7	0.69	0.607 3	0.77	0.556 1

由表2可知，基因型、品种和胎次与305d产奶量显著相关（$P<0.05$），而分娩季节对305d产奶量无显著影响（$P>0.05$）；基因型与305d乳脂量、305d乳蛋白量、305d乳糖量显著相关（$P<0.05$），品种、胎次和分娩季节分别对305d乳脂量、305d乳蛋白量、305d乳糖量影响不显著（$P>0.05$）。

表3 不同基因型泌乳性能指标最小二乘均值及标准误
Table 3 The LSM and SE of milk traits among the genotypes

基因型	个体数	305d产奶量		305d乳脂量		305d乳蛋白量		305d乳糖量	
		LSM	SE	LSM	SE	LSM	SE	LSM	SE
TT	41	6 847.35[a]	427.78	299.61[a]	16.49	304.25[a]	16.68	312.36[a]	17.03
TC	83	6 474.40[ab]	302.50	291.35[ab]	10.52	295.83[ab]	10.64	303.57[a]	10.87
CC	108	6 100.97[b]	357.61	269.42[b]	13.70	272.93[b]	13.87	278.94[b]	14.19

同列均数肩注不同字母，表示差异显著（$P<0.05$）
Least squares means with the different letter superscripts within the same cloumn differ significantly（$P<0.05$）.

表3表明，TT型305d产奶量、305d乳脂量、305d乳蛋白量和305d乳糖量显著高于CC型（$P<0.05$）；TC型305d乳糖量显著高于CC型（$P<0.05$）；TC型与TT型、CC型之间305d产奶量、305d乳脂量、305d乳蛋白量差异不显著（$P>0.05$），但TC型在数值上有优于CC型的趋势。

3 分析与讨论

3.1 GH基因多态性及其与肉牛、奶牛生产性能的关系

张海荣等[14]采用PCR-SSCP技术分析了中国荷斯坦牛GH基因的遗传多态性，在第5外显子（M57764的第2 141bp）发现了C→G单碱基突变，并导致了亮氨酸变成缬氨酸，但在第4内含子没有发现多态性。本实验通过SSCP在中国荷斯坦牛及其杂交后代群体中未检测到GH基因第5外显

子的多态性，但在第4内含子区检测到了一个多态位点。测序结果表明，与普通牛的该基因序列（M57764）相比，该位点多态是因为GH基因第4内含子区（M57764的2 017bp处）1个C→T的碱基转换造成的，这个多态位点与郝灵慧[11]和高雪[12]通过PCR-SSCP技术在GH基因第4内含子检测到的多态位点不是同一位点。郝灵慧[11]采用PCR-SSCP技术在草原红牛GH基因第4内含子区检测到的多态性是因位于M57764的第1 918bp处的1个C→A的颠换造成的，相应产生了CC、CD和DD 3种基因型，CD基因型在群体中为优势基因型，同时，分析了3种基因型个体间16个胴体性状的差异，结果均不显著（$P>0.05$）。而高雪[12]研究表明，牛GH基因第4内含子多态性存在品种间差异，西门塔尔牛群体中该多态位点的产生是由于M57764的1 978bp处发生碱基T→C的替换，共发现3种基因型，AA型为优势基因型；鲁西牛、南阳牛品种中在M57764的1 947bp处发生碱基T→G的突变，3种基因型中BB型个体数最多；方差分析表明3个肉牛品种GH基因第4内含子区多态性与体重、体高、体斜长、胸围和肉用指数性状间无显著性相关（$P>0.05$）。

本试验检测到的多态位点导致试验群体形成3种基因型（CC、TT和TC）。经检验，该群体在此位点处于Hardy-Weinberg平衡状态，基因遗传杂合度为0.357 8，多态信息含量为0.353 3，根据Vaiman等[18]的研究结论，PIC>0.50为高度多态，0.25<PIC<0.50为中度多态，PIC<0.25为低度多态，该基因位点达到中度多态。对不同基因型个体泌乳性能之差异分析表明，TT型305d产奶量、305d乳脂量、305d乳蛋白量和305d乳糖量显著高于CC型；TC型与TT型、CC型之间305d产奶量、305d乳脂量、305d乳蛋白量差异均不显著，但TC型在数值上有优于CC型的趋势，说明等位基因T对产奶量、乳脂量和乳蛋白量具有正效应。因为该位点处于Hardy-Weinberg平衡状态，且多态信息含量为中等，说明还具一定的选择潜力，可作为奶牛生产性能的候选基因加强选择。

本试验通过测序同时发现，与普通牛的GH基因序列（M57764）相比，因第4内含子的碱基转换而形成的C、T 2个等位基因在GH基因第5外显子的第96bp处（M57764的第2 233bp处）均发生了G→A的同义突变。这个突变位点前人没有报道，但由于其为同义突变（赖氨酸），又与第4内含子的突变并无链锁关系，因此，不能作为有效的分子标记。此位点在实验群体内未形成SSCP多态，一是可能实验群体的牛在此处均为碱基A。二是可能此处的碱基突变并不改变PCR产物单链的空间构象，因此，基于单链构象的电泳图谱并不能反应此处的多态，而用来测序的样品正好在此处都为碱基A。

3.2 内含子的调控作用

近年来的研究表明，内含子是基因组中的一种重要元件，在维持基因特定功能方面有重要作用。内含子对基因的表达起调控作用，目前在许多基因的内含子中均发现了基因表达元件，其中大多为增强元件。如猪的myosin heavy chain（MyHc）基因内含子中的重要调控元件，可以调控转录的起始来增强基因的表达[19]。也有关于内含子负调控和双向调控作用的研究报道。如人胶原蛋白α1基因第1内含子的一段274bp的反向重复序列A274可阻碍该基因的转录，起反向调控作用。这是因为在胶原蛋白基因启动子的-477～-255位具有与A274相同的核蛋白结合位点，两者通过对核蛋白的竞争结合来实现基因的调控[20]。而鸡β肌球蛋白基因的一段反向重复间插序列（IVS）具有双向调控的作用。IVS位于外显子6A与外显子6B之间，IVS内含两段嘌呤富集区，一段为+35位起约90个核苷酸序列，另一段位于IVS的3'端，这些区域可能被某些反式作用因子结合，也可能与其上游或下游的序列形成的二级结构结合，从而抑制了外显子6A的表达，同时，对外显子6B的表达有激活作用[21]。内含子还可通过"外显子改组"的作用在基因进化中起重要作用。本研究检测到的与泌乳性能相关的突变位于第4内含子区，其具体意义还有待进一步研究。

参考文献

[1] Jouan P N, Pouliot Y, Gauthier S F, et al. Hormones in bovine milk and milk products: A survey [J]. International Dairy Journal, 2006, 16: 1 408-1 414.

[2] Kelly P A, Bachelot A, Kedzia C, et al. The role of prolactin and growth hormone in mammary gland development [J]. Molecular and Cellular Endocrinology, 2002, 197 (1-2): 127-131.

[3] Rhoads M L, Meyer J P, Kolath S J, et al. Growth hormone receptor, insulin-like growth factor (IGF)-I, and IGF-binding protein-2 expression in the reproductive tissues of early postpartum dairy cows[J]. Journal of Dairy Science, 2008, 91 (5): 1 802-1 813.

[4] Isabel A F, Michael W. Growth hormone and prolactin—molecular and functional evolution [J]. Journal of Mammary Gland Biology and Neoplasia, 2002, 7 (3): 291-312.

[5] 叶平生, 谢正露, 张源淑. 激素及细胞因子对泌乳的影响及其调控[J]. 动物医学进展, 2013, 34 (1): 75-79.

[6] 潘龙, 卜登攀, 孙鹏, 等. 生长激素轴的组成及其对奶牛泌乳的调控[J]. 中国畜牧兽医, 2013, 40 (1): 125-129.

[7] 陈晓杰. 雪龙黑牛5个基因SNPs及表达量与经济性状关联性分析[D]. 中国农业科学院, 2012.

[8] 张超, 李姣, 田璐, 等. 中国西门塔尔牛GH基因SNPs与经济性状的关联分析[J]. 中国畜牧兽医, 2011, 38 (1): 129-132.

[9] 胡怡菲. 秦川牛GH和GHR基因多态性及其与部分体尺性状的关联性研究[D]. 西北农林科技大学, 2010.

[10] 李姣. 中国西门塔尔牛5个基因SNPs及表达量与经济性状关联性分析[D]. 中国农业科学院, 2010.

[11] 郝灵慧. 草原红牛GH和GHR基因遗传多态性研究及与胴体性状的相关分析[D]. 吉林大学, 2008.

[12] 高雪. 牛生长发育性状候选基因的分子标记研究[D]. 西北农林科技大学, 2004.

[13] 牛志刚, 史洪才, 刘明军, 等. 新疆褐牛GH基因第5外显子AluⅠ位点多态性与早期生长性状的相关性[J]. 南方农业学报, 2012, 43 (5): 688-691.

[14] 张海容, 吴建平. 奶牛群体生长激素基因多态性与产奶量关联性[J]. 中国兽医学报, 2010, 30 (6): 811-814.

[15] 何桦. 中国荷斯坦牛和牦牛的三个功能基因多态性及其与生产性能的相关性分析[D]. 四川农业大学, 2005.

[16] Yao J, Aggrey S E, Zadworny D, et al. Sequence variationin the bovine growthhormone gene characterizedby SSCP analysis and their association with milk productiontraits in Holsteins[J]. Genetics, 1996, 144 (4): 1 809-1 816.

[17] Lucy M C, Hauser S D, Eppard P J, et al. Variants ofsomatropin in cattle: gene frequencies inmajor dairybreeds and associated milk production [J]. Dom AnimEndocrinol, 1993, 10: 325-333.

[18] Vaiman D, Mecier D, Moazami-Goudarzi K, et al. A set of 99 cattle microsatellites characterizationsynteny mapping and polymorphism[J]. MammalianGenome, 1994, 5: 288-297.

[19] Chang K C. Critical regulatory domains in intron 2 of a porcinesarcoemeric myosin heavy chain gene[J]. Journal of MuscleResearch and Cell Motility, 2000, 21 (5): 451-461.

[20] Hormuzdi S G, Penttinen R, Jaenisch R, et al. Agene-targeting approach identifies a function for the first intronin expression of theα1 (I) collagen[J]. MolecularandCellular Biology, 1998, 18: 3 368-3 375.

[21] Laurent B, Domenico L, Maria G, et al. Intronic sequencewith both negative and positive effects on the regulationof alternative transcripts of the chicken β trophmyosintranscripts[J]. Nucleic Acids Research, 1992, 20 (15): 3 897-3 992.

DGAT-1基因K232A突变位点对甘肃地区中国荷斯坦牛泌乳性状的影响*

马彦男[1,2]，贺鹏迦[1]，马永生[1]，董艳娇[1]，朱静[1]，雷赵民[2]，刘哲[2]，吴建平[2*]

（1. 甘肃民族师范学院化学与生命科学系，甘肃合作　747000；
2. 甘肃农业大学动物科学技术学院，兰州　730070）

摘　要：为探索DGAT-1基因多态性与奶牛泌乳性状的相关性，以232头甘肃地区中国荷斯坦牛为实验材料，利用PCR-SSCP技术并结合测序研究DGAT-1基因K232A位点遗传多态性，采用混合动物模型分析DGAT-1基因K232A突变位点对305d产奶量、305d乳脂量和305d乳蛋白量的影响。结果表明：DGAT-1基因K232A位点共存在KK、KA和AA 3种基因型，频率分别为0.508 6、0.375 0和0.116 4，等位基因K和A的频率分别为0.696 1和0.303 9，多态信息含量（PIC）为0.333 6，实验群体在这一位点上处于Hardy-Weinberg平衡状态。该位点突变对305d产奶量的影响达到极显著水平（$P<0.01$），对305d乳脂量和305d乳蛋白量的影响达到显著水平（$P<0.05$）。最小二乘法分析表明，AA和KA型305d产奶量极显著高于KK型（$P<0.01$），KK型乳脂量显著高于AA和KA型（$P<0.05$），AA型乳蛋白量显著高于KK型（$P<0.05$），A等位基因是提高产奶量和乳蛋白量的优势基因，而K等位基因是高乳脂量的优势基因。DGAT-1基因K232A位点突变对甘肃地区中国荷斯坦牛泌乳性状有较大的遗传效应，可用于其泌乳性状的分子标记辅助选择。

关键词：中国荷斯坦牛；二酰甘油酰基转移酶（DGAT-1）基因；K232A；泌乳性状

The effect of polymorphism K232A of DGAT-1 gene on milk production trait in Chinese Holstein cattle

Ma Yan nan[1,2], He Peng jia[1], Ma Yong sheng[1], Dong Yan jiao[1],
Zhu Jing[1], Lei Zhao min[2], Liu Zhe[2], Wu Jian ping[2]

(1. Department of Chemistry and Life Sciences, Gansu Normal University for Nationalities, Hezuo, Gansu Province, 747000; 2. Animal Science and Technology, College of Gansu Agricultural University, Lanzhou, 730070, China)

基金项目：科技部星火计划项目（2008GA860014）；甘肃省重大科技专项（0801NKDP037）；甘肃省生物技术专项（GNSW-2009-08）
作者简介：马彦男（1985—），男，讲师，主要从事奶牛遗传育种方面的研究，E-mail：lslymyn@163.com
*通讯作者Corresponding author，男，教授，博士生导师，主要研究方向为动物遗传育种

Abstract: In order to understand the association between the polymorphism of DGAT-1 gene and milk yield and composition, 232 Chinese Holstein cattle in Gansu region were selected to study the polymorphism of the K232A of DGAT-1 gene using PCR-SSCP in this study, and the effects of the polymorphism of the K232A site on 305 days milk yield, 305 days milk fat yield and 305 days milk protein yield were analyzed using a mixed animal model. Three genotypes, KK, KA and AA, were found and their genotypic frequencies were 0.508 6, 0.375 0 and 0.116 4, respectively. The gene frequencies of K and A were 0.696 1 and 0.303 9, respectively. The polymorphism information content (PIC) was 0.333 6, and the population was in accordance with Hardy-Weinberg equilibrium at this locus. The very significant association of the DGAT1 K232A with 305 days milk yield ($P<0.01$), and significant association with 305 days milk fat yield and 305 days milk protein yield ($P<0.05$) were identified. The study by Least Squares method showed that 305 days milk yield of AA and KA type was very significantly higher than that of KK type ($P<0.01$), 305 days milk fat yield of KK type was significantly higher than that of AA and KA type ($P<0.05$), 305 days milk protein yield of AA type was significantly higher than that of KK type ($P<0.05$). Allele A was dominant allele of high milk yield and milk protein yield and K was dominant allele of high milk fat yield, and thus they can be considered as the molecular genetic marker of breeding of Chinese dairy cattle in Gansu region.

Key words: Chinese Holstein; diacylglycerol acyltransferase (DGAT) gene; K232A; milk traits

乳脂肪的含量及其脂肪酸组成是评价牛乳营养品质的重要指标,乳脂肪的主要成分为甘油三酯,由1分子的甘油和3分子的脂肪酸组成,约占乳中总脂肪的99%(杨永新等,2013),对动物维持正常代谢、体内能量供应和抵抗微生物侵袭等方面发挥着重要作用(毛永江等,2010),同时也是人体短链脂肪酸和不饱和脂肪酸的重要来源之一。二酰甘油酰基转移酶(diacylglycerol acyltransferase,DGAT)是脂肪细胞中催化甘油三酯合成最后一步反应的关键酶,由DGAT-1基因编码,在细胞甘油酯类的代谢中起重要作用,其作用机制是使二酰基甘油(diacylglycerol,DAG)作用脂肪酸酰基形成三酰甘油(triacylglycerol,TAG)(Nishizuka Y,1992)。如果DGAT-1基因的碱基序列发生突变,就可能改变全乳中的脂肪含量和组分,对乳品的营养价值和加工特性产生影响。牛的DGAT-1基因定位于14号染色体着丝粒末端(Bennewitz et al.,2004),包含17个外显子和16个内含子,编码含489个氨基酸残基的蛋白质。研究发现牛DGAT-1基因外显子8存在一处由AA到GC的双核苷酸突变,导致第232位的赖氨酸突变为丙氨酸,命名为K232A(Winter et al.,2002)。国内外学者主要采用PCR-RFLP方法在不同品种奶牛DGAT-1基因外显子8均检测到K232A多态位点,与泌乳性能的相关性分析表明,其多态性对奶牛泌乳性状,尤其是乳脂量具有显著影响(Signorelli et al.,2009;Schennink et al.,2008;贾晋等,2008;Thaller et al.,2003;Winter et al.,2003)。虽然国内外已有DGAT-1基因K232A多态性与泌乳性状关联的研究报道,但连锁不平衡产生的候选基因效应是由于其等位基因与研究群体的特殊遗传背景有交互作用,所以在某一群体中得到的候选基因效应需要在不同品种以及同品种不同群体中进行验证;而且上述研究主要采用PCR-RFLP方法检测多态性,有关甘肃地区中国荷斯坦牛DGAT-1基因第8外显子PCR-SSCP多态性及其与泌乳性能的关联性研究未见报道。

本研究采用PCR-SSCP和DNA测序方法检测甘肃地区中国荷斯坦牛DGAT-1基因第8外显子K232A突变位点,分析其与产奶量、乳脂量和乳蛋白量的相关性,探究该位点能否作为一个可靠的分子遗传标记应用于中国荷斯坦牛标记辅助选择(MAS)育种,为甘肃地区中国荷斯坦牛的优化育种提供相应的分子遗传学依据。

1 材料和方法

1.1 材料

实验牛共232头，来自甘肃临洮华加牧业科技有限公司。其中，低代杂种（荷斯坦血统含量≥50%）72头，高代杂种（荷斯坦血统含量≥87.5%）96头，纯种荷斯坦奶牛64头。实验血样由颈静脉采取，ACD抗凝，-20℃保存备用。

1.2 数据采集

泌乳牛每天挤奶2次，参照DHI生产性能测定方法，每10d测定1次产奶量；使用浙大优创UL-40AC乳成分分析仪每个月测定1次乳成分（乳脂率和乳蛋白率）；统计产奶量时要求泌乳天数必须大于150d，泌乳天数达到或超过305d时按实际305d计算产奶量；泌乳天数不足305d时，用实际产奶量乘以泌乳天数校正系数，按305d校正产奶量计算。

1.3 实验方法

1.3.1 基因组DNA提取

基因组DNA用试剂盒提取，试剂盒购自天根（TIANGEN）生化科技有限公司。

1.3.2 PCR扩增

PCR反应所用引物根据普通牛DGAT-1基因序列（GenBank No.：AY065621.1），用Primer Premier5.0软件设计、检测和筛选，引物序列如下。

Forward：5'-CTCGTAGCTTTGGCAGGTAAG-3'

Reverse：5'-AAGTTGAGCTCGTAGCACAGG-3'

引物由天根生化科技（北京）有限公司合成。扩增区域从6 808bp开始，包括了DGAT-1基因外显子8全部序列和内含子8的部分序列，目的片段201bp。总反应体系为25μL，其中模板DNA1μL，10×buffer（15mmol/L $MgCl_2$）2.5μL，dNTP（2.5mmol/L）2.5μL，上下游引物（12.5pmol/μL）各0.5μL，Taq DNA聚合酶（2.5U/μL）0.5μL，ddH_2O17.5μL。PCR反应程序为：95℃预变性5min；94℃变性30s，59℃退火30s，72℃延伸30s，35个循环；最后72℃延伸10min。PCR产物经1%琼脂糖凝胶电泳检测后置于4℃冷藏保存供SSCP分析。

1.3.3 PCR产物的SSCP分析

取3.0μLPCR产物与7.0μL上样缓冲液（6×buffer：98%甲酰胺=1：3）混合，98℃变性10min，迅速置于冰上冷却10min。160V、10%的聚丙烯酰胺凝胶（丙烯酰胺：亚甲双丙烯酰胺=29：1），4℃电泳2h，银染显带，拍照保存。

1.3.4 测序

经SSCP分析后，选择不同基因型个体的PCR扩增产物各3个，由上海生工生物工程公司测序。

1.3.5 数据统计处理

（1）基因型频率和等位基因频率的计算：

基因型频率=基因型个体数/测定群体总数

等位基因A的频率：$p(A)=(D+1/2H)$

等位基因K的频率：$q(K)=(R+1/2H)$

D、H、R分别为AA、KA和KK基因型频率。

（2）遗传杂合度（He）计算：

$$He = 1 - \sum_{i=1}^{m} p_i^2$$

式中：P_i为第i个等位基因在群体中的频率，m为等位基因数。

（3）多态信息含量（PIC）计算：

$$PIC = 1 - \sum_{i=1}^{m} p_i^2 - \sum_{j=1}^{m-1}\sum_{j=i+1}^{m} 2p_i^2 p_j^2$$

式中：P_i和P_j分别为第i和第j个等位基因在群体中的频率，m为等位基因数。

（4）皮尔逊卡方检验：

$$\chi^2 = \sum \frac{(O-E)^2}{E}$$

式中：O代表每个基因型的观测数目，E代表假定哈代—温伯格平衡定律成立时每个基因型的期望个体数。

（5）基因型与泌乳性能相关性分析：

应用SAS统计软件，调用混合模型程序，按下列统计模型分析基因型、品种、胎次和分娩季节与305d产奶量、305d乳脂量和305d乳蛋白量的相关性。

$$Y = \mu + G_i + P_j + L_k + J_l + \varepsilon$$

式中：Y为个体某性状表型值，μ为群体某性状均值，G_i为基因型效应，P_j为品种效应（低代杂种、高代杂种和纯种荷斯坦奶牛），L_k为胎次的固定效应（2胎和2胎后），J_l为分娩季节效应（春夏和秋冬），ε为随机残差效应。

（6）等位基因加性效应、显性效应和替代效应：

等位基因加性效应用2个纯合子离差的均值计算（Rothschild et al.，1996）：

$$a = \frac{AA - KK}{2}$$

等位基因显性效应用杂合子与2种纯合子均值的离差计算（Rothschild et al.，1996）：

$$d = KA - \frac{AA + KK}{2}$$

A等位基因替代K等位基因的平均效应（Rothschild et al.，1996）：

$$s = a + (q - p)d$$

式中：p为A等位基因频率，q为K等位基因频率，KK、AA和KA分别为各基因型的表型最小二乘均值。

等位基因替代效应的显著性检验是利用线性回归模型（SAS），通过泌乳性状对K等位基因拷贝数（0、1、2）的回归来计算，分别将基因型KK、KA和AA定义为2、1和0。

2 结果和分析

2.1 DGAT-1基因PCR产物扩增结果

经检测扩增产物与目的片段201bp大小一致，产物带型清晰且无杂带，稳定性和特异性好（图1）。

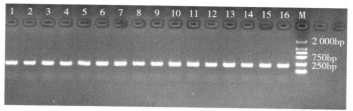

M：DL2000 Marker，其余泳道为PCR产物

图1　DGAT-1基因PCR扩增产物检测

Fig. 1　Detection of PCR product of DGAT-1 gene

2.2　SSCP电泳结果与分析

经SSCP分析，DGAT-1基因检测的区域有2个等位基因（K和A），3种基因型（KK、KA和AA）（图2）。

图2　DGAT-1基因扩增产物SSCP检测结果

Fig. 2　Detection of PCR-SSCP product of DGAT-1 gene

2.3　测序结果与分析

选取KK型、AA型和KA型样品各3个进行测序。从测序结果可知，A等位基因在AY065621.1的第6 829bp和6 830bp处（PCR产物的第22bp和23bp，位于第8外显子区域）发生了AA→GC的双碱基突变（图3），导致第232位氨基酸由赖氨酸变为丙氨酸，为错义突变，而K等位基因在此处与AY065621.1序列相同。

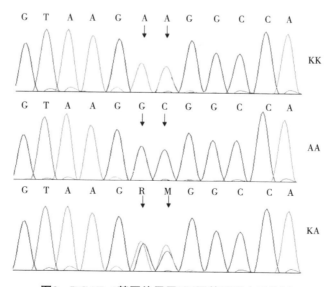

图3　DGAT-1基因外显子8不同基因型序列分析

Fig. 3　Sequence comparison of KK，AA and KA genotypes of DGAT-1 gene exon 8

2.4 基因频率和基因型频率

表1 DGAT-1基因外显子8基因型频率和基因频率
Table 1 Genotypic and allelic frequencies of the DGAT-1 exon 8

样本数 Sample size	基因型个体数 Number of each genotype			基因型频率 Genotypic frequencies			等位基因频率 Allelic frequencies	
	KK	AA	KA	KK	AA	KA	K	A
232	118	27	87	0.508 6	0.116 4	0.375 0	0.696 1	0.303 9

根据SSCP检测结果,统计全部基因型与等位基因的频率分布(表1)。由表1可知,KK型个体在整个试验群体中的频率较高,从基因频率来看,K为优势等位基因。

2.5 遗传多样性分析和卡方适合性检验

He和PIC计算结果显示,实验群体DGAT-1基因第8外显子He为0.375 0,PIC为0.333 6,处于中度多态(0.25<PIC<0.5),说明试验群体有较高的遗传变异,选择潜力较大。

基于基因型频率可决定等位基因频率,而等位基因频率不能决定基因型频率,在假定Hardy-Weinberg平衡定律成立的条件下,可通过等位基因频率值计算KK、AA和KA 3种基因型的期望个体数,结果分别为112.32、21.32和98.36;根据基因型观测个体数和期望个体数,计算所得的χ^2为3.12<$\chi^2_{0.05}$(df=1)=3.84,则P>0.05,试验群体在该位点达到Hardy-Weinberg平衡状态。

2.6 DGAT-1基因与泌乳性能的相关性分析

DGAT-1基因K232A位点不同基因型对305d产奶量、305d乳脂量和305d乳蛋白量的最小二乘均值、标准误及等位基因效应见表2。

表2 DGAT-1基因型对甘肃地区中国荷斯坦牛泌乳性状的效应
Table 2 The effects of DGAT-1 genetypes on milk traits of Chinese Holstein in Gansu region

基因型 Genotype	个体数 Number	305d产奶量 305d milk yield		305d乳脂量 305d milk fat yield		305d乳蛋白量 305d milk protein yield	
		LSM	SE	LSM	SE	LSM	SE
KK	118	6 257.74^B	207.04	282.30^a	7.18	247.86^b	9.88
AA	27	7 290.14^A	298.20	249.82^b	9.48	291.87^a	8.92
KA	87	7 038.03^A	235.78	268.62^b	9.69	276.31^a	9.49
加性效应 Additive		516.20		−16.24		22.01	
显性效应 Dominance		264.09		2.56		6.45	
等位基因替代效应 Allele substitution		619.77**		−15.24*		24.54**	

同列均数肩注不同小写字母表示差异显著(P<0.05);同列均数肩注不同大写字母表示差异极显著(P<0.01)。
Small letters means values in the same column with different superscripts significantly differ at P<0.05; Capital letters means values in the same column with different superscripts significantly differ at P<0.01. *: P<0.05; **: P<0.01

由表2可知，DGAT-1基因K232A位点突变对305d产奶量的影响达到极显著水平（$P<0.01$），对305d乳脂量和305d乳蛋白量的影响达到显著水平（$P<0.05$）。对各基因型间305d产奶量、305d乳脂量和305d乳蛋白量的多重比较结果显示，AA和KA型305d产奶量极显著高于KK型（$P<0.01$），AA和KA型之间差异不显著（$P>0.05$）；KK型乳脂量最高（282.30±7.18kg），显著高于AA和KA型（$P<0.05$）；AA型乳蛋白量最高（291.87±8.92），显著高于KK型（$P<0.05$）。对于A等位基因，305d产奶量、305d乳脂量和305d乳蛋白量的加性效应分别为516.20kg、-16.24kg和22.01kg。305d产奶量、305d乳脂量和305d乳蛋白量基因替代效应分别为619.77kg、-15.24kg和24.54kg，即每个A等位基因替代K等位基因会导致产奶量提升619.77kg，乳脂量下降15.24kg，乳蛋白量提升24.54kg。A等位基因是提高产奶量和乳蛋白量的优势基因，而K等位基因是高乳脂量的优势基因。

3 讨论

Kaupe等（2004）对13个国家38个不同品种共计1 748头牛K232A位点多态性进行了研究，发现等位基因频率的分布存在品种间差异，A基因在普通牛群体中占优势，而K基因在瘤牛群体中频率较高，奶牛群体中K等位基因频率差异很大。毛永江等（2010）采用PCR-SSCP方法研究了736头南方地区中国荷斯坦牛K232A位点的多态性，发现K和A等位基因频率分别为0.887 6和0.112 4；周利华等（2009）对454头新疆和南昌地区中国荷斯坦牛该位点的研究发现，K和A基因频率分别为0.405和0.595，AA型为优势基因型，与Schennink等（2008）对荷兰1 779头荷斯坦牛的研究结果类似；贾晋等（2008）采用PCR-RFLP方法对北京地区16头荷斯坦公牛和1 222头荷斯坦母牛的研究发现，16头荷斯坦公牛中有6头为纯合子KK型，10头为KA型，未发现AA型个体，母牛群体中K和A基因频率分别为0.45和0.55，KA型为优势基因型。本研究中等位基因K和A的频率分别为0.696 1和0.303 9，KK型为优势基因型，与殷骥等（2013）的研究结果较为一致，而与毛永江等（2010）、周利华等（2009）和贾晋等（2008）对中国荷斯坦牛的研究结果有较大差异，原因可能是公牛的选择性使用，实验牧场在奶牛改良过程中持续使用北美验证种公牛冻精，还可能是甘肃地区中国荷斯坦牛基本上都含有地方黄牛品种血统的缘故，与其育成史有一定的关系。但由于本研究未能对涉及公牛该位点多态性进行研究，同时，也缺乏甘肃地区黄牛品种该位点多态性的研究数据，所以，造成不同地区中国荷斯坦牛DGAT-1基因K232A位点基因频率差异的真正原因有待进一步研究。

DGAT-1是控制奶牛泌乳性状的主效基因之一，其突变位点K232A对产奶量和乳成分具有显著的影响。Sun等（2009）研究发现，北京地区中国荷斯坦牛K232A多态性与产奶量、乳脂量和乳蛋白量显著相关（$P<0.05$），KK型乳脂量显著高于KA和AA型，但AA型产奶量和乳蛋白产量显著高于KK型，即K基因为高乳脂量的优势基因，而A与高产奶量和乳蛋白产量有关，与Signorelli等（2009）、Naslund等（2008）、Schennink等（2007）、Thaller等（2003）和Spelman等（2002）的研究结果类似；而毛永江等（2010）对南方地区中国荷斯坦牛的研究得到了相反的结果，即K等位基因是提高产奶量的优势基因，而A等位基因是提高乳成分的优势基因；周利华等（2009）研究表明，K232A多态位点与新疆和南昌地区中国荷斯坦牛的产奶量无显著性相关（$P>0.05$）。本研究对DGAT-1基因K232A多态性与甘肃地区中国荷斯坦牛泌乳性状的相关性分析表明，基因型对305d产奶量的影响达到极显著水平（$P<0.01$），AA型305d产奶量极显著高于KK型（$P<0.01$）；基因型显著影响305d乳脂量和305d乳蛋白量（$P<0.05$），KK型乳脂量显著高于AA型（$P<0.05$），AA型乳蛋白量显著高于KK型（$P<0.05$），即A等位基因是提高产奶量和乳蛋白量的优势基因，而K等位基因是高乳脂量的优势基因，与Sun等（2009）、Signorelli等（2009）、Naslund等（2008）、贾晋等（2008）、Schennink等（2007）的结论一致，而与毛永江等（2010）和周利华等（2009）的研究

结果有一定差异，这可能与中国荷斯坦牛的不同遗传背景以及基因与环境的交互作用不同有关。推测DGAT-1基因外显子8的AA→GC双碱基突变（K232A）可能改变二酰甘油酰基转移酶（DGAT）的结构，影响了甘油三酯的合成过程，从而导致了产奶量和乳成分的变化，但其确切的遗传机理还需从DGAT的空间结构以及生理学等角度来探讨该突变位点与泌乳性状的关系以及该基因与其他泌乳相关基因的关系。

泌乳性能是奶牛的重要经济性状，以产奶性能的候选基因为检测对象，通过现代分子生物学技术和数量遗传学的方法，分析这些基因的多态性与生产性能的相关性，找出对生产有利的基因型或等位基因，进而将这些基因或与其紧密连锁的基因作为标记应用于选种，不但可以提高选种的准确性，更重要的是可以在动物还不能表现出性状的早期就可以通过检测基因型对动物进行选择，这显然比传统的仅依据表型值进行选择更经济和可靠。本研究结果表明，DGAT-1基因K232A多态位点显著影响甘肃地区中国荷斯坦牛的产奶量和乳成份，可将其作为遗传标记应用于甘肃地区中国荷斯坦牛的标记辅助选择（MAS）育种。

参考文献

[1] 贾晋, 马妍, 孙东晓, 等. 2008. 中国荷斯坦牛DGAT1基因与产奶性状关联分析[J]. 畜牧兽医学报, 39（12）: 1 661-1 664.

[2] 毛永江, 陈仁金, 陈莹, 等. 2010. 南方地区中国荷斯坦牛DGAT1基因多态性与泌乳性状的关联分析[J]. 中国农业科学, 43（14）: 2 990-2 995.

[3] 殷骥, 马海涛, 赵国丽, 等. 2013. 中国荷斯坦牛DGAT1基因第8外显子对产奶性状的遗传效应分析[J]. 黑龙江畜牧兽医, （2）: 37-40.

[4] 杨永新, 王加启, 卜登攀, 等. 2013. 牛乳重要营养品质特征的研究进展[J]. 食品科学, 34（1）: 328-332.

[5] 周利华, 邓政, 陈从英, 等. 2009. DGAT1基因K232A突变位点在3个中国荷斯坦母牛群体中的基因型频率分布及其与产奶量的相关性[J]. 基因组学与应用生物学, 28（6）: 1 087-1 091.

[6] Bennewitz J, Reinsch N, Paul S, et al. 2004. The DGAT1 K232A mutation is not solely responsible for the milk production quantitative trait locus on the bovine chromosome14[J]. Journal of Dairy Science, 87: 431-442.

[7] Kaupe B, Winter A, Fries R, et al. 2004. DGAT1 polymorphism in Bos indicus and Bos taurus cattle breeds[J]. Journal of Dairy Research, 71: 182-187.

[8] Naslund J, Fikse W F, Pielberg G R, et al. 2008. Frequency and effect of the bovine Acyl-CoA: diacylglycerol acyltransferase 1（DGAT1）K232A polymorphism in Swedish dairy cattle[J]. Journal of Dairy Science, 91: 2 127-2 134.

[9] Nishizuka Y. 1992. Intracellular signaling by hydrolysis of phospholipids and activation of protein kinase C[J]. Science, 258（5082）: 607-614.

[10] Rothschild M, Jacobson C, Vaske D, et al. 1996. The estrogen receptor locus is associated with a major gene influencing litter size in pigs[J]. Genetics, 93: 201-205.

[11] Sun D, Jia J, Ma Y, et al. 2009. Effect of DGAT1 and GHR on milk yield and milk composition in the Chinese dairy population[J]. Animal Genetics, 40: 997-1 000.

[12] Signorelli F, Orru L Napolitano F, Matteis G D, et al. 2009. Exploring polymorphisms and effects on milk traits of the DGAT1, SCD1 and GHR genes in four cattle breeds[J]. Livestock Science, 125: 74-79.

[13] Schennink A, Heck J M L, Bovenhuis H, et al. 2008. Milk fatty acid unsaturation: genetic parameters and effects of stearoyl-desaturase（SCD1）and acyl CoA: diacylglycerol acyltransferase 1（DGAT1）[J]. Journal of Dairy Science, 91: 2 135-2 143.

[14] Schennink A, Stoop W M, Visker M H P W, et al. 2007. DGAT1 unterlies large genetic variation in milk fat composition of dairy cows[J]. Animal Genetics, 38: 467-473.

[15] Spelman R J, Ford C A, McElhinney P, et al. 2002. Characterization of the DGAT1 gene in the New Zealand dairy population[J]. Journal of Dairy Science, 85: 3 514-3 517.

[16] Thaller G, Kramer W, Winter A, et al. 2003. Effects of DGAT1 variants on milk production traits in German cattle breeds[J]. Journal of Animal Science, 81(8): 1 911-1 918.

[17] Winter A, van Eckeveld M, Bininda-Emonds O R, et al. 2003. Genomic organization of the DGAT2/MOGAT gene family in cattle (Bos taurus) and other mammals[J]. Cytogenetic and Genome Research, 102(1-4): 42-47.

[18] Winter A, Kramer A, Werner S, et al. 2002. Association of a lysine-232/alanine polymorphism in a bovine gene encoding acyl-CoA: diacylglycerol acyltransferase (DGAT1) with variation at a quantitative trait locus for milk fat content[J]. Proceedings of the National Academy of Sciences, 99(14): 9 300-9 305.

奶牛β-Lg基因第1外显子PCR-SSCP多态性与泌乳性能的相关性*

马彦男[1]，朱静[1]，雷赵民[2]，刘哲[2]，贺鹏迦[1]，吴建平[2]△

（1. 甘肃民族师范学院化学与生命科学系，甘肃合作 747000；
2. 甘肃农业大学动物科学技术学院，兰州 730070）

摘　要：采用PCR-SSCP技术并结合测序对233头奶牛β乳球蛋白（β-Lg）基因5'端部分序列和外显子1全部序列进行了多态性研究，分析了该基因与奶牛泌乳性状的相关性。结果表明：β-Lg基因5'端和外显子1共存在2个等位基因3种基因型，BB型为优势基因型，B为优势等位基因。该群体在这一位点上偏离Hardy-Weinberg平衡状态，多态信息含量（PIC）为0.354 8。测序结果显示，与普通牛该基因序列（X14710）相比，B等位基因在2 073bp、2 202bp和2 206bp处发生了G→C、C→T和A→G的碱基突变，其中2 202bp处的C→T突变导致第11位氨基酸由苏氨酸变为异亮氨酸，而A等位基因在3个位点上与X14710相同。最小二乘法分析表明，BB型305d乳蛋白量显著高于AA型和AB型（$P<0.05$）；AB型305d乳脂量显著高于AA型（$P<0.05$），BB型与AB型之间差异不显著（$P>0.05$）；等位基因B为高乳蛋白量和乳脂量的优势基因，可作为奶牛选育的分子遗传标记。

关键词：奶牛；β-乳球蛋白（β-Lg）基因；单核苷酸多态性；泌乳性能

PCR-SSCP Polymorphisms of β-lacto globulin Gene Exon1 and Its Correlation with Milk Performance in Dairy Cattle

Ma Yan nan[1], Zhu Jing[1], Lei Zhao min[2], Liu Zhe[2], He Peng jia[1], Wu Jian ping[2]

(1. Department of Chemistry and Life Sciences, Gansu Normal University for Nationalities, Hezuo, Gansu Province, 747000; 2. Animal Science and Technology, College of Gansu Agricultural University, Lanzhou, 730070, China)

基金项目：科技部星火计划项目（2008GA860014）；甘肃省生物技术专项（GNSW-2009-08）
作者简介：马彦男（1985—），男，讲师，主要从事奶牛遗传育种方面的研究，E-mail：lslymyn@163.com
*通讯作者Corresponding author，男，教授，博士生导师，主要研究方向为动物遗传育种

Abstract: The PCR-SSCP polymorphism of β-Lactoglobulin (β-Lg) gene sequence of part 5' UTR and whole exon 1 and its correlation with milk performances were studied in 233 dairy cattles. The results showed thatthere were two alleles and three genotypesin the locus of β-Lg gene 5' UTR andexon 1, BB type was dominant genotype and B allele was dominant allele. The population was not Hardy-Weinberg equilibrium at this locus, the polymorphism information content (*PIC*) were 0.354 8. The sequencingresult showed that the B allele havethe mutationsG→C, C→T and A→G at the 2 073bp, 2 202bp and 2 206bp, respectively, contrasting with the X14710 of cattle, which 2 202 bp C→T mutation leads to Threonine into Isoleucine, butthe A allele have the same sites here.The study by Least Squares method showed that305d milk protein yield of BB type was significantly higher than AA and AB type ($P<0.05$); 305d milk fat yield of AB type was significantly higher than AA type ($P<0.05$), there has no significant differences between BB and AB genotype ($P>0.05$); B allele was dominant allele of high milk protein yield and milk fat yield, can be considered as the molecular genetic marker of dairy cattle breeding.

Key words: Dairy cattle; β-lactoglobulin (β-Lg) gene; SNP; milk performance

牛乳中主要包括6种蛋白质：β-乳球蛋白、α-乳清蛋白、CSN1S1酪蛋白、CSN1S2酪蛋白、CSN2酪蛋白和CSN3酪蛋白，分别是β-LG、α-LA、αS1-CN、αS2-CN、β-CN和κ-CN乳蛋白基因的表达产物（Heck *et al.*，2009）。牛乳的蛋白含量和组成与其营养价值和乳品加工特性显著相关（Wedholm *et al.*，2006），而影响牛乳中蛋白含量和组分的因素除饲料、季节、泌乳阶段和健康状况外，更重要的是受到遗传因素的影响（Bobe *et al.*，1999b）。国内外学者在6种主要的乳蛋白基因中均检测到了引起氨基酸发生改变的多态位点（Farrell *et al.*，2004），将其中显著影响乳蛋白含量和组分的有利基因型或等位基因应用于奶牛的标记辅助选择（MAS），不但可以提高选种的准确性，更重要的是可以在动物未表现出性状的早期进行选择，对挖掘潜在的遗传资源优势、提升乳品质和加工特性，加快遗传进展具有重要意义。

β-乳球蛋白（β-Lactoglobulin，β-Lg）是反刍动物乳清蛋白的主要组分，其含量约占乳清蛋白的50%（兰欣怡等，2009），如果β-Lg基因的碱基序列发生突变，就可能改变全乳中的蛋白含量和组分，对乳品的营养价值和加工特性产生影响（Gloria *et al.*，2000）。β-Lg基因是牛中发现最早和研究最多的乳蛋白基因座，定位于11号染色体上，包含7个外显子和6个内含子。目前在牛β-Lg基因座上已发现A、B、C、D、E和F 6个复等位基因，除A与B外，其余都是罕见的等位基因。国内外学者主要采用PCR-RFLP方法在牛β-Lg基因不同位点均检测到了多态性，与泌乳性能的相关性分析表明，其多态性与乳蛋白和乳脂量（率）密切相关，但各研究结果并不一致，而且对β-Lg基因的研究多集中于5'侧翼区、外显子2、外显子4和外显子7多态性方面（Celik *et al.*，2003；Tsiaras *et al.*，2005；张润锋等，2005；武秀香，2007；Wang *et al.*，2009；杨帆，2011），有关β-Lg基因第1外显子PCR-SSCP多态性及其与泌乳性能的关联性研究仅见杨帆等（2011）的报道。

本研究采用PCR-SSCP方法进一步检测荷斯坦奶牛β-Lg基因外显子1区的多态性，分析其与产奶量、乳脂量、乳蛋白量和乳糖量的相关性，试图为奶牛育种寻找有效的分子标记，为中国荷斯坦奶牛的优化育种提供相应的分子遗传学依据。

1 材料和方法

1.1 材料

试验牛共233头，来自甘肃临洮华加牧业科技有限公司。其中，低代杂种（荷斯坦血统含量≥50%）73头，高代杂种（荷斯坦血统含量≥87.5%）96头，纯种荷斯坦奶牛64头。试验血样由颈静脉采取，ACD抗凝，-20℃保存备用。

1.2 数据采集

泌乳牛每天挤奶2次，参照DHI生产性能测定方法，每10d测定1次产奶量；使用浙大优创UL-40AC乳成分分析仪每个月测定1次乳成分（乳脂率、乳蛋白率、乳糖率）；统计产奶量时要求泌乳天数必须大于150d，泌乳天数达到或超过305d时按实际305d计算产奶量；泌乳天数不足305d时，用实际产奶量乘以泌乳天数校正系数（昝林森，2007），按305d校正产奶量计算。

1.3 试验方法

1.3.1 基因组DNA提取

基因组DNA用试剂盒提取，试剂盒购自天根（TIANGEN）生化科技有限公司。

1.3.2 PCR扩增

PCR反应所用引物根据普通牛β-Lg基因序列（GenBank No.：X14710），用Primer Premier5.0软件设计、检测和筛选，引物序列如下。

Forward：5'-AGGCCTCCTATTGTCCTCGTAGA-3'
Reverse：5'-CACCCTCGAACCTTCTGGATATC-3'

引物由天根生化科技（北京）有限公司合成。扩增区域从2 024bp开始，包括了β-Lg基因5'端部分序列和第1外显子，目的片段293bp。总反应体系为50μL，其中，模板DNA2μL，10×buffer（15mmol/L MgCl$_2$）5μL，dNTP（2.5mmol/L）4μL，上下游引物（12.5pmol/μL）各1μL，Taq DNA聚合酶（2.5U/μL）1μL。PCR反应程序为：95℃预变性10min；94℃变性45s，60℃复性30s，72℃延伸45s，35个循环；最后72℃延伸10min。PCR产物经1%琼脂糖凝胶电泳检测后置于4℃冷藏保存供SSCP分析。

1.3.3 PCR产物的SSCP分析

取3.0μL PCR产物与7.0μL上样缓冲液（6×buffer：98%甲酰胺=1：3）混合，98℃变性10min，迅速置于冰上冷却5min。170V、12%的聚丙烯酰胺凝胶（丙烯酰胺：亚甲双丙烯酰胺=39：1），4℃电泳22h，银染显带，拍照保存。

1.3.4 测序

经SSCP分析后，选择不同基因型个体的PCR扩增产物各3个，由上海生工生物工程公司测序。

1.3.5 数据统计处理

（1）基因型频率和等位基因频率的计算：

基因型频率=基因型个体数/测定群体总数

等位基因A的频率：p（A）=（D+1/2H）

等位基因B的频率：q（B）=（R+1/2H）

D、H、R分别为AA、AB和BB基因型频率。

（2）遗传杂合度（H_e）计算：

$$He = 1 - \sum_{i=1}^{m} p_i^2$$

式中：P_i为第i个等位基因在群体中的频率，m为等位基因数。

（3）多态信息含量（PIC）计算：

$$PIC = 1 - \sum_{i=1}^{m} p_i^2 - \sum_{i=1}^{m-1}\sum_{j=i+1}^{m} 2p_i^2 p_j^2$$

式中：P_i和P_j分别为第i和第j个等位基因在群体中的频率，m为等位基因数。

（4）有效等位基因数：

$$Ne = 1 \bigg/ \sum_{i=1}^{n} q_i^2$$

式中：q_i表示某群体第i个等位基因的基因频率，n为等位基因数。

（5）皮尔逊卡方检验：

$$\chi^2 = \sum \frac{(O-E)^2}{E}$$

式中：O代表每个基因型的观测数目，E代表假定哈代—温伯格平衡定律成立时每个基因型的期望个体数。

（6）基因型与泌乳性能相关性分析：

应用SAS统计软件，调用混合模型程序，按下列统计模型分析基因型、品种、胎次和分娩季节与305d产奶量、305d乳脂量、305d乳蛋白量和305d乳糖量的相关性。

$$Y = \mu + G_i + P_j + L_k + J_l + \varepsilon$$

式中：Y为个体某性状表型值，μ为群体某性状均值，G_i为基因型效应，P_j为品种效应（低代杂种、高代杂种和纯种荷斯坦奶牛），L_k为胎次的固定效应（2胎和2胎后），J_l为分娩季节效应（春夏和秋冬），ε为随机残差效应。

2 结果和分析

2.1 β-Lg基因PCR产物扩增结果

经检测扩增产物与目的片段293bp大小一致，产物带型清晰且无杂带，稳定性和特异性好（图1）。

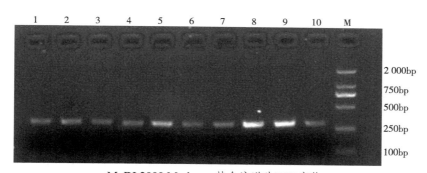

M. DL2000 Marker，其余泳道为PCR产物

图1 β-Lg基因PCR扩增产物检测

Fig. 1 Detection of PCR product of β-Lg gene

2.2 SSCP电泳结果与分析

经SSCP分析，β-Lg基因检测的区域有2个等位基因（A和B），3种基因型（AA、BB和AB）（图2）。

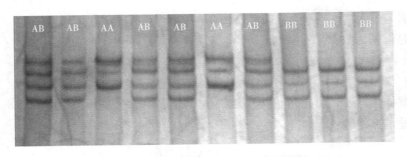

图2 β-Lg基因扩增产物SSCP检测结果

Fig. 2 Detection of PCR-SSCP product of β-Lg gene

2.3 测序结果与分析

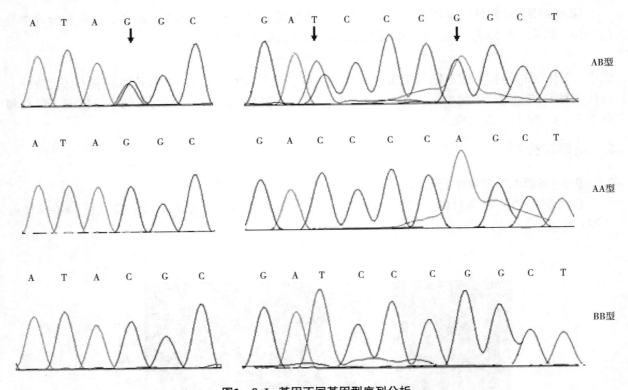

图3 β-Lg基因不同基因型序列分析

Fig. 3 Sequence comparison of AB, AA and BB genotypes of β-Lg gene

选取AA型、BB型和AB型样品各3个进行测序。从测序结果可知，所扩增的β-Lg基因5'侧翼区和第1外显子与原序列（X14710）相比有3处碱基突变，即5'侧翼区2 073bp处的G→C突变，第1外显子2 202bp处的C→T突变和2 206bp处的A→G突变（图3）；其中，2 202bp处的C→T突变导致第11位氨基酸由苏氨酸变为异亮氨酸，为有义突变。

2.4 基因频率和基因型频率

根据SSCP检测结果，统计全部基因型与等位基因的频率分布（表1）。由表1可知，AA型个体在整个实验群体中的频率最低，从基因频率来看，B为优势等位基因。

表1 β-Lg基因多态位点的基因型频率和等位基因频率

Table 1 Genotype frequencies and allele frequencies of polymorphisms of β-Lg gene

样本数 Sample size	基因型个体数 Number of each genotype			基因型频率 Genotypic frequencies			等位基因频率 Allelic frequencies	
	AA	BB	AB	AA	BB	AB	A	B
233	48	113	72	0.206 0	0.485 0	0.309 0	0.360 5	0.639 5

2.5 遗传多样性分析和卡方适合性检验

He、Ne和PIC计算结果显示，实验群体β-Lg基因5'侧翼区和第1外显子He为0.309 0，Ne为1.855 6，PIC为0.354 8，处于中度多态（0.25<PIC<0.5），说明实验群体有较高的遗传变异，选择潜力较大。

基于基因型频率可决定等位基因频率，而等位基因频率不能决定基因型频率，在假定Hardy-Weinberg平衡定律成立的条件下，通过等位基因频率值计算AA、BB和AB 3种基因型的期望个体数，结果分别为30.28、95.28和107.43；根据基因型观测个体数和期望个体数，计算所得的χ^2为25.35>$\chi0.05^2$（df=1）=3.84，则$P<0.05$，实验群体在该位点偏离Hardy-Weinberg平衡状态，说明这3个位点的突变受到漂变、选择和引种等因素的影响。

2.6 β-Lg基因基因型与泌乳性能相关性分析

应用建立的混合模型，对233头奶牛的305d产奶量、305d乳脂量、305d乳蛋白量和305d乳糖量进行方差分析，结果见表2和表3。

由表2可知，基因型和分娩季节对305d产奶量无显著影响（$P>0.05$），而品种和胎次与305d产奶量显著相关（$P<0.05$）；基因型、分娩季节与305d乳脂量和305d乳蛋白量显著相关（$P<0.05$），而品种和胎次对305d乳脂量和305d乳蛋白量无显著影响（$P>0.05$）；各因素对305d乳糖量均无显著影响（$P>0.05$）。

表2 β-Lg基因5'侧翼区和外显子1多态性与泌乳性能的相关性

Table 2 Correlation of SNPs of β-Lg gene 5'-UTR and exon1 with milk performance

变异来源 Source	305d产奶量 305d Milk yield		305d乳脂量 305d Milk fat yield		305d乳蛋白量 305d Milk protein yield		305d乳糖量 305d Milk lactose yield	
	F	P	F	P	F	P	F	P
基因型 Genotype	1.96	0.087 3	4.77	0.033 0	4.42	0.042 3	3.79	0.065 8
品种 Variety type	3.70	0.030 7	1.49	0.249 6	1.42	0.264 2	1.27	0.303 6
胎次 Birthrank	2.58	0.024 3	3.24	0.080 5	3.23	0.070 8	3.11	0.086 4
分娩季节 Childbirthseason	2.30	0.061 8	2.66	0.046 0	2.61	0.049 1	2.48	0.058 7

表3 不同基因型乳脂量和乳蛋白量最小二乘均值及标准误
Table 3 LSM and SE of milk fat yield and milk protein yield among different genotypes

基因型 Genotype	个体数 Number	305d乳脂量/kg 305d Milk fat yield		305d乳蛋白量/kg 305d Milk protein yield	
		LSM	SE	LSM	SE
AA	48	269.65[b]	11.30	258.49[b]	11.48
BB	113	281.36[ab]	10.05	286.63[a]	13.22
AB	72	293.67[a]	14.22	264.96[b]	10.22

同列均数肩注不同字母，表示差异显著（$P<0.05$）

Least squares means with the different letter superscripts within the same cloumn differ significantly（$P<0.05$）

表3表明，基因型AB所对应的305d乳脂量显著高于AA型（$P<0.05$），而AB、AA型与BB型之间差异不显著；基因型BB所对应的305d乳蛋白量显著高于AA型和AB型（$P<0.05$），AA型和AB型之间差异不显著。

3 讨论

杨帆（2011）采用PCR-SSCP技术分析了152头中国南方荷斯坦奶牛群体β-Lg基因的遗传多态性，在启动子区（X14710的第2 153bp处）和外显子1（X14710的第2 174bp处）分别发现了C→T和T→C的单碱基突变，但未引起氨基酸的变化，为同义突变。本实验利用PCR-SSCP技术，在中国北方荷斯坦牛β-Lg基因5'侧翼区和外显子1区共检测到了3个多态位点。测序结果表明：与普通牛的该基因序列（X14710）相比，在β-Lg基因5'侧翼区（X14710的第2 073bp处）发生了G→C的碱基转换，这个多态位点与武秀香（2007）、张润锋等（2005）、Yahyaoui等（2000）等通过PCR-RFLP技术在β-Lg基因5'侧翼区检测到的SamI酶切多态位点不是同一位点（在其下游14bp处）；在β-Lg基因第1外显子（X14710的第2 202bp和第2 206bp处）发生了C→T和A→G的两个单碱基突变，其中2 202bp处的C→T突变导致第11位的苏氨酸突变为异亮氨酸，为有义突变，而这2个突变位点也未见前人报道；本研究还发现这3个SNP位点在不同个体中表现出高度的一致性，并且3个多态共同存在于一个仅293bp的片段内，推测这3个多态位点在中国北方荷斯坦牛群中是紧密连锁的。本实验未检测到杨帆（2011）在中国南方荷斯坦牛β-Lg基因（X14710）2 153bp和2 174bp处发现的多态性，可能是实验群体的地域差异造成的，我国各地区的中国荷斯坦牛是当地黄牛与荷斯坦种公牛级进杂交选育而成的，且各地区选用荷斯坦种公牛时侧重点不同，引种地也不一样，导致我国不同地区中国荷斯坦牛血统构成有区别。

武秀香（2007）采用PCR-RFLP技术对700头鲁西黄牛、渤海黑牛、闽南黄牛和华东地区荷斯坦奶牛群体β-Lg基因5'侧翼区多态性进行研究，发现A基因在荷斯坦奶牛群体中占优势，而B基因在黄牛群体中频率较高，荷斯坦奶牛A和B基因频率分别为0.71和0.29，AB型为优势基因型；祝梅香等（2000）采用聚丙烯酰胺凝胶垂直电泳法对731头北京地区荷斯坦牛β-Lg基因研究发现，A和B基因频率分别为0.37和0.63；杨帆（2011）对152头中国南方荷斯坦奶牛群体β-Lg基因启动子区多态性研究发现，A和B基因频率分别为0.53和0.47，与张润锋等（2005）对西安地区荷斯坦奶牛群体β-Lg基因5'侧翼区多态性的研究结果类似。本研究中等位基因A和B的频率分别为0.36和0.64，BB型为优势基因型，与杨帆（2011）、张润锋等（2005）和祝梅香等（2000）的研究结果较为一致，而与武秀香（2007）、Badola等（2004）和Celik等（2003）的研究结果有一定差异，其原因可能是公牛的选择性使用，实验牧场在奶牛改良过程中持续使用北美验证种公牛冻精，还可能是中国北方荷斯坦牛基本上都含有地方黄牛品种血统的缘故，与其育成史有一定的关系。

杨帆（2011）研究发现，中国南方荷斯坦奶牛β-Lg基因启动子和外显子1区遗传多态性与产奶量和乳蛋白量显著相关，TT型个体的产奶量和乳蛋白量显著高于TC型和CC型；Dario等（2008）发现β-Lg基因多态性对乳脂量和乳蛋白量具有显著影响；武秀香（2007）采用PCR-RFLP技术在荷斯坦奶牛β-Lg基因5'侧翼区和外显子1区检测到了SamI酶切多态位点，相应产生了AA、AB和BB三种基因型，BB型个体的乳脂量和乳蛋白量显著高于AA型和AB型。本研究对β-Lg基因5'侧翼区和外显子1区多态性与泌乳性能的相关性分析表明，基因型对305d产奶量无显著影响，与Wang等（2009）、Dario等（2008）和武秀香（2007）等的结论一致，说明对产奶量的高强度选择，使与其相关的许多微效连锁基因位点已固定；而与杨帆（2011）β-Lg基因启动子和外显子1区多态性与总产奶量显著相关的结论不一致，原因可能是多态位点的不一致造成的，本实验检测到的突变位点位于X14710序列的2 073bp、2 202bp和2 206bp处，而杨帆（2011）检测到的突变位点在2 153bp和2 174bp处。基因型与305d乳脂量和305d乳蛋白量显著相关，BB型305d乳蛋白量显著高于AA型和AB型，AB型305d乳脂量显著高于AA型，BB型与AB型之间差异不显著，即等位基因B为高乳蛋白量和乳脂量的优势基因，与Dario等（2008）、武秀香（2007）、Braunschweig等（2006）和Tsiaras等（2005）的结论一致；β-Lg基因可能与泌乳素基因、α-酪蛋白基因和β-酪蛋白基因相互作用来影响乳蛋白的产量（Kuss et al.，2003），提高β-Lg等位基因B的频率有助于提升乳品质和奶酪加工性能（Gloria et al.，2000），原因可能是β-Lg5'侧翼区与β-Lg基因编码序列间连锁不平衡导致了乳蛋白组分的差异（Braunschweig et al.，2007），也可能是β-Lg5'侧翼区多态位点结合蛋白活性不同导致基因表达的差异（Kuss et al.，2003）。

本研究利用PCR-SSCP技术，在中国北方荷斯坦奶牛β-Lg基因5'侧翼区和外显子1区检测到了3个新的多态位点，通过分析其与泌乳性能的相关性，发现该位点与乳脂量和乳蛋白量显著相关，等位基因B为高乳脂量和乳蛋白量的优势基因，可以作为奶牛高乳脂高蛋白的分子遗传标记，为奶牛泌乳性能的标记辅助选择提供了理论依据。

参考文献

[1] 兰欣怡，王加启，卜登攀，等. 2009. 牛奶β-乳球蛋白研究进展[J]. 中国畜牧兽医，36（6）：109-112.
[2] 武秀香. 2007. β-Lg基因在牛亚科五个群体中的遗传多态性分析及与荷斯坦奶牛产奶性能的相关性研究[D]. 扬州大学.
[3] 杨帆. 2011. β-LG前体基因外显子区单核苷酸多态及其对奶牛生产性能和分子结构的影响[D]. 安徽师范大学.
[4] 昝林森. 2007. 牛生产学[M]. 北京：中国农业出版社.
[5] 张润锋，陈宏，蓝贤勇，等. 2005. 西安荷斯坦奶牛群5个基因座位遗传多态性的PCR-RFLP分析[J]. 畜牧兽医学报，36（6）：545-549.
[6] 祝梅香，张沅. 2000. 北京地区荷斯坦牛乳蛋白多态性与产奶性能的相关分析[J]. 中国畜牧杂志，36（2）：3-6.
[7] Badola S，Bhattacharya TK，Biswas TK，et al. 2004. A comparison on polymorphism of beta-lactoglobulin gene in Bos indicus，Bos Taurus and Indicine x Taurine crossbred cattle[J]. Asian-Australasian Journal of Animal Sciences，17：733-736.
[8] BobeG，Beitz DC，FreemanAE，et al. 1999b. Effect of milk protein genotypes on milk protein composition and its genetic parameter estimates [J]. Journal of Dairy Science，82：2 797-2 804.

[9] Braunschweig MH, Leeb T. 2006. Aberrant Low Expression Level of Bovine beta-Lactoglobulin Is Associated with a C to A Transversion in the BLG Promoter Region[J]. Journal of Dairy Science, 89 (11): 4 414-4 419.

[10] Braunschweig MH. 2007. Short Communication: Duplication in the 5'-Flanking Region of the beta-Lactoglobulin Gene is Linked to the β-LG A Allele[J]. Journal of Dairy Science, 90 (12): 5 780-5 783.

[11] Celik S. 2003. β-lactoglobulin in genetic variants in Brown Swiss breed and its association with compositional properties and rennet clotting time of milk[J]. International Dairy Journal, 13: 727-731.

[12] Dario C, Carnicella D, Dario M, et al. 2008. Genetic polymorphism of beta-lactoglobulin gene and effect on milk composition in Leccese sheep[J]. Small Ruminant Research, 74 (1-3): 270-273.

[13] Farrell Jr. HM, Jimenez Flores R, Bleck GT, et al. 2004. Nomenclature of the proteins of cows'milk-Sixth revision[J]. Journal of Dairy Science, 87: 1 641-1 674.

[14] Gloria Bonvillani, A Angel di Renzo, M Nicolas Tiranti I. 2000. Genetic polymorphism of milk protein loci in Argentinian Holstein cattle[J]. Genetics and Molecular Biology, 23 (4): 819-823.

[15] Heck JML, Schennink A, Valenberg HJF, et al. 2009. Effects of milk protein variants on the protein composition of bovine milk[J]. Journal of Dairy Science, 92 (3): 1 192-1 202.

[16] Kuss AW, GogolJ, Geldermann H. 2003. Associations of a polymorphic AP-2 binding site in the 5'-flanking region of the bovine beta-lactoglobulin gene with milk proteins[J]. Journal of Dairy Science, 86 (6): 2 213-2 218.

[17] Tsiaras AM, Bargouli GG, Banos G, et al. 2005. Effect of kappa-casein and beta-lactoglobulin loci on milk production traits and reproductive performance of Holstein cows[J]. Journal of Dairy Science, 88 (1): 327-334.

[18] Wang HM, Kong ZX, Wang CF, et al. 2009. Genetic polymorphism in 5'-flanking region of the lactoferrin gene and its associations with mastitis in Chinese Holstein cows[J]. HEREDITAS, 31 (4): 393-399.

[19] Wedholm A, Larsen LB, Lindmark-Mansson H, et al. 2006. Effect of protein composition on the cheese making properties of milk from individual dairy cows[J]. Journal of Dairy Science, 89: 3 296-3 305.

[20] Yahyaoui MH, Pena RN, Sanchez A, et al. 2000. Polymorphism in the goat β-lactoglobulin proximal promotor region[J]. Journal of Animal Sciences, 78: 1 100-1 101.

GHR基因F279Y位点突变对中国荷斯坦牛泌乳性状的影响*

马彦男[1,2]，贺鹏迦[1]，朱静[1]，雷赵民[2]，刘哲[2]，吴建平[2△]

（1.甘肃民族师范学院化学与生命科学系，甘肃合作 747000；
2.甘肃农业大学动物科学技术学院，兰州 730070）

摘　要：研究中国荷斯坦牛生长激素受体（GHR）基因F279Y位点突变对产奶量及乳成分的影响。以232头中国荷斯坦牛为研究材料，参照DHI生产性能测定方法采集产奶量和乳成分数据；采用单链构象多态性（PCR-SSCP）技术并结合测序确定基因型；用最小二乘法进行关联性分析。中国荷斯坦牛GHR基因F279Y位点A、T等位基因频率分别为0.68和0.32，实验群体极显著偏离Hardy-Weinberg平衡（$P<0.01$）；AA型305d产奶量显著高于AT型（$P<0.05$），AT型305d乳脂量、305d乳蛋白量和305d乳糖量在数值上有优于AA型的趋势；因此，等位基因A为高产奶量的优势基因，等位基因T对乳成分具有正效应。GHR基因F279Y突变可作为遗传标记应用于中国荷斯坦牛泌乳性状的标记辅助选择（MAS）育种。

关键词：中国荷斯坦牛；生长激素受体（GHR）基因；单核苷酸多态性；泌乳性能

The effect of polymorphism F279Y of GHR gene on milk production trait in Chinese Holstein cattle

Ma Yan nan[1,2], He Peng jia[1], Zhu Jing[1], Lei Zhao min[2], Liu Zhe[2], Wu Jian ping[2]

（1. Department of Chemistry and Life Sciences, Gansu Normal University for Nationalities, Hezuo, 747000; 2. Animal Science and Technology, College of Gansu Agricultural University, Lanzhou, 730070, China）

---

*基金项目：国家自然科学基金项目（30960164）；科技部星火计划项目（2008GA860014）；甘肃省重大科技专项（0801NKDP037）；甘肃省生物技术专项（GNSW-2009-08）

通讯作者：Tel：13893627688；E-mail：wujp@gsau.edu.cn

【ABSTRACT】 Objective: To study the effect of the polymorphism F279Y of the growth hormone receptor gene on milk yield and composition. Methods: 232 Chinese Holstein cattle were selected in this study, according to DHI production performance method to get the data of milk yield and composition; PCR-SSCP and sequencing method were used to detect the group genotypes; and using least square method for correlation analysis. Results: Chinese Holstein cattle F279Y of GHR gene loci A and T allele frequency was 0.68 and 0.32, respectively, the experimental group significantly deviate from the Hardy Weinberg equilibrium ($P<0.01$); 305d milk yield of AA genotype was significantly higher than AT type ($P<0.05$), milk fat yield, 305d milk protein yield and 305d lactose of AT typehas better trend than that of AA type in numeric; Therefore, allele A is dominant gene of high milk yield, allele T has positive effect on milk composition.Conclusion: mutation F279Y of GHR gene can be used as genetic markers in Chinese Holstein milk production traits of marker assisted selection (MAS) breeding.

【KEY WORDS】 ChineseHolstein; growth hormone receptor (GHR) gene; SNP; milk performance

奶牛泌乳受到神经内分泌系统的多种激素和乳腺外组织及自身分泌的多种生长因子的调控。它们相互协同，以内分泌、旁分泌、自分泌等方式共同调节乳腺的生长发育和泌乳。Rhoads等[1]研究表明，奶牛的泌乳维持主要受到以生长激素为核心的生长激素轴的调控。生长激素（growth hormone，GH）是调节动物生长发育和三大物质代谢过程的重要内分泌因子，由于GH为生物大分子，不能直接穿透细胞膜，必须与靶细胞膜表面的生长激素受体（growth hormone receptor，GHR）结合，通过JAK2-STATs路径介导将信号传到细胞内，刺激类胰岛素生长因子（insulin-like growth factor I，IGFI）的生成，从而产生一系列的生理效应。GHR是由单一基因编码的单链跨膜糖蛋白，其功能区域的改变会影响到GH的结合能力和信号传导，即GHR基因碱基序列发生突变就可能影响到GH生理效应的发挥，从而间接影响动物生长、乳腺发育和肉品质等。有关肉牛研究，国内学者采用PCR-RFLP方法在不同品种肉牛GHR基因外显子8检测到了导致受体跨膜区出现氨基酸替换的F279Y多态位点，但其与屠宰性能的关系并不明确[2-4]。关于奶牛，用PCR-RFLP方法在不同品种奶牛GHR基因外显子8检测到的F279Y多态位点与泌乳性状显著相关[5-8]。虽然国内外已有GHR基因F279Y多态性与泌乳性状关联的研究报道，但连锁不平衡产生的候选基因效应是由于其等位基因与研究群体的特殊遗传背景有交互作用，所以在某一群体中得到的候选基因效应需要在不同品种以及同品种不同群体中进行验证；而且上述研究均采用PCR-RFLP方法检测多态性，有关中国北方荷斯坦牛GHR基因第8外显子PCR-SSCP多态性及其与泌乳性能的关联性研究未见报道。

本研究采用PCR-SSCP方法进一步检测中国北方荷斯坦牛GHR基因外显子8的F279Y突变位点，分析其与产奶量、乳脂量、乳蛋白量和乳糖量的相关性，探究该位点能否作为一个可靠的分子遗传标记应用于中国北方荷斯坦牛标记辅助选择（MAS）育种中，为中国北方荷斯坦牛的优化育种提供相应的分子遗传学依据。

1 材料和方法

1.1 材料

试验牛共232头，来自甘肃临洮华加牧业科技有限公司。其中，低代杂种（荷斯坦血统含量≥50%）72头，高代杂种（荷斯坦血统含量≥87.5%）96头，纯种荷斯坦奶牛64头。试验血样由颈静脉采取，酸性枸橼酸盐葡萄糖（acid citrate dextrose，ACD）抗凝，-20℃保存备用。

1.2 数据采集

泌乳牛每天挤奶2次，参照DHI生产性能测定方法，每10d测定1次产奶量；使用浙大优创UL-

40AC乳成分分析仪每个月测定1次乳成分（乳脂率、乳蛋白率、乳糖率）；统计产奶量时要求泌乳天数必须大于150d，泌乳天数达到或超过305d时按实际305d计算产奶量；泌乳天数不足305d时，用实际产奶量乘以泌乳天数校正系数，按305d校正产奶量计算。

1.3 试验方法

1.3.1 基因组DNA提取

基因组DNA用试剂盒提取，试剂盒购自天根（TIANGEN）生化科技有限公司。

1.3.2 PCR扩增

PCR反应所用引物根据普通牛GHR基因序列（GenBank No.：AM161140），用Primer Premier5.0软件设计、检测和筛选，引物序列如下。

Forward：5'–ATACTTGGGCTAGCAGTGACATTAT-3'

Reverse：5'–CAACAAAGATGTAAATGTAGAGCGA-3'

引物由天根生化科技（北京）有限公司合成。扩增区域从4 937bp开始，包括了GHR基因外显子8和内含子8的部分序列，目的片段208bp。总反应体系为50μL，其中，模板DNA 2μL，10×buffer（15mmol/L MgCl$_2$）5μL，dNTP（2.5mmol/L）4μL，上下游引物（12.5pmol/μL）各1μL，Taq DNA聚合酶（2.5U/μL）1μL。PCR反应程序为：94℃预变性5min；94℃变性30s，62.5℃复性35s，72℃延伸45s，35个循环；最后72℃延伸10min。PCR产物经1%琼脂糖凝胶电泳检测后置于4℃冷藏保存供SSCP分析。

1.3.3 PCR产物的SSCP分析

取3.0μL PCR产物与7.0μL上样缓冲液（6×buffer：98%甲酰胺=1：3）混合，98℃变性10min，迅速置于冰上冷却5min。170V、10%的聚丙烯酰胺凝胶（丙烯酰胺：亚甲双丙烯酰胺=29：1），4℃电泳22h，银染显带，拍照保存。

1.3.4 测序

经SSCP分析后，选择不同基因型个体的PCR扩增产物各3个，由上海生工生物工程公司测序。

1.3.5 数据统计处理

（1）基因型频率和等位基因频率的计算：

基因型频率=基因型个体数/测定群体总数

等位基因A的频率：p（A）=（D+1/2H）

等位基因B的频率：q（B）=（R+1/2H）

D、H、R分别为AA、AB和BB基因型频率。

（2）遗传杂合度（He）计算：

$$He = 1 - \sum_{i=1}^{m} p_i^2$$

式中：P_i为第i个等位基因在群体中的频率，m为等位基因数。

（3）多态信息含量（PIC）计算：

$$PIC = 1 - \sum_{i=1}^{m} p_i^2 - \sum_{i=1}^{m-1}\sum_{j=i+1}^{m} 2p_i^2 p_j^2$$

式中：P_i和P_j分别为第i和第j个等位基因在群体中的频率，m为等位基因数。

（4）基因型与泌乳性能相关性分析：

根据最小二乘法建立下列固定模型[9]，调用SAS软件混合模型程序，分析不同基因型与305d产奶量、305d乳脂量、305d乳蛋白量和305d乳糖量的相关性。

$$Y=\mu+G_i+P_j+L_k+J_l+\varepsilon$$

式中：Y为个体某性状表型值，μ为群体某性状均值，G_i为基因型效应，P_j为品种效应（低代杂种、高代杂种和纯种荷斯坦牛），L_k为胎次的固定效应（2胎和2胎后），J_l为分娩季节效应（春夏和秋冬），ε为随机残差效应。

2 结果

2.1 GHR基因PCR产物扩增结果

经检测扩增产物与目的片段208bp大小一致，产物带型清晰且无杂带，稳定性和特异性好（图1）。

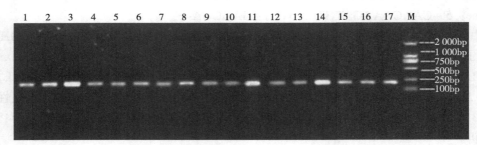

M：DL2000 Marker；1-17：PCR product

图1　GHR基因PCR扩增产物检测

Fig. 1　Detection of PCR product of GHR gene

2.2 SSCP电泳结果

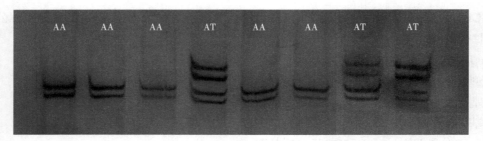

图2　GHR基因扩增产物SSCP检测结果

Fig. 2　Detection of PCR-SSCP product of GHR gene

经SSCP分析，GHR基因检测的区域有2个等位基因（A和T），2种基因型（AA和AT），未发现TT型个体（图2）。

2.3 测序结果

选取AA型和AT型样品各3个进行测序。从测序结果可知，A等位基因在AM161140的第4 962bp处（PCR产物的第26bp，位于第8外显子区域）发生了T→A的碱基转换，导致受体跨膜区第279位氨基酸由苯丙氨酸突变为酪氨酸，为有义突变，而T等位基因在此处与AM161140序列相同（图3）。

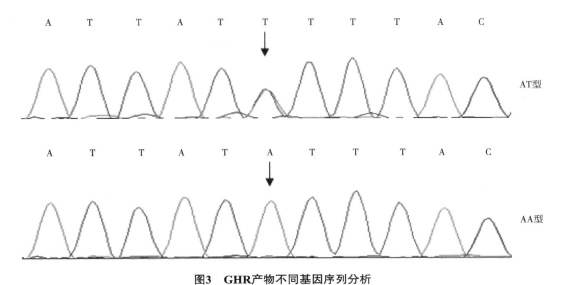

图3 GHR产物不同基因序列分析

Fig. 3 Sequence comparison of AT and AA genotypes of GHR gene exon8

2.4 基因频率和基因型频率

表1 基因频率和基因型频率分布

Table 1 Genotypic and allelic frequencies of the GHR exon 8

Sample size	n		Genotypic frequencies		Allelic frequencies		Chi-square
	AA	AT	AA	AT	A	T	
232	82	150	0.353 4	0.646 6	0.676 7	0.323 3	52.94

$\chi^2=52.94>\chi^2_{0.01}$（df=1）=6.635，$P<0.01$。

根据SSCP检测结果，统计全部基因型与等位基因的频率分布（表1）。由表1可知，AT型个体在整个试验群体中的频率较高，从基因频率来看，A为优势等位基因。

2.5 遗传杂合度、有效等位基因数和多态信息含量

He、Ne和PIC计算结果显示，试验群体GHR基因第8外显子He为0.646 6，Ne为0.437 5，PIC为0.341 8，处于中度多态（$0.25<PIC<0.5$），说明试验群体有较高的遗传变异，选择潜力较大。χ^2适合性检验证实，试验群体在该位点的突变极显著偏离Hardy-Weinberg平衡状态（$P<0.01$）。

2.6 基因型与泌乳性能相关性分析

应用建立的混合模型，对232头奶牛的305d产奶量、305d乳脂量、305d乳蛋白量和305d乳糖量进行方差分析（表2、表3）。

表2 基因型与泌乳性能相关性分析

Table 2 Correlation of polymorphism of exon8 of GHR gene with milk performance

Source	305d Milk yield		305d Milk fat yield		305d Milk protein yield		305d Milk lactose yield	
	F	P	F	P	F	P	F	P
Genotype	4.01*	0.023 5	1.76	0.197 5	1.70	0.208 3	1.54	0.239 7

（续表）

Source	305d Milk yield		305d Milk fat yield		305d Milk protein yield		305d Milk lactose yield	
	F	P	F	P	F	P	F	P
Variety type	3.18*	0.048 9	2.32	0.092 7	2.26	0.098 7	2.16	0.110 8
Birth rank	4.71*	0.034 2	1.46	0.255 8	1.51	0.245 6	1.61	0.224 5
Childbirth season	1.84	0.167 9	1.05	0.368 1	1.00	0.387 0	0.84	0.445 2

Note：*$P<0.05$。

由表2可知，基因型、品种和胎次与305d产奶量显著相关（$P<0.05$），而分娩季节对305d产奶量无显著影响（$P>0.05$）；基因型、品种、胎次和分娩季节对305d乳脂量、305d乳蛋白量、305d乳糖量影响不显著（$P>0.05$）。

表3 乳脂量、乳蛋白量和乳糖量差异
Table 3　The LSM and SE of milk traits among the genotypes

Genotype	Number	305d Milk yield		305d Milk fat yield		305d Milk protein yield		305d Milk lactose yield	
		LSM	SE	LSM	SE	LSM	SE	LSM	SE
AA	82	6 859.99[a]	370.28	259.95	12.14	263.11	12.29	268.91	12.58
AT	150	6 181.42[b]	285.92	285.14	15.88	288.34	16.12	294.92	16.58

Note：Data with the same column of different letters indicate significant difference at 0.05 level.

表3表明，AA型305d产奶量显著高于AT型（$P<0.05$）；AA型与AT型之间305d乳脂量、305d乳蛋白量和305d乳糖量差异不显著（$P>0.05$），但AT型在数值上有优于AA型的趋势。

3　分析与讨论

马妍等[5]采用PCR-RFLP方法研究了1 145头中国荷斯坦牛F279Y位点的多态性，发现A和T等位基因频率分别为0.36和0.64；王丽娟[6]对300头中国荷斯坦奶牛该位点的研究发现，A和T基因频率分别为0.63和0.37；Banos等[7]研究了571头苏格兰荷斯坦奶牛该位点的多态性，发现A和T基因频率分别为0.20和0.80，TT型为优势基因型，与Viitala等[8]对芬兰爱尔夏牛该位点多态性的研究结果类似。本研究中等位基因A和T的频率分别为0.68和0.32，AT型为优势基因型，实验群体极显著偏离Hardy-Weinberg平衡状态（$P<0.01$），说明该位点的突变受到漂变、选择和引种等因素的影响，与王丽娟[6]的研究结果较为一致。而与马妍等[5]、Banos等[7]和Viitala等[8]的研究结果有一定差异，可能是试验群体的地域和品种差异造成的，本研究在实验群体中未发现TT型个体，郝灵慧[4]在草原红牛这一突变位点上也未发现TT型，高雪[10]在鲁西牛、南阳牛、中国西门塔尔牛该位点未检测到多态性；也可能是公牛的选择性使用，实验牧场在奶牛改良过程中持续使用北美验证种公牛冻精；还可能是中国北方荷斯坦牛基本上都含有地方黄牛品种血统的缘故，我国各地区的中国荷斯坦牛是当地黄牛与荷斯坦种公牛级进杂交选育而成的，导致我国不同地区中国荷斯坦牛血统构成有区别，与其育成史有一定的关系。

GHR是控制奶牛泌乳性状的主效基因之一，其突变位点F279Y对产奶量和乳成分具有显著的影响。马妍等[5]研究发现，北京地区中国荷斯坦牛F279Y多态性与产奶量、乳脂率和乳蛋白率显著相关（$P<0.05$），A等位基因是提高产奶量的优势等位基因，T等位基因是提高乳成分的优势等

位基因，与Viitala等[8]的结论一致；Banos等[7]发现F279Y多态性对产奶量有显著影响，A等位基因对产奶量具有正效应；王丽娟[6]采用PCR-RFLP技术（Tas I 内切酶）在中国荷斯坦牛GHR基因外显子8检测到了该多态位点，相应产生了AA、TT和AT 3种基因型，TT基因型个体乳脂率显著高于AA型（$P<0.05$）。本研究参照杨帆等[9]建立的固定模型，分析GHR基因F279Y多态性与泌乳性状的相关性，结果表明，基因型与305d产奶量显著相关（$P<0.05$），AA型305d产奶量显著高于AT型（$P<0.05$），等位基因A为高产奶量的优势基因，与马妍等[5]、Banos等[7]和Viitala等[8]的研究结论一致；基因型对305d乳脂量、305d乳蛋白量和305d乳糖量影响不显著，但AT型305d乳脂量、305d乳蛋白量和305d乳糖量在数值上有优于AA型的趋势，说明等位基因T对乳成分具有正效应，与马妍等[5]、王丽娟[6]和Banos等[7]的结论基本一致，本试验未检测到TT型个体，是由于样本量的限制还是实验群体固有的遗传特性，有待进一步深入研究。推测GHR基因外显子8的T→A突变（F279Y）可能改变GHR的结构域，影响了GH的信号转导过程，从而导致了产奶量和乳成分的变化，但其确切的遗传机理还需从GHR的空间结构以及生理学等角度来探讨该突变位点与泌乳性状的关系，以及该基因与其他泌乳相关基因的关系。

泌乳性能是奶牛的重要经济性状，以产奶性能的候选基因为检测对象，通过现代分子生物学技术和数量遗传学的方法，分析这些基因的多态性与生产性能的相关性，找出对生产有利的基因型或等位基因，进而将这些基因或与其紧密连锁的基因作为标记应用于选种，不但可以提高选种的准确性，更重要的是可以在动物还不能表现出性状的早期就可以通过检测基因型对动物进行选择，这显然比传统的仅依据表型值进行选择更经济和可靠。本研究首次利用PCR-SSCP技术并结合测序，在中国北方荷斯坦牛GHR基因外显子8区检测到了F279Y突变位点，与泌乳性能的相关性分析表明，该位点与产奶量显著相关，等位基因A为高产奶量的优势基因，可将其作为遗传标记应用于中国北方荷斯坦牛的标记辅助选择（MAS）育种。

参考文献

[1] Rhoads M L, Meyer J P, Kolath S J, et al. Growth hormone receptor, insulin-like growth factor (IGF)-I, and IGF-binding protein-2 expression in the reproductive tissues of early postpartum dairy cows[J]. *J Dairy Sci*, 2008, 91(5): 1 802-1 813.

[2] 胡怡菲. 秦川牛 GH和GHR基因多态性及其与部分体尺性状的关联性研究[D]. 西北农林科技大学, 2010.

[3] 李姣. 中国西门塔尔牛5个基因SNPs及表达量与经济性状关联性分析[D]. 中国农业科学院, 2010.

[4] 郝灵慧. 草原红牛GH和GHR基因遗传多态性研究及与胴体性状的相关分析[D]. 吉林大学, 2008.

[5] 马妍, 贾晋, 张毅, 等. 荷斯坦牛GHR基因多态与产奶性状关联分析[J]. 畜牧兽医学报, 2009, 40(8): 1 186-1 190.

[6] 王丽娟. 催乳素基因、生长激素受体基因多态性与奶牛产奶性状关联性分析[D]. 山东大学, 2008.

[7] Banos G, Woolliams JA, Woodward BW, et al. Impact of single nucleotide polymorphisms in leptin, leptin receptor, growth hormone receptor, and diacylglycerol acyltransferase (DGAT1) gene loci on milk production, feed, and body energy traits of UK dairy cows[J]. *J Dairy Sci*, 2008, 91(8): 3 190-3 200.

[8] Viitals S, Szyda J, Blott S, et al. The role of the bovine growth hormone receptor and prolact in receptor genes in milk, fat and protein production in Finnish Ayrshire dairy cattle[J]. *Genetics*, 2006, 173(4): 2 151-2 164.

[9] 杨帆, 周学军, 刘楠乔, 等. β-LG基因外显子2多态性对荷斯坦牛乳成分的影响[J]. 中国应用生理学杂志, 2011, 27(3): 333-337.

[10] 高雪. 牛生长发育性状候选基因的分子标记研究[D]. 西北农林科技大学, 2004.

草食家畜可持续生产体系研究进展

藏羊大脑微动脉内皮特征与高原适应性研究

王欣荣[1*]，刘英[2]，吴建平[1]

（1.甘肃农业大学动物科学技术学院，中国甘肃兰州　730070；
2.甘肃农业大学动物医学院，中国甘肃兰州　730070）

摘　要：藏羊对严酷的自然环境具有良好的适应性，在高寒低氧时其脑血管仍能向脑组织充分供血。研究高原藏羊脑血管特别是微动脉解剖学特性有助于揭示其高原适应性机理。以欧拉型藏羊和生活在低海拔地区的滩羊的头部标本为试验材料，采用血管铸型结合扫描电镜技术，运用比较解剖学方法对两者大脑微动脉铸型表面特征开展研究。结果显示，藏羊60～160μm直径的大脑微动脉铸型表面，有清晰的"椭圆形"或"足印状"内皮细胞核压痕，滩羊内皮细胞核压痕以"长条形"居多，压痕不如藏羊明显。藏羊200～300μm直径的大脑微动脉铸型表面，有相对粗大的平滑肌纤维压痕，而滩羊平滑肌纤维的压痕相对细小。研究推测，藏羊大脑微动脉的血管舒缩能力较强，能够及时有效地向各微动脉分支输送血液，因此在对大脑微动脉的血流调节方面，高原藏羊的功能会比低海拔绵羊更强，可能是其适应高原环境的解剖学特征之一。

关键词：藏羊；大脑微动脉内皮；高原适应性

Study on the Ultrastructure of the Cerebral Arteriolar Endothelium Associated with the Plateau Adaptability in the Tibetan Sheep

Wang Xin rong[1*], Liu Ying[2], Wu Jian ping[1]

(1. College of Animal Science and Technology, Gansu Agricultural University, Lanzhou, 730070, China; 2. College of Veterinary Medicine, Gansu Agricultural University, Lanzhou, 730070, China)

基金项目：国家绒毛用羊产业技术体系资助项目（CARS-40-09B），国家自然科学基金资助项目（30960164）
作者简介：王欣荣（1974—），男，汉族，甘肃临潭人，甘肃农业大学副教授，博士。研究方向：动物高原适应性机理。
*通讯作者，E-mail：wangxr@gsau.edu.cn

Abstract: The Tibetan sheep has showed excellent adaptability in extreme ecological environment. Under the very cold and low-oxygen condition, their cerebral arterioles have still supplied enough blood to the brain. According to observation and comparison of anatomical characteristics of the ultrastructure on the cerebral arteriole endothelium between the Tibetan sheep and Tan sheep, the present study explores the possible adaptive mechanism of the Tibetan sheep in plateau area to some extent. In the study, head samples from the Tibetan sheep and Tan sheep were collected respectively in QinghaiProvince and Ningxia Autonomous Region, and vascular corrosion casts of the cerebral arterioles of these sheep were made, then their anatomical features of the ultrastructure of the cerebral arterioles were observed by scanning electron microscope and analyzed by comparative anatomical methods. The ultrastructure of the cerebral arterioles in the Tibetan sheep showed prominent "oval" or "footprint" endothelial cell nuclei imprints and their edges were distinct at the diameters range about 60~160μm. The ultrastructure of the cerebral arterioles inTan sheep showed mainly "spindle" endothelial cell nuclei imprints and they were not distinct. The ultrastructure of the cerebral arterioles in the Tibetan sheep showed relatively thickersmooth muscle fiber and gap imprints at the diameters range about 200~300μm than those of low-land Tan sheep. We deduced that Tibetan sheep may have stronger vessel contraction ability than Tan sheep, and these anatomical characteristics seem to enhance regulation of cerebral arterial pressure. So we hypothesized that results might be morphological mechanisms of the Tibetan sheep allowing adaptation to plateau environments.

Key Words: Tibetan sheep; cerebral arteriolar endothelium; plateau adaptability

欧拉型藏羊是藏系绵羊的一个特殊生态类型，主产于甘肃省玛曲县、青海省河南县及久治县等地[1]。它们生长在海拔2 880~3 500m的青藏高原，具有抗寒、耐粗饲、遗传性稳定、产肉性能良好的特点，在高原牧区终年放牧、无棚圈、无补饲条件下，对严酷的自然环境具有良好的适应性[2]。藏羊虽长期处于高寒低氧环境，但其脑血管仍然能够向脑组织充分供血，其大脑细胞保持了正常的生理活性与功能。研究表明，在恶劣的环境条件下微血管对血流的调节更加重要，这是生物体适应自然环境的一种结构优化结果，微血管系统形态与功能的变化，都直接影响着机体的内在平衡[3]。

血管铸型结合扫描电镜技术，能够观察到微血管、毛细血管等的立体构筑关系及超微结构特征。用血管铸型技术制作的微血管标本，一般情况下微动脉和微静脉表面都会有内皮细胞核压痕[4]。韩卉等研究了胎儿大脑皮质中动脉及微血管的构筑，观察到皮质膜动脉铸型表面有卵圆形的内皮细胞核压痕，与血管的长轴垂直[5]。王剑研究了牦牛心脏微血管的铸型特征，发现毛细血管前动脉括约肌发达，说明牦牛心脏血管可以很好的调控血流，以适应高原低氧环境[6]。杜晓霞等在一日龄牦牛的肺脏微血管内皮表面观察到更多的斜形平滑肌细胞的压迹，认为这与牦牛对高寒低氧环境的适应性有关[7]。

藏羊和滩羊的生活环境属于不同的生态类型，两者表现了对特定环境的最佳适应性，迁移到新的生态环境，这些绵羊品种就很难保持原有的品种特性。目前对来自不同产地环境的绵羊脑动脉解剖结构的比较研究尚未见到相关报道。研究藏羊和滩羊大脑微动脉内皮表面的超微特征，有助于探索藏羊的高原适应性机理，可为科学利用和保护好我国优秀的绵羊品种资源提供参考。

1 材料和方法

1.1 试验材料

本试验材料为成年欧拉型藏羊（采自青海省黄南藏族自治州，海拔约3 500m）的头部标本和成年滩羊（采自宁夏回族自治区，海拔约1 600m）的头部标本。

1.2 试验方法

1.2.1 铸型剂配制

根据绵羊头颈部动脉管径大小，配制15%浓度的ABS（丙烯腈、丁二烯及苯乙烯的三元共聚物）铸型剂，即每100mL丙酮：丁酮（1∶1）混合液加15g ABS铸型剂。

1.2.2 铸型标本制作

首先用解剖工具小心找到左、右颈总动脉并牵拉一定长度以便插管，插管完成后用铸型剂进行灌注，通过颈总动脉做全头灌注，用注射器掌握灌注压力的大小，灌注过程中应及时将细小血管渗漏处用止血钳夹紧。灌注完成后拔管待标本硬化2~3d，铸型剂硬化完全后将包含完整脑组织及脑外血管的头部标本浸入36%浓盐酸腐蚀7~10d，腐蚀后期不时用流水冲洗直到铸型标本上无腐肉为止。

1.2.3 扫描电镜观察

选择自然干燥的大脑微动脉铸型标本，在不同个体和不同分支上分别取样。将样本先进行超声清洗1h去除其上附着的杂质灰尘等，等样品完全干燥后将其用导电胶粘在电镜铜台上，用离子镀膜机喷镀金膜，然后用日产JSM-6510A型扫描电子显微镜（SEM）观察，加速电压为10Kv，放大350~1 000倍，选择适当的视野照相、存储。对获得脑血管铸型扫描电镜图片进行描述、分析和比较。

2 试验结果

2.1 大脑微动脉铸型表面的总体特征

通过观察藏羊和滩羊60~300μm范围的大脑微动脉血管铸型的表面特征，发现各管径范围均分布有形态大小类似的内皮细胞核压痕；有的区段内皮细胞核压痕明显，有的区段平滑肌纤维及缝隙的压迹明显；内皮细胞核压痕的形状以"梭形"或"棒状"居多，在血管铸型表面均匀分布；在不同管径范围，内皮细胞核压痕的体积大小变化不明显，一般长约12μm，宽约7μm；内皮细胞核的压痕沿微血管的长轴纵向排布。

2.2 管径为60~80μm的大脑微动脉铸型表面特征

在该管径范围内，藏羊大脑微动脉铸型表面有明显的内皮细胞核的压痕，形状为"梭形"或"足印形"，大部分沿微血管的纵轴排列；内皮细胞核压痕的分布不是很均匀，有的地方稠密，有的地方稀疏；内皮细胞核压痕的宽度约为7μm，长度约为12μm，体积大小均匀。滩羊大脑微动脉内皮上也有内皮细胞核的压痕，但痕迹不太清晰，形状以"梭形"居多，大部分沿微血管的纵轴排列；内皮细胞核压痕的分布与藏羊类似，体积大小两者接近且均匀（图1）。

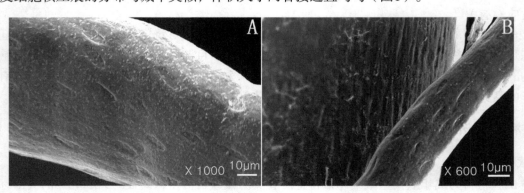

图1 藏羊（A）和滩羊（B）60~80μm微血管铸型表面特征

Fig. 1 Superficial features of casts of cerebral arterioles（60~80μm）in Tibetan sheep and Tan sheep.

2.3 管径为120～140μm的大脑微动脉铸型表面特征

在该管径范围内，藏羊大脑微动脉铸型上有明显的内皮细胞核的压痕，压痕较浅，形状多为"足印形"，两端宽度不一致，且向一侧有一定弯曲；内皮细胞核压痕的分布比较均匀，内皮细胞核压痕的体积大小与前述一致且均匀；滩羊大脑微动脉铸型上表现为明显的内皮细胞核的压痕，压痕较深，形状为"棒状"或"梭形"，两端宽度基本一致，大部分沿微血管的纵轴排列；内皮细胞核压痕的分布不均匀，有的地方稠密，有的地方稀疏；内皮细胞核压痕的体积大小与前述一致且均匀（图2）。

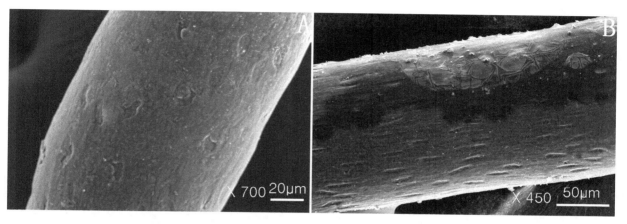

图2 藏羊（A）和滩羊（B）120～140μm微血管铸型表面特征

Fig. 2 Superficial features of casts of cerebral arterioles (120～140μm) in Tibetan sheep and Tan sheep.

2.4 管径为210～260μm的大脑微动脉铸型表面特征

在该管径范围内，藏羊和滩羊大脑微动脉铸型表面特征类似，主要以明显的纵向排列的血管平滑肌纤维压痕为主，平滑肌压痕间存在很多缝隙。因此血管铸型表面呈现出一定的"树皮样"的外观。观察还发现，血管平滑肌纤维压痕的直径二者有一定区别，藏羊的比较粗大，滩羊的相对纤细。在此范围内的微动脉内皮上没有发现内皮细胞核压痕或很不明显（图3）。

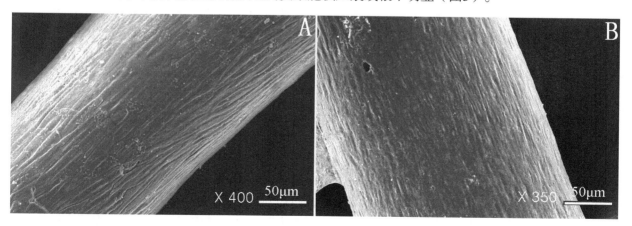

图3 藏羊（A）和滩羊（B）210～260μm微血管铸型表面特征

Fig. 3 Superficial features of casts of cerebral arterioles (210～260μm) in Tibetan sheep and Tan sheep.

2.5 管径为300μm的大脑微动脉铸型表面特征

在该管径范围内，藏羊大脑微动脉铸型表面表现为明显的平滑肌压痕、缝隙压痕及散在分布的内皮细胞核压痕；平滑肌纤维的压痕十分明显，纤维比较粗大，平滑肌之间的缝隙如沟壑般纵横分布，表面粗糙，形似"树皮样"；少量内皮细胞核压痕位于平滑肌纤维的中央，压痕较深，形状为"棒状"或"梭形"，大小与前述一致。滩羊大脑微动脉铸型表面表现为明显的平滑肌压痕、缝隙压痕及散在分布的内皮细胞核压痕；平滑肌纤维压痕比较明显，但纤维比较细小，平滑肌纤维之间的缝隙压痕细密；内皮细胞核的压痕散在分布，压痕较浅，形状为"足印形"或弯曲的"棒状"；大小与前述一致（图4）。

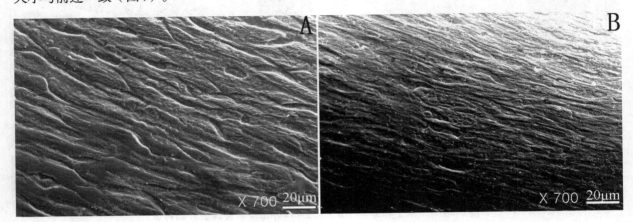

图4 藏羊（A）和滩羊（B）300μm微血管铸型表面特征

Fig. 4　Superficial features of casts of cerebral arterioles（300μm）in Tibetan sheep and Tan sheep.

3 讨论

3.1 大脑微动脉内皮细胞核压痕对脑血流的调节

血管内皮细胞由一层扁平细胞所组成，它形成血管的内壁，是血管管腔内血液及其他血管壁的接口。内皮细胞沿着整个循环系统排列，直接与血液的各种成分相接触，是血液、血流、血管三者相互联系的界面和环节[8]。微动脉平滑肌的收缩或舒张，能显著调节器官和组织的血流量，从而改变血液循环的外周阻力，对正常血压的维持起重要的作用[9]。大量的观察证明，内皮细胞的形态与排列均受血流的影响，内皮细胞呈梭形，其长轴与血流方向一致，可以认为这种排列可减少血流阻力，有利于血液的流动[10]。在本研究中，绵羊大脑微动脉铸型表面内皮细胞核的压痕也大都呈长条形或扁椭圆形，沿血管的长轴排列，藏羊和滩羊的区别仅在于压痕深浅的不同，分析认为大脑微动脉内皮细胞核较深的压痕会更有利于血流的调节，这也许是藏羊大脑微动脉调节血流的特有机制。

有学者研究发现，在人脑微动脉内皮表面，有细长条形的内皮细胞核压迹[11, 12]，而在人类脑动脉中的髓质动脉上，椭圆形的内皮细胞核的压迹较密[13]。牦牛的心脏微动脉管径均匀，逐级分支，铸型表面可见内皮细胞压痕及"树皮样"结构[6]，而在心脏12~100μm微动脉铸型表面，偶尔可见卵圆形内皮细胞核压痕[14]。相关研究也发现，在牦牛大脑微动脉的内皮表面，其内皮细胞核的压痕比低海拔黄牛的更明显[15]。本研究结果显示，在藏羊100μm以下管径的微动脉内皮表面，有较多且明显的长条形内皮细胞核压痕，但平滑肌纤维的压痕不明显；滩羊微动脉内皮细胞核压痕数量相对较少，形状以长条形居多，另有比较明显的血管平滑肌。在300μm管径以上的微动脉内皮表面，内皮细胞核压痕也很明显。内皮细胞核压迹的出现，分析可能是由于大脑微动脉在抵抗铸型剂灌注压力的过程中，由于微动脉管壁较强的弹性回缩，使更多的内皮细胞核压迹留在了铸型的表面。与滩羊相比，藏羊大脑微动脉内壁上显示出较多的内皮细胞核压痕且十分清晰，边缘光滑整齐，推断其抵抗血流对管壁造成的压力时，反作用力更明显，对于脑动脉血流的调节功能会更强一些。

3.2 大脑微动脉平滑肌纤维及缝隙压迹对脑血流的影响

研究发现，小鼠大脑微动脉显示出丰富的平滑肌细胞的排列，环绕着内皮的外表面[16]。在人类脑动脉中髓质动脉的分支部也可见到个别的平滑肌压迹[13]。在本研究的样本上观察到明显的平滑肌纤维压迹及纤维缝隙的压痕，且在藏羊200～300μm范围的微动脉内壁上，有明显粗大的平滑肌纤维或纤维缝隙的压迹。通过比较，作者认为藏羊和滩羊对于大脑血压的调节主要以血管平滑肌和内皮细胞的舒缩实现，并且在不同管径范围其调节方式有差异。在200～300μm的微动脉铸型表面，藏羊的平滑肌压迹比滩羊更深更明显，因此，在该管径范围，藏羊通过平滑肌舒缩进行血流的调节的功能会比滩羊更强一些。另有学者研究发现，在人类大脑的皮质动脉内皮上呈"松树皮"样的外观[5]。有研究分析，在微动脉内皮上看到的"树皮样"结构是最内层平滑肌细胞的压痕所致[17]，但也有学者认为是平滑肌纤维之间的空隙的痕迹[18]。贺延玉等研究发现，牦牛心脏12～100μm微动脉铸型表面呈典型"树皮样"结构[14]，也是平滑肌压迹的特征。本研究在藏羊和滩羊大脑微动脉的铸型表面也观察到典型的"树皮样"的外观，分析应该是微血管内皮平滑肌纤维形成的，这与其他学者的研究结果是一致的。

4 结论

通过血管铸型结合扫描电镜方法，研究了高原型藏羊和低海拔滩羊大脑微动脉内皮表面的解剖学特征。比较发现，藏羊大脑微动脉的内皮细胞核压痕更明显，平滑肌纤维及纤维间隙较粗大，推测高原藏羊大脑微动脉的血管舒缩能力较强，能及时有效地向各微动脉分支供血，说明其对血流和血压的调节功能更显著，可能是其适应高原环境的解剖学特征之一。

参考文献

[1] 国家畜禽遗传资源委员会组编. 中国畜禽遗传资源志——羊志[M]. 北京：中国农业出版社（The National Commission for livestock and poultry genetic resources. Journal of animal genetic resources in China：Sheep and Goats[M]. Beijing：China Agriculture Press）, 2011. 24-25.

[2] 赵有章，主编. 羊生产学（第二版）[M]. 北京：中国农业出版社（ZHAO You-zhang. Sheep Production（The 2nd Edition）[M]. Beijing：China Agriculture Press）, 2002. 110-111.

[3] 杜晓霞. 不同年龄段牦牛与成年黄牛肺微血管构筑特征的研究[D]. 兰州：甘肃农业大学（DU Xiao-xia. Study on the construction characteristics of pulmonary microvasculature in yak of different ages and adult cattle[D]. Lanzhou：Gansu Agricultural University）, 2009.

[4] 张子臣，夏家骝. 人右心室壁微血管构筑[J]. 中国循环杂志（ZHANG Zi-cheng, XIA Jia-liu. Microvasculature of the right ventricular wall of the human hearts[J]. Chinese Circulation Journal）, 1993, 8（4）：223-225.

[5] 韩卉，张为龙. 胎儿大脑皮质中动脉皮质支和中央支微血管铸型的扫描电镜观察[J]. 解剖学杂志（HAN Hui, ZHANG Wei-long. The scanning electron microscopic study on the microvasculature of cortical and central branches of the middle cerebral artery in fetus[J]. Journal of Anatomy）, 1994, 17（3）：209-213.

[6] 王剑. 牦牛心脏铸型研究[D]. 兰州：甘肃农业大学（WANG Jian. Study on yak heart casting[D]. Lanzhou：Gansu Agricultural University）, 2005.

[7] 杜晓霞,俞红贤,刘英,等.1日龄牦牛肺泡毛细血管的扫描电镜观察[J].畜牧兽医学报(DU Xiao-xia, YU Hong-xian, LIU Ying. Observation on the pulmonary capillary in one-day old yak(Bos grunniens)under the scanning electron microscope[J]. Chinese Journal of Animal and Veterinary Sciences),2008,(3):355-359.

[8] 盛民立,主编.血管内皮细胞与疾病[M].上海:上海医科大学出版社(SHENG Min-li. Vascular endothelial cells and diseases[M]. Shanghai:Shanghai Medicine University Press),1993.66-67.

[9] 田丽芳,郭永胜,李彦军.微血管内皮细胞的功能概述[J].黑龙江畜牧兽医(TIAN Li-fang,GUO Yong-sheng, LI Yan-jun. Introduction of function about capillaries endothelial cells[J]. Heilongjiang Animal Science and Veterinary Medicine),2011,03:27-29.

[10] SAKATA N, IDA T, JOSHITA T, OONEDA G. Scanning and transmission electron microscopic study on the cerebral arterial endothelium of the experimentally hypertensive rats fed an atherogenic diet[J]. Acta Pathologica Japonica, 1983, 33(6):1 105-1 113.

[11] BOSMAN M C, DEWET P D, LEROUX C G. The ultrastructure of the peripheral resistance and the precapillary sphincters[J]. South African Medical Journal, 1982, 62(27):874-876.

[12] 房台生,刘勇,赵根然,等.人脑干内微血管铸型的扫描电镜观察[J].西安医科大学学报(FANG Tai-sheng, LIU Yong, ZHAO Geng-ran, et al. Observation of microvasculature casting in human brainstem under the Scanning Electron Microscope[J]. Journal of Xian Medicine University),1988,9(3):204-208.

[13] 曾司鲁,高摄渊,李旭光,等.主编.脑血管解剖学[M].北京:科学出版社(ZEN Si-lu, GAO She-yuan, LI Xu-guang, et al. Anatomy of cerebral blood vessels[M]. Beijing:Science Press),1983.73-74.

[14] 贺延玉,崔燕.成年牦牛心室肌微血管床的形态学特征[J].中国兽医科学(HE Yan-yu, CUI Yan. Morphological observation of the microcirculatory bed in the ventricular myocardium of mature yak[J]. Chinese Veterinary Science),2007,37(04):338-341.

[15] 王欣荣.牦牛和藏羊脑动脉系统结构特征与高原适应性研究[D].兰州:甘肃农业大学(WANG Xin-rong Anatomical properties of the cerebral arterial system associated with adaptation to high-altitude in yak and Tibetan sheep[D]. Lanzhou:Gansu Agricultural University),2012.

[16] INOKUCHI T, YOKOYAMA R, SATOH H, et al. Scanning electron microscopic study of periendothelial cells of the rat cerebral vessels revealed by a combined method of corrosion casting and KOH digestion[J]. Journal of Electron Microscopy, 1989, 38(3):201-213.

[17] ANDERSON B G, ANDERSON W D. Scanning electron microscopy of micro-corrosion casts:intracranial and abdominal microvasculature in domestic animal[J]. American Journal of Anatomy, 1978, 153:523-536.

[18] 张朝佑,魏宝林,侯广棋,等.成人肾小球铸型的扫描电子显微镜观察[J].解剖学报(ZHANG Zhao-you, WEI Bao-lin, HOU Guang-qi, et al. Observation of adult glomerulus casting under the scanning electron microscope[J]. Journal of Anatomy),1980,(1):1-4.

藏羊脑动脉系统结构特征与高原适应性研究

王欣荣*，吴建平

（甘肃农业大学动物科学技术学院，兰州 730070）

摘 要：藏羊对严酷的高原低氧环境适应性很强，是高寒牧区最适宜发展的畜种之一，开展藏羊与低海拔绵羊脑血管形态的比较研究，可为探讨藏羊的高原适应性机理奠定基础。以高原藏羊—欧拉型藏羊和生活在低海拔的滩羊头部为试验材料，采用管道铸型腐蚀技术，运用比较解剖学方法对两者脑动脉系统的结构特性开展研究。比较发现，藏羊和滩羊脑动脉系统的大体解剖结构相同，但藏羊的大脑后交通动脉、上颌动脉的管径显著比滩羊粗，其他脑动脉管径平均值也略大；藏羊脑硬膜外异网显著长于滩羊；藏羊主要脑动脉中的侧支更发达，伸展较长，细小分支更丰富。研究认为，藏羊有相对发达的脑动脉系统，利于向脑组织有效供血，可能是藏羊适应高原环境的结构特征之一。

关键词：藏羊；脑动脉系统；高原适应性

Study of Structural Features of the Cerebral Arterial System Associated with Plateau Adaptability in Tibetan Sheep

Wang Xin rong，Wu Jian ping

（College of Animal Science and Technology in Gansu Agricultural University，Gansu，Lanzhou，730070，China）

Abstract: The Tibetan sheep has showed excellent adaptability in extreme cold and low-oxygen area，and it has been regarded as one of the fittest highland domestic animals. Comparative study on the morphological features of the cerebral arterial system in the Tibetan sheep and Tan sheep will reveal Tibetan sheep's anatomical mechanism of adapting high altitude area to some extent. In the study，heads samples from the Tibetan sheep and Tan sheep were collected respectively in Qinghai province and Ningxia autonomous region，and vascular corrosion casts of the cerebral arterial system of these sheep were made，then their anatomical structural features were observed and analyzed by comparative anatomic methods. Results found that diameters of the posterior communicating artery and maxillary artery in Tibetan sheep were greater than those of Tan sheep, and average diameters of other arteries in Tibetan sheep were also a little greater. In addition, in contrast to Tan sheep, There were longer epidural retia mirabile, more developed intracranial cerebral arterial branches, more arterial spread and more abundant small branches in the Tibetan sheep. We deduced that the cerebral arterial system of Tibetan sheep was more developed than that of Tan sheep. Tibetan sheep appear to allow supply of blood more efficiently to the brain tissue via the cerebral arterial system. So we hypothesized that these might be morphological mechanisms of the Tibetan sheep allowing adaptation to plateau environments.

Key Words: Tibetan sheep; Cerebral arterial system; Plateau adaptability

藏系绵羊是我国三大原始绵羊品种之一，长期繁衍生息在青藏高原及其毗邻的高寒牧区，是在长期的自然选择和人工培育下形成的一个地方品种[1]。独特的高海拔环境造就出了藏羊性喜冷凉、耐高寒、耐干旱等极富个性的特征，是高寒牧区最适宜发展的畜种之一，已成为除骆驼之外的能适应高寒牧区严峻的生态环境的少数特殊畜种[2]。常年的低温严寒、高海拔、低气压、低氧分压以及强辐射等不利的生态因子逐渐导致藏羊某些组织形态和解剖特征发生适应性改变。

管道铸型腐蚀技术是研究解剖结构特征的理想方法，动物血管内壁的表面特征会在铸型标本上得到真实地反映。近年来，藏绵羊的解剖学研究主要集中在心、肺血管系统的组织学特征方面，并取得了一系列研究成果。脑组织是动物机体活动的中枢，脑动脉系统承担着比机体其他组织都要多的氧气及营养物质的输送任务。但目前关于藏羊脑动脉系统解剖学特性的相关研究很少，而脑动脉系统的解剖学特性也体现出动物的生理适应性。本研究通过对生活在高原环境的藏羊脑血管特性的解剖学观察，并将其与低海拔地区的滩羊进行比较解剖研究，有望揭示藏羊脑动脉系统解剖结构和形态方面在高原生态环境的适应性改变，可为探讨高原世居动物的适应性机理奠定基础。

1 材料和方法

1.1 试验材料

本试验材料为10只成年藏羊—欧拉羊（采自青海省黄南藏族自治州境内，海拔约3 500m）的头部标本和12只成年滩羊（采自宁夏回族自治区境内，海拔约1 600m）的头部标本。

1.2 标本处理

标本采集时，选择屠宰面整齐、没有撕裂状且头面部其他部位皮肤完整无破损、口腔和鼻孔无流血现象的新鲜屠宰样本；动物屠宰后要求其头颈部的动脉血已自然流尽，并且在脑部残留淤血尚未凝固时迅速带回实验室进行处理。

1.3 试验药械

1.3.1 试验药品

ABS塑化剂（丙烯腈、丁二烯及苯乙烯的三元共聚物）、丙酮、丁酮、多聚甲醛、生理盐水、36%浓盐酸等。

1.3.2 试验器械

解剖器械、灌注工具、注射器、游标卡尺、电子秤、数码相机等。

1.4 试验方法

1.4.1 灌注工具制作

灌注采用胶头玻璃滴管为主要工具，在玻璃管末端接长约15cm、直径1cm弹性乳胶管，在另一端连接注射针头，注射针头须剪短并磨钝以免灌注时刺破乳胶管壁。

1.4.2 铸型剂配制

根据试验动物需灌注的各级动脉管径大小，试验配制浓度为25%左右的铸型剂，应将ABS塑化剂充分溶解并静置的时间不少于7d，以保证塑化剂溶解至最小颗粒。

1.4.3 铸型标本制作

清理动物颈部屠宰面上的淤血块及可能的杂质，用解剖工具找到颈总动脉后插管。插管完成后要抽出玻璃管的空气，然后开始用铸型剂进行灌注。灌注通过颈总动脉进行全头灌注，同时用注射器来掌握灌注压力的大小。当铸型剂灌注到一定程度，观察到枕骨大孔露出的延髓部位呈饱满状态，这时应停止灌注，之后最多间隔2h补灌2次即可。补灌完成后拔管待标本硬化2~3d。铸型剂硬化完全后手工剥离牛头皮肤和表层肌肉，小心卸去牛头下颌骨，并用工具截去大脑嗅球以外骨组织，将包含完整脑组织及脑外血管的头部标本浸入36%浓盐酸腐蚀7~10d，在腐蚀过程中随时用流水轻轻冲洗残留组织块，直到动物脑部铸型标本完成为止。

1.5 数据获得及分析

1.5.1 形态学数据测定

利用游标卡尺和数码相机，分别对获得的绵羊脑动脉系统铸型标本的各部分结构形态学相关数据进行测定及照相观察，同时，测量绵羊脑硬膜外异网的长、宽、高指标，并测量脑动脉系统相关血管起始端的内径。

1.5.2 数据分析处理

对获得的藏羊和绵羊脑血管铸型图片进行观察、描述和对比，对测得的脑动脉系统形态学数据进行比较分析，并将测得的主要动脉管径数据用SPSS软件进行差异显著性检验。

2 试验结果

2.1 藏羊和滩羊脑动脉系统的基本特征

观察脑动脉系统的铸型标本，发现颅内主要脑动脉在脑动脉环上的起始位置、各脑血管在脑组织中的分布方面，藏羊和滩羊没有本质差别。颅外供脑动脉和脑硬膜外异网在形态特征、血管组成、主要动脉的起源位置上两者也没有本质的区别，该结果也反映了藏羊和滩羊的脑血管解剖学特征在种内的高度一致性。

2.2 藏羊和滩羊颅内主要脑动脉形态学比较

通过对比藏羊和滩羊的颅内主要脑动脉血管包括大脑前动脉、大脑中动脉、大脑后动脉及小脑前动脉的基本形态，发现两者在动脉主干走形上是类似的，主干发出的分支数目也基本一致，但两者在脑动脉主干上的分支伸展长度，各分支的发达程度以及小动脉数目等方面表现了一定的差别。

2.2.1 大脑前动脉

根据藏羊和滩羊大脑前动脉形态比较发现，两者的主要分支是类似的，包括内侧嗅动脉、边缘动脉、额前内侧支、额中间内侧支和胼胝体周围动脉等。不同之处在于藏羊的额前内侧支较滩羊发达且伸展较长；额中间内侧支和胼胝体周围动脉分支相对较远，枝干上的小动脉较多（图1）。

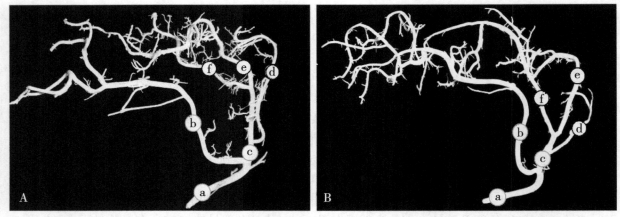

a.大脑前动脉；b.内侧嗅动脉；c.边缘动脉；d.额前内侧支；e.额中间内侧支；f.胼胝体周围动脉

图1 藏羊（A）和滩羊（B）大脑前动脉比较

Fig. 1 The anterior cerebral arteries of the Tibetan sheep（A）and sheep（B）

2.2.2 大脑中动脉

大脑中动脉对比显示，分支动脉主要有：中央前沟动脉、中央沟动脉、中央后沟动脉和颞动脉，动脉的分支及走形二者类似。不同之处在于藏羊大脑中动脉分出的中央沟动脉比较发达，走形弯曲伸展覆盖面积大；中央前沟动脉分支较早，伸展较长且小动脉分支多；中央后沟动脉较发达；而滩羊的颞动脉相对发达（图2）。

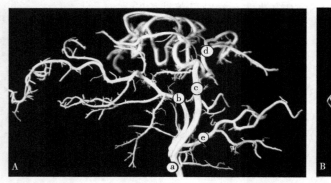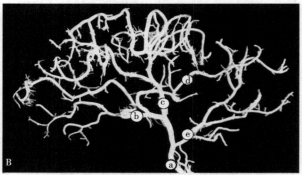

a.大脑中动脉；b.中央前沟动脉；c.中央沟动脉；d.中央后沟动脉；e.颞动脉

图2 藏羊（A）和滩羊（B）大脑中动脉比较

Fig. 2 The middle cerebral arteries of the Tibetan sheep（A）and sheep（B）

2.2.3 大脑后动脉

藏羊和滩羊大脑后动脉对比显示，在大脑后动脉的路径上主要分出2支动脉：顶枕动脉和颞后动脉，两者的分支位置和走形类似。不同之处在于藏羊大脑后动脉主干上分出许多微细小动脉，而滩羊相对贫瘠（图3）。

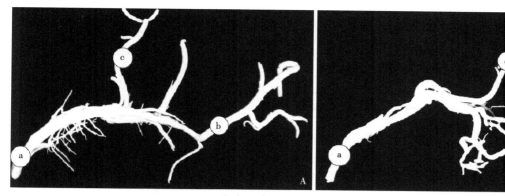

a.大脑后动脉；b.顶枕动脉；c.颞后动脉

图3 藏羊（A）和滩羊（B）大脑后动脉比较

Fig. 3 The posterior cerebral arteries of the Tibetan sheep（A）and sheep（B）

2.2.4 小脑前动脉

藏羊和滩羊小脑前动脉对比显示，两者基本形态类似，从主干上发出许多侧支，形状类似于爪状，藏羊的主干比较粗壮且短分支比较多，而滩羊相对纤细分支较少但伸展较长（图4）。

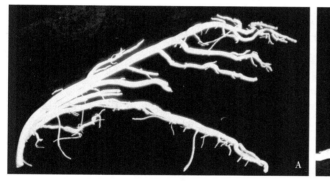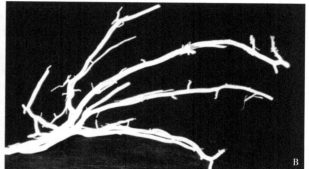

图4 藏羊（A）和滩羊（B）小脑前动脉比较

Fig. 4 The anterior cerebellar arteries of the Tibetan sheep（A）and sheep（B）

2.3 脑动脉系统主要血管管径的差异

通过测量脑动脉系统的主要血管内径发现，在组成脑动脉系统的主要动脉中，藏羊的左、右侧大脑后交通动脉、上颌动脉的平均管径极显著大于滩羊（$P<0.01$），藏羊的其他大多数动脉血管内径也比滩羊略大，但差异不显著（$P>0.05$），见下表所示。

表 藏羊和滩羊脑动脉系统主要血管管径比较

Table Internal diameters measuring results of main arteries of CAS in Tibetan sheep and sheep

血管名称 Arteries	藏羊（n=10，mm） Tibetan sheep（n=10，mm）		绵羊（n=12，mm） Sheep（n=12，mm）	
	左侧 Left	右侧 Right	左侧 Light	右侧 Right
大脑前动脉 Anterior cerebral artery	1.01 ± 0.06	0.97 ± 0.11	1.06 ± 0.14	0.98 ± 0.16

（续表）

血管名称 Arteries	藏羊（n=10，mm）Tibetan sheep（n=10，mm）		绵羊（n=12，mm）Sheep（n=12，mm）	
	左侧 Left	右侧 Right	左侧 Light	右侧 Right
大脑中动脉 Middle cerebral artery	1.20 ± 0.17	1.21 ± 0.14	1.16 ± 0.10	1.13 ± 0.11
大脑后动脉 Posterior cerebral artery	1.02 ± 0.14	0.99 ± 0.18	0.91 ± 0.16	0.90 ± 0.09
脑部颈动脉 Cerebral carotid artery	1.55 ± 0.11	1.47 ± 0.13	1.40 ± 0.26	1.36 ± 0.20
小脑前动脉 Anterior cerebellar artery	0.78 ± 0.15	0.72 ± 0.11	0.74 ± 0.14	0.77 ± 0.15
小脑后动脉 Posterior cerebellar artery	0.74 ± 0.15	0.69 ± 0.12	0.75 ± 0.09	0.70 ± 0.04
后交通动脉 Posterior communicating artery	1.39 ± 0.18**	0.34 ± 0.19**	1.14 ± 0.21	1.07 ± 0.18
基底动脉 Basilar artery	1.26 ± 0.10		1.29 ± 0.15	
脊髓腹侧动脉 Ventral spinal artery	0.69 ± 0.12		0.58 ± 0.15	
上颌动脉 Maxillary artery	2.86 ± 0.35**		2.18 ± 0.58	
颈外动脉 External carotid artery	3.48 ± 0.54		3.19 ± 0.35	
颈总动脉 Common carotid artery	4.48 ± 0.70		4.19 ± 0.46	

注：**指差异极显著（$P<0.01$）

2.4 脑硬膜外异网形态学特征的比较

通过观察藏羊和滩羊脑硬膜外异网铸型标本，发现两者脑硬膜外异网的基本组成和结构特征无显著差异，但在脑硬膜外异网的局部形态学方面有一定的差别。测定发现，藏羊上颌动脉吻合前支和后支起源处之间的距离为17.49mm，滩羊为17.27mm，两者差异不显著（$P>0.05$）；藏羊脑硬膜外异网的长、宽、高分别为22.99mm、8.06mm、6.77mm，滩羊分别是20.96mm、8.11mm、7.11mm，藏羊脑硬膜外异网显著长于滩羊（$P<0.05$），两者的其他形态学指标差异不显著（$P>0.05$）。

3 讨论

3.1 藏羊脑动脉管径、血管分布特征与高原适应性

本研究显示，藏羊脑动脉系统的主要血管中，大脑后交通动脉、上颌动脉的管径显著大于滩羊，而其他颅内外脑动脉管径虽然与滩羊没有统计学差异，但其平均值仍大于滩羊。藏羊和滩羊主要脑动脉的分布特点的主要差异在于：藏羊大脑前动脉的额前内侧支较发达且伸展较长，额中间内侧支和胼胝体周围动脉分支相对较远，枝干上的小动脉较多；藏羊大脑中动脉分出的中央沟动脉比较发达，走形弯曲伸展覆盖面积大，中央前沟动脉伸展较长且小动脉分支多，中央后沟动脉也较发达；藏羊大脑后动脉主干上分出比滩羊更多的细小动脉，藏羊小脑前动脉的主干比较粗壮且短分支比较多。研究认为，相对于生活在低海拔地区的滩羊而言，高原环境的藏羊供应脑部血液的主要动脉管径较粗，其主要脑动脉中的侧支发达，伸展较长分支多，细小动脉数目多，这些特征体现了高原藏羊独特的解剖学特征。而关于高原藏羊其他组织器官血管系统的解剖学研究也有类似结果，例如藏羊肺组织细小血管数、肺泡隔内毛细血管数量与小尾寒羊相比表现出一定的差异[3]，藏羊精索

部血管形成了特殊的高原适应性微形态结构[4]，藏羊肺泡隔内毛细血管呈开放状态，管径较粗，单位面积中血管数量较多[5]，这些组织学特征即代表了高原藏羊对严酷自然环境较强的适应能力。据此我们认为，本研究中高原藏羊的脑动脉系统要比低海拔绵羊的发达，推断其对脑组织的供血能力比低海拔的滩羊要强，也是其对高原低氧环境高度适应的具体体现。

3.2 藏羊脑硬膜外异网形态特点与高原适应性

试验结果显示，藏羊脑硬膜外异网的形态学特征与滩羊基本一致，但在一些局部特征方面存在差别。研究观察到，藏羊和滩羊的左右脑硬膜外异网间有少量吻合支连接，且连接疏密程度不同。据有关研究显示，左右脑异网间的吻合支被称为"V"形扩展，且发现该结构在绵羊上连接松散而在山羊上呈紧密连接[6]。本研究显示，在所观察的样本中，无论是藏羊还是滩羊，该连接既有比较紧密的连接，也有相对疏松的连接，没有体现出物种的地域差别。藏羊和滩羊的主要差别体现在脑硬膜外异网的长度方面，藏羊脑异网比滩羊伸展较长，而其宽度和高度无显著差异，说明藏羊的脑异网体积相对较大。许多研究显示，脑硬膜外异网在血液供应过程中起到调节和缓冲脑血流、稳定血压的作用[7, 8]。有学者在高原牦牛与低海拔黄牛脑动脉系统的比较显示，两者供应脑组织的动脉管径大小虽没有表现出显著差异，但供脑动脉各级血管内径的递减比例，牦牛要显著小于黄牛，显示了牦牛向脑部供血的解剖学优势，也说明高原牦牛有更多的血液能够进入脑硬膜外异网[9]。由此可见，生活在高原环境的藏羊只有具备相对较大体积的脑硬膜外异网，才有较强的调节血流和血压的能力，从而保证脑组织充分的氧供。

4 结论

研究发现，藏羊和滩羊脑动脉系统的大体解剖结构相同，但藏羊的大脑后交通动脉、上颌动脉的管径显著比滩羊粗，其他脑动脉管径平均值也略大；藏羊脑硬膜外异网显著长于滩羊；藏羊主要脑动脉中的侧支更发达，伸展较长，细小分支更丰富。研究认为，藏羊有相对发达的脑动脉系统，该特征有利于向脑组织有效供血并调节脑动脉血压，可能是藏羊适应高原环境的解剖学特征之一。

参考文献

[1] 国家畜禽遗传资源委员会组编，中国畜禽遗传资源志——羊志[M]. 北京：中国农业出版社，2011.
[2] 刘海珍，青海牦牛、藏羊的肉品质特性研究[D]. 甘肃农业大学硕士学位论文，2005.
[3] 俞红贤，藏羊肺组织形态测量指标及其与高原低氧的关系，中国兽医科技，1999，7：15-16.
[4] 袁莉刚，孙英，黄布敏，成年高原藏羊精索血管分布的形态学研究，畜牧兽医学报，2011，10：1 450-1 456.
[5] 贾荣莉，高原藏羊肺组织学结构及特点，中国养羊，1997，1：31-32.
[6] Nur IH., 1992. Akkarama koyunu ve nkara kecisinde a carotis communis in son dallari üzerinde karsilastirmali makro-anatomik ve subgross calismalar[J]. Doktora tezi, SüSagBil Ens, Konya, Turkey.
[7] Baker. B, Carotid rete and regulation of brain temperature in sheep[J]. Anat. Rec, 1968, 160: 309-310.
[8] Khamas, W. A., N. G. Ghoshal, H. S. Bal. Histomorphologic structure of the carotid rete-cavernous sinus complex and its functional importance in sheep[J]. AM, Ame. J. Vet. Res, 1984, 43（1）：156-158.
[9] X. R. Wang, Y. Liu, T. F. Guo and J. P. Wu, Anatomic Peculiarities of the Cerebral Arterial System and Blood Supply in the Yak（Bos grunniens）, Journal of Animal and Veterinary Advances, 2012. 11（14）：2 533-2 539.

平凉地方牛群体母系遗传背景研究

赵生国[①]，李文彬[②]，陈富国[②]，李三禄[②]，张长庆[①]，吴建平[①]*

（1. 甘肃农业大学动物科学技术学院，甘肃兰州 730070；
2. 平凉红牛集团，甘肃平凉 744000）

摘 要：黄牛（*Bos taurus*）的驯养作为农耕文化重要内容之一，在我国历史悠久，长久以来形成的役用型逐步被肉用型所替代。为了揭示平凉地方牛群体的遗传背景，分析其是否具有生产优质牛肉的遗传基础，本研究测定了88头平凉地方牛群体mtDNA D-loop HVS序列，并对包括平凉地方牛群体在内的我国23个地方牛群体单倍型分布及系统发生关系进行了分析。结果表明，mtDNA D-loop高变区，在平凉地方牛群体共有52个单倍型，而23个地方牛群体共有95个单倍型，这些单倍型在系统发生树和中介网络关系中分布于2个分支，即瘤牛型和普通牛进化枝。因此，笔者认为平凉地方牛群体和我国其他牛种一样，存在普通牛和瘤牛两个母系起源的遗传背景。

关键词：平凉地方牛；线粒体DNA D-loop；单倍型；系统发育

Study on Maternal Genetic Background of Pingliang Native Cattle

Zhao Sheng Guo[①], Li Wen Bin[②], Chen Fu Guo[②],
Li San Lu[②], Zhang Chang Qing[①], Wu Jian Ping[①]*

（[①]College of Animal Science and Technology, Gansu Agricultural University, Lanzhou Gansu, 730070; [②]Red Cattle Group of Pingliang, Pingliang, Gansu, 744000, China）

Abstract: Domestication of cattle, one of the important content in farming culture, has a long history in China. The objectives of the study were to reveal the maternal genetic background of Pingliang native cattle

---

基金项目：甘肃省农业生物技术研究与应用开发项目（GNSW-2010-04，GNSW-2011-27）；国家级星火计划重点项目（No.2008GA860014）

*通讯作者，E-mail：wujp@gsau.edu.cn

第一作者介绍：赵生国，男，讲师；研究方向：动物遗传资源保护与利用；E-mail：zhaosg@gsau.edu.cn

and to assess its potential to be improved into a high quality beef genotype. A total of 88 Pingliang native cattle were sequenced for their mtDNA D-loop HVS region. The haplotypes and phylogenetic relationship of 23 Chinese local cattle population including Pingliang cattle were jointly analyzed. Ninety five haplotypes were identified and distributed into the two major phylgenetic groups reconstructed following phylogenetic and network analyses, representing the distinct mtDNA genomes of *Bos taurus* or *Bos indicus* cattle. Pingliang native cattle were derived from these two maternal genetic backgrounds, which may have migrated and expand into the Central China following different introductions from north and south for the taurine cattle and from south to north for the zebuine cattle while a movement from west to east was observed for both cattle genetic backgrounds, and Pingling cattle was distributed into both of maternal genetic backgrounds.

Key words: Pingliang native cattle; mtDNA D-loop; Haplotype; Phylogeny

　　牛可能分别起源于已经灭绝的欧洲野牛的3个亚属，它们是8 000年前起源于近东和中东（西亚）的欧洲原牛（*Bos primigenius*）、9 500年前起源于非洲东北部的非洲原牛（*Bos opisthonomous*）和7 000年前起源于印度次大陆北部的瘤原牛（*Bos nomadicus*）[1]。最近考古学确认了一个已经灭绝的欧洲野牛化石并对其线粒体基因组全序进行了测定[2]，这一结果进一步确认了牛最早起源于欧洲，且发生过多次驯化事件[3-5]，驯化后分别形成了多个不同的进化方向[6]，也有人提出东亚是第4个驯化中心[7]。多起源的牛驯化后经过几千年的自然选择、人工选择、遗传漂移和杂交育种，形成现在广泛利用的牛种遗传资源。

　　中国的黄牛包括普通牛（*Bos taurus*）和瘤牛（*Bos indicus*），关于中国普通牛驯化迁徙也有较多研究，认为黄牛的祖先应该与欧洲原牛同种，从发源地印度经喜马拉雅山（或青藏高原）进入[8]，而瘤牛的直系野生祖先是瘤原牛，发源于印度半岛，最初是从印巴次大陆向东进入中国[9]。也有研究认为瘤牛在古时候由阿富汗进入我国新疆[9]。尽管起源问题尚有争议，但上千年来随着人类农耕技术的发展传播、人口迁徙、战争和贸易等活动，黄牛、水牛（*Bubalus bubalus*）和牦牛（*Bos mutus*）经过驯化和长期培育已广泛分布在各种环境和生产系统中。目前，随着社会生产力和人们生活水平的大幅度提高，役用为主的黄牛向肉用方向快速转变，但肉牛品种仍是制约肉牛业发展的关键因素。平凉地方牛群体位于具有较好肉用性能的早胜牛和秦川牛分布的交界地区，因其较强的适应性和产肉性能已成为大力开发的主要畜种资源之一。然而由于遗传、育种和繁殖技术的快速发展与交流，许多地方牛种资源受到外来品种侵蚀而导致生产性能不稳定或下降。因此，为了调查平凉地方牛群体是否具有清晰的母系遗传背景和稳定的遗传结构，并为肉用性能选育提供分子水平上的理论依据，本研究采用线粒体D环高变区序列（mtDNA D-loop Hypervariable Segment，mtDNA D-loop HVS）作为分子标记，对平凉地方牛群体的母系遗传背景进行研究。

1　材料与方法

1.1　试验材料

　　本研究采集了平凉市天源农牧有限公司养殖小区的88头平凉地方牛血液样品，血液加抗凝剂带回实验室后，参照《分子克隆试验指南》[10]采用常规的酚氯仿抽提法提取基因组DNA。

1.2　试验方法

　　以牛mtDNA D环高变区序列为标记，参照已发表在GenBank中的黄牛核苷酸序列（Accession No. V00654）设计引物（Forward 5′-TAA GAC TCA AGG AAG AAA CTG CA-3′，Reverse 5′-AGC CCA TGC TCA CAC ATA ACT-3′）对D环进行扩增，通过聚合酶链式反应获得目的片段并采用上游和下游引物对纯化产物进行双向测序。

1.3 数据处理

用Chromas Version 2.33（http://www.technelysium.com.au/chromas.html）对原始序列进行编辑，并通过MEGA 4.0（http://www.megasoftware.net）建立数据库后用Clustal X软件（http://www.igbmc.ustrasbg.fr/pub/ClustalX）进行同源序列比对分析，采用DnaSP 4.10.3（http://www.ub.es/dnasp）和NETWORT 4.6.0.0（http://www.fluxus-engineering.com）及MEGA 4.0（http://www.me gasoftware.net）分别进行单倍型分析、系统发生树构建及中介网络关系和群体扩张分析。

2 结果与分析

对88头平凉地方牛mtDNA D环高变区长度为460bp的核苷酸序列进行分析，共发现71个变异位点，变异率为14.34%，根据变异位点界定了52个单倍型。单倍型频率差异较大，H49单倍型频率最高，有11个个体，H22、H31、H36和H4频率依次降低，个体数分别为8、7、6和4，还有4个单倍型的频率均为2，其余单倍型频率仅为1。

从下表的特征性变异位点来看，平凉地方牛群体52个单倍型明显分为两个世系，即A世系和B世系。根据A类中各单倍型的突变特征，该世系又可分为A1（A1H1～A1H17）、A2（A2H1～A2H9）和A3（A3H1～A3H21）亚世系。平凉地方牛中有72个个体分别在A世系的不同亚世系中，而仅有16个个体在B世系中。

表 平凉地方牛群体52个单倍型的频率及变异位点分布
Table Frequency and variable sties among 52 haplotypes of Pingliang native cattle

	单倍型 Haplotype	变异位点 Variant sites 12569111111111122222222222222222223333333333333333333333344444444 67529133446667990223455555666778889999001111222222333344444555790011345 5 908180283143451915789467673461345230178124568015924672694456099178	频率 Frequency
	A1H1	GATTATGAGGTCGATTAATGATTACCTCCATTATGCTGGTTGTTTTTTGTGTTTTTTTCATGTAGG-TACCC	1
	A1H2	....-C....	4
	A1H3	.....C..-C....	1
	A1H4	.....C........C..-C....	1
	A1H5	.......T...-C....	1
	A1H6	....C...................-C....	1
	A1H7	........G...................C..................................-C....	1
	A1H8	............................C..................................-C....	1
A1	A1H9	........G........G..........C..................................-C....	1
	A1H10	..C...-C...A	1
	A1H11	..C..-C....	1
	A1H12	....C....................-C....	1
	A1H13	C...-C..T.	1
	A1H14	.G..............A..-C....	1
	A1H15	.......................T..-C....	1
	A1H16	.....C...........C..............................C................-C....	1
	A1H17	.....C...........C..........C..................................-C....	1

（续表）

	单倍型 Haplotype	变异位点 Variant sites 12569111111111122222222222222222222223333333333333333333333344444444 67529133446667990223455555666778889999001111222223333444445557900113455 90818028314345191578946767346134523017812456801592467826944560991780	频率 Frequency
A2	A2H1	....-............G.G.........C...C.......G..-C...	1
	A2H2	..........G......G...........C...........G..-C...	2
	A2H3	..........C...G..............C...........G..-C...	1
	A2H4	................G..C.........C...........G..-C...	1
	A2H5	................G............C...........G..-C...	8
	A2H6	................G..C..........C..........G..-C...	1
	A2H7	.....A..........G............C...........G..-C...	2
	A2H8	.......C........G.......C....C.C.........G..-C...	1
	A2H9	..................A..........C...........G..-C...	1
A3	A3H1	...............T.G...........C..........T..G..-C...	1
	A3H2	..A............T.G...........C...........G..-C...	1
	A3H3	..............G T.............................G..-C...	1
	A3H4	..............G T..............C..........G..-C...	1
	A3H5	.........C...G........A.......................G..-C...	7
	A3H6	.....A....C...G........A........C..........G..-C...	1
	A3H7	................G......A..C...................G..-C...	1
	A3H8	................G......A......................G..-C...	2
	A3H9	................G.........................C G..-C...	1
	A3H10	................G..............................G..-C...	6
	A3H11	.......A........G...............................G..-C...	1
	A3H12	................G.............................G..-C...T	1
	A3H13	................G...............C.............G..-C...T	1
	A3H14	............C G.................................G..-C...	2
	A3H15	............C G.................................G..-C.T..	1
	A3H16	...C.........A...C G............C..............G..A-C...	1
	A3H17	................G..........................C C.G..-C...	1
	A3H18	.................G..C.........................G..-C...	1
	A3H19	...C............G.........A....................T..G..-C...	1
	A3H20	...........A....G..C.............................T..G..-C.T..	1
	A3H21	................G............C...........G..-C...	1

（续表）

	单倍型 Haplotype	变异位点 Variant sites 12569111111111122222222222222222222233333333333333333333333344444444 67529133446679902234555556667788899990011112222223333444445557900113455 90818028314345191578946767346134523017812456801592467826944560991178	频率 Frequency
	BH1	.G........CGA...G..AC...T..AT..C..AT.....A.C.C.CACAC.C..CC.-CC.GA.ACG.TT	1
	BH2	.G........CGA...G..A....T..AT..C..AT.....A.C.C.CACAC.C..CC.-C..GA.ACG.TT	11
B	BH3	.G........CGA..CG..A....T..AT..C..AT.....A.C.C.CACAC.C..CC.-C..GA.ACG.TT	1
	BH4	.G........CGA...G..A....T..AT.....AT.....A.C.C.CACAC.C..CC.-C..GA.ACG.TT	2
	BH5	.G........CGA......T..AT..C...T.....C.C.C.CAC.C..CC.-C..GA.ACG.TT	1
总计 Total			88

为了深入研究平凉地方牛的母系遗传背景，对GenBank数据库中黄牛（普通牛，V00654）、瘤牛（L27733）及我国部分地方牛种（附表）的相应核苷酸片段进行了单倍型分析，并构建系统发生树。单倍型分析结果表明，平凉地方牛群体以外的22个地方牛种的135个个体的mtDNA D-loop高变区序列分布在52个单倍型中，其中有9个单倍型与平凉地方牛群体共享，分别为A1H2、A1H10、A2H5、A3H8、A3H10、A3H12、A3H14、A3H25和BH2，其他43个单倍型根据碱基特征及平凉地方牛群体单倍型命名法，分别命名为A1H18～A1H21、A2H10～A2H17、A3H22～A3H44和BH6～BH13。采用MEGA 4.0构建的单倍型系统发育树（图1）形成2个明显的分支，即分别由82个A类单倍型和13个B类单倍型组成的A进化枝和B进化枝。该进化树以普通牛单倍型序列V00654和瘤牛单倍型序列L27733为参照[11]，可以看出这2个单倍型序列分别分布A和B进化枝中。中介网络关系分析表明，平凉地方牛群体和中国地方牛群体有类似的网络关系结构（图2和图3），都形成了2个相对独立的放射状网络关系，即分别以瘤牛型原牛（B单倍类）和亚洲原牛（A单倍类）为中心的系统发育结构。在《中国牛品种志》中，把中国地方黄牛分别划分为北方、中原和南方黄牛[12]，据此，本研究对中国地方牛群体单倍型统计发现，B单倍类的68个体中，分布在北方地区的仅有1个，分布在中原和南方的分别有33个和34个；而在A单倍类的155个个体中，分布在北方22个、分布在中原104个，分布在南方29个。

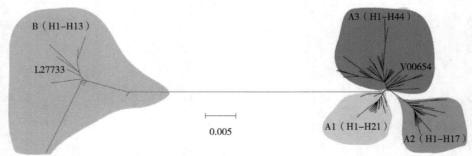

包括平凉地方牛群体在内的我国23个地方牛种223个个体的95个单倍型系统发生树形成了2个进化分支，
平凉地方牛个体在这2个分支上都有分布

图1 邻接法构建的中国23个地方牛种95个单倍型系统发生树

Fig. 1 The Neighbor-joining phylogenetic tree of 95 haplotypes of 23 native cattle populations in China

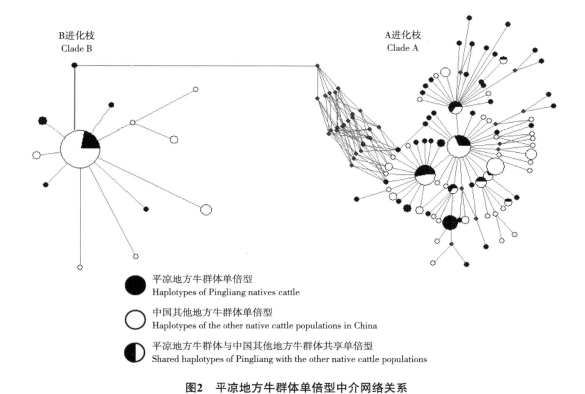

图2 平凉地方牛群体单倍型中介网络关系

Fig. 2 Haplotypes distribution of Pingling native cattle in network profile

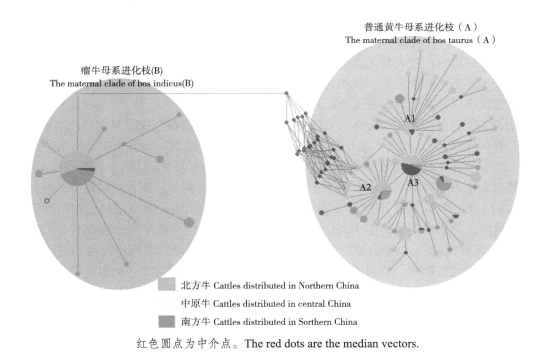

红色圆点为中介点。The red dots are the median vectors.

图3 中国部分地方牛种中介网络关系图

Fig. 3 The network relationship of native cattle in China

平凉地方牛群体及其他牛种特有单倍型数分别为43，分别占到各自单倍型总数的82.69%，反映出平凉地方牛群体经过长期自然选择和人工选择，已经形成了独特的遗传结构。同时，两者之间也存在9个共享单倍型，说明平凉地方牛群体在遗传结构上虽然具有特殊性，但与我国其他地方牛种也存在密切关系。对单倍型共享情况分析表明，除云南黄牛之外的其他牛群体与平凉地方牛都存在共享单倍型。其中，与秦川牛的共享单倍型数最多，达到5个，说明平凉地方牛群体的形成受秦川牛的影响最大。

3 讨论

优良肉牛品种是肉牛产业的基础，我国拥有丰富的地方肉牛品种。从起源上来看，中国黄牛有普通牛和瘤牛两个不同的起源[13]。也有研究认为中国地方牛种存在3个不同的母系起源，除以上2个之外，还有一个不明背景的母系起源[14]。平凉地方牛在当地特殊地理环境条件下受早胜牛和陕西秦川牛血统的长期影响，此前有文献表明早胜牛属于秦川牛的类群之一[15]，因此，平凉地方牛应该也属于中原牛类群。系统发育树2个分支中，普通牛和瘤牛的单倍型分别分布在A和B进化枝中，认为A进化枝是以亚洲原牛为祖先的母系进化枝，而B进化枝是以瘤牛型原牛为祖先的母系进化枝，说明我国部分黄牛群体仅有2个不同的母系起源，这与陈幼春在对中国黄牛多样性进行综合分析基础上得出的结论[16]相同，也与张志清对中国黄牛父系遗传的研究结果[17]一致，即中国黄牛存在普通牛和瘤牛2个不同的母系起源。平凉地方牛群体的52个单倍型中A类和B类单倍型也分别分布于普通牛和瘤牛进化枝中，这说明平凉地方牛群体的遗传背景也具有瘤牛和普通牛的混合血统，与我国中原牛类群的其他群体有相似之处。

普通牛和瘤牛型原牛分别具有不同的遗传背景且经历了不同的驯化过程[6]，其起源背景和驯化过程的差异导致了各自后裔存在不同的遗传特征和遗传多样性。本研究分析表明，我国部分地方牛种仅存在普通牛进化枝A和瘤牛型原牛进化枝B，且普通牛所在进化枝又形成了3个亚枝（A1、A2和A3），可能是因为它们具有较为复杂的驯化过程，其进化过程比7 000~8 000年前在印度河流域驯化的瘤牛[17]时间更早，迁入我国的路程较长，迁徙过程更复杂。各亚枝单倍型所形成的典型星状结构说明它们均经历了种群扩张，从而形成并具有稳定的遗传结构，进一步支持了普通牛较瘤牛具有更丰富的遗传多样性及普通牛的多地区起源说[18]。

现有研究表明，普通牛主要分布在我国北方，而瘤牛主要分布在我国南方[19]，本研究也发现了类似的分布特征（图4），即瘤牛型个体集中分布在南方牛群体中，如雷州牛、云南牛、闽南牛和威宁牛等，而普通牛个体则主要分布在北方牛群体中，如哈萨克牛、延边牛、早胜牛等，且这2个不同起源背景的地方牛群体呈现出向中原扩张的趋势，且已发生了相互入侵的现象，包括平凉地方牛群体所在的中原地区是两个不同母系共存的典型区域。瘤牛型mtDNA单倍型在中国黄牛群体中的频率呈现自南向北由高到低的流动模式[20]，而本研究则发现，普通牛的mtDNA单倍型则自北向南流动。mtDNA这种流动模式的形成可能是由历史事件、地理隔离以及气候环境差异等造成的，但同时不能忽视起源地的影响。我国的普通牛可能是从西亚进入我国北方，而瘤牛则是在印度河流域驯化[17]后，可能从云南或南方沿海进入我国，也有研究认为瘤牛可能起源我国云南[21]。本研究的结果还显示，瘤牛在进入我国后，其渗入的方式不但是向北扩散，同时，也由西向东扩张，而普通牛也同时向我国南部和东部扩张；平凉地方牛群体具有普通牛和瘤牛2个遗传背景。

图4 黄牛和瘤牛单倍型分布图

Fig. 4 Distribution of haplotypes from *Bos taurus* and *Bos indicus*

附表 中国部分地方牛种mtDNA D-loop高变区序列单倍型分布及样本信息

Appendix Information and haplotypes distribution of mtDNA D-loop in partial Chinese native cattle

品种（群体） Breeds\Populations	样本量 Size	单倍型分布 Distribution of haplotypes	GenBank提交号 Accession No	来源 References
哈萨克牛Hasake cattle	4	A2H5（1）*，A3H10（3）	DQ166049-52	
延边牛Yanbian cattle	5	A1H2（1），A3H10（1），A3H40（1），A3H41（1），A3H44（1）	DQ166058-62	Cai X.等[24]
蒙古牛Mongolia cattle	5	A1H20（1），A3H15（1），A3H30（1），A3H42（1），BH2（1）	DQ166053-57	
安西牛Anxi cattle	9	A1H18（1），A2H10（1），A2H11（1），A3H10（5），A3H25（1）	AY902382-3，AY521076-82	Lai, SJ.等[23]

（续表）

品种（群体）Breeds\Populations	样本量 Size	单倍型分布 Distribution of haplotypes	GenBank提交号 Accession No	来源 References
早胜牛 Zaosheng cattle	4	A2H5（1），A2H15（1），A3H32（1），A3H43（1）	DQ166063-6	Cai X. 等[24]
平凉牛 Pingliang cattle	88	A1H1（1），A1H2（4），A1H3（1），A1H4（1），A1H5（1），A1H6（1），A1H7（1），A1H8（1），A1H9（1），A1H10（1），A1H11（1），A1H12（1），A1H13（1），A1H14（1），A1H15（1），A1H16（1），A1H17（1），A2H1（1），A2H2（2），A2H3（1），A2H4（1），A2H5（8），A2H6（1），A2H7（2），A2H8（1），A2H9（1），A3H1（1），A3H2（1），A3H3（1），A3H4（1），A3H5（7），A3H6（1），A3H7（1），A3H8（2），A3H9（1），A3H10（6），A3H11（1），A3H12（1），A3H13（1），A3H14（2），A3H15（1），A3H16（1），A3H17（1），A3H18（1），A3H19（1），A3H20（1），A3H21（1），BH1（1），BH2（11），BH3（1），BH4（2），BH5（1）	未提交 Unpublished	本研究 This study
晋南牛 Jinnan cattle	10	A1H19（1），A2H13（2），A3H14（1），A3H25（1），A3H34（1），A3H37（1），BH2（3）	AY902394-5，AY521100-02 DQ166072-7	Lai, SJ. 等[23] Cai X. 等[24]
秦川牛 Qinchuan cattle	13	A1H2（1），A1H10（1），A3H12（2），A2H16（1），A3H10（2），A3H23（1），A3H25（1），A3H37（1），A3H39（1），BH2（2）	AY902395，AY521107-11 DQ166083-9	Lai, SJ. 等[23]
渤海黑牛 Bohai black cattle	5	A3H14（1），A3H28（1），A3H29（1），BH2（2）	DQ166067-71	
鲁西黄牛 Luxi yellow cattle	5	A3H24（1），A3H26（1），BH2（3）	DQ166078-82	Cai X. 等[24]
郏县红牛 Jiaxian red cattle	6	A3H37（2），BH2（4）	DQ166090-95	
南阳牛 Nanyang cattle	6	A3H10（1），A3H25（1），BH2（3）	DQ166101-6	
皖南牛 Wannan cattle	6	A3H25（2），A3H36（1），A3H38（1），BH2（2）	AY521121-26	Lai, SJ. 等[23]
威宁牛 Weining cattle	3	A3H10（1），BH2（1），BH6（1）	DQ166114-116	Cai X. 等[24]
三江牛 Sanjiang cattle	7	A2H5（1），A2H17（2），A3H22（1），A3H25（1），BH2（2）	AY902396-397，AY521112-15	Lai, SJ. 等[23]
西镇牛 Xizhen cattle	5	A2H12（1），A3H8（1），BH2（1），BH7（1），BH10（1）	DQ166096-100	Cai X. 等[24]

（续表）

品种（群体） Breeds\Populations	样本量 Size	单倍型分布 Distribution of haplotypes	GenBank提交号 Accession No	来源 References
巴山牛 Bashan cattle	7	A1H21（1），A2H5（1），A3H25（2），BH2（2），BH8（1）	AY902385-6，AY521076-86	Lai, SJ. 等[23]
宣汉牛 Xuanhan cattle	7	A2H12（1），A2H14（1），A3H31（1），A3H35（1），BH2（2），BH7（1）	DQ166007-13	Cai X. 等[24]
云南黄牛 Yuannan yellow cattle	7	A3H27（1），BH9（2），BH12（4）	AY902400-3，AY5211327-29	Lai, SJ. 等[23]
枣北牛 Zaobei cattle	9	A1H21（2），A2H5（2），A3H25（2），A3H33（1），BH2（2）	AY902404-5，AY521130-36 DQ166063-6	Lai, SJ. 等[23]
闽南牛 Minnan cattle	5	A3H44（1），BH2（4）	DQ166118-22	Cai X. 等[24]
雷州牛 Leizhou cattle	7	BH2（5），BH11（1），BH13（1）	DQ166123-7	

* 括号中的数字表示单倍型的频率

* The number in brackets indicate the frequencie of haplotypes.

参考文献

[1] Wendorf F, Schild R. Are the eraly holecene cattle in the Western Sahara domestic or wild[J]. Evolutionary Anthropology, 1994, 3（4）: 118-128.

[2] Edwards C J, Magee D A, Park S D E, et al. A complete mitochondrial genome sequence from a mesolithic wild aurochs (Bos primigenius)[J]. PLoS ONE, 2010, 5（2）: e9255. doi: 10.1371/journal.pone.0009255.

[3] Bonfiglio S, Achilli A, Olivieri A, et al. The enigmatic origin of bovine mtDNA haplogroup R: sporadic interbreeding or an independent event of bos primigenius domestication in Italy[J]. PLoS ONE, 2010, 5（12）: e15760. doi: 10.1371.

[4] Martina L, Ermanno R, Stefano M, et al. The complete mitochondrial genome of an 11, 450-year-old aurochsen (Bos primigenius) from central Italy[J]. BMC Evolutionary Biology, 2011, 11: 32, doi: 10.1186/1471-2148-11-32.

[5] Achilli A, Bonfiglio S, Olivier A, et al. The multifaceted origin of taurine cattle reflected by the mitochondrial genome[J]. PLoS ONE, 2009, 4（6）: e5753. doi: 10.1371/journal.pone.0005753.

[6] 联合国粮食与农业组织.世界粮食与农业动物遗传资源状况[M].北京：中国农业出版社，2007：11.

[7] Mannen H, Kohno M, Nagata Y, et al. Independent mitochondrial DNA origin and historentical genetic differentiation in North Eastern Asian cattle[J]. Molecular Phylogenetic alnd Evolution, 2004. 32（2）: 539-544.

[8] 薄吾成.中国家畜起源论文集[M].陕西：天则出版社，1993：35.

[9] 常洪，王人波.黄牛集团特征的形成—中国黄牛源流考察之二，中国黄牛生态种特征及其利用方向[M].北京：中国农业出版社，1990：213-219.

[10] Sambrook J, Russell D. Molecular cloning: a laboratory manual[J]. Cold Spring Harbor, NY: Cold Spring Harbor Laboratory Press, 2002: 484-485.

[11] Anderson S, Bruijn M H L, Coulson A B. Complete sequence of bovine mitochondrial DNA conserved features of the mammalian mitochondrial genome[J]. Journal of Molecular Biology, 1982, 156（4）: 683-717.

[12] 邱怀. 中国牛品种志[M]. 上海：上海科学技术出版社，1986.
[13] 昝林森. 牛生产学[M]. 北京：中国农业出版社，2007.
[14] 雷初朝. 中国四个畜种（黄牛、水牛、牦牛、家驴）线粒体DNA遗传多样性研究[D]. 西安：西北农林科技大学博士学位论文，2002：3.
[15] 姜西安. 早胜牛肉用性能测定报告[J]. 中国牛业科学，2008，34（6）：33-34.
[16] 陈幼春，曹红鹤. 中国黄牛品种多样性及其保护[J]. 生物多样性，2001，9（3）：275-283.
[17] Ronan T L, David E M, Daniel G B, et al. Evidence for two independent domestications of cattle[J]. Proc. Nadl. Acad. Sci. 1994，91：2 757-2 761.
[18] 周艳，陈宏，贾善刚，等. 中国南方部分黄牛品种mtDNA D-loop区的遗传变异与分类分析[J]. 西北农林科技大学学报（自然科学版），2008，36（5）：7-11.
[19] 贾善刚. 中国部分地方黄牛品种线粒体D-loop区的遗传变异与进化分析[D]. 西安：西北农林科技大学硕士学位论文，2007：47-48.
[20] 蔡欣，陈宏，雷初朝，等. 中国17个黄牛品种mtDNA变异特征与多态性分析[J]. 中国生物化学与分子生物学报，2006，23（8）：666-674.
[21] Jia S，Chen H，Zhang G，et al. Genetic variation of mitochondrial D-loop region and evolution analysis in some Chinese cattle breeds[J]. Journal of Genetics and Genomics. 2007，34（6）：510-518.

牧区绵羊精准管理技术体系建立与草畜平衡研究

杨博[1,1]，吴建平[1]，杨联[1]，宫旭胤[1,2]，David Kemp[3]，冯明廷[4]，孙亮[1]

（1. 甘肃农业大学动物科学技术学院，甘肃兰州 730070；2. 甘肃省农业科学院，甘肃兰州 730070；3. Charles Sturt University New South Wale，WaggaWagga2800，Australian；4. 甘肃省肃南裕固族自治县畜牧局，甘肃张掖 734400）

摘 要：选择肃南裕固族自治县3户典型牧户进行甘肃高山细毛羊生产性能测定，结合经济效益数据，应用精准管理模型计算分析并对其中的低管理水平和高管理水平典型牧户实施精准管理技术，将经济效益不良绵羊的个体淘汰，存栏量分别下降了7%和26%，而未实施精准管理技术的中等管理水平的典型牧户，存栏量上升了18%。结果表明：低管理水平和高管理水平典型牧户的平均产毛量及总产毛量均有所提高，而中等管理水平的典型牧户虽然总产毛量高于优化前，但平均每只产毛量下降了0.55kg。低管理水平和高管理水平典型牧户存栏母羊的体重较优化前均有提高，收入分别提高了11.39%和4.2%，而中等管理水平的典型牧户成年母羊体重下降，后备母羊体重增加不显著，同时收入降低了7.4%。

关键词：精准管理；模型；甘肃高山细毛羊；肃南

Precision Management Techniques Established and Feed Balance Applied Research of the Sheep in Pastoral Areas

Yang Bo[1], Wu Jian ping[1], Yang Lian[1], Gong Xu yin[1,2], David Kemp[3], Feng Ming ting[4], Sun Liang[1]

（1. College of Animal Science and Technology, Gansu Agricultural University, Lanzhou, Gansu Province, 730070, China; 2. Gansu Provincial Agricultural Academy,

---

基金项目：绒毛用羊产业技术体系放牧生态岗位科学家（CARS-40-09B）；国家公益性行业科研项目"不同区域草地承载力与家畜配置"（200903060）；农业部公益性行业（农业）专项（201003061）（201003019）；ACIAR项目（AS2/2001/094）资助

作者简介：杨博（1983—），男，甘肃陇南人，博士，主要从事草地放牧生态系统和家畜生产体系等研究 E-mail: 464149749@qq.com

Lanzhou, Gansu Province, 730070, China; 3. Charles Sturt University New South Wale, WaggaWagga2800, Australian; 4. Animal husbandry Bureau of Sunan County, Zhangye, Gansu Province, 734502, China)

Abstract: This paper chose three typical herder in Sunan County, through measure the production performance of Gansu fine-wool sheep, combined with economic data, use precision management model analysis and accurate Gansu fine wool sheep, through use precise management techniques of low and high management level's herder and implemented out of which benefits the individual poor, the sheep breeding stock decreased by 7% and 26%, the middle management level herdsman without the implementation of precision management techniques, the breeding stock increased by 18%. Measured by the performance of sheep production and economic calculations show that the low management level and high management level's herdsman average wool yield and total wool production volume has increased, while the middle management level, although the total output of a typical herdsman higher than optimal hair before, but the average gross production decreased by 0.55 kg. Low management and high management level's herder's ewe weight were improved compared with before optimization, revenue increased by 11.39% and 4.2%, while the middle management level's herder's weight loss adult ewes, ewe weight back increase was not significant, while revenue declined 7.4%.
Key words: Precision management; Models; Gansu fine wool-sheep; Sunan

草地退化原因有自然因素和人为因素。人为因素被认为是造成中国草原退化的主要原因，其中包括超载过牧、草地过度开垦、牧区矿产资源开发等[1]。同时，人口增加，利益驱动，粗放管理致使牧民片面追求家畜数量导致超载过牧。由于受牧区经济发展水平的限制，以大幅度降低家畜数量来实现草畜平衡不太现实，它将影响当地社会经济发展和农牧民群众的生计。因此，需要对牧区草地畜牧业生产体系进行深入研究，探索提高家畜个体生产水平，特别是提高基础母畜（母羊）生产水平的技术与理论体系，从而减少家畜数量，降低载畜量，恢复草原生态系统。在减少家畜饲养量的同时，提高个体（羊）生产水平，保证牧户的经济效益总量不变或略有提高，实现草地畜牧业的可持续发展。

当前放牧家畜管理粗放，北方草原主要以放牧羊为主，从表面上看牧户收入与羊的存栏量呈简单正相关[2]，家畜个体对群体经济收入总量的贡献呈非线性关系，家畜群体经济收入的最高点与经济收入总量并不一致[2]。Rowe[3-4]报道，澳大利亚羊群中约20%的个体对群体的经济收入总量没有贡献。牧户饲养的家畜主要以基础母羊为主，还有育成羊和羯羊。牧户的经济收入主要来源于出售羊毛和羊只，其收入的多少取决于产品的数量；由于牧区畜牧业技术水平低，管理粗放，牧户主要通过增加家畜数量来达到增加经济收入的目的；因此就形成了超载过牧、草原退化恶性循环的局面[5]。精准管理技术可准确评估绵羊个体的生产性能及个体对经济效益总量的贡献大小，从而开展个体的精准选育，同时，通过精准管理技术的实施，绵羊个体生产水平提高，基础母羊繁殖性能改善。淘汰群体中零贡献个体和亏损个体，降低绵羊存栏量，显著降低绵羊饲养量，促进了草畜平衡，同时，也提高或保证了牧户的经济收入总量[6]。

本文拟通过对祁连山草原牧区的典型牧户生产要素的分析研究，建立绵羊精准管理技术体系，提出牧区绵羊精准管理理论，通过建立家畜精准管理模型，研究和分析牧区家庭牧场减畜、增效，实现草畜平衡，保护草原的技术措施和可行性。

1 材料与方法

1.1 试验地基本情况

本研究在甘肃省祁连山北麓的肃南裕固族自治县康乐草原，该地区草原属高寒半干旱气候气候[7]。草地总面积143万hm²，其中，可利用草地面积117万hm²。近年来草地退化严重，退化草地面积占总面积的44.5%，其中重度退化草地面积近30%[8]。同时，该地区家畜数量仍然在增加，超载过牧情况不断加剧，草原退化日趋严重。

1.2 典型牧户

通过对康乐乡牧户调查表明[9]，该乡饲养家畜种类为甘肃高山细毛羊，试验牧户选择该地区3户典型牧户进行试验示范，试验户草地类型一致。典型牧户绵羊生产基本情况及生产节律如表1和表2所示。

表1 典型牧户的基本情况
Table 1 The information of the typical farm

母羊 Ewe				羯羊 Wether		羔羊 Lamb
存栏量（只）Breeding stock/Head	体重（kg）Body weight	产毛量（kg）Wool production	能繁母羊比例（%）Propagate ewe proportion	存栏量（只）Reeding stock/Head	体重（kg）Body weight	出栏重（kg）Sale weight
100~120	38~42	2.8~3.3	85~95	2~14	39~48	24~34

表2 典型牧户生产节律
Table 2 Production rhythm of typical farm

生产节律 Production rhythm	配种 Mating	产羔 Lambing	剪毛 Shearing	断奶 Weaning	出栏 Sale	补饲 Supplement
时间 Time	11—12月	3—4月	7月	9—10月	9—10月	3—5月

注：补饲以燕麦青干草和玉米为主
Note: The main supplement with oat hay and corn

1.3 草地类型及划分

当地牧户对草地的利用可根据放牧与利用分为：春秋草场、夏草场及冬草场3种草场。其草地类型及利用时间如表3所示。

表3 草原利用类型及利用时间

Table 3 Grassland types and utilization time

	冬草场 Winter pasture	春草场 Spring pasture	夏草场 Summer pasture	秋草场 Autumn pasture
放牧时间 Grazing time	10月20日至翌年5月20日	5月20日至6月10日	6月10日至8月20日	8月20日至10月20日
天数/d Days	213	20	71	61
海拔/m Elevation	2 000 ~ 2 500	2 800 ~ 3 200	3 400 ~ 3 800	2 800 ~ 3 200
草原类型 Grassland type	山地草原 Upland meadow	高山草甸草原 Alpine meadow	高寒草甸草原 Apine meadow-steppe type rangeland	山地草原 Upland meadow
优势种 Dominant species	嵩草、针茅 *Kobresia* Willd、*Stipa capillata*	嵩草、针茅 *Kobresia* Willd、*Stipa capillata*	金露梅、山生柳、锦鸡儿 *Potentilla fruticosa*、*Ix oritrepha*、*Caragana sinica*	嵩草、针茅 *Kobresia* Willd、*Stipa capillata*

1.4 放牧率、经济效益及家畜生产水平的关系:

家畜载畜量和超载程度往往影响草地的土壤和植被状况[10]。放牧可以完全改变草地的植被组成[11],有时,植被组成的变化有利于家畜生产[12]。然而,超载过牧造成草原退化,降低草地生产水平,同时,也改变草地植被组成,导致可食牧草比例下降,影响放牧家畜采食量,降低家畜生产水平。可见,家畜生产受植物群落变化和土壤变化的综合影响。评价草地健康状况,确定适宜载畜量,必须考虑家畜生产状况[13]。载畜量或放牧率对草地的牧草产量和品质,对放牧家畜采食量和家畜生产水平有显著影响[14]。Jones和Sandland[15]提出了放牧率、家畜生产水平和单位面积草地生产力之间关系的数学模型(图1)。

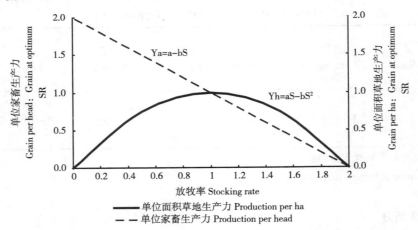

图1 放牧率与单个家畜生产力和每公顷草地生产力的关系模型

Fig. 1 Relationships between stocking rate and production of per animal and per production of grassland per hectare

1.4.1 家畜个体生产水平和载畜量的关系

$$Y_a = a - bS \quad (1)$$

式中：Y_a表示每头家畜增重，S表示放牧率，a表示家畜生产性能的遗传潜力（最高生产力），b表示载畜量增加时反应在家畜上的体重变化。

由图1可知，家畜的生产力水平随放牧率强度提高而逐渐降低，当放牧率强度达到超临界值时，家畜生产力理论水平接近零。

1.4.2 放牧率、单位面积草地生产水平和单位面积草地畜产品量的数学关系

当同时考虑草地单位面积生产水平、畜产品生产量和放牧率时，载畜量和草地生产水平之间的数学关系为二次方程，如图1所示：

$$Y_h = aS - bS^2 \quad (2)$$

式中：Y_h表示草地单位面积的家畜产品总量（总体重）；a，b和S与（1）式相同。如图1所示，二次方程抛物线左端任意一点的家畜生产水平，在右端都存在相对应的一点，当其家畜生产水平相同，左端的放牧率都要低于右端的放牧率。当草地放牧率S为$a/2b$时，单位面积草原的家畜产品生产量最大，Y为$a^2/4b$[16-17]，此时的放牧率称为生态最佳放牧率，也是草地家畜生产的最高点。因此，最佳放牧率和最大生产水平点重复，这也是理论最佳点。如图1所示，只有提高个体生产水平才能降低放牧率，提高单位面积的家畜产品生产量。

1.4.3 家畜精准管理理论

根据Jones和Sundland[17]理论，提高家畜个体生产水平，是提高牧户经济收入，降低载畜量和放牧率，维护草原健康的重要途径。Kemp和Wu Jianping[2]提出放牧绵羊的群体数量和经济收入总量之间呈现非线性关系，并提出了家畜精准管理理论。本文以肃南草原为例，研究分析肃南草地养羊业的现状，建立了绵羊群体数量和经济收入总量的数学模型（图2）。

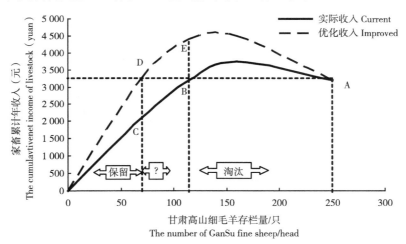

图2 牧户家畜个体成产效益累加

Fig. 2 Cumulative earnings of individual livestock production

如图2所示，牧户经济收入总量与家畜数量之间并非简单的线性正相关关系，曲线上任意一点的现实经济收入对应着相应的家畜数量。假设牧户饲养的绵羊总数量是250只。那么，A点是该牧户现实的经济总收入。曲线上还存B点，其经济收入与A点相同，但畜数量为115只，这时该牧户获得与250只羊相同的经济收入，其余135只羊并没有对经济收入作贡献。因此该牧户只需饲养115只

羊就可维持该经济收入水平不变，其淘汰率为54%。

如果淘汰135只羊，在这样的选择强度下，母羊的所选择性状遗传进展加快，表型生产性状提高。同时，还可将所节约的资源投入到生产体系中，改善生产要素，包括草场改良、补饲、棚圈等。通过饲养管理水平的提高，现实家畜群体的生产水平提高，就可获得另一条曲线（改良后纯收入），同时，显示C和E这2个点。当维持B点羊只数量不变时，整体经济收入水平提高到了E点（4 200元），比A点和B点（3 200元）提高了31%。当维持A和B这2点经济收入不变时，整体经济收入移至C点此时的家畜数量就可再减少45只，牧户的总饲养量可以减少到180只。在这种状况下，那么该牧户只需饲养70只羊就能维持该经济收入不变，其淘汰率为72%。

1.5 绵羊精准管理指标选择和模型建立

1.5.1 指标的选择

根据精准家畜管理理论，绵羊个体的经济贡献由其生产性能确定，牧户的绵羊养殖的经济收入总量是每个个体绵羊经济贡献累计。因此，就放牧绵羊而言，个体的经济贡献主要体现如下。

（1）繁殖性能：包括繁活率和断奶体重，这是牧户通过母羊繁殖，出售子畜的经济收入的重要部分。

（2）产毛量：这是我国大部分放牧毛用羊的重要经济性状和经济来源。

（3）母羊体况和健康：这2个指标主要表明母羊的适应性和耐牧性，它是母羊繁殖性能表现的前提，该研究中主要包括母羊牙齿健康、乳房健康和体况以及体重等。

绵羊个体经济贡献是通过度量家畜个体的生产性能来确定的，羔羊的断奶成活率是度量的重要指标。因此，母羊牙齿、乳房健康状况，年龄、体况评分和体重等性状是说明母羊生产状况的指标[18]。实验区草原退化严重，超载过牧，草畜不平衡状况比较突出。因此，母羊营养状况，特别是冬季的营养状况较差，饲养管理水平低，母羊体况是生产效益的瓶颈。

1.5.2 模型的建立

信息采集：绵羊的基础信息采集包括种类（山羊/绵羊）、用途（毛用/肉用/绒用）。羊生产性能包括配种前羊体重、体况、年龄、牙齿状况及乳房评分（母羊），产毛经济数据包括绒毛价格、羊肉价格和饲养成本。

$$\pi_i = p_w W_i + r_i p_l L_i - C_i \tag{3}$$

其中，π_i是绵羊i的纯收入，p_w是羊毛的市场价格，W_i是绵羊个体产毛量，r_i是绵羊所产羔羊的断奶成活率，p_l是绵羊所产羔羊单位活重市场价格，L_i是绵羊所产羔羊的预计出栏重，C_i是绵羊的总饲养成本。W_i、L_i和r_i决定于绵羊体况和采食量，假设所有绵羊的C_i值相同，W_i、L_i和r_i就随绵羊体况的改变而改变，体况改善W_i、L_i和r_i就增加，反之，则减小。

假设群体内所有绵羊的W_i，L_i和C_i是一致的，且绵羊品种对饲养管理条件的反应是一致的，绵羊个体的生产效益为：

$$\pi_i = f(r_i) \tag{4}$$

由此可见，绵羊个体的效益取决于羔羊的断奶成活率，这也是草地畜牧业管理水平重要的衡量指标。羔羊的断奶成活率主要决定于母羊的体况，与其年龄直接相关，反映在母羊牙齿、乳房、体况、体重上。因此，特定母羊所产羔羊的断奶成活率用下式评估：

$$r = f(ag, tc, uc, fs, bw) \tag{5}$$

其中，ag表示母羊年龄，tc表示母羊牙齿状况，uc表示母羊的乳房健康状况，fs表示母羊的体况评分，bw表示母羊的体重。

假设上述指标相互独立，那么：

$$r = f_0(ag) + f_1(tc) + f_2(uc) + f_3(fs) + f_4(bw) \quad (6)$$

其中，$f_0(ag)$ 表示了该群体羔羊断奶成活率的均值，$f_1(tc)$ 是根据母羊牙齿状况给予的附加分，$f_2(uc)$ 指根据母羊乳房状况给予的附加分，$f_3(fs)$ 是根据母羊体况评分的附加分，$f_4(bw)$ 指根据母羊体重给予的附加分。附加分有正有负，评定标准如表4所示。

表4 附加分评定标准
Table 4 Evaluation standard for additional points

指标 Target	级别 Level	描述 Describe	附加分 Additional point
牙齿状况 Teeth condition	1	非常好的，牙齿无破损，无磨损，无缝隙	0
	2	牙齿稍有磨损、稍有缝隙（以下对采食有影响）	-7.5
	3	牙齿中度磨损、缝隙大，有次生齿	-15
	4	牙齿磨损重、缝隙大	-40
	5	牙齿磨损严重，牙齿有破损，牙齿有脱落	-50
乳房状况 Udder condition	1	后备母羊乳房状况很好，优秀，乳头大小长短适宜	0
	2	比较好，乳头稍短，乳头较小	-10
	3	不能产奶，其他状况良好	-50
	4	乳房有硬块，乳房炎	-75
	5	不能哺育羔羊	-75
体况 Body condition	1	脊椎骨突出，背部肌肉浅薄，没有脂肪	-20
	2	脊椎骨突出，背部肌肉饱满，没有脂肪	0
	3	可以摸到脊椎骨，背部肌肉饱满，有部分脂肪含量	0
	4	几乎摸不到脊椎骨，背部肌肉非常饱满，厚脂肪层	0
	5	摸不到脊椎骨，非常厚的脂肪层，脂肪积存覆盖尾巴	0

1.6 绵羊精准管理模型的应用

根据试验户具体情况，将其饲养管理水平和经营水平划分为高、中、低3个类型。其中低经营水平牧户绵羊仅放牧不补饲，中等经营水平牧户是在母羊妊娠后期进行少量补饲，高经营水平牧户是母羊的妊娠期进行全舍饲。补饲日粮组成及营养成分如表5所示。

表5 日粮组成及营养成分
Table 5 Composition diets and nutritional components

饲养管理水平 Feeding and management	日粮组成（干物质） Composition diets					营养水平 Nutritional components	
	玉米/ kg	玉米糠、秸秆混合物/ kg	燕麦青干草/ kg	草原牧草/ kg	合计/kg	代谢能量/ MJ	粗蛋白/ g
中等管理水平 Medium management	0.39	0.67	0.07	—	1.12	17.99	111.29
高管理水平 High management	0.21	—	0.31	0.48	0.99	13.5	126.68

通过对这3户不同饲养水平的典型牧户的母羊牙齿、乳房健康状况、年龄、体况评分、体重和经济效益等数据的收集，应用精准管理模型分析其绵羊生产状况。

2 结果与分析

在3个不同经营水平典型牧户中应用绵羊精准管理模型分析，结果如下。

2.1 低饲管理水平

如图3所示，在曲线（实际收入）中，A点和B点所获得的收入都为33 662元，但B点绵羊数量为128只，而A点绵羊数量为138只，绵羊数量减少了7%。在曲线（优化收入）中，维持收入不变，提高饲养和管理水平，C点（80只）在保持收入不变的同时绵羊数量仍可在B点的基础上降低38%，总计降低42%。由于此户牧户饲养成本很低，绵羊个体没有达到其个体生产水平，绵羊生产水平较低，所以，实际收入曲线与改良收入曲线差距较大，此牧户的绵羊生产的提升空间很大。

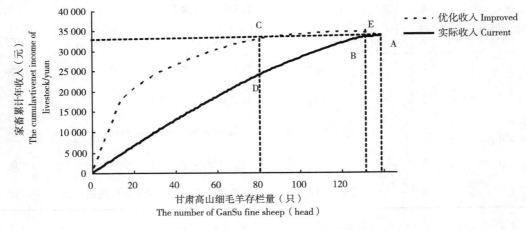

图3 绵羊累计纯收入（饲养成本为每只20元）
Fig. 3 The cumulative net income of livestock (keeping the cost of 20 yuan per head)

2.2 中等管理水平

如图4所示，在曲线（实际收入）中，A点和B点所获得的收入都为18 476元，但B点绵羊数量为72只，而A点绵羊数量为136只，其中减少了64只，绵羊数量减少了47%。在曲线（优化收入）中，E点和B点绵羊数量同为72只，而E点收入为20 714元，比B点的18 476元提高了12%，同时，绵羊数量比A点降低了47%。如果维持收入不变，提高饲养和管理水平，C点（61只）在保持收入不变的同时绵羊数量仍可在B点的基础上继续降低15%，总计降低55%。

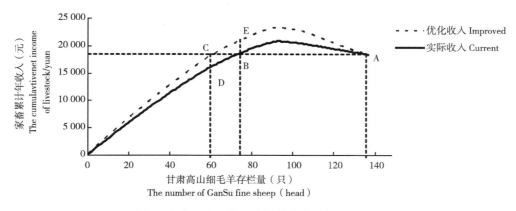

图4　家畜累计纯收入（饲养成本为每只78元）
Fig. 4　The cumulative net income of livestock（keeping the cost of 78 yuan per head）

2.3 高管理水平

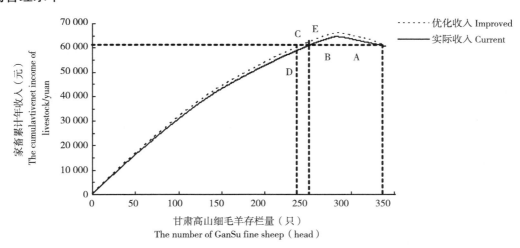

图5　绵羊累计纯收入（饲养成本为每只95元）
Fig. 5　The cumulative net income of livestock（keeping the cost of 95 yuan per head）

如图5所示，在曲线（实际收入）中，A点和B点所获得的收入都为60 766.7元，但B点绵羊数量为250只，而A点绵羊数量为339只，其中，减少了89只，绵羊数量减少了26%。在曲线（优化收入）中，E点和B点绵羊数量同为250只，而E点收入为62 352元，比B点的60 766.7元提高了2.6%，同时，绵羊数量比A点降低了26%。如果维持收入不变，提高饲养和管理水平，C点在保持收入不变的同时绵羊数量仍可在B点的基础上继续降低4%，总计降低29%。从图5和此牧户绵羊饲养成本可知，其家畜生产水平相对较高，两曲线之间差距较小，绵羊生产提升空间较小，选择进展降低，群体效益累计曲线很快将出现平顶状态。

为验证个体管理模型优化结果，对其中低管理水平和高管理水平典型牧户实施精准管理技术，调整畜群结构，数量和饲养管理措施后实际绵羊存栏量分别下降了7%和26%。中等管理水平的典型牧户按传统模式饲但养存栏量上升18%（表6）。

表6 绵羊存栏量变化表

Table 6　Change for sheep number

饲养管理水平 Feeding and management	成年羊总数（只） Adult sheep number（Head）		存栏量变化（%） Number change
	优化前 Before optimization	优化后 After optimization	
高管理水平 High management	339	250	26
低管理水平 Low management	138	128	7
中等管理水平 Medium management	136	160	18

实施精准管理技术后，对效益不良个体进行淘汰后，结果表明底管理水平和高管理水平典型牧户平均产毛量及总产毛量均有所提高，而中等管理水平的典型牧户虽然总产毛量高于优化前，但平均产毛量下降了0.55kg。同时，低管理水平和高管理水平典型牧户成年母羊及后备母羊的体重较优化前均有提高。而中等管理水平的典型牧户成年母羊体重下降，后备母羊体重增加不显著（表7）。

表7 施行精准管理前后绵羊生产性状的变化

Table 7　Change of sheep's production index and post

饲养管理水平 Feeding and management	平均产毛量 Average wool production（kg）		产毛量变化 Change for wool production（kg）	成年母羊平均体重 Adult ewe's body weight（kg）		体重变化 Change For body-weight（kg）	后备母羊平均体重 Reserve ewe's body weight（kg）		体重变化 Change For body weight（kg）
	优化前 Before optimization	优化后 After optimization		优化前 Before optimization	优化后 After optimization		优化前 Before optimization	优化后 After optimization	
高管理水平 High management	4.17	4.96	0.79	45.77±4.90	48.53±5.96	2.76	39.16±3.00	45.32±3.16	6.16
低管理水平 Low management	3.18	3.26	0.08	38.46±4.75	39.17±5.60	1.91	33.34±4.09	36.11±5.02	2.77
中等管理水平 Medium management	4.1	3.55	-0.55	41.92±5.06	39.68±4.77	-1.24	32.36±2.93	32.58±4.07	0.22

根据高管理水平典型牧户绵羊淘汰前的饲养成本可知，其饲养管理水平相对较高，两曲线之间差距较小，家畜生产提升空间较小，选择进展降低，群体效益累计曲线很快将出现平顶状态，因此，在淘汰效益不良个体后其未增加其总饲养成本，平均每只羊的饲养成本由95元降低到61.83元。而低管理水平典型牧户绵羊淘汰前饲养成本不高，绵羊个体生产水平较低，所以实际收入曲线与改良收入曲线差距较大，此牧户的家畜生产的提升空间很大。因此，在淘汰效益不良个体后维持总饲养成本不变，单只羊的饲养成本获得提高。

跟踪测定一年内绵羊个体的生产性能和牧户经济收入变化，结果表明试验组收入均有不同程度的增加，而对照组收入下降（表8），符合模型分析结果。

表8 经济效益分析表

Table 8 Income after Eliminated poor efficiency sheep

饲养管理水平 Feeding and management	饲养成本 Feed costs (yuan/head)		饲养成本变化 Change for Feed costs (yuan/head)	收入来源 Income source		收入提高 Addition for income (%)
	优化前 Before optimization	优化后 After optimization		羊毛收入增加（元）Addition for wool (yuan)	体重收入增加（元）Addition for mutton (yuan)	
高管理水平 High management	95	61.83	-33.17	952	9 775.92	11.39
低管理水平 Low management	20	22.11	2.11	140	1 153.04	4.2
中等管理水平 Medium management	18.51	18.51	0	2 072	-3 010.56	-7.4

应用精准管理模型分析典型牧户生产数据表明，在保持牧民收入稳定的条件下，优化畜群结构，可降低绵羊存栏量7%~47%。进一步提高饲养管理水平可以降低存栏量29%~55%，可以实现肃南细毛羊生产草畜平衡，同时，还对群体进行有效选育。试验证明，在分别降低家畜存栏量7%、26%之后，典型牧户的收入分别提高了11.39%和4.2%，且存栏家畜的生产性能指标更加优秀。而存栏量上升18%的牧户，其收入降低了7.4%，所饲喂绵羊的平均产毛量及体重均有所下降。这与模型分析结果相吻合。

3 讨论与结论

精准畜牧业管理理论它是通过对家畜个体的管理实现生产的精准性和目的性。精准管理技术可准确评估绵羊个体的生产性能及个体对经济效益总量的贡献大小，从而开展个体的精准选育。通过精准管理技术的实施，绵羊个体生产水平提高，基础母羊繁殖性能得到改善。淘汰群体中零贡献个体和亏损个体，降低绵羊存栏量，显著降低绵羊饲养量，促进了草畜平衡，同时，也提高或保证了牧户的经济收入总量。

研究表明，我国北方草原的载畜量平均超载达36%[19]，解决这一问题的关键在于保持或提高牧户收入的前提下降低家畜的存栏量。通过图5分析，按照精准管理模式，在不降低牧户收入的同时，可以降低家畜数量的7%~55%，显著的降低草原载畜量，实现了草畜平衡，这样就基本解决了我国北方草原的超载过牧的问题。另一个方面通过实施家畜个体的管理技术基础母羊的生产性状得到显著提高并对基础母羊群体进行有效选育。

结果证明，精准管理技术是降低家畜数量，提高家畜生产水平，促进草畜平衡和增加农民收入的主要技术并可以有效地应用于指导实践。而且精准管理模型以母羊牙齿、乳房、体重和体况作为个体管理的评价指标，降低了模型应用的技术要求和硬件要求，试验过程中牧户也可以轻松掌握，可操作性强。当家畜的营养条件和环境条件得到保证，体况就不是家畜生产效益的瓶颈，此时就可以应用草食家畜精准管理理论，对其他性状进行选择。如子畜出生重，日增重、肉品品质，绵羊的产毛量、毛细度、肉用性状以及草食家畜的饲草料利用效率等。精准畜管理技术无疑对实现草畜平衡，促进草地畜牧业的可持续发展具有重要意义。

参考文献

[1] 中国国家环境保护局自然保护司. 中国生态问题报告[M]. 北京：中国环境出版社，1999：10-53.

[2] David Kemp, Wu Jianping, David Michalk, et al. Chinese grasslands: problems, dilemmas and finding solutions[C]//David Kemp, ed. Development of sustainable livestock systems on grasslands in north-western China. Canberra: ACIAR Proceedings, 2011: 12-25.

[3] Rowe JB, Atkins KD. Precision sheep production-pipedream orreality?[C]//PopeCE, ed. Conference paper Trangie QPLUS Merinos. Trangie: Trangie Agricultural Research Centre, 2007: 40-41.

[4] RoweJB. Potential benefits of precision nutrition to increase reproductive efficiency under grazing condition[J]. Animal production in Australia, 2004, 25: 144-147.

[5] 赵有璋. 积极发展世纪之交的中国养羊业[J]. 科技导报，1998（10）：46-49.

[6] 吴建平，Jones Randall，杨联，等. 放牧细毛羊生产体系精准管理研究[C]//中国畜牧兽医学会编写组. 第十五次全国动物遗传育种学术讨论会论文集. 杨凌：中国畜牧兽医学会，2009：359.

[7] 马志愤. 草畜平衡与家畜生产体系优化模型建立与实例分析[D]. 兰州：甘肃农业大学，2008：29-30.

[8] 宁宝英，樊胜岳，赵成章. 肃南县草地退化原因分析与分区治理对策[J]. 中国草地，2004，26（3）：65-68.

[9] Yang Lian, Wu Jianping, Randall Jones, et al. Changing livestock and grassland management to improve the sustainability and profitability of alpine grasslands in Sunan County, Gansuprovince[C]//David Kemp, ed. Development of sustainable livestock systems on grasslands in north-western China. Canberra: ACIAR Proceedings, 2011: 69-79.

[10] Caughley G. North American Elk: Ecology, behaviour and management[M]. Cambridge: Cambridge University Press, 1979: 159-187.

[11] Wilson AD, LeighJH. Comparison of the productivity of sheep grazing natural pastures of Riverine Plain[J]. Australian Journal of Experimental Agriculture and Animal Husbandry, 1967（10）: 549-554.

[12] Harrington GN, Pratchett D. Stocking rate trials in Ankole, Uganda. I. Weight gain of Ankole steers at intermediate and heavy stocking rates under different managements[J]. Journal of Agricultural Science, 1974（2）: 497-506.

[13] Wilson A, Macleod D. Overgrazing: Present or absent?[J]. Journal of range management, 1991, 44: 475-482.

[14] Mott GO. Grazing pressure and the measurement of pasture production[C]//CLSkidmore, ed. The 8th International Grassland Congress. Oxford: Alden Press, 1960: 606-611.

[15] Jones RJ, Sandland RL. The relation between animal gain and stocking rate: derivation of the relation from the results of grazing trials[J]. Journal of Agricultural Science, 1974, 83: 335-342.

[16] Hart R H. Stocking rate theory and its application to grazing on rangeland[C]//Hyder DN, ed. The 1st International Rangeland Congress. Denver: Society for Range Management, 1978: 547-551.

[17] Jones RJ. Interpreting fixed stocking rate experiments[C]//Wheeler L, MochrieRD, ed. Forage evaluation: concepts and techniques melbourne. Kentucky: CRIRO, 1981: 419-430.

[18] Wu Jianping, David Michalk, David Kemp, et al. Talking with China's livestock herders: what was learnt about their attitudes to new practices[C]//David Kemp, ed. Development of sustainable livestock systems on grasslands in north-western China. Canberra: ACIAR Proceedings, 2011: 162-176.

[19] 李聪. 北方草原退化与生产力现状分析及对策[N]. 中国畜牧报，2003-11-30（3）.

中国北方草原草畜代谢能平衡分析与对策研究

杨博[1]，吴建平[1]，杨联[1]，David Kemp[4]，宫旭胤[1,3]，Taro Takahashi[4]，冯明廷[2]

（1.甘肃农业大学动物科学技术学院，兰州中国 730070；2.肃南县畜牧局，肃南 734502；3.甘肃省农业科学院畜草所，兰州中国 730070；4. Charles Sturt University NSW 2800 Australian；5. Orange Agricultural Research Institute NSW 2800 Australian）

摘 要：草畜平衡是天然草地可持续利用和放牧家畜高效生产的前提，草畜平衡评估技术是实现草原保护，提高草地畜牧业可持续发展的基础。本文建立了以代谢能为指标的草畜平衡评价方法，2008年冬以甘肃肃南草原和典型牧户为研究对象，通过草畜代谢能平衡分析了草畜平衡现状，通过应用研究试验，验证了实现草畜平衡的优化途径和对策。草畜平衡分析结果表明，在牧草生长期（6月至10月）家畜获得的代谢能高于家畜的维持需要，因此，家畜体重增加，生长速度最快；在枯草期（11月至翌年5月）代谢能摄入量低于维持需要量，家畜掉膘，体重下降。研究表明，夏草场的载畜量最大。草畜代谢能平衡分析模型分析表明，冬季暖棚舍饲养殖能够降低家畜的代谢能需要，有助于实现草畜平衡。试验表明，与对照组相比，暖棚养殖绵羊平均产毛量显著提高（$P<0.05$），提高了0.73kg/只，冷季体重损失减少14.9%，纯收入增加126.25元/只。模型分析还表明，产羔时间对草畜平衡具显著的影响，适当推迟产羔时间能够有效地改善草畜平衡状况。本研究分别测定了4月和5月所产羔羊的生长发育情况和母羊体况，结果表明，5月羔羊平均初生重、1月龄、2月龄体重显著高于4月羔羊（$P<0.05$），但由于生长期短，5月羔羊出栏重较4月低4~5kg。试验结果表明草畜代谢能平衡是分析研究草畜平衡的科学、合理和准确的方法和技术，草畜代谢能平衡分析模型的准确度高，适用性强，有利于草原管理，所提出的改善草畜平衡的途径和策略可行性高。

关键词：草畜平衡、代谢能、典型牧户、暖棚、产羔时间

Metabolic energy balance and Countermeasures studyin the North Grassland of China

Yang Bo[1], Wu Jian ping[1], Yang Lian[1], David Kemp[3], Gong Xu yin[1,4], Taro Takahashi[3], Feng Ming ting[2]

通讯作者：吴建平（1960—），教授，博士生导师，主要从事动物遗传育种和家畜生产体系教学与研究工作

本项目受ACIAR项目（AS2/2001/094）、国家公益性行业科研项目"不同区域草地承载力与家畜配置"（200903060）、农业部公益性行业（农业）专项（201003061和201003019）和绒毛用羊产业技术体系放牧生态岗位科学家经费资助（CARS-40-09B）

第一作者：杨博（1983—），在读博士，主要从事家畜生产体系和草地放牧生态系统等研究工作

(1. College of Animal Science and Technology, Gansu Agricultural University, Lanzhou, China, 730070; 2. Animal husbandry Bureau of Sunan County, Sunan, 734502; 3. Gansu Provincial Agricultural Academy, Lanzhou, 730070; 4 Charles Sturt University NSW 2800 Australian)

Abstract: Feed balance is the standard of grassland sustainable usage and efficient animal production. Feed balance model taken metabolic energy as the evaluation index was established in this study, which was used to evaluate feed balance situation of typical farm in SunanCounty, and optimal production system in typical farm, and then design experiments to evaluate the feasibility of optimal schemes. Analyzing result by model showed the energy supplication was beyond animal maintenance requirement in grass growing season (from June to Oct.), sheep's body weight increased. The energy supplication was lack in cold season (from Nov. to May), sheep loss body weight. The stocking rate is the highest in summer pasture among three pastures. This result is in accord with local condition. Analyzing results by model also showed sheep's energy requirement decreased significantly in winter when sheep was penfed in warmshed, it was help for feed balance. Experiment was designed to test what will happen when ewes were penfed in warmshed in winter, the results showed the wool yield of experimental sheep was 0.73kg/head higher than control groups, the body weight loss decreased 14.9%, and pure income increased 126.25 Yuan/head, the cost also increased. Model analysis also showed lambing time had large effect for feed balance. Under the premise of sheep reproduction physiology, appropriate delaying lambing time can improve feed balanceeffectively. The research measured lambs growth situation and ewes condition that lambed in April and May. Result showed the lamb's body weight of May lambs at birth, 1 month and 2 months is significantly higher than April lambs, but the body weight at sale of May lambs is 4~5 kg lower than April lambs, because the growing time is one month shorter, and the mortality of lamb is higher. It is necessary to improving lamb's body weight in sale by other technologies. In sum, this feed balance model can evaluate correctly the feed balance, and the feasibility of optimal schemes is high, but it needs experiment in typical farm before used in practice.

Key words: feed balance, metabolic energy, typical farm, warshed, lambing time

我国有草地面积近4亿hm^2，目前90%的草原出现不同程度的退化，退化面积约占全国草地面积的80%，草原平均产草量与20世纪60年相比降低了30%~60%，草地虫鼠害日趋严重，生态环境逐步恶化[1-2]。研究表明，超载过牧是草原退化的最主要因素[3]。我国北方草原的载畜量平均超载达36%。从2006年开始，我国政府实施了禁牧、休牧等保护和恢复草地生态的政策，迄今，草地生态环境"局部治理，全局恶化"的趋势尚未得到有效遏制。草畜平衡是草地可持续利用，草地畜牧业可持续发展的前提。草畜平衡有3个层次，第一层次是草原产草量和家畜干物质采食量需求的平衡，第二层次是既满足家畜需求又保证草地生物多样性良性演替的草畜平衡，第三层次是草地生态系统可持续发展的草畜平衡。一般来讲，草畜平衡是指在一定区域和时间内，由草地和其他途径提供的饲草料总量与家畜需求总量保持动态平衡。草畜平衡评价与分析的关键是草地监测，草地信息和家畜生产信息收集，包括草地生产力、饲草消化率、草地载畜量、牲畜品种、家畜生理阶段、营养需求、生产方向、畜群结构以及生产繁殖节律时间等[6]。

许多学者对北方草地载畜量及草畜平衡状况进行了研究，李建龙等[7]应用遥感环境综合技术系统建立了草地利用和草畜平衡监测模式,并应用于新疆阜康县的草畜平衡与管理;雷桂林等[8]模拟了肃南山地放牧系统的牧草供给与家畜需求的季节动态,用模式图反映了放牧系统牧草供需平衡机理。钱栓等[9]利用多年青藏高原天然草地产草量观测资料,经过GPS定位和植被指数估算了青藏高原天然草地以及冬季补饲后的草畜平衡监测模型,分析了青藏高原不同区域天然草地以及草地载畜量和草畜平衡状况。其中绝大多数研究均采用单位面积草地生物量的干物质产量作为草畜平衡评价指标,这种评价是受草地类型,植物种类,牧草成熟度等因素的影响[10]。因此,不能反映特定时段和全年草畜平衡的真实状况和动态变化。能量是家畜重要的营养素之一,采用代谢能为评价指标衡量草畜平衡更准确合理。

因此,本研究选择代谢能作为评价草畜平衡的指标,建立以代谢能为评价指标的草畜平衡评价技术体系,并应用于实践。

1 试验材料与方法

1.1 试验地基本情况

本研究在甘肃省祁连山北麓的肃南裕固族自治县康乐草地,该地区属于高原亚寒带亚干旱气候[11]。草地总面积143万hm^2,其中,可利用草地面积117万hm^2。该地区草地退化严重,退化草地面积达到总面积的44.5%,其中,重度退化草地面积近30%[12]。由于社会及经济因素的影响,该地区家畜数量仍然在增加,超载过牧情况日趋严重。

1.2 试验牧户的选择

试验牧户选择该地区具有代表性的典型牧户,通过对康乐乡牧户调查表明[13],该乡饲养家畜种类为甘肃高山细毛羊,典型牧户的绵羊基本情况及生产节律[14],见表1,表2。

表1 典型牧户的基本情况
Table 1 The information of the typical farm

母羊 Ewe				羯羊 Wether		羔羊 Lamb
存栏量(只) Breeding stock (head)	体重(kg) Body weight (kg)	产毛量(kg) Wool production (kg)	能繁母羊比例(%) Propagate ewe proportion (%)	存栏量(只) Reeding stock (head)	体重(kg) Body weight (kg)	出栏重(kg) Sale weight (kg)
100~120	38~42	2.8~3.3	85~95	2~14	39~48	24~34

表2 典型牧户生产节律
Table 2 Production rhythm of typical farm

生产节律 Production rhythm	配种 Mating	产羔 Lambing	剪毛 Shearing	断奶 Weaning	出栏 Sale	补饲 Supplement
时间 Time	11—12月	3—4月	7月	9—10月	9—10月	3—5月

注:补饲以燕麦青干草和玉米为主

1.3 放牧草地的划分和类型:

根据草地的放牧与利用时间将放牧草地分为:春秋草场、夏草场及冬草场。各草场草地类型及利用时间见表3。

表3 草原利用类型及利用时间

Table 3　Grassland types and utilization time

	冬草场 Winter pasture	春草场 Spring pasture	夏草场 Summer pasture	秋草场 Autumn pasture
放牧时间 Grazing time	10月20日至翌年5月20日	5月20日至6月10日	6月10日至8月20日	8月20日至10月20日
天数（d）Time（Day）	213	20	71	61
海拔（m）Elevation（m）	2 000～2 500	2 800～3 200	3 400～3 800	2 800～3 200
草原类型 Grassland type	山地草原	高山草甸草原	高寒草甸草原	山地草原
优势种 Dominant species	蒿草、针茅	蒿草、针茅	高山金露梅、山生柳、锦鸡儿	蒿草、针茅

1.4 草畜代谢能平衡分析模型

1.4.1 草地牧草干物质供应估测数学模型[15]

草地供应：$G_j^t = G_j^{t-1} - I_j^{t-1} - GW(G_j^t)$ （1）

式中，G为草地可供家畜利用的牧草干物质量，I为放牧家畜干物质采食量，GW为草地干物质损失量，通常为总量的10%。t为时间，j为草地。

家畜理论采食量：$PI = \dfrac{104.7(0.079\,5DMD_0 - 0.001\,4) + 0.307LW - 15}{104.7(0.079\,5 \times 80 - 0.001\,4) + 0.307LW - 15}$ （2）

式中，PI为牧草消化率在80%以上时家畜的理论自由采食量；成年空怀母畜的理论采食量按照$PI = 0.028SRW$估算，其中SRW为标准羊单位；DMD为饲料的平均消化率，0指草地编号，LW为家畜活体重。

家畜干物质采食量计算：家畜采食量不仅取决于理论采食量，还受3个制约因素的影响，即家畜消化道相对可用容积（GC）、饲草料采食率（DMA）和饲草料消化率（DMD）。因此，实际干物质采食量估算如下。

干物质采食量：$DMI = PI \times RI_{GC} \times RI_{DMA} \times RI_{DMD}$ （3）

$RI_{GC,p} = RI_{GC,p-1}(1 - RI_{DMA,p})$, （4）

$RI_{DMA,p} = 1 - e^{-2G_{j,p}^t}$, （5）

式中，RI_{GC}为家畜胃肠容积、RI_{DMA}为草场饲草供应量，RI_{DMD}为草场饲草消化率，p为月份。

干物质采食量转化为代谢能摄入量：

$MEI = DM(-1.7 + 0.17DMD)$ （6）

1.4.2 家畜代谢能需求估测模型[15]

放牧家畜代谢能需求：

（1）维持代谢能需求（ME_{base}）。

（2）放牧代谢能需求（相对于舍饲的放牧所需要的额外代谢能需求）（ME_{graze}）。

（3）御寒代谢能需求（ME_{cold}）。

繁殖母畜的代谢能需求还包括妊娠代谢能需求（ME_{preg}）、泌乳代谢能需求（ME_{lact}）。公式表示如下。

$ME = ME_{base} + ME_{graze} + ME_{cold} + ME_{preg} + ME_{lact}$ （7）

式中，ME为母羊的总代谢能需求。

维持需求（ME_{base}）：

$$ME_{base} = \frac{0.26LW^{0.75}e^{-0.12}}{0.02(-1.7+0.17DMD)+0.5} 0.09MEI \tag{8}$$

式中，MEI代表代谢能摄入量。

放牧需求（ME_{graze}）：

$$ME_{graze} = [0.02DMI_{graze}(0.9 - \frac{DMD_{graze}}{100}) + 0.0026D] \cdot \frac{LW}{0.02(-1.7+0.17DMD)+0.5} \tag{9}$$

其中D为家畜行走距离。

御寒代谢能需求（ME_{cold}）：

$$ME_{cold} = \frac{0.09LW^{0.66} \times 39 - 1.3(\frac{ME_{base}+ME_{graze}+0.38W_{preg}}{0.09LW^{0.66}}) - I_e(\frac{ME_{base}+ME_{graze}+0.38W_{preg}}{0.09LW^{0.66}} - 1.3) - T}{1.3 + I_e} \tag{10}$$

式中，W_{preg}为怀孕母羊体重，T为平均气温，I_e为隔热系数，受风速、母羊被毛厚度、体况等因素影响。

妊娠代谢能需求（ME_{preg}）：

$$ME_{preg} = \frac{0.0491e^{(-0.00643\frac{t_{preg}}{30})}\frac{W_{birth}}{4}e^{(7.64-11.46e^{-0.00643\frac{t_{preg}}{30}})}}{0.133} \tag{11}$$

式中，t_{preg}为妊娠时间，W_{birth}为羔羊平均初生重。

泌乳代谢能需求（ME_{lact}）：

$$ME_{lact1} = \frac{0.389SRW^{0.75}BC_{birth}\frac{\frac{t_{lact}}{30}+2}{22}e^{1-\frac{\frac{t_{lact}}{30}+2}{22}}}{0.94[0.4+0.02(-1.7+0.17DMD)]} \tag{12}$$

$$ME_{lact2} = \frac{4.7BW_{young}^{0.75}(0.3+0.41e^{-0.071\frac{t_{lact}}{30}})}{0.94[0.4+0.02(-1.7+0.17DMD)]} \tag{13}$$

式中，ME_{lact1}是母羊泌乳代谢能需求，BC_{birth}为产羔时的母羊体况评分，t_{lact}为妊娠时间，BW_{young}为仔畜体重，ME_{lact2}是羔羊最大哺乳量时母羊代谢能需求。

代谢能平衡：模型通过比较代谢能摄入量和需求量，按月估算母羊日增重（BWG），分为成年母羊日增重（BWG_{adult}）和羔羊日增重（$BWG_{growing}$）。

成年家畜日增重估算：

$$BWG_{adult} = \frac{0.043(-1.7+0.17 \times DMD)ME_{balance}}{0.92^2(13.2+13.8BC)} \tag{14}$$

羔羊日增重估算：

$$BWG_{growing} = \frac{0.043(-1.7+0.17DMD)ME}{0.92(4.7+\frac{MEI}{ME_{base}+ME_{graze}+ME_{cold}} + \frac{18.3 - \frac{MEI}{ME_{base}+ME_{graze}+ME_{cold}}}{1+e^{-6 \times (z-0.4)}})} \tag{15}$$

式中，Z为标准羊单位系数，指不同年龄标准体重与成年羊标准体重的相对值，计算公式为：

$$Z = 1 - \frac{(SRW - W_{birth})e^{-\frac{0.015\,7 \cdot \frac{t_{age}}{30}}{SRW^{0.27}}}}{SRW} \quad (16)$$

1.5 草畜平衡评价与分析模型数据库建立及估测方法

1.5.1 草地生产力的估测

测定指标：包括采用GPS测定草地面积。

牧草生长期每月生长量，干物质量，牧草组成、喜食牧草和非喜食牧草比例等，测定方法参考许鹏等编著的《草地调查规划学》[16]中草地监测方法进行测定；放牧时间，不同生长阶段牧草消化率，参照Tilley和Terry的两级离体消化法测定[17]。

1.5.2 补饲

补饲饲草料名称、补饲时间、补饲量和饲草料消化率。

1.5.3 家畜生产数据

畜群结构与数量、放牧生产节律、各类家畜每月的体重。

1.5.4 气象数据

月平均气温、月平均降雨量和月平均风速，以上数据由肃南县气象局提供1977—2010年的数据统计获得。

2 结果与分析

2.1 祁连山牧区天然草地产草量测定

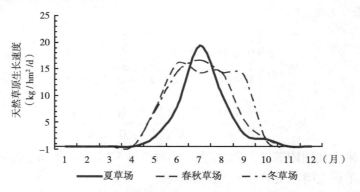

图1 天然草地四季牧场生长期干物质生长速率

Fig. 1 Grassland DM growth rates among growing months in different pastures

表4 不同草地牧草生长期月生长量

Table 4 Grassland productivity during the growing season of months in different pastures

	5月 May	6月 June	7月 July	8月 August	9月 September	10月 October
夏草场（kgDM/ha/day） Summer pasture（kgDM/ha/day）	2.0	8.2	20.9	10.8	2.6	1.5
春秋草场（kgDM/ha/day） Spring and Autumn pasture（kgDM/ha/day）	8.1	18.1	16.1	16.1	5.7	1.5
冬草场（kgDM/ha/day） Winter pasture（kgDM/ha/day）	8.2	17.32	20.18	17.21	16.5	1

四季牧场各月牧草生长量分析表明，夏草场牧草生长期主要在7月和8月，春秋草场6月产草量最高，其次为7月和8月。冬草场牧草产量最高的月份是7月，6月、8月和9月产量依然较高，该结果与黄德青[18]等测定结果一致（图1，表4）。

2.2 畜群结构与家畜体重变化

表5 典型牧户畜群结构与家畜体重变化
Table 5 Drove structure and livestock bodyweight changes in typical farm

畜群结构 Herd structure		1月 January	2月 February	3月 March	4月 April	5月 May	6月 June	7月 July	8月 August	9月 September	10月 October	11月 November	12月 December
母羊 Ewe	样本量（只） Sample size（head）	128	128	128	163	163	163	163	163	128	128	128	128
	平均体重（kg） Average weight（kg）	40	41	43	37	34	34	35	36	37	38	39	39
羔羊 Lamb	样本量（只） Sample size（head）	35	35	35	107	107	107	107	107	35	35	35	35
	平均体重（kg） Average weight（kg）	26	25	23	3	9	19	21	24	25	26	27	27
羯羊 Wether	样本量（只） Sample size（head）	5	5	5	5	5	5	5	5	5	5	5	5
	平均体重（kg） Average weight（kg）	34	33	32	31	32	33	33	34	34	35	36	35

典型牧户畜群结构分析表明，繁殖母畜占畜群的76.2%，后备母羊占畜群的20.8%，其他占3%。体重测定结果表明，绵羊体重在11月最高，5月最低。与10月（配种前）体重相比，能繁母羊和羔羊冬季体重损失平均为4kg，约占空怀母羊体重的10.3%，羔羊体重的14.8%（表5）。

草畜平衡现状分析

以代谢能为评价指标分析典型牧户草畜平衡现状，分析结果表明（图2），牧草生长期（6—10月）代谢能供应高于家畜需求，家畜体重增加。枯草期（11月至翌年5月）代谢能供应不足，家畜体重损失，模型分析结果与当地生产实际相符。从11月开始，绵羊进入繁殖季节，代谢能需求量逐渐提高，4—5月达到最大值，此时，天然草地牧草供应量及牧草消化率最低，与家畜需求差距最大，形成代谢能最大亏空期。

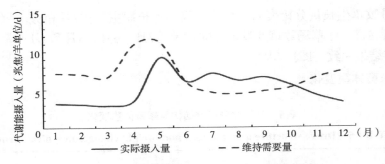

图2　康乐乡典型牧户草畜平衡现状分析

Fig. 2　The feed balance situation in typical farm in Kangle

2.3　实现草畜平衡途径分析

2.3.1　冷季补饲

补饲是枯草期实现家畜营养平衡最主要的途径，如图3所示，从11月起至翌年6月，补饲燕麦青干草0.5 kg/d/只和玉米0.3 kg/d/只，可以实现家畜营养平衡，特别是怀孕母羊的营养平衡。

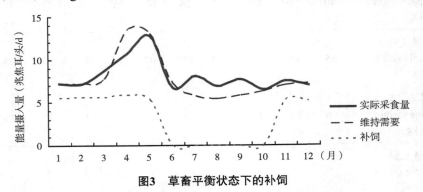

图3　草畜平衡状态下的补饲

Fig. 3　Supplement under feed balance

2.3.2　暖棚舍饲

从图4中可以看出11月至翌年2月，放牧绵羊的代谢能需求高于暖棚舍饲的绵羊，这是因为放牧绵羊需要更多代谢能用于抵御寒冷和补偿放牧行走所需的额外能量。

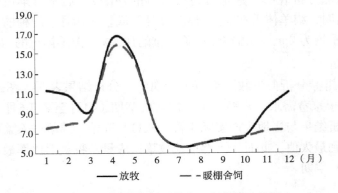

图4　冷季暖棚舍饲对草畜平衡的影响分析

Fig. 4　Effect of feed balance by penfed in warmshed in cold seasons

2.3.3 调整产羔时间

试验区的产羔时间在1—5月。模型分析不同产羔时间对绵羊能量供需平衡的影响表明（图5）：在相同补饲条件下，调整产羔时间对细毛羊代谢能供需平衡影响十分明显。当1月产羔（图5A）时，家畜能量需求高峰与草地供应高峰时空差距明显，产羔期距牧草生长期相差5个月，母羊持续掉膘，体重损失大，遇到春季干旱或雪灾时，抗风险能力极低，家畜损失严重。随着产羔时间推迟，草地代谢能供应高峰与家畜能量需求高峰更加吻合，峰值拟合度改善，代谢能供需平衡（图5B、图5C和图5D），意味着在相同饲养管理条件下，冬春季绵羊体况改善，抗灾能力加强。

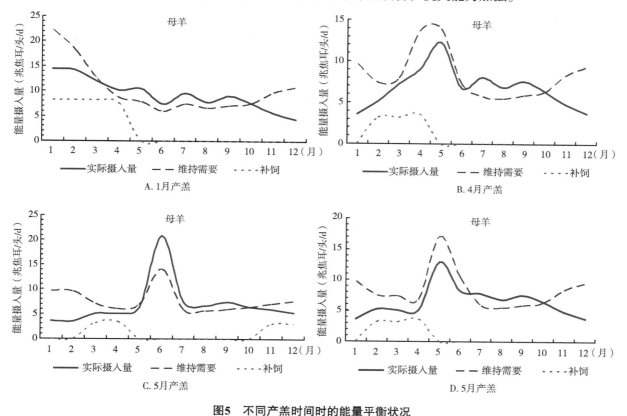

图5 不同产羔时间时的能量平衡状况

Fig. 5 The ME balance among different lambing time

3 成果应用及模型验证

3.1 暖棚舍饲试验

2009年选择2户典型农户的2～4岁母羊各80只，平均分成两组进行饲养试验。试验组为冷季暖棚舍饲，1月中旬开始4月中旬结束，时间3个月，对照组为全放牧。

暖棚舍饲组日粮组成为玉米0.39kg/d/只，玉米糠和玉米秸秆混合物0.67kg/d/只和燕麦青干草0.07kg/d/只。2组分别测定记录繁殖母羊试验前后体重、产羔数和产毛量；计算受胎率和产羔率，进行经济效益分析。

表6 冷季暖棚舍饲对甘肃高山细毛羊生产性能的影响
Table 6 Effect on Gansu Fine Wool Sheep performance by penfeed in warmshed in cold season

组别 Group	体重变化 Weight change				繁殖力 Fecundity		平均产毛量（kg） The average wool yield
	入冬前体重（kg） Weight before winter（kg）	越冬后体重（kg） Weight after winter（kg）	冷季体重损失（kg） Weight loss（kg）	冷季体重损失百分比（%） Percentage of weight loss（%）	受胎率（%） Conception rate（%）	产羔率（%） Lambing rate（%）	
试验组 Test group	45.77 ± 4.90	40.15 ± 4.34	-5.62	12.3	97*	97**	3.65 ± 0.05*
对照组 The control group	41.92 ± 5.06	30.52 ± 4.99	-11.4	27.2	88	79	2.92 ± 0.06

注：同列数字上标为*表示差异显著（$P<0.05$），上标为**表示差异极显著（$P<0.01$），无*表示差异不显著（$P>0.05$）

表7 典型牧户经济效益分析
Table 7 Analysis of typical farmers economic beneficial

组别 Group	饲养成本（元） Feeding costs（yuan）	收入来源 Source of income			纯收入（元） Net Income（yuan）
		体重变化收入（元） Weight change income（yuan）	羊毛收入（元） Wool income（yuan）	羔羊收入（元） Lamb income（yuan）	
试验组 Test group	6 182	3 864	5 475	43 372	46 529
对照组 The control group	1 850	-1 736	4 380	33 110	33 904

生产性能分析结果（表6）表明，冷季暖棚舍饲可有效降低绵羊冷季体重损失，显著提高母羊受胎率和羊毛产量（$P<0.05$），极显著提高产羔率（$P<0.01$）。经济效益分析表明（表7），暖棚舍饲条件下增加纯收入126.25元/只，这与模型分析结果一致，与国内相关报道结果一致[19]。

3.2 不同产羔时间对羔羊生长发育和成活率的影响

本实验选择3户典型牧户，分别记录产羔时间，测定羔羊初生重、1月龄、2月龄和出栏体重。结果表明（表8），5月产羔时，羔羊初生重、1月龄和2月龄体重均显著高于4月所产羔羊（$P<0.05$），但同期出栏体重显著低于4月所产羔羊（$P<0.05$），因为5月产羔羊的生长期较4月产的少1个月，出栏体重平均低4~5kg。与此同时，5月出生羔羊死亡率也较高。

表8 不同产羔时间羔羊生长发育及成活率测定结果

Table 8 Determination results of lamb growing development and survival rate in different lambing time

产羔月份 Lambing months	数量（只） Number（head）	初生重（kg） Birth weight（kg）	1月龄（kg） 1 month weight（kg）	2月龄（kg） 2 month weight（kg）	出栏重（kg） Sale weight（kg）	成活率（%） Survival rate（%）
5月 May	71	3.38 ± 0.70[a]	8.56 ± 1.70[a]	17.43 ± 2.35[a]	23.65 ± 4.23[a]	95
4月 April	94	3.09 ± 0.57[b]	8.21 ± 1.50[a]	16.32 ± 2.82[a]	28.76 ± 4.07[b]	98
3月 April	121	3.06 ± 0.52[b]	8.38 ± 2.68[a]	16.85 ± 2.12[a]	27.74 ± 3.04[b]	98

注：同列不同小写字母间差异显著（$P<0.05$）

4 讨论

CSIRCO（2007）[20]报道羊毛长度在10cm时，绵羊的冷应激温度为-3℃，本试验点12月至翌年2月平均气温-11.1～-5.6℃。本研究利用模型分析结果，进行了冷季暖棚舍饲和产羔时间调整试验，结果表明冷季应用暖棚舍饲能够有效地提高绵羊生产水平和经济效益。另外，适当推迟产羔时间有助于提高羔羊生产效率，但受牧区转场放牧和同期出栏等因素影响，推迟产羔的羔羊生长优势未能充分体现，经济效益无明显优势。基于调查，可以适当推迟出栏时间，在秋草场或冬草场集中短期育肥，可以充分发挥羔羊的生长优势。另外，冬草场育肥可避开牧区绵羊出栏高峰，羔羊价格提高，牧户收入增加。在北方草原地区，根据传统的转场放牧时间和春秋草场的设施条件，可将产羔时间推迟到4月下旬至5月中旬为宜。

草畜平衡是实现草地畜牧业可持续发展的前提，也是一个系统问题，需要从生产体系的角度研究提出配套系统的解决方案[21]。建立准确的草畜平衡评价技术是草畜平衡的基础。以干物质为评价指标评定草畜平衡状况虽然简便，但准确性差，其结果对畜牧业和草地管理的指导意义有限。本研究采用代谢能评价指标，考虑牧草组成、不同生长期牧草消化率及代谢能的动态变化，放牧、气候等因素对家畜代能需要等诸多要素，应用家畜营养学和数学、计算机技术，建立评价模型分析研究草畜代谢能平衡，针对性强，准确性高，对家畜生产和草地管理具有很高的指导意义。通过对试验示范户草畜代谢能平衡的分析研究该模型能够较准确的评价草畜平衡现状，提供草畜平衡的优化方案。

参考文献

[1] 国家环境保护局自然保护司.中国生态问题报告[M].北京：中国环境出版社，1999，10-53.
[2] 王庆锁，李梦先，李春和.我国草地退化及治理对策[J].中国农业气象，2004.25（3）：41-48.
[3] 贾幼陵.草原退化原因分析和草原保护长效机制的建立[J].中国草地学报，2011，33（2）：1-6.
[4] 中华人民共和国农业部.2010年全国草原监测报告[N].农民日报，2011.4.
[5] 侯向阳，尹燕亭，丁勇.中国草原适应性管理研究现状与展望[J].草业学报.2011，20（2）：262-269.
[6] 马志愤，吴建平.草畜平衡和家畜生产体系优化模型建立与实例分析[D].甘肃农业大学硕士论文，2009.

[7] 李建龙, 任继周, 胡自治. 新疆阜康县草畜平衡动态监测与调控研究[J]. 草食家畜1996（增刊）: 32-43.
[8] 雷桂林, 侯扶江. 肃南山地放牧系统四季供需动态模型[J]. 草业学报, 2006, 15（1）: 102-106.
[9] 钱拴, 毛留喜, 侯英雨, 等. 青藏高原载畜能力及草畜平衡状况研究[J]. 自然资源学报, 2007, 3（22）: 389-397.
[10] 刘加文. 中国草原底数亟待搞清[J]. 草地学报, 2009, 17（5）: 543-546.
[11] 肃南裕固族自治县牧业区划办公室. 甘肃省肃南裕固族自治县牧业区划报告汇编[G]. 1986, 179-187.
[12] 宁宝英, 樊胜岳, 赵成章. 肃南县草地退化原因分析与分区治理对策[J]. 中国草地, 2004, 26（3）: 65-68.
[13] Wu Jianping, David Michalk, David Kemp, et al. Talking with China's livestock herders: what was learnt about their attitudes to new practices. Development of sustainable livestock systems on grasslands in north-western China, ACIAR Proceedings[J]. ISBN 9781921615456（print）, ISBN 9781921615463（online）. 2011. 162-176.
[14] Yang Lian, Wu Jianping, Randall Jones, et al. Changing livestock and grassland management to improve the sustainability and profitability of alpine grasslands in Sunan County, Gansu province. Development of sustainable livestock systems on grasslands in north-western China, ACIAR Proceedings[J]. ISBN 9781921615456（print）, ISBN 9781921615463（online）. 2011. 69-79.
[15] Taro Takahashi, Randall Jones and David Kemp. Steady-state modeling for betterunderstanding of current livestock production systems and for exploring optimal short-term strategies. Development of sustainable livestock systems on grasslands in north-western China, ACIAR Proceedings[J]. ISBN 9781921615456（print）, ISBN 9781921615463（online）. 2011. 26-35.
[16] 许鹏. 草地调查规划学[M]. 中国农业出版社, 1999, 99-106.
[17] Tilly J M A, R A Terry. A two-stage technique for the in vitro digestion of forage crops [J]. Journal of the British Grassland Society, 1963, 8: 104-111.
[18] 黄德青, 于兰, 张耀生, 等. 祁连山北坡天然草地地上生物量及其与土壤水分关系的比较研究[J]. 草业学报, 2011, 20（3）: 20-27.
[19] 赵海军, 杨联, 杨思维, 等. 甘肃高山细毛羊枯草季放牧与暖棚舍饲饲养对比试验[J]. 草业科学, 2010, 27（5）: 117-121.
[20] CSIRO. Nutrition requirements of Domesticated Ruminants [M]. Collingwood: CSIRO Publishing, 2007.
[21] 任继周, 梁天刚, 林慧龙, 等. 草地对全球气候变化的响应及其碳汇潜势的研究[J]. 草地学报, 2011, 20（2）: 1-22.

饲养模式对绵羊冷季生产效益的影响[1,2]

宫旭胤[1]，吴建平[1]，张利平[1]，杨联[1]，冯明廷[2]，赵海军[1]，杜雪林[2]

（1. 甘肃农业大学动物科学技术学院，兰州　730070；
2. 肃南裕固族自治县疾控中心，肃南　735016）

摘　要：冷季牧草营养品质降低，放牧绵羊从草地获得的营养不能满足维持需要，严重影响放牧绵羊生产效率和效益，放牧+补饲和暖棚全舍饲养殖是冷季牧区推广的主要饲养方式。在肃南裕固族自治县选择草场类型一致，绵羊体况相近的3个牧户分别以暖棚全舍饲（试验组Ⅰ），放牧+补饲（试验组Ⅱ）以及全放牧（对照组）3种饲养方式，开展了冷季不同饲养模式对绵羊生产效益影响的试验研究。通过测定整个繁殖周期绵羊体重变化、母羊繁殖率和羔羊成活率指标，比较不同饲养模式的经济效益，结果表明，三种饲养方式间越冬母羊体重损失差异显著，第二年配种时试验组Ⅰ、试验组Ⅱ和对照组母羊体重分别比上年增加2.76kg、1.91kg和-1.24kg。试验组受胎率及产羔率均显著高于对照组（$P<0.01$）。试验组Ⅰ的产毛量极显著高于试验组Ⅱ和对照组（$P<0.01$），试验组Ⅱ和对照组间差异不显著（$P>0.05$）。经济效益分析表明，试验组Ⅰ的饲养成本和纯收入均最高，其次为试验组Ⅱ，对照组最低，但收入与成本的比值对照组最高，试验Ⅰ组最低。

关键词：饲养方式，冷季，绵羊，体重，经济效益

Influence of feeding patterns on production efficiency of sheep in cold season

Gong Xu yin[1], Wu Jian ping[1], Zhang Li ping[1], Yang Lian[1],
Feng Ming ting[2], Zhao Hai jun[1], Du Xu lin[2]

(1. Faculty of Animal Sci-Tech, Gansu Agricultural University, Lanzhou, 730070;
2. Center for Disease Control and Prevention of Sunan County Sunan, 735016)

基金项目：中国—澳大利亚合作项目、GEF应用研究项目、甘肃省教育厅科研项目（0802-04）资助
作者简介：宫旭胤（1983—），男，山西运城人，硕士研究生，研究方向为动物遗传育种与繁殖。E-Mail: df_bomb@126.com
通信作者：杨联（1977—），男，甘肃民乐人，副教授，硕士生导师。E-mail: yangl@gsau.edu.cn

Abstract: Grass nutritional quality was reduced in cold season, grazing sheep can not obtain enough nutrition from grassland to meet their maintenance requirement and have biggest influence on their production efficiency and benefit. Pen feed in warmshed and grazing with supplementary feeding are primary production mode on pasturing area in cold season. Sheep in three households were selected with same pasture type and similar sheep body condition in Sunan County, one household fed sheep in warmshed from Jan. to Apr. (Group I), .The second household grazed sheep in pasture in day and supplement after come back (Group II), another household grazed only, act as control group. Sheep's body weight loss in total reproductive cycle, ewes' reproductive rate and lamb living rate were tested, and compared the economic benefit among three household. The results showed the difference of ewes' body weight loss among three groups is obvious after cold season, and the body weight of Group I, II and control increased 2.76kg, 1.91kg and -1.24kg in next mating time respectively. Conception rate and pregnancy rate of Group I and II were higher than control groupsignificantly. Wool yield ofGroup I was significant higher than Group II and control ($P<0.01$), However, there was not significant difference between Group II and control ($P>0.05$). Economic analysis shows that Group I feeding costs and net income were the highest, followed by Group II, control was the lowest. Turnover, however, the ratio of revenue and cost in control was the highest, and Group I was the lowest.

Key words: feeding pattern; cold season; sheep; body weight; income

我国拥有各类天然草原近4亿hm^2，占国土面积的42.7%，是世界上草地资源最多的国家之一[1]，其中，3.24亿hm^2分布在西部，草原不仅是约4千万牧民生计的来源，而且是我国最重要的水源涵养地[2]。但近年来草原生产能力不断下降，平均产草量较20世纪50年代下降30%~50%。同时，适口性牧草及种的多样性也发生变化，牧草质量变劣，毒害草组分增多[3-4]。90%以上的可利用天然草原不同程度地退化、沙化、盐渍化、石漠化。导致草地退化的因素包括自然因素和人为因素，其中超载是最重要的人为因素之一。由于在中国牧区普遍存在着从牧人口过多的状况，迫于发展的需要，牲畜的数量一再增加，导致我国天然草原平均超载36%以上[5-7]。为此，政府通过实施禁牧、休牧政策降低载畜量，对遏制天然草原的退化起到积极作用，但草原生态环境"局部改善、总体恶化"的趋势尚未得到有效遏制，同时，单纯降低家畜存栏也会导致农牧民的收入降低，将挫伤农牧民的积极性，即使载畜量短期内下降，但草地利用不可持续。只有提高单位家畜的生产效率和效益，稳定农牧民收入才是实现天然草原可持续利用的有效途径。

肃南裕固族自治县地处甘肃省河西走廊中部，祁连山北麓，是青藏高原的重要组成部分。全县总面积204.56×10^4hm^2，可利用草地面积117.66×10^4hm^2，占全县土地总面积的57.52%[8-9]。据资料调查显示，1983年全县严重退化草地面积为25.04×10^4hm^2，占草地总面积的15.5%，到2002年"三化"草地（退化、沙化、碱化）面积达63.67×10^4hm^2，占草地总面积的56.27%，其中退化草地面积达44.52×10^4hm^2，占草地总面积的31.2%，与1983年数据相比上升15.7个百分点[10]。肃南县草地畜牧业以细毛羊为主，草原按季节分冬、春秋和夏草场轮场放牧，其中绵羊在冬草场放牧期长达7个月，放牧期间牧草处在枯草期，饲用价值很低。为有效缓解冬草场放牧压力，政府大力推广冷季舍饲暖棚养殖技术，部分牧户采取放牧+补饲的方式，部分牧户则仍然以纯放牧为主的生产方式。由于缺乏系统的测定数据，尚不能明确回答冷季哪种放牧方式生产效率最高。因此，本研究选择分别采取不同生产方式的牧户，连续跟踪测定一个完整生产周期的绵羊生产性能，从母羊体重损失、羔羊生产发育、母羊繁殖性能以及产毛性能方面阐述冷季不同生产方式对绵羊生产效率的影响。

1 材料与方法

1.1 试验区基本情况

本试验在肃南县康乐乡完成，该地地处河西走廊，蒙新大陆性气候区与青藏高原气候区的交接带，冬春季长而寒冷，夏秋季短而凉爽。据肃南国家气象观测站2005—2006年所测的数据：该地区年平均气温4℃左右，平均降水量350mm，主要集中在6—9月，蒸发量1 500~1 800mm，相对湿度65%，年日照时数约2 200h，相对无霜期80~110d[11]，土壤为山地栗钙土，天然草原属山地草原类，坡地针茅草原组。根据草地海拔将草原分为冬草场、春秋草场和夏草场，通常冬草场放牧时间为11月至翌年5月，春秋草场分别在6月和10月放牧，夏草场在7—9月放牧。甘肃高山细毛羊是最主要的放牧家畜，通常在11月配种，3—4月产羔，9—10月出栏。

1.2 试验设计

选择3户典型农户所饲养4~8齿能繁母羊开展相关实验研究。试验组Ⅰ为冬季母羊全舍饲户，1月中旬开始舍饲，至4月中旬结束，舍饲时间3个月，日粮（干物质）组成为如表1所示，试验组Ⅱ为正常放牧+补饲，白天放牧，从3月初起归牧后补饲，至5月初结束补饲。对照组为放牧组，母羊只放牧不补饲。饲喂饲料均为牧户采购所得，燕麦青干草价格为0.8元/kg，玉米0.8元/kg，带棒玉米0.75元/kg，每组羊只均放矿物质舔砖，自由舔食。

表1 日粮组成干物质含量及营养成分

组别	日粮组成					营养水平	
	玉米（kg）	玉米糠、秸秆混合物（kg）	燕麦青干草（kg）	草原牧草（kg）	合计（kg）	代谢能量（MJ）	粗蛋白（g）
试验组Ⅰ	0.39	0.67	0.07	—	1.12	17.99	111.29
试验组Ⅱ	0.21	—	0.31	0.48	0.99	13.5	126.68

1.3 试验方法

1.3.1 生产性能测定

本研究以繁殖节律为研究周期，分别测定繁殖母羊配种，和出冬场时的体重，记录母羊产羔和羔羊成活情况，计算妊娠率、产羔率和羔羊断奶成活率。

1.3.2 产毛量及羊毛品质测定

测定每只绵羊剪毛量，每组采集10只6齿（3岁）母羊羊毛，送农业部动物毛皮及制品质量监督检验测试中心测定羊毛品质指标。

1.3.3 经济效益分析

在3组中分别选择100只年龄结构组成相同的母羊分析经济效益，收入由羊毛、羔羊和母羊体重变化三部分组成，成本包括饲料成本、运费、疾病治疗和防疫费用。

1.4 数据分析

用SPSS 14.0软件中的单因素方差分析（One-Way ANOV）和Tukey'sHSD法对所有数据进行方差分析和多重比较[12]。

2 试验结果与分析

2.1 不同饲养方式下母羊越冬体重损失

由于在为期一年的试验过程中,羊群经过几次转场,造成耳标丢失,以至于在分析时无法做到一一对应。根据统计学理论,不适合做差异显著性检验,为保证文章的真实性,仅对各组绵羊体重进行单因素方差分析。

不同饲养方式下绵羊越冬体重损失测定结果(表2)表明,3组绵羊越冬均有体重损失,其中,试验组Ⅰ母羊体重损失最小,平均下降了5.62kg,其次为试验组Ⅱ,平均体重下降6.04kg,对照组体重损失最大,为11.4kg,占入冬场前体重的27.2%。本研究结果表明3种饲养方案均不能满足绵羊维持需要,但补饲能够有效地改善营养供应,减缓冷季母羊掉膘。与第二年进冬场前相比,试验组Ⅰ和试验组Ⅱ母羊的平均体重分别增加了2.76kg和1.91kg,而对照组则下降了1.24kg,表明冷季补饲对母羊冷季掉膘后体况的恢复具有积极作用。

表2　2008年10月至2009年10月母羊体重变化表

组别	入冬场体重(kg)	出冬场体重(kg)	次年入冬场体重(kg)	冷季体重损失(kg)	冷季体重损失百分比(%)	入冬场前体重变化(kg)
试验组Ⅰ	45.77±4.90	40.15±4.34	48.53±5.96	-5.62	12.3	2.76
试验组Ⅱ	40.32±4.56	34.28±4.42	42.23±4.71	-6.04	14.9	1.91
对照组	41.92±5.06	30.52±4.99	39.68±4.77	-11.4	27.2	-1.24

2.2 饲养方式对母羊繁殖力的影响

表3表明,试验组Ⅰ能繁母羊受胎率显著高于对照组($P<0.05$),试验组Ⅱ母羊受胎率极显著高于对照组($P<0.01$)。试验组母羊的产羔率均极显著高于对照组($P<0.01$),2个试验组间无显著性差异($P>0.05$)。项目户绵羊配种季节集中在11月,母羊体重测定在10月完成,配种时母羊体况对受胎率有重要影响,两组试验户的体况明显好于对照组,因此,受胎率和产羔率也较高。

表3　冷季母羊饲养方式对繁殖性能的影响

组别	受胎率(%)	产羔率(%)
试验组Ⅰ	97*	97**
试验组Ⅱ	99**	96**
对照组	88	79

注:同列数字上标为*表示差异显著($P<0.05$),上标为**表示差异极显著($P<0.01$),无*表示差异不显著($P>0.05$)

2.3 产毛量及毛品质分析

暖棚舍饲养殖有效提高产毛量,暖棚养殖和补饲均能有效提高羊毛品质。试验组Ⅰ母羊产毛量极显著高于试验组Ⅱ和对照组($P<0.01$),试验组Ⅱ和对照组间差异不显著($P>0.05$)。羊毛品质试验组均优于对照组,其中,单纤维强力组间差异均极显著($P<0.01$),羊毛细度及白度实验组Ⅱ显著高于对照组($P<0.05$)(表4)。

表4 产毛量及羊毛品质测定结果

组别	平均产毛量（kg）	细度（μm）	白度	单纤维强力（cN）	单纤维伸长率（%）	自然长度（mm）
试验组Ⅰ	3.65 ± 0.05[a]	19.43 ± 0.92[a]	52.92 ± 1.62[a]	9.54 ± 2.30[a]	49.89 ± 3.23	69.60 ± 5.52
试验组Ⅱ	2.90 ± 0.55[b]	20.47 ± 1.44[b]	53.83 ± 2.02[b]	8.72 ± 1.60[A]	48.92 ± 2.93	65.10 ± 10.67
对照组	2.92 ± 0.06[b]	18.52 ± 1.09[a]	51.75 ± 2.66[a]	7.56 ± 1.77[B]	46.87 ± 6.47	64.20 ± 12.81

注：同列数字上标字母相同表示差异不显著（$P>0.05$），不同表示差异显著（$P<0.05$），大小写字母不同表示差异极显著（$P<0.01$）

2.4 饲养方式对牧户经济效益的影响

调查表明，绵羊饲养成本主要包括购买饲草料、防疫和疾病治疗费三部分构成，其中，饲草料购买开支占饲养成本的85%以上。收入主要来自出售羔羊、羊毛和淘汰羊，3组牧户母羊的饲养成本和收入统计结果表明（表5），对照组平均饲养成本为18.5元/只·年，试验组Ⅰ和Ⅱ的饲养成本分别为61.82元/只·年和30.65元/只.年。

由于影响淘汰母羊数量及其价格的因素较多，占牧民收入的比例很低，因此，本研究未做考虑。羊毛和羔羊收入为当地牧民收入的主体，按2008年市场价格，羊毛价格为15元/kg，羔羊活重14元/kg，试验组Ⅰ、试验组Ⅱ和对照组的羔羊出栏活体重分别为30.98kg、27.74kg和23.65kg。不同饲养方式下牧户直接经济效益统计结果（表6）表明，冷季暖棚全舍饲饲养成本和收入均最高，但收入/成本最低，以全放牧纯收入最低，但投入产出比最高。与暖棚养殖相比，补饲+放牧组每只母羊纯收入低25.44元，其投入产出比增加近2倍。

表5 牧户直接经济效益分析表

组别	饲养成本（元）	收入来源		纯收入（元）	收入/成本
		羊毛收入（元）	羔羊收入（元）		
试验组Ⅰ	6 182	5 475	43 372	42 665	6.90
试验组Ⅱ	3 065	4 350	38 836	40 121	13.09
对照组	1 850	4 380	33 110	35 640	19.26

如果考虑到母羊越冬体重损失带给下一年的母羊的体重变化，将其按活重换算成经济效益（表6），暖棚舍饲和补饲+放牧2种饲养方式能够带来更高的收入，对照组效益下降。

表6 牧户潜在经济效益分析表

组别	饲养成本（元）	收入来源			纯收入（元）	收入/成本
		体重变化收入（元）	羊毛收入（元）	羔羊收入（元）		
试验组Ⅰ	6 182	3 864	5 475	43 372	46 529	7.53
试验组Ⅱ	3 065	2 674	4 350	38 836	42 795	13.96
对照组	1 850	-1 736	4 380	33 110	33 904	18.33

3 讨论

天然草原退化是一个重要的生态和社会问题，冷季牧场退化最为严重。这是由于冷季牧场放牧时间长，近七个月时间，且处在枯草期，牧草营养品质低，气候寒冷，绵羊处于妊娠期和哺乳期，是营养需要最高的时期。全放牧饲养方式不能满足绵羊维持需要，是造成牧区绵羊"夏壮、秋肥、冬瘦、春乏"的恶性循环的主要原因。解决冷季牧场退化的主要途径是提供足够的饲草料增加营养供应，降低绵羊维持需要。

冷季舍饲是政府倡导的冷季牧区绵羊饲喂方式，通过暖棚补贴等方式予以扶持，一部分牧户在政府的扶持下进行示范。大部分农户采用放牧+补饲的方式，即白天放牧，傍晚补饲，暖棚过夜。还有一部分农户仍以传统放牧为主，仅对体弱的母羊和羔羊补饲。本试验研究结果表明，目前在肃南县3种饲养方式下绵羊越冬均出现体重损失，表明全舍饲和补饲提供的营养均未能满足绵羊的维持需要，但全放牧绵羊体重损失很大，占配种时体重的27.2%。如果春季一旦发生雪灾或春旱，这些绵羊将会因春乏而引起死亡，生产风险大大提高。

研究结果也表明，经过一个放牧周期后，与上次配种前体重相比，全舍饲和补饲且绵羊配种时的体重均增加，而全放牧组体重下降。与此相对应，全舍饲组和补饲组绵羊产羔率、繁殖成活率和毛品质也高于对照组，表明舍饲和补饲有助于发挥绵羊个体的遗传潜力，提高绵羊生产效率。

经济效益分析结果表明，舍饲组投入最高，纯收入也最高，全放牧组投入最低，纯收入也最低，但纯收入与投入的比值全放牧组最高，而舍饲组最低。因此，通过调查当地典型农户的收入和支出结构，农户的总收入在3万元左右，其支出为2.5万~3.5万元，收入—支出基本处于平衡状态。能繁母羊存栏量在120只左右，农户实行全舍饲养殖成本增加，支出大于收入，牧户的养殖风险随之提高，这可能是牧民不愿意采用全舍饲养殖的影响因素之一。另外，由于纯放牧饲养方式以天然草原为基础，成本低，收入投入比高，是造成数量型草地畜牧业发展的主要原因。基于本试验和调查结果，综合牧区牧民经济、文化及历史传统等因素的影响，认为放牧+补饲的养殖方式更符合当前实际，易于被大多数牧户接受与认可，而当前补饲饲草料的选择存在很大的盲目性，营养供应不平衡，补饲的效果不能充分发挥，有待于进一步试验研究建立合理的补饲方案。

参考文献

[1] 杨汝荣.我国西部草地退化原因及可持续发展分析[J].草业科学，2002，19（1）：23-27.
[2] 白卫国，李增元.中国西部草地生态系统可持续发展的探讨[J].中国草地，2004，26（3）：53-58.
[3] 洪绂曾.中国草业战略研究的必要性和迫切性[J].草地学报，2005，13（1）：1-4.
[4] 李毓堂.草产业和牧区畜牧业改革发展30年[J].草业科学，2009，26（1）：3-7.
[5] 韩文军，春亮，侯向阳.过度放牧对羊草杂类草群落种的构成和现存生物量的影响[J].草业科学，2009，26（9）：195-199.
[6] 张自和.无声的危机——荒漠化与草原退化[J].草业科学，2000，17（2）：10-12.
[7] 李洪泉，高兰阳，刘刚，李华德.草畜优化条件下草地生态载畜量测算方法新探[J].草业学报，2009，18（5）：262-265.
[8] 宁宝英，樊胜岳，赵成章.肃南县草地退化原因分析与分区治理对策[J].中国草地，2004，26（3）：65-68.
[9] 杨志龙，刘玉凤，董朝阳.系统耦合：肃南县畜牧业发展的正确选择[J].兰州大学学报（社会科学版），2009，37（2）：121-124.
[10] 陈怀斌，贺国宝，杜雪刚.肃南县草地退化与治理措施[J].青海草业，2008，17（1）：29-36.
[11] 马志愤.草畜平衡与家畜生产体系优化模型建立与实例分析[D].甘肃农业大学硕士研究生论文，2008.
[12] 李叔梅.SPSS 14.0实验操作教程[M].超星汇雅电子图书，2008，74-91.

山羊MT-Ⅲ分子特性研究

王磊,杨联**,张利平,吴建平**,雷赵民,徐建峰

(甘肃农业大学动物科学技术学院,兰州 730070)

摘 要：通过设计特异性引物MT-Ⅲ$_{SP1}$和MT-Ⅲ$_{SP2}$,采用RT-PCR方法分别从奶山羊和绒山羊脑组织中克隆出金属硫蛋白-Ⅲ(MT-Ⅲ)基因编码区全序列,奶山羊和绒山羊MT-Ⅲ基因编码区均为207bp。GenBank号分别为EF471976和EF195236。山羊MT-Ⅲ基因编码68个氨基酸,其中含19个半胱氨酸,不含芳香族氨基酸和组氨酸。BLAST搜索结果表明MT-Ⅲ氨基酸序列在物种间高度保守,含有MT-Ⅲ特有的MDPET、C-X-C、C-C-X-C-C、C-X-X-C、KKS(X为非Cys外的其他氨基酸)等保守的短肽结构。生物信息学分析表明,山羊MT-Ⅲ无明显疏水结构和跨膜结构域,无信号肽,是一种细胞质蛋白。山羊MT-Ⅲ蛋白质二级结构主要为不规则卷曲,仅在第40~50氨基酸残基间有明显的螺旋结构。三级结构预测表明山羊MT-Ⅲ的三级结构由α和β两个结构域组成,通过KKS连接,比对发现MT-Ⅲ氨基酸序列中第30位保守的半胱氨酸在反刍动物中均突变成丝氨酸,位于β-结构域,这一突变导致反刍动物MT-Ⅲ少一个巯基(-SH),进而可能对其生理功能产生一定的影响,值得深入研究。

关键词：山羊；金属硫蛋白-Ⅲ；cDNA；分子特性

Characteristics of Metallothionein-Ⅲ in Goat

Wang Lei, Yang Lian**, Zhang Li ping,

Wu Jian ping**, Lei Zhao ming, Xv Jian feng

(Faculty of Animal Science and Technology, Gansu Agricultural University,
Lanzhou, 730070, China)

作者简介：王磊(1982—),男,汉,甘肃兰州人,甘肃农业大学动物遗传育种与繁殖硕士研究生。E-Mail: wanglei_17@qq.com
资助基金：教育部高等学校博士学科点基金项目(编号：20070733002)和教育部重点项目(编号：208153)
通讯作者：吴建平(1960—),男,汉,陕西西安人。甘肃农业大学教授,博士生导师。E-Mail: wujp@gsau.edu.cn
杨联(1978—),男,汉,甘肃张掖人。甘肃农业大学副教授。E-Mail: yangl@gsau.edu.cn

Abstract: In this study, a pair of special primers (MT-III$_{SP1}$ and MT-III$_{SP2}$) were designed for cloning the coding sequence of MT-III from brain tissue in goat. The MT-III coding sequence in two kinds of goat were 207bp. The two goats MT-III gene sequences have been submitted to GenBank under Accession Numbers EF471976 and EF195236. Both milkgoat and cashmeregoat MT-III gene coded 68 amino acids, including 19 Cys residues. Goat MT-III has characteristic MDPET、C-X-C、C-C-X-C-C、C-X-X-C and KKS sequences of MTs, where x was non-cysteine amino acids. The protein no aromatic amino acids, no cross membrane area and no signal peptide, these information showed MT-III in goat was a cytoplamic protein. The second structure of goat MT-III was Random coil, except Alpha helix structure in 40~50 amino acids. The tertiary dimension structure is composed by α- and β-domain, the β-domain structure was same with other species, but α- domain structure in goat was difference with sheep and other species, because it less one Cys in goat than other animal. The structure change maybe alter the biological function of animal, it is necessary to study furtherly.

Key words: Goat; Metallothionien-III; cDNA; Molecular Characteristics

金属硫蛋白（Metallothioneins，MTs）是一类低分子量、富含半胱氨酸的非酶金属结合蛋白[1]。哺乳动物MTs分为MT-I、MT-II、MT-III和MT-IV四种亚型，MT-I、MT-II在哺乳动物所有组织均有表达[2]，MT-III特异性分布于中枢神经系统，主要在嗅球、海马、基底节和大脑灰质2~6层等部位，特别是海马齿状回颗粒细胞层和CA1~CA3区锥体细胞层，是神经系统中第一个被鉴定的具有神经元生长抑制功能的蛋白，又称神经生长抑制因子（Neuronal Growth Inhibitory Factor, GIF）[3,4]，在生殖系统也有表达[5]。研究表明，MTs具有重金属解毒，维持动物体内金属离子动态平衡和清除自由基等生理功能。MT-III与MT-I/-II在表达调控和生理功能方面存在一定的差异，对直接调控MT-I、MT-II表达的诱导剂（Cd、Zn和Dex）不能引起MT-III mRNA的增加[3][6][7]，而MT-III对培养在阿尔茨海默病（AD病）人脑提取液中的神经元具有生长抑制作用[7]。MT-III对脑损伤和神经退行性疾病的神经细胞具有保护作用[9]。

基于MT-III特殊的生理功能，表现出其具有治疗神经性疾病的潜力，许多研究已经致力于其在医疗领域的应用研究[10]。然而由于MT-III在脑细胞中的表达量较小，直接从脑组织中提取、纯化成本高，来源受到一定的限制。MT-III分子基础及重组表达研究成为MT-III研究的新的方向和热点。研究表明不同动物物种间MTs基因存在一定变异，尤其是保守的半胱氨酸残基数目存在差异[11-13]，这一差异可能意味着MT-III功能在物种间的差异。有关MT-III的研究主要集中在人、鼠及水产动物中，对山羊MT-III分子特性的研究较少，本研究以绒山羊和奶山羊为研究对象，拟采用分子生物学技术克隆山羊MT-III基因，利用生物信息学方法分析山羊MT-III的分子特性。

1 材料和方法

1.1 试验材料

1.1.1 试验样品

本研究分别从甘肃省临洮县和景泰县采集奶山羊和绒山羊脑组织。屠宰后立即打开头骨取出脑组织置液氮中保存，备用。

1.1.2 试验试剂

TRIzol®和DEPC均购自Reagent Invitrogen公司（GIBCOBRL）；RNA PCR Kit（AMV）Ver. 3.0（TaKaRa）、Marker DL 2000、Taq酶、限制性内切酶SphⅠ和SalⅠ均购自宝生物工程（大连）有限公司；质粒提取试剂盒（TIANprep Mini）和凝胶回收试剂盒（TIANgel Midi）购自天根生化科技

（北京）有限公司；X-gal、IPTG等试剂购自北京拜尔迪生物技术有限公司；pGEM®-T Easy Vector购自Promega公司，DH5α菌株由甘肃农业大学动物遗传室提供。

1.1.3 仪器设备

2720型PCR（ABI），TGadient梯度PCR仪（Biometra）、台式高速低温离心机（Micro 17TR）、SW-CJ-LB标准型超净工作台（苏净集团）、THZ-98A恒温振荡培养箱（上海一恒科技有限公司）、Bio-Print 1000 X-Press凝胶成像系统（VILBER LOURMAT）、−80℃冰箱（Thermo）、电泳仪（Model DYY-Ⅲ 12，DYY-10C型，北京六一仪器厂）、自动高压灭菌锅（YXQ-LS-50Ⅱ，YXQ-LS-30SⅡ，上海博迅实业有限公司医疗设备厂）等。

1.2 试验方法

1.2.1 总RNA的提取

采用TRIzol法提取脑组织总RNA[14]。

1.2.2 引物设计

在NCBI上搜取人（AY888980和X89604）、绵羊（AF500199）、挪威鼠（X89603）和家鼠（NM11794）、猪（NM 001266）等哺乳动物的MT-Ⅲ基因编码区序列。利用BLAST软件进行序列比对以同源性较高的部位为模板利用软件Primer5.0设计引物。在编码区的5'端设计上游特异引物MT-Ⅲ$_{SP1}$（23bp）：5'-ATGGACCCTGAGRCCTGCCCCTG-3'和3'端下游引物MT-Ⅲ$_{SP2}$（23bp）：5'-TCACTGGCAGCAGCYGCACTTCT-3'（其中，R为兼并碱基A/G，Y为（C/T）），两引物间相距约207bp，引物由宝生物工程（大连）有限公司合成，反转录的引物用RNA PCR Kit（AMV）Ver 3.0试剂盒随带引物Oligo dt-Adaptor Prime。

1.2.3 目的基因扩增

使用RNA PCR Kit（AMV）Ver. 3.0（TaKaRa）试剂盒以及特异性引物MT-Ⅲ$_{SP2}$对奶山羊和绒山羊总RNA分别进行反转录。反转录体系参照RNA PCR Kit（AMV）Ver. 3.0（TaKaRa）反应体系，反转录成cDNA后再利用特异性引物MT-Ⅲ$_{SP1}$和MT-Ⅲ$_{SP2}$进行PCR反应，PCR反应条件为94℃预变性4min，94℃变性30s，58℃退火30s，72℃延伸1.0min，30个循环，72℃总延伸10min。反应结束后取PCR反应液5μL进行琼脂糖凝胶电泳检测，确认反应产物。

1.2.4 目的基因克隆和序列测定

回收PCR产物后，用T4 DNA Ligase将回收产物与克隆载体PGEM®-T Easy Vector连接，然后转化宿主菌E.coli DH5α，蓝白斑筛选后经质粒PCR及酶切鉴定，选取阳性重组子送宝生物工程（大连）有限公司测序。

1.2.5 山羊MT-Ⅲ分子特性分析

采用BioEdit进行核苷酸序列分析，DNAMAN进行氨基酸序列同源性比对，Protscale分析亲水性，TMpred分析跨膜结构域，Signal P分析信号肽，Jpred3和HNN分析蛋白质二级结构，SCRATCH数据库和SWISS-MODEL服务器分析蛋白三级结构。

2 结果与分析

2.1 RT-PCR

分别提取奶山羊和绒山羊脑组织总RNA，电泳结果（图1）表明总RNA提取的效果较好，可以用于RT实验。利用特异性引物MT-Ⅲ$_{SP2}$反转录获得cDNA，然后用特异性引物MT-Ⅲ$_{SP1}$和MT-Ⅲ$_{SP2}$进行PCR，获得长度约为220bp片段（图2），与目的片段大小相近，将该片段进行回收、克隆后经质粒PCR（图3）及Sph I 和Sal I 双酶切（图4）鉴定阳性重组子，进行序列测定。

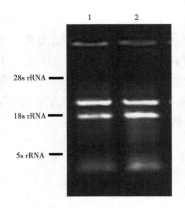

M：DNA Marker；1：milk goat；2：cashmeregoat

图1　奶山羊、绒山羊脑组织总RNA提取

Fig. 1　Total RNA isolation from milk goat and cashmeregoat

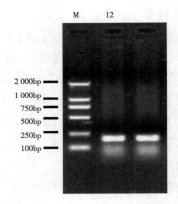

M：DNA Marker；1：milk goat RT-PCR；2：cashmeregoat RT-PCR

图2　奶山羊、绒山羊MT-Ⅲ RT-PCR结果

Fig. 2　RT-PCR of MT-Ⅲ of milk goat and cashmeregoat

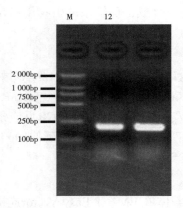

M：DNA Marker；1：milk goat；2：cashmeregoat

图3　奶山羊、绒山羊MT-Ⅲ质粒PCR

Fig. 3　Plasmid PCR of MT-Ⅲ in milk and cashmeregoat

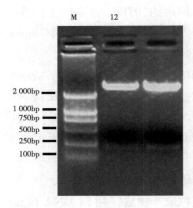

M：DNA Marker；1：milk goat；2：cashmeregoat

图4　奶山羊、绒山羊重组质粒双酶切结果

Fig. 4　Results of recombinant plasmid digested with SphI and SalI

2.2　测序结果及核苷酸序列分析

奶山羊和绒山羊MT-Ⅲ基因片段测序长度均为207bp，分别将2个核苷酸序列在NCBI进行同源性搜索，测序结果与其他物种MT-Ⅲ序列高度同源，表明2个核苷酸序列分别为奶山羊和绒山羊编码区序列，Bioedit软件分析表明其为1个完整的开放阅读框，从起始密码子ATG起始到终止密码子TGA结束（图5），其中，奶山羊MT-Ⅲ在193bp处为碱基A，而绒山羊为G，这一变化导致氨基酸由奶山羊的丝氨酸（S）变为绒山羊的甘氨酸（G）。将序列提交GenBank，收录号分别为EF471976和EF195236。

```
M:  1   ATGGACCCTGAGACCTGCCCCTGCCCTACTGGCGGCTCCTGCACCTGCTCCGACTCCTGC  60
        ||||||||||||||||||||||||||||||||||||||||||||||||||||||||||||
C:  1   ATGGACCCTGAGACCTGCCCCTGCCCTACTGGCGGCTCCTGCACCTGCTCCGACTCCTGC  60

M:  61  AAGTGCGAGGGCTGCACATGTGCCTCCAGCAAGAAGAGCTGCTGCTCCTGCTGCCCCGCA  120
        ||||||||||||||||||||||||||||||||||||||||||||||||||||||||||||
C:  61  AAGTGCGAGGGCTGCACATGTGCCTCCAGCAAGAAGAGCTGCTGCTCCTGCTGCCCCGCA  120

M:  121 GAGTGTGAGAAATGTGCCAAGGATTGTGTGTGCAAAGGTGGAGAGGGGGCCGAAGCTGAG  180
        ||||||||||||||||||||||||||||||||||||||||||||||||||||||||||||
C:  121 GAGTGTGAGAAATGTGCCAAGGATTGTGTGTGCAAAGGTGGAGAGGGGGCCGAAGCTGAG  180

M:  181 GAGAAGAAGTGCAGCTGCTGCCAGTGA   207
        ||||||||||||| |||||||||||||
C:  181 GAGAAGAAGTGCGGCTGCTGCCAGTGA   207
```

M: MilkGoat; C: CashmereGoat; Shaded area: Start codon, Variation site and Stop codon

图5 奶山羊和绒山羊MT-Ⅲ核苷酸序列比对

Fig. 5 MilkGoat and CashmereGoat MT-Ⅲ nucleotide sequence alignment

2.3 MT-Ⅲ氨基酸序列及同源性分析

奶山羊和绒山羊MT-Ⅲ基因均编码68个氨基酸，分子量都约为6.9KDa，两者都含有19个半胱氨酸，占27.94%，且均不含芳香族氨基酸和组氨酸。Protscale分析表明，奶山羊和绒山羊氨基酸序列都没有明显的疏水性区域，TMpred分析表明，两者序列也没有跨膜螺旋。Signal P分析表明，山羊MT-Ⅲ没有信号肽，说明和其他哺乳动物一样，山羊MT-Ⅲ蛋白质是一种胞质蛋白。

用DNAMAN进行序列同源性分析表明，奶山羊与绒山羊、牛、绵羊、猪、马、人、黑猩猩和家鼠的氨基酸同源性分别为98.53%、98.53%、96.92%、91.18%、89.71%、88.24%、88.24%和83.82%，表明MT-Ⅲ在物种间高度同源，进化上高度保守。

对几个物种MT-Ⅲ氨基酸序列比对结果表明（图6），山羊MT-Ⅲ氨基酸序列具有MTs特征性的MDPET、C-X-C、C-C-X-C-C、C-X-X-C等保守序列（X为非Cys外的其他氨基酸），都存在KKS保守的三肽连接序列，连接MT-Ⅲ基因的α-结构域和β-结构域（图6）。

```
MilkGoat MT-III     1  MDPETCPCPTGGSTCSDSCKCEGCTCASSKKSCCSCCPAECEKCAKDCVCKGGEGAEAEEKKCSCCQ  68
CashmeregoatMT-III  1  MDPETCPCPTGGSTCSDSCKCEGCTCASSKKSCCSCCPAECEKCAKDCVCKGGEGAEAEEKKCGCCQ  68
Sheep MT-III        1  MDPEACPCPTGGSTCSDSCKCEGCTCASSKK---SCCPAECEKCAKDCVCKGGEGAEAEEKKCGCCQ  68
Cattle MT-III       1  MDPETCPCPTGGSTCSDPCKCEGCTCASSKKSCCSCCPAECEKCAKDCVCKGGEGAEAEEKKCSCCQ  68
Pig MT-III          1  MDPETCPCPTGGSTCAGSCKCEGCKCTSCKKSCCSCCPAECEKCAKDCVCKGGEGAEAEEKKCSCCQ  68
Human MT-III        1  MDPETCPCPSGGSTCADSCKCEGCKCTSCKKSCCSCCPAECEKCAKDCVCKGGEAAEAEAKCSCCQ   68
Housemouse MT-III   1  MDPETCPCPTGGSTCSDKCKCKGCKCTNCKKSCCSCCPAGCEKCAKDCVCKGEGAKAEAEKCSCCQ   68
Chimpanzee MT-III   1  MDPETCPCPSGGSTCADSCKCEGCKCTSCKKSCCSCCPAECEKCAKDCVCKGGEAAEAEAKCSCCQ   68
Horse MT-III        1  MDPETCPCPTGGSTCSGECKCEGCKCTSCKKSCCSCCPAECEKCAKDCVCKGGEGAEAEEKKCSCCQ  68
Dog MT-III          1  MDPETCPCPTGGSTCDGSCKCEGCKCTSCKKSCCSCCPAECEKCAKDCVCKGGEGTEAEEKCSCCQ   68
```

图6 9个物种MT-Ⅲ氨基酸序列比对结果

Fig. 6 Alignment of amino acid sequences of MT-Ⅲ in nine species

2.4 山羊MT-Ⅲ蛋白质二级结构预测

分别采用Hopfield神经网络模型（HNN）（PBIL LYON-GERLAND数据库）和Jpred3在线分析

山羊MT-Ⅲ蛋白质二级结构，结果表明（图7）绒山羊和奶山羊MT-Ⅲ二级结构相同，由螺旋和不规则卷曲结构组成，其中，在第40~50氨基酸残基和第57~64氨基酸残基处存在明显的螺旋结构，占氨基酸残基的23.53%，其他区域为不规则卷曲结构，占氨基酸残基的76.47%。

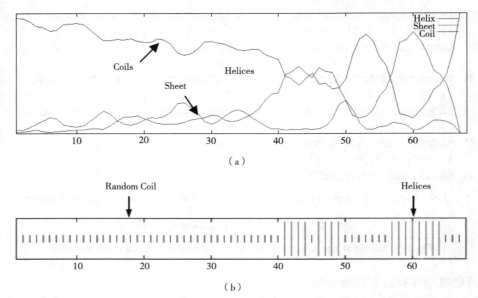

（a）Prediction result from Jpred 3 model，（b）Predictionresult from HNN model

图7　山羊MT-Ⅲ二级结构预测

Fig. 7　GoatMT-Ⅲ Secondary structure prediction

2.5　山羊MT-Ⅲ蛋白质三级结构预测

将绒山羊和奶山羊MT-Ⅲ氨基酸序列分别提交SCRATCH Protein Predictor数据库（http://www.ics.uci.edu/~baldig/scratch）和SWISS-MODEL服务器（http://swissmodel.expasy.org/）进行三级结构预测，结果表明绒山羊和奶山羊三级结构一致。SCRATCH数据库预测获得了完整的MT-Ⅲ蛋白质三级结构（图8A），由位于N端的β-结构域和C端的α-结构域组成，其中，β-结构域由第1~30个氨基酸残基组成，含有8个半胱氨酸，比人和鼠少一个半胱氨酸[8]。α-结构域由34~68个氨基酸残基组成，含11个半胱氨酸残基。两个结构域通过位于第31~33位的KKS三肽序列连接。以鼠MT-Ⅲ蛋白质的α-结构域三级结构（PDB ID：1ji9A）为模板（相似性为86.5%），通过SWISS-MODEL预测获得了山羊MT-Ⅲα-结构域的三级结构（图8B和C），由第32~68氨基酸残基组成，与鼠MT-Ⅲα-结构域三级结构相同，含有11个Cys，且-SH基团均存在于内侧，仅在第40~50氨基酸残基间形成α-螺旋二级结构（图8）。

3　讨论

本研究采用RT-PCR技术首次克隆获得山羊MT-Ⅲ基因编码区全长207bp序列，编码68个氨基酸，与人、鼠[3]、牛和牦牛等物种的长度相同，比绵羊多9bp，与牛相同，但比人和鼠少一个。同时山羊MT-Ⅲ氨基酸序列不含芳香族氨基酸和组氨酸，与MTs高半胱氨酸含量，低分子量（约7kDa）、不含芳香族氨基酸和组氨酸的蛋白特征一致。氨基酸亲水性、跨膜结构域和信号肽分析结果表明，山羊MT-Ⅲ是一个亲水的胞质蛋白，因此，MT-Ⅲ基因的重组表达可以选择原核表达载体来完成。

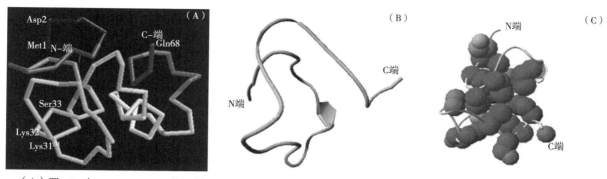

(A) The tertiary structure predicted by SCRATCH Protein Predictor. (B) Thetertiary structure predicted by SWISS-MODEL: Including the 32~68 amino acid residues. (C) Thetertiary structure predicted by SWISS-MODE: Including 32~68 amino acid residues. It is marked only the main chain Cys and electronic distribution, in which red for the S atom and black for other atom

图8 山羊MT-Ⅲ三级结构预测

Fig. 8 The tertiary structure prediction of goat MT-Ⅲ

山羊MT-Ⅲ含有哺乳动物MT-Ⅲ特有的MDPET—CXC—C—CCXCC—CXXC—CXC—EXX-EXE—CXCCX序列特征，与MT-Ⅰ/-Ⅱ比较，在N端第四个氨基酸后插入一个苏氨酸，在C端插入一个酸性的EGAEAE六肽序列[3][15]。氨基酸序列比对也发现，单胃动物第30位的氨基酸残基为保守的半胱氨酸（C），而反刍动物为丝氨酸（S），这是由于在核苷酸序列第88位的碱基T突变为A所致。这一突变位点处在MT-Ⅲβ-结构域，这意味着山羊、绵羊和牛在β-结构域少了一个Cys，从而少了一个-SH，这一差异是否与反刍动物消化生理直接相关值得进一步研究。

山羊MT-Ⅲ蛋白质二级结构以不规则卷曲为主，在第40~50和第57~64氨基酸残基间形成螺旋结构。但采用专门的二级结构与三级结构分析软件获得的结果不尽相同，这是由于2种分析软件所采用的模型不同，专业的二级结构软件预测的依据是电子分布与共价键的情况，而三级结构预测是依据已有序列的相关研究结果，相对而言，对于与模板相似性较高的序列而言，三级结构预测模型获得二级结构结果更加可靠。山羊MT-Ⅲ三级结构预测的结果与鼠的三级结构相似，由α-和β-两个结构域组成，其中，α-结构域在物种间一致，而β-结构域反刍动物少一个保守的半胱氨酸。

参考文献

[1] Hamer D H. Metallothionein[J]. Annu Rev Biochem, 1986, 55: 913-951.

[2] Miles AT, Hawksworth GM, Beattie JH, et al. Induction, regulation, degradation, and biological significance of mammalian metallothioneins[J]. Crit Rev Biochem Mol Biol, 2000, 35: 35-70.

[3] Richard DP, SDFindley, T EWhitmore, et al. MT-Ⅲ, a brain-special member of the metallothionein gene family [J], Proc. Natl. Acad. Sci. USA, 1992, 89: 6 333-6 337.

[4] 季清洲, 任宏伟, 李令媛, 等. 神经生长抑制因子研究进展[J]. 生物化学与生物物理进展, 2000, 27（5）: 488-492.

[5] Mare V, Roger B, Roser G D, et al. A new insight into metallothionein (MT) classification and evolution [J]. J of Biological Chemistry, 2001, 276（35）: 32 835-32 843.

[6] ZhengH, BermanNE, Klaassen CD, etal. Chemical modulation of metallothionein I and Ⅲ mRNA in mouse

brain [J]. Neurochem Int, 1995, 27: 43-58.

[7] Erickson J C, Hollopeter G, Thomas S A. Disruption of the metallothionein-Ⅲ gene in mice: Analysis of brain zinc, behavior, and neuron vulnerability to metals, aging, and seizures[J]. J. Neurosci, 1997, 17: 1 271-1 281.

[8] Uchida Y, Takio K, Titani K, et al. The growth inhibitory factor that is deficient in the Alzheimer's disease brain is a 68 amino acid metallothionein-like protein [J]. Neuron, 1991, 7: 337-347.

[9] Milena P. Metallothioneins are multipurpose neuroprotectants during brain pathology [J]. FEBS Journal, 2006, 273: 1 857-1 870.

[10] GK Helal, O K Helal. Metallothionein attenuates carmustine-induced oxidative stress and protects against pulmonary Wbrosis in rats. Arch Toxicol. DOI 10. 1007/s00204-008-0325-7.

[11] 刘斌, 张利平, 吴建平, 等. 牦牛MT-Ⅰ和MT-Ⅲ基因cDNA3'末端全长的克隆与序列分析[J]. 农业生物技术学报, 2008, 16（4）: 586-592.

[12] JPWu, BYMa, H WRen, et al. Characterization of metallothioneins（MT-Ⅰ and MT-Ⅱ）in the yak. J. Anim. Sci, 2007, 85: 1-6.

[13] 刘斌, 吴建平, 张利平, 等. 牦牛金属硫蛋白Ⅲ（MT-Ⅲ）cDNA分子克隆及序列分析[J]. 甘肃农业大学学报, 2006, 41（4）: 5-10.

[14] Eileen MDW, K LGilby, SEHowlett, et al. Isolation of total cellular RNA from brain tissue[M]. OXFORD: Oxford Practical Approach Series, Oxford University, 2001.

[15] Qi Zheng, Wan-Ming Yang, Wen-Hao Yu, et al. The effect of the EAAEAE insert on the property of human metallothionein-3[J]. Protein Engineering, 2003, 16（12）: 865-870.

荷斯坦奶牛改良黄牛的效果分析

马彦男，刘哲[14]，吴建平，张利平，杨联，朱静

（甘肃民族师范学院，甘肃兰州 730070）

摘 要：为比较荷黄级进杂交后代在生长发育和泌乳性能方面与纯种荷斯坦奶牛的异同，将32头奶牛根据荷斯坦牛血统含量分为3个处理，测定各处理不同月龄体重、体尺指标和泌乳性能。结果表明，随着荷黄级进杂交代数的提高，杂种后代在生长发育和泌乳性能方面与纯种荷斯坦牛的差距逐渐缩小；荷黄级进杂交三代与纯种荷斯坦牛305d产奶量、乳脂率、15月龄体重、体高、胸围、腹围差异不显著（$P>0.05$），从实践意义上观察已经没有区别，适宜在北方农区生产体系中养殖。

关键词：荷斯坦牛；黄牛；杂交；血统含量；生产性能

Effect Analysis of Improving Performance of Yellow Cattle Crossed with Proved Holstein

Ma yan nan, Liu zhe, Wu jian ping, Zhang li ping, Yang lian, Zhu jing

(Faculty of Animal Science and Technology, Gansu Agricultural University, Lanzhou, 730070)

Abstract: Thirty-two dairy cows were divided into three groups according to various blood line of Holstein friesian to compared the difference between pured holstein and descendants by grading hybridization from Yellow cattle and Holstein proven sire in growth and milk performance, Body weight、ruler index of various month-old cows and milk performancewere measured respectively. The results showed that: growth and milk performance gap between pured holstein and descendants by grading hybridization were reduced gradually with the increasing of upgrading; descendants by grading hybridization has no difference with pured Holstein after grading three generation.

Key words: holstein cows, yellow cattle, corssing, bloodline, performance

---

作者简介：马彦男（1985—），男，甘肃临夏人，硕士研究生，从事奶牛遗传育种方面的研究
*通讯作者：吴建平（1960—），男，陕西西安人，教授、博士生导师，主要研究方向为动物遗传育种、家畜生产体系
　　　　　Email：wujp@gsau.edu.cn

引进国外良种奶牛，对建立奶牛核心群、选育优质犊牛、提高奶牛群体单产水平有重要作用，但是，高产荷斯坦奶牛需要高水平的饲养管理才能发挥其潜在的生产性能。而且，引种费用、适应性等都需要考虑，所以，此模式仅适用于规模化奶牛场。对于占奶牛存栏70%左右的散养户[1]来说，通过引种增加经济效益不太现实。在我国现有饲养管理水平下，综合考虑培育成本、产奶量、利用年限、防疫费用等因素，引进的良种奶牛经济效益并不一定高于荷黄高代级进杂种奶牛[2]。因此，针对我国缺乏优质粗饲料、散养户饲养管理水平低的整体现状，培育适应我国北方农区生产体系的良种奶牛、尽快改变以散养为主导的养殖模式对于增加农民收入、生产质优价廉的原料奶具有现实意义。我国黄牛资源丰富，用荷斯坦验证种公牛与良种黄牛级进杂交数代，就可把黄牛逐步改良升级为奶牛[3]。这种杂交改良在提高杂种后代产奶量的同时可保持黄牛耐粗饲、适应性强等优点，具有较高的养殖经济效益[4-6]。

本试验在对级进杂交后代根据荷斯坦牛血统含量准确分组的基础上，通过更为准确、翔实的测定数据，比较荷黄高代杂种在生长发育和泌乳性能方面与纯种荷斯坦奶牛的异同，为选育适应我国北方农区生产体系的良种奶牛提供参考。

1 材料与方法

1.1 试验材料与试验场地

根据荷斯坦牛血统含量将32头奶牛分为3个处理，其中，A组（荷斯坦牛血统含量75%）12头；B组（荷斯坦牛血统含量87.5%）9头；C组（纯种荷斯坦牛）11头。北美荷斯坦验证种公牛冻精购自北京艾格威畜牧技术服务有限公司。

部分试验牛只各项指标测定及前期数据收集工作于2006年10月至2009年2月在甘肃省临洮县华加牧业科技有限公司进行。

1.2 试验方法

产奶牛、育成牛散栏饲养，犊牛单栏饲养。根据中国荷斯坦牛饲养标准，配制不同牛群配方。犊牛阶段每天4kg牛奶，开食料自由采食，开食料采食量达到1.5kg/头·d时即断奶；育成牛阶段玉米黄株青贮自由采食，精料2.5kg/头·d；育成牛体重达到350kg、体高达125cm时配种，平均初配时间为15月龄；使体况在产前1周达到3.5分；泌乳牛玉米全株青贮自由采食，每产2.7kg奶饲喂1kg精料，每日挤奶2次；自由饮水、定期预防接种，保持牛舍环境、卧床卫生。

根据华加牧业科技有限公司的牛只编号进行登记，准确记录配种、分娩、干奶日期。分别在初生、2月龄、4月龄、6月龄、9月龄、12月龄和15月龄测定试验牛只的体重和体尺指标。泌乳牛在每月10日、20日、30日测定产奶量，采集30日的奶样，用浙大UL-40AC乳成分分析仪测定乳成分。

1.3 数据统计与分析

试验数据用SPSS14.0统计软件进行单因素方差分析。

2 结果与分析

2.1 荷斯坦牛血统含量对生长发育的影响

2.1.1 荷斯坦牛血统含量对体重的影响

从表1可见，在各月龄，随着荷斯坦牛血统含量的提高，体重均有升高的趋势。B、C组初生重比A组高10.4%、19.1%，C组显著高于A组（$P<0.05$）。2月龄体重，B、C组比A组分别高13.7%和22.7%；B组显著高于A组（$P<0.05$），C组极显著高于A组（$P<0.01$）。4月龄体重，B、C组比A组

分别高6.3%和16.1%，C组极显著高于A组（$P<0.01$）。15月龄体重，B、C组比A组分别高6.1%和15.2%，各组间差异不显著（$P>0.05$）。

表1　各试验组同龄体重（kg）比较

Table 1　Comparison forBody Weight of Different Month of Age

组别	A（荷斯坦牛血统含量75%）	B（荷斯坦牛血统含量87.5%）	C（荷斯坦牛血统含量100%）
初生	36.6 ± 7.615^a	40.4 ± 3.578^{ab}	43.6 ± 3.578^b
2月龄	67.0 ± 7.635^a	76.2 ± 3.769^b	82.2 ± 9.066^{Ab}
4月龄	109.4 ± 10.267^A	116.4 ± 5.225^{AB}	126.8 ± 6.261^B
6月龄	163.6 ± 19.183	165.8 ± 12.892	175.8 ± 10.159
9月龄	249.0 ± 35.889	252.0 ± 29.665	263.6 ± 7.403
12月龄	297.3 ± 27.732	308.6 ± 33.687	326.4 ± 29.813
15月龄	345.5 ± 41.404	367.0 ± 51.137	382.8 ± 49.201

注：同一生长阶段内同行肩标小写字母无相同表示差异显著，大写字母无相同表示差异极显著

2.1.2　荷斯坦牛血统含量对体尺的影响

从表2可见，体高在2～9月龄组间差异显著或极显著，12月龄和15月龄差异不显著。2月龄，C组比A组高6.3%（$P<0.05$），B组与A组间差异不显著。4月龄，与A组相比，B组、C组比A组分别高2.1%、5.1%，C组显著高于A组（$P<0.05$）。6月龄，C组极显著高于A组和B组（$P<0.01$）。9月龄，C组显著高于A组和B组（$P<0.05$）。12月龄和15月龄，组间差异不显著，但随着荷斯坦牛血统含量的提高，体高有增加的趋势。

荷斯坦牛血统含量对试验牛只体长有一定的影响。4月龄，B组、C组比A组分别高4.8%和3.7%，B组、C组极显著高于A组（$P<0.01$）；6月龄，B组、C组比A组分别高4.9%和4.3%，B组、C组极显著高于A组（$P<0.01$）。15月龄，B组、C组比A组分别高3.2%和3.4%，C组显著高于A组、B组（$P<0.05$）。6月龄以前B组稍占优势，6月龄以后C组有优于B组的趋势。

随着月龄的增大，在一定范围内不同组间胸围的差距逐渐增大。6月龄，C组比A组高3.3%，C组显著高于A组（$P<0.05$）。12月龄，B组、C组比A组分别高4.2%和8.1%，C组极显著高于A组（$P<0.01$）。15月龄，C组极显著地高于A组（$P<0.01$），但与B组之间差异不显著（$P>0.05$）。

荷斯坦牛血统含量不同程度地影响了试验牛只各阶段的腹围。6月龄，C组比A组高4.0%，C组显著高于A组（$P<0.05$）。12月龄，B组、C组比A组分别高4.6%和6.7%，C组显著高于A组、B组（$P<0.05$）。15月龄，C组显著高于A组（$P<0.05$），但与B组之间差异不显著（$P>0.05$）。

表2　各试验组同龄体尺（cm）比较

Table 2　Comparison for Size of Different Month of Age

项目	组别	N	体高（cm）	体长（cm）	胸围（cm）	腹围（cm）
2月龄	A	12	82.5 ± 5.237^a	82.6 ± 3.378	91.0 ± 4.598	90.2 ± 1.789
	B	9	83.2 ± 1.643^{ab}	84.4 ± 3.362	91.4 ± 4.099	95.1 ± 7.12
	C	11	87.2 ± 3.114^b	83.0 ± 3.162	94.2 ± 4.324	95.8 ± 6.458

(续表)

项目	组别	N	体高（cm）	体长（cm）	胸围（cm）	腹围（cm）
4月龄	A	12	91.4 ± 1.673^a	91.0 ± 2.000^B	105.1 ± 2.642	116.2 ± 4.868^a
	B	9	93.4 ± 3.583^{ab}	95.4 ± 1.061^A	107.6 ± 5.177	118.8 ± 7.126^a
	C	11	96.0 ± 1.414^b	94.4 ± 1.673^A	108.4 ± 2.702	126.6 ± 6.387^b
6月龄	A	12	101.8 ± 1.924^a	101.4 ± 1.817^B	117.6 ± 3.050^b	142.8 ± 8.438^a
	B	9	101.8 ± 2.375^a	106.4 ± 2.973^A	119.5 ± 3.505^{ab}	146.0 ± 9.513^{ab}
	C	11	105.8 ± 2.864^A	105.8 ± 2.864^A	122.8 ± 4.087^a	148.5 ± 7.171^b
9月龄	A	12	109.8 ± 2.168^a	112.4 ± 3.847^b	132.8 ± 6.058^b	158.4 ± 4.980^a
	B	9	110.3 ± 3.454^a	117.6 ± 6.567^a	136.5 ± 7.764^{ab}	162.9 ± 9.877^{ab}
	C	11	114.6 ± 1.414^b	118.8 ± 6.611^a	139.0 ± 3.464^a	166.2 ± 5.805^b
12月龄	A	12	117.2 ± 3.421	122.0 ± 4.000^b	143.0 ± 5.916^A	174.4 ± 3.362^a
	B	9	118.6 ± 4.173	127.5 ± 5.014^a	149.0 ± 8.816^{AB}	182.5 ± 8.384^b
	C	11	123.0 ± 7.314	131.0 ± 5.431^a	153.8 ± 9.576^B	186.0 ± 10.173^b
15月龄	A	12	122.0 ± 3.674	133.4 ± 7.925^b	159.8 ± 6.419^A	187.0 ± 9.028^a
	B	9	123.1 ± 4.224	137.6 ± 8.141^a	163.6 ± 6.804^{AB}	197.4 ± 6.391^b
	C	11	125.2 ± 3.633	138.0 ± 8.093^a	167.1 ± 4.912^B	199.6 ± 8.355^b

注：同一生长阶段内同列肩标小写字母无相同表示差异显著，大写字母无相同表示差异极显著

2.2 荷斯坦牛血统含量对泌乳性能的影响

2.2.1 荷斯坦牛血统含量对305d产奶量的影响

随着荷斯坦血统含量的提高，产奶量显著提升（下图）。从表3可见，B组、C组305d产奶量比A组分别高20.42%和23.50%，B组、C组极显著高于A组（$P<0.01$），B组与C组之间差异不显著（$P>0.05$）。

表3 各试验组泌乳性能比较

Table 3 Comparison for 305d Milk Yield and Composition of Different Group

组别	N	305d产奶量（kg）	乳脂率（%）	乳蛋白率（%）	乳糖率（%）
A	12	4 130.4 ± 346.9^A	5.016 ± 0.992^a	3.093 ± 0.085	4.440 ± 0.144
B	9	4 973.9 ± 324.4^B	4.059 ± 0.917^b	2.991 ± 0.136	4.316 ± 0.226
C	11	5 101.4 ± 238.4^B	4.035 ± 0.338^b	3.066 ± 0.092	4.434 ± 0.141

注：同一列肩标小写字母无相同表示差异显著，大写字母无相同表示差异极显著

2.2.2 荷斯坦牛血统含量对乳成分的影响

荷斯坦牛血统含量对乳脂率有显著影响，见下图所示。从表3可见，A组乳脂率与B组、组C之

间差异显著（$P<0.05$），B组与C组之间差异不显著（$P>0.05$）。各组间乳蛋白率和乳糖率差异不显著（$P>0.05$）。

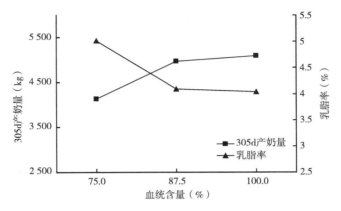

图　荷斯坦牛血统含量对级进杂交后代泌乳性能的影响

Figure　The Effects of Holstein Blood Contents on Milking Performance of Crossbreed

3　讨论

随着月龄的增长，各组体高、体长的差距在减少，而胸围、腹围的差距在增大。可以看出，犊牛从小到大的演变过程是先长高，后加长，最后变的深而宽[7]。罗玉柱等（1996），草食动物成年后的外形并不是按幼畜身体各部分简单地等比例放大，幼畜也不是成年畜的固定缩影，而是各有其特殊的体态结构，先是有关高度方面的体尺（如体高与荐高）生长较多，不久转为有关长度方面的体尺（如体长与颈长）生长占优势，等到成年前后才是有关深度和宽度方面的体尺（如胸深与尻宽）快速生长[7]。

级进杂交改良牛生产性能的发挥要与饲养管理水平相适应[8]。引用北美荷斯坦验证种公牛冻精，使级进杂交后代在体重、体尺、泌乳性能方面有了很大的改善，乳用特征更加明显，但尚有相当一部分改良牛发育不够理想，个体之间差异较大，主要是饲养管理水平方面的问题。初生重A组与C组间差异显著（$P<0.05$）；4月龄体重A组与C组间差异极显著（$P<0.01$），15月龄各组之间差异不显著。原因可能是：在犊牛期由于是单栏饲养，每天除4kg牛奶以外，开食料自由采食；断奶后，不同血统含量的牛只在同一营养水平下饲养，使得改良牛只的生产潜力在饲养后期未得到发挥。因此，对级进杂交改良后代从饲料配方、疫病防治、环境等多方面采取科学的饲养管理方式，遵循生长发育规律，才能获得优质高产奶牛。

尽管人工授精在由黄牛改良到荷斯坦奶牛的过程中起到了重要作用，然而在群体的持续改良和提高方面却没有及时跟进，国外优秀公牛的核心和巨大作用并没有得到充分利用[9]。我国的公牛培育、纯种系谱注册登记、牛奶分析记录、体型外貌鉴定和种牛遗传评估系统等工作与国外相比，还存在相当差距，这是造成我国奶牛群体品质差的主要原因[10]。因此，引导和鼓励奶农使用验证公牛冻精，使群体改良由家系水平过渡到个体水平，培育更为理想的后代是提升养殖效益的根本保证[11]。我国应加快青年公牛后裔测定方面的工作，培育具有自主知识产权的验证公牛，改变频繁引种、长期进口遗传物质的局面。农业部于2008年4月制订了2008—2020年中国奶牛群体遗传改良计划[12]，必将对加快我国奶牛良种化产生深远影响。

4 结论

随着荷黄级进杂交代数的提高，杂种后代在生长发育和泌乳性能方面与纯种荷斯坦牛的差距逐渐缩小，北美荷斯坦验证种公牛在黄牛级进杂交改良中表现出它特有的品种优势。荷黄级进杂交三代与纯种荷斯坦牛305d产奶量、乳脂率、15月龄体重、体高、胸围、腹围差异不显著（$P>0.05$），从实践意义上观察已经没有区别，适宜在北方农区生产体系中养殖。

参考文献

[1] 张永根，李胜利，曹志军，周鑫宇. 奶牛散养户长期存在的必然性和未来出路的思考[J]. 中国畜牧杂志，2009，45（2）：50-55.

[2] 赵家明，王鹏武，李春梅，许煜泰. 当前奶牛引种存在的问题及对策措施[J]. 云南农业，2008（8）：20.

[3] 袁德军. 用优质公牛冻精进行牛品种改良效果观察[J]. 中国奶牛，2008（12）：69-70.

[4] 安宁，余建国，赵青春. 荷斯坦牛改良土种黄牛效果分析[J]. 中国奶牛，2007（1）：63.

[5] B. J. Heins, L. B. Hansen and A. J. Seykora. Calving Difficulty and Stillbirths of Pure Holsteins versus Crossbreds of Holstein with Normande, Montbeliarde, and Scandinavian Red[J]. Journal of Dairy Science, 2006（89）: 2 805-2 810.

[6] B. J. Heins, L. B. Hansen, A. J. Seykora, et al. Crossbreds of Jersey x Holstein Compared with Pure Holsteins for Production, Fertility, and Body and Udder Measurements During First Lactation[J]. Journal of Dairy Science, 2008（91）: 1 270-1 278.

[7] 罗玉柱. 山羊育种原理与实践[M]. 兰州：甘肃科学技术出版社，1996，113-126.

[8] 昝林森. 牛生产学[M]. 北京：中国农业出版社，2007.

[9] 张文灿，张廷青，张家骅. 中国发展千万头优质奶牛的战略思考[J]. 畜牧兽医科学，2003，19（5）：20-24.

[10] 张文灿，徐捷，张廷青. 利用优良遗传资源和先进的育种技术加快中国奶牛群体遗传改良[J]. 中国乳业，2006（10）：40-43.

[11] 张文灿，徐捷，张廷青. 利用优良遗传资源和先进的育种技术加快中国奶牛群体遗传改良[J]. 中国乳业，2006（11）：35-36.

[12] 中国奶牛群体遗传改良计划（2008—2020年）[J]. 中国奶牛，2008（4）：4-7.

牦牛生长激素基因cDNA分子克隆及序列分析

杨联,吴建平,张利平,王磊,刘孟洲

(甘肃农业大学动物科学技术学院,兰州 730070)

摘 要:生长激素对动物的生长发育起重要作用。本文根据GeneBank中登录的牛、山羊和绵羊等动物的生长激素基因序列的比对结果,设计特异性引物,分别从甘南黑牦牛和天祝白牦牛脑垂体中提取RNA,采用RT-PCR技术克隆,测序获得707bp的片段,分析表明该片段包含牦牛生长激素基因完整的开放阅读框,长654bp,编码217个氨基酸。与牛的核苷酸序列相比,牦牛第607位碱基为A,而牛为C,但这一碱基差异并未导致氨基酸残基的变化,均编码精氨酸。牦牛生长激素基因编码区序列与牛、山羊、绵羊、马、猪、猫和犬的同源性分别为99.8%、98.6%、97.7%、90.6%、90.1%、89.1%和88.9%,氨基酸序列同源性分别为100%、99.1%、98.6%、88.9%、88.5%、88.9%和89.4%,表明生长激素基因在进化上非常保守。基于CDS序列和氨基酸序列建立的系统进化树结果一致,并与比较形态学和比较生理学分类结果一致。

关键词:牦牛;生长激素基因cDNA;克隆;序列分析

Cloning and Sequence Analysis of Growth Hormone Gene in Yak

Yang Lian, Wu Jian ping, Zhang Li ping, Wang Lei, Liu Men zhou

(Faculty of Animal Science and Technology, Gansu Agricultural University, Lanzhou, 730070)

Abstract: The main biological role of GH invertebrates is the stimulation of growth, the objective of this study is to clone the GH gene in yak and sequence analysis. A pair of specific PCR primers were designed according to the alignment result of growth hormone (GH) gene among cattle, goat and sheep from GeneBank. Total RNA was extracted from both white Yak and black Yak pituitary gland, a fragment with 707bp was got by RT-PCR amplifying and sequencing, in which included a complete open reading

---

本研究受甘肃省科技攻关项目(2GS042-A41-001-04)和教育部春晖计划(S2004-1-62021)资助

frame with 654bp, and it encoded 217 AA. Compare nucleotide sequence with cattle, there was only a base difference, which the 607th base was A in yak, but C in cattle, and this difference did not led to AA change, and both encoded Arg.The nucleotide sequences of yak shared 98%, 97%, 96%, 92%, 91%, 90%, 89%, 88% and 86% sequence similarity with cattle, goat, sheep, horse, pig, cat and dog respectively, and the AA sequences shared 98%, 97%, 96%, 92%, 91%, 90%, 89%, 88% and 86% sequence similarity respectively, it showed the growth hormone was very conservative. The phylogeny of growth hormone from nucleotide and AA sequence were same, and was also consistent with the result of morphology and physiology.

Key words: Yak, cDNA of growth hormone, cloning, sequence analysis

生长激素（growth hormone，GH）是由垂体前叶分泌的单链多肽激素，广泛存在于各种脊椎动物。GH能促进动物生长发育，具有增加动物的体重、产毛量、产乳量、提高饲料转化效率和瘦肉率等重要功能[14]。Gluckman等认为生长激素还直接或间接通过类胰岛素生长因子促进新陈代谢，如细胞分裂、骨骼肌生长与蛋白质的合成[4]。外源生长激素基因在肉牛生产中的应用研究证明了上述观点，即使用外源生长激素降低了体脂肪的比例，而体蛋白含量增加[8]。研究表明，哺乳动物和鸟类的生长激素基因由5个外显子4个内含子组成[3][12][1][2]。Lucy等研究表明牛生长激素基因第五外显子存在多态性，且不同基因型个体瘦肉产肉量存在差异，可以作为牛胴体品质的候选标记基因[9][5]。

牦牛是青藏高原特有的畜种之一，是当地农牧民主要的生产与生活资料，是经过长期自然选育和人工选育而成的特有畜种。牦牛生产水平低，成年体重210～270kg，2周岁平均日增重约150g/d，公牛略高于母牛，肉嫩度差，但瘦肉含量高。基于生长激素的促生长作用，有必要对牦牛的生长激素基因进行研究。欧江涛等克隆了牦牛生长激素基因的部分序列，并进行多态性研究表明牦牛生长激素基因的多态性比较贫乏[13]。目前尚未见牦牛生长激素基因编码区全序列的相关报道。本文采用RT-PCR技术克隆了牦牛脑垂体生长激素基因编码区全序列，并进行了序列分析与分子进化分析。

1 材料与方法

1.1 试验材料

1.1.1 试验样品

研究用组织为黑牦牛和天祝白牦牛脑垂体，分别采自甘肃省甘南藏族自治州和天祝县。取屠宰后的牦牛头，打开头骨取整个脑垂体置液氮中保存备用。

1.1.2 质粒和菌株

克隆用载体pGEM®-T，购自Promega公司，菌株为E.Coli. JM109，购自大连宝生物有限责任公司。

1.1.3 试剂

TRIzol® Reagent Invitrogen公司（GIBCOBRL），DEPC（Sangon），RNA PCR Kit（AMV）Ver. 3.0（TaKaRa），DNA快速纯化回收试剂盒（安徽优晶生物工程有限公司），Taq DNA Polymerase（TaKaRa），T4 DNA Ligase（Promega），DNA Marker DL 2000（TaKaRa），Ribonuclease Inhibitor（TaKaRa），AMV Reverse Transcriptase（Promega）、X-gal、IPTG（北京拜尔迪生物技术有限公司）。

1.1.4 主要仪器设备

2720型PCR仪（ABI）、高速低温离心机（Micro 17 TR）、SW-CJ-LB标准型超净工作台（苏净集团），高温灭菌锅（上海三申），凝胶成像系统（VILBER），THZ-98A恒温振荡箱（上海一恒），-80℃低温冰箱（Thermo）等。

2.1 试验方法

2.1.1 组织总RNA提取

采用TRIzol法提取牦牛脑垂体总RNA，具体操作按试剂盒说明进行。将提取的RNA样品直接用于反转录或保存在-70℃备用。

2.1.2 PCR引物设计

在NCBI上分别搜索获得牛（EF154193.1）、羊（X15976.1）、山羊（EF451797.1）、猪（AY536527）和马（NM_001081948）的生长激素基因序列，并进行多序列比对后分别在编码区上游和下游用Primer 5设计引物，设计引物为Ybgh1：5'-GACCCAGTTCACCAGACGA-3'，Ybgh2：5'-GGCAACTAGAAGGCACAGC-3'。

2.1.3 RT-PCR

用RNA PCR Kit（AMV）Ver. 3.0（TaKaRa）进行RT-PCR反应。以脑垂体总RNA为模板，分别用Random 9mers和Oligo dT primer进行反转录，其中以Oligo dT primer效果较好（图1）。然后采用设计的特异引物进行PCR反应，反应条件为95℃预变性4min，然后进入PCR循环，即94℃时30sec，60℃ 1min，72℃ 1min，共35个循环，之后72℃ 8min。反应结束后，取反应液5μL进行琼脂糖凝胶电泳，确认反应产物，冷冻保存备用。

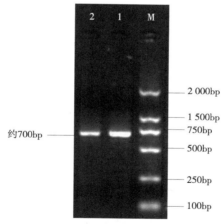

M：DNA markes；1：用Oligo dt primer进行RT-PCR结果；2.Random 9mere RT-PCR结果

图1 RT-PCR电泳图

2.1.4 目的基因克隆与测序

回收PCR产物后，将目的片段与载体pGEM®-T连接，然后转染到E. coli. JM109。涂于琼脂平板过夜培养，挑取阳性菌落，扩培，提取质粒进行菌落PCR鉴定后送宝生物工程（大连）有限公司测序。

2.1.5 序列分析与系统发育树

将测序结果通过BLAST软件blastn进行核苷酸同源性搜索，采用DNAMAN6.0软件进行序列比对与同源性分析，采用MEG4.0软件构建系统发生树。

2 结果与分析

2.1 RT-PCR

利用设计的特异性引物（Ybgh1和Ybgh2）扩增目的DNA，获得约700bp的片段，预期目的片段长度为707bp，所以该片段可能是目的片段（图1）。对其进行回收后与载体连接，转化，测序。

2.2 测序结果与序列分析

测序结果长度为707bp，在BLAST搜索证明获得序列为牦牛的生长激素基因序列，含牦牛GH基因CDS全长，其中，CDS序列位于49～702间，长度为654bp，编码217个氨基酸（图2）。

```
1    ATG ATG GCT GCA GGC CCC CGG ACC TCC CTG CTC CTG GCT TTC GCC    45
1     M   M   A   A   G   P   R   T   S   L   L   L   A   F   A    15
46   CTG CTC TGC CTG CCC TGG ACT CAG GTG GTG GGC GCC TTC CCA GCC    90
16    L   L   C   L   P   W   T   Q   V   V   G   A   F   P   A    30
91   ATG TCC TTG TCC GGC CTG TTT GCC AAC GCT GTG CTC CGG GCT CAG   135
31    M   S   L   S   G   L   F   A   N   A   V   L   R   A   Q    45
136  CAC CTG CAT CAG CTG GCT GCT GAC ACC TTC AAA GAG TTT GAG CGC   180
46    H   L   H   Q   L   A   A   D   T   F   K   E   F   E   R    60
181  ACC TAC ATC CCG GAG GGA CAG AGA TAC TCC ATC CAG AAC ACC CAG   225
61    T   Y   I   P   E   G   Q   R   Y   S   I   Q   N   T   Q    75
226  GTT GCC TTC TGC TTC TCT GAA ACC ATC CCG GCC CCC ACG GGC AAG   270
76    V   A   F   C   F   S   E   T   I   P   A   P   T   G   K    90
271  AAT GAG GCC CAG CAG AAA TCA GAC TTG GAG CTG CTT CGC ATC TCA   315
91    N   E   A   Q   Q   K   S   D   L   E   L   L   R   I   S   105
316  CTG CTC CTC ATC CAG TCG TGG CTT GGG CCC CTG CAG TTC CTC AGC   360
106   L   L   L   I   Q   S   W   L   G   P   L   Q   F   L   S   120
361  AGA GTC TTC ACC AAC AGC CTG GTG TTT GGC ACC TCG GAC CGT GTC   405
121   R   V   F   T   N   S   L   V   F   G   T   S   D   R   V   135
406  TAT GAG AAG CTG AAG GAC CTG GAG GAA GGC ATC CTG GCC CTG ATG   450
136   Y   E   K   L   K   D   L   E   E   G   I   L   A   L   M   150
451  CGG GAG CTG GAA GAT GGC ACC CCC CGG GCT GGG CAG ATC CTC AAG   495
151   R   E   L   E   D   G   T   P   R   A   G   Q   I   L   K   165
496  CAG ACC TAT GAC AAA TTT GAC ACA AAC ATG CGC AGT GAC GAC GCG   540
166   Q   T   Y   D   K   F   D   T   N   M   R   S   D   D   A   180
541  CTG CTC AAG AAC TAC GGT CTG CTC TCC TGC TTC CGG AAG GAC CTG   585
181   L   L   K   N   Y   G   L   L   S   C   F   R   K   D   L   195
586  CAT AAG ACG GAG ACG TAC CTG CGG GTC ATG AAG TGC CGC CGC TTC   630
196   H   K   T   E   T   Y   L   R   V   M   K   C   R   R   F   210
631  GGG GAG GCC AGC TGT GCC TTC TAG                               654
211   G   E   A   S   C   A   F   *
```

图2 牦牛生长激素基因CDS序列及其编码的氨基酸序列

牦牛与牛生长激素基因核苷酸序列比较（图3）可见，牦牛第607位碱基为的A，而牛的为C，但这一碱基差异并导致氨基酸变化，均编码精氨酸。

```
Yak    1   ATGATGGCTGCAGGCCCCCGGACCTCCCTGCTCCTGGCTT 40……
Cattle 1   ---------------------------------------- 40……

Yak    600 TACCTGCGGGTCATGAAGTGCCGCCGCTTC……TTCTAG 654
Cattle 600 ------a----------------------------…---- 654
```

图3 牦牛和牛生长激素基因序列CDS序列比较

2.3 牦牛与几种哺乳动物生长激素基因CDS序列和氨基酸序列比对与同源性分析

表1 同源性搜索结果表

登录号	物种	学名	核苷酸序列同源性（%）	氨基酸序列同源性（%）
NM_180996	牛	Bos Taurus	99.8	100
Y00767	山羊	Capra hircus	98.6	99.1
NM_001009315	绵羊	Ovis aries	97.7	98.6
NM_001081948	马	Equus caballus	90.6	88.9
NM_213869	猪	Sus scrofa	90.1	88.5
NM_001009337	猫	Felis catus	89.1	88.9
NM_001003168	犬	Canis familiaries	88.9	89.4

通过BLASTn在Reference mRNA sequences数据库进行核苷酸同源性搜索，并将其序列翻译成氨基酸序列，其核苷酸序列和氨基酸序列同源性分析结果见表1，氨基酸序列比对结果见图4。牦牛生长激素基因编码区序列与牛、山羊、绵羊、马、猪、猫和犬的同源性分别为99.8%、98.6%、97.7%、90.6%、90.1%、89.1%和88.9%，氨基酸序列同源性分别为100%、99.1%、98.6%、88.9%、88.5%、88.9%和89.4%。表明生长激素基因在进化上非常保守，牦牛与牛的氨基酸序列完全一致。

```
Yak    1 MMAAGPRTSLLLAFALLCLPWTQVVGAFPAMSLSGLFANAVLRAQHLHQLAADTFKEFERTYIPEGQRYSIQ 72
Cattle 1 ---------------------------------------------------------------------- 72
Goat   1 ----------t----------------------------------------------------------- 72
Sheep  1 ----------t----------------------------------------------------------- 72
Horse  1 .-------v----g-------p-d-------p-s------------------y----a------------ 71
Dog    1 .---s--n-v-----------p-e-------p-s------------------y----a------------ 71
Cat    1 .---n--n-v-----------p-e--t----p-s------------------y----a------------ 71
Pig    1 v---------------------e---lg--p-s-------------------y----d-p---------- 72

Yak      NTQVAFCFSETIPAPTGKNEAQQKSDLELLRISLLLIQSWLGPLQFLSRVFTNSLVFGTSDRVYEKLKDLEEGI 146
Cattle   ------------------------------------------------------------------------- 146
Goat     ------------------------------------------------------------------------- 146
Sheep    ------------------------------------------------------------------------- 146
Horse    -a-a------------d----r-m---f----------------v-l-----------------------r- 145
Dog      -a-a------------d----r-v---f----------------v------------------------r- 145
Cat      -a-a------------d----r-v---f----------------v------------------------r- 145
Pig      -a-a------------d----r-v---f----------------v------------------------r- 146

Yak      LALMRELEDGTPRAGQILKQTYDKFDTNMRSDDALLKNYGLLSCFRKDLHKTETYLRVMKCRRFGEASCAF 217
Cattle   ------------------------------------------------------------------------- 217
Goat     -------v---------------------------------------------------------------- 217
Sheep    -------v---------r------------------------------------------------------ 217
Horse    q-------s--------------l-------------------k----a----------v-s---- 216
Dog      q-------s--------------l-------------------k----a----------v-s---- 216
Cat      q-------s--g-----------l-------------------k----a----------v-s---- 216
Pig      q----------------------l-------------------k----a----------v-s---- 217
```

图4 牛、山羊、绵羊、马、猪、猫和犬的氨基酸序列比对结果

2.4 基于牦牛生长激素基因CDS序列和氨基酸序列的分子进化分析

基于生长激素基因编码区序列和氨基酸序列建立的系统进化树分别见图5和图6，由核苷酸序列与氨基酸序列的建立的系统进化树结果一致，该分类结果与形态学分类结果一致[15]。

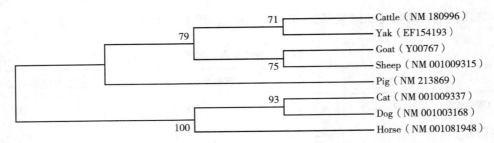

图5　牦牛等8种哺乳动物生长激素基因CDS NJ系统进化树

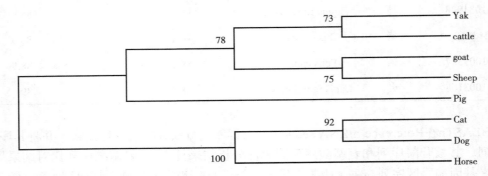

图6　牦牛等8种哺乳动物生长激素基因CDS NJ系统进化树

3　讨论

本研究从牦牛脑垂体克隆出其生长激素基因CDS序列，由654个碱基组成，含有起始密码子ATG和终止密码子GAT，编码217个氨基酸，这与牛、山羊、绵羊和猪一致，而犬、猫和马为216个，且与牛的生长激素氨基酸序列完全一致。表明在生长激素组成上牦牛与牛没有差异，牦牛的生长发育可能取决于生长激素分泌量、环境及营养状况等其他因素。研究表明，牛生长激素第127位的氨基酸残基对生长激素的释放具有较大影响，Leu/Leu基因型的娟姗牛生长激素的释放比Leu/Val高57%，而Leu/Val比Val/Val高53%。但丹麦红牛和荷斯坦牛的Leu/Leu和Leu/Val基因型间生长激素的释放没有差异[10]，有必要对牦牛该位点的多态性及其与生长释放的相关研究。

生长激素基因序列和氨基酸序列的比对和同源性分析表明牦牛的生长激素在进化上高度保守。基于生长激素CDS序列和氨基酸序列建立的系统树结果一致，且与比较形态学和比较生理学的分类结果保持一致。分子进化是研究生物系统发育的方法之一，以重建生物系统发育树，分子进化研究的对象主要是对生物发育起调控作用的基因[7]。研究表明，生长激素在不同动物间的保守性很高，并用于研究不同物种间的进化关系，Wallis等（2006）分析了灵长类动物生长激素家族基因的进化[11]，Buggioti（2005）和Liu（2001）分析了鸟类生长激素基因的进化[2][6]，因此，生长激素基因可以作为研究动物分子进化关系研究的基因。

参考文献

［1］　Barta A, Richards RI, Baxter JD, Shine J（1991）Primary structure and evaluation of rat growth hormone gene[J]. Proc Natl Acad Sci, 78: 4 867-4 871.

[2] Buggioti L, Primmier CR (2006) Molecular evolution of the avian growth hormone gene and comparison with its mammalian counterpart[J]. J Evol Biol, 19: 844-854.

[3] De Noto FM, Moore DD, Goodman HM (1981) Human growth DNA sequence and mRNA structure: possible alternative splicing[J]. Nucl Acids Res, 9: 3 719-3 730.

[4] Gluckman, P. D., Breier, B. H. and Davis, S. R. 1987. Physiology of the somatotropic axis with particular reference to the ruminant[J]. Journal of Dairy Science, 70: 442-466.

[5] Grochowska, R., A. Lundén, L. Zwierzchowski, M. Snochowski and J. Oprza dek, 2001, Association between gene polymorphism of growth hormone and carcass traits in dairy bulls[J]. Animal Science, 2001, 72: 441-447.

[6] Liu J. C, K. D. Makova, R. M. Adkins, S. Gibson, and W. -H. Li, 2001, Episodic Evolution of Growth Hormone in Primates and Emergence of the Species Specificity of Human Growth Hormone Receptor, Mol[J]. Biol. Evol, 18(6): 945-953.

[7] Michael D. P., 1998, The molecular evolution of development[J]. BioEssays, 20: 700-711.

[8] Neathery, M. W., Crowe, C. T., Hartnell, G. F., Veenhuizen, J. J., Reagan, J. O. and Blackmon, D. M. 1991. Effects of sometribove on performance, carcass composition and chemical blood characteristics of dairy calves[J]. Journal of Dairy Science, 74: 3 933-3 939.

[9] Oprzadek, J., Dymnicki, E., Zwierzchowski, L. and L. ukaszewicz, M. 1999. The effect of growth hormone (GH), -kasein (CASK) and -lactoglobulin (BLG) genotypes on carcass traits in Friesian bulls. Animal Science Papers and Reports — PolishAcademy of Sciences[J]. Institute of Genetics and Animal Breeding, Jastrzebiec, 17: 85-92.

[10] Sørensen P., R. Grochowska, L. Holm, M. Henryon, and P. Løvendahl (2002), Polymorphism in the Bovine Growth Hormone Gene Affects Endocrine Release in Dairy Calves, J[J]. Dairy Sci, 85: 1 887-1 893.

[11] Wallis O. C., Michael Wallis, Evolution of Growth Hormone in Primates: The GH Gene Clusters of the New World Monkeys Marmoset (Callithrix jacchus) and White-Fronted Capuchin (Cebus albifrons).

[12] Woychik RP, Camper SA, Lyons RH, Horowitz S, Goodwin EC, Rottman FM (1982) Cloning and nucleotide sequencing of the bovine growth hormone gene[J]. Nucl Acids Res, 10: 7 197-7 210.

[13] 欧江涛, 钟金城, 赵益新, 陈智华, 牦牛生长激素基因的测序和多态性研究[J]. 黄牛杂志, 2003, 29(2): 9-12.

[14] 孙逊, 朱尚权, 生长激素的结构与功能[J], 国外医学生理、病理科学与临床分册, 1999, 19(1): 6-9.

[15] 郑作新, 脊椎动物分类学纲要[M]. 正中书局, 1948.

基于EXCEL的奶牛体型外貌线性评分系统

马彦男[1,7]，吴建平，朱静

（甘肃民族师范学院，甘肃合作 747000）

摘　要：利用EXCEL简单、方便的函数功能和录制宏功能，自动检索奶牛体型外貌线性评分并转化成相应的功能分，再根据各性状不同的权重转化为个体之间可相互比较的百分制数值；该程序可对牛群分别进行乳房排序、体躯结构排序、肢蹄排序、乳用特征排序和整体排序，能快速、准确地对奶牛的生产性能做出客观、科学的评判，并为选配提供一定的参考依据。

关键词：奶牛；EXCEL；线性外貌评分；宏

Application of Excel in Dairy Cow Type Linear Appraisal

Ma Yan nan, Wu Jian ping, Zhu Jing

(Faculty of Animal Science &Technology, Gansu Agricultural University, Lanzhou, 730070)

Abstract: this article using the function performance and recording macro function of EXCEL, automatic retrieval the dairy cow type linear appraisal, then according the different weight of each character, converted into percent that can compared with each other.this system can sequenced respectively for udder、body-structure、limb-hoof、dairy form and total performance index to dairy herd.
It can make objective and scientific evaluation for porduction performance Rapidly and accurately, provided some reference basis for mating, also.
Key words: Dairy; EXCEL; Type Linear Appraisal; Macro

现代奶牛育种主要从生产性能和体型两方面对乳牛进行评定。美国在1989年7月开始执行的总

作者简介：马彦男（1985—），男，甘肃临夏人，硕士研究生，从事动物遗传育种与繁殖方面的研究
通讯作者：吴建平（1960—），男，甘肃临洮人，博士生导师，主要研究方向为动物遗传育种、家畜生产体系

性能指数（TPI）育种方案中，体型与乳蛋白和乳脂量占相等的权重，而加拿大从1988年8月起使用的总遗传值指数（Total Genetic Merit）中，体型占权重的50%，体型的重要性放到了与生产性能同等重要的地位。随着机械化、集约化程度的提高，要求有标准体型的乳牛，以适应机械化挤奶和高效的生产管理。实践证明，具备适宜体型的牛群生产性能好，经济效益高。许多试验也证明，体型性状的表现与健康状况、寿命及繁殖率都有很大的相关。通过体型评定，可以缩短育种年限，提早选育公牛。由此可见，奶牛体型外貌评定对奶牛生产性能的发挥及经济效益的提高起着明显作用。

1 9分制外貌评分概述

自1982年美国、加拿大乳牛体型线性鉴定公布应用以来，很快得到了多数国家的承认、推广和发展。中国奶业协会依据我国实际，于2002年研究确定了在全国推广使用的中国荷斯坦牛体型线性鉴定9分制评分法。

根据中国荷斯坦牛体型线性鉴定9分制评分法，将体躯结构、尻部、肢蹄、乳房、乳用特征五个鉴定部位分为23个性状。这23个性状为：体高、前段、体躯大小、胸宽、体深、腰强度、尻角度、尻宽、蹄角度、蹄踵深度、骨质地、后肢侧视、后肢后视、乳房深度、乳房质地、中央悬韧带、前乳房附着、前乳头位置、后乳头位置、乳头长度、后乳房附着高度、后乳房附着宽度、棱角性。

2 程序功能

将评分结果输入EXCEL后，利用其强大的运算功能和简单、方便的函数功能，自动检索奶牛体型外貌线性评分并转化成相应的功能分，根据各部位不同的权重再转化为个体之间可相互比较的百分制数值。本程序可对牛群分别进行乳房排序、体躯结构排序、肢蹄排序、乳用特征排序和整体排序，能快速、准确地对奶牛的生产性能和出售价格做出客观、科学的评判，并为选配提供一定的参考依据。

3 奶牛体型外貌线性评分系统的编制

新建一个EXCEL工作表，将其Sheet1（工作表1）命名为"线性评分"，Sheet2（工作表2）命名为"功能分转换表"，Sheet3（工作表3）命名为"体型排序表"。下面就各工作表的编制做一介绍。

3.1 线性评分表的编制

线性评分表记录乳牛评分的原始资料，为功能分的计算提供数据，因此，评分表不含有复杂的计算功能。

在A4~A14单元格依次输入乳房系统评分、前乳头位置、后乳头位置、乳房深度（1~2胎次）、乳房深度（3胎次以上）、乳房质地、中央悬韧带、前乳房附着、乳头长度、后乳房附着高度、后乳房附着宽度；A16~A26单元格中依次输入体躯结构评分、体高（<30月龄）、体高（>30月龄）、前段、体躯大小（1~2胎次）、体躯大小（3胎次以上）、胸宽、体深、腰强度、尻角度、尻宽；A28~A33单元格中依次输入肢蹄评分、蹄角度、蹄踵深度、骨质地、后肢侧视、后肢后视；A35~A39单元格中依次输入乳用特征评分、棱角性、骨质地、乳房质地、胸宽；B4~IQ4单元格中依次输入评测牛只号（1~250）。

由于乳用特征中的乳房质地、胸宽、骨质地在A9、A22、A31中出现过，为避免重复数据输入工作，使B37等于B31、B38等于B9、B39等于B22，并通过相对引用使得B37：IQ37等于

B31：IQ31、B38：IQ38等于B9：IQ9、B39：IQ39等于B22：IQ22。

3.2 功能分转换表的编制

将线性评分工作表中的A4～A39拷贝到功能分转换表A4～A39中、功能分转换表中的B3等于评分工作表中的B4，并通过相对引用使得：B3：IQ3等于评分工作表中的B4：IQ4，即将所有牛号引入功能分转换表中。

查表1，在功能分转换表B5单元格中输入1号牛前乳头位置评分转化功能分公式：

=IF（线性评分!B5=2，65，IF（线性评分!B5=3，75，IF（线性评分!B5=4，80，IF（线性评分!B5=5，85，IF（线性评分!B5=6，90，IF（线性评分!B5=7，85，IF（线性评分!B5=8，80，IF（线性评分!B5=9，75，"w"））））））））。

在功能分转换表B6单元格中输入1号牛后乳头位置评分转化功能分公式。

=IF（线性评分!B6=2，60，IF（线性评分!B6=3，65，IF（线性评分!B6=4，75，IF（线性评分!B6=5，90，IF（线性评分!B6=6，75，IF（线性评分!B6=7，70，IF（线性评分!B6=8，65，IF（线性评分!B6=9，55，"w"））））））））。

表1 功能分转换表

Table 1 Linear Appraisal Converted Function Score

性状	线性分转化功能分								
	1	2	3	4	5	6	7	8	9
体高	57	64	70	75	85	90	95	100	95
前段	56	64	68	76	80	90	100	90	85
胸宽	55	60	65	70	75	80	85	90	95
体深	56	64	68	75	80	90	95	90	85
尻宽	55	60	65	70	75	79	82	90	95
蹄角度	56	64	70	76	81	90	100	95	85
骨质地	57	64	69	75	80	85	90	95	100
棱角性	57	64	69	74	78	81	85	90	95
腰强度	55	60	65	70	75	80	85	90	95
尻角度	55	62	70	80	90	80	75	70	65
蹄踵深度	57	64	69	75	80	85	90	95	100
后肢侧视	55	65	75	80	95	80	75	65	55
后肢后视	57	64	69	74	78	81	85	90	100
乳房质地	55	60	65	70	75	80	85	90	95
乳头长度	55	60	65	75	80	75	70	65	55
前乳头位置	57	65	75	80	85	90	85	80	75
后乳头位置	55	60	65	75	90	75	70	65	55

（续表）

性状	线性分转化功能分								
	1	2	3	4	5	6	7	8	9
中央悬韧带	55	60	65	70	75	80	85	90	95
前乳房附着	55	60	65	70	75	80	85	90	95
后乳房附着高度	55	65	70	75	80	85	90	95	100
后乳房附着宽度	55	65	70	75	80	85	90	95	100
体躯大小	55	60	65	75	80	80	90	95	100
乳房深度	55	65	75	85	95	85	75	65	55

将此公式相对引用到1号牛其他所有性状对应的单元格中，并且根据表1，修改各性状线性评分所对应的功能分。完成1号牛所有性状评分转换后，选中B5，将鼠标移动到B5右下角变为黑十字后，向后拖动到IQ5，完成所有牛只前乳头位置评分与功能分转换；选中B6，将鼠标移动到B6右下角变为黑十字后，向后拖动到IQ6，完成所有牛只后乳头位置评分与功能分转换；按上述方法依次完成牛群所有性状评分与功能分之间的转换。

3.3 鉴定部位得分计算

在A15、A27、A34、A40、A41单元格中分别输入"乳房得分""体躯得分""肢蹄得分""乳用性能得分""总分"。

根据表2提供的各性状在不同结构中所占权重[1]，B15单元格（1号牛乳房得分）等于泌乳系统、前乳房结构、后乳房结构中包含的所有性状乘以相应的权重，由于在B7、B8单元格只能选择其一，所以，使用IF函数进行选择，即：

B15=IF（B7="w"，B8×0.024+B9×0.028+B10×0.028+B11×0.063+B5×0.028+B12×0.007+B8*0.011 2+B9×0.016 8+B10×0.014+B13×0.041 4+B14×0.041 4+B6×0.025 2+B8×0.021 6+B9×0.025 2+B10×0.025 2，B7×0.02 4+B9×0.028+B10×0.028+B11×0.063+B5×0.028+B12×0.007+B7×0.011 2+B9×0.016 8+B10×0.014+B13×0.041 4+B14×0.041 4+B6×0.025 2+B7×0.021 6+B9×0.025 2+B10×0.025 2）；

选中B15，将鼠标移动到B15右下角变为黑十字后，向后拖动到IQ15，计算所有牛只乳房得分。

B27单元格（1号牛体躯得分）等于尻部结构、体躯结构中包含的所有性状乘以相应的权重，由于A17、A18和A20、A21单元格只能选择其一，使用IF函数进行选择。

B27=IF（AND（B18="w"，B21="w"），B17×0.027+B19×0.014 4+B20×0.036+B22×0.052 2+B23×0.036+B24×0.014 4+B25×0.036+B26×0.042+B24×0.022，IF（AND（B17="w"，B20="w"），B18×0.027+B19×0.014 4+B21×0.036+B22×0.052 2+B23×0.036+B24×0.014 4+B25×0.036+B26×0.042+B24×0.022，B18×0.027+B19×0.014 4+B20×0.036+B22×0.052 2+B23×0.036+B24×0.014 4+B25×0.036+B26×0.042+B24×0.022））；

表2 各性状在不同结构中所占权重

Table 2　the power of each character in different structure

部位	结构	性状	权重（%）	部位	结构	性状	权重（%）
体躯部位	尻部结构	尻角度	3.60	乳房部位	泌乳系统	乳房深度	2.40
		尻宽	4.20			乳房质地	2.80
		腰强度	2.20			中央悬韧带	2.80
	体躯结构	体高	2.70		前乳房结构	前乳房附着	6.30
		前段	1.44			前乳头位置	2.80
		体躯大小	3.60			乳头长度	0.70
		胸宽	5.22			乳房深度	1.12
		体深	3.60			乳房质地	1.68
		腰强度	1.44			中央悬韧带	1.40
肢蹄部位		蹄角度	4.00		后乳房结构	后乳房附着高度	4.14
		蹄踵深度	4.00			后乳房附着宽度	4.14
		骨质地	4.00			后乳头位置	2.52
		后肢侧视	4.00			乳房深度	2.16
		后肢后视	4.00			乳房质地	2.52
乳用特征		棱角性	7.20			中央悬韧带	2.52
		骨质地	1.20				
		乳房质地	1.80				
		胸宽	1.80				

选中B27，将鼠标移动到B27右下角变为黑十字后，向后拖动到IQ27，计算所有牛只体躯得分。同理可得：

B34=SUM（B29：B33）×0.04；

B40=B36×0.072+B37×0.012+B38×0.018+B39×0.018；

B41=SUM（B15，B27，B34，B40）；

得到所有牛只肢蹄得分、乳用性能得分和总分。

3.4　体型排序表的编制

在EXCEL工具栏中点击右键，选择"窗体"，弹出窗体工具栏，选择"按钮"，将其创建到C2单元格，命名为"乳房排序"，同理，在D2、E2、F2、G2中分别创建名为"体躯排序""肢蹄排序""乳用性能排序""总分排序"的按钮。

在"乳房排序"按钮中点击右键，选择"指定宏"，在弹出的指定宏对话框中修改宏名为"乳房排序"，点击"录制"，在录制新宏对话框中点"确定"，开始录制宏：在功能分转换工作表中选择B3：IQ3（所有牛号），"复制"、"选择性粘贴"（点"数值"、"转置"）到B4：B253；

同理，将B15：IQ15（乳房得分）、B27：IQ27（体躯得分）、B34：IQ34（肢蹄得分）、B40：IQ40（乳用性能得分）、B41：IQ41（总分）"复制"、"选择性粘贴"（点"数值"、"转置"）到C4：C253、D4：D253、E4：E253、F4：F253、G4：G253中。选中C4：C253，点击"降序排列"，在弹出的对话框中选择"扩展选定区域"，点击"确定"。在A4～A253中自动填充1～250的数字，点击"停止录入"。完成"乳房排序"按钮宏的录制，点击此按钮可按照乳房的优劣进行排序。

同理，对"体躯排序""肢蹄排序""乳用性能排序""总分排序"4个按钮进行录制宏，录制过程与"乳房排序"完全一样，只是在排序中选择相应的单元格区域，即：D4：D253、E4：E253、F4：F253、G4：G253。完成所有宏的录制后在A3、B3、C3、D3、E3、F3、G3中分别输入"序号""牛号""乳房""体躯""肢蹄""乳用特征""总分"。在线性评分工作表的B5：IQ14、B17：IQ26、B36：IQ36中输入2～9的随机数字，就可以试运行。

需要说明的是，尻部应是单独一项，为运算方便起见，将其归入体躯部位中，不影响计算结果。对乳房深度、体躯大小、体高3个按胎次或月龄区分的性状只能输入其中的一个评分，且月龄小于30时，3胎次以上乳房深度、体躯大小所对应单元格中不可能有数据，否则，会出现运算结果错误。

4 讨论

每次奶牛体型外貌线性评分后，需要经常进行很多重复性操作，本文旨在介绍如何通过EXCEL，将奶牛体型外貌线性评分自动转换为功能分，并根据各性状不同权重计算为个体之间可相互比较的百分制数值。依据运算结果自动对乳房、体躯、肢蹄、乳用性能4个鉴定部位及整体性能进行排序，能快速、准确地对奶牛的生产性能和出售价格做出客观、科学的评判，并为选配提供一定的参考依据。

参考文献

[1] 王福兆.乳牛学[M].第三版，北京：科学技术文献出版社，2004，55-58.
[2] 赵志东.EXCEL VBA基础入门[M].北京：人民邮电出版社，2006，2-25.
[3] 雪之舫工作室.EXCEL函数应用实例详解[M].北京：中国铁道出版社，2004.
[4] 徐夕水.EXCEL在奶牛线性外貌评分中的应用[J].畜牧兽医，2003（7）：24.
[5] 葛星明，李贵范.奶牛线性外貌评定的数据计算系列软件[J].中国奶牛，1994（5）：28-29.

甘肃省酒泉边湾农场土壤速效养分及含盐量分析

蒲小剑[1]，杜文华[1]，吴建平[1,2*]

（1.甘肃农业大学草业学院，2.甘肃农业大学动物科学技术学院）

摘　要： 本文通过对甘肃省酒泉边湾农场土壤速效养分及含盐量分析得出以下结论：该农场土壤盐碱化极其严重，土壤含盐量为10.68（六区）~27.53g/kg（二区），大多数属于碱土，仅六区属重度盐碱化土壤。土壤中速效氮含量极低，为19.85（二区）~33.01mg/kg（三区），种植作物前应注意补充氮肥；土壤中速效磷含量较低，为3.54（六区）~22.70mg/kg（一区），应根据种植饲草类型适当补充磷肥；土壤中速效钾含量丰富，变幅为905.77（二区）~1 175.06mg/kg（六区）。农场土壤符合西北地区缺磷、少氮、富钾的现状；含盐量与速效磷极显著正相关（$P<0.01$）。综上所述，应该首先改良利用含盐量较低，土壤养分较丰富的六区；其他区域应进行土壤改良或另作他用。

关键词： 含盐量；速效氮；速效磷；速效钾

Analysis on the Soil Available Nutrient and Salinity at Bianwan Farm of Jiuquan, Gansu province

Pu Xiao jian[1], Du Wen hua[1], Wu Jian ping[1,2*]

(College of Pratacultural Science, Gansu Agriculture University, Gansu Lanzhou, 730070)

Abstract: The soil available nutrients and salt content of Bianwan farm, Jiuquan were analyzed in this paper and the results were as follows, soil salinization at Bianwan farm was extremely severe, most of the lands were at the level of solonetzi and they could not be used as farmland; The content of the available nitrogen was very low, which varied from 10.68 g/kg (No.6) to 27.53 g/kg (No.2), and the nitrogen fertilizer should be used before sowing; The content of the available phosphorus was also very low varying from 19.85 mg/kg (No.2) to 33.01 mg/kg (No.3) and the phosphorus fertilizer should be used according to the

---

基金项目：公益性行业（农业）科研专项（201003019）；现代农业产业技术体系建设专项资金资助（CARS-40-09B）
蒲小剑，生于1990年，籍贯甘肃天水，硕士研究生在读，研究方向为青藏高原家庭牧场优化，E-mail: puxiaojian_2013@163.com
吴建平为通讯作者

forage being planted; The soil contained large amount of available potassium varying from 905.77 mg/kg (No.2) to 175.06 mg/kg (No.6), which meets the soil characteristic of the northwestern area of China. In conclusion, those areas contained more nutrients and less salt in the soil could be used as the farmland and the others should be improved firstly or used in other ways.

Key words: Salt content; Available nitrogen; Available phosphorus; Available kalium

土壤是植物赖以生存的空间，土壤中含盐量、速效氮、速效磷及速效钾含量的多少对植物的生长发育以及最终产量和品质影响很大。近年来片面追求产量、大量施用化肥也造成了许多地区土壤中营养元素严重超标，从而影响到农牧产业的可持续发展[1-5]。我国盐碱地面积约为0.36亿hm²，，占全国可利用土地面积的4.88%[6]。如何改良盐碱土、提高土地资源利用效率对保障国家未来粮食安全也具有重要意义。

国外对盐碱地的研究始于20世纪初，期间对盐碱地的地理分布、形成过程及机理进行了初步研究。20世纪30年代形成了以水利措施为中心的灌排、防渗等进行盐碱地改良的基本理论，"二战"结束后，又提出了盐碱地的化学改良和植物改良措施[7]。1964年以B.A.萨乌缅为代表的学者认为，对于干旱地区的大多数灌溉地来说，土壤次生盐渍化的形成和发展是由于不合理灌溉使地下水位提高所致[8]。国内关于土壤盐碱的研究及改良主要集中在中国东部滨海地区[9]。张瑜等[10]对兰州市黄河风情线行道柳树树窝土壤有机质及盐碱特征进行了分析，李朝刚等[11]研究了甘肃景泰地区干旱高扬黄灌区盐碱地的恢复治理，庞新安等[12]对塔里木盆地荒漠区柽柳属植物生境土壤盐碱度进行了研究，张义田[13]研究了新疆红星二场"免申耕"土壤盐碱改良剂的应用效果。目前尚未有关于甘肃省酒泉地区盐碱状况的报道。本文拟通过分析甘肃省酒泉边湾农场土壤养分及含盐量，以期为土地的合理利用提供指导意见。

1 材料与方法

1.1 试验区概况

甘肃省酒泉边湾农场位于酒泉市北10km E98.29′，N39.49′。其东面与酒泉市怀茂乡怀中村；北面与六分村接壤，并与巴丹吉林沙漠相连；南面与果园乡屯庄堡村、西面与西沟村、西北面与嘉峪关市新城乡鹳蒲村接壤。年降水量36.8～176.0mm，潜在蒸发量高达2 148.8～3 140.6mm，干燥度极高，气温年较差为26.4～35.3℃，日较差为12.1～16.4℃。试验地概况见表1。

表1 试验地概况
Table 1 The situation of experimental fields

区域	位置	盖度（估测值）	土壤状况
一区	河滩盐碱地	<10%	沙土
二区	农场边缘沙丘	<5%	沙土
三区	农场边缘撂荒地	50%	壤土
四区	湖边撂荒地	<10%	壤土
五区	河边撂荒地	50%	壤土，轻度沙化
六区	灌溉渠边撂荒地	>80%	壤土

1.2 取样方法

将试验区按照盐碱梯度（目测法）分为6个区（表1），在每个区内按"Z"字形的路线取土，用内径为4cm土钻取0~20cm和20~40cm土层土样，每个区同一层土分别取8次，后将同一层土样混匀，再用四分法将混匀土样分成3份装入铝盒，写好标签。带回实验室风干、过筛后分析土壤盐碱含量和速效氮、速效磷、速效钾。土壤盐碱含量用质量法，速效氮采用碱解扩散法，速效磷采用碳酸氢钠浸提比色法，速效钾采用NH_4Ac浸提火焰光度计法[14]。

1.3 数据处理

试验数据采用Excel2007进行图表制作与SPSS 19.0进行显著性分析。

2 结果与分析

2.1 含盐量

F测验表明，小区间、土层间、小区×土层互作间差异均为极显著（表2），需对小区间含盐量、土层间含盐量、小区×土层互作效应进行多重比较。

表2 酒泉边湾农场土壤含盐量的方差分析
Table 2 The variance analysis of soil salinity at Bianwan Farm of Jiuquan

变异来源	SS	DF	MS	F	Sig.
土层间	2 460.82	1.00	2 460.82	704.25	0.00
小区间	1 450.15	5.00	290.03	83.00	0.00
土层×小区	244.72	5.00	48.94	14.01	0.00
试验误差	83.86	24.00	3.49		
总变异	16 140.18	36.00			

2.1.1 小区间含盐量

一区、二区含盐量均显著高于五区和六区（$P<0.05$），其中，二区含盐量最高（27.53g/kg），六区最低（10.68g/kg），三区与四区含量相近，三区较高（表3）。各小区含盐量按植被盖度从高到低的顺序依次升高（表3）。

表3 酒泉边湾农场的土壤含盐量、速效氮、速效磷和速效钾含量
Table 3 The salt, available nitrogen, phosphorusand potassium content at Bianwan Farm of Jiuquan

区域	含盐量（g/kg）	速效氮（mg/kg）	速效磷（mg/kg）	速效钾（mg/kg）	土层（cm）	含盐量（g/kg）	速效氮（mg/kg）	速效磷（mg/kg）	速效钾（mg/kg）
一区	25.72^a	24.60^{bc}	22.70^a	1 073.40^a	0~20	26.45^A	26.18^a	16.92^A	1 371.29^A
二区	27.53^a	19.85^c	18.96^a	905.77^a	20~40	9.91^B	26.76^a	6.09^B	686.79^B
三区	16.79^{ab}	33.01^a	5.40^{bc}	1 005.91^a					
四区	16.10^{ab}	28.48^{ab}	14.25^{ab}	1 007.90^a					

（续表）

区域	含盐量 （g/kg）	速效氮 （mg/kg）	速效磷 （mg/kg）	速效钾 （mg/kg）	土层 （cm）	含盐量 （g/kg）	速效氮 （mg/kg）	速效磷 （mg/kg）	速效钾 （mg/kg）
五区	12.28[b]	25.25[abc]	4.19[c]	1 006.21[a]					
六区	10.68[b]	27.62[abc]	3.54[c]	1 175.06[a]					

注：同列不同小写字母表示差异显著（$P<0.05$），同列不同大写字母表示差异极显著（$P<0.01$）

Note：Values with different letters in same column mean significant differences at 0.05 level，values with the different-capital in same column mean significant difference at 0.01 level

2.1.2 土层间含盐量

0～20cm含盐量在6个小区的均值（26.45g/kg）比20～40cm土层（9.91g/kg）高16.46g/kg，2个土层含盐量均值间有极显著差异（$P<0.01$）。

2.1.3 小区×土层含盐量

由图1可知，小区和土层间存在较强的交互作用。一区0～20cm土层含盐量最高（35.82g/kg），且显著高于二区0～20cm土层外的其他区的各土层，（$P<0.05$）0～20cm土层含盐量按照一区到六区的顺序依次降低。二区20～40cm土层含盐量最高（23.70g/kg），其余各区同层含盐量均小于同区0～20cm土层。五区20～40cm含盐量最低（3.31g/kg）（图2）。

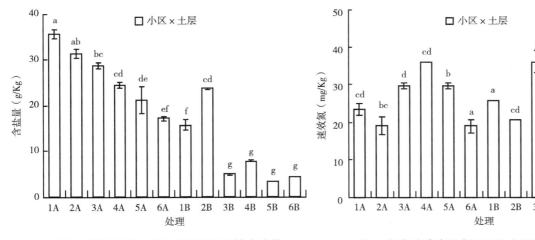

图1 酒泉边湾农场各区不同层土壤含盐量　　图2 酒泉边湾农场各区不同土层速效氮含量

（上图中横坐标数字表示小区1～6区，字母表示土层A为0～20cm土层，B为20～40cm土层，图2至图4同）

2.2 速效氮

F测验表明，小区间、小区×土层互作间差异均为极显著（表4），需对小区间速效氮含量、小区×土层互作效应进行多重比较。

表4 各小区速效氮含量的方差分析

变异来源	SS	DF	MS	F	Sig.
土层	2.985	1	2.985	.311	0.582
小区	581.735	5	116.347	12.118	0.000

（续表）

变异来源	SS	DF	MS	F	Sig.
土层×小区	1 006.403	5	201.281	20.964	0.000
误差	230.435	24	9.601		
总计	27 044.062	36			

2.2.1 小区间速效氮含量

三区速效氮含量最高（33.01mg/kg），二区最低（19.85mg/kg）其他四区的速效氮含量按四区、六区、五区、一区的顺序依次升高。一区和二区含量低于三区且差异显著，四区含量显著高于含量最低的二区（$P<0.05$）。

2.2.2 土层间速效氮含量

6个小区2个土层间土壤速效氮平均含量无显著差异。

2.2.3 小区×土层速效氮含量

四区、五区和六区0~20cm土层速效氮含量极显著高于20~40cm土层，而三区0~20cm土层含盐量极显著低于20~40cm土层。（$P<0.05$）其他2个区域土层之间速效氮含量差异不显著。另外，0~20cm土层平均速效氮含量为26.18mg/kg，四区速效氮含量显著高于其他区域；（$P<0.05$）速效氮含量最小的为二区和六区，显著低于三区、四区和五区。20~40cm土层平均速效氮含量为26.76mg/kg，三区和六区的速效氮含量显著大于其他4个区域，且这4个区域的速效氮含量比较接近。

2.3 速效磷

F测验表明，小区间、小区×土层互作间差异均为极显著（表5），需对小区间速效磷含量、小区×土层互作效应进行多重比较。

表5 各小区速效磷含量的方差分析

变异来源	SS	DF	MS	F	Sig.
土层	1 054.752	1	1 054.752	985.693	0.000
小区	2 056.120	5	411.224	384.300	0.000
土层×小区	673.891	5	134.778	125.954	0.000
误差	25.681	24	1.070		
总计	8 575.297	36			

2.3.1 小区间速效磷含量

速效磷含量高低依次为一区>二区>四区>三区>五区>六区。其中一区速效磷含量均值为22.70mg/kg，而六区仅3.54mg/kg。一区和二区含量相近，且都显著高于三区、五区、六区，而四区速效磷含量较五区和六区高，且差异都显著（$P<0.05$）。

2.3.2 土层间速效磷含量

0~20cm土层含盐量均值16.92mg/kg较20~40cm土层的6.09mg/kg高出10.83mg/kg。6个区域速效磷含量平均值有极显著的差异（$P<0.01$）。

2.3.3 小区×土层速效磷含量

0~20cm土层平均速效磷含量中最大值为一区（36.70mg/kg），显著高于其他区域；六区的速效磷含量（4.99mg/kg）显著低于一区、二区和四区，与三区、五区相近。20~40cm土层平均速效磷含量为6.09mg/kg，其中，二区最大（12.56mg/kg），显著大于其他5个区域；六区速效磷含量最低（2.09mg/kg），与三区、五区比较接近（图3、图4）。

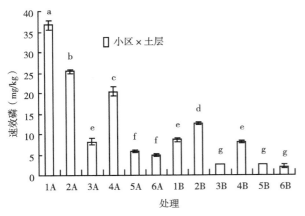
图3 酒泉边湾农场速效磷含量

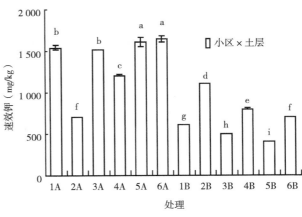
图4 酒泉边湾农场速效钾含量

2.4 速效钾

F测验表明，小区间、小区×土层互作间差异均为极显著（表6），需对小区间速效钾含量、小区×土层互作效应进行多重比较。

表6 各小区速效钾含量的方差分析

变异来源	SS	DF	MS	F	Sig.
土层	1 054.752	1	1 054.752	985.693	0.000
小区	2 056.120	5	411.224	384.300	0.000
土层×小区	673.891	5	134.778	125.954	0.000
误差	25.681	24	1.070		
总计	8 575.297	36			

2.4.1 小区间速效钾含量

六区速效钾平均含量为最高（1 175.06mg/kg），较含量最低的二区（905.77mg/kg）高出269.30mg/kg，但各区之间无明显差异。其由高到低顺序依次为一区，四区，五区，三区。

2.4.2 土层间速效钾含量

0~20cm土层平均速效钾量为1 371.29mg/kg，20~40cm土层平均速效钾含量为686.79mg/kg，6个区域2个土层间速效钾含量差异极显著（$P<0.01$）。

2.4.3 小区×土层速效钾含量

由图4可知，0~20cm土层中六区速效钾含量最大（1 646.57mg/kg），显著高于二区、三区和四区；速效钾最小的为二区（703.70mg/kg），显著低于其他5个区域；20~40cm最小的为五区（400.58mg/kg），显著低于其他5个区域。而在6个区域中，五区2个土层之间差距最大达到了1 211.26mg/kg；只有二区0～20cm土层小于20～40cm土层；其余则相反。

2.5 速效氮、速效磷及速效钾与含盐量的相关性分析

在6个所采土样的小区里，0～20cm土层含盐量与速效磷含量极显著正相关（R=0.800）；20～40cm土层速效磷和速效钾含量与含盐量极显著正相关，相关系数分别为0.923和0.764，速效磷和速效钾极显著正相关（R=0.792），另外，速效氮和速效磷显著负相关（R=-0.577）（表7）。

表7 酒泉边湾农场速效氮、速效磷及速效钾与含盐量的相关性
Table 7 The correlation between available nitrogen, available phosphorus, available potassium and salinity

指标	土层（cm）	含盐量	速效氮	速效磷	速效钾
含盐量	0～20	1			
	20～40	1			
速效氮	0～20	-0.074	1		
	20～40	-0.405	1		
速效磷	0～20	0.800**	-0.141	1	
	20～40	0.923**	-0.577*	1	
速效钾	0～20	-0.377	0.155	-0.421	1
	20～40	0.764**	-0.293	0.792**	1

注：*表示在0.05水平（双侧）上显著相关。**表示在0.01水平（双侧）上显著相关

Note：Values with *mean significantlycorrelated at 0.05 level at two sides；values with **mean significantlycorrelated at 0.01 levels at two sides.

3 小结与讨论

3.1 含盐量

土壤盐渍化作为一种环境灾害，导致了土地退化，从而削弱和破坏了土地的生产力，使农业区粮食产量下降，严重威胁着生态及国民经济的可持续发展[15-16]。而《生态功能区划暂行规程》中规定西北地区含盐量>2.0%（20g/kg）即为盐土，不能用来种植农作物。酒泉边湾农场6个区中0～40cm土层平均含盐量>20g/kg的有一区（25.72g/kg）和二区（27.53g/kg），其他四个区的平均含盐量都小于这一阈值，这与各区的植被盖度大小是相对应的，且因土壤盐分的强烈表聚作用导致0～20cm土层含盐量极显著高于20～40cm土层[17]。0～20cm土层中只有六区（17.07g/kg）低于这一标准，属于强度盐碱化（1.2%～2.0%）土，可以种植作物。20～40cm土层含盐量较低，一区河滩土为重度盐碱土，二区沙丘土达到了盐土标准，其余区域盐碱化严重。试验结果表明，水源远近及水源质量对于盐碱浓度具有决定性影响[18]。0～20cm土层平均含盐量显著高于20～40cm土层，主要是因为，土壤含盐量与当地地形条件、地下水临界深度、碱化度和pH值等有关，并且随着地下水位的降低，盐渍化程度加大，即土壤含盐量的表聚作用[17, 19]，为了解决水源枯竭，土壤养分贫瘠，草地退化沙化加剧，生态环境脆弱的酒泉地区的环境问题，必须首先从改良土壤入手，而此前有研究者对柴达木盆地土壤和环境进行了研究，酒泉土壤类型与塔里木盆地有一定相似性，都有质地较

轻的特性，且多为砂壤，土壤结构简单，营养成分单调，土壤底层多为砂卵石，故具有良好的排洗盐性能[20]。所以，可以利用排碱沟和排盐站，降低地下水位高度，降低盐碱含量[17, 20]，另外，通过大水漫灌，可以利用水的重力作用起到洗盐压碱的效果[22]。

3.2 速效养分

酒泉边湾农场速效氮含量处于极低水平（<45mg/kg），这与该地区极低的植被盖度是密不可分的，因土壤中氮素有很大一部分来自地上植被凋落部分的分解，但速效氮又是植物生长所必需的营养物质[18, 23]，所以为了植被的建植就需要及时补充氮肥。除四区和五区外，所有区域0~20cm土层的速效氮含量略低于20~40cm土层，这是由于速效氮含量与生物量成反比[24]，因该区域植被以须根系的禾本科杂草为主，根系主要分布于0~20cm土层。所以植物对速效氮的利用主要表现在浅表土层。导致0~20cm土层速效氮含量较20~40cm低。与速效氮相比，速效磷含量受地表植被影响更为明显，0~40cm土层上速效磷的平均含量基本是按照植被盖度由高到低依次增加的，因为磷的流动性差，且其为植物生长直接需要的营养元素。酒泉边湾农场0~20cm土层平均速效磷含量显著高于20~40cm土层。这与贾倩民等[18]的研究结果一致，是因磷的移动性小，向下磷溶少所致。而随着盖度降低，两土层的速效磷含量整体降低是可以预见的，并且前人也有相似的研究与本实验结论一致[25]。植被盖度较小的一区、二区和四区的速效磷含量显著高于植被盖度较高的三区、五区和六区，可能是因为当地特有植物种类对磷素有较大的需求而引起的，但这还需进一步研究。0~20cm土层平均速效钾含量显著高于20~40cm土层，且均处于极高水平（>155mg/kg），具有较明显的表聚现象，这与丁文广等[23]研究一致，因本地水资源匮乏造成植被稀少，且以浅根植物居多。主要是因为本地植物（玉米等）能较好地利用土壤速效钾，满足对钾肥的需要[26]。另外，土壤中较高的速效钾含量可能与土壤矿化程度高并且盐碱中含有钾盐有关，有待进一步研究。0~20cm土层含盐量与速效磷含量极显著正相关，20~40cm土层速效磷和速效钾含量与含盐量，速效磷和速效钾极显著正相关，速效氮和速效磷显著负相关，与前人研究[23]有一致性，而这可能与土壤盐碱化过程有关系[27]。酒泉边湾农场的开发利用，应先从含盐量较低、土壤养分较丰富的六区开始，经过简单的物理措施（灌溉排碱）和合理施肥，就可以种植牧草或其他饲料作物。而对于一等区、二等区、四等区域可以用浅翻耕、施有机肥、磷石膏、糠醛渣、建植星星草（*Puccinelliatenuiflora*（*Turcz.*）*Scribn. etMerr.*）人工草地或星星草+羊草（*Aegilops*）人工草地等方法进行改良[28]。其他区域建议以生物改良为主，建议种植沙打旺（*Astragalus adsurgens*）、白刺（*Nitraria sibirica*）和碱蓬（*Suaeda heteroptera Kitog*）等耐盐植物[29]。

参考文献

[1] 张桂兰，宝德俊，王英，等.长期施用化肥对作物产量和土壤性质的影响[J].土壤学通报，1999，30（2）：64-67.
[2] 程俊.合理施肥与农业的可持续性发展初探[J].中国环境管理干部学院学报，2014，24（3）：51-53.
[3] 杨家曼，张士云.判断我国主要化肥污染区及其对策建议[J].山西农业大学学报，2014，13（1）：65-68.
[4] 张川，柴文帅，谢兵飞，等.化肥超施与土壤退化的研究[J].安徽农业科学，2014（20）：6 594-6 596.
[5] 张北赢，陈天林，王兵等.长期施用化肥对土壤质量的影响[J].中国农学通报，2010，26（11）：182-187.
[6] 王佳丽，黄贤金，钟太洋，等.盐碱地可持续利用研究综述[J].地理学报，2011，66（5）：673-684.
[7] 刘建红.盐碱地开发治理研究进展[J].山西农业科学，2008，36（12）：51-53.
[8] Barrow D. L. Study on the relation of groundwater and salinity process[J]. Field verification of the threshold model

approach Hilgardia, 1991, 27 (5): 15-20.

[9] 张瑜, 吴永华, 张建旗, 等. 兰州市黄河风情线行道树柳树穴土壤有机质及盐碱特征[J]. 草原与草坪, 2013, 33 (6): 67-71.

[10] 张巍, 冯玉杰. 松嫩平原盐碱化草原土壤微生物的分布及其与土壤因子间的关系[J]. 草原与草坪, 2008, 128 (3): 7-11.

[11] 李朝刚, 杨虎德, 胡关银, 等. 干旱高扬黄灌区盐碱地恢复治理[J]. 干旱区研究, 1999, 16 (1): 57-62.

[12] 庞新安, 姜喜, 李金凤, 等. 塔里木盆地荒漠区柽柳属植物生境土壤盐碱度分析[J]. 安徽农业科学, 2008, 36 (23): 10 069-10 070.

[13] 张义田. 新型土壤盐碱改良剂应用效果分析[J]. 新疆农垦科技, 2013, 36 (2): 39-41.

[14] 甘肃农业大学, 草原生态化学实验指导[M]. 北京: 农业出版社, 1987.

[15] Dehaan R L, TayLor G R. Field derived spectra of salinized soils and vegetation as indicators of irrigation induced soil salinization[J]. RemoteSensing of Environment, 2002, 80 (3): 406-417.

[16] Mettmicht G I, Zinck J A. Remote sensing of soil salinity: potentials and constraints[J]. Remote Sensingof Environment, 2003, 85 (1): 1-20.

[17] 范晓梅, 刘高焕, 唐志鹏, 等. 黄河三角洲土壤盐渍化影响因素分析[J]. 水土保持学报, 2010, 24 (1): 139-144.

[18] 贾倩民, 陈彦云, 杨阳, 等. 不同人工草地对干旱区弃耕地土壤理化性质及微生物数量的影响[J]. 水土保持学报, 2014, 28 (1): 178-220.

[19] 郑建宗, 刘黎明, 马正华, 等. 柴达木地区城市绿地盐碱治理思路与实践探讨—以海西化建公司绿地为例[J]. 草原与草坪, 2009, 137 (6): 66-68.

[20] 郑姚闽, 崔国发, 雷霆, 等. 甘肃敦煌西湖湿地植物群落平均盖度与土壤含盐量耦合关系[J]. 生态学报, 2009, 29 (9): 4 666-4 672.

[21] 郑素珊, 高琛, 黄龙生, 等. 盐碱地改良研究[J]. 河北林业科技, 2014, (3): 74-76.

[22] 杨守春. 黄淮海平原主要作物优化施肥和土壤培肥技术[M]. 北京: 中国农业科技出版社, 1991.

[23] 丁文广, 魏银丽, 牛贺文, 等. 西北干旱区植被恢复的土壤养分效应[J]. 生态环境学报, 2010, 19 (11): 2 568-2 573.

[24] 杨红善, 巴特尔, 周学辉, 等. 不同放牧强度对肃北高寒草原土壤肥力的影响[J]. 水土保持学报, 2009, 23 (1): 150-153.

[25] 宁虎森, 罗青红, 吉小敏, 等. 新疆甘家湖梭梭林林地土壤养分、盐分的累积特征[J]. 东北林业大学学报, 2014, 42 (9): 83-87.

[26] 杨学云, 孙本华, 古巧珍, 等. 长期施肥对塿土磷素状况的影响[J]. 植物营养与肥料学报, 2009, 15 (4): 837-842.

[27] 张建锋, 宋玉民, 邢尚军, 等. 盐碱地改良利用与造林技术[J]. 东北林业大学学报, 2002, 30 (6): 124-129.

[28] 王金芬, 刘雪梅, 王希英, 等. 土壤盐碱改良剂改良滨海盐渍土的效果研究[J]. 安徽农业科学, 2006, 34 (17): 4 253-4 354.

[29] 盛敏, 唐明, 迪丽努尔, 等. 西北盐碱土主要植物丛枝菌根研究[J]. 西北农林科技大学学报 (自然科学版), 2007, 35 (2): 74-78.

山羊、绵羊MT-IV分子特性研究

王佳[1]，杨联[1]，张利平[1]，费春红[1]，王磊[1]，谢超[2]，吴建平[1]

(1.甘肃农业大学动物科学技术学院，兰州 730070；
2.上海交通大学农业与生物学院，上海兽医生物技术重点实验室，上海 200240)

摘 要：金属硫蛋白（MTs）是一类低分子量、高金属和半胱氨酸含量的细胞质蛋白，MT-IV是特异性表达于鳞状复层扁平上皮细胞的MTs亚型之一。本研究设计特异性引物MT-IV$_{SP1}$和MT-IV$_{SP2}$，利用RT-PCR的方法分别从山羊和绵羊的瘤胃组织克隆获得了MT-IV基因编码区序列全长，两个物种MT-IV基因编码区全长均为189bp（GenBank登录号分别为EF470251和EF624067），编码62个氨基酸组成，其中绵羊的MT-IV含有20个半胱氨酸，而山羊第61位保守的半胱氨酸被色氨酸所代替。两个物种的MT-IV均不含芳香族氨基酸，含有MTs特有的C-X-C、C-X-X-C、C-C-X-C-C结构，无明显的跨膜结构域，无信号肽，是一种细胞质蛋白。二级结构分析表明两个物种的MT-IV二级结构大多数为无规则卷曲结构，分别在第7～9和第49～51氨基酸残基性存在折叠结构，不存在螺旋结构。三级结构预测结果表明两个物种MT-IV的三级结构由α和β两个结构域组成，其中，β结构域相同，α结构域山羊少一个半胱氨酸残基，C端结构与绵间存在明显差异，这一差异可能对山羊MT-IV的生理功能产生一定影响，有必要深入研究。

关键词：绵羊，山羊，MT-IV，cDNA，蛋白质结构

Characteristics of MT-IV in Sheep and Goat

Wang Jia[1], Yang Lian[1], Zhang Li Ping[1],
Fei Chun Hong[1], Wang Lei[1], Xie Chao[2], Wu Jian Ping[1]

(1. *Faculty of Animal Science and Technology, Gansu Agricultural University, Lanzhou, 730070, China*; 2. *School of Agriculture and Biology, Shanghai Municipality Key Laboratory for Veterinary Biotechnology Medicine, Shanghai Jiao Tong University, Shanghai, 200240, China*)

Abstract: Metallothioneins (*MTs*) was characterized by its low molecular weight (6 to 7kDa), high metal content, high content of conserved cysteine (Cys) residues and absence of aromatic amino acids, MT-IV was a member of the metallothionein family, which was expressed exclusively in stratified squamous epithelia. In this study, a pair of special primer ($MT-IV_{SP1}$ and $MT-IV_{SP2}$) were designed for cloning the coding sequence of MT-IV from rumen organ in both sheep and goat. The MT-IV coding sequence in sheep and goat were 189bp, The goat and sheep MT-IV gene sequences have been submitted to GenBank under Accession Numbers EF470251 and EF624067, respectively. Both sheep and goat MT-IV gene coded 62 AAs, including 20 Cys residues in sheep, 19 Cys residues in goat, the 61st conserved Cys was replaced by Trp in goat. MT-IV in goat and sheep both have characteristic Cys-x-Cys, Cys-x-y-Cys, and Cys-Cys sequences of MTs, where x and y were non-cysteine amino acids, no aromatic AAs, no cross membrane area, and no signal peptide, these information showed MT-IV in goat and sheep was a cytoplamic protein. The second structure of MT-IV was coil, except sheet structure in 7~9 AAs and 49~51AAs. The 3 dimension structure is composed by α- and β-domain, the β-domain structure was same between sheep and goat, and same with other species, but α- domain structure in goat was difference with sheep and other species, because it less one Cys in goat than other animal, the structure change maybe alter the biological function, it is necessary to study furtherly.

Key words: sheep, goat, MT-IV; cDNA; protein structure

金属硫蛋白（Metallothioneins, MTs）发现于1957年，是一类低分子量、高金属含量、富含半胱氨酸、不含芳香族氨基酸的细胞质蛋白[1]。哺乳动物的MTs有MT-Ⅰ、MT-Ⅱ、MT-Ⅲ和MT-Ⅳ四种亚型，MT-Ⅰ和MT-Ⅱ广泛分布于动物的各种组织器官，受金属、激素、细胞因子、炎性因子、应激等化学物质的诱导[2]。MT-Ⅲ主要表达于主要表达于脑组织星形胶质细胞，在神经胶质细胞和雄性生殖系统也有表达[2]，与MT-Ⅰ/Ⅱ相比，MT-Ⅲ多肽链N端第四个氨基酸残基后插入一个苏氨酸，在C端插入一个六肽序列[3]，但MT-Ⅰ的调控因子对MT-Ⅲ不具有调控作用[4]。MT-Ⅳ特异性的表达于分化的复层鳞状上皮组织[5]。目前对MTs功能的研究主要集中在MT-Ⅰ/-Ⅱ和MT-Ⅲ。普遍认为MTs的主要功能与金属离子的平衡有关，这一功能包括重金属解毒与贮存，以及针对食物结构和生理状态的改变调控细胞内铜和锌的代谢[1]。MTs在细胞增殖与凋亡中发挥了重要作用[6]，在肿瘤细胞中其表达量与其增殖状态也存在一定相关性[7]。Thornalley和Vasak[8]首次研究表明MT具有清除自由羟基和过氧化物的作用，之后大量体内与体外的实验验证了MT的抗氧化活性[9]。采用基因修饰技术研究表明，MT-Ⅲ对脑损伤具有保护作用[10][11]，且与衰老过程有关[12]。

研究表明，MTs发挥生理功能结构基础上半胱氨酸-SH与金属离子结合，建立其高级结构，进而实现其生理功能[13]。与其他MTs亚型相比，由于MT-Ⅳ特异性的表达于复层扁平上皮，通过分离、纯化进行蛋白质结构与功能的研究比较困难，有关MT-Ⅳ功能的研究报道较少，尤其是MT-Ⅳ在特异性表达部位所发挥的生理功能知之甚少。然而，基因克隆和生物信息学方法为研究蛋白质结构和功能提供了新的途径。山羊和绵羊均为反刍动物，其瘤胃上部分布着大量的鳞状复层扁平上皮细胞[14]，BLAST搜索结果表明，山羊和绵羊MT-Ⅳ基因的序列还未见登录。本研究分别采集绵羊和山羊瘤胃组织克隆MT-Ⅳ基因编码区序列，应用生物信息学方法分析蛋白质特征，以期为进一步研究MT-Ⅳ的高级结构与功能积累资料。

1 材料和方法

1.1 材料

1.1.1 试验样品

试验用山羊和绵羊的瘤胃上部组织样采自甘肃省华加牧业科技有限公司，山羊8只，绵羊13

只。动物屠宰立即取出瘤胃,用生理盐水冲洗干净瘤胃表面后投入液氮,然后置-76℃冰箱保存,备用。

1.1.2 试验试剂

Trizol购自Invitrogen Corporation(California,USA)。TaKaRa RNA PCR Kit(AMV)Ver.3.0、Taq酶、DNA Marker(DL2000)、dNTP、Amp均购自宝生物工程(大连)有限公司。T4 DNA Ligase购自Promega公司。质粒提取试剂盒(TIANprep Mini)和凝胶回收试剂盒(TIANgen Midi)购自天根生化科技(北京)有限公司。X-gal和IPTG购自北京拜尔迪生物技术有限公司。试验用溶液参照分子克隆试验操作指南[15]配制。pGEM-T载体购自Promega公司,E. Coli DH5α菌珠由甘肃农业大学动物遗传室提供。

1.2 方法

1.2.1 总RNA的提取

组织总RNA的提取采用TRIzol法[16]。

1.2.2 引物设计

根据GenBank已经公布的人(NM032935)、狗(NM001003150)、黑猩猩(NM114662619)、牛(NM115545473)、家鼠(NM008631),挪威鼠(XM579881)的MT-Ⅳ基因编码区序列,利用BLAST软件进行序列对比找到同源性较高的部位,再利用在线软件Primer 3.0设计引物MT-Ⅳ$_{SP1}$和MT-Ⅳ$_{SP2}$,引物间距为189bp。上游引物:MT-$Ⅳ_{SP1}$(22bp):5′-ATGGA-CYCCGG-GGAATGTACCT-3′;下游引物:MT-$Ⅳ_{SP2}$(22bp):5′-TCAGGGRCAGC-AGCTG-CATTTG-3′,其中Y为C/T,R为C/A,由上海生工生物工程技术服务有限公司合成,PAGE纯化。

1.2.3 RT-PCR

按RNA PCR Kit(AMV)Ver. 3.0(TaKaRa)试剂盒使用指南,用Oligo-dT primer分别对山羊、绵羊总RNA反转录。反转录体系参照RNA PCR Kit(AMV)Ver. 3.0(TaKaRa)反应体系,然后以反转录产物为模板,利用MT-Ⅳ$_{SP1}$和MT-Ⅳ$_{SP2}$进行PCR反应,PCR扩增反应条件为94℃ 2min,94℃ 30s,60℃ 30s,72℃ 1.5min,40个循环,72℃10min。反应结束后取反应液5uL进行琼脂糖凝胶电泳检测,确认反应产物。

1.2.4 克隆及测序

回收PCR产物后,在T4 DNA连接酶作用下使回收产物与质粒PGEM®-T Vector连接,然后转染E.coliDH5,经蓝白斑筛选和重组质粒PCR后,选取阳性的重组子送上海生工生物工程技术服务有限公司测序。

1.2.5 序列分析

通过BLASTn数据库搜索(www.ncbi.nlm.nih.gov)分析核苷酸序列和氨基酸序列的相似性。采用Clustral W在线分析(www.ebi.ac.uk/Tools/clustalw2)进行序列比对,采用MAGE 4.0.1(www.megasoftware.net)软件构建系统进化树。蛋白质的二级结构用Jpred3(www.compbio.dundee.ac.uk/~www-jpred)进行预测,三级结构通过Swiss-Model(http://swissmodel.expasy.org/)提交进行分析。

2 结果与分析

2.1 RT-PCR与序列测定

经RT-PCR扩增获得长度约为200bp的片段(图1),与目的片段大小相近。回收PCR产物,克隆，经蓝白斑筛选和菌落PCR（图1b）鉴定阳性克隆，测序。测序结果表明，山羊和绵羊克隆所得片段长度均为189bp，BLAST搜索结果表明分别为山羊和绵羊MT-IV基因的编码区全长序列，提交GenBank，登录号分别为EF470251和EF624067。

a: RT-PCR。1：山羊；2：绵羊；M: DL2000 marker；b：菌落PCR。1、2：山羊；3、4：绵羊；M: DL2000marker

图1 山羊、绵羊RT-PCR

Fig. 1 RT-PCR results in goat and sheep

2.2 山羊和绵羊MT-IV氨基酸序列分析

BIOEDIT分析表明，山羊（图2）和绵羊（图3）的MT-IV基因均编码62个氨基酸，其中，山羊含19个半胱氨酸残基，占30.64%；与山羊相比，绵羊MT-IV蛋白多一个半胱氨酸残基，山羊第61位的色氨酸残基被半胱氨酸残基所替代，半胱氨酸占32.26%。山、绵羊分子量分别为6 407.42Da和6 268.26Da，绵、山羊MT-IV中均不包含芳香族氨基酸，如Phe（苯丙氨酸）、Trp（色氨酸）、Tyr（酪氨酸），表明该蛋白质为低分子量、富含半胱氨酸、不含芳香族氨基酸的蛋白质。

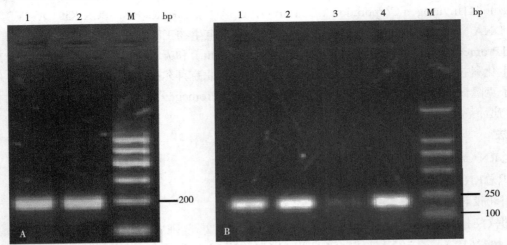

```
>Goat MT-IV
1    ATG GAC ACC CTG GAA TGT ACC TGC ATG TCT GGA GGA ACC TGT GCC    45
1     M   D   T   L   E   C   T   C   M   S   G   G   T   C   A    15

46   TGT GGA GAC AAC TGC AAA TGC ACA ACT TGC AGC TGT AAA ACG TGT    90
16    C   G   D   N   C   K   C   T   T   C   S   C   K   T   C    30

91   CGA AAA AGC TGC TGT CCT TGC TGC CCC CCG GGC TGT GCC AAG TGT    135
31    R   K   S   C   C   P   C   C   P   P   G   C   A   K   C    45

136  GCC CGG GGC TGC ATC TGC AAA GGG GTG TCA GAC AAA TGC AGC TGC    180
46    A   R   G   C   I   C   K   G   V   S   D   K   C   S   C    60

181  TGG CCC TGA           189
61    W   P   *
```

图2 山羊MT-IV基因cDNA编码区序列及其编码的氨基酸序列

Fig. 2 The amino acids sequence encoded by MT-IV gene in goat

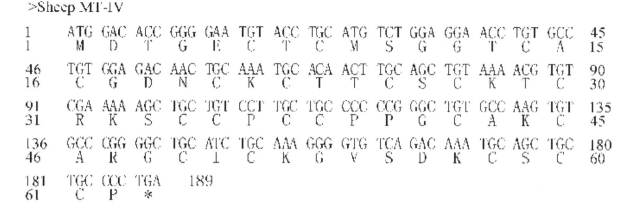

图3 绵羊MT-Ⅳ基因cDNA编码区序列及其编码的氨基酸

Fig. 3 The amino acid sequence encoded by MT-Ⅳ gene in sheep

2.3 绵、山羊MT-Ⅳ基因CDS序列同源性分析

将山羊MT-Ⅳ基因CDS序列在BLAST搜索结果表明，山羊与牛（BC122856）、绵羊（EF624067）、狗（NM_001003150）、人（NM_032935）、猕猴（XM_001096721）、家鼠（NM_008631）和挪威鼠（NM_001126084）的相似性分别为96.2%、98.4%、88.9%、87.9%、86.8%、86.8%和85.8%。绵羊与牛、狗、人、猕猴、家鼠和挪威鼠的相似性分别为97.9%、90.0%、88.9%、87.9%、87.9%和87.4%。说明MT-Ⅳ在哺乳动物间高度保守。

2.4 绵、山羊MT-Ⅳ氨基酸序列同源性及分子进化分析

将绵羊、山羊、牛、猕猴、人、狗、家鼠和挪威鼠的MT-Ⅳ氨基酸序列同源性比较表明，绵羊与山羊、牛、狗、家鼠、人、挪威鼠和猕猴的同源性分别为96.8%、96.8%、88.9%、93.7%、88.9%、93.7%和88.9%。山羊与牛、狗、家鼠、人、挪威鼠和猕猴的同源性分别为93.7%、85.7%、90.5%、87.3%、90.5%和87.3%。上述8种哺乳动物MT-Ⅳ氨基酸序列比对结果（图4）表明，MT-Ⅳ氨基酸序列中均含有MTs保守的C-X-C、C-C-X-C-C、C-X-X-C三肽序列结构域。

```
GOAT.MT-4    MDTLECTCMSGGTCACGDNCKCTTCSCKTCRKSCCPCCPPGCAKCARGCICKGVSDKCSCWP
SHEEP.MT-4   MDTGECTCMSGGTCACGDNCKCTTCSCKTCRKSCCPCCPPGCAKCARGCICKGVSDKCSCCP
COW.MT-4     MDSGECTCMSGGTCACGDNCKCTTCSCKTCRKSCCPCCPPGCAKCARGCICKGASDKCSCCP
MONKEY.MT-4  MDPRECVCMSGGICMCGDNCKCTTCNCKTCRKSCCPCCPPGCAKCARGCICKGGSDKCSCCP
HUMAN.MT-4   MDPRECVCMSGGICMCGDNCKCTTCNCKTCRKSCCPCCPPGCAKCARGCICKGGSDKCSCCP
DOG.MT-4     MDPGECTCMSGGICICGDNCKCTTCNCKTCRKSCCPCCPPGCAKCAQGCICKGGSDKCSCCA
MOUSE.MT-4   MDPGECTCMSGGICICGDNCKCTSCSCKTCRKSCCPCCPPGCAKCARGCICKGGSDKCSCCP
RAT.MT-4     MDPGECTCMSGGICICGDNCKCTSCSCKTCRKSCCPCCPPGCAKCARGCICKGGSDKCSCCP
```

对比山羊、绵羊、牛、猴、人、狗、家属和挪威鼠的序列后发现，存在保守的三肽序列：CXC——CXC——CXC——CXC——C——CCXCC——CXXC——CXC——CXCC，X为在MT-Ⅳ序列中插入半胱氨酸序列中的氨基酸

图4 8个物种MT-Ⅳ氨基酸序列比对结果

Fig. 4 Analysis of amino acid sequences of MT-Ⅳ in eight species

MEGA 4对牛、绵羊、山羊、狗、家鼠、人和猕猴的MT-Ⅳ氨基酸序列的分子进化分析（图5）结果与比较形态学和生理学分类结果一致。

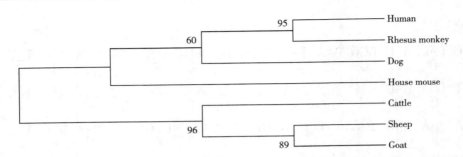

图5 7个物种MT-IV氨基酸序列NJ系统进化树（Boot Strap Test of Phylogeny）

Fig. 5 The NJ consense tree for cattle, sheep, goat, house mouse, dog, rhesus monkey and human

2.5 绵、山羊MT-IV蛋白质亲水性、跨膜区和信号肽分析

ProtScale在线分析结果表明，绵、山羊MT-IV均不存在明显的疏水区。Signal P软件中NN和HMM模型对信号肽的分析结果表明，绵、山羊MT-IV都不存在信号肽。TMpred在线分析表明，绵、山羊MT-IV不存在跨膜区。

2.6 编码区蛋白质二级结构、三级结构预测

Jpred3对绵、山羊MT-IV蛋白质二级结构预测结果表明，山、绵羊MT-IV蛋白质二级结构以不规则卷曲为主，分别在第7～9和第49～51氨基酸残基性存在折叠，不存在螺旋结构。

以Braun（1993）等报道的鼠MT-II的三级结构（SWS/UNP ID：4mt2A）为模板[17]，通过SWISS-MODEL分别预测获得了绵羊和山羊MT-IV的三级结构，其中鼠MT-II与绵羊、山羊MT-IV的氨基酸序列相似性分别为60.3%和60.7%。绵羊的MT-IV蛋白质三级结构预测结果包含第5～62氨基酸残基，山羊的MT-IV蛋白质三级结构预测结果包含第5～60氨基酸残基，绵羊与山羊MT-IV三级结果与MT-II的结果相似，其模式如图6所示。绵、山羊MT-IV的三级结构均由α和β2个结构域组成，2个物种的β结构域的结构相同，含有9个Cys，而α结构域C端不同，绵羊的α结构域含11个Cys，而山羊的在C端少一个Cys，这可能是引起山羊α结构域不同的原因。另外，第31～33氨基酸残基（RKS）为连接区，与其他亚型的MTs的KKS不同。然而，由SWISS-MODEL预测结果分析二级结构表明，绵、山羊MT-IV的二级结构全为不规则卷曲，不存在螺旋和折叠结构。

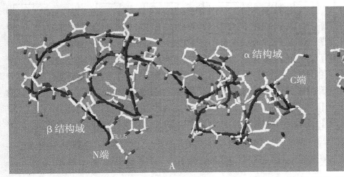
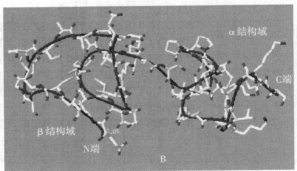

预测结果表明绵、山羊MT-IV三级结构均由α、β2个结构域组成，
其中，2个物种的β结构域相同，而α结构域C端不同

图6 SWISS-MODEL预测的绵羊（A）和山羊（B）的MT-IV三级结构预测结果

Figure. 6 Three-dimensional solution structure of sheep（A）and goat（B）predicted by SWISS-MODEL

3 讨论

本研究从绵羊和山羊瘤胃组织中采用RT-PCR方法克隆获得了绵羊和山羊MT-IV基因的编码区序列，其编码区序列均由189bp组成，与人和鼠的MT-IV长度一致。编码区序列同源性搜索结果表明哺乳动物间MT-IV基因高度保守，这与Carol J. Quaife等分析结果一致[5]。

绵、山羊MT-IV基因CDS均编码62个氨基酸，与MT-I/-II相比，在第5位插入一个Glu，这与其他哺乳动物氨基酸序列一致[5]，含有MTs特有的C-X-C、C-C-X-C-C、C-X-X-C保守序列。根据氨基酸序列分析获得的7种哺乳动物的分子进化结果与比较形态学和生理学分类结果一致。绵羊与其他哺乳动物一样，含有20个半胱氨酸残基，而山羊第61位保守的半胱氨酸残基被丝氨酸所替代。研究表明金属硫蛋白通过半胱氨酸与金属离子结合维持正常的三级结构，发挥生理功能。山羊MT-IV少一个半胱氨酸残基，可能会影响其与金属或自由基的结合能力，进而影响其高级结构和生理功能。绵、山羊MT-IV二级结构预测结果表明两者不存在差异。三级结构预测结果表明绵、山羊MT-IV与MT-II相似，由α-和β-两个结构域组成，两个物种的β结构域含有9个半胱氨酸，绵羊的α结构域含有11个半胱氨酸残基，与Gabriele Meloni等[18]研究结果一致，而山羊α结构域少一个半胱氨酸残基，这可能是引起三级结构结果与绵羊不同的原因，也有可能引起生理功能发生一些变化，有必要进行山羊MT-IV高级结构与功能的研究。另外，与其他亚型不同，MT-IV连接两个结构域序列为RKS，而不是KKS。

参考文献

[1] A. T. Miles, G. M. Hawksworth, J. H. Beattie, and V. Rodilla, Induction, Regulation, Degradation, and Biological Significance of Mammalian Metallothioneins[J]. Critical Reviews in Biochemistry and Molecular Biology, 35（1）：35-70, 2000.

[2] Richard D. P., S. D. Findley, T. E. Whitmore, et al. MT-III, a brain-special member of the metallothionein gene family[J]. Proc Natl Acad Sci. USA, 1992, 89：6 333-6 337.

[3] Uchida, Y., K. Takio, K. Titani, etc. The growth inhibitory factor that is deficient in the Alzheimer's diseased brain is a 68 amino acid metallothionein-like protein [J]. J. Neuron. 1991, 7：337-347.

[4] Villoslada P & Genain CP. Role of nerve growth factor and other trophic factors in brain inflammation [J]. Prog Brain Res, 2004, 146, 403-414.

[5] Carol J., SD Findley, JC Erickson, et al. Induction of a New Metallothionein Isoform（MT-IV）Occurs during Differentiation of Stratified Squamous Epithelia[J]. Biochemistry, 1994, 33：7 250-7 259.

[6] Studer, R., Vogt, C. P., Cavigelli, M., Hunziker, P. E. and Kägi. J. H., Metallothionein accretion in human hepatic cells is linked to cellular proliferation, *Biochem*[J]. *J.*, 328, 63-67, 1997.

[7] Haile Meskel, H., Cherian, M. G., Martinez, V. J., Veinot, L. A. and Frei, J. V., Metallothionein as an epithelial proliferative compartment marker for DNA flow cytometry[J]. *Modern Pathol.*, 6, 755-760, 1993.

[8] Thornalley PJ, Vašák M. Possible role for metallothionein in protection against radiation induced oxidative stress. Kinetics and mechanism of its reaction with superoxide and hydroxyl radicals [J]. Biochim Biophys Acta, 1985, 827：36-44.

[9] Sato M, Bremner I. Oxygen free radicals and metallothionein [J]. Free Rad Biol 1993, 14：325-37.

[10] Uchida, Y.; Takio, K.; Titani, K.; etc. The growth inhibitory factor that is deficient in the Alzheimer's disease brain is a 68 amino acid metallothionein-like protein [J]. Neuron, 1991, 7：337-347.

[11] Yuguchi, T., Kohmura, E., Yamada, K., etc. Expression of growth inhibitory factor mRNA following cortical

injury [J]. J. Neurotrauma, 1995, 12: 299-306.
[12] Erickson, J. C.; Hollopeter, G.; Thomas, S. A., etc., Disruption of the metallothionein-III gene in mice: Analysis of brain zinc, behavior, and neuron vulnerability to metals, aging, and seizures [J]. J. Neurosci., 1997, 17: 1 271-1 281.
[13] Milena P., Metallothioneins are multipurpose neuroprotectants during brain pathology [J], FEBS Journal, 2006, 273: 1 857-1 870.
[14] 彭克美,张登荣,组织学与胚胎学[M]. 中国农业出版社, 2002.
[15] 萨姆布鲁克, J., D. W. 拉塞尔,黄培堂译. 分子克隆试验指南(第三版)[M]. 北京:科学出版社, 2002.8.
[16] Eileen M. DW., K. L. Gilby, S. E. Howlett, etc., Isolation of total cellular RNA from brain tissue, OXFORD Practical Approach Series, Oxford University, 2001.
[17] W Braun, M Vasák[J]. A H Robbins, C D Stout, G Wagner, J H Kägi, and K Wüthrich, Comparison of the NMR solution structure and the x-ray crystal structure of rat metallothionein-2[J]. Proc Natl Acad Sci U S A. 1992, November 1; 89 (21): 10 124-10 128.
[18] Gabriele Meloni, Kairit Zovo, Jekaterina Kzantseva, Peep Palumaa §, and Milan Vasák, Organization and Assembly of Metal-Thiolate Clusters in Epithelium-specific Metallothionein-4, THE JOURNAL OF BIOLOGICAL[J]. CHEMISTRY, 2006, 281 (21): 14 588-14 595, May 26.

牦牛生长激素基因克隆、原核表达及蛋白特性研究

王磊，杨联**，张利平，吴建平**，徐建峰，方翟

（甘肃农业大学动物科学技术学院，兰州　730070）

摘　要：生长激素是调节动物生长发育的重要激素，克隆牦牛生长激素基因，并进行原核表达和蛋白特性分析，为牦牛生长发育分子生物学研究积累资料和重组牦牛生长激素合成提供依据。本研究采用RT-PCR方法，从牦牛脑垂体中扩增出707bp的核苷酸序列，包括YGH完整的编码区，长654bp，编码217个氨基酸。成功构建了原核表达载体PET28a（+）/YGH，在大肠杆菌BL21（DE3）plysS中表达。SDS-PAGE电泳结果表明成功表达出了牦牛生长激素，表达的最佳条件为IPTG终浓度为1.0mM，40℃诱导5h。采用生物信息学方法分析表明，牦牛生长激素蛋白存在两个明显的疏水区域，存在两个强跨膜螺旋，27个氨基酸残基组成的信号肽，是一种分泌型蛋白质。二级结构主要以α-螺旋和不规则卷曲为主，并预测了三级结构。

关键词：牦牛生长激素基因；克隆；原核表达；蛋白特性

Cloning, Prokaryotic Expression and Protein Characteristics Analysis of Yak Growth Hormone Gene

Wang Lei, Yang Lian**, Zhang Li ping, Wu Jian ping**, Xv Jian fen, Fang Di

(*Faculty of Animal Science and Technology, Gansu Agricultural University, Lanzhou, 730070, China*)

Abstract: Growth hormone (GH) plays a great role in animal growth and development, to clone yak growth hormone (YGH) gene, prokaryotic expression and analysis of the protein characteristics was

---

*基金项目：甘肃省科技攻关项目（编号：2GSO42-A41-001-04）
**通讯作者：Author for correspondence. 杨联，副教授，主要从事动物遗传研究，E-mail：yangl@gsau.edu.cn；
　　　　　　吴建平，教授，博士生导师，主要从事动物遗传育种研究，E-mail：wujp@gsau.edu.cn

help for molecular biological research of growthand development on Yak, and producing recombinant yak growth hormone. In this article, 707bp DNA sequence was cloned by RT-PCR from yak pituitary gland, in which included 654bp the total coding sequence (CDS) of YGH gene.The CDS was cloned on PET28a (+) vector and formed gene fusion, and then gene fusionwas transferred into E. coli BL21 (DE3) plysS toexpressfusion protein. SDS-PAGE showed that the molecular weight of the fusion protein was same as expectation. The best conditions for expression was cultured in LB medium with 1.0M IPTGfor 5 hours at 40℃.The bioinformatics analysis of YGH showed the protein have two strong hydrophobic regions and two strong transmembrane helixs and 27 amino acid signal peptide, the protein is a secreted protein.In second structure, 4 α-helix, random coil and sheet accounted for 58.06%, 36.41% and 5.53%. The three-dimension structure has also been predictedmodeled by growth hormone-prolactin receptor complex (SWS/UNP ID: 1bp3A), which had the highest similar with YGH .

Key words: Yakgrowth hormone gene; clone; Prokaryotic expression; proteincharacteristics

生长激素（Growth hormone, GH）是一种由垂体前叶嗜酸性细胞合成和分泌的调节脊椎动物生长发育的重要单链多肽类激素，由190~191个氨基酸组成，分子量约22 000Da，不含糖基[1]。牛生长激素调控牛的生长速率和产奶量以及多个合成代谢过程，包括氮、脂肪、矿物质和碳水化合物的新陈代谢[2]。研究表明，给奶牛注射外源牛生长激素能提高奶牛产奶量和饲料能量利用效率[3][14]，同时，牛奶中α-乳白蛋白，短链、中链和长链脂肪酸的浓度也增加，钙、磷、镁、钠、铁和铜的浓度没有发生变化[15]。分别给产奶前期和产奶后期的奶牛注射外源生长激素，均能够提高产奶量，产奶前期牛奶中游离脂肪酸浓度也随之提高，而产奶后期牛奶中不变[16]。Moallem等（2004）将过瘤胃保护的生长激素添加到断奶至性成熟阶段海福特牛日粮中发现日增重和骨骼发育加快，而初情期不变[17]。由于使用外源生长激素能够有效提高奶牛产奶量及生长发育，而从垂体中提取生长激素的成本高，早在20世纪80年代，国外采用基因重组技术生产重组生长激素，通过注射用来提高奶牛产奶量和肉牛生长速度[16][18][19][20]。生长激素只有与细胞膜上的特异受体结合才能发挥作用，具有物种特异性，即一个物种的生长激素注射给另一个物种，由于缺乏特异的受体而不能发挥生物学作用[21]。在大量研究结果的基础上，FDA声明用重组生长激素处理的动物奶和肉是安全的[7][22]。

牦牛是青藏高原上特有的"万能家畜"，是牧民赖以生存的生产和生活资料，也是藏区经济发展的支柱。牦牛成年体重210~270kg，2周岁平均日增重约150g/d，生产水平低[25]。基于生长激素的促生长作用以及牛生长激素第127位的氨基酸差异影响个体的生产水平[23][24]。本研究旨在克隆牦牛生长激素（Yak growth hormone，YGH）基因，构建牦牛生长激素基因的原核表达体系，为牦牛分子标记选择和重组蛋白的应用研究积累资料。

1 材料及方法

1.1 材料

1.1.1 牦牛样品采集

本研究样品采自甘肃省天祝县天润公司，取刚刚屠宰的牦牛头，打开头骨，取出脑垂体后迅速置液氮中保存，带回实验室后置-80℃冰箱备用。

1.1.2 载体及宿主菌

大肠杆菌DH5α由甘肃农业大学动物科学技术学院遗传室提供，基因型为：supE44，ΔtacU169（φ80，lacZΔM15），hsdR17，recA1，endA1，gyrA96，thi，real；宿主菌BL21（DE3）plysS（基因型为：F⁻ompT hsdS$_B$（r$_B^-$ m$_B^-$）galdcm（DE3）pLysS（Cm^R）和表达载体PET-28a（+）均由中国

科学院寒区旱区环境与工程研究所李鸣博士惠赠。

1.1.3 酶类及试剂

Trizol购自Invitrogen Corporation（California, USA）；TaKaRa RNA PCR Kit（AMV）Ver. 3.0、Taq酶、DNA Marker（DL2000）、dNTP、Amp、卡那霉素、氯霉素、XhoI、BamHI和蛋白质Marker均购自宝生物工程（大连）有限公司；pGEM-T载体及T4 DNA Ligase购自Promega公司。质粒提取试剂盒（TIANprep Mini）和凝胶回收试剂盒（TIANgel Mini）购自天根生化科技（北京）有限公司；X-gal和IPTG购自北京拜尔迪生物技术有限公司；其他试剂均由甘肃农业大学动物科学技术学院动物遗传实验室提供。

1.2 方法

1.2.1 引物设计克隆引物设计

在NCBI上分别搜索获得牛（EF154193.1）、羊（X15976.1）、山羊（EF451797.1）、猪（AY536527）和马（NM_001081948）的生长激素基因序列，并进行多序列比对，以高度同源区为模板，用Primer 5软件设计引物，设计引物为Ybgh1：5'-GACCCAGTTCACCAGACGA-3'，Ybgh2：5'-GGCAACTAGAAGGCACAGC-3'。

1.2.2 表达引物设计

应用Primer Premier 5.0软件，以克隆获得的YGH基因的cDNA序列为模板，设计表达引物：YGH_U：5'-AAGGATCCATGATGGCTGCAGG-3'，下划线部分为BamH I酶切位点；YGH_D：5'-TTCTCGAGCTAGAAGGCACAGCTG-3'，下划线部分为XhoI酶切位点，引物由宝生物工程（大连）有限公司合成。

1.2.3 RT-PCR与基因克隆用Trizol法

提取牦牛脑垂体总RNA[8]，采用TaKaRa RT-PCR试剂盒进行扩增。反转录反应体系参照试剂盒说明，反应条件为：30℃，10min；55℃，30min；99℃，5min；5℃，5min。PCR反应条件为：94℃预变性5min，94℃变性30sec；59℃退火30sec，72℃延伸30sec，30个循环；72℃延伸10min。琼脂糖凝胶电泳检测得到一条约700bp的片段，将此片段纯化回收，连接到T载体上后，回收PCR产物后，在T4 DNA连接酶作用下使回收产物与PGEM®-T载体连接，然后转染E.coli DH5α，经蓝白斑筛选和重组质粒PCR后，选取阳性重组子，送英骏生物技术有限公司北京测序部测序。

1.2.4 重组表达质粒PET-28a（+）/YGH的构建用表达

引物克隆YGH基因编码区全序列，然后用BamH I和XhoI双酶切并纯化回收后，与同样经BamH I和XhoI双酶切的原核表达载体PET-28a（+）用T4 DNA Ligase连接，构建大肠杆菌表达质粒PET-28a（+）/YGH，该质粒转化表达宿主菌BL21（DE3）plysS，经质粒PCR及双酶切法鉴定阳性重组子，送英骏生物技术有限公司北京测序部测序。

1.2.5 重组质粒PET-28a（+）/YGH的诱导表达

将构建好的工程菌PET-28a（+）/YGH接种于含卡那霉素（终浓度：50μg/mL）及氯霉素（终浓度：50μg/mL）的5mL LB液体培养基中，37℃ 250rpm培养过夜，次日按1∶50的比例扩培。当OD_{600}达到0.6～1.0时，分别加入IPTG，使其终浓度分别为0mM、0.2mM、0.5mM、1.0mM、1.5mM、2.0mM，继续培养4h，分别取样进行SDS-PAGE检测外源蛋白的表达。

1.2.6 表达时间的优化

将构建好的工程菌PET-28a（+）/YGH按1%接种量接种于含有20mL LB液体培养基的锥形瓶中，37℃，190r/min，培养至OD_{600}达0.8左右时加入IPTG使其终浓度达到筛选出的最佳浓度诱导，分别于1.0h、2.0h、3.0h、4.0h、5.0h、6.0h、7.0h取样，进行SDS-PAGE蛋白电泳分析。

1.2.7 表达温度的优化

在筛选获得的最佳IPTG浓度和诱导时间下，选择37℃作为培养温度，分别以25℃、30℃、37℃、40℃为诱导温度对工程菌进行诱导，然后取样进行SDS-PAGE鉴定。

1.3 蛋白质特性分析方法

通过BLASTn数据库搜索（www.ncbi.nlm.nih.gov）分析核苷酸序列和氨基酸序列的相似性。采用ProtParam在线分析（http://www.expasy.ch/tools/protparam.html）蛋白基本特征及疏水性，采用TMpred和TMHMM Server v.2.0（http://www.cbs.dtu.dk/services/TMHMM-2.0/）对蛋白跨膜螺旋进行分析，用SignalP3.0（http://www.cbs.dtu.dk/services/SignalP/）对信号肽分析。蛋白质的二级结构用Jpred3（www.compbio.dundee.ac.uk/~www-jpred）和Hopfield神经网络（HNN）模型（http://npsa-pbil.ibcp.fr/cgi-bin/npsa_automat.pl?page=npsa_nn.html）预测，三级结构通过Swiss-Model（http://swissmodel.expasy.org/）提交预测。

2 结果与分析

2.1 YGH基因克隆

提取牦牛脑垂体总RNA后（图1），用克隆引物和试剂盒所带Random primer，经RT-PCR扩增获得长度约为700bp的片段（图2），与目的片段大小相近。回收PCR产物并克隆，经蓝白斑筛选和菌落PCR鉴定阳性克隆并测序。测序结果表明，克隆所得片段长为707bp，BLAST搜索结果表明该序列包含YGH基因编码区全长序列654bp，提交GenBank，登录号：EF154193。

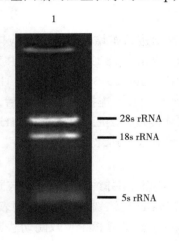
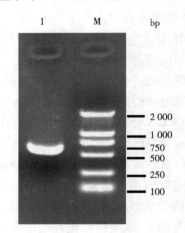

M：DNA Maker；1：RT-PCR结果

图1 牦牛脑垂体总RNA提取 　　　　图2 牦牛生长激素基因RT-PCR

Fig. 1 Total RNA extraction for Yak pituitary 　　Fig. 2 RT-PCR results of YGH gene

2.2 重组表达质粒PET-28a（+）/YGH的构建

用表达引物克隆的目的片段进行酶切鉴定（图3），其中，3 015bp条带是PGEM-T载体片段，654bp条带是YGH片段，经琼脂糖凝胶电泳回收，定向插入PET-28a（+）多克隆位点BamH I和XhoI之间，转化大肠杆菌BL21（DE3）plysS，筛选阳性菌落，双酶切验证阳性重组子（图4），5 930bp

条带是PET28a（+）片段，654bp条带是YGH片段。核酸测序结果确证YGH基因编码区插入表达载体中，且在起始密码子的正确阅读框中。

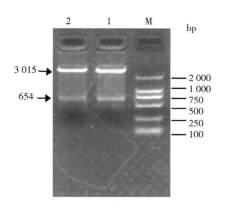

M：2kbDNAmarker；1，2：分别为PGEM-T/YGH 2个重组质粒的酶切条带

图3 重组质粒PGEM-T/YGH的酶切电泳图

Fig. 3 Identification of recombinant PGEM-T/YGH plasmid

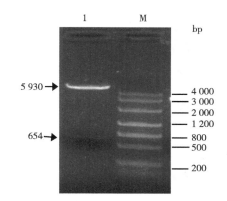

M：2kbDNAmaker；1：为PET28a（+）/YGH重组质粒的酶切条带

图4 重组质粒PET28a（+）/YGH的酶切电泳图

Fig. 4 Identification of recombinant PET28a（+）/YGH plasmid

2.3 重组质粒PET-28a（+）/YGH的诱导表达及其优化

提取重组质粒，并将其转化到表达菌株［E.coli BL21（DE3）plysS］。

2.3.1 最佳IPTG浓度的筛选

加入IPTG，使终浓度分别为0mM、0.2mM、0.5mM、1.0mM、1.5mM和2.0mM，诱导表达4h，进行SDS-PAGE检测，获得一条约26KD的蛋白（图5a），与融合蛋白大小相符，在未诱导重组载体［PET28a（+）/YGH］与未诱导载体［PET28a（+）］泳道相应位置条带很弱，说明重组载体通过IPTG诱导表达了目的蛋白，而IPTG浓度对表达影响差异不明显。

2.3.2 最佳诱导时间的筛选

IPTG终浓度为1.0mM，分别诱导表达1.0h、2.0h、3.0h、4.0h、5.0h、6.0h和7.0h后取样，进行SDS-PAGE检测（图5b），结果表明，诱导5h表达量达到高峰，继续延长培养时间，菌体浓度有所增加但目的条带差异不明显。

2.3.3 最佳诱导温度的筛选

重组菌在LB培养基37℃条件培养1.5h后，加入IPTG浓度至1mM，分别在25℃、30℃、37℃和40℃诱导5h，分别取样进行SDS-PAGE检测（图5c），结果表明最佳诱导温度为40℃，这可能是由于在40℃诱导，菌体的生长速度较快，能在较短的时间内达到一定的浓度而且菌体较为年青，从而表达出大量的目的蛋白。上述3个试验结果表明，重组牦牛生长激素基因表达的最佳条件为重组菌在LB培养基37℃培养1.5h后，最佳诱导条件为IPTG终浓度为1.0mM，40℃诱导5h，表达产物分子量约为26KD。

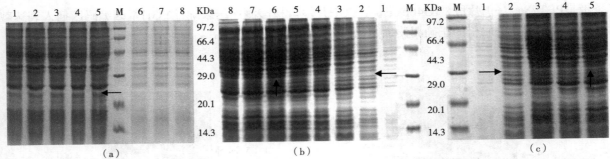

(a) 不同IPTG浓度诱导检测结果M: 低分子量蛋白maker; 1, 2, 3, 4, 5: 分别为PET28a(+)/YGH重组子经IPTG浓度为2.0mmol/L、1.5mmol/L、1.0mmol/L、0.5mmol/L、0.2mmol/L诱导4h结果; 6: PET28a(+)/YGH未诱导; 7: PET28a(+)未诱导; 8: PET28a(+)经1.0mmol/L IPTG诱导结果 (b) 不同诱导时间的检测结果M: 低分子量蛋白maker; 1-8: 分别诱导0h、1.0h、2.0h、3.0h、4.0h、5.0h、6.0h、7.0h的结果 (c) 不同诱导温度的检测结果M: 低分子量蛋白maker; 1: PET28a(+)/YGH未诱导; 2, 3, 4, 5: 分别为25℃、30℃、37℃、40℃诱导

图5 表达PET28a(+)/YGH重组菌的SDS-PAGE电泳图

Fig. 5 SDS-PAGE results of PET28a(+)/YGH in different IPTG concentrations, inducing time and inducing temperatures

2.4 牦牛生长激素蛋白特性的分析

2.4.1 基本特征

ProtParam在线分析表明YGH分子量为24 558.4Da,等电点8.26。ProtScale分析表明,YGH在10~27和101~120的氨基酸位点有明显的疏水性区域。经TMpred和TMHMM Server v.2.0对YGH跨膜区综合分析表明(图6),牦牛生长激素存在2个强跨膜螺旋,跨膜方向由里向外,位置分别为10~27和101~120氨基酸残基,跨膜结构域的数目是偶数,N端和C端位于膜的同侧。TMHMM2.0分析表明跨膜螺旋区主要集中在N端。

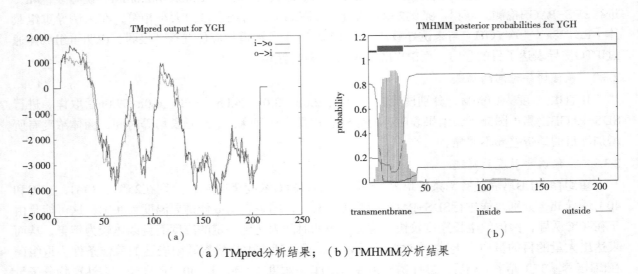

(a) TMpred分析结果; (b) TMHMM分析结果

图6 YGH跨膜区分析

Fig. 6 YGH transmembrane region analysis

2.4.2 信号肽预测分析

用SignalP3.0对YGH信号肽分析（图7），结果表明，YGH存在信号肽。最大可能的剪切位点位于第26或27氨基酸处：VVG-AF，信号肽预测概率为1.0，剪切位点预测概率为0.547。该蛋白是一种分泌型蛋白质，见下表所示。

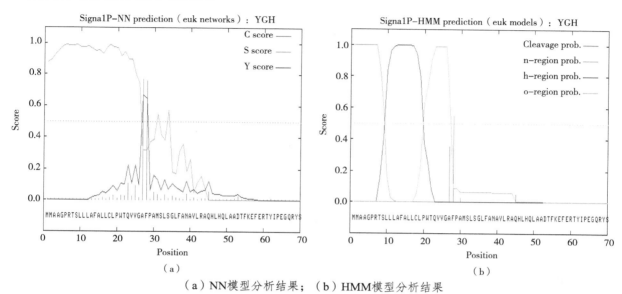

（a）NN模型分析结果；（b）HMM模型分析结果

图7 YGH信号肽分析

Fig. 7 Signal peptide analysis of YGH

表 YGH信号肽分析结果

Table Analysis of signal peptide in YGH

Measure[a]	SignalP-NN[2a]				Signal P-HMM[b]			
	Position	Value	Cutoff	Signal peptide	Signal peptide probability	Signal anchor probability	Max cleavage site probability	prediction
max. C[c]	27	0.768	0.32	YES				
max. Y[d]	27	0.667	0.33	YES				
max. S[e]	9	0.989	0.87	YES	1.000	0.000	0.547	secretory protein
mean S[f]	1-26	0.939	0.48	YES				
D[g]	1-26	0.803	0.43	YES				

a）表中NN = neural networks（神经网络模型）；b）表中HMM = hidden Markov models（隐马尔可夫模型）
c）表中C= raw cleavage site score（原始剪切位点评分）；d）表中Y = combined cleavage site score（组合位点评分）
e）表中S = signal peptide score（信号肽评分）；f）表中mean S = the average of the S-score（信号肽评分均值）
g）表中mean D = the average of the S-mean and Y-max score（信号肽评分均值和组合位点评分的均值）

2.4.3 蛋白质二级结构预测

用Hopfield HNN模型和Jpred3在线分析（图8）牦牛生长激素二级结构模型，结果表明，YGH二级结构主要以α-螺旋和不规则卷曲为主，其中，α-螺旋（Alpha helix）所占比例为58.06%，不规则卷曲（Random coil）所占比例为36.41%，折叠结构（Extended strand/Sheet）占5.53%。

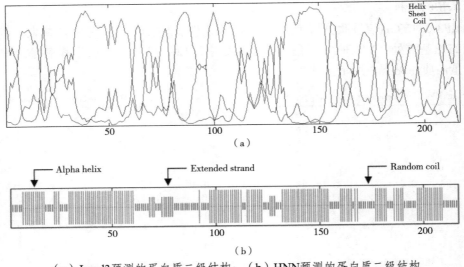

(a) Jpred3预测的蛋白质二级结构；(b) HNN预测的蛋白质二级结构

图8 蛋白质二级结构预测结果

Fig. 8 Second structure of YGH predicted by Jpred3

2.4.4 蛋白质三级结构预测

以Somers（1994）等报道的人生长激素—泌乳刺激素受体复合体三级结构（SWS/UNP ID：1bp3A）为模板[9]，通过SWISS-MODEL预测获得了牦牛YGH的三级结构，其中牦牛YGH与人生长激素—泌乳刺激素受体复合体的氨基酸序列相似性为64.92%，是同源性最高的模板，人生长激素—泌乳刺激素受体复合体三级结构由A链和B链组成，人生长激素的结构位于A链，而泌乳刺激素受体结构位于B链，YGH序列提交SWISS-MODEL预测的结果就是与A链匹配的结果。牦牛YGH蛋白质三级结构预测结果包含第28～215氨基酸残基，其模式如图9所示。然而，由SWISS-MODEL预测结果分析二级结构表明，牦牛YGH的三级结构主要为α-螺旋和不规则卷曲，这与二级结构的预测结果一致（图9）。

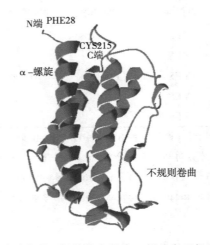

预测结果表明三级结构主要为α-螺旋和不规则卷曲

图9 SWISS-MODEL预测的牦牛YGH三级结构预测结果

Fig. 9 Three-dimensionalsolution structure of yak predicted by SWISS-MODEL

3 讨论

本研究从牦牛脑垂体中采用RT-PCR方法克隆获得了牦牛生长激素基因的编码区序列，其编码区序列长为654bp，含有起始密码子ATG和终止密码子GAT，编码217个氨基酸。分子结构预测的结果表明，牦牛生长激素蛋白含有26~27个氨基酸残基组成的信号肽，成熟肽由191~192个氨基酸组成，这与欧江涛等[1]（2004）报道的生长激素前体氨基酸数为217个，信号肽和成熟肽分别为26和191个氨基酸相一致。分析表明牦牛生长激素存在跨膜螺旋结构。牦牛GH二级结构主要以α-螺旋和不规则卷曲为主，β折叠较少。

在原核生物中表达真核蛋白，宿主菌和表达载体的选择至关重要。由于原核生物宿主菌中含有一些稀有密码子，含有大量稀有密码子的重组蛋白基因在表达时，由于缺乏对应的tRNA，直接导致翻译错误或中止。如果插入的目的基因中特别是N末端起始区域有含量较多的稀有密码子将严重影响目的蛋白的表达[10]。本研究选择BL21（DE3）plysS工程菌作为宿主菌，其稀有密码包括AGG、AGA、AUA、CUA、CGA、CGG、CCC、UCG、UGU、UGC、ACA、CCU[11]。牦牛生长激素基因中稀有密码子数量占总密码子的比例为3%，融合表达可以高效表达含有稀有密码子的外源蛋白[12]，因此，本研究选择PET-28a（+）表达载体进行融合表达。本研究将载体中6个组氨酸（His）$_6$和一个T$_7$小肽编码序列与目的序列连接构建融合表达载体。为了提高工程菌培养过程中质粒的稳定性，先培养重组工程菌生长到一定密度，然后诱导外源基因的表达。

本研究对表达体系优化试验结果表明IPTG浓度对目的蛋白表达无明显影响，这与Jang等[26]的报道一致，即牛生长激素基因（bGH）的表达并不显著的受IPTG浓度的影响，甚至在无IPTG条件下，在40℃诱导下bGH表达量可达到15%（目的蛋白占细胞总蛋白的15%）。这可能是由于在LB培养基中存在天然的诱导因子如异乳糖，表达水平只部分的依赖于加入的诱导剂IPTG，另外，PET表达系统中IPTG的最优浓度为1.0mmol/L，所以在本实验中采用1.0mmol/L的IPTG浓度进行诱导；诱导5h目的蛋白表达量最大，延长诱导时间不能有效的提高表达量，这可能是诱导5h后产生的大量目的蛋白积累在菌体内，严重干扰了重组菌的正常代谢，造成菌体的相继自溶，导致最终目的蛋白含量反而会下降，同时菌体浓度仍在升高，由于携带质粒的菌大量死亡，同时，抗生素失去了抗性筛选作用，不含质粒的菌得以正常生长；在相同菌体密度下，不同诱导温度可以优化目的蛋白的产量。Carlos等[13]发现在41℃时人生长激素可以达到很高产量。本实验中，牦牛生长激素融合蛋白在40℃诱导达到最大表达量。

参考文献

[1] OU J-T（欧江涛），ZHONG J-C（钟金城）and CHENG Z-H（陈智华）. Clonging, Sequencing and Polymorphism Research on GH Gene of Bos *grunniens*[J]. Trends in Life Sciences〈生命科学趋势〉，2004，2（1）：2-10（in chinese with English abstract）.

[2] Peel C J, Bauman D E and Gorewit R C. Effect of exogenous growth hormone on lactational performance in high yielding dairy cows[J]. J. Nutr, 1981, 111, 1 662-1 667.

[3] J T HUBER, Z WU and C FONTES. Administration of Recombinant Bovine Somatotropin to Dairy Cows for Four Consecutive Lactations[J]. Journal of Dairy Science, 1997, 80（10）：2 355-2 360.

[4] N FERNANDEZ, M RODRIGUEZ, C PERISand M P MOLINA. Bovine Somatotropin Dose Titration in Lactating Dairy Ewes. 2. Dose Determination and Factors Affecting the Response[J]. Journal of Dairy Science, 1997, 80（5）：818-829.

[5] Jordan R M, D D Shaffhausen. Effect of somatotropin on milk yield of ewes[J]. J. Anim. Sci, 1954, 13: 706.

[6] Miller W L, N L Eberhardt. Structure and evolution of the growth hormone family[J]. Endocrine Rev, 1983, 4: 97.

[7] ALLEN H, TUCKER. Safety of Bovine somatotropin（bst）[J]. Michigan Dairy Review, 1997, 2: 2.

[8] Eileen M. DW, K. L. Gilby and S. E. Howlett. Isolation of total cellular RNA from brain tissue[J]. OXFORD Practical Approach Series, , Oxford University, 2001.

[9] Somers W, Ultsch M and De Vos A. M. The X-ray structure of a growth hormone-prolactin receptor complex[J]. Nature, 372（6505）: 478-481.

[10] Ren Z-L（任增亮）, Du G-C（堵国成）and Cheng J（陈坚）. China Biotechnology[J].〈中国生物工程杂志〉, 2007, 27（9）: 103-109（in chinese with English abstract）.

[11] Grosjean H, FiefsW. Profemntial condon usage in prokaryotic genes: the optimalcondon-anticondon interaction and the selective condon usage in eficiently expressiongenes[J]. Gene, 1982, 18: 199.

[12] Liao M-D（廖美德）, Xie Q-L（谢秋玲）and LinJ（林剑）. Heterologous gene high expression in *Escherichia coli*[J]. Chinese Bulletin of Life Sciences〈生命科学〉, 2002, 14（5）: 283-287（in chinese with English abstract）.

[13] Carlos R j, Femamda I C. Periplasmic expression of human grow hormone via plasmid vectors containing the PL promoteruse of HPLC for product quantification[J]. Protein Engineering, 2003, 16（12）: 1 131-1 138.

[14] StuartN, Mccutcheon and Dale EB. Effect of Pattern of Administration of Bovine Growth Hormone on Lactationai Performance of Dairy Cows[J]. J Dairy Sci, 1986, 69: 38-43.

[15] Philip J, Eppard, Dale EB and Joel B. Effect of Dose of Bovine Growth Hormone on Milk Composition α-Lactalbumin, Fatty Acids, and Mineral Elements[J]. J Dairy Sci. 1985, 68: 3 047-3 054.

[16] Colin J P, Thomas J F, Dale E B and Ronald C. Effect of Exogenous Growth Hormone in Early and Late Lactation on Lactational Performance of Dairy Cows[J]. J Dairy Sci. 1983, 66: 776-782.

[17] U. Moallem, G. E. Dahl, E. K. Duffey, A. V. Capuco and R. A. Erdman. Bovine Somatotropin and Rumen-Undegradable Protein Effects on Skeletal Growth in Prepubertal Dairy Heifers[J]. JDairy Sci. 2004, 87: 3 881-3 888.

[18] T. S. Rumsey, T. H. Elsasser, S. Kahl, W. M. Moseley and M. B. Solomon, Effects of Synovex-S and recombinant bovine growth hormone（Somavubove）on growth responses of steers: I. Performance and composition of gain[J]. J Anim Sci, 1996, 74: 2 917-2 928.

[19] Y. Ono, M. B. Solomon, T. H. Elsasser, T. S. Rumsey and W. M. Moseley. Effects of Synovex-S and recombinant bovine growth hormone（Somavubove）on growth responses of steers: II. Muscle morphology and proximate composition of muscles[J]. J Anim Sci 1996. 74: 2 929-2 934.

[20] F. J. Schwarz, D. Schamstl, R. Ropket, M. Kirchgessner, J. KogeP, and P. MatzkeS. Effects of Somatotropin Treatment on Growth Performance, Carcass Traits, and the Endocrine System in Finishing Beef Heifers[J]. J. Anim. Sci. 1993. 71: 2 721-2 731.

[21] Dale E. B. Bovine Somatotropin: Review of an Emerging Animal Technology[J]. J Dairy Sci. 1992, 75: 3 432-3 451.

[22] Sechen, S. Review of bovine somatotropin by the Food and Drug Administration. Page 101 in Advanced technologies facing the dairy industry: bST. Mimeo Ser. No. 133, Cornell Coop[J]. Ext, Cornell Univ, 1989 Ithaca, NY.

[23] Lucy, M. C, S. D. Hauser, P. J. Eppard, G. G. Krivi, J. H. Clark, D. E. Bauman, and R. J. Collier. Genetic polymorphism within the bovine somatotropin（bST）gene detected by polymerase chain reaction and endonuclease digestion[J]. J Dairy Sci. 1991, 74: 284.

[24] Lucy, M. C, S. D. Hauser, P. J. Eppard, G. G. Krivi, J. H. Clark, D. E. Bauman, and R. J. Collier. Variants of somatotropin in cattle: Gene frequencies in major dairy breeds and associated milk production[J]. Domest. Anim. Endocrinol, 1993, 10: 325-333.

[25] ZHANG R X（张容昶）, Chinese yak. Gansu Science and Technology Press[J].〈甘肃科学技术出版社〉, 1988（in chinese）.

[26] Jang Won Choi, Se Yong Lee. Enhanced expression of bovine growth hormone gene by different culture conditions in Escherichia coli[J]. Biotechnology Letters, 1997, 19（8）: 735-739.

祁连山高寒牧区不同类型草地植被特征和土壤养分分异趋势及其相关性研究

姚喜喜[1]，宫旭胤[2]，白滨[2,4]，张利平[1]，郎侠[2]，吴建平[1,5]*

（1.甘肃农业大学动物科学技术学院，甘肃兰州 730070；2.甘肃省农科院畜草与绿色农业研究所，甘肃兰州 730070；3.甘肃农业大学草业学院，中—美草地畜牧业可持续发展研究中心，甘肃兰州 730070；4.甘肃省农科院质量与标准研究所，甘肃兰州 730070；5.甘肃省农业科学院，甘肃兰州 730070）

摘　要：为探究祁连山高寒牧区不同类型草地植被特征、土壤养分分异趋势及其相关性，以山地草原、高山草原、高寒草甸草原3个类型草地为研究对象，采用野外调查、室内测定和数据统计分析相结合的方法，研究了3个类型草地的植被特征、土壤养分特征及其之间的相关性。结果表明，①不同类型草地群落盖度、地上生物量差异明显，均为高山草原>山地草原>高寒草甸草原（$P<0.05$）；群落多样性、草本植物高度差异明显，均为山地草原>高山草原>高寒草甸草原（$P<0.05$）；小灌木平均高度差异明显，为高寒草甸草原>高山草原>山地草原（$P<0.05$）。②不同类型草地土壤有机质含量变幅较大，其中，以高寒草甸草原最为丰富；pH值变幅较大，变化趋势与有机质相反，即有机质含量越高，则土壤pH值低，反之亦然；全氮含量较高，都为1~2级（>0.2%）；全钾含量居中，山地草原为2级（2.5%~3.0%），高山草原和高寒草甸草原为3级（2.0%~2.5%）；全磷含量最低，均为3~4级（0.05%~0.10%），全量养分表现出以低磷高氮富钾为特征；速效养分以贫磷为特征；土壤保肥能力较强；各类型草地土壤肥力因子间的相关性各有特点。③总体看来，高山草原土壤养分含量最高，其群落的生产力也最高，但群落多样性最低。磷在祁连山高寒牧区很缺乏，建议在进行草原管理和人工饲草种植时补充磷素。

关键词：植被特征；土壤养分特征；相关关系；草地类型；高寒牧区

基金项目：本课题由国家绒毛用羊产业技术体系饲养管理与圈舍环境岗位科学家（CARS-40-18）；农业部公益性行业（农业）科研专项项目"北方作物秸秆饲用化利用技术研究与示范"（201503134-HY15038488）资助
作者简介：姚喜喜（1989—），男，汉，甘肃省庆阳市，在读博士。E-mail：1468046362@qq.com
*通讯作者：Corresponding author. E-mail：wujp@gsagr.ac.cn

Different types of grassland vegetation characteristics and soil nutrient distribution trends and their correlation in alpine pastoral area of Qilian Mountains

Yao Xi xi[1], Gong Xu yin[2], Zhang Li ping[1], Liu Ting[1], Jiao Ting[3], Wu Jian ping[1,2]

(1. College of animal science and technology, Gansu Agricultural University, Lanzhou, 730070, China; 2. Animal Husbandry, Pasture and Green Agriculture Institute, GansuAcademy of Agricultural Sciences, Lanzhou, 730070, China; 3. College of Pratacultural science, Gansu Agricultural University, Sino-U. S. Centers for Grazingland Ecosystem Sustainability, Lanzhou, 730070, China)

Abstract: In order to explore different types of grassland vegetation characteristics, soil nutrients variation trends and their correlation in the alpine pastoral area of Qilian Mountains, selected three types of grasslandupland meadow, alpine meadow and apine meadow-steppe type rangeland as study objects, determined by field investigations, laboratory analysis and statistics analysis method and study on three types of grassland vegetation characteristics, soil nutrient characteristics and their relevance. Results show that, ①Different types of grassland community coverage and aboveground biomass were significantly differences, alpine steppe>upland meadow>apine meadow-steppe type rangeland ($P<0.05$); community diversity, herb height differences obviously, upland meadow>alpine steppe>apine meadow-steppe type rangeland ($P<0.05$); small shrubsheight differences significantly, apine meadow-steppe type rangeland>alpine steppe>upland meadow ($P<0.05$). ② The content of soil organic matter in different types of grassland significantly differences, apine meadow-steppe type rangeland is the most abundant; pH value variation is large, and showed the opposite trend with organic matter, that is, higher organic matter content, low soil pH value, and vice versa; total nitrogen content were up to 1th~2nd level (>0.2%); Potassium Center, upland meadow to level 2 (2.5%~3.0%), Alpine grassland and alpine meadow for level 3 (2.0%~2.5%); the content of total potassium, upland meadow to reach thr 2nd level (2.5%~3%), alpine steppe and apine meadow-steppe type rangeland up to the 3rd level (2%~2.5%); the content of total phosphorus was lowest, were up to 3rd~4th grades (0.05%~0.10%); total nutrients showed a characteristic, that is Low phosphorus, high nitrogen and potassium rich; the characteristic of total nutrients was low phosphorus, hige nitrogen and relative rich potassium; the available nutrients were characterized with low available phosphorus; characteristics of soil has a strong ability to save fertilizer; correlation between various types of grassland soil fertility factors have different characteristics. ③In General, highest soil nutrient contents in Alpine grassland, which have the highest productivity in the community, but community diversity is the lowest. Phosphorus is scarce in alpine pastoral area of Qilian Mountains, suggest that fertilize phosphorus, when cultivated artificial forage and grassland management.

Key words: vegetation characteristics; soil nutrient characteristics; correlation; grassland type; alpine pastoral area

高寒草地是祁连山高寒牧区植被的主体，是适应高原隆起与长期低温环境形成的特殊环境[1]，其不仅孕育着众多的土著生物和抗逆种质资源[2]，而且是甘肃省特有的少数民族——裕固族牧民从事草地畜牧业生产的物质基础，更是我国西北内陆河流黑河、石羊河和疏勒河的发源地和河西绿洲的水源地，因此，高寒草地生态系统的健康不仅事关河西地区水源安全，而且事关我国西北地区的生态安全、民族团结和社会稳定。但因其生态系统具有脆弱性和不稳定性的特点，在气候变暖和人类活动的双重影响下，祁连山高寒草地生态系统正遭受不同程度的退化[3]，具体表现在草地群落组分发生变化，群落组分变化改变群落结构，群落结构变化迫使高寒草地生态系统功能发生调整[4]，从而影响整个区域生态过程，对本区和毗邻的青藏高原、蒙古高原和黄土高原生物以及生物与环境相互作用组成的生态系统产生深刻影响[5]。

土壤是草地生态系统的重要组成部分，不仅为动物及微生物提供了赖以生存的栖息场所，也为植物提供必需的营养和水分，是各种物质能量转化的场所[6]。其养分含量的高低不仅影响植物个体发育，更进一步决定着植物群落的类型、分布和动态。植被对土壤养分的效应是由于植物的吸收与固定、群落生物量的积累与分解等，使得土壤养分在时间和空间尺度上出现了各种动态变化过程，因此，植被的土壤养分效应与植物群落的地上、地下生物量的大小、保存率和周转率等是分不开的[7]。土壤和植被具有互动效应，决定了土壤与植被总是处在不断的演化与发展之中[7]。

目前有关高寒地区草地类型与植被、土壤的研究报道主要集中在草地类型与土壤养分的分布规律[8]，生物量沿海拔梯度的变化规律[9]，生物量与环境因子的关系[10]，海拔高度与土壤理化指标的关系[11]，退化草地生物量与土壤养分的变化[12]，人为干扰对典型草原生态系统土壤养分状况的影响[13]，封育对山地草地植被及土壤特性的影响[14]。其中，有关祁连山高寒牧区的研究报道仅涉及祁连山北坡土壤特性与植被垂直分布的关系[15]，东祁连山不同退化程度高寒草甸土壤养分特征研究[3]，东祁连山不同退化程度高寒草甸土壤有机质含量及其与主要养分的关系[16]，祁连山天涝池流域典型灌丛地上生物量沿海拔梯度变化规律的研究[9]，祁连山区高寒草原土壤肥力特征及肥力因子间的关系等[17]，针对有关祁连山高寒牧区不同类型草地植被特征与土壤特征及其之间的相关性研究缺乏的现状，本文展开相关研究，旨在揭示不同类型草地植被特征、土壤养分分异特征及其相关关系，为祁连山高寒牧区草地生态系统的深入研究和草地健康状况的客观评价提供依据，同时，也为祁连山高寒牧区草地资源合理利用和科学化管理奠定基础。

1 材料与方法

1.1 研究区概况

研究地区位于甘肃省肃南裕固族自治县祁连山北麓的康乐乡，属高寒半干旱气候，温差较大，冬春季长而寒冷，夏秋季短而凉爽。年平均气温在4℃左右，年平均降水量在66~600mm，年平均风速为4km/h，年蒸发量在250~2 900mm。年平均无霜期为127d，平均日照时数达3 085h。低温、干旱、大雪、寒潮、秋季连阴雨、冰雹及霜冻为主要灾害性天气。

1.2 土壤样品采集

本研究于2015年8月中旬选取典型牧户山地草原、高山草甸草原、高寒草甸草原3个不同类型的放牧草地，每个类型草地面积均为18hm²，每个类型草地分阳坡、阴坡、坡地3个大地形见表1，每个大地形选取成土母质一致的3块样地作为重复，采用土钻法分0~15cm、15~30cm 2个土层采取实验室待测土壤样品，并用GPS定位样地所在的经纬度和海拔见表1。

表1 采样样地概况

Table 1 Status of samples

样地Samples	海拔（m）Elevation	经度Longitude	纬度Latitude	成土母质Parent material
山地草原 Upland meadow	2 410	99° 48′ 45.60″	38° 49′ 45.20″	山地栗钙土 Mountain chestnut soil
	2 456	99° 48′ 46.00″	38° 49′ 43.10″	
	2 498	99° 48′ 46.20″	38° 49′ 40.80″	
高山草甸草原 Alpine meadow	2 911	99° 06′ 74.29″	39° 00′ 78.78″	高山草原土 Alpine steppe soil
	2 945	99° 06′ 03.95″	38° 00′ 86.80″	
	3 052	99° 04′ 71.55″	38° 01′ 42.49″	
高寒草甸草原 Apine meadow-Steppe-type rangeland	3 801	99° 56′ 17.69″	38° 80′ 38.40″	高山草甸土 Alpine meadow soil
	3 893	99° 56′ 28.74″	38° 79′ 50.52″	
	3 950	99° 56′ 59.43″	38° 79′ 52.19″	

1.3 植物群落生物量与盖度监测

选择山地草原、高山草甸草原、高寒草甸草原3个类型草地，每个草地选取有代表性的样地，按照"Z"字形选取15个样点，相邻样点相距200m，监测植物群落高度、生物量、盖度、优势牧草组成等，样方框面积大小为0.25m×0.25m。

1.4 测定方法

植物群落高度、生物量、盖度、优势牧草组成测定，监测方法参考《草地调查规划学》[18]。土壤速效P、速效K含量测定：土壤样品过1.0mm筛，速效钾（K）含量测定采用NH_4OAc浸提，火焰光度法测定[19]；速效磷（P）含量采用0.5mol/L $NaHCO_3$法测定；土壤有机质、全氮、全磷、全钾和pH测定：土壤样品过0.25mm筛，全氮（Total N）含量测定采用半微量凯氏定氮法测定；有机质、全磷、全钾和pH测定参考《土壤农化分析》[20]。

1.5 数据处理

采样Excel 2010进行数据数据整理与作图，采用SPSS19.0软件中单因素方差分析（One-way ANOVA）差异显著时运用LSD法进行多重比较，运用Pearson法进行相关性检验。

2 结果与分析

2.1 不同类型草地植被特征

2.1.1 草地植物种类

调查结果表明（表2），随着草地类型变化，海拔也发生变化，由山地草原到高山草原、再到高寒草甸草原，海拔逐渐从2 410m升高到3 950m。不同类型草地内物种数、植物种类和优势种的组成各不相同，数量也有较大改变。植物种数和种类出现随海拔升高而减少的趋势，其中，以处于最低海拔2 410～2 498m的山地草原28种最为丰富，海拔2 911～3 052m的高山草原24种居中，海拔

3 801~3 950m的高寒草甸草原17种最为稀少。植物优势种也发生了较大变化，由山地草原和高山草原的嵩草、针茅演变为高寒草甸草原的金露梅、山生柳和锦鸡儿。

表2 草地植被组成
Table 2 Species of vegetation

草地类型 Grassland type	植物种数 Numbers of species	植物种类 Species	植物优势种 Dominant species
山地草原 Upland meadow	28	嵩草*Kobresia Willd*，西北针茅*S·krylovii Roshev*，扁穗冰草*Agropyron cristatum*（L.）*Gaertn*，赖草*Leymus secalinus*（Georgi）*Tzvel.*，早熟禾*Poa annua* L.，垂穗披碱草*E·nutans*（Griseb·）*Nevski.*，冷蒿*A·frigida Willd.*，阿尔泰狗哇花*H·altaicus*（Willd·）*Novopokr.*，多茎委陵菜*P·multicauis Bunge.*，小花棘豆*O·glabra DC.*，醉马草*A·inebrians*（Hance）*Keng.*，龙胆*G·dahurica Fisch.*，甘肃马先蒿*P·kansuensis Maxim.*，火绒*L·leontopodioides*（Willd·）*Beauv.*	嵩草、针茅 *Kobresia Willd*、*Stipa capillata*
高山草原 Alpine meadow	24	嵩草*Kobresia Willd.*，紫花针茅*S·purpurea Griseb.*，芨芨草*Achnatherum splendens.*，金露梅*D·frticosa*（L·）*Rudb.*，早熟禾*Poa annua* L.，垂穗披碱草*Elymus nutans Griseb.*，异针茅*S·alieng Keng.*，青海鹅冠草*R·kokknrica Keng.*，垫状驼绒藜*C·compacta*（Losinsk）*Tsien.et C.*，肾果沙棘*H·neurocarpa S·W·Liu et T·N·He.*，高山紫菀*Aster alpinus L.*，野蒜*A·macrostemon Bunge.*，甘青鸢尾*I·potaninii Maxim.*，蒲公英*Herba Taraxaci.*，委陵菜*Potentilla chinensis Ser.*，风毛菊*Saussurea japonica*（Thunb.）*DC.*，棘豆*O.chiliophylla Royle.*，黑紫花黄芪*Astragalus przewalskii Bunge in Mel.*	嵩草、针茅 *Kobresia Willd*、*Stipa capillata*
高寒草甸草原 Apine meadow-steppe type rangeland	17	金露梅*Potentilla fruticosa.*，山生柳*Ix oritrepha.*，锦鸡儿*Caragana sinica.*，矮生嵩草*K·humilis*（C·A·Mey）*Serg.*，海乳草*G·maritim a* L.，高原苔草*C·ivanovae Egor.*，线叶嵩草*K·capillifolia*（Deche·）*C·B·Clarke.*，藏嵩草*K·tibetia Maxim.*，华扁穗草*B·sinocompressus Tang et Wang.*，展苞灯芯草*J·thomsonii Buchen.*，节节草*Equisetum hiemale* L.	金露梅、山生柳、锦鸡儿 *Potentilla fruticosa*、*Ix oritrepha*、*Caragana sinica*

2.1.2 草地群落高度、盖度和地上生物量

植物群落生产力水平是生态系统结构和功能的重要表现形式，是植物生态学特性和外界环境条件共同作用的产物[21]。草地植物群落是各种群之间通过竞争、共生等种间关系而形成的一个具有一定群落结构的集合体[22]。调查结果表明（表3），随着草地类型的变化，植被的平均高度增减各不相同，其中草本植物的平均高度出现逐渐降低的趋势，从山地草原到高山草原降低了的26.36%，从高山草原到高寒草甸草原降低了32.15%，高寒草甸草原草本植物平均高度显著低于山地草原和高山草原（$P<0.05$）；小灌木的平均高度表现出与草本相反的趋势，从山地草原到高山草原增加了79.44%，从高山草原到高寒草甸草原增加了54.11%，高寒草甸草原小灌木的平均高度显著高于山地草原和高山草原（$P<0.05$）。草地群落的大幅度变化在一定程度上表明了草地植被群落垂直空间结构的变化。

植被群落盖度随海拔的升高表现出先升高后下降的趋势，从山地草原到高山草原增加了18.99%，从高山草原到高寒草甸草原减少了41.17%，山地草原和高山草原植被平均盖度差异不

显著（$P>0.05$），高寒草甸草原植被平均盖度均低于山地草原和高山草原且差异均达到显著水平（$P<0.05$）。群落盖度的变化是在草地植被群落水平空间结构层面的改变，其变化没有垂直空间那么剧烈，主要原因是高寒地区草地类型对植物群落在水平格局上的分布影响不大。

不同类型草地地上生物量与群落盖度变化表现一致，出现先缓慢升高后急剧下降的趋势。从山地草原到高山草原增加了4.53%，从高山草原到高寒草甸草原下降了45.22%，山地草原和高山草原平均地上生物量差异不显著（$P>0.05$），但与高寒草甸草原相比，两者均显著高于高寒草甸草原（$P<0.05$）。在海拔不断升高的同时，从高山草原到高寒草甸草原表现出植物种类减少、优势种完全演变、盖度下降、群落空间结构缩小，相应的群落生物量也急剧下降，作为评价草地初级生产力的产量指标，单位面积与体积内植物总量整体下降，反映出草地类型与地上生物量具有明显的对应关系，地上生物量的大幅度下降直接反映了草地类型的演替和变化。

表3 不同类型草地植被特征
Table 3　Vegetation characteristic of different grassland type

草地类型 Grassland type	平均高度 Average height（cm）		平均盖度 Average coverage（%）	平均地上生物量 Average aboveground biomass（g/m²）
	草本植物 Herbs	小灌木 Small shrubs		
山地草原 Upland meadow	12.67 ± 7.77^a	11.33 ± 4.73^b	66.67 ± 12.58^a	136.80 ± 101.14^a
高山草原 Alpine meadow	9.33 ± 5.13^a	20.33 ± 3.06^b	79.33 ± 5.13^a	143.00 ± 67.08^a
高寒草甸草原 Apine meadow-steppe type rangeland	6.33 ± 3.51^b	31.33 ± 8.08^a	46.67 ± 10.60^b	78.33 ± 57.59^b

备注：同列肩注不同小写字母表示差异显著（$P<0.05$），相同字母表示差异不显著（$P>0.05$），下同。Note: the different small letters in the same column indicate significant difference（$P<0.05$），the same letter indicates that the difference is not significant（$P>0.05$），the same as below.

2.2 不同类型草地土壤养分特征

2.2.1 土壤有机质、pH值

由表4可知，在0~30cm土层中，各类型草地土壤有机质含量总体表现出随着土层加深而降低的趋势。在0~15cm表层土壤中，有机质含量表现出高寒草甸草原>高山草原>山地草原，且草地类型之间差异显著（$P<0.05$）；在15~30cm深层土壤中，有机质含量表现出与0~15cm表层土壤相同的变化趋势，即高寒草甸草原>高山草原>山地草原，且草地类型之间差异极显著（$P<0.01$）。说明草地类型对各土层土壤有机质含量均有显著影响，土壤有机质含量与草地类型密切相关。

土壤pH值的变化趋势，各草地类型总体一致，即随土层深度的增加而升高。土壤pH值的变化趋势与土壤有机质完全相反，有机质含量高则pH值低，反之亦然。在0~15cm表层土壤中，山地草原和高山草原土壤pH值差异不显著，但两者均显著高于高寒草甸草原。在15~30cm深层土壤中，随土层深度的增加，土壤pH值也相应增大，但不同草地类型之间差异不显著。说明草地类型对表层土壤pH值有影响，对深层土壤影响不大。

表4 不同类型草地土壤有机质、pH值
Table 4 Content of soil organic matter and pH in different grassland type

项目 Item	土层深度（cm） Soil depth	草地类型Grassland type		
		山地草原 Upland meadow	高山草原 Alpine meadow	高寒草甸草原 Apine meadow-steppe type rangeland
土壤有机质	0～15	3.72 ± 0.04^c	4.86 ± 0.48^b	9.24 ± 0.14^a
Soil organic matter（%）	15～30	2.64 ± 0.07^C	3.74 ± 0.06^B	4.76 ± 0.08^A
pH值	0～15	8.27 ± 0.45^{ab}	8.47 ± 0.31^a	7.77 ± 0.23^b
	15～30	8.41 ± 0.09^a	8.64 ± 0.11^a	8.42 ± 0.16^a

备注：同行肩注不同小写字母表示差异显著（$P<0.05$），不同大写字母表示差异显著（$P<0.01$），相同字母表示差异不显著（$P>0.05$），下同。Note: the different small letters on the same line indicate significant difference ($P<0.05$), the different capital letters indicate significant difference ($P<0.01$), the same letter indicates that the difference is not significant ($P>0.05$), the same as below.

2.2.2 土壤全氮、全磷、全钾

按照甘肃省土壤普查规程中有关土壤理化因子的分级标准[23]，本研究所测得的3个类型草地0～30cm土层中全氮含量较高，都为1～2级（>0.2%）；全钾含量居中，山地草原为2级（2.5%～3.0%），高山草原和高寒草甸草原为3级（2.0%～2.5%）；全磷含量最低，均为3～4级（0.05%～0.10%），全量养分表现出以低磷高氮富钾的特征。

各草地类型土壤全氮含量表现出随土层加深而降低的趋势（表5）。由于高寒草甸草原土壤基质为高山草甸土，处在山体阴坡，具有湿度高温度低的特点，低温不利于植物生长，但有利于微生物的分解，促进了全氮含量的增加，在0～15cm表层土壤，高寒草甸草原全氮含量显著高于高山草原和山地草原（$P<0.05$）；而在15～30cm深层土壤，全氮含量表现为高山草原>山地草原>高寒草甸草原，且草地类型之间差异均达到极显著水平（$P<0.01$）。

土壤全磷含量在不同草地类型之间变化趋势相同，即随着土层加深而降低。无论在0～15cm表层土壤还是15～30cm深层土壤，山地草原、高山草原和高寒草甸草原土壤全磷含量均没有显著差异（$P>0.05$），且含量都较低，表现出低磷的状况。

同全氮和全磷含量变化趋势一致，土壤全钾含量也随着土层加深而降低。表层0～15cm土层全钾含量最高，深层15～30cm土层最低，土层之间虽有下降趋势，但变化较小。草地类型对各土层土壤全钾含量影响较大，0～15cm表层土壤，山地草原>高寒草甸草原>高山草原，草地类型之间差异显著（$P<0.05$）；15～30cm深层土壤，山地草原显著高于高寒草甸草原和高山草原（$P<0.05$）。

表5 不同类型草地土壤全氮、全磷、全钾含量
Table 5 Content of total N、P and K in different grassland type

项目 Item	土层深度（cm） Soil depth	草地类型Grassland type		
		山地草原 pland meadow	高山草原 Alpine meadow	高寒草甸草原 Apine meadow-steppe type rangeland
全氮	0～15	0.23 ± 0.03^b	0.30 ± 0.03^{ab}	0.34 ± 0.06^a
Total N（%）	15～30	0.2 ± 0.02^B	0.26 ± 0.01^A	0.15 ± 0.01^C

（续表）

项目 Item	土层深度（cm） Soil depth	草地类型Grassland type		
		山地草原 pland meadow	高山草原 Alpine meadow	高寒草甸草原 Apine meadow-steppe type rangeland
全磷 Total P（%）	0～15	0.07±0.02^a	0.06±0.01^a	0.07±0.01^a
	15～30	0.06±0.01^a	0.05±0.01^a	0.06±0.01^a
全钾 Total K（%）	0～15	2.85±0.08^a	2.23±0.04^c	2.41±0.08^b
	15～30	2.78±0.04^a	2.22±0.11^b	2.37±0.06^b

2.2.3 速效磷、速效钾

土壤速效磷含量与全磷、全钾变化规律一致，都以处于中间海拔的高山草原最低（表6）。草地类型对速效磷含量影响较大，0～15cm表层土壤，以高寒草甸草原含量最为丰富，山地草原次之，高山草原含量最少，且草地类型之间差异显著（$P<0.05$）；15～30cm深层土壤，以山地草原最为丰富，高寒草甸草原次之，高山草原含量最少，且草地类型之间差异极显著（$P<0.01$）。

各草地类型土壤速效钾含量总体变化趋势与土壤有机质、全氮、全磷、全钾、速效磷一致，即随着土层加深而降低，这与pH变化趋势完全相反，pH随着土层加深而增大。草地类型对表层土壤速效钾含量影响较大，以山地草原显著高于高山草原和高寒草甸草原为主（$P<0.05$）；草地类型对深层土壤速效钾含量影响不大，草地类型之间差异不显著（$P>0.05$）。

表6 不同类型草地土壤速效磷、速效钾含量
Table 6 Content of avail. P and avail. K in different grassland type

项目 Item	土层深度（cm） Soil depth	草地类型Grassland type		
		山地草原 Upland meadow	高山草原 Alpine meadow	高寒草甸草原 Apine meadow-steppe type rangeland
速效磷 Avail. P（mg/kg）	0～15	7.80±0.36^b	3.27±0.15^c	9.82±0.28^a
	15～30	6.43±0.45^A	2.16±0.28^C	3.68±0.19^B
速效钾 Avail. K（mg/kg）	0～15	151.33±14.57^a	138.00±3.00^{ab}	122.33±3.06^b
	15～30	74.33±8.02^a	68.33±3.51^a	77.67±5.51^a

2.3 不同类型草地植被与土壤养分之间的相关性

相关性分析表明（表7），各类型草地平均地上生物量与平均盖度、全钾含量之间呈显著正相关（$P<0.05$），与土壤有机质、全氮、全磷、速效钾含量呈负相关（$P>0.05$）；平均盖度与全钾、速效磷含量呈显著正相关（$P<0.05$），与土壤有机质、全氮、全磷、速效钾含量呈负相关（$P>0.05$）；土壤有机质含量除与全钾含量呈负相关外，与其他指标均呈显著正相关（$P<0.05$），但速效钾除外；除全氮和全钾含量呈负相关外，其余各土壤养分指标均呈正相关，且全氮与全磷，全磷与速效磷、速效钾，全钾与速效磷相关关系均达显著水平（$P<0.05$）。

表7 草地地上生物量、盖度及土壤养分之间的相关性
Table 7 Correlation of aboveground biomass, coverage and soil nutrients

项目 Item	地上生物量 Aboveground biomass (g/m²)	盖度 coverage (%)	土壤有机质 Soil organic matter (%)	全氮 Total N (%)	全磷 Total P (%)	全钾 Total K (%)	速效磷 Avail. P (mg/kg)	速效钾 Avail. K (mg/kg)
地上生物量 Aboveground biomass (g/m²)	1							
盖度 coverage (%)	0.619*	1						
土壤有机质 Soil organic matter (%)	−0.424ns	−0.899**	1					
全氮 Total N (%)	−0.193ns	−0.926**	0.607**	1				
全磷 Total P (%)	−0.064ns	−0.324ns	0.482*	0.471*	1			
全钾 Total K (%)	0.479*	0.693*	−0.333ns	−0.341ns	0.341ns	1		
速效磷 Avail. P (mg/kg)	0.087ns	0.674*	0.523*	0.287ns	0.654**	0.589*	1	
速效钾 Avail. K (mg/kg)	−0.386ns	−0.636ns	0.317ns	0.449ns	0.628**	0.246ns	0.459ns	1

注:**$P<0.01$,*$P<0.05$,ns,表示差异不显著。Note:**$P<0.01$,*$P<0.05$,ns, not significance

3 讨论

由于祁连山高寒牧区所处气候条件以低温为主,土壤为高山土纲的各类型土壤,所处环境以地势高、气温低、冷季长为特点[24, 25]。温度较低不利于植物的生长,但却有利于微生物的分解,因而所形成土壤的营养状况大多较好。但由于不同类型草地土壤的成土条件如地形、母质等因素的差异,因而在植被组成、土壤养分组成和含量上仍有较大变幅[17]。

群落学特征是草地生产、生态稳定性调控研究的基础[21]。只有了解草地的群落组成、结构和功能,才能更好地实现草地的高效培育和合理利用,使草地的生产、生态功能得以全面发挥[26]。生物多样性是生物及其与环境形成的生态复合体以及与此有关的各种生态过程的总和[27],不仅能够度量群落的组成结构和功能复杂性,而且也能指示环境状况[28]。研究区的植被种类、优势种、草本植物、小灌木群落高度及群落盖度、地上生物量随着草地类型的变化而发生变化的结果是草地类型发生变化在植被层面的具体表现形式,也是草地类型发生变化产生的直接结果。本研究中不同类型草地群落盖度、地上生物量表现为:高山草原>山地草原>高寒草甸草原;草本植物平均高度、物种数、植物种类表现为:山地草原>高山草原>高寒草甸草原;小灌木平均高度表现为:高寒草甸草原>高山草原>山地草原。此结果与王长庭等[29]、杨利民[30]、Kassen等[31]的研究结果一致,认为群落的生产力水平为中等水平时其生物多样性最大,也就是说生产力和多样性指数呈一种钟形曲线关系,即多样性在低水平时随生产力的增加而增加,但最终在达到足够高的生产力时反而下降[32],同时,王长庭[30]也认为,在中间海拔梯度植物群落中,土壤养分含量相对较低,这在一定程度上抑制了某些植物的充分生长,表现在生产力上下降,然而这种生产力的降低因物种间或功能群间的相互协同而得到补偿,即某一植物种或植物功能群生物量的减少部分由另外一些植物种或植物功能群生物量的增加部分所补偿,进而生产力能够维持在一定水平上。因此,特定资源生产力水平下草地群落固有的生物多样性,是保持草地稳定和健康发展的基础[33]。

土壤作为生态系统中生物与环境相互作用的基质，贮存着大量的碳、氮、磷等营养物质，土壤养分对于植物生长起着至关重要的作用，直接影响着植物群落的种类组成与生活性特征，决定着生态系统的结构和功能[34]。同时，土壤养分在空间和时间上也是异质性分布的[35]。作为对土壤营养异质性分布的反应，植物在养分丰富的局部环境中能选择性的改变其根系的生长，从而增加养分的吸收[36,37]。据王长庭[38]报道，土壤中养分含量的高低直接影响着群落的生产力，土壤养分越丰富，群落生产力越高，但多样性的变化与土壤养分含量的高低不一致，此结论与本文相似。本研究中，山地草原、高山草原、高寒草甸草原各土壤层土壤有机质、全氮、全磷、全钾、速效磷、速效钾含量随土壤深度的增加呈下降趋势，pH值呈上升趋势。总体看来，高山草原土壤养分含量最高，其群落的生产力也最高，但群落多样性最低。可见，土壤养分含量的高低直接影响着群落的生产力，土壤养分含量越丰富，群落的生产力越高，但生物多样性的变化与土壤养分含量的高低变化趋势不一致。

4 结论

本研究中不同类型草原植被特征各有不同，其中群落多样性、草本植物平均高度差异显著，均为山地草原>高山草原>高寒草甸草原（$P<0.05$）；小灌木平均高度、优势种数量差异显著，均为高寒草甸草原>山地草原>高山草原（$P<0.05$）；平均盖度、地上生物量差异显著，均为高山草原>山地草原>高寒草甸草原（$P<0.05$）。

各类型草地土壤层养分因子含量随土壤深度的增加而呈下降趋势，而pH值呈上升趋势。总体看来，高山草原土壤养分含量最高，其群落的生产力也最高，但群落多样性最低。土壤有机质含量变幅较大，其中以高寒草甸草原最为丰富；pH值变幅较大，变化趋势与有机质相反，即有机质含量越高，则土壤pH值低，反之亦然；全量养分表现出低磷高氮富钾的特点；速效养分以贫磷为特征；各类型草地土壤肥力因子间的相关性各有特点。

参考文献

[1] 李海英，彭红春，王启基. 高寒矮嵩草草甸不同退化演替阶段植物群落地上生物量分析[J]. 草业学报，2004，13（5）：26-32.

[2] 张法伟，李跃清，李英年，等. 高寒草甸不同功能群植被盖度对模拟气候变化的短期响应[J]. 草业学报，2010，19（6）：72-78.

[3] 张生楹，张德罡，柳小妮，等. 东祁连山不同退化程度高寒草甸土壤养分特征研究[J]. 草业科学，2012，29（07）：1 028-1 032.

[4] 郭正刚，牛富俊，湛虎，等. 青藏高原北部多年冻土退化过程中生态系统的变化特征[J]. 生态学报，2007，27（8）：3 294-3 301.

[5] 包维楷，张镱锂，摆万奇. 青藏高原东部采伐迹地早期人工重建序列梯度上植物多样性的变化[J]. 植物生态学报，2002，26（3）：330-338.

[6] 田宏，张德罡. 影响牧草植物量形成的因素[J]. 草原与草坪，2003（3）：15-22.

[7] 杜峰，梁宗锁，徐学选，等. 陕北黄土丘陵区撂荒草地群落生物量及植被土壤养分效应[J]. 生态学报，2007，27（5）：1 673-1 683.

[8] 顾振宽，杜国祯，朱炜歆，等. 青藏高原东部不同草地类型土壤养分的分布规律[J]. 草业科学，2012，29（04）：507-512.

[9] 梁倍，邸利，赵传燕，等. 祁连山天涝池流域典型灌丛地上生物量沿海拔梯度变化规律的研究[J]. 草地学

报，2013，21（4）：664-669.
- [10] 李凯辉，胡玉昆，王鑫，等. 不同海拔梯度高寒草地地上生物量与环境因子关系[J]. 应用生态学报，2007，18（9）：2 019-2 024.
- [11] 刘月华，位晓婷，钟梦莹，等. 甘南高寒草甸草原不同海拔土壤理化性质分析[J]. 草原与草坪，2014，34（3）：1-7.
- [12] 贺有龙. 不同退化程度高寒灌丛草甸植物量及土壤养分的变化[J]. 西北农业学报，2014，23（7）：184-190.
- [13] 许中旗，闵庆文，王英舜，等. 人为干扰对典型草原生态系统土壤养分状况的影响[J]. 水土保持学报，2006，20（5）：38-42.
- [14] 范燕敏，孙宗玖，武红旗，等. 封育对山地草地草被及土壤特性的影响[J]. 草业科学，2009，26（3）：79-82.
- [15] 牛赟，刘贤德，敬文茂，等. 祁连山北坡土壤特性与植被垂直分布的关系[J]. 山地学报，2013，31（5）：527-533.
- [16] 赵云，陈伟，李春鸣，等. 东祁连山不同退化程度高寒草甸土壤有机质含量及其与主要养分的关系[J]. 草业科学，2009，26（5）：20-25.
- [17] 张德罡. 祁连山区高寒草原土壤肥力特征及肥力因子间的关系（简报）[J]. 草业学报，2002，11（3）：76-79.
- [18] 许鹏. 草地调查规划学[M]. 北京：中国农业出版社，1999，99-106.
- [19] 鲁如坤. 土壤农业化学分析方法[M]. 北京：中国农业科技出版社，2000：22-36.
- [20] 鲍士旦. 土壤农化分析（第三版）[M]. 北京：中国农业出版社，2000.
- [21] 王彦龙，马玉寿，施建军，等. 黄河源区高寒草甸不同植被生物量及土壤养分状况研究[J]. 草地学报，2011，19（1）：1-6.
- [22] 卢虎，姚拓，李建宏，等. 高寒地区不同退化草地植被和土壤微生物特性及其相关性研究[J]. 草业学报，2015，24（5）：34-43.
- [23] 甘肃省土壤普查办公室. 甘肃土种志[M]. 兰州：甘肃科学技术出版社，1993，419-433.
- [24] 李香真. 放牧对暗栗钙土磷的贮量和形态的影响[J]. 草业学报，2001，10（2）：28-32.
- [25] 裴海昆，朱志红，乔有明，等. 不同草甸植被下土壤腐殖质及有机磷类型探讨[J]. 草业学报，2001，10（4）：12-17.
- [26] 董世魁，胡自治，龙瑞军，等. 高寒地区多年生禾草混播草地的群落学特征研究[J]. 生态学杂志，2003，22（5）：20-25.
- [27] 马克平. 试论生物多样性的概念[J]. 生物多样性，1993，1（1）：20-22.
- [28] 袁飞，韩兴国，葛剑平，等. 内蒙古锡林河流域羊草草原净初级生产力及其对全球气候变化的响应[J]. 应用生态学报，2008，19（10）：2 168-2 176.
- [29] 王长庭，王启基，龙瑞军，等. 高寒草甸群落植物多样性和初级生产力沿海拔梯度变化的研究[J]. 植物生态学报，2004，28（2）：240-245.
- [30] 杨利民，周广胜，李建东. 松嫩平原草地群落物种多样性与生产力关系的研究[J]. 植物生态学报，2002，26（5）：589-593.
- [31] Kassen R, Angus B, Graham B, et al. Diversity peaks at intermediate productivity in a laboratory microcosm[J]. Nature, 2000, 406: 508-511.
- [32] 黄建辉，白永飞，韩兴国. 物种多样性与生态系统功能：影响机制及有关假说[J]. 生物多样性，2001，9（1）：1-7.
- [33] 安渊，李博，杨持，等. 内蒙古大针茅草原草地生产力及其可持续利用研究I. 放牧系统植物地上现存量动态研究[J]. 草业学报，2001，10（2）：22-27.
- [34] 王长庭，龙瑞军，曹广民，等. 高寒草甸不同类型草地土壤养分与物种多样性—生产力的关系[J]. 土壤通报，2008，39（1）：1-8.
- [35] Campbell B D, Grime J P. A comparative study of plant responsiveness to the duration of episodes of mineral nutrient enrichment[J]. New Phytology, 1989, 112: 261-267.
- [36] Crick J C, Grime J P. Morphological plasticity and mineral nutrient capture in two herbaceous species of contrasted ecology[J]. New Phytology, 1987, 107: 403-414.

[37] Gross K L, Pregitzer K S, Burton A J. Spatial variation in nitrogen availability in three successional plant communities[J]. Journal of Ecology, 1995, 83: 357-367.
[38] 王长庭, 龙瑞军, 王启基, 等. 高寒草甸不同海拔梯度土壤有机质氮磷的分布和生产力变化及其与环境因子的关系[J]. 草业学报, 2005, 14 (4): 15-20.

放牧和长期围封对祁连山国家级自然保护区高寒草甸优势种牧草营养品质的影响

姚喜喜[1]，宫旭胤[2]，张利平[1]，吴建平[1,2*]，陶海霞[3]，郭刚[3]，张爱琴[3]，金纯辉[1]

（1. 甘肃农业大学动物科学技术学院，甘肃兰州　730070；2. 甘肃省农科院畜草与绿色农业研究所，甘肃兰州　730070；3. 甘肃省农科院农业质量标准与检测技术研究所，甘肃兰州　730070）

摘　要：为探究放牧长期围封对祁连山国家级自然保护区高寒草甸优势牧草营养品质的影响，本研究以放牧和长期围封处理下的高寒草甸作为研究对象，采用野外采样、室内测定和数据统计分析相结合的方法，研究放牧和长期围封对高寒草甸4个优势种牧草营养品质年际和月际变化的影响及其相互关系，以期为放牧和气候变化下祁连山国家级自然保护区高寒草甸的放牧管理和生态保护提供参考。结果表明：与长期围封相比，放牧显著的增加了蒿草、珠芽蓼和锦鸡儿3个优势种牧草的粗蛋白（CP）和消化率（DMD），显著降低了中性洗涤纤维含量（NDF）（$P<0.05$），但对金露梅没有显著影响（$P>0.05$）；放牧和长期围封对优势牧草CP、DMD、NDF年际变化的影响表现出明显的变化规律，多雨年份4个优势种牧草的CP、DMD显著高于干旱年份（$P<0.05$），而NDF则与之相反，即多雨年份4个优势种牧草的NDF含量显著低于干旱年份（$P<0.05$）；放牧和长期围封对4个优势种牧草CP和DMD月际变化的影响表现出明显的变化规律，即在牧草返青季6月份CP和DMD最高，牧草枯黄季9月份最低，差异显著（$P<0.05$），而NDF则与之相反，即牧草返青季6月份NDF含量最低，牧草枯黄季9月份最高，差异显著（$P<0.05$）；与长期围封相比，放牧明显地增加了蒿草、珠芽蓼和锦鸡儿的CP和DMD（$P<0.05$），但对金露梅没有显著影响（$P>0.05$），可能是金露梅适口性差，家畜不愿采食。因此，长期围封会显著降低4个优势种牧草的营养品质（CP和DMD）和增加NDF含量。优势种牧草的营养品质受到放牧、年际变化、月际变化的互作影响。建议对长期围封的高寒草甸要适当进行放牧，以充分利用草地资源，同时，在进行草地管理时，应当充分考虑在生长季末补饲、转移草场、施肥和种植高营养价值的牧草等措施。本研究结果对放牧和气候变化条件下祁连山国家级自然保护区高寒草甸的管理和生态保护具有重要的指导意义。

关键词：放牧；长期围封；优势种；营养品质；年际月际变化；互作效应

基金项目：国家绒毛用羊产业技术体系饲养管理与圈舍环境岗位科学家任务支持（CARS-40-18）；公益性行业（农业）科研专项—北方作物秸秆饲用化利用技术研究与示范（201503134）和国家自然科学基金（#31460592）资助

作者简介：姚喜喜（1989—），男，汉，甘肃镇原人，在读博士。E-mail：1468046362@qq.com

*通讯作者Corresponding author. E-mail：wujp@gsagr.ac.cn

Effects of grazing and long-term fencing on nutritive values of dominant species in an alpine meadow of National Nature Reserve of Qilian Mountains

Yao Xi xi[1], Gong Xu yin[2], Zhang Li ping[1], Wu Jian ping[1,2],
Tao Hai xia[3], Guo Gang[3], Zhang Ai qing[3], Jin Chun hui[1]

(1. College of animal science and technology, Gansu Agricultural University, Lanzhou, 730070, China; 2. Animal Husbandry, Pasture and Green Agriculture Institute, GansuAcademy of Agricultural Sciences, Lanzhou, 730070, China; 3. Institute of Agricultural Qualitiy Standards and Testing Technology, GansuAcademy of Agricultural Sciences, Lanzhou, 730070, China)

Abstract: In order to study the effects of grazing and long-term fencing on the nutritive value of dominant species in an alpine meadow of National Nature Reserve of Qilian Mountains. In this study, we selected two different grazing treatments (grazing and long-term fening), and we used the combined analytical method collecting in field, measuring in lab and analysing statistics to study the effects of grazing and long-term fencing on the inter-annual, inter-month variations and their interactions of four dominant species nutritive values, and we aims to provide some suggestions for the management of alpine meadow under intense grazing and climatic changes in National Nature Reserve of Qilian Mountains. The results showed that: compared with long-term fencing treatment, grazing significantly increased ($P<0.05$) the crude protein (CP) and dry matter digestibility (DMD) content of K. capillifolia and P. viviparumandC. sinica, and significantly decreased ($P<0.05$) the neutral detergent fibre (NDF) content, but had no significant influence ($P>0.05$) on P. fruticosa; for all dominant species, the effects of grazing and long-term fencing on inter-annual and inter-month of the nutritive value showed obvious change regulation, that is CP and DMD of species in the wetter year were signifiantly higher ($P<0.05$) than in the drier year, however, conversely, the NDF content in the wetter year were signifiantly lower ($P<0.05$) than in the drier year; the effects of grazing and long-term fencing on inter-annual and inter-month of CP, DMD, NDF showed obvious change regulation, that is CP and DMD were highest in the early (June) and were lowest at the end (September) of the growing season, and there were significant difference ($P<0.05$), conversely, the NDF content in the early (June) were signifiantly lower ($P<0.05$) than in the end (September) of the growing season; compared with long-term fencing treatment, grazing significantly increased ($P<0.05$) the CP and DMD content of K. capillifolia, P. viviparum and C. sinica, but no significant influence ($P>0.05$) onP. fruticosa, and it might due to P. fruticosahas low palatability and livestock are reluctant to eat. Therefore, long-term fencing have significantly decreased the nutritive value of four dominant species, meanwhile, the nutritive value of dominant species were affected by grazing, inter-annual and inter-month variations. It is recommended that the long-term fencing alpine meadows should be properly grazed and the grassland resources should be fully utilized. At the same time, in grassland management, corresponding measures such as supplementary feeding at the end of the growing season, shifting pastures, fertilization, and planting high-nutritional value grasses can be considered. Our results have important significance to the management and ecological protection of alpine meadow in National Nature Reserve of Qilian Mountains under intense grazing and global climatic change.

Key words: grazing; long-term fencing; domiant species; nutritive values; inter-annual and inter-month variations; interaction effects

我国草地畜牧业主产区位于西北部的内蒙古、新疆、青海、甘肃和宁夏5个省份[1]。祁连山牧区是我国北方牧区的重要组成部分。祁连山牧区位于青藏高原的东北部边缘，地处甘肃和青海2个省份[2]，属高原寒带亚干旱气候，草地总面积143万hm²。草地畜牧业是当地占主导地位的土地使用类型并且是当地GDP的重要组成部分[3]。近年来，由于草地退化严重，当地畜牧生产受到牧草营养产量的限制，而牧草营养产量由地上净初级生产力（ANPP）和牧草营养价值决定[4]。目前，由于祁连山草原处于退化和ANPP的降低状态[5]，牧草的营养价值对于草地畜牧业生产显得愈发重要。放牧作为草地最基本的利用方式，长期的围栏封育不仅会造成草地生产资源的浪费，而且会对植被的恢复和牧草的营养品质产生严重的负面影响[6]。放牧活动通常可以提高牧草的营养价值[7-8]，进而影响家畜的生产性能[9-12]。放牧对牧草营养价值的影响取决于年际降雨、季节变化和牧草的特异性[7, 8, 13, 14]，这些因素之间的相互关系尚未见报道。研究生物及非生物因素和放牧活动对牧草营养价值的影响及其之间的相互关系对祁连山高寒草甸的管理和保护具有重要作用。

此前关于放牧活动对牧草营养价值的影响研究主要集中在对牧草生物量和土壤养分利用造成的间接影响[15-17]，而对放牧直接影响牧草营养品质的报道和研究较少。首先，放牧活动和生物量的减少能够促进牧草的再生，提高牧草的营养价值和消化率[18]。牧草的再生是由物候期、土壤养分和土壤水分有效性决定的，同时，受到降水量和季节变化的影响[19-22]；其次，放牧会降低植被盖度进而改变土壤水分含量和土壤温度，土壤温度则会影响氮素的矿化和土壤养分的利用效率[23]；此外，家畜粪便加快N和P的代谢和循环并进一步提高了土壤养分的利用率[24]。因此，降水量对植物再生和土壤养分供应的影响会影响放牧的营养价值[8, 25]，土壤养分利用率的所有变化均受到降水量的调控，高寒牧区牧草的生长及营养价值的变化受水分和氮素利用率的限制[10, 13, 21]。因此，降水通过影响牧草的再生和土壤养分的利用率影响放牧活动对牧草的营养价值[8, 25]。有关牧草生长的大量研究中未见放牧活动和降水量交互影响牧草营养价值的报道。

牧草的营养价值及其对放牧的响应表现还出明显的季节性变化，这种变化趋势与土壤资源利用的季节性模式和牧草生长期有关[26]。在祁连山草原，降水主要集中在牧草生长季5—10月，土壤养分供应表现出明显的季节性变化[23]，牧草的生长也表现出春季返青，秋季成熟的季节性变化，这种变化对于牧草的季节性生长和营养价值具有显著的影响[27]，当牧草停止生长时，成熟和木化进程开始，营养价值开始下降[28]。不同物候特征的物种对放牧的反应可能有所不同。由于家畜放牧活动具有明显的季节性特点，牧草间存在物候特征的差异，因此，牧草对于放牧活动的响应表现出明显的物种间差异[9]。基于此，本研究以祁连山高寒草甸为研究对象，以2015年（多雨年份）和2016年（干旱年份）2个年份，牧草生长季6月、7月、8月、9月的4个月份为时间尺度，研究短期围封和放牧对祁连山高寒草甸4个优势种牧草营养品质的影响，研究结果对放牧和气候变化条件下祁连山国家级自然保护区高寒草甸的管理和生态保护具有重要的意义。

1 材料与方法

1.1 研究区概况

研究区寺大隆村位于甘肃省河西走廊祁连山北麓，黑河中上游地带的肃南县康乐乡境内，是甘肃祁连山国家级自然保护区的核心区（99°48′E，38°45′N），也是目前祁连山森林植被最丰富、草地生物群落最完整的核心试验区和唯一的水源涵养林生态定位研究基地，属高寒半干旱气候，温差较大，冬春季长而寒冷，夏秋季短而凉爽。年平均气温在4℃左右，年平均降水量在255mm（1985—2014），约85%的降水量主要集中在牧草生长季的5—10月（图1），年平均风速为4km/h，年蒸发量在250~2 900mm。年平均无霜期为127d，平均日照时数达3 085h。低温、干旱、大雪、寒潮、秋季连阴雨、冰雹及霜冻为主要灾害性天气。土壤为富含大量钙的深棕色高寒草甸土壤。高寒草甸的优势种为嵩草、珠芽蓼、金露梅和锦鸡儿[1]（图1）。

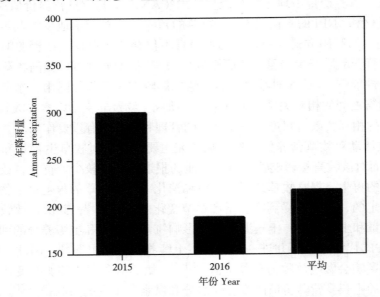

图1 祁连山国家级自然保护区2015年、2016年和近30年（1985—2014）年均降水量

Fig. 1 Annual precipitation（mm）in the Qilian Mountains in 2015 and 2016 and annual mean precipitation over 30 years（1985—2014）

1.2 试验设计

试验选择自1998年祁连山国家级自然保护区建立以来，长期围封和当地畜种甘肃高山细毛羊成年母羊放牧高寒草甸作为研究对象。试验随机选择6个坡度、坡向、面积、植被类型和土壤状况相同的高寒草甸作为试验样地，每个样地面积为10hm²，随机选择其中3个样地用铁丝围栏围封作为围封牧场，其他3个样地作为放牧牧场。放牧试验设置2个处理，放牧强度分别为长期围封（Fencing，0个羊单位/hm²）和放牧（Grazing，3.6~4.1个羊单位/hm²），围封样地全年均不放牧，放牧样地仅在每年6月、7月、8月、9月进行放牧，放牧强度各年份保持中等放牧强度不变。试验周期为2015年（多雨年份）和2016（干旱年份）2年，年份降水量如图1所示，每年6月份开始放牧，9月份终止。

1.3 草地调查和优势种牧草样品采集

6—9月放牧期间每月中旬分别在6个放牧样地进行草地监测和优势种牧草采样，每个样点设置样方面积大小为1m×1m的10个重复样方（间距50m），测定样方内的植物种数、植被盖度，然后齐地面刈割样方中的植物种，带回实验室，65℃烘干至恒重，计算样方内各物种的生物量，将同一处理水平的3个样地中的优势种收集待测营养品质和消化率，优势种牧草在草地群落中的生物量和群落总的生物量以8月份群落生物量达到最大值时的数值表示（表1）。

1.4 测定方法

测定指标及方法：牧草粗蛋白（CP）测定采用全自动凯氏定氮仪（Foss Kheltec 8400），中性洗涤纤维（NDF）测定采用全自动纤维分析仪（ANKOM 2000 Fiber Analyzer），牧草体外干物质消化率的测定采用体外发酵装置（Daisy^{PIII} Incubator），选用Tilley和Terry[49]活体外两阶段法测定。

1.5 数据处理

采用Excel 2010进行数据数据整理与作图，采用SPSS19.0统计软件进行数据统计分析。放牧处理（围封和放牧）、采样年份和采样月份对优势种牧草营养品质的影响进行交互作用分析，用方差分析进行重复测量。采用LSD法进行显著性比较（$P<0.05$）。

2 结果与分析

2.1 放牧对优势种牧草生物量和总生物量变化的影响

长期围封显著增加了地上总生物量（$P<0.05$），且多雨年份（2015年）的地上总生物量高于干旱年份（2016年）的地上总生物量。长期围封显著增加了多雨年份蒿草、珠芽蓼、金露梅和锦鸡儿的生物量（$P<0.05$），在干旱年份，长期围封仅显著提高了（$P<0.05$）蒿草和珠芽蓼的生物量，对金露梅和锦鸡儿没有显著影响（$P>0.05$）（表1）。

表1 不同放牧处理下高寒草甸优势种牧草生物量变化（%）

Table 1 Variation of biomass (%) in an alpine meadow in different grazing treatment

项目 Project	年份 Year	放牧处理 Grazing treatment	蒿草 *Kobresia capillifolia*	珠芽蓼 *Polygonum viviparum*	金露梅 *Potentilla fruticosa*	锦鸡儿 *Caragana sinica*	地上总生物量 Aboveground total biomass（g/m^2）
生物量 Biomass （%）	2015	围封 Fencing	43.52 ± 1.43a	34.23 ± 3.05a	10.41 ± 1.09a	8.42 ± 0.87a	50.33 ± 7.55a
		放牧 Grazing	33.20 ± 0.79b	25.34 ± 1.35b	4.75 ± 0.19b	3.76 ± 2.07b	29.40 ± 10.09b
	2016	围封 Fencing	39.28 ± 11.52a	32.20 ± 4.60a	8.86 ± 12.02a	7.99 ± 0.65a	38.87 ± 14.58a
		放牧 Grazing	29.76 ± 3.36b	23.83 ± 4.88b	4.56 ± 10.56b	3.19 ± 1.49a	19.87 ± 4.80b

备注：相同年份，同列肩注不同小写字母表示差异显著（$P<0.05$），相同字母表示差异不显著（$P>0.05$），下同

Note: the different small letters in the same year and same column indicate significant difference ($P<0.05$), the same letter indicates that the difference is not significant ($P>0.05$), the same as below.

2.2 年际变化对优势种牧草营养品质的影响

由图2可知，多雨年份4种优势种牧草粗蛋白含量（CP）高于干旱年份。在多雨年份，放牧显著的提高（$P<0.05$）了4种优势种牧草的CP含量。在干旱年份，放牧仅显著提高（$P<0.05$）了锦鸡儿的CP含量，而对蒿草、珠芽蓼和金露梅CP含量没有显著影响（$P>0.05$）。

多雨年份4种优势种牧草消化率（DMD）高于干旱年份。在多雨年份，放牧显著地提高了（$P<0.05$）优势种蒿草、珠芽蓼和锦鸡儿的消化率（DMD），但对金露梅DMD无显著

影响（$P>0.05$）。在干旱年份，相对于围封处理，放牧没有显著增加4种优势种牧草的DMD（$P>0.05$）。

多雨年份4种优势种牧草中性洗涤纤维含量（NDF）含量低于干旱年份。在多雨年份，放牧显著降低了（$P<0.05$）嵩草、珠芽蓼和锦鸡儿的NDF含量，但对金露梅无显著影响（$P>0.05$）。在干旱年份，放牧对嵩草、金露梅、珠芽蓼NDF无明显影响（$P>0.05$），但显著提高了锦鸡儿的NDF含量（$P<0.05$）。

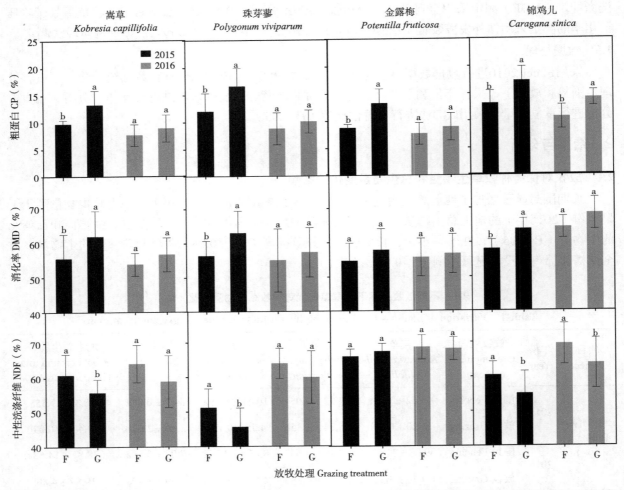

图2 放牧处理在多雨（2015）和干旱（2016）年份对4个优势种牧草营养品质的影响（平均数±标准差），同一年份相同字母表示差异不显著

Fig. 2 Effects of grazing treatment on herbage nutritive value of four dominant species in a relatively wetter year (2015) and a drier year (2016) (mean ± standard error), bars with the same letter were no significant difference ($P>0.05$) in the same year.

2.3 季节变化对优势种牧草营养品质的影响

由图3可知，4种优势牧草CP、DMD、NDF季节变化对放牧存在不同程度的响应。放牧显著提高了（$P<0.05$）嵩草和锦鸡儿在整个生长季的CP含量。放牧仅显著提高了7月、9月珠芽蓼的CP含量（$P<0.05$）影响，6月、8月差异不显著（$P>0.05$）。放牧显著提高了（$P<0.05$）6月份金露梅的CP含量，在7月、8月、9月没有显著影响（$P>0.05$）。

放牧显著提高了嵩草和珠芽蓼6月、7月、8月DMD（$P<0.05$），而在9月没有显著影响。放牧显著提高了金露梅6月份DMD（$P<0.05$），在7—9月均无显著影响（$P>0.05$）。放牧显著提高了（$P<0.05$）锦鸡儿整个生长季的牧草消化率（DMD）。

放牧处理显著降低了（$P<0.05$）6月、8月、9月嵩草NDF含量，对7月嵩草NDF无显著影响。放牧处理显著降低了（$P<0.05$）6月、7月、9月珠芽蓼NDF含量，8月影响不显著（$P>0.05$）。放牧处理对金露梅整个生长季NDF含量均无显著影响（$P>0.05$）。放牧处理显著降低（$P<0.05$）锦鸡儿6月、7月NDF含量，而在8月、9月影响不显著（$P>0.05$）。

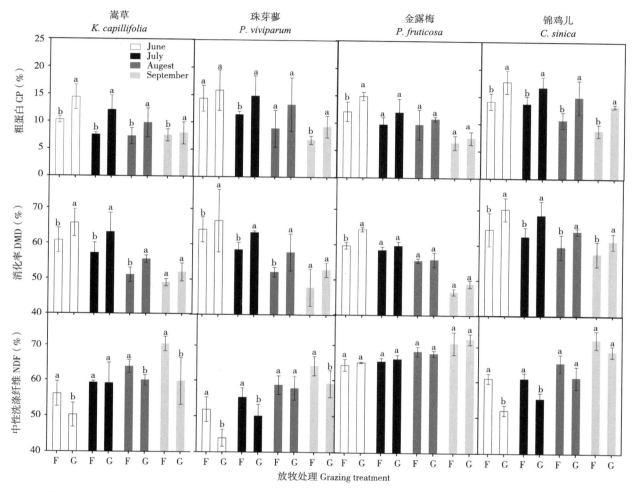

图3 放牧处理对生长季（6月、7月、8月、9月）十个优势种牧草营养品质的影响（平均数±标准差），同1月相同字母表示差异不显著

Fig. 3 Effects of grazing treatment on herbage nutritive value of four dominant species in each month（June, July, August and September）（mean ± standard error）, bars with the same letter were no significant difference in the same month（$P>0.05$）.

2.4 放牧、年份和月份互作效应

由表2可知，放牧、采样年份和采样月份显著影响了4种优势种牧草的CP含量（$P<0.05$）。放牧和采样年份互作显著影响了嵩草、珠芽蓼和锦鸡儿的CP含量（$P<0.05$），但对金露梅没有显著影响（$P>0.05$）。放牧和采样月份互作显著影响了4种优势种牧草的CP含量（$P<0.05$）。

放牧和采样月份显著影响了4种优势种牧草DMD（$P<0.05$）。采样年份显著影响了优势种嵩草、珠芽蓼和锦鸡儿的DMD（$P<0.05$），金露梅DMD不受采样年份影响（$P>0.05$）。放牧和采样年份互作显著影响了4种优势种牧草的DMD（$P<0.05$）。放牧和采样月份互作仅对锦鸡儿DMD有显著影响（$P<0.05$），对嵩草、珠芽蓼和金露梅DMD无明显影响（$P>0.05$）。

放牧显著影响了嵩草、珠芽蓼和锦鸡儿的NDF含量（$P<0.05$），对金露梅没有显著影响（$P>0.05$）。采样年份和采样月份显著影响了4种优势种牧草的NDF含量（$P<0.05$）。放牧和采样年份互作显著影响了珠芽蓼和金露梅的NDF含量（$P<0.05$），但对嵩草和锦鸡儿没有显著影响（$P>0.05$）。放牧和采样月份互作显著影响了嵩草、珠芽蓼和锦鸡儿NDF含量（$P<0.05$），但对金露梅无显著影响（$P>0.05$）。

表2 放牧处理、年份、月份交互作用的方差分析

Table 2 Variance analysis of the interaction of grazing treatment（G），year（Y），month（M）

指标 Index	项目 Term	嵩草 Kobresia capillifolia	珠芽蓼 Polygonum viviparum	金露梅 Potentilla fruticosa	锦鸡儿 Caragana sinica
粗蛋白 CP	放牧 G	0.00	<0.01	<0.01	<0.01
	年份 Y	0.01	<0.01	0.01	0.03
	月份 M	0.01	<0.01	0.01	<0.01
	放牧×年份 G×Y	0.00	<0.01	0.11	<0.01
	放牧×月份 G×M	0.01	<0.01	0.04	<0.01
消化率 DMD	放牧 G	<0.01	0.00	0.00	0.00
	年份 Y	0.02	0.01	0.67	0.01
	月份 M	0.01	0.00	0.00	<0.01
	放牧×年份 G×Y	<0.01	0.02	0.01	<0.01
	放牧×月份 G×M	0.29	0.18	0.37	<0.01
中性洗涤纤维 NDF	放牧 G	<0.01	<0.01	0.78	<0.01
	年份 Y	0.02	<0.01	0.02	0.01
	月份 M	0.01	<0.01	0.01	0.03
	放牧×年份 G×Y	0.27	<0.01	0.04	0.69
	放牧×月份 G×M	0.02	<0.01	0.20	0.01

注：同一指标，同一项目中相同小写字母表示在0.05水平差异不显著（$P<0.05$）

Note: Within the same category, groups with the same letters are not significant at the 0.05 level（$P<0.05$）.

2.5 牧草营养品质之间的线性拟合关系

由表3、图4可知，4种优势种牧草DMD和NDF含量与牧草N素浓度极显著相关（$P<0.01$），说明牧草营养品质受N素含量限制。牧草N浓度与DMD关系的线型拟合模型的斜率受采样年份和采样月份的显著影响（$P<0.05$），牧草N浓度与NDF含量关系的线型拟合模型的斜率受到采样年

份、采样月份和优势种的显著影响（$P<0.05$）。2015年（多雨年份）N浓度与DMD关系的线型拟合模型的斜率极显著（$P<0.01$）小于2016年（干旱年份），而2015年N浓度与NDF含量关系的线型拟合模型的斜率极显著（$P<0.01$）大于2016年。6月N浓度与DMD关系的线型拟合模型的斜率显著（$P<0.05$）小于9月，而6月N浓度与NDF含量关系的线型拟合模型的斜率极显著（$P<0.01$）大于9月。放牧对N浓度与DMD关系的线型拟合模型的斜率和N浓度与NDF含量关系的线型拟合模型的斜率均无显著影响（$P>0.05$）。优势种对的N浓度与DMD关系和N浓度与NDF关系的线型拟合模型的斜率没有显著影响（$P>0.05$）。

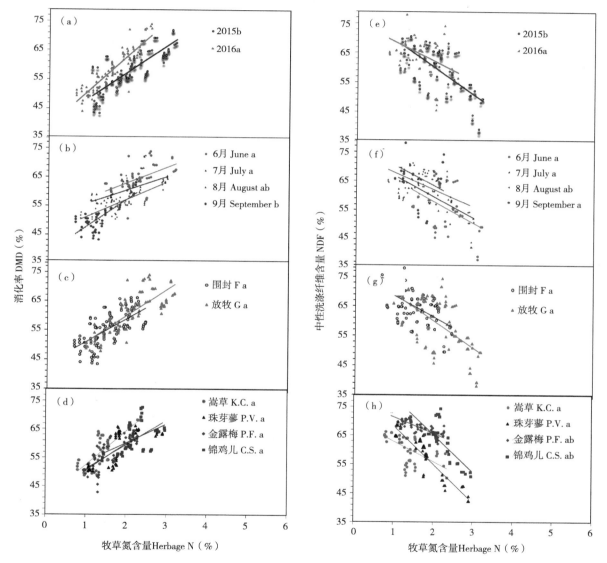

图4 不同年份（a, e）、月份（b, f）、放牧处理（c, g）和优势种牧草（d, h）氮含量和消化率、中性洗涤纤维的相关关系。在每组中，同一字母组在拟合线性模型斜率上差异不显著（$P>0.05$）

Fig. 4 Relationship between herbage nitrogen（N）concentration and DMD and NDF by year（a, e）, by month（b, f）, by grazing treatment（c, g）and by species（d, h）. In each panel, groups with the same letters were not significantly（$P>0.05$）different in the slopes of fitted linear model.

表3 牧草氮含量和消化率、中性洗涤纤维之间的线型相关关系
Table 3 Slopes of fitted model for the relationship between herbage N and DMD or NDF

类别 Category	组别 Group	消化率-氮 DMD-N 斜率Slope	P值P value	中性洗涤纤维-氮NDF-N 斜率Slope	P值P value
采样年份 Sampling year	2015	8.70b	<0.01	-11.07b	<0.01
	2016	11.13a		-8.75a	
采样月份 Sampling month	6月June	7.09a	0.03	-12.76b	<0.01
	7月July	8.06a		-10.19ab	
	8月August	4.45ab		-8.56ab	
	9月September	8.84b		-9.40a	
放牧处理 Grazing treatment	围封 Fencing	8.34a	0.34	-10.77a	0.29
	放牧 Grazing	8.22a		-9.67a	
优势种 Domiant species	嵩草 Kobresia capillifolia	9.69a	0.58	-4.86a	<0.01
	珠芽蓼 Polygonum viviparum	10.88a		-13.07b	
	金露梅 Potentilla fruticosa	10.26a		-8.10ab	
	锦鸡儿 Caragana sinica	9.80a		-11.88ab	

注：同一类别，同一组别中相同小写字母表示在0.05水平差异不显著（P<0.05）
Note: Within the same category, groups with the same letters are not significant at the 0.05 level (P<0.05).

3 讨论与结论

3.1 放牧对牧草营养品质的影响

本研究表明长期围封显著增加了地上生物总量和4种优势种牧草的生物量，这与此前其他学者的研究结果一致[29-30]。但考虑到放牧作为草地最基本的利用方式，长期的围栏封育不仅会造成草地生产资源的浪费，而且会对植被的恢复和牧草的营养品质产生严重的负面影响[6]。放牧活动通常可以提高牧草的营养价值[7-8]。

研究中放牧增加了4种优势种牧草的营养品质，这与此前其他学者的研究结果一致[13, 21]。据报道，放牧活动可以增进富含蛋白的新生牧草代替衰老的牧草[12, 21, 31-33]，同时，在放牧压力下新生组织再生，使牧草的成熟和木质化过程被推迟，从而使牧草CP含量增加[34-35]。除此之外，放牧家畜产生的粪便增加土壤可利用N浓度[23, 36]，从而增加牧草CP含量。王向涛[30]研究表明，放牧活动引起的土壤pH值升高及家畜的踩踏行为加速了凋落物分解进入土壤[37-38]促进了N素矿化特别是硝化作用速率增加，导致土壤中N浓度增加，牧草中的N含量也随之而增加[39]。

研究还发现牧草营养价值对放牧处理的响应具有物种特异性。放牧显著提高了嵩草和珠芽蓼的营养价值，而对金露梅影响较少。相对嵩草、珠芽蓼和金露梅，锦鸡儿对放牧具有明显的响应。这可能是由于锦鸡儿属于豆科牧草且被绵羊所喜食，因此锦鸡儿的地上生物量减少从而促进富含蛋白质的幼嫩组织生长[14]，同时营养价值的增加进一步提升牧草的适口性进而吸引更多的绵羊采食。本

研究结果表明牧草对放牧的响应机制不尽相同,包括放牧耐受性(即较强的再生能力,如蒿草和珠芽蓼)和放牧避免措施(即较低的适口性,如金露梅)。

3.2 年际变化对牧草营养品质的影响

降水量的年际变化反映了牧草营养品质的年际变化。本研究表明,多雨年份牧草营养品质高于干旱年份,与之前的研究结果一致[10, 21, 39]。高寒草甸植被的生长受到降水量和水分利用率的限制[39]。Grant[25]研究表明多雨年份丰沛的降水可以提高水分利用率并增加草地牧草生产量,进而稀释牧草N含量,但此次试验并未发现。多雨年份牧草CP的含量增加是因为丰沛的降水加速了N素矿化[40]和增强牧草对N素的吸收能力[41],使牧草利用N素效率提升。多雨年份牧草N素利用效率显著有3种解释,较高的降水量增强N代谢有关的酶活性[42]、净光合速率[43]和气孔导度[44]。相反,干旱则会造成严重的水分胁迫,使植物快速成熟进而导致牧草N浓度降低[21]。水分胁迫致使牧草纤维含量升高,可消化成分降低,而降水则延缓了牧草的成熟过程并提高了牧草的营养价值。

和之前的研究[8, 39]结果一致,本研究发现降水量影响牧草营养品质对放牧的响应。放牧显著提高了多雨年份蒿草和珠芽蓼的营养价值,而在干旱年份差异不显著,说明相对放牧处理来说,降水量对这2种牧草营养品质的影响更为重要。牧草被采食部位中大部分的N是从茎基部或根部调动到发育中的芽和叶[45]。因为N素浓度受水分利用率的限制[13],所以,再生生物量的N素浓度在干旱年份受到的限制比在湿润年份大。因此,放牧对金露梅和锦鸡儿的营养价值没有显著影响可能是因为其具有较高的水分利用率。由于蒿草和珠芽蓼在群落中所占的生物量比例较高(超过52%),牧草营养价值对放牧活动的响应整体呈现出年际变化格局且干旱年份低于多雨年份[10]。

3.3 季节变化对牧草营养品质的影响

研究发现牧草营养价值也受到采样季节的影响[21, 46-47]。本研究中牧草营养价值随生长季而呈下降趋势。这与Osborne and Thimann[28]研究结果一致,即牧草生长停止后便开始成熟和木质化过程,此后植物细胞内纤维素、半纤维素和木质素含量不断增加,蛋白质含量不断降低。相应地,在牧草生长期内,CP含量增加,而NDF含量下降。本研究中,放牧处理增加了优势种蒿草和珠芽蓼营养价值的季节性变化,可能是因为放牧延迟了牧草的成熟和木质化过程[18]。放牧对金露梅营养价值季节性变化无明显影响可能是因为其适口性低,家畜不愿采食。

研究中发现,蒿草、珠芽蓼、金露梅和锦鸡儿营养价值对放牧的响应程度在6月最高。这是因为牧草6月开始返青,幼嫩组织的营养品质较高,之后随着牧草慢慢成熟,木质化进程加快,营养品质开始下降,即本研究发现的牧草营养价值在9月份明显下降。虽然放牧可以提高牧草的营养价值,但是由于牧草质量和数量的下降,牲畜在9月面临严重的饲料短缺。此外,牲畜在寻觅可食用牧草过程中需要行走更长的距离,能量过多消耗会造成牲畜体重下降,导致集约放牧的预期利润下降。家畜为了补充行走过程中的能量消耗而过度采食牧草,会造成植被覆盖率下降和风蚀风险增大,可以作为9月牧草营养价值对放牧低响应的解释。9月绵羊采食量的增加会降低剩余生物量和储存在植物茎基部、根部的能量物质,这将直接影响牧草来年的再生[48]。根据"过载效应"理论,长期的强度放牧可能对草地生产力产生负面影响[4]。所以,为了维持过度放牧草地的畜牧业生产和生态环境保护,建议在牧草生长末期对绵羊进行补饲或转移草场。

3.4 牧草营养指标之间的关系

本研究发现牧草N浓度(CP)与DMD呈正相关,牧草N浓度(CP)和NDF含量呈负相关。这与之前的研究结果一致[39, 49]。这些结论证明牧草高N浓度(CP)与其较高的营养品质存在关联[48]。高浓度的植物纤维含量和较厚的细胞壁可以减少蒸腾作用造成的损失[50-51],但是过厚的细胞壁限制了植物细胞的生长,从而降低了植物的生长速率。因此,本研究中牧草N浓度(CP)与NDF含量之间的负相关反映了生产力和生产可持续性之间基本平衡的本质[52]。另外，牧草诸多营养指标之间的关系受到年份、月份、放牧处理和牧草种类的影响，说明这些因素对牧草营养品质的影响是通过改变N浓度及其与营养价值的关系来实现的。建议相应的草地管理措施，如施肥、种植高营养价值的牧草，以期提高草地的营养产量。

参考文献

[1] 杨博，吴建平，杨联，宫旭胤，David Kemp，冯明廷，孙亮.牧区绵羊精准管理技术体系建立与草畜平衡研究[J].草地学报，2012，20（3）：589-596.

[2] Li Z J, Li Z X, Wang T T, et al. Composition of wet deposition in the central Qilian Mountains, China[J]. Environmental Earth Sciences, 2015, 73（11）：7 315-7 328.

[3] Kang L, Han X, Zhang Z, et al. Grassland ecosystems in China: review of current knowledge and research advancement[J]. Philosophical Transactions of the Royal Society B: Biological Sciences, 2007, 362（1 482）：997-1 008.

[4] Ren H, Han G, Lan Z, et al. Grazing effects on herbage nutritive values depend on precipitation and growing season in Inner Mongolian grassland[J]. Journal of Plant Ecology, 2016, 9（6）：712-723.

[5] 杨博，吴建平，杨联.中国北方草原草畜代谢能平衡分析与对策研究[J].草业学报，2012，21（2）：187-195.

[6] Cuevas J G, Le Quesne C. Low vegetation recovery after short-term cattle exclusion on Robinson Crusoe Island[J]. Plant Ecology, 2006, 183（1）：105-124.

[7] Bai Y, Wu J, Clark C M, et al. Grazing alters ecosystem functioning and C：N：P stoichiometry of grasslands along a regional precipitation gradient[J]. Journal of Applied Ecology, 2012, 49（6）：1 204-1 215.

[8] Schönbach P, Wan H, Gierus M, et al. Effects of grazing and precipitation on herbage production, herbage nutritive value and performance of sheep in continental steppe[J]. Grass and Forage Science, 2012, 67（4）：535-545.

[9] Lin L, Dickhoefer U, Müller K, et al. Grazing behavior of sheep at different stocking rates in the Inner Mongolian steppe, China[J]. Applied Animal Behaviour Science, 2011, 129（1）：36-42.

[10] Müller K, Dickhoefer U, Lin L, et al. Impact of grazing intensity on herbage quality, feed intake and live weight gain of sheep grazing on the steppe of Inner Mongolia[J]. The Journal of Agricultural Science, 2014, 152（1）：153-165.

[11] Mysterud A, Langvatn R, Yoccoz N G, et al. Plant phenology, migration and geographical variation in body weight of a large herbivore: the effect of a variable topography[J]. Journal of Animal Ecology, 2001, 70（6）：915-923.

[12] Mysterud A, Hessen D O, Mobæk R, et al. Plant quality, seasonality and sheep grazing in an alpine ecosystem[J]. Basic and Applied Ecology, 2011, 12（3）：195-206.

[13] Fanselow N, Schönbach P, Gong X Y, et al. Short-term regrowth responses of four steppe grassland species to grazing intensity, water and nitrogen in Inner Mongolia[J]. Plant and Soil, 2011, 340（1-2）：279-289.

[14] Wan H, Bai Y, Schönbach P, et al. Effects of grazing management system on plant community structure and functioning in a semiarid steppe: scaling from species to community[J]. Plant and Soil, 2011, 340（1-2）：215-226.

[15] 鲁为华，于磊，蒋惠.新疆昭苏县沙尔套山天然草地植物群落数量分类与排序（简报）[J].草业学报，2008，17（1）：135-139.

[16] 李凯辉，王万林，胡玉昆，等.不同海拔梯度高寒草地地下生物量与环境因子的关系[J].应用生态学报，2008，19（11）：2 364-2 368.

[17] 张凡凡，和海秀，于磊，等.天山西部高山区夏季放牧草地 4 种重要牧草营养品质评价[J].草业学报，

2017, 26 (8): 207-215.

[18] Schiborra A K. Short-term effects of defoliation on herbage productivity and herbage quality in a semi-arid grassland ecosystem of Inner Mongolia, PR China[D]. Christian-Albrechts Universität Kiel, 2007.

[19] Gebauer R L E, Ehleringer J R. Water and nitrogen uptake patterns following moisture pulses in a cold desert community[J]. Ecology, 2000, 81 (5): 1 415-1 424.

[20] Pakeman R J. Consistency of plant species and trait responses to grazing along a productivity gradient: a multi-site analysis[J]. Journal of Ecology, 2004, 92 (5): 893-905.

[21] Schönbach P, Wan H, Schiborra A, et al. Short-term management and stocking rate effects of grazing sheep on herbage quality and productivity of Inner Mongolia steppe[J]. Crop and Pasture Science, 2009, 60 (10): 963-974.

[22] Vesk P A, Leishman M R, Westoby M. Simple traits do not predict grazing response in Australian dry shrublands and woodlands[J]. Journal of Applied Ecology, 2004, 41 (1): 22-31.

[23] Shan Y, Chen D, Guan X, et al. Seasonally dependent impacts of grazing on soil nitrogen mineralization and linkages to ecosystem functioning in Inner Mongolia grassland[J]. Soil Biology and Biochemistry, 2011, 43 (9): 1 943-1 954.

[24] Giese M, Brueck H, Gao Y Z, et al. N balance and cycling of Inner Mongolia typical steppe: a comprehensive case study of grazing effects[J]. Ecological Monographs, 2013, 83 (2): 195-219.

[25] Grant K, Kreyling J, Dienstbach L F H, et al. Water stress due to increased intra-annual precipitation variability reduced forage yield but raised forage quality of a temperate grassland. Agriculture[J]. Ecosystems & Environment, 2014, 186 (2): 11-22.

[26] Kleinebecker T, Weber H, Hölzel N. Effects of grazing on seasonal variation of aboveground biomass quality in calcareous grasslands[J]. Plant Ecology, 2011, 212 (9): 1 563-1 576.

[27] Čop J, Lavrenčič A, Košmelj K. Morphological development and nutritive value of herbage in five temperate grass species during primary growth: analysis of time dynamics[J]. Grass and forage science, 2009, 64 (2): 122-131.

[28] Osborne D J. Senescence in seeds, In Thimann KV (ed)[J]. Senescence in Plants. Boca Raton, FL: CRC Press, 1980, 181 (1): 13-17.

[29] 郑伟, 董全民, 李世雄, 等. 放牧强度对环青海湖高寒草原群落物种多样性和生产力的影响[J]. 草地学报, 2012, 20 (6): 1033-1038.

[30] 王向涛, 张世虎, 陈懂懂, 等. 不同放牧强度下高寒草甸植被特征和土壤养分变化研究[J]. 草地学报, 2010, 18 (4): 510-516.

[31] Albon S D, Langvatn R. Plant phenology and the benefits of migration in a temperate ungulate[J]. Oikos, 1992, 65 (3): 502-513.

[32] Hebblewhite M, Merrill E, McDermid G. A multi-scale test of the forage maturation hypothesis in a partially migratory ungulate population[J]. Ecological monographs, 2008, 78 (2): 141-166.

[33] Mysterud A, Yoccoz N G, Langvatn R, et al. Hierarchical path analysis of deer responses to direct and indirect effects of climate in northern forest[J]. Philosophical Transactions of the Royal Society B: Biological Sciences, 2008, 363 (1501): 2 357-2 366.

[34] Garcia F, Carrere P, Soussana J F, et al. The ability of sheep at different stocking rates to maintain the quality and quantity of their diet during the grazing season[J]. The Journal of Agricultural Science, 2003, 140 (1): 113-124.

[35] Milchunas D G, Varnamkhasti A S, Lauenroth W K, et al. Forage quality in relation to long-term grazing history, current-year defoliation, and water resource[J]. Oecologia, 1995, 101 (3): 366-374.

[36] Wang C J, Tas B M, Glindemann T, et al. Fecal crude protein content as an estimate for the digestibility of forage in grazing sheep[J]. Animal Feed Science and Technology, 2009, 149 (3-4): 199-208.

[37] 鱼小军, 景媛媛, 段春华, 等. 围栏与不同放牧强度对东祁连山高寒草甸植被和土壤的影响[J]. 干旱地区农

业研究, 2015, 33 (1): 252-277.

[38] 王天乐, 卫智军, 刘文亭, 等. 不同放牧强度下荒漠草原土壤养分和植被特征变化研究[J]. 草地学报, 2017, 25 (4): 711-716.

[39] Miao F, Guo Z, Xue R, et al. Effects of Grazing and Precipitation on Herbage Biomass, Herbage Nutritive Value, and Yak Performance in an Alpine Meadow on the Qinghai-Tibetan Plateau[J]. PloS one, 2015, 10 (6): 1-15.

[40] Austin A T, Yahdjian L, Stark J M, et al. Water pulses and biogeochemical cycles in arid and semiarid ecosystems[J]. Oecologia, 2004, 141 (2): 221-235.

[41] Xu Z Z, Zhou G S. Effects of water stress on photosynthesis and nitrogen metabolism in vegetative and reproductive shoots of Leymus chinensis[J]. Photosynthetica, 2005, 43 (1): 29-35.

[42] Debouba M, Maâroufidghimi H, Suzuki A, et al. Changes in Growth and Activity of Enzymes Involved in Nitrate Reduction and Ammonium Assimilation in Tomato Seedlings in Response to NaCl Stress[J]. Annals of Botany, 2007, 99 (6): 1 143-1 151.

[43] Lawlor D, Cornic G. Photosynthetic carbon assimilation and associated metabolism in relation to water deficits in higher plants[J]. Pant Cell Environ, 2002, 25 (2): 275-294. MID: 11841670.

[44] Schulze E, Kelliher F M, Korner C, Lloyd et al. Relationships among maximum stomatal con-ductance, ecosystem surface conductance, carbon assimilation rate, and plant nitrogen nutrition: a global ecology scaling exercise[J]. Annu Rev Ecol Syst, 1994, 25 (1): 629-662.

[45] Volenec J J, Ourry A, Joern B C. A role for nitrogen reserves in forage regrowth and stress tolerance[J]. Physiologia Plantarum, 1996, 97 (1): 185-193.

[46] Wang C, Wang S, Zhou H, et al. Effects of forage composition and growing season on methane emission from sheep in the Inner Mongolia steppe of China[J]. Ecological research, 2007, 22 (1): 41-48.

[47] Wang C, Wang S, Zhou H, et al. Influences of grassland degradation on forage availability by sheep in the Inner Mongolian steppes of China[J]. Animal science journal, 2011, 82 (4): 537-542.

[48] Perez-Harguindeguy N, Diaz S, Garnier E, et al. New handbook for standardised measurement of plant functional traits worldwide[J]. Australian Journal of botany, 2013, 61 (3): 167-234.

[49] Karn J F, Berdahl J D, Frank A B. Nutritive quality of four perennial grasses as affected by species, cultivar, maturity, and plant tissue. Agronomy journal, 2006, 98 (6): 1 400-1 409.

[50] Howell T A. Enhancing Water Use Efficiency in Irrigated Agriculture Contrib. from the USDA-ARS, Southern Plains Area, Conserv. and Production Res. Lab., Bushland, TX 79012. Mention of trade or commercial names is made for information only and does not imply an endorsement, recommendation, or exclusion by USDA-ARS[J]. Agronomy journal, 2001, 93 (2): 281-289.

[51] Ridley E J, Todd G W. Anatomical variations in the wheat leaf following internal water stress[J]. Botanical Gazette, 1966, 127 (4): 235-238.

[52] He J S, Wang X, Flynn D F B, et al. Taxonomic, phylogenetic, and environmental trade - offs between leaf productivity and persistence[J]. Ecology, 2009, 90 (10): 2 779-2 791.

甘南藏羊GH基因第四外显子多态性与肉用性能的相关性分析

李文文，张利平[19]**，吴建平，王欣荣，刘心如，俞理辉

（甘肃农业大学动物科学技术学院，甘肃兰州　730070）

摘　要：为了探索GH基因与绵羊肉用性能的相关性，本试验利用PCR-SSCP方法，对甘肃甘南的欧拉型、甘加型和乔科型藏羊（共154只）GH基因第四外显子进行了多态性检测；并从其中随机选择62只（欧拉羊22只、甘加羊22只、乔科羊18只）进行肉品质测定及相关性分析。PCR-SSCP研究结果表明，甘南藏羊GH基因在第四外显子处存在AA和AB 2种基因型，测序结果显示AB型个体在1 286bp处存在T/C的杂合；检测到的多态位点与肉用性能相关性分析表明，欧拉羊羊的AA型个体的屠宰率和剪切力显著高于AB型个体（$P<0.05$），但AB型个体的背最长肌在宰后24h时的pH值显著大于AA型个体（$P<0.05$），甘加羊与乔科羊不同基因型各指标间均差异不显著（$P>0.05$）。

关键词：藏羊；GH基因；多态性；肉用性能

Studyon correlation between single nucleotide polymorphism of GH gene Exon4 and meat performance in Gannan Tibetan Sheep

Li Wen wen, Zhang Li ping**, Wu Jian ping,
Wang Xin rong, Liu Xin ru, Yu Li hui

(College of Animal Science and Technology, Gansu AgriculturalUniversity,
Lanzhou, Gansu, 730070, China)

---

*基金项目：甘肃省生物技术专项（No.GNSW-2007-08）和甘肃省科技重大专项（No.0818NKDP037）资助
作者简介：李文文（1986—），女，汉族，山东潍坊人，硕士研究生，专业方向：动物生产系统与工程。
　　　　　联系电话：15294193921，E-mail：liwenwen860801@yahoo.com.cn
**通讯作者：张利平（1962—），女，汉族，甘肃文县人，教授，博士生导师，研究方向：动物遗传育种与繁殖。
　　　　　联系电话：15002638216，E-mail：zhangliping@gsau.edu.cn

Summary: In order to explore the relativity betweenGH genes and sheep with properties, the PCR-SSCP and gene sequencing were applied to detect the polymorphism of GH gene Exon 4 sequence in 154 individuals of Gannan Tibetan sheep (Oula sheep, Ganjia sheep, Qiaoke sheep). These 62 sheep (Oula sheep only 22, Ganjia sheep only 22, Qiaoke sheep only 18) which were selected from 154 sheepwere analyzedthe meat performance. The results showed that: There are two genotypes AA and AB in GH gene Exon4. Sequence analysis indicated that the polymorphisms of AB were caused by the heterozygosisof T/Cat base positions 1 286bp in EF077162. The meat performanceanalysisshowed that: In Oula sheep, the dressing percentage and Tenderness of AA are higher than AB ($P<0.05$), and the pHValue of 24 hours after the slaughterof AB are higher than AA ($P<0.05$). But there are no significant difference between the different genotypes of the different index in Qiaoke sheep and Ganjia sheep.

Key words: Tibetan sheep, GH gene, polymorphism, meat performance

生长激素（Growth HormoneGH）是一种由动物脑垂体远侧部腺垂体合成并分泌的具有广泛的生理功能的单一肽链的蛋白质激素。具有促进物质代谢与生长发育的生理功能，是一种理想的生长促进剂和胴体品质改良剂[1]。

GH基因作为一种对机体生理具有重要影响的功能基因，国内外的众多学者对其进行了大量研究，在羊GH基因的研究中，1986年Lacroix首次获得了绵羊GH基因的cDNA，Jacqueline和Kioka等分别在1988年和1989年克隆了绵羊和山羊的GH基因[2-3]，为后来对GH基因的进一步研究奠定了基础。2001年Bastos[4]等用PCR-SSCP法检测到葡萄牙绵羊的GH基因存在单链构象多态性，同年，Marques等[5]分析了5个绵羊品种的GH基因的外显子，发现除外显子1之外其他外显子均存在多态位点，并在外显子4中发现1种与某些经济性状密切相关的多态位点，2003年Marques等[6]分别对Algrrivia山羊和葡萄牙本土山羊的GH基因的5个外显子进行了SSCP研究，结果发现外显子4和5都存在与经济形状相关的多肽位点；2008年任春环[7]等对绵羊GH基因第4外显子进行了多态性与生产性能的相关性分析，证明GH基因第4外显子的多态性与绵羊肉用性能存在一定的相关性，2010年哈志俊等[8]利用PCR-SSCP方法检测了藏羊的GH基因的部分片段进行多态性并与生长性能的相关性进行了分析，发现藏羊GH基因第4外显子区域的多态位点是藏羊肉用性能的一个重要分子标记。本实验根据任春环、哈志俊等人的研究成果，利用PCR-SSCP的方法对甘南藏羊3个类群GH基因第四外显子的多态性进行检测并分析与其肉品质的相关性，以期为研究绵羊GH基因对其肉用性能的影响提供参考依据。

1 材料和方法

1.1 试验材料

选择甘南藏羊154只（欧拉羊49只、甘加羊46只、乔科羊59只）采其血液样品，-20℃保存，并随机从其中选择62只（欧拉羊22只、甘加羊22只、乔科羊18只）进行屠宰并采集背最长肌肌肉样品。

1.2 主要试剂

ExTaq DNA聚合酶、dNTPs及琼脂糖均购自大连宝生物工程有限公司；PCR引物由上海生物工程公司合成；PCR产物纯化试剂盒购于天根生化科技（北京）有限公司，其他常规药品均为国产分析纯。

1.3 试验方法

1.3.1 血样采样方法

本试验所采集的血液样品均采取颈静脉采血法，ACD抗凝。

1.3.2 肉品质测定

选择试验羊只，对选定的实验羊只进行宰前24h停食，宰前2h停水，宰后胴体静置0.5h，称重并采集背最长肌约500g进行肉品质测定[9-11]。

屠宰率：屠宰率（%）=胴体重/宰前活重×100

pH值：用PHB-5型酸度计测定屠宰后24h肉样的pH值，肉样置于4℃冰箱保存。

剪切力：采用C-LM3B型嫩度仪测定。

失水率：肌肉失水率（%）=（W1-W2）/W1×100

式中：W1为压前肉样重（g），W2为压后肉样重（g）或称肉样失水重）。

熟肉率：熟肉率（%）=W2/W1×100

式中：W1为蒸前试样重（g），W2为蒸后试样重（g）。

1.3.3 DNA的提取及检测

血液基因组DNA的提取：用血液基因组DNA提取试剂盒提取全血中的基因组DNA，-20℃保存。琼脂糖凝胶电泳检测DNA，并用紫外分光光度计检测其浓度。

1.3.4 引物设计及PCR扩增

根据GenBank中藏绵羊GH基因序列[12]（GenBank登录号：EF077162），利用Primer5软件设计一对引物（表1），引物由上海生物工程公司合成。

表1 引物序列信息

Table 1 Primer information

引物名称 Primers	引物序列（5′-3′） Primer Sequence	位置 location	片段长度（bp） Length of products
GH-E4	F: GGACTTGGAGCTGCTTCGCAT R: GGAAGGGACCCAACAATGCCA	Exon 4	191

PCR总体系为25μL，包括：10×PCR buffer（含Mg^{2+}）缓冲液2.5μL，2mmol/L的dNTP 2.0μL，10μmol/L上下游引物各1μL，ExTaqDNA聚合酶0.125μL，100ng/μLDNA模板1.0μL，剩余部分由水补足。

PCR的反应条件为：94℃预变性5min，之后共进行35个循环，每个循环为：94℃变性30s，56.9℃退火30s，72℃延伸30s，最后72℃延伸7min。

1.3.5 SSCP分析

取2μL PCR产物置于PCR管中，加8μL上样缓冲液（98%去离子甲酰胺1 960μL，0.5mol/LEDTA40μL，二甲苯氰0.025%，溴酚蓝0.025%），离心混匀，98℃变性10min，迅速插入冰中，冰浴10min，使之保持变性状态。在12%的非变性聚丙烯酰胺凝胶（Acr：Bis=29：1）中电泳2.5h，电压为160V，电泳结束后，进行银染显色。

1.3.6 测序分析

经SSCP分析后，选择不同基因型的PCR扩增产物各2个进行纯化，由上海生工生物工程公司测序。

1.3.7 数据统计处理

（1）遗传信息分析：

利用Genpop32对不同基因型的基因型频率、等位基因频率、遗传杂合度、PIC等遗传信息进行

统计分析[13]

（2）基因型与肉用性能相关性分析：

利用SPSS17.0，利用独立样本T检验对不同基因型与肉用性能的相关性进行分析。

2 结果分析

2.1 GH基因第四外显子PCR扩增

PCR产物用1%的琼脂糖凝胶电泳进行检测，结果表明扩增产物与目的片段长度一致，结果见图1。

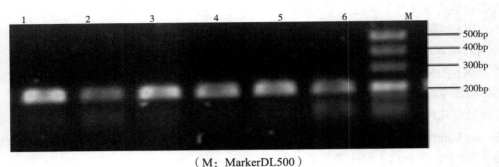

（M：MarkerDL500）

图1 GH-E4的扩增产物琼脂糖检测

Fig. 1 Detection of PCR products of GH-E4

2.2 PCR-SSCP分析

利用扩增得到的PCR产物进行SSCP检测，在扩增片段上发现存在多态性，共发现两种基因型，分别命名为AA型和AB型，结果见图2。

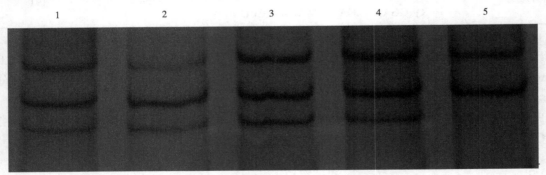

5泳道为AA型；1，2，3，4泳道为AB型

图2 GH-E4的PCR-SSCP检测结果

Fig. 2 The PCR-SSCP detect result of GH gene at GH-E4

2.3 不同基因型测序分析

选取不同基因型个体的PCR产物各2个进行纯化，测序。测序结果表明，甘南藏羊3个类群中均没有发现由1 286bp处发生T→C碱基突变造成的BB型纯合体，但发现了AB型杂合体，以及未发生突变的AA型纯合体，结果见图3。

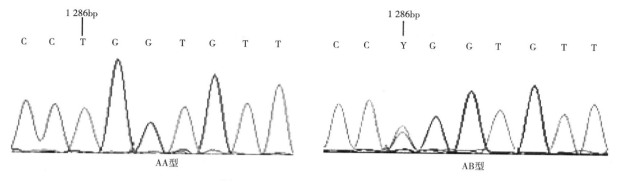

图3 GH-E4不同基因型测序结果

Fig. 3 Alignment of the sequence of different genotypes of GH-E4

2.4 基因型频率和基因频率的统计

根据SSCP检测结果，统计样本基因型与等位基因的频率，统计结果见表2。

表2 3个藏羊类群GH基因E4片段基因型频率和基因频率

Table 2 Genotype and allele Frequencies of E4 fragment of GH gene among three Tibetan sheep populations

品种（Breed）	基因型频率（Genotypes frequencies）		基因频率（Allele frequencies）	
	AA	AB	A	B
欧拉羊	0.877 6	0.122 4	0.938 8	0.061 2
甘加羊	0.739 1	0.260 9	0.869 6	0.130 4
乔科羊	0.644 1	0.355 9	0.822 0	0.178 0

由表2可知，3个藏羊类群中，AA型个体基因型频率均高于AB型个体，AA型为优势基因型，A等位基因为优势等位基因。

2.5 基因遗传杂合度和多态信息含量计算

有效等位基因数（Ne）、多态信息含量（PIC）及遗传杂合度（He）为评价群体遗传变异的重要指标，不同的遗传参数体可现出各群体间的遗传上的本质差异[13]。对选定的甘南藏羊3个类群的GH基因第四外显子处的多态信息含量进行分析，结果分别为：欧拉羊为0.108 3、甘加羊为0.201 1、乔科羊为0.249 8，均属低度多态（PIC<0.25）；见表3。

表3 3个藏羊类群GH基因E4片段多态位点遗传参数

Table 3 The genetic parameters Frequencies of E4 fragment of GH gene polymorphism loci among three Tibetan sheep populations

品种（Breed）	纯和度（Ho）	杂合度（He）	有效等位基因数（Ne）	多态信息含量（PIC）
欧拉羊	0.883 9	0.116 1	1.129 9	0.108 3
甘加羊	0.770 7	0.229 3	1.293 4	0.201 1
乔科羊	0.704 9	0.295 1	1.413 6	0.249 8

注：PIC>0.5为高度多态，0.25<PIC<0.5为中度多态，PIC<0.25为低度多态

Note：PIC>0.5 means high diversity，0.25<PIC<0.5 means moderate diversity，PIC<0.25 means low diversity.

2.6 不同基因型背最长肌肉品质分析

由于在甘南藏羊3个类群中并没有发现BB型纯和个体,故只对AA型和AB型与肉品质的相关性进行分析。结果发现:欧拉羊,GH基因第四外显子区域检测到的AA型个体的屠宰率和剪切力显著高于AB型个体($P<0.05$),但AB型个体的背最长肌在宰后24h时的pH值显著大于AA型个体($P<0.05$)。结果见表4。

表4 不同基因型肉用性能的相关性分析
Table 4 The association analysis for meat in performance among the genotype

品种		屠宰率(%)	pH值	剪切力(kg)	失水率(%)	熟肉率(%)
欧拉羊	AA(n=18)	0.43 ± 0.01[a]	5.53 ± 0.06[b]	8.71 ± 0.26[a]	0.25 ± 0.01	0.74 ± 0.01
	AB(n=4)	0.42 ± 0.02[b]	6.50 ± 0.13[a]	7.23 ± 0.21[b]	0.30 ± 0.03	0.73 ± 0.03
甘加羊	AA(n=16)	0.41 ± 0.01	5.84 ± 0.07	6.46 ± 0.63	0.26 ± 0.02	0.64 ± 0.01
	AB(n=6)	0.41 ± 0.01	5.96 ± 0.15	6.39 ± 1.24	0.23 ± 0.02	0.67 ± 0.02
乔科羊	AA(n=15)	0.49 ± 0.02	5.92 ± 0.07	6.21 ± 0.51	0.21 ± 0.02	0.64 ± 0.01
	AB(n=3)	0.47 ± 0.01	6.18 ± 0.04	5.41 ± 0.86	0.27 ± 0.02	0.61 ± 0.01

注:同一性状中标有不同小写字母a、b肩标的平均值间差异显著($P<0.05$)
Note: The same trait with the different small letter superscripts mean significantly ($P<0.05$).

3 讨论与结论

本试验通过对3个藏羊类群GH基因第四外显子的多态性分析,结果表明:①3个类群在GH基因外显子4区域存在一个多态位点,是由1 286bp处发生T→C的碱基突变造成的,与Bastos[4]、Marpues[5]、任春环等[7]、哈志俊等[8]对绵羊GH基因第4外显子多态性研究的结果一致,但在本次试验中没有发现由1 286bp处发生T→C的碱基突变所造成的BB型纯合个体,只发现AB型杂合个体以及没有发生突变的AA型个体,以AA型为优势基因型,A等位基因为优势等位基因。②对3个藏羊类群的GH基因第四外显子处的多态信息含量分析,结果均属低度多态(PIC<0.25)。

2003年,Marques等[6]通过对Algrrivia山羊和葡萄牙本土山羊的GH基因的5个外显子进行SSCP分析,结果发现外显子4和5都存在与经济性状相关的多态位点,2008年任春环等[7]和2010年哈志俊等[8]均对绵羊GH基因第4外显子的多态性与生产性能的相关性研究表明GH基因第4外显子的多态性与绵羊肉用性能存在一定相关性,本试验根据Marques、任春环等以及哈志俊等人的研究成果,分别从3个藏羊类群中随机选择欧拉羊22只,甘加羊22只以及乔科羊18进行肉品质检测,结果表明:①欧拉羊AA型个体的屠宰率和剪切力显著高于AB型个体($P<0.05$),但AB型个体的背最长肌在宰后24h时的pH值显著高于AA型个体($P<0.05$);②甘加羊与乔科羊不同基因型之间各指标差异不显著。说明该位点对欧拉羊的产肉性能具有一定的相关性。本试验所得结果与任春环、哈志俊等人得出的实验结果相似,但由于本次试验的羊的品种和样本量有限。因此,该多态位点是否可以作为藏羊肉用性能标记辅助选择位点,还需进一步扩大样本量和在其他绵羊品种中进行研究。

参考文献

[1] Ghen E Y, Liao Y C, Smith D H. et al. The human growth hormone locus: nugleotide sequence biology and evolution[J]. Genomics, 1989(4): 479-497.

[2] Jacqueline M O, John V O, Malcolm R B. Cloning and sequencing of the ovine growth hormone gene[J]. Nucleic Acids Res, 1988, 1618, 16(18): 9046.

[3] Kioka N, Manabe E, Abe M, et al. Cloning and sequencing of goat growth hormone gene[J]. Agricultural and Biology chemistry, 1989, 53(6): 1 583-1 587.

[4] Bastos E, Cravador A, Azevedo J, et al. Single strand conformation polymorphism (SSCP) detection in six genes in Portuguese indigenous sheep breed Churra da Terra Quente[J]. Biotechnol Agron Soc Environ, 2001, 51, 5(1): 7-15.

[5] Marques M R, Santos I C, Belo C C, et al. Associations between SSCPs in the GH gene and milk traits in-"SerradaEstrela" ewes. In: Proceedings of the IV International conferenee on Farm[J]. Animal Endocrinology, BASE, 2001, 5: 5.

[6] Marques P X, Pereira M, Marques M R, et al. Association of milk traits with SSCP polymorphisms at the growth hormone gene in the Serrana goat[J]. Small Ruminant Research, 2003, 50: 177-185.

[7] 任春环, 吴建平, 张利平, 张海容. 绵羊生长激素基因第4外显子的多态性分析[J]甘肃农业大学学报, 2008 (04): 12-16.

[8] 哈志俊, 张利平, 杨联, 吴建平. 绵羊GH基因多态性及其与生长性状相关性研究[D]甘肃农业大学学报, 2010.

[9] 张铭, 陈立祥. 营养与肉品质的研究进展以及肉品质的检测指标与方法[J]. 江西饲料, 2009(1).

[10] 赵有璋. 现代中国养羊[M]. 北京: 金盾出版社, 2005.

[11] 王树林, 常祺, 胡勇. 不同体重牦牛犊产肉性能和肉品质分析的研究[J]草食家畜, 2003(1).

[12] 马志杰, 魏雅萍, 钟金城, 等. 藏绵羊生长激素(GH)基因的克隆及序列分析[J]. 西北农林科技大学学报(自然科学版), 2008, 36(7): 19-36.

[13] 柳楠, 孔繁臻, 张兴国, 等. 4个微卫星标记对3个绵羊品种肉用性状多态性的研究[J]. 甘肃农业大学学报, 2007, 4: 24-28

[14] Vaiman D, Mecier D, Moazami-Goudarzi K, et al. A set of 99 cattle microsatellites characterization synteny mapping and polymorphism[J]. Mammalian Genome, 1994, 5: 288-297.

第二部分

英文论文

Dynamic of aboveground biomass and soil moisture as affected by short-term grazing exclusion on eastern alpine meadow of Qinghai-Tibet plateau, China

Hai bo Liu[1], Jian ping Wu[2], Xin hui Tian[1], and Wen hua Du[1*]

(1. Gansu Agricultural University, College of Grassland Science, 730070, Lanzhou, P.R. China. *Corresponding author (duwenhua1012@163.com). 2. Gansu Agricultural University, College of Animal Science and Technology, 730070, Lanzhou, P.R. China)

Abstract: Short-term grazing exclusion has large impacts on grassland vegetation and nutrition. By using cages to exclude grazing from July to October on summer pasture used by three typical farms with different stocking rates on alpine pasture of the Qinghai-Tibet plateau, the effects of short-term rests on aboveground biomass, forage quality, and soil moisture were studied. The results showed that, within the same month during the forage growth period, the dry weights of the edible forage in the cages were significantly higher than that out of the cages ($P<0.05$) under heavy grazing pressure (from 14.38 to 14.58 head/ha). Within the same soil depth, soil moisture was significantly different in, and out of, the cages ($P<0.05$) and it decreased with depth. The crude protein content for the forages in the cages was significantly higher than that out of the cages for the farm with a heavy stocking rate and the neutral detergent fibre was significantly lower. This shows that short-term rest periods could effectively increase the dry weight and crude protein content of the edible forage for farms with heavy stocking rates. This short-term rest management strategy is recommended for farms with a heavy stocking rate.

Key words: biomass of the edible forage, cage, forage quality, ground coverage, soil moisture content.

Introduction

Tibetan grasslands constitute one of the most important grazing ecosystems in the world. Distributed widely across the high plains and mountains of the Tibetan plateau, these grasslands encompass the source areas of many major Asian rivers. Around 40 percent of the world's population depends on, or is influenced by, these rivers (Foggin, 2008). Rangelands in this area, although sparsely populated and contributing little to China' overall economic condition, play an important environmental role throughout Asia by affecting temperatures and the quality of water and air (Harris, 2010). The alpine pasture of the Qinghai-Tibet plateau (QTP) is regarded as the most unique alpine pasture ecosystem in the world due to its coverage (2.57 million km^2, up to 25% of the total area of China) and high elevation (4 000 m on average) (Mu and Wu, 2005; Cao et al., 2011; Li et al., 2012).It is also the feed base for the grassland animal husbandry in China (Zhou et al., 2005). Therefore, it plays an essential role in the ecology and animal production of China as well as the environmental role throughout Asia (Harris, 2010).

Alpine meadow is the main pasture type in the QTP, covering 46.67% of the total area (Dong et al., 2007a). *Kobresia* Willd, *Elymus dahuricus* Turcz, and *Polygonum viviparum* are dominant species. Two seasonal pastures are used by the local farms, with livestock on the summer-autumn pasture from July to October and on the winter-spring pasture for the remainder of the year.In the past few years, the QTP has suffered from severe degradation, which leads to a reduction in herbage yield and deterioration of the ecological environment (Du et al., 2004). At present, the degraded area is up to 0.45×10^8 ha, approximately one-third of the total QTP area (Zhou et al., 2005). Studies have been conducted to find causes of the degradation and mitigation methods (Wang et al., 2006a; Wu et al., 2010; Wu et al., 2013). Besides unsustainable grazing management, global climate change, excessive herbivory, soil disturbance from small mammals, and historical-cultural impediments, overgrazing is regarded as one of the major causes of degradation (Zhou et al., 2006; Harris, 2010; Wu et al., 2014). Enclosure is widely accepted as a valuable tool to restore degraded grasslands of QTP (Ma et al., 2002; Dong et al., 2007b; Shang et al., 2013). It could improve the net primary production and modify species composition due to the selective grazing behavior of animals (Zheng et al., 2005; Wu et al., 2013). Other benefits, especially the benefits of long-term enclosure, were widely reported (Dong et al., 2007b; Mayer et al., 2009; Wu et al., 2009b; Wu et al., 2010; Fernández-Lugo et al., 2013; Shang et al., 2013; Wu et al., 2013). However, grazing is the most fundamental grassland utilization, long-term grazing exclusion might be a kind of resources waste for animal husbandry production and it had severe negative effects on the vegetation restoration and feed nutrients (Jamie et al., 2005; Wu et al., 2009a). In addition, it resulted in the increasing of the aboveground biomass of the poisonous locoweeds (Wu et al., 2014) and had the similar effects on species composition, ground cover, and biomass as those resulting from moderate grazing (Courtois et al., 2004).

Effects of grazing exclusion on plant species richness and phytomass accumulation varied across a regional productivity gradient and the duration of exclusion (Schultz et al., 2011). Short-term grazing exclusion may favour the improvements in species richness and biomass accumulation (Mayer et al., 2009). By now, there is no report on the short-term enclosure (within one year) in eastern alpine meadows of the QTP.

The objective of this two-year study was to investigate the effects of short-term grazing exclusion (from July to October) on forage yield and quality and soil moisture in eastern alpine meadows of the QTP by determining the aboveground biomass, forage nutrition and soil moisture between grazed and ungrazed plots for three typical farms with different grazing intensities.

Materials and methods

Study site

The experiment was carried out in Maqu county of the Gannan Tibetan Autonomous Prefecture, Gansu province, China (102° 29′ E, 34° 30′ N), located in the eastern part of the QTP. The altitude ranges from 3 300 m to 4 806 m. The annual precipitation is 615 mm and temperature is 1.1℃ with no frost free period (Animal husbandry division office of Maqu county, 1986).

Experimental design

At the end of June 2011, three farms with different stocking rates (from low to high) were selected and three 2.25 m^2 (1.5 × 1.5 m) cages (IC treatment) were established on the summer pasture randomly to exclude grazing from July to October in 2011 and 2012 for comparison with grazed pasture out of the cages (OC treatment). The summer pasture type, area, sheep unit and grazing intensity of the pastures of the three farms are listed in Table 1 and are referred to as pasture 1, 2 and 3 (Table 1).

Table 1 Information on the three typical pastures

Pasture	Pasture type	Area	Sheep unit		Grazing intensity	
			2011	2012	2011	2012
		ha	head		head/ha	
1	Alpine Meadow	157	2 294	2 264	14.58	14.38
2	Alpine Meadow	213	823	713	3.86	3.34
3	Alpine Meadow	667	1 313	1 063	1.97	1.59

Sample collection

In the middle of July, August, September and October, 2011 and 2012, on the summer pasture of the three farms, plant species and coverage of each species was measured using a 0.25 m^2 (0.5 × 0.5 m) pin quadrat both in and out of the cages. There were six quadrats on each farm. After the pasture monitoring had ended, the aboveground vegetation was cut, divided into edible and inedible forage and the fresh weight was determined separately in the field. Samples were then taken to the lab to determine the dry weight (DW) and nutrition values.

Soil samples were taken on all three farms' pastures both in and out of the cages using a drill. The 0 to 10, 10 to 20, 20 to 30, 30 to 40 and 40 to 60 cm depths were sampled in triplicate. The fresh weight was determined in the field and the samples were then taken to the lab to determine the soil moisture content.

Determination of the dry weight for the aboveground biomass

The water content in the forage was measured daily while samples were dried at about 21 ℃. The DW was determined when the water content reached 30%. For each treatment on each farm's pasture, a 10 g sample of edible forage was collected from each quadrat and the six samples from the same treatment were then mixed and pulverized to determine the forage nutrition.

Nutrition analysis

The method of Kjeldahl nitrogen (Guo and Meng, 2006) was used to determine the crude protein (CP) in the edible forage samples, and the acid detergent fibre (ADF) and neutral detergent fibre (NDF) content were determined using the Van Soest method (Xue and Meng, 2006).

Determination of the soil moisture content

The oven drying method was used to determine the soil moisture content (Liu et al., 2006)

Statistical analyses

For each pasture, data were analysed using paired-sample T-test to compare the differences of individual parameters within and outside the exclusion cages in the same months between 2011 and 2012. The statistical package used for the analysis was SPSS version 19.0. The data analysed included the DW of edible and inedible forage, the percentage of edible forage, the vegetation coverage, the forage CP, ADF and NDF, and the soil moisture content. If significant differences were detected, a paired-sample T-test (within and outside the cage) was undertaken to compare the differences within the years. Otherwise, the data of the same months and treatments were averaged and analysed.

Results

For all three pastures, no significant differences were detected in the dry weight of the edible and inedible forage, percentage of the edible forage, coverage of the vegetation, and the content of the crude protein, acid detergent fibre, and neutral detergent fibre for the same months and same treatments between 2011 and 2012. Therefore, data from the two years were averaged.

Dry weight of the edible forage (EDW)

For the averaged EDW, it varied among the three pastures for the IC and OC treatments from July to October, but within the same pasture, it remained at a similar level between the IC and OC treatments in July (Table 2). This index continually increased in pasture 3, but for pasture 1 and 2, it increased from July to September, and then decreased from September to October. For the three pastures, the EDW differences between the IC and OC treatments (IC-OC) were different in July: for pasture 1, it was positive, but negative for the other two. From August to October, the EDW in the cages (ICEDW) for all three pastures were higher than that of the EDW out of the cages (OCEDW). From September to October, the ICEDW and OCEDW both peaked. Within the same month, the increasing rate of ICEDW differed from -12.37% (pasture 2 in July) to 268.74% (pasture 1 in September) and with a faster increase found on pasture 1.

Table 2 Dry weight of the edible forage in and out of the cages on three summer pastures.

Pasture	Month	EDW[a]		T value	P value	Increasing rate[d]
		IC[b]	OC[c]	(IC-OC)		
		g/m²				%
1	July	15.77 ± 1.37a	15.34 ± 1.65a	0.17	0.88	2.85
	Aug	232.42 ± 13.09a	78.41 ± 13.50b	11.49	0.01	196.41
	Sep	383.57 ± 23.20a	104.02 ± 8.73b	18.49	0.01	268.74
	Oct	222.97 ± 11.24a	117.51 ± 10.24b	5.13	0.04	89.75
2	Jul	104.40 ± 14.95a	119.14 ± 10.15a	-1.09	0.39	-12.37
	Aug	297.48 ± 9.91a	227.92 ± 14.62a	3.25	0.08	30.52
	Sep	355.21 ± 23.28a	275.51 ± 12.94a	2.55	0.13	28.93
	Oct	310.47 ± 10.00a	245.18 ± 14.12a	2.8	0.11	26.63

(续表)

Pasture	Month	EDW[a]		T value (IC–OC)	P value	Increasing rate[d]
		IC[b]	OC[c]			
		g/m²				%
3	Jul	61.32 ± 4.31a	64.70 ± 0.80a	−0.83	0.49	−5.23
	Aug	266.50 ± 13.59a	164.68 ± 9.62b	5.3	0.03	61.83
	Sep	326.94 ± 14.17a	238.71 ± 20.35b	6.39	0.02	36.96
	Oct	352.78 ± 21.26a	314.93 ± 9.80a	1.89	0.2	12.02

[a] EDW means the averaged dry weight of the edible forage for the IC and OC treatments in 2011 and 2012, respectively. All EDW values are means ± SD; For the same pasture and same month, different letters between OC and IC represent significant differences at $P<0.05$.

[b] In the cage

[c] Out of the cage

[d] Increasing rate $(\%) = \frac{IC - OC}{OC} \times 100$ The paired samples T-test showed that no significant differences existed between the IC and OC of pasture 2 in every month. For pasture 1, the ICEDW was significantly higher than the OCEDW ($P<0.05$) except in July, and significant differences were also found in August and September ($P<0.05$) for pasture 3.

Dry weight of the inedible forage (IDW)

For the averaged IDW of two years, it increased from July to September for pastures 1 and 3, while for pasture 2, the maximum value (152.36 ± 35.68) g was in September. No significant differences existed between the IC and OC treatments from July to October.

Percentage of the edible forage

The averaged percentages of the edible forage for the OC treatment decreased gradually from July to October, except in pasture 2 in September and October, and the averaged percentages of the edible forage for the IC treatment also decreased from July to October for pastures 1 and 3 (Fig. 1). For the same pasture, the percentage of the edible forage for IC was equal or a little higher than that of the OC within the same month ($P>0.05$), and the biggest difference between the IC and OC was found in pasture 1.

Coverage of the vegetation

From July to October, the averaged total coverage of the gramineae and sedge families was different for the three pastures. The percentage of IC vegetation varied from (36 ± 3)% to (114 ± 9)% and the percentage of OC vegetation from (36 ± 3)% to (107 ± 19)%. The T-test showed that no significant differences existed between the IC and OC treatments for the same pasture ($P>0.05$).

The crude protein (CP) content

From July to October, the mean values of monthly CP content on the three pastures declined both in the IC and OC treatments. Except for pasture 1, the highest value (10.91%) for the OC treatment was in August (Table 3). For the same pasture, within the same month, the differences between the IC and OC treatments were significant ($P<0.05$). For pasture 1, the mean values of the OC treatment were significantly higher than that of the IC treatment in July and August, but the situation was the opposite in September and October. The values of the IC treatment for pasture 2 were significantly higher than that of the OC treatment in July, August and September. For pasture 3, the OC treatment values were significantly higher than that of the IC treatment from August to October, but in July, the IC treatment value was significantly higher.

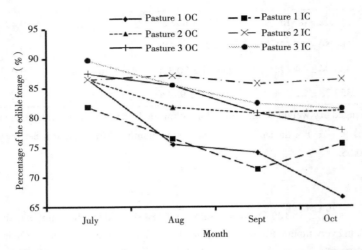

Fig. 1 Percentage of the edible forage for the three pastures. All data are the average of 2011 and 2012. IC = in the cage; OC = out of the cage.

Table 3 The crude protein, acid detergent fiber, and neutral detergent fiber content in the edible forage for the three pastures.

Pasture	Month	CP[a]		ADF[b]		NDF[c]	
		IC[d]	OC[e]	IC	OC	IC	OC
		%					
1	Jul	10.43 ± 0.02b	10.86 ± 0.05a	26.59 ± 0.03b	34.50 ± 0.05a	37.75 ± 0.05a	37.75 ± 0.04a
	Aug	9.71 ± 0.08b	10.91 ± 0.02a	41.59 ± 0.03a	34.01 ± 0.05b	57.70 ± 0.03a	56.31 ± 0.04b
	Sep	9.63 ± 0.13a	8.54 ± 0.04b	41.35 ± 0.04a	38.54 ± 0.03b	55.68 ± 0.05b	56.45 ± 0.06a
	Oct	8.53 ± 0.16a	6.65 ± 0.06b	41.15 ± 0.03a	41.56 ± 0.04a	54.85 ± 0.04b	56.78 ± 0.02a
2	Jul	8.63 ± 0.08a	7.63 ± 0.03b	35.46 ± 0.05b	37.46 ± 0.06a	56.48 ± 0.04b	58.46 ± 0.06a
	Aug	7.65 ± 0.05a	6.51 ± 0.06b	37.45 ± 0.06b	39.45 ± 0.04a	59.46 ± 0.04b	62.15 ± 0.05a
	Sep	6.36 ± 0.05a	5.85 ± 0.05b	43.73 ± 0.08b	45.12 ± 0.08a	65.13 ± 0.03b	66.27 ± 0.03a
	Oct	5.64 ± 0.06b	6.25 ± 0.05a	48.75 ± 0.05b	50.26 ± 0.02a	67.85 ± 0.05a	66.25 ± 0.02b

(续表)

Pasture	Month	CP[a]		ADF[b]		NDF[c]	
		IC[d]	OC[e]	IC	OC	IC	OC
		%					
3	Jul	10.27 ± 0.04a	10.07 ± 0.02b	30.65 ± 0.02a	30.65 ± 0.03a	57.22 ± 0.03a	57.22 ± 0.03a
	Aug	5.85 ± 0.05b	8.54 ± 0.03a	37.84 ± 0.04b	40.25 ± 0.05a	59.64 ± 0.05a	57.98 ± 0.01b
	Sep	4.83 ± 0.04b	7.15 ± 0.06a	43.55 ± 0.02b	47.08 ± 0.03a	61.97 ± 0.05a	58.03 ± 0.05b
	Oct	4.56 ± 0.02b	6.95 ± 0.02a	44.31 ± 0.04b	50.16 ± 0.02a	66.45 ± 0.02a	59.28 ± 0.01b

[a] CP stands for the crude protein
[b] ADF stands for the acid detergent fiber
[c] NDF stands for the neutral detergent fiber
[d] In the cage
[e] Out of the cage
[a, b, c] All data are the average of 2011 and 2012. Within the same pasture, same month, and same parameter, different letters between the IC and OC indicate significant differences at $P<0.05$.

Acid Detergent Fibre (ADF) content

From July to October, the averaged ADF content increased. Mean values ranged from 26.59% (July IC value for pasture 1) to 50.26% (October OC value for pasture 2). The OC values for pastures 2 and 3 were significantly higher than that of the corresponding IC value except for pasture 3 in July where values were the same. For pasture 1, the ADF contents for the IC treatment were significantly higher in August and September while they were significantly lower in July and October ($P<0.05$).

Neutral Detergent Fibre (NDF) content

The mean values of two years varied from 37.75% (IC and OC treatments in July for pasture 1) to 67.85% (IC treatment in October for pasture 2). Within the same month, significant differences were detected between the IC and OC treatments except for pastures 1 and 3 in July (Table 3). For pasture 1, the IC values were significantly higher in August but lower in September and October. The IC values from pasture 2 were significantly lower than that of the OC values in July, August and September but it was significantly higher in October. From August to October, the NDF of the IC from pasture 3 was significantly higher than that of the OC.

Soil moisture content

For all three pastures, significant differences ($P<0.05$) in soil moisture were detected for the same months and same treatments between 2011 and 2012. And within the same year, significant differences ($P<0.05$) also existed between the IC and OC treatments in most soil depths (Fig. 2). Within the four months, soil moisture changed very little at 40~60 cm, but it changed dramatically at 0~10 cm and 10~20 cm. Soil moisture decreased with an increase in soil depth for the IC and OC treatments. For pasture 1, the soil moisture of the IC treatment in 2011 was significantly lower compared with the OC values in the same depth in August and September, but it was opposite in July and October (Fig. 2a). At 0 to 10 cm and 10 to 20 cm, the soil moisture varied for the IC and OC treatments.

Discussion

Previous studies have indicated that grazing intensity influences the characteristics of grassland vegetation (Liu et al., 2002). Grazing is one of the most important ways to manage the terrestrial ecosystem and that it would directly affect the health of the global natural environment and human society (Hou and Yang, 2006). Fencing is one of the main methods to handle the severe degradation in the QTP (Miao, 2012a). However, long-term grazing exclusion could decrease plant diversity and alter ecological succession (Yuan et al., 2004; Ren et al., 2008). The effect of short-term rest on the ecosystem remains unsure in the QTP. This two-year experiment was designed to study the effects of short-term grazing exclusion on the productivity and quality of aboveground biomass and soil moisture on summer pastures under various stocking rates and focused on the edible forage, because it is the essential component for the livestock. According to the heavy grazing intensity (6.07 head/ha) reported by Zhao et al (Zhao et al., 2000), pasture 1 in this experiment had a very high grazing intensity (14.38 ~ 14.58 head/ha), and the stocking rate of the other 2 pastures was low, especially pasture 3. The results demonstrated that short-term rest was one of the most efficient ways to increase the productivity of edible forage in QTP, especially on summer pastures with a heavy stocking rate, such as that of pasture 1.

The percentage of edible forage could be used to evaluate the health and productivity of a pasture (Zhao et al., 2011). For the three pastures, the percentage of the edible forage in the OC treatments decreased from July to October to various degrees, with pasture 1 having the largest decrease. Mainly because the livestock continually graze the edible forage but not the poisonous weeds (Zhao et al., 2000). The percentage of edible forage for the IC treatments slightly decreased due to the common growth of the edible and inedible forage. The percentage of the edible forage in this study indicated that the biomass of vegetation composition in this region was relatively stable. Within the same month and for the same pasture, the percentage of the edible forage in the IC treatments (grazing excluded) was higher than that of the OC treatments (with grazing), and the difference was bigger with a heavier stocking rate, such as on pasture 1 (Fig. 2). This demonstrated that short-term rest is useful for maintaining the health and productivity of the pasture on the QTP, especially under high grazing pressure.

Vegetation cover is an important parameter to estimate the soil degeneration rate and can reflect the horizontal distribution of plants (Wang, 1996). The dominant species on the alpine meadow of the QTP are the gramineae and sedge families, so they were the focus of this study. Short-term grazing exclusion had no effect on the coverage of these two functional groups. This was consistent with a previous study that showed that the coverage between fenced and unfenced plots had no significant difference in the first year but peaked in the fourth year for both treatments (Miao et al., 2012b). However, another study also demonstrated that one year enclosure greatly increased the coverage of degraded vegetation on the alpine meadow of the QTP (Zhao et al., 2011). The discrepancy may due to the different grazing rates and degree of grassland degradation in this study.

On the alpine meadow of the QTP, livestock production mainly depends on the forage condition of pasture. Forage yield and quality has huge influences on livestock production (Zhao, 2010). Feed quality on alpine meadow was shown to be high in CP, ether extract, nitrogen free extract and calorific value but low in crude fiber (CF) (Zhao et al., 2000). There are three levels of feed balance and in order to reach the feed balance, the seasonal change of nutrients must be understood (Yang et al., 2012). Wu et al (2009a) reported that, in the area of the Yellow River, the CP content on *Kobresiatibetica* meadow peaked in August and then declined, but the CF increased from August to the following January. Similar results were obtained in this study as the CP content peaked in July and then decreased gradually, and the ADF and NDF increased from July to October whether it was grazed or not.

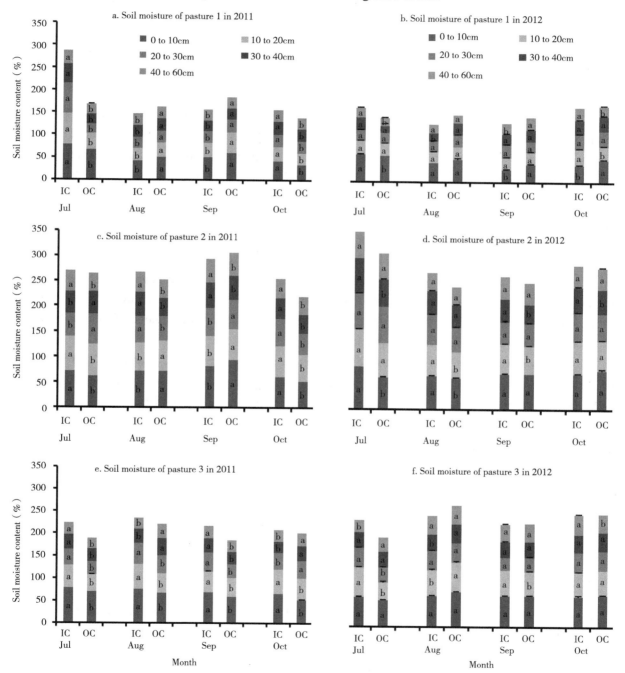

Fig. 2 Soil moisture content in (IC) and out of (OC) the cages for 3 pastures in 2011 and 2012. For each figure, different letters between the soil moisture content at the same depths within the same months in (IC) and out of (OC) the cages indicate significant differences at $P < 0.05$.

Grasses are considered as the medium for the transfer of nutrients from the environment to animals. The aim of animal production is to provide humans with animal protein. In the QTP, animals severely lack protein feed which restricts the development of livestock productivity. In addition, Tibetans traditionally of burn yak dung as fuel, which leads to nutrient loss in grasslands and blocking of the nitrogen cycle (Yu, 2010). Houet al (2002) pointed out that this activity breaks the coupling between vegetation and the soil system. Therefore, it may be the direct reason for the lack of nitrogen in the soil, leading in turn, to the lack of nitrogen in grasses. Fencing does not add extra nitrogen to the soil, so short-term grazing exclusion could not improve the forage quality. However, this two-year study demonstrated that short-term rest had different effects on the CP content for the three pastures and it could increase forage CP in pastures under heavy stocking rates.

On the alpine meadow of the QTP, soil depth is usually 20~60 cm; below this is the soil parent material filled with gravel (Li et al., 1996). Soil interacts with plantsand the climate (Li et al., 2005). The present study showed that the soil moisture at 0 to 10 cm and 10 to 20 cm changed dramatically. This is because, in this area, soil moisture mainly depends on rainfall and the rainfall has a much greater influence on the upper soil layer (Liu et al., 2008). Besides, the rainfall is mainly distributed in June to September (data not shown). The soil moisture varied between the three pastures and pasture 1 had the lowest value due to the highest grazing intensity (Table 1) and low biomass (Table 2). The increased evaporation and wind speed near the ground resulted in the low soil moisture (Liu et al., 2005; Wang et al., 2006b). For the same pasture, short-term grazing exclusion did not have a consistent influence on the soil moisture at 0 to 20 cm, and significant difference were detected in the upper layer of the soil profile in 2011 and 2012. This is mainly because that the rainfall had huge influence on the soil moisture especially for the treatments with lower vegetation cover.

In this two-year study, no significant differences were found between 2011 and 2012 for the DW of edible and inedible forage, the percentage of edible forage, the vegetation coverage, the forage CP, ADF and NDF probably due to similar stocking rates on each pasture in the two years.

Conclusion

Short-term grazing exclusion during the utilization of summer pasture in the alpine meadows of the QTP and the other pastures with similar plant vegetation can effectively increase the DW and CP content of the edible forage, and decrease the NDF content if the pasture has a heavy stocking rate. It also can increase the soil moisture content to some extent. This short-term rest management strategy is recommended for farms with a heavy stocking rate.

Acknowledgement

The authors gratefully acknowledge the financial support from the National Natural Science Foundation of China (No. 31360577), Chinese National Department Public Benefit Research Foundation Project (No. 201003019), the Earmarked Fund for Modern China Wool & Cashmere Technology Research System (No. CARS-40-09B), and ACIAR project.

Reference

Animal Husbandry Division Office of Maqu County. 1986. Compilation on the results of animal husbandry in Maqu county. 448 p[J]. Gansu Science and Technology Press, Lanzhou, Gansu, China.

Cao, J., N. M. Holden, X. T. Lu, and G. Du. 2011. Effects of grazing management on plant species richness on the Qinghai-Tibetan Plateau[J]. Grass and Forage Science, 66: 333-336.

Courtois, D. R., B. L. Perryman, and H. S. Hussein. 2004. Vegetation change after 65 years of grazing and grazing exclusion[J]. Journal of Range Management, 57: 574-582.

dong, Q. M., j. qia, x. Q. zhao, and y. S. ma. 2007a. Current situation of grazing ecosystem on alpine meadow [in Chinese with English abstract] [J]. Pratacultural Science, 24: 60-65.

Dong, S. K., H. W. Gao, G. C. Xu, X. Y. Hou, R. J. Long, M. Y. Kang, and J. P. Lassoie. 2007b. Farmer and professional attitude to the large-scale ban on livestock grazing of grasslands in China[J]. Environmental Conservation, 34 (3): 246-254.

Du, M. Y., S. Kawashima, S. Yonemura, X. Z. Zhang, and S. B. Chen. 2004. Mutual influence of human activities and climate change in the Tibetan Plateau during recent years[J]. Globe Planet Change, 41: 241-249.

Fernández-Lugo, S., L. A. Bermejo, L. D. Nascimento, J. Méndez, A. Naranjo-Cigala, and J. R. Arévalo. 2013. Productivity: key factor affecting grazing exclusion effects on vegetation and soil[J]. Plant Ecology, 214: 641-656.

Foggin, J. M. 2008. Depopulating the Tibetan grasslands: national policies and perspectives for the future of Tibetan herders in Qinghai Province, China[J]. Mountain Research and Development, 28: 26-31.

Guo, W. S., Q. X. Meng. 2006. Comparison of Kjeldahl and Dumas combustion methods for determination of nitrogen content in feedstuffs[in Chinese with English abstract] [J]. Chinese Journal of Animal and Veterinary Sciences, 37（5）: 464-468.

Harris, RB. 2010. Rangeland degradation on the Qinghai-Tibetan plateau: a review of the evidence of its magnitude and causes[J]. Journal of Arid Environments, 74: 1-12.

hou, F. J., z. B. nan, j. Y. xiao, and s. H. chang. 2002. Characteristics of vegetation, soil, and their coupling of degraded grasslands [in Chinese with English abstract] [J]. Chinese Journal of Applied Ecology, 13: 915-922.

hou, F. J., z. Y. yang. 2006. Effects of livestock grazing on grassland [in Chinese with English abstract] [J]. Acta Ecologica Sinica, 26: 244-264.

Jaime, G. C., L. Q. Carlos. 2005. Low vegetation recovery after short-term cattle exclusion on Robinson Crusoe Island[J]. Plant Ecology, 183: 105-124.

Li, Y. N., G. M. Cao, X. Q. Bao. 1996. Water consumption and the regularity of alpine meadow vegetation during the growth period [in Chinese] [J]. Chinese Journal of Agro Meteorology, 17: 41-43.

li, Y. N., l. zhao, s. X. xu, x. Q. zhao, and s. gu. 2005. Analysis on the effects of coverage change on soil climate on alpine *KobresiaHumilis* meadow [in Chinese with English abstract] [J]. Journal of Arid Land Resources and Environment, 19: 125-129.

Li, Y. Y., S. K. Dong, X. Y. Li, and L. Wen. 2012. Effect of grassland enclosure on vegetation composition and production in headwater of Yellow River [in Chinese with English abstract] [J]. Acta Agrestia Sinica, 20: 275-286.

liu, Y., d. L. wang, x. wang, l. ba, and w. sun. 2002. The effect of grazing intensity on vegetation characteristics in *Leymus chinensis* grassland [in Chinese with English abstract] [J]. Acta Prataculturae Sinica, 11: 22-28.

liu, Q. Q., w. B. yang, d. shan. 2005. Effect of soil moisture on biomass of Meadow Steppe [in Chinese with English abstract] [J]. Journal of Arid Land Resources and Environment, 19: 179-181.

Liu, Y. G., Y. X. Wang, X. Z. Li. 2006. Comparison of three methods for measuring soil moisture[in Chinese with English abstract] [J]. Chinese Agricultural Science Bulletin, 22（2）: 110-112.

liu, A. H., y. N. li, f. W. zhang, and x. J. xue. 2008. Studies on the soil water dynamics of *Kobresia Humilis* meadow in growing season [in Chinese with English abstract] [J]. Journal of Arid Land Resources and Environment, 22: 125-130.

Ma, Y. S., B. N. Lang, Q. Y. Li, J. J. Shi, and Q. M. Dong. 2002. Study on rehabilitating and rebuilding technologies for degenerated alpine meadow in the Changjiang and Yellow river source region [in Chinese with English abstract] [J]. Pratacultural Science, 19（9）: 1-5.

Mayer, R., R. Kaufmann, K. Vorhauser, and B. Erschbamer. 2009. Effects of grazing exclusion on species composition in high-altitude grasslands of the Central Alps[J]. Basic and Applied Ecology, 10: 447-455.

Miao, F. H. 2012a. Response of community characteristics of alpine meadow to enclosure and grazing utilization on the alpine meadow in the Qinghai-Tibetan Plateau [in Chinese with English abstract]. 40 p. PhD thesis[J]. Lanzhou University, College of Grassland Science and technology, Lanzhou, Gansu, China.

miao, F. H., y. J. guo, p. F. liao, z. G. guo, and y. Y. shen. 2012b. Influence of enclosure on community characteristics of alpine meadow in the northeastern edge region of the Qinghai-Tibetan plateau [in Chinese with English abstract] [J]. Acta Pratoculturae Sinica, 21: 11-16.

Mu, F. H., G. L. Wu. 2005. The sustainable development of alpine grassland husbandry in Gannan [in Chinese with English abstract] [J]. Pratacultural Science, 22: 59-64.

ren, Q. J., x. L. cui, b. B. zhao. 2008. Effects of grazing on community structure and productivity in alpine meadow [in Chinese with English abstract] [J]. Acta Pratoculturae Sinica, 17: 134-140.

Schultz, N. L., J. W. Morgan, I. D. Lunt. 2011. Effects of grazing exclusion on plant species richness and phytomass accumulation vary across a regional productivity gradient[J]. Journal of Vegetation Science, 22（1）: 130-142.

Shang, Z. H., B. Deng, L. M. Ding, G. H. Ren, G. S. Xin, Z. Y. Liu, Y. L. Wang, and R. J. Long. 2013. The effects of three years of fencing enclosure on soil seed banks and the relationship with above-ground vegetation of degraded alpine grasslands of the Tibetan plateau[J]. Plant and Soil, 364: 229-244.

wang, B. S. 1996. Discussion on the index dominance of grassland plant [in Chinese with English abstract] [J]. Pratacultural Science, 13: 53-54.

Wang, W. Y., Q. J. Wang, H. C. Wang. 2006a. The effect of land management on plant community composition, species diversity, and productivity of alpine *Kobersia* steppe meadow[J]. Ecological Research, 21: 181-187.

wang, J. D., g. X. wang, l. chen. 2006b. Impact factors to soil moisture of alpine meadow and their spatial heterogeneity [in Chinese with English abstract] [J]. Journal of Glaciology and Geocryology, 28: 428-433.

wu, H. Y., y. S. ma, q. M. dong, x. D. sun, j. J. shi, and y. L. wang, sheng l. 2009a. Seasonal dynamics of aboveground biomass and nutrients of *Kobresiatibetica* meadow in Yellow River headwater area [in Chinese with English abstract] [J]. Pratacultural Science, 26: 8-12.

Wu, G. L., G. Z. Du, Z. H. Liu, and S. Thirgood. 2009b. Effect of fencing and grazing on a *Kobresia*-dominated meadow in the Qinghai-Tibetan Plateau[J]. Plant and Soil, 319: 115-126.

Wu, G. L., Z. H. Liu, L. Zhang, J. M. Chen, and T. M. Hu. 2010. Long-term fencing improved soil properties and soil organic carbon storage in an alpine swamp meadow[J]. Plant and Soil, 332: 331-337.

Wu, J. S., X. Z. Zhang, Z. X. Shen, P. L. Shi, X. L. Xu, and X. J. Li. 2013. Grazing-Exclusion Effects on Aboveground Biomass and Water-Use Efficiency of Alpine Grasslands on the Northern Tibetan Plateau[J]. Rangeland Ecology and Management, 66: 454-461.

Wu, J. S., X. Z. Zhang, Z. X. Shen, P. L. Shi, C. Q. Yu, and B. X. Chen. 2014. Effects of livestock exclusion and climate change on aboveground biomass accumulation in alpine pastures across the Northern Tibetan Plateau[J]. Chinese Science Bulletin, 59: 4 332-4 340.

Xue, H. F., Q. X. Meng. 2006. A comparison of various techniques for the determination of NDF, ADF and lignin in ruminant feed stuffs [in Chinese with English abstract] [J]. Chinese Journal of Animal Science, 42（19）: 41-45.

yang, B., j. P. wu, l. yang, d. kemp, x. Y. gong, t. takahashi, and m. T. feng. 2012. Metabolic energy balance and countermeasures study in the north grassland of China [in Chinese with English abstract] [J]. Acta Pratoculturae Sinica, 21: 187-195.

yuan, J. L., x. L. jiang, w. B. huang, and g. wang. 2004. Effects of grazing intensity and grazing season on plant species diversity[in Chinese with English abstract] [J]. Acta Pratoculturae Sinica, 13（3）: 16-21.

Yu, X. J. 2010. The role and mechanism of yak dung on maintenance of Qinghai-Tibet Plateau alpine grassland health [in Chinese with English abstract] [J]. 104 p. PhD thesis. Gansu Agricultural University, College of Grassland Science, Lanzhou, Gansu, China.

zhao, X. Q., y. S. zhang, x. M. zhou. 2000. Theory and practice for sustainable development of animal husbandry on the alpine meadow pasture [in Chinese with English abstract] [J]. Resources Science, 22: 50-61.

zhao, Y. P. 2010. Research progress of evaluation of alpine natural grasses nutrients in the Qinghai-Tibet Plateau [in Chinese] [J]. Prataculture and Animal Husbandry, 4: 48-50.

zhao, J. X., b. B. qi, d. Z. duoji, and z. H. shang. 2011. Effects of short-term enclose on the community characteristics of three types of degraded alpine grasslands in the north Tibet [in Chinese with English abstract] [J]. Pratacultural Science, 28: 59-62.

Zheng, C. L., Z. L. Cao, X. Wang, T. N. Zhao, and G. D. Ding. 2005. Effects of enclosure on vegetations recovery in desertified grassland in Hulunbeir [in Chinese with English abstract] [J]. Science of Soil and Water Conservation, 3: 78-81.

Zhou, H. K., X. Q. Zhao, L. Zhou, W. Liu, Y. N. Li, and Y. H. Tang. 2005. A study on correlations between vegetation degradation and soil degradation in the alpine meadow of the Qinghai-Tibetan Plateau [in Chinese with English abstract] [J]. Acta Pratraculturae Sinica, 14: 31-40.

Zhou, H. K., Y. H. Tang, X. Q. Zhao, L. Zhou. 2006. Long-term grazing alters species composition and biomass of a shrub meadow on the Qinghai-Tibet Plateau[J]. Pakistan Journal of Botany, 38 (4): 1 055-1 069.

Effects of long term fencing on biomass, coverage, density, biodiversity and nutritional values of vegetation community in an alpine meadow of the Qinghai-Tibet Plateau

Xi xi Yao[a], Jian ping Wu[a,b*], Xu yin Gong[b], Xia Lang[b], Cai lian Wang[b], Shu zhen Song[b], Anum Ali Ahmad[c]

([a] College of Animal Science and Technology, Gansu Agricultural University, No. 1 Yingmen Village Anning, Lanzhou, Gansu, People's Republic of China, 730070. [b] Gansu Academy of Agricultural Science, No. 1 Agricultural Academy Village Anning, Lanzhou, Gansu, People's Republic of China, 730070. [c] State Key Laboratory of Grassland Agro-Ecosystems, School of Life Sciences, Lanzhou University, No. 222 Tianshui South Road, Lanzhou, Gansu, People's Republic of China, 730070)

Abstract: Grazing is widely regarded as a critical factor affecting the vegetation community structure, productivity and nutritional value of natural grasslands. To protect and restore degraded grasslands, fencing is considered as a valuable tool. However, it is not clear whether long term fencing of grazers can improve the condition and nutritional values of vegetation community and soil properties. We have compared the impact of long term fencing and continuous grazing on vegetation community structure, nutritional values and soil properties of alpine meadow of the Qinghai-Tibet Plateau by field investigation (11~13 years) and indoor analysis during. Our results showed that long-term fencing clearly increased the aboveground biomass and coverage of plant functional types. Long-term fencing improved the development of four plant functional types (GG, grass species group; SG, sedge species group; LG, leguminous species group and FG, forbs species group), but inhibited the growth of noxious species (NG). Long-term fencing significantly improved soil TN, TP, TK, AN, AP and AK in 0~10 cm soil layer, considerable effect on the improvement of soil TN, TP, AN, AP and AK in 10~20 cm soil layer and soil TP, AN, AP and AK in 20~30 cm soil layer were observed. However, long-term fencing significantly decreased biodiversity indicators i.e., Richness index, Shannon-Wiener diversity index and Evenness index of vegetation community. A substantial decrease in the density, biodiversity and nutritional values (CP, IVTD and NDF) of four edible plants functional types (GG, SG, LG and FG) were recorded. While a downward trend in the TN, AN, AP and AK of above ground biomass and soil were observed during 2015—2017 in alpine meadows due to long term grazing. The density, diversity and nutritional value (CP and IVTD) of long-term fencing alpine meadows showed a downward trend over time (2015—2017). By considering the biodiversity conservation and grassland livestock production, long-term fencing is not beneficial for the improvement of density, biodiversity and nutritional values of plant functional types. Thus, our study suggests that rotational fencing and grazing would be a good management strategy to restore and improve the biodiversity and nutritional values of plant functional types in natural grassland ecosystem.

Key words: fencing, alpine meadow, grassland degradation, vegetation community characteristics, community nutritional value, soil properties

Introduction

Grasslands occupy 40% of earth's land surface (Kemp et al., 2013) and play an important role in ecosystem functions and grassland animal husbandry (Jing et al., 2014). Grasslands support diverse groups from nomadic peoples to intensive livestock production systems (Kemp et al., 2013), providing livelihoods to 1 billion people (Suttie et al., 2005). China occupy 400 million hectares of grasslands, which account for 42% of the world's land area, out of which 240 million hectares are located in the Qinghai-Tibet Plateau (QTP), supporting 16 million people directly (Kemp et al., 2013). About 70% of China's population resides in rural areas and many of these people rely on grassland animal husbandry (Yang et al., 2012). Therefore, QTP is an important source for the survival and development of people in China and also a significant ecological barrier shaping genetic structure (Kemp et al., 2013). Alpine meadows cover almost 85% area of the QTP and play an essential role in ecosystem function and grassland animal husbandry in china (Jiang et al., 2012; Wen et al., 2018).

Alpine meadows have been gradually degrading and desertifying since 1980. Previous studies reported that 90% of alpine meadows in QTP are degraded and 35% of this area is described as "black-soil-type alpine meadow" due to the severity of degradation (Dong et al., 2007; Li et al., 2017). Grassland degradation may be due to many reasons such as grazing management, climate change, excessive herbivory, disturbance of soil by small mammals, historical and cultural factors. However, increasing population pressure, livestock quantity and overgrazing are usually considered as the main reasons for grassland degradation (Kemp et al., 2013; Chen et al., 2014). Overgrazing may lead to significant changes in plant community composition and structure, for example considerable reduction in grassland regeneration capacity, decrease in biomass and reduction in nutrient content due to leaching can ultimately lead to degradation of grassland (Zhou et al., 2005). In addition, overgrazing leads to an increase in potential evapotranspiration, which contributes to local global warming and further accelerates degradation of alpine meadows (Du et al., 2004). Degradation of grasslands due to overgrazing will starts a vicious circle in which degraded grasslands will be degraded due to invasions of rodents (Kang et al., 2007).

In order to relieve the problem of grassland degradation in QTP, Chinese Government has initiated a project at local state and authorities in 2004 named "returning grazing to grassland project". As a management tool of this project, fencing was extensively used to restore the degraded grassland (Jing et al., 2014; Cheng et al., 2016). Fencing is a useful grassland management strategy utilized to protect and restore degraded grassland ecosystems all over the world in recent decades (Wu et al., 2009; Jing et al., 2014; Cheng et al., 2016; Wen et al., 2018). This grassland management strategy is helpful to restore the low coverage, low biomass vegetation condition and improve grassland health in degraded and overgrazed areas of QTP. This strategy has been in consideration for more than a decade, revealing a question: is this strategy successful in restoring degraded alpine meadows?

The degradation of grasslands has attracted great attentions in recent years and stimulated a large number of studies on use of fencing in alpine grasslands (Wei et al., 2012; Wu et al., 2009; Shi et al., 2013). Studies showed that fencing increases aboveground biomass, coverage, species diversity and soil nutrient content (Jiao et al., 2011; Shi et al., 2013; Li et al., 2017; Wen et al., 2018) but it decreases species density, richness and biodiversity by diminishing the dominant competitor species present during grazing (Mayer et al., 2009; Shi et al., 2013). Fencing also decreased the nutritional value of forage in typical grassland of Inner Mongolia (Schönbach et al., 2012; Ren et al., 2016), which in turn affected the livestock production and performance (Mysterud et al., 2001, 2011). However, fencing can lead to wastage of natural resources in livestock production (Cuevas et al., 2005). The absence of a unison responding of vegetation community to fencing is affected by many factors such as fencing time (Mayer et al., 2009), grassland type (Yan et al., 2015), annual precipitation (Ren et al., 2016) and local climate conditions (Jing et al., 2014; Cheng et al., 2016). Therefore, specific research should be done for the proper management of ecosystems and the achievement of protection objectives.

In QTP, much research has been done to explore the effects of fencing on alpine meadow ecosystem, vegetation structure, vegetation succession and soil characteristics under different degradation gradient, grazing intensities and grazing regime (Pettit et al., 1995; Gibson et al., 2000; Li et al., 2017; Wen et al., 2018). However, less work has been done to study the effects of fencing on the nutritional values of plant functional types. In fact, nutritional values of vegetation are also of great importance for animal production along with ecosystem functions and services such as carbon sequestration, biodiversity conservation, soil and water protection (Wen et al., 2018; Shang et al., 2013).

Livestock industry in QTP accounts for a significant proportion of government income (Kang et al., 2007). Livestock production is usually restricted by herbage nutritional yield, which depends on aboveground net primary productivity (ANPP) and herbage nutritional values (Ren et al., 2016). Forage with high nutritional values is characterized by high concentration of crude protein (CP), in vitro true digestibility (IVTD) and low concentration of neutral detergent fiber (NDF). At present, most areas of the grassland are in some state of degradation and the ANPP of grassland has decreased (Li et al., 2017; Wen et al., 2018). Meanwhile, the number of livestock in QTP region is still increasing, causing more overgrazing, resulting more grassland degradation and reduced ANPP of grassland (Yang et al., 2012). In addition, climatic factors also influence the grassland, such as extremely low temperature diminishes grass growth from October to May and due to low herbage mass animal productivity is severely limited (Yang et al., 2012). So, the importance of forage nutritional values in the production of livestock is highly recognized. Little work has been done focusing the effects of grassland degradation on vegetation community characteristics, community nutritional values and soil properties, especially the characteristics of plant functional types and the nutritional values of plant functional types as a whole has not yet been reported. It was assumed that vegetation characteristics, nutritional values and soil properties were completely independent of each other; in fact they are a whole continuum of grassland ecosystem and should be researched as such.

The effects of long-term fencing and grazing management strategy on vegetation community characteristics, community nutritional values and soil properties in grassland are unclear. We guess that rotational grazing in combination with fencing might be a good strategy to restore degraded grasslands.

Therefore, in order to better understand the restoration and management of degraded grassland in QTP, it is necessary to study the vegetation community characteristics, nutritional values and soil properties of alpine meadows as a whole. We hypothesized that aboveground biomass, coverage, density, biodiversity, nutritional values of vegetation community and soil properties will be improved in the absence of grazing due to the absence of disturbance from herbivorous livestock. Thus, in this study, we compared characteristics of plant functional types, functional types nutritional values and soil properties during long-term fencing and grazing in alpine meadows of QTP in order to evaluate whether long-term fencing can improve the condition and nutritional values of plant functional types and soil properties. The assessment of long-term fencing as management strategy will assist in preventing negative impacts on ecosystem and full utilization of grasslands resources.

Materials and methods

Study site

The study area was located on the Sanding Village in the northeastern edge of the Qinghai-Tibet Plateau, Kangle Town, Sunan County, Zhangye City of Gansu Province, in China (99° 48′E, 38° 45′N, and 3 200 m above sea level). The annual average precipitation was 255 mm (1985—2017), with ~85% occurring during the growing season (May-September) (Fig. 1a). The average annual temperature was approximately 3.8℃ (1985—2017) (Fig. 1b). The annual cumulative temperature ($\geqslant 0℃$) was approximately 2 324℃ (1985—2017) (Fig.1c). The vegetation growth period was from June to September i.e., approximately 4 months. The grassland belonged to the kind of alpine meadow. The species richness was high, with 12 ~ 24 species per m^2 in this vegetation meadow. The vegetation community was divided into five classes (gramineous grasses (GG); sedge grasses (SG); leguminous grasses (LG); forbs grasses (FG) and noxious species (NG)). The dominant species included: *Kobresia humilis*, *Polygonum viviparum*, *Potentilla fruticos*, and *Caragana sinica* (Yang et al., 2012) (Species are showed in Table 1). The soil of the alpine meadow contained high calcium content (Kemp & Michalk, 2011).

Experimental design

The study area, including all research sites, was slightly degraded because it was used for grazing from June to September by Gansu Alpine Fine-wool sheep. Two treatments i.e., fencing and grazing were started in 20thJune, 2005 under the same conditions, while sample collection was started from 2015. In each treatment three sites, each site occupied 4 ha area (approximately 100 m away from each other), were randomly selected over a homogeneous area (total 24 ha area). All sites had similar slope gradient, aspect, elevation and soil type. At each site, using the line transects method, three 100m × 100m monitoring blocks (almost at a distance of 50 m) with the same conditions were selected, altogether eighteen sample blocks for two treatments were chosen. The fenced sites, were excluded from livestock grazing for 10 years. The grazed sites, fenced for the whole year, were freely grazed from 20thJune to 20thAugust with a medium grazing density of 4.5 heads sheep ha^{-1} (Gansu Alpine Fine-wool sheep, 18-month-old female sheep, average 35 kg live weight) during the grazing period. The grazing experiment started on20thJune, 2005. Animal welfare and experimental procedures were carried out in accordance with the Guide for the Care and Use of Laboratory Animals, Ministry of Science and Technology of China and were approved by College of Animal Science and Technology of Gansu Agricultural University. Every effort was made to minimize animal pain, suffering and distress and to reduce the number of animals used. Gansu Alpine Fine-wool sheep management followed traditional practice, in which grazing sheep were kept in the grazing sites day and night with freely available drinking water. The paddock was owned by a local farmer, who agreed to its use for this experimental study. There were no endangered or protected species within the paddock.

Aboveground vegetation community survey, plant and soil sampling

In every experimental block, 5 random sampling of quadrants (1 m × 1 m) were done, having distance between each quadrant over 1 m from edge to edge to eliminate the marginal effects. Species composition, life type, edibility, coverage, aboveground biomass and density were recorded in each quadrant and each plant species was clipped to 1-cm stubble height. Additionally, the plant functional types were divided into five classes that included GG (grass species), SG (sedge species), LG (leguminous species), FG (forbs species) and NG (noxious species). Dry matter in each functional group under the constant weight of every quadrant drying at 70℃ for 48 hours was determined. A total of 270 quadrants were recorded during 3 years of experiment for long-term fencing and grazing treatments. Total coverage, aboveground biomass (dry matter) and species density of alpine meadow plant functional types were recorded. The information of all species is shown in Table 1. Species abundance was calculated by using the number of species in each square. Richness index (S), Shannon-Wiener diversity index (H) and Evenness index (E) of the vegetation community was calculated using the formula:

$$\text{Richness index} (R): R = S$$

$$\text{Shannon Wiener diversity index} (H): H = -\sum_{i=1}^{s}(Pi \ln Pi)$$

$$\text{Evenness index} (E): E = \frac{H}{\ln S}$$

Where S, H, P_i represents total species of alpine meadow vegetation community, Shannon-Wiener diversity index and density proportion of i species, respectively.

Along with this, surface soil was also removed from five spots of each quadrant. The center and four diagonal corners of each sampling quadrant were selected using the earth boring auger in 3 soil layers: 0~10, 10~20 and 20~30 cm. Soil samples from five spots of each quadrant were mixed together to use as one soil sample. There were 270 soil samples in total from same soil layer for long-term fencing and grazing treatments during 3 years of experiments.

Nutrients chemical analysis

Nutritional values of four edible functional types were evaluated. Plant samples were dried, crushed and passed through 1 mm mesh screening by using Foss Tecator Cyclotec 1 093 sample mill. The plant nutrition parameters included crude protein (CP), neutral detergent fiber (NDF) and in vitro true digestibility (IVTD). Plant nitrogen (N) concentration was measured using Foss fully automated Kheltec 8400 (Feldsine et al., 2002) and utilized to calculated crude protein (CP) by using formula: % CP = % N × 6.25. NDF was analyzed using an ANKOM 2000 Fiber Analyzer on the basis of the two-stage method (Tilley & Terry, 1963) while *in vitro* true digestibility (IVTD) was determined using an Ankom F57 filter bag (Goering and Van, 1970; Van et al., 1991).

Soil samples were passed through 0.14 mm mesh screening after air-drying. The measurement of total nitrogen (TN), total phosphorus (TP), total potassium (TK), available nitrogen (AN), available phosphorus (AP) and available potassium (AK) of soil samples were done (Page et al., 1982).

Data analysis

Mixed Model option in SPSS version 19.0 (IBM Corp., Armonk, New York, USA) based on an autoregressive covariance structure through ANOVA analyzing data was used. There were 270 observations [2 treatments × 9 blocks × 5 quadrants × 3 years] for each functional group variables (Coverage, Plant density, Aboveground biomass, CP, IVTD and NDF) and soil property variables in each soil depth (Total N, Total P, Total K, Available N, Available P and Available K). Repeated measurement analysis for each functional group variables and soil property variable in every soil depth were performed using a mixed-effects model, including grazing treatment (fencing, grazing), and blocks were selected to study the fixed effects with year (2015, 2016, 2017) as a repeated effect and their interactions. The Tukey's test was used for multiple comparisons. The ANOVA analysis was followed by least significant difference (LSD) tests ($P<0.05$).

Results

Vegetation community characteristics response to fencing and year variations

The vegetation coverage ($P = 0.001$) and aboveground biomass ($P = 0.012$) of fenced alpine meadows were significantly higher than grazed alpine meadows (Fig. 2; Table 2). The vegetation community density ($P = 0.006$), richness index (R) ($P = 0.043$), Shannon-Wiener diversity index (S) ($P<0.001$) and evenness index (E) ($P = 0.007$) of fenced alpine meadows were considerably lower than grazed alpine meadows (Fig. 2; Table 2). The sampling year notably influenced the vegetation coverage ($P = 0.014$) and density ($P = 0.027$) (Fig. 2; Table 2) but no significant affect was observed on the aboveground biomass ($P = 0.326$) (Fig. 2; Table 2). The effect of fencing on the coverage ($P = 0.014$) and density ($P = 0.027$) were highly influenced by sampling year (Fig. 3; Table 2) while no significant influence of sampling year was studied on the aboveground biomass ($P = 0.326$) (Fig. 3; Table 2).

In comparison to grazed alpine meadows, fencing considerably increased the coverage of GG ($P = 0.001$), SG ($P = 0.001$), LG ($P<0.001$), FG ($P = 0.004$) and NG ($P = 0.001$) (Fig. 3; Table 2). Significant increase in the aboveground biomass of GG ($P = 0.005$), SG ($P = 0.006$) was observed during fencing, but no considerable effect on LG ($P = 0.288$), FG ($P = 0.080$) and NG ($P = 0.231$) (Fig. 3; Table 2) was measured. Fencing also increased the density of GG ($P = 0.003$), SG ($P = 0.015$), LG ($P<0.006$), FG ($P = 0.006$) and NG ($P = 0.002$) (Fig. 3; Table 2). The sampling year only increased the coverage of LG ($P = 0.004$) and NG ($P = 0.023$), but no significant effect on GG ($P = 0.106$), SG ($P = 0.059$) and FG ($P = 0.087$) was observed (Fig. 3; Table 2). The sampling year also increased the density of GG ($P = 0.013$), SG ($P = 0.033$), LG ($P = 0.008$) and NG ($P = 0.002$), but no effect on FG ($P = 0.068$) (Fig. 3; Table 2) was measured. However, sampling year has no considerable effects on the aboveground biomass of GG ($P = 0.013$), SG ($P = 0.033$), LG ($P = 0.008$), FG ($P = 0.068$) and NG ($P = 0.002$) (Fig. 3; Table 2). The relation between fencing and sampling year showed no considerable result on the coverage of GG ($P = 0.582$), SG ($P = 0.729$), LG ($P = 0.979$), FG ($P = 0.596$) and NG ($P = 0.888$) (Fig. 3; Table 2). Similarly no significant difference was observed on the density of GG ($P = 0.924$), SG ($P = 0.820$), LG ($P = 0.952$), FG ($P = 0.672$) and NG ($P = 0.989$) (Fig. 3; Table 2) while studying association between fencing and sampling year. However, Significant effect of interaction between fencing and sampling year on the aboveground biomass of SG ($P = 0.048$), LG ($P = 0.004$) and FG ($P = 0.006$) was observed but GG ($P = 0.209$) and NG ($P = 0.110$) did not show any considerable result (Fig. 3; Table 2).

The experimental group of fenced alpine meadows showed a significant decreasing trends over a period of time on the density of five edible functional types (GG, SG, LG, FG and NG) (Fig. 4; Table 2) displaying minimum inclination in 2017 (Fig. 4; Table 2). In case of grazed alpine meadows, the density of five functional types (GG, SG, LG, FG and NG) first decreased and then showed an upward trend during the experimental period (Fig. 4; Table 2) with minimum reading during 2016 (Fig. 4; Table 2). The fenced alpine meadows displayed first decreasing and then an upward trend in the aboveground biomass of five functional types (GG, SG, LG, FG and NG) (Fig. 4; Table 2) with minimum value occurring during 2016 (Fig. 4; Table 2).

Vegetation community nutritional values response to fencing and year variations

In Comparison to grazed alpine meadows, fencing significantly decreased the CP content of GG ($P = 0.007$), SG ($P = 0.005$), LG ($P = 0.027$) and FG ($P = 0.026$) (Fig. 5; Table 3), it also decreased the IVTD of GG ($P = 0.009$), SG ($P = 0.047$), LG ($P = 0.001$) and FG ($P = 0.012$) (Fig. 5; Table 3). Considerable decrease in the NDF content of GG ($P = 0.009$), SG ($P = 0.047$), LG ($P = 0.001$) and FG ($P = 0.012$) (Fig. 5; Table 3) during fencing was also recorded. The sampling year showed positive effect on the CP content of GG ($P = 0.008$) and SG ($P = 0.015$) but no substantial effects on LG ($P = 0.083$) and FG ($P = 0.057$) were observed (Fig. 5; Table 3). The significant increase in the IVTD of GG ($P = 0.019$) and LG ($P = 0.001$) were recorded during fencing but no effects on SG ($P = 0.060$) and FG ($P = 0.078$) were observed (Fig. 5; Table 3). The NDF content of GG ($P = 0.035$) and SG ($P = 0.041$) increased but no significant results on LG ($P = 0.088$) and FG ($P = 0.227$) were observed during the sampling year (Fig. 5; Table 3). The relation of fencing and sampling year showed significant effect on the CP content of GG ($P = 0.019$), SG ($P < 0.001$), LG ($P < 0.001$) and FG ($P < 0.001$) (Fig. 5; Table 3). While in case of IVTD, only SG ($P = 0.015$) showed significant effect, no noticeable results were observed for GG ($P = 0.328$), LG ($P = 0.904$) and NG ($P = 0.386$) (Fig. 5; Table 3). The NDF contents of SG ($P = 0.007$) and LG ($P = 0.015$) were observed effected during the study of interaction of fencing and sampling year, but no significantly effects on GG ($P = 0.279$) and FG ($P = 0.080$) (Fig. 5; Table 3) were seen.

The CP and IVTD contents of GG, SG, LG and FG in fenced alpine meadows showed a gradually decreasing trend (Fig. 6; Table 3) while in case of grazed alpine meadows, the CP and IVTD contents of GG, SG, LG and FG firstly showed decreasing trend and then an upward trend was observed during the experiment period (Fig. 6; Table 3) both showing lowest value during 2016 year (Fig. 6; Table 3). However, the NDF content of GG, SG, LG and FG showed an increasing trend in fenced alpine meadow during experiment, displaying highest value during year 2017 (Fig. 6; Table 3). In case of grazed alpine meadows, the NDF content of GG, SG, LG and FG first increased and then a downward trend was recorded (Fig. 6; Table 3), the highest value was observed in year 2016 (Fig. 6; Table 3).

Soil properties response to fencing and year variations

As compared to grazed alpine meadows, fencing significantly increased the soil TN ($P = 0.004$), TP ($P = 0.006$), TK ($P = 0.007$), AN ($P = 0.002$), AP ($P = 0.005$) and AK ($P = 0.001$) in the 0~10 cm soil layer while an increase in the soil TN ($P = 0.003$), TK ($P = 0.042$), AN ($P = 0.001$), AP ($P = 0.017$) and AK ($P = 0.001$) were recorded in the 10~20 cm soil layer. In 20~30 cm soil layer TP ($P = 0.030$), AN ($P = 0.023$), AP ($P = 0.020$) and AK ($P = 0.012$) considerably increased (Fig. 7; Table 4). Sampling year also effected the soil properties such as significant increase in the soil TK ($P = 0.002$), AN ($P = 0.015$) and AK ($P = 0.019$) in the 0~10 cm soil layer was observed and an increase in the soil AN ($P = 0.018$) and AK ($P = 0.005$) in the 10~20 cm soil layer (Fig. 7; Table 4) was also recorded. The interaction of fencing and sampling year significantly affected the soil TN ($P = 0.002$), TP ($P = 0.020$), AN ($P = 0.001$) and AK ($P = 0.006$) in the 0~10 cm soil layer. A significant effect on the soil TN ($P = 0.006$), TP ($P = 0.019$), TK ($P = 0.011$), AN ($P<0.001$) and AK ($P = 0.037$) in the 10~20 cm soil layer and on the soil TN ($P = 0.001$), TK ($P = 0.001$), AN ($P<0.001$) and AK ($P<0.001$) in the 20~30 cm soil layer were observed (Fig. 7; Table 4).

In fenced alpine meadows, the TN, TP, AN, AP and AK of three soil layers i.e., 0~10, 10~20 and 20~30 cm showed a gradually increasing trend during the whole experimental period, but no significant increase in TK was observed, the lowest value occurred in 2017 year (Fig. 8; Table 4). While in case of grazed alpine meadows, the TP, TK and AP of three soil layers (0~10, 10~20 and 20~30 cm) first decreased and then an upward trend was recorded during the whole experimental period with the lowest value displayed in 2016 (Fig. 8; Table 4). Overall TN, AN and AK of three soil layers (0~10, 10~20 and 20~30 cm) showed a gradually decreasing trend during the whole experimental period, and displayed the lowest value in 2017 year (Fig. 8; Table 4).

Discussion

Vegetation community characteristics response to fencing and year variations

The restoration of degraded grassland ecosystem is a complex and long-term ecological process (Cheng et al., 2016). Fencing is generally regarded as a useful tool to restore the productivity of degraded grasslands ecosystem (Spooner et al., 2002). Many studies have shown that the restoration of grassland by fencing can be assessed by biomass, coverage, density and diversity of vegetation community (Wilkins et al., 2003; Cheng et al., 2016). In our research, we selected aboveground biomass, coverage, density, biodiversity and richness to assess the impact of fencing on vegetation. Our study showed that long-term fencing remarkably increased the aboveground biomass and coverage of vegetation, but decreased the density and biodiversity of vegetation (Fig. 2; Table 1, 2). Similar results have also been reported in other grassland types, such as sandy grassland, alpine swamp grassland, wetland grassland and alpine grassland (Haugl et al., 1999; Wu et al., 2009; Wang et al., 2012). Positive effect of Fencing on the vegetation coverage brings a strong influence on ecosystem dynamics (Wu et al., 2009). Research has shown that climatic factors are also the main driving force of degradation, greater than overgrazing for alpine grassland (Niu et al., 2008). The variation of vegetation biomass between years is primarily influenced by local rainfall, temperature and sunshine radiation (Akiyama and Kawanura, 2007; Niu et al., 2008; Wu et al., 2009; Miao et al., 2015; Ren et al., 2016). In our study area, the annual average temperature and ≥ 0°C accumulative temperature gradually increased, while annual rainfall decreased (Fig. 1). That indicates that there was a warmer and dry trend in the local climate, which might be a very influential factor in the succession of plant communities (Bai et al., 2004).

Our findings also showed that long-term fencing had a significant impact on coverage, aboveground biomass and density of plant functional types. Fencing increased the coverage and aboveground biomass of gramineous (GG) and sedge (SG) plants in alpine meadow communities by excluding intake of herbivores, which had good palatability for domestic animals (Fig. 3, 4; Table 1, 2). Studies have shown that forage with good palatability is more competitive than those forage with poor palatability (Gallego et al., 2004; Wu et al., 2009). The fencing significantly increased the biomass of gramineous and sedge species which had good palatability. These results are consistent with previous reports (Gallego et al., 2004; Wu et al., 2009; Shang et al., 2013), supporting fencing benefits for the improvement of biomass and coverage of four plant functional types (GG, SG, LG and FG) and inhibition in the development of noxious species (NG). Livestock grazing accelerated the loss of plant roots and leaf biomass, promoted the recycling of nutrients (Semmartin et al., 2008), and decreased the vegetation biomass of grazed alpine meadows. However, fencing showed a negative effect on the density and biodiversity of plant functional types. In high biomass grasslands, the loss of vegetation diversity might be due to greater competition of canopy resources (i.e. light and air) (Huston, 1994). Some of the less competitive species had limited availability of light or nutrient (Grime, 1998; Van et al., 2004), resulted in their decrease density or species disappearance. Long-term fenced alpine meadows resulted in a reduction of density and diversity of functional types, in fact that functional types had been controlled by a few species with strong planting capacity. On the contrary, grazing decreased the biomass of dominant functional types (GG and SG) (Table 1), allowing other functional types in the community to have more development opportunities and promoting balanced development of the community. Therefore, grazing may be used as a useful management tool for regulating the structure of vegetation and maintaining biodiversity. Problems related to grazing or mowing needs further study for proper grassland management and utilization.

The alpine meadows fenced 11 ~ 13 years reflected changes in functional types from smaller to larger, and in density from higher to lower (Table 1). In fenced alpine meadows, the biodiversity of five plant functional types (GG, SG, LG, FG and NG) decreased (Table 1). The density changes of five plant functional types (GG, SG, LG, FG and NG) in the fenced area means that the number of species in the fenced alpine meadow was less, total aboveground biomass was higher and number of newly appeared species were fewer (Fig. 2, 3; Table 1). This indicated that the fencing affected the concealment of the habitat and led to the loss of species diversity. The concealment of the habitat determines the supplement of local plant seedlings (Oba et al., 2001) and disruption of some unusual plant species (Inderjit, 2005). The species density and diversity in the fenced alpine meadow was significantly higher than grazing alpine meadow. It explained that the transmission of cattle-mediated seed improved and established the seedling (Oesterheld and Sala, 1990). Grazing inhibited the development of dominant community (GG and SG), increased spatial heterogeneity, and made other functional types (LG, FG and NG) in the community to grow to achieve a balanced development (Fig. 3, 4), which was consistent with the previous reports

(Wu et al., 2009). Grazing effected the coverage and density of functional types (GG and SG), and created various habitats in the community, promoted the development of other functional types (LG, FG and NG). In addition, grazing greatly increased the formation of community gaps and plantlet regeneration rate (Sheppard et al., 2002; Holdo et al., 2007), allowing the establishment of local or alien plants to develop an abundant vegetation community. Previous research has reported that grazing can inhibit the reduction of plant diversity caused by climate warming in alpine grasslands (Wu et al., 2009). Therefore, small disturbance can increase the plant diversity (Schippers and Joenje, 2002). The disappearance of species caused by grazing may reduce species diversity, but it also opens up space for alien species and local plant species, which may increase species diversity (Begon et al., 1990). All these processes may improve invasion and survival of alien species and supplement local seedlings.

Vegetation community nutritional values response to fencing and year variations

Grasslands play an important role in providing support to livestock production. In recent decades, due to increase of grazing pressure, the degraded grassland areas have been increasing (Zhao et al., 2015). The grassland degradation further aggravated the conflict between the forage supplement of grassland and the demand of livestock. Fencing is usually used to restore vegetation and improve grassland production. However, it is reported that long-term fencing will not only reduce plant diversity and change ecological succession, but also cause a decline in nutritional values of vegetation (Cuevas and Le, 2005). Therefore, there exist a dilemma between the grazing utilization and fencing conservation of grasslands (Smith et al., 2000).

It has been reported that grazing usually increase the forage nutritional value (Bai et al., 2012; Schönbach et al., 2012), which will in turn affects the performance of livestock (Mysterud et al., 2001, 2011; Lin et al., 2011; Müller et al., 2014). Our research showed that grazing significantly increased the nutritional value (CP and IVTD) of four edible functional types (GG, SG, LG and FG), which is consistent with other studies (Schönbach et al., 2009; Fanselow et al., 2011; Ren et al., 2016). Firstly, a large amount of nitrogen was stored in the stems and leaves, because grazed forage had a higher relative absorbance of nitrogen and it was moved into the young tissue of shoots and leaves when herbage was taken (Lambers et al., 2009; Fanselow et al., 2011). Secondly, nitrogen originating from the dung and urine of grazing livestock had a positive effect on nitrogen concentrations of forage and herbivore excretions usually accelerated the rate of mineralization of the soil surface by senescent plant litter. As the soil mineral nitrogen increased, the nitrogen content in plants also increased (Semmartin et al., 2008; Wang et al., 2009; Jiang et al., 2012; Miao et al., 2015). Finally, grazing could affect the nutritional value of plants by using young and protein-rich parts and regenerating it, instead of aged parts of plants (Mysterud et al., 2001; Schönbach et al., 2009; Ren et al., 2016). Due to the regeneration of new tissues under grazing pressure, the maturation and lignification of the species delayed, and the CP content increased (Milchunas et al., 1995; Garcia et al., 2003).

The CP and IVTD of four edible functional types (GG, SG, LG and FG) showed a gradually decreasing trend with the increase of fencing time, while NDF gradually increased. The CP and IVTD of functional types in grazed alpine meadows showed a decreasing trend at first and then increasing trend with time was observed. Contrary to the changing trend of CP and IVTD, NDF content showed at first rising trend and then decreasing trend. This might be due to rainfall in the study area. As reported previously that variation in precipitation rate between years affects the herbage nutritional values (Miao et al., 2015). The herbage nutritional value depends on the amount of precipitation, which increases with increasing rainfall (Schönbach et al., 2009; Müller et al., 2014; Miao et al., 2015). Our results also indicated that nutritional value of four edible functional types in relatively wet years (2015 and 2017) was higher than in dry year (2016) (Fig. 1). Plant growth was limited by the amount of precipitation and water availability (Miao et al., 2015). In relatively wet years, abundant precipitation accelerated soil water utilization rate and soil mineralization, and promoted the ability of plants to absorb nitrogen (N), thus increasing biomass production (Austin et al., 2004; Xu & Zhou, 2005). Meanwhile, drought caused severe water stress, resulted in rapid ripening of plants, thereby reducing the concentration of N in forage. Therefore, water stress in drought years increased forage fibrosis and reduced forages digestibility, while in wet years due to high rainfall maturation process was delayed, forage fibrosis reduced and in turn forage digestibility was improved. However, in case of fenced alpine meadow, the CP and IVTD of four edible functional types (GG, SG, LG, and FG) did not show any increasing trend with increase in rainfall. This may be due to the fact that as the fencing time was increased, biomass accumulated with the passage of every year. Mature and aged tissues inhibited the germination and growth of young tissues from the seedlings in the growing season, causing the CP and IVTD to decrease and NDF to increase every year.

Livestock grazing can significantly change the structure and nutritional value of vegetation communities and their trampling behavior and excrement can also affect the community structure and soil properties of the ground (Gibson et al., 2000). Therefore, vegetation succession, functional types characteristics and nutritional values are closely related to livestock grazing. For the succession of grasslands vegetation community and utilization of grassland resources, regular grazing and fencing are beneficial to grasslands management.

Soil properties response to fencing and year variations

As the fencing time increased, the soil TN, TP, AN, AP and AK significantly increased as well, showing that the soil nutrients of degraded alpine meadow were being restored by fencing approach (Jing et al., 2014), indicating that natural succession of degraded soils in alpine meadow areas of the QTP could improve soil fertility. The improvement of soil properties in alpine meadows with increased fencing time had two explanations: first, the productivity of vegetation community had a direct impact on the accumulation of litter. With the accumulation of litter and in the presence of soil moisture, litter decomposition rate enhanced and soil nutrients showed an increasing trend (Wu et al., 2009). Secondly, higher soil nutrients might be due to higher community coverage. Previous studies have found that vegetation coverage has an obvious impact on the quality of soil nutrients (Zhang et al., 2011), our results further supports these findings. In fenced alpine meadow, the soil TN, TP, TK, AN, AP and AK in 0~10 cm soil layer was significantly higher than that of grazing alpine meadow. There are three possible reasons: first, the surface soil had ample light and moisture; second, soil nutrients increased in topsoil with the decomposition of the litter layer (Wu et al., 2009); finally, the surface soil had higher soil microbial content (Jumpponen et al., 2010).

The interaction of soil and plant is a complex process in fenced grassland (Lambers et al., 2009). The movement of energy and nutrients in soil can directly and indirectly reflect the species composition, productivity and nutritional value of vegetation (Venterink, 2011). The plant community of fenced grassland locked-in nutrients (Harris et al., 2007) in their tissues, reduced the outflow of energy and nutrients from soil-plant system to the consumer (grazed livestock), especially gramineous (GG) and sedge (SG) functional types had high productivity and good quality (Moretto and Distel, 1997). For the fenced grasslands, vegetation resources (coverage and productivity) were significantly improved with the increase in fencing time. These resources could go back to the soil by the decomposition of the litter layer (Bardgett and Wardle, 2003; Wu et al., 2009). However, for grazed grasslands, some energy and nutrients flow from soil-plant system to livestock by grazing, which at first altered soil properties, reduced the litter and root biomass that were fed back into the soil after decomposition (Gao et al., 2008); Secondly, the edible functional types grazed by livestock had higher litter decomposition rate and efficient soil nitrogen than inedible functional group forage (Moretto and Distel, 2002). Finally, long-term trampling by livestock transforms soil composition, infiltration rates, bulk density, soil porosity, limiting soil respiration and reducing soil microbial activity (Holt, 1997). On the contrary, in fenced grasslands, fencing removed the trampling effect of grazing livestock, improved soil characteristics, increased water interception and improved vegetation status (Li et al., 2007). Secondly, along with the development of aboveground vegetation, the better vegetation conditions reduced the wind erosion and some nutrients richer particles and dust was captured in the soil (Liu et al., 2007). Thirdly, the improvement of soil nutrients had a positive regeneration effect on the aboveground biomass and structure of plant functional types, because the utilization of higher nutrient levels was beneficial for the competition of gramineous (GG) and sedge (SG) functional types to other species (Van et al., 2004). Finally, decrease in the quantity of rodents (*Myospalax fontanierii* and *Microtus leucurus*) had a positive effect on soil biological communities and soil processes by altering the input of soil resources (Bardgett andWardle, 2003).

Soil nutrient has a positive effect on the aboveground biomass, composition and nutritional value of plant functional types. This study only analyzed the soil chemical characteristic. In future, the relationship between plant functional types and soil physics or biology should also be considered.

Meanwhile, grazing could be used as an effective grasslands management strategy to increase biodiversity and nutritional values of plant functional types in long-term fenced grasslands, as it has been reported in other grassland types of other areas of all over the world (Mysterud et al., 2001, 2011; Lin et al., 2011; Bai et al., 2012; Schönbach et al., 2012; Müller et al., 2014).

Consideration of grassland ecology and grassland animal husbandry, rotational grazing in combination with fencing might be a good strategy to restore degraded grasslands and to prevent negative impacts on ecosystem and full utilization of grasslands resources. As reported by studies (Briske et al., 2008) that rotational grazing and fencing continues to be promoted and implemented as the only viable grazing strategy on rangelands in Texas of America. Rotational grazing systems are often implemented to alleviate undesirable selective grazing by livestock (Bailey et al., 2011). Therefore, we suggest that rotational grazing and fencing can be regarded as a beneficial management strategy for grasslands management around the world where common problems exist.

Rotational grazing and fencing brought lots of the global benefits, as it reported that rotationally grazed ranches had higher grass species, higher grazing value (and capacity), and higher long-term stocking rates than their continuously fenced neighbors (Mudongo et al., 2016; Golding et al., 2017).

Rotational grazing and fencing has attracted much attention in animal systems, potentially capable of producing a range of goods and services of value to diverse stakeholders in agricultural landscapes and rural communities, as well as broader societal benefits (Manson et al., 2016). Therefore, rotational grazing and fencing can achieve desired vegetation outcomes, preserve native habitat, and economically benefit multiple stakeholders.

Conclusions

The restoration of degraded grassland ecosystem is a complex long-term ecological process. 11~13 years of fencing in QTP have led to subsequent changes of plant functional type biomass, structure, nutritional values, quantity and quality of litter inputs to the soil. Long-term fencing has increased aboveground biomass and coverage of plant functional types. It is beneficial for the improvement of four edible functional types (GG, SG; LG and FG), but inhibited the development of NG. Long-term fencing also significantly improved 0~30cm soil TN, TP, TK, AN, AP and AK. However, it decreased the species biodiversity indicators, including the Richness index, the Shannon-Wiener diversity index and Evenness index of vegetation community. It also decreased the density, biodiversity and nutritional values of four edible plant functional types (GG, SG, LG and FG). There exist a dilemma between biodiversity protection and grazing utilization in grasslands under heavy grazing pressure and long-term fencing. As disturbance measures, fencing and grazing had opposite impacts on aboveground biomass, coverage, density, biodiversity, nutritional values and soil properties. Our research indicated that fencing can be used as a useful restoration tool implemented at large scales in many regions to restore aboveground biomass and coverage of degraded grassland. Meanwhile, grazing could be used as an effective grasslands management strategy to increase biodiversity and nutritional values of plant functional types in long-term fenced grasslands. We recommend that long-term fenced grasslands should reasonably utilize fencing and grazing for grassland management. We suggest that rotational grazing and fencing can be regarded as a beneficial management strategy for grasslands management around the world where common problems exist. More meaningful studies should be carried out in the future for the restoration, management and utilization of grassland, such as fertilization, fencing time, grazing intensity, grazing time and grazed livestock species.

Acknowledgements

We acknowledge the herdsmen and Sunan County Meteorological Bureau for their assistance and for providing long-term meteorological data. This study was funded by the National Natural Science Foundation of China (31460592), the China's Agricultural Research system (CARS-39-18) and Project of public welfare industry (Agriculture) of the Ministry of Agriculture (201503134-HY15038488). The funders have no role in study design, data collection, analysis, decision to publish or preparation of the manuscript.

References

AR W., SJ O., 2001. Grasslands, grazing and biodiversity: editors' introduction[J]. Journal of applied ecology, 38, 233-237.

Austin, A. T., Yahdjian, L., Stark, J. M., Belnap, J., Porporato, A., Norton, U., Schaeffer, S. M., Water pulses and biogeochemical cycles in arid and semiarid ecosystems[J]. Oecologia, 141, 221-235.

Akiyama, T., Kawamura, K., 2007. Grassland degradation in China: methods of monitoring, management and restoration[J]. Grassland science, 53, 1-17.

Begon M., Harper JL., Townsend CR., 1990. Ecology: individuals, populations and communities[J]. Blackwell Scientific Publications, Oxford.

Bardgett R D., Wardle D A., 2003. Herbivore-mediated linkages between aboveground and belowground communities[J]. Ecology, 84, 2 258-2 268.

Bai, Y., Han, X., Wu, J., Chen, Z., Li, L., 2004. Ecosystem stability and compensatory effects in the Inner Mongolia grassland[J]. Nature, 431, 181-184.

Briske, D. D., Derner, J. D., Brown, J. R., Fuhlendorf, S. D., Teague, W. R., Havstad, K. M., Willms, W. D., 2008. Rotational grazing on rangelands: reconciliation of perception and experimental evidence[J]. Rangeland Ecology & Management, 61, 3-17.

Bailey, D. W., & Brown, J. R., 2011. Rotational grazing systems and livestock grazing behavior in shrub-dominated semi-arid and arid rangelands[J]. Rangeland Ecology & Management, 64, 1-9.

Bai, Y., Wu, J., Clark, C. M., Pan, Q., Zhang, L., Chen, S., Han, X., 2012. Grazing alters ecosystem functioning and C∶N∶P stoichiometry of grasslands along a regional precipitation gradient[J]. Journal of Applied Ecology, 49, 1 204-1 215.

Cuevas, J. G., and C. Le Quesne., 2005. Low vegetation recovery after short-term cattle exclusion on Robinson Crusoe Island[J]. Plant Ecology, 183, 105-124.

Cheng, J., Jing, G., Wei, L., Jing, Z., 2016. Long-term grazing exclusion effects on vegetation characteristics, soil properties and bacterial communities in the semi-arid grasslands of China[J]. Ecological Engineering, 97, 170-178.

Du M, Kawashima S, Yonemura S, Zhang X, Chen S., 2004. Mutual influence between human activities and climate change in the Tibetan Plateau during recent years[J]. Global and Planetary Change, 41, 241-249.

Dong, S. K., Gao, H. W., Xu, G. C., Hou, X. Y., Long, R. J., Kang, M. Y., Lassoie, J. P., 2007. Farmer and professional attitude to the large-scale ban on livestock grazing of grasslands in China[J]. Environmental Conservation, 34, 246-254.

Feldsine, P., Abeyta, C., Andrews, W. H., 2002. AOAC International methods committee guidelines for validation of qualitative and quantitative food microbiological official methods of analysis[J]. Journal of AOAC International, 85, 1 187-1 200.

Fanselow, N., Schönbach, P., Gong, X. Y., Lin, S., Taube, F., Loges, R., Dittert, K., 2011. Short-term regrowth responses of four steppe grassland species to grazing intensity, water and nitrogen in Inner Mongolia[J]. Plant and Soil, 40, 279-289.

Goering, H. K., Van Soest, P. J., 1970. Forage Fiber Analysis (apparatus, reagents and some applications)[J]. US Department of Agriculture Handbook, No. 379 ARS-USDA, Washington, DC.

Grime J P., 1998. Benefits of plant diversity to ecosystems: immediate, filter and founder effects[J]. Journal of Ecology, 86, 902-910.

Gibson, R., Hewitt, A., Sparling, G., Bosch, O., 2000. Vegetation change and soil quality in central Otago Tussock grasslands, New Zealand[J]. The Rangeland Journal, 22, 190-204.

Garcia, F., Carrere, P., Soussana, J. F., Baumont, R., 2003. The ability of sheep at different stocking rates to maintain the quality and quantity of their diet during the grazing season[J]. The Journal of Agricultural Science, 140, 113-124.

Gallego, L., Distel, R. A., Camina, R., Rodríguez Iglesias, R. M., 2004. Soil phytoliths as evidence for species replacement in grazed rangelands of central Argentina[J]. Ecography, 27, 725-732.

Gao, Y. Z., Giese, M., Lin, S., Sattelmacher, B., Zhao, Y., Brueck, H., 2008. Belowground net primary productivity and biomass allocation of a grassland in Inner Mongolia is affected by grazing intensity[J]. Plant and Soil, 307, 41-50.

Golding, J. D., & Dreitz, V. J., 2017. Songbird response to rest-rotation and season-long cattle grazing in a grassland sagebrush ecosystem[J]. Journal of environmental management, 204, 605-612.

Huston MA., 1994. Biological diversity, the coexistence of species on changing landscapes[J]. Cambridge University Press, New York.

Holt J A., 1997. Grazing pressure and soil carbon, microbial biomass and enzyme activities in semi-arid northeastern Australia[J]. Applied Soil Ecology, 5, 143-149.

Haugland E., Froud-Williams R J., 1999. Improving grasslands: the influence of soil moisture and nitrogen fertilization on the establishment of seedlings[J]. Journal of Applied Ecology, 36, 263-270.

Hulme, P. D., Pakeman, R. J., Torvell, L., Fisher, J. M., Gordon, I. J., 1999. The effects of controlled sheep grazing on the dynamics of upland Agrostis-Festuca grassland[J]. Journal of Applied Ecology, 36, 886-900.

Harris, W. N., Moretto, A. S., Distel, R. A., Boutton, T. W., Boo, R. M., 2007. Fire and grazing in grasslands of the Argentine Caldenal: effects on plant and soil carbon and nitrogen[J]. acta oecologica, 32, 207-214.

Holdo, R. M., Holt, R. D., Coughenour, M. B., Ritchie, M. E., 2007. Plant productivity and soil nitrogen as a function of grazing, migration and fire in an African savanna[J]. Journal of Ecology, 95, 115-128.

Inderjit., 2005. Plant invasions: habitat invasibility and dominance of invasive plant species[J]. Plant and Soil. 277, 1-5.

Jumpponen A., Jones K L., Blair J., 2010. Vertical distribution of fungal communities in tallgrass prairie soil[J]. Mycologia, 102, 1 027-1 041.

Jiao, F., Wen, Z. M., An, S. S., 2011. Changes in soil properties across a chronosequence of vegetation restoration on the Loess Plateau of China[J]. Catena, 86, 110-116.

Jiang, Y., Tang, S., Wang, C., Zhou, P., Tenuta, M., Han, G., Huang, D., 2012. Contribution of urine and dung patches from grazing sheep to methane and carbon dioxide fluxes in an Inner Mongolian desert grassland[J]. Asian-Australasian journal of animal sciences, 25, 207-212.

Jing, Z., Cheng, J., Su, J., Bai, Y., Jin, J., 2014. Changes in plant community composition and soil properties under 3-decade grazing exclusion in semiarid grassland[J]. Ecological Engineering, 64, 171-178.

Kang L, Han X, Zhang Z, Sun OJ., 2007. Grassland ecosystems in China: review of current knowledge and research advancement[J]. Proceedings of the Royal Society B: Biological Sciences, 362, 997-1 008.

Kemp D. R., Michalk D. L., 2011. Development of sustainable livestock systems on grasslands in north-western China[J]. ACIAR Proceedings No. 134. Australian Centre for International Agricultural Research: Canberra, 189 pp.

Kemp, D. R., Guodong, H., Xiangyang, H., Michalk, D. L., Fujiang, H., Jianping, W., Yingjun, Z., 2013. Innovative grassland management systems for environmental and livelihood benefits[J]. Proceedings of the National Academy of Sciences, 110, 8 369-8 374.

Li, X. R., Kong, D. S., Tan, H. J., Wang, X. P., 2007. Changes in soil and vegetation following stabilisation of dunes in the southeastern fringe of the Tengger Desert, China[J]. Plant and Soil, 300, 221-231.

Liu, B., Wu, N., Luo, P., Tao, Y. P., 2007. Characteristics of soil nutrient distribution in high-altitude meadow ecosystems with different management and degradation scenarios[J]. Chinese Journal of Eco-Agriculture, 15, 45-48.

Lambers, H., Mougel, C., Jaillard, B., Hinsinger, P., 2009. Plant-microbe-soil interactions in the rhizosphere: an evolutionary perspective[J]. Plant and Soil, 321, 83-115.

Lin, L., Dickhoefer, U., Müller, K., Susenbeth, A., 2011. Grazing behavior of sheep at different stocking rates in the Inner Mongolian steppe, China[J]. Applied Animal Behaviour Science, 129, 36-42.

Li, W., Cao, W., Wang, J., Li, X., Xu, C., Shi, S., 2017. Effects of grazing regime on vegetation structure, productivity, soil quality, carbon and nitrogen storage of alpine meadow on the Qinghai-Tibetan Plateau[J]. Ecological Engineering, 98, 123-133.

Moretto A S., Distel R A., 1997. Competitive interactions between palatable and unpalatable grasses native to a temperate semi-arid grassland of Argentina[J]. Plant Ecology, 130, 155-161.

Manson, S. M., Jordan, N. R., Nelson, K. C., Brummel, R. F., 2016. Modeling the effect of social networks on adoption of multifunctional agriculture[J]. Environmental modelling & software, 75, 388-401.

Mudongo, E. I., Fusi, T., Fynn, R. W., Bonyongo, M. C., 2016. The role of cattle grazing management on perennial grass and woody vegetation cover in semiarid rangelands: insights from two case studies in the Botswana Kalahari[J]. Rangelands, 38 (5), 285-291.

Page AL, Miller RH, Keeney DR., 1982. Methods of soil analysis. Part 2. Chemical and microbiological properties[J]. Agronomy, No. 9. Soil Science Society of America, Madison, WI, 1159.

Milchunas, D. G., Varnamkhasti, A. S., Lauenroth, W. K., Goetz, H., 1995. Forage quality in relation to long-term grazing history, current-year defoliation, and water resource[J]. Oecologia, 101, 366-374.

Mysterud, A., Langvatn, R., Yoccoz, N. G., Chr, N., 2001. Plant phenology, migration and geographical variation in body weight of a large herbivore: the effect of a variable topography[J]. Journal of Animal Ecology, 70, 915-923.

Moretto A S., Distel R A., 2002. Soil nitrogen availability under grasses of different palatability in a temperate semi-arid rangeland of central Argentina[J]. Austral Ecology, 27, 09-514.

Mayer R, Kaufmann R, Vorhauser K, Erschbamer B., 2009. Effects of grazing exclusion on species composition in high-altitude grasslands of the Central Alps[J]. Basic and Applied Ecology, 10, 447-455.

Mysterud, A., Hessen, D. O., Mobæk, R., Martinsen, V., Mulder, J., Austrheim, G., 2011. Plant quality, seasonality and sheep grazing in an alpine ecosystem[J]. Basic and Applied Ecology, 12, 195-206.

Müller, K., Dickhoefer, U., Lin, L., Glindemann, T., Wang, C., Schönbach, P., Taube, F., 2014. Impact of grazing intensity on herbage quality, feed intake and live weight gain of sheep grazing on the steppe of Inner Mongolia[J]. The Journal of Agricultural Science, 152, 153-165.

Miao, F., Guo, Z., Xue, R., Wang, X., Shen, Y., 2015. Effects of Grazing and Precipitation on Herbage Biomass, Herbage Nutritive Value, and Yak Performance in an Alpine Meadow on the Qinghai-Tibetan Plateau[J]. PloS one. 10, e0127275.

Niu S W., Ma L B., Zeng M M., 2008. Effect of overgrazing on grassland desertification in Maqu County[J]. Acta Ecologica Sinica, 28, 145-153.

Oesterheld M., Sala O E., 1990. Effects of grazing on seedling establishment: the role of seed and safe-site availability[J]. Journal of Vegetation Science, 1, 353-358.

Oba G., Vetaas O R., Stenseth N C., 2001. Relationships between biomass and plant species richness in arid-zone grazing lands[J]. Journal of Applied Ecology, 38, 836-845.

Pettit N E., Froend R H., Ladd P G., 1995. Grazing in remnant woodland vegetation: changes in species composition and life form groups[J]. Journal of Vegetation Science, 6, 121-130.

Ren, H., Han, G., Lan, Z., Wan, H., Schönbach, P., Gierus, M., Taube, F., 2016. Grazing effects on herbage nutritive values depend on precipitation and growing season in Inner Mongolian grassland[J]. Journal of Plant Ecology, 9, 712-723.

Smith, R. S., Shiel, R. S., Millward, D., Corkhill, P., 2000. The interactive effects of management on the productivity and plant community structure of an upland meadow: an 8-year field trial[J]. Journal of Applied Ecology, 37, 1029-1043.

Spooner P., Lunt I., Robinson W., 2002. Is fencing enough? The short-term effects of stock exclusion in remnant grassy woodlands in southern NSW[J]. Ecological Management &Restoration, 3, 117-126.

Schippers P., Joenje W., 2002. Modelling the effect of fertiliser, mowing, disturbance and width on the biodiversity of plant communities of field boundaries[J]. Agriculture, ecosystems &environment, 93, 351-365.

Sheppard, A. W., Hodge, P., Paynter, Q., Rees, M., 2002. Factors affecting invasion and persistence of broom Cytisus scoparius in Australia[J]. Journal of Applied Ecology, 39, 721-734.

Suttie JM, Reynolds SG, Batello C, eds., 2005. Grasslands of the World[J]. Food and Agriculture Organization of the United Nations, Plant Production and Protection Series (Food and Agriculture Organization, Rome). No. 34.

Semmartin M., Garibaldi L A., Chaneton E J., 2008. Grazing history effects on above-and below-ground litter decomposition and nutrient cycling in two co-occurring grasses[J]. Plant and Soil, 303, 177-189.

Schönbach, P., Wan, H., Schiborra, A., Gierus, M., Bai, Y., Müller, K., Taube, F., 2009. Short-term management and stocking rate effects of grazing sheep on herbage quality and productivity of Inner Mongolia steppe[J]. Crop and

Pasture Science, 60, 963-974.

Schönbach, P., Wan, H., Gierus, M., Loges, R., Müller, K., Lin, L., Taube, F., 2012. Effects of grazing and precipitation on herbage production, herbage nutritive value and performance of sheep in continental steppe[J]. Grass and Forage Science, 67, 535-545.

Shang, Z. H., B. Deng., L. M. Ding., G. H. Ren., G. S. Xin., Z. Y. Liu., Y. L. Wang., R. J. Long., 2013. The effects of three years of fencing enclosure on soil seed banks and the relationship with above-ground vegetation of degraded alpine grasslands of the Tibetan plateau[J]. Plant and Soil, 364, 229-244.

Shi, X. M., Li, X. G., Li, C. T., Zhao, Y., Shang, Z. H., Ma, Q., 2013. Grazing exclusion decreases soil organic C storage at an alpine grassland of the Qinghai-Tibetan Plateau[J]. Ecological Engineering, 57, 183-187.

Tilley, J. M. A., Terry, R. A., 1963. A two-stage technique for the in vitro digestion of forage crops[J]. Grass and forage science, 18, 104-111.

Van Soest P., Robertson J., Lewis B., 1991. Methods for dietary fiber, neutral detergent fiber, and nonstarch polysaccharides in relation to animal nutrition[J]. Journal of dairy science, 74, 3583-97.

Van Der Wal, R., Bardgett, R. D., Harrison, K. A., Stien, A., 2004. Vertebrate herbivores and ecosystem control: cascading effects of faeces on tundra ecosystems[J]. Ecography, 27, 242-252.

Venterink H O., 2011. Does phosphorus limitation promote species-rich plant communities[J]. Plant and soil, 345, 1-9.

Wilkins, S., Keith, D., Adam, P., 2003. Measuring success: evaluating the restoration of a grassy eucalypt woodland on the Cumberland Plain, Sydney, Australia[J]. Restoration Ecology, 11, 489-503.

Wu, G. L., Du, G. Z., Liu, Z. H., Thirgood, S., 2009. Effect of fencing and grazing on a Kobresia-dominated meadow in the Qinghai-Tibetan Plateau[J]. Plant and Soil, 319, 115-126.

Wang, C. J., Tas, B. M., Glindemann, T., Rave, G., Schmidt, L., Weißbach, F., Susenbeth, A., 2009. Fecal crude protein content as an estimate for the digestibility of forage in grazing sheep[J]. Animal Feed Science and Technology, 149, 199-208.

Wei D, Xu R, Wang Y, Wang Y, Liu Y, Yao T., 2012. Responses of CO_2, CH_4 and N_2O fluxes to livestock exclosure in an alpine steppe on the Tibetan Plateau, China[J]. Plant and Soil, 359, 45-55.

Vegetative ecological characteristics of restored reed (Phragmites australis) wetlands in the Yellow River Delta, China[J]. Environmental management, 49, 325-333.

Wen, L., Jinlan, W., Xiaojiao, Z., Shangli, S., Wenxia, C., 2018. Effect of degradation and rebuilding of artificial grasslands on soil respiration and carbon and nitrogen pools on an alpine meadow of the Qinghai-Tibetan Plateau[J]. Ecological Engineering, 111, 134-142.

Xu, Z. Z., Zhou, G. S., 2005. Effects of water stress on photosynthesis and nitrogen metabolism in vegetative and reproductive shoots of Leymus chinensis[J]. Photosynthetica, 43, 29-35.

Yang, B., Wu, J. P., Yang, L., Kemp, D., Gong, X. Y., Takahashi, T., Feng, M. T., 2012. Metabolic energy balance an countermeasures study in the north grassland of China[J]. Acta Prataculturae Sinica, 21, 187-195.

Yan, Y., Lu, X. 2015., Is grazing exclusion effective in restoring vegetation in degraded alpine grasslands in Tibet, China[J]. PeerJ. 3, e1020.

Zhou H, Zhao X, Tang Y, Gu S, Zhou L., 2005. Alpine grassland degradation and its control in the source region of the Yangtze and Yellow Rivers, China[J]. Grassland Science, 51, 191-203.

Zhang, C., Xue, S., Liu, G. B., Song, Z. L., 2011. A comparison of soil qualities of different revegetation types in the Loess Plateau, China[J]. Plant and Soil, 347, 163-178.

Zhao, H., Liu, S., Dong, S., Su, X., Wang, X., Wu, X., Wu, L., Zhang, X., 2015. Analysis of vegetation change associated with human disturbance using MODIS data on the rangelands of the Qinghai-Tibet Plateau[J]. The Rangeland Journal, 37, 77-87.

Precipitation and seasonality affect grazing impacts on herbage nutritive values in alpine meadows on the Qinghai-Tibetan Plateau

Xi xi Yao[1], Jian ping Wu[1,2*], Xu yin Gong[2], Anum Ali Ahmad[3], Xia Lang[2], Hai bo Liu[2]

(1. Faculty of Animal Science and Technology, Gansu Agricultural University, No. 1 Yingmen Village Anning, Lanzhou, Gansu, People's Republic of China, 730070; 2. Gansu Academy of Agricultural Science, No. 1 Agricultural Academy Village Anning, Lanzhou, Gansu, People's Republic of China, 730070; 3. State Key Laboratory of Grassland Agro-Ecosystems, School of Life Sciences, Lanzhou University, No. 222 Tianshui South Road, Lanzhou, Gansu, People's Republic of China, 730070)

Abstract: grasslands used for animal production are depended on the nutritive values of dominant species. However, influence of grazing, in combination with precipitation and growing season on the nutritive values of dominant species is not explicated. An ecological experiment was designed to reveal the effects of different grazing intensities i.e., fencing (G0), light grazing (G1), moderate grazing (G2) and high grazing (G3)) on the nutritive values of four dominant species in the alpine meadow of the Qinghai-Tibet plateau, during the growing season (June to September) for two consecutive years, namely, 2015 (rainy year) and 2016 (droughty year). We found that (1) grazing significantly increased the nutritive value of *K. capillifolia*, *P. viviparum* and *C. sinica* but had minor effects on *P. fruticosa* nutritive value. (2) During rainy year (2015), in comparison to G0, *P. viviparum* and *P. fruticosa* displayed 5.4 and 1.5% increase in CP content and 8.5 and 2.4% increase in IVTD, respectively, while NDF decreased by 13.5 and 0.9%, respectively. During the droughty year (2016), as compared to G0, *C. sinica* and *P. fruticosa* showed increase in CP content by 4.3 and 1.3%, increase in IVTD by 10.7 and 0.4%, respectively during G3; while the NDF decreased by 6.0 and 1.0%, respectively. (3) The nutritive values of all species were higher during the rainy year than the droughty year with the highest value in June and lowest in September. The inter-annual and inter-season variations in the nutritive values of species were much higher for *K. capillifolia* and *P. viviparum* than *P. fruticosa* and *C. sinica*, suggesting that *P. fruticosa* and *C. sinica* had higher water use efficiency. (4) Grazing clearly reduced drought tolerance of three species and showed no effects on *P. fruticosa*. (5) Grazing clearly increased the inter-month variation in the nutritive value of *K. capillifolia* and *P. viviparum* but had no effects on *P. fruticosa* or *C. sinica*. Therefore, grazing effects on the nutritive value of dominant species showed clear inter-annual, seasonal variations and species-specific responses. Our findings have important implications for ecosystem management and restoration of Qinghai-Tibet Plateau under intense grazing and extreme climatic changes.

Key words: alpine meadow, grazing, dominant species, nutritive value, drought tolerance, inter-month variation

Introduction

The Qinghai-Tibet Plateau (QTP), the highest (elevation 4 000m on average), largest (2.57 million km^2, up to 25% of total area of China), and most unique ecosystem type of plateau in the world, is regarded as the roof of the world (Cao et al., 2011; Li et al., 2017). Approximately 85% of the QTP comprises of alpine meadow ecosystem, which plays an essential role in ecological services and support grassland livestock production of China (Ren et al., 2008; Harris, 2010; Mekuria and Aynekulu 2013; Jing et al., 2014; Wen et al., 2018). However, in the past several years, owing to the influence of artificial disturbance and climate change, a large area of alpine meadow has been degraded seriously. According to the records, about 90% of alpine meadows have been degraded on the QTP and 35% have seriously been degraded into a "black-soil-type grassland" (Dong and Sherman 2015), resulting in ecological system deterioration and grassland livestock production loss (Jing et al., 2014). The issue of alpine meadow degradation has become a serious problem in China (Yang et al., 2012; Jing et al., 2014). Therefore, ecosystem management and restoration of deteriorated alpine meadow have become a central scientific issue in ecological engineering (Bai et al., 2004; Jing et al., 2013; Cheng et al., 2016).

Most areas of the QTP alpine meadow are in some state of degradation and the aboveground net primary productivity (ANPP) of grassland has decreased (Kemp et al., 2013; Dong and Sherman 2015; Li et al., 2017; Wen et al., 2018). Livestock production is restricted by herbage nutritional yield, which is dependent on ANPP and herbage nutritional value (Du et al., 2004). The importance of herbage nutritional value to livestock production has remarkably increased. Grazing is regarded as the most basic method that uses grassland. Grazing generally increases herbage nutritional value (Bai et al., 2012; Schönbach et al., 2012), which will in turn affect livestock production and performance (Mysterud et al., 2001, 2011; Müller et al., 2014; Miao., 2015). The effects of grazing on herbage nutritional value depend on environmental factors and herbage functional traits (Fanselow et al., 2011; Wan et al., 2011; Bai et al., 2012; Schönbach et al., 2012), however the interaction between these factors is not yet clear. Therefore, understanding of how grazing effects are mediated by biotic and abiotic factors is crucial for the management and preservation of degraded grassland ecosystems.

Recent research has focused on the direct effects of biomass removal and the indirect effects of changes in soil nutrient availability on plant growth to evaluate the effects of grazing on herbage nutritive value. First, grazing and herbage biomass removal can promote the regeneration of herbage and improve the nutritive value and digestibility of the plant (Schiborra et al., 2009). The plant regeneration potential depends on phenology, soil nutrients and water supply, which might be affected by precipitation and season (Gebauer and Ehleringer 2000; Vesk et al., 2004; Pakeman 2004; Schonbach et al., 2009). Second, grazing can reduce vegetation coverage and change soil water potential and temperature soil, which will affect the mineralization of nitrogen and availability of soil nutrients (Shan et al., 2011). In addition, livestock faeces can promote the nitrogen and phosphorus cycling and improve the availability of soil nutrients (Giese et al., 2013). All of these changes in soil nutrient availability are affected by precipitation (Shan et al., 2011; Giese et al., 2011). Plant growth and herbage nutritional value are limited by the availability of water and nitrogen (Schönbach et al., 2009; Fanselow et al., 2011; Müller et al., 2014). Therefore, precipitation affects the nutritional value of herbage by directly affecting plant regeneration and soil nutrient supply (Schönbach et al., 2012; Grant et al., 2014). However, fewer studies have evaluated the relationship between grazing and precipitation and their influence on the nutritional value of herbage.

Herbage nutritional value and its response to grazing have exhibited seasonal related changes, seasonal patterns of soil resource availability and herbage growth stage (Kleinebecker et al., 2011). In alpine meadows, herbage growth clearly shows seasonal variation patterns i.e., sprouting in spring and maturating in autumn (Long et al., 1999). When plants stop growing, the process of maturation and lignification begins and nutritional value decreases (Osborne, 1980). Species with different phenological characteristics may show different grazing patterns. Animal grazing behavior changes with season so plant species phenology suggest that grazing should have seasonal responses to specific species (Lin et al., 2011).

This study is conducted to investigate the relationships among grazing, precipitation and growing season and their influence on herbage nutritive values in an alpine meadow of the QTP. Based on a short-term field experiment (7 years) with four grazing intensities, this study aims to address the following two questions. First, how did the nutritional value of dominant species during grazing alter with the changes in precipitation (i.e., rainy and droughty years) and growing season (i.e., different sampling month)? Second, how grazing effects drought tolerance and inter-month variations in nutritive value of dominant species?

Materials and methods

Study site

This study was carried out in Sanding Village in the northeastern edge of the Tibetan Plateau, Kangle Town, Sunan County, Zhangye City of Gansu Province, in the PR of China (99° 48′E, 38° 45′N, and 3 200 m above sea level). The meteorological data of precipitation and temperature were collected by multifunctional Meteorological Monitoring System (Vaisala WXT530, made by Finland). The precipitation in 2015 and 2016 were 32% higher and 27% lower than average 30 year growing season precipitation, respectively. (Fig. 1a) (Ren et al., 2016). The annual average temperature was approximately 3.8℃ (1985—2014) (Fig. 1b). The plant growth period (June-September) was approximately 4 months. The vegetation of this grassland was dominated by alpine meadows. The species richness in this meadow was high with 12-22 species per m^2. The dominant species were *Kobresia humilis*, *Polygonum viviparum*, *Potentilla fruticosa* and *Caragana sinica* belonging to perennial Cyperaceae, Polygonaceae, Rosaceae and Leguminosae families (Yang et al., 2012). The soil type belonged to alpine meadow soil, having soil organic carbon of 92.41 g·kg^{-1}; total nitrogen of 4.94 g·kg^{-1}; total phosphorus of 0.67 g·kg^{-1} and total potassium of 47.80 g·kg^{-1} (Kemp et al., 2011).

Experimental design

The study area was slightly degraded due to its use as summer pasture (June-September) for grazing of Gansu Alpine Fine-wool sheep before 2008. Four grazing i.e., fencing (G0), light grazing (G1), moderate grazing (G2) and high grazing (G3) were selected under the same conditions and grazing experiment was started from 10th may, 2008. For each grazing intensity, three sites (total 12 sites) were randomly distributed each having 4 ha area (approximately 100 m away from each other). All sites had similar slope gradient, aspect, elevation and soil type. At each site, three 50 m × 50 m monitoring blocks (total 36) approximately 20 m away from each other with same conditions were established. The G0 treatment area was not used for grazing and fenced for the whole year. The G1, G2 and G3 treatments areas were grazed from 10th June to 15th September with livestock density of 3.0, 5.0 and 7.0 heads of Gansu Alpine Fine-wool sheep (age: 15-month, average live weight: 35 kg) per ha, respectively. The sheep were kept in the grazing sites day and night and allowed to drink water freely.

Herbage and soil sampling

Successive samples were collected on 15th of each month (June-September) during 2015 (rainy year) and 2016 (droughty year). In every block, 10 random sampling quadrants (1 m × 1 m) were chosen and the distance between every quadrant was over 1 m from edge to edge to eliminate the marginal effect. For each quadrant, the composition of species, family, their edibility and aboveground biomass were recorded. The green part of *Kobresia humilis* and *Polygonum viviparum* were clipped to 1-cm stubble height while twigs of *Potentilla fruticosa* and *Caragana sinica* were clipped and placed into separate paper bags. These samples were immediately brought back to laboratory, initially placed at 105 ℃ for 30 min, and finally incubated at 60 ℃ for 48 h to determine aboveground biomass. The species composition, family, their edibility and aboveground biomass (g/m^2) were similar in mid-August of 2015 and 2016 (Table 1). Dominant species *K. capillifolia*, *P. viviparum*, *P. fruticosa* and *C. sinica* contributed 88.5% of the community aboveground biomass in the fencing and grazing treatments (Table 1).

Along with this, surface soil was also removed from five spots of each quadrant. The center and four diagonal corners of each sampling quadrant were selected using the earth boring auger in 3 soil layers: 0~10, 10~20 and 20~30 cm. Soil samples from five spots of each quadrant were mixed together to use as one soil sample.

Chemical analysis

To evaluate the nutritive value, oven dried plant species samples were shattered to pass through a 1 mm sieve. The herbage nutritional parameters included crude protein (CP), neutral detergent fiber (NDF) and in vitro true digestibility (IVTD). Herbage nitrogen (N) concentration was measured using a Foss fully automated Kheltec 8 400 (Feldsine et al., 2002), and CP content was calculated (6.25×N). NDF was analyzed sequentially according to method described by Van Soest et al. (1991) using semiautomatic ANKOM 2000 Fiber Analyzer and was expressed including residual ash. In vitro true digestibility (IVTD) was determined using modified fiber analyzer bag method according to the two-stage method described by Tilley and Terry (1963). Forage samples were weighed, placed into filter bags (Ankom F57 filter bag), sealed and then placed into 100 mL syringes. The first step was conducted on 100 mL syringe in the Hohenheim gas test incubator. The rumen liquor was filtered through 2 layers of cheese cloth into a warm flask (39°C) of approx. 1 l volume filled with carbon dioxide. The rumen liquor was taken from six 3~4 years adult Poll Dorset rams before morning feeding. One part of liquor was mixed with four parts of the medium in a Woulff-bottle kept 39°C in a water bath and stirred by magnetic stirrer. Fifty millilitres of the rumen liquor-medium mixture was pumped with an automatic pipette into each syringe, pre warmed to 39°C. After 48 h first step incubation, bags were analyzed for NDF using Ankom fiber analyzer (Ankom^{220}) as described by Goering and Van Soest (1970). IVTD were calculated from amount of NDF remaining in bag using the following equation.

$$IVTD = 100 - NDR,$$

Where NDR is the measurement of neutral detergent residue after 48h of first step incubation as percentage of dry matter (Tilley and Terry, 1963; Goering and Van Soest, 1970; Van Soest P et al., 1991).

Soil samples were passed through 0.14 mm mesh screening after air-drying. The measurement of total nitrogen (TN), total phosphorus (TP), total potassium (TK), available nitrogen (AN), available phosphorus (AP) and available potassium (AK) of soil samples were done (Miller and Keeney, 1982).

Statistical analyses

The CP, IVTD and NDF ratios were calculated as ratio of mean of CP, IVTD and NDF in each grazing intensity treatment to the mean of CP, IVTD and NDF in fencing treatment (i.e., $CP_{grazing}/CP_{fencing}$). The CP, IVTD and NDF of drought tolerance in each month were expressed as the ratio of the CP, IVTD and NDF in the droughty year to the values of the rainy year (i.e., the CP_{2016}/CP_{2015}). To analyze the seasonal variation in CP, IVTD and NDF, the inter-month variation of CP, IVTD and NDF (i.e., the inter-month CV_{CP}) were calculated as the variation coefficient of the CP, IVTD and NDF of dominant species in each grazing intensity over four months during each year.

We used Mixed Model option in SPSS version 19.0 (IBM Corp., Armonk, New York, USA), based on an autoregressive covariance structure through ANOVA analyzing data. "Grazing intensity", "Year", "Month" and their interactions were regarded as fixed effects with "Month" treated as a repeated effect and "Grazing intensity × Year" as the subject effect. The Tukey's test was used for multiple comparisons. The ANOVA was followed by least significant difference (LSD) tests ($P<0.05$).

Results

Effects of inter-annual and inter-month changes on nutritive value of dominant species

The sampling year significantly influenced CP, IVTD and NDF of all four plant species during grazing (S1 Table). In rainy year (2015), grazing significantly increased CP contents of all plant species ($P<0.05$), while significant effects on IVTD of *K. capillifolia*, *P. fruticosa* and *C. sinica* ($P<0.05$) were recorded. In rainy year, NDF of *P. viviparum*, *P. fruticosa* and *C. sinica* ($P<0.05$) were influenced by grazing in rainy year. However, in the droughty year (2016), grazing significantly increased the CP content of only *K. capillifolia* (Fig. 2). The CP response ratio ($CP_{grazing}/CP_{fencing}$) was significantly higher in 2015 than 2016 for *K. capillifolia* and *C. sinica* ($P<0.01$) (Fig. 4) and IVTD response ratio ($IVTD_{grazing}/IVTD_{fencing}$) was greater in 2015 than 2016 for *K. capillifolia*, *P. viviparum* and *P. fruticosa* while similar results between years for *C. sinica* were recorded. The NDF response ratio (i.e., $NDF_{grazing}/NDF_{fencing}$) was lower in 2015 than 2016 for *P. viviparum* but no difference ($P>0.05$) between 2015 and 2016 for other three species were observed.

The sampling months significantly influenced CP, IVTD and NDF of all four plant species during grazing (S1 Table). Grazing clearly increased CP contents of *K. capillifolia* and *C. sinica* during all months of the growing season ($P<0.05$) (Fig. 3). While noticeable increase for *P. viviparum* in July and September ($P<0.05$) and for *P. fruticosa* in only June ($P<0.05$) was observed (Fig. 3). The order of CP response ratio was *C. sinica*=*K. capillifolia* = *P. viviparum*>*P. fruticosa* ($P<0.001$) (Fig. 4). The IVTD of all four species decreased remarkably with month ($P<0.05$) (Fig. 3). Grazing significantly increased IVTD of *K. capillifolia*, *P. viviparum* and *C. sinica* in each grazing month ($P<0.05$) (Fig. 3). In case of *P. fruticosa*, grazing clearly increased IVTD in June, July and August ($P<0.05$). The order of IVTD response ratio was *C. Sinica*>*P. viviparum* = *K. capillifolia*>*P. fruticosa* ($P<0.001$; Fig. 4). Grazing evidently decreased NDF of *K. capillifolia* in June, August and September ($P<0.05$) while NDF of *P. viviparum* was decreased in June, July and September ($P<0.05$) (Fig. 3). The NDF content of *C. sinica* was decreased in June and July months ($P<0.05$). However, no significant decrease for *P. fruticosa* in each month ($P>0.05$) was observed (Fig. 3). The order of NDF response ratio was *P. Fruticosa*>*K. capillifolia* = *C. sinica*>*P. viviparum* ($P<0.001$; Fig. 4).

During both years (rainy and droughty), all four plant species showed largest increase in CP and IVTD while largest decrease in NDF for G3 treatment as compared to G0. CP contents of *K. capillifolia*, *P. viviparum*, *P. fruticosa* and *C. sinica* increased by 5.4, 5.4, 1.5 and 4.5%, respectively during rainy year, while CP contents of *K. capillifolia*, *P. viviparum*, *P. fruticosa* and *C. sinica* increased by 2.5, 2.1, 1.3 and 4.3%, respectively in droughty year (Fig. 2). In the rainy year, IVTD of *K. capillifolia*, *P. viviparum*, *P. fruticosa* and *C. sinica* increased by 7.8, 8.5, 2.4 and 8.3%, respectively and in the droughty year, IVTD of *K. capillifolia*, *P. viviparum*, *P. fruticosa* and *C. sinica* increased by 0.8, 2.9, 0.4 and 10.7%, respectively (Fig. 2). NDF contents of *K. capillifolia*, *P. viviparum*, *P. fruticosa* and *C. sinica* decreased by 6.8, 13.5, 0.9 and 6.2%, respectively for rainy year and in the droughty year NDF contents of *K. capillifolia*, *P. viviparum*, *P. fruticosa* and *C. sinica* decreased by 5.9, 4.8, 1.0 and 6.0%, respectively (Fig. 2).

In general, these results indicated that the nutritional value of *C. sinica* exhibited the highest response to grazing, while *P. fruticosa* showed lowest response. Overall, as the grazing intensity increased, CP and IVTD of all four species showed gradually increasing trend, however, NDF showed a downward trend (Fig. 2; S1 Table).

Effects of grazing on drought tolerance and inter-month variations on nutritive value of dominant species

The CP drought tolerance (i.e., CP_{2016}/CP_{2015}) of *C. sinica* and *P. fruticosa* was greater than *K. capillifolia* and *P. viviparum*, while lowest were recorded for *P. viviparum* (Fig. 5). The order of IVTD drought tolerance (i.e., $IVTD_{2016}/IVTD_{2015}$) was *C. sinica*= *P. fruticosa*>*K. capillifolia* = *P. viviparum* ($P<0.001$). The NDF drought tolerance (i.e., NDF_{2016}/NDF_{2015}) of *P. viviparum* and *C. sinica* was apparently ($P<0.001$) greater than *K. capillifolia* and *P. Fruticosa* (Fig. 5). Grazing obviously decreased CP, IVTD and NDF drought tolerance of *K. capillifolia*, *P. viviparum*, and *C. sinica* but no obvious effects on *P. fruticosa* were observed (Fig. 5).

The order of inter-month CV_{CP} was *P. viviparum*>*K. capillifolia*>*P. fruticosa* = *C. sinica* (Fig. 6). The CV_{NDF} inter-month order was *P. viviparum*>*C. sinica*>*K. capillifolia*>*P. fruticosa* (Fig. 6). While the order of inter-month CV_{IVTD} was *P. viviparum*>*K. capillifolia*>*C. sinica*>*P. fruticosa* (Fig. 6).

Grazing significantly increased inter-month CV_{CP} and CV_{NDF} of *K. capillifolia* but no significant effect on inter-month CV_{IVTD} was recorded (Fig. 6). Inter-month CV_{CP}, CV_{NDF} and CV_{IVTD} of *P. viviparum* were remarkably increased by grazing (Fig. 6). In case of *P. fruticosa* and *C. sinica*, grazing had no significant effect on inter-month CV_{CP}, CV_{IVTD} and CV_{NDF} (Fig. 6).

Relationship of herbage N concentration with IVTD, NDF and IVTD

Both IVTD and NDF were clearly ($P<0.05$) correlated with herbage N concentration (Fig. 7a-d; Fig. 10i-l), indicating that herbage nutritive value was limited by N concentration. The relationship between herbage N concentration and IVTD was clearly affected by year and month as indicated by slope of the fitted model (Fig. 7a-d; S2 Table). However, the relationship between herbage NDF and IVTD as indicated by slope of the fitted model was clearly affected by sampling month, grazing and plant species (Fig. 7e-h; S2 Table). The slope of the fitted model was apparently affected by sampling year, month, grazing and plant species for the relationship between herbage N concentration and NDF (Fig. 7i-l; S2 Table).

Herbage N did not apparently correlate with IVTD for fencing and grazing intensities, but slope of the fitted model increased with increasing grazing intensity (S2 Table). The herbage NDF did not significantly correlate with IVTD for fencing (G0), light grazing (G1) and high grazing (G3) intensities, but correlation was significant for the moderate grazing intensity (G2), where slope of the fitted model significantly decreased (S2 Table). In case of fencing (G0), light grazing (G1) and high grazing (G3) intensities, herbage N did not significantly correlate with NDF, however correlation was significant for the moderate grazing intensity (G2), and slope of the fitted model increased with grazing intensity (S2 Table).

Effects of grazing on soil nutritive values

Soil nutrients properties for four grazing intensities during 2015 and 2016 are shown in Table 2. As compared to G3 intensity, the soil TN, TP and AP in 0~10 and 10~20 cm soil layers were significantly increased for G0, G1 and G2 intensities during both years, and reached to their highest level for G0 intensity treatment. However, no significant difference was observed for G1 and G2 intensities. In both years, the G0, G1 and G2 intensities prominently decreased soil AN and AK in 0~10 cm layer, while prominently increased the soil AN in 10~20 cm layer compared to G3 intensity. The soil TN, TP, AN, AP and AK in 20~30 cm layer showed no significant difference for all grazing intensities in both years. Soil TK in 0~30 cm soil depth had insignificant difference for G0, G1, G2 and G3 intensities in 2015 and 2016.

Relationship of plant nutrients and soil nutrients

The correlation results indicated that the CP had a significant positive correlation with IVTD and TN and significant negative correlation with NDF, TP, AP and AK (Table 3). IVTD showed significantly positive correlation with TN and AK, while a significant negative correlation with NDF, TP and AP was observed (Table 3). A significant negative correlation of NDF with TN, TP, AN, AP and AK (Table 3) was recorded. TN had a significant positive correlation with TP and AP and TP showed a significant positive correlation with TK, AN, AP and AK (Table 3). TK displayed a significant positive correlation with AN, AP and AK while AN had a significant positive correlation with AP and AK and AP had a significant positive correlation with AK (Table 3).

Discussion

Effects of grazing on dominant species nutritive values

Our results indicated that grazing significantly increased the CP and IVTD of four dominant species in the alpine meadow that is consistent with previous studies (Schönbach et al., 2009; Fanselow et al., 2011). A large amount of nitrogen was stored in stems and roots of plants and moved into the young shoots and leaves as herbage was grazed (Fanselow et al., 2011). In addition, grazed herbage had a higher relative absorbance of nitrogen so the reduction of plant aboveground biomass might lead to the accumulation of remaining CP in leaves (Legay et al., 2012). It had been previously reported (Jiang et al., 2012) that nitrogen originating from dung and urine of grazing livestock had a positive effect on CP concentrations of herbage and herbivore excretions usually accelerated the rate of mineralization on soil surface by plant litter. Subsequently, soil mineral nitrogen increased CP contents of plants (Miaoet al., 2015). Other studies (Mysterud et al., 2001; Hebblewhite et al., 2008; Schonbach et al., 2009) had also reported that grazing could affect CP and IVTD of plants by regeneration of young and protein-rich parts of plants instead of ageing parts. Studies had shown that grazing activities could enhance the growth of new protein-rich forage to replace old forage. Grazing delayed maturation and lignification of forage, promoted regeneration of new tissues, increased CP content, decreased crude fiber content and increased digestibility of forage (Milchunas et al., 1995; Garcia et al., 2003; Wang et al., 2009; Shan et al., 2011).

Our study also found that CP, IVTD and NDF had species-specific responses to grazing. Grazing distinctly increased CP and IVTD of *K. capillifolia* and *P. viviparum* but had less effect on *P. fruticosa*. The plant species *C. sinica* had greater nutritional response to grazing as compared to *K. capillifolia*, *P. viviparum* and *P. fruticosa*. The reason could be that *C. sinica* is a legume and sheep preferred it for feeding, resulted in more biomass being removed and new biomass being regenerated with a high feeding value. These results showed that different plant species might have different adaptive strategies towards grazing that included grazing resistance (rapid regrowth ability, as in *K. capillifolia* and *P. viviparum*) or grazing avoidance (poorpalatability, as in *P. fruticosa*).

Effects of inter-annual precipitation changes on nutritive values of dominant species

The inter-annual variation in precipitation affects herbage nutritional value (Miao et al., 2015). The nutritive value of herbage depends on the amount of precipitation and is directly proportional to the amount of rainfall (Miao et al., 2015). Our results indicated that CP and IVTD of herbage during rainy year was higher than droughty years which was consistent with previous studies (Schönbach et al., 2009; Müller et al., 2014; Miao et al., 2015). In alpine meadows, plant growth was limited by the amount of precipitation and water availability (Miao et al., 2015). In alpine meadows, amount of precipitation directly regulated the quantity of water available for absorption by plants. The increase in rainfall was related to increase of CP in plants because of accelerated mineralization. In rainy year when the water level was high, CP contents in herbage biomass was increased due to increase nitrogen utilization rate and assimilation rate by herbages (Austin et al., 2004, Xu and Zhou, 2005, Miao et al., 2015; Ren et al., 2016). There are number of different interpretations for this phenomenon, such as improvement of enzyme activity participating in nitrogen anabolism (Debouba et al., 2006), an increase in net photosynthetic rate (Lawlor et al., 2002) or an increase in stomatal conductance (Schulze et al., 1994). Moreover, drought could cause severe water stress, leading to the rapid maturation of herbage and decreased herbage CP concentrations (Schönbach et al., 2009). Therefore, water stress during drought year increased forage fibrosis and reduced forages digestibility, while during rainy year due to high rainfall maturation process delayed, forage fibrosis reduced and in turn forage digestibility was improved.

In our research, grazing reduced the drought tolerance of nutritive values for *K. capillifolia* and *P. viviparum* and *C. sinica*. Grazing reduced the residence time of herbage tissue and leaves and increased the proportion of young and protein-rich tissues. Compared to mature tissues, young tissues were more sensitive to changes in water supplement and therefore less resistant to drought stress. Therefore, the drought tolerance of nutritive value for herbage decreased with the increase in grazing intensity, because grazing reduced the proportion of aged plant tissues and increased the proportion of young plant tissue. On the other hand, *P. fruticosa* was unpopular among grazers and showed no significant inter-annual nutritive value variation. It had high tolerance to water stress due to its curved leaves and low specific leaf area.

Our findings indicated that impacts of grazing on nutritive values depended on precipitation which was consistent with previous studies (Schönbach et al., 2012; Miaoet al., 2015). During the rainy year, grazing significantly increased the nutritional value of *K. capillifolia* and *P. viviparum*, but there no significant impact during the droughty year was recorded. A large amount of CP in the grazed herbage originated from nitrogenous remains that were mobilized from stem bases or roots to expanding shoots and leaves (Volenec et al., 1996). Nitrogen production was limited by the availability of water (Fanselow et al., 2011) so CP concentration in growing biomass was limited by low nitrogen yield during the droughty year than rainy year. *P. fruticosa* and *C. sinica* might have high efficiency of water utilization so precipitation did not significantly affect their nutritional values. *K. capillifolia* and *P. viviparum* contributed greater to the proportion of aboveground biomass and these species accounted for more than52.1% of the total aboveground biomass. The nutritive value of herbage showed a significant inter-annual variation in response to grazing and was lower during thedroughty year than therainy year (Müller et al., 2014).

Effects of growing season on nutritive value of dominant species

The nutritive value of herbage is also affected by the growing season (Aumont et al., 1995; Schonbach et al., 2009; Wang et al., 2007, 2011). Our results indicated that nutritive value of herbage was decreased with the extension of growing season and process of herbage maturation was accelerated after June that was consistent with the previous findings (Bailey, 2004; Müller et al., 2014). As herbage halted to grow, the process of maturation and lignification activated with an increase in cellulose, hemicellulose and lignin and decrease in cellular substances such as proteins (Osborne, 1980). Consequently, with the progression of the plant growth period, herbage IVTD and CP increased while NDF decreased.

In our study, grazing enhanced the inter-month variation in nutritive value of *K. capillifolia* and *P. viviparum*, which might be because of delay herbage maturation in response to grazing (Schiborra et al., 2009). Grazing showed no clear influence on inter-month variation in nutritive value of *P. fruticosa*, which might be due to their lower palatability. The highest response to grazing was found in nutritional values of *K. capillifolia*, *P. viviparum*, *P. fruticosa* and *C. sinica* in June, which decreased as the growing season proceeded due to rapid maturation of herbage. The decrease in the nutritive value of herbage in September was remarkable. Despite of presence of high nutritional value herbage in grazing pasture, livestock of these areas faced serious challenges in September due to shortage of quality and quantity of herbage. In addition, livestock spent more energy searching for feedable herbage and might lose weight, which could result in reduced expected profits from intensive grazing. The low grazing response of herbage nutritional value in September was also associated to low plant coverage and high risk of wind erosion as sheep increased their intake to meet their increased energy demand. The reduced intake of herbage in September also increased the remaining biomass and stored energy in stem bases, roots and rhizomes of herbage (Pérez-Harguindeguy et al., 2013). Through the explanation of "carry-over effect", intensive grazing may have a negative impact on grassland productivity. Therefore, supplementary feeding at the end of vegetation period is necessary to sustain livestock production in grazing intensive grassland to protect grassland ecosystems (Müller et al., 2014).

Relationship between nutritive value indices

Consistent with previous studies (Karn et al., 2006; Miao et al., 2015), we found positive correlation between herbage CP and IVTD and negative correlation of NDF with IVTD and CP. These findings concluded that high CP content of herbage was widely associated with high nutritional quality of herbage, higher growth rates and lower resistance to stress (Pérez-Harguindeguy et al., 2013, Fanselow et al., 2011). Herbage developed thick cell walls to reduce transpiration loss thus resulted in high amount of herbage fiber and reduced rate of plant growth (Frank et al., 1996; Ridley and Todd, 1966). Accordingly, the negative correlations of NDF with CP and IVTD reported in this study reflected nature of fundamental "trade-offs" between productivity and persistence (He et al., 2009). In addition, the relationship between herbage CP, IVTD and NDF was influenced by grazing intensity, year, month and species, indicating that all of these factors could influence nutritive values of herbage. Management measures such as irrigation, fertilization, cutting and planting of plant species having high nutritive value can be adopted to increase the nutrient output of grasslands (Fanselow et al., 2011).

Effects of grazing on soil nutrients properties

The soil TN, TP, AN, AP and AK of grazed grasslands was significantly increased by fencing. The soil nutrients of degraded alpine meadow restored by fencing approach (Jing et al., 2014) indicating that natural succession of degraded soils in alpine meadow areas of the QTP could improve soil fertility.

In fenced and grazed grasslands, the interaction of soil and plant was a complex process (Lambers et al., 2009). The movement of energy and nutrients in soil directly and indirectly reflected the species composition and nutritional value of vegetation (Venterink, 2011). The plant community of fenced grassland locked-in nutrients (Harris et al., 2007) in their tissues, reducing the outflow of energy and nutrients from soil-plant system to the consumer (grazed livestock), especially gramineous (GG) and sedge (SG) functional types had high productivity and good quality (Moretto and Distel, 1997). In case of fenced grasslands, vegetation resources (coverage and productivity) were significantly improved with the increase in fencing time.

These resources went back to the soil by the decomposition of the litter layer (Bardgett and Wardle, 2003; Wu et al., 2009). However, regarding grazed grasslands, with the increase of grazing intensity, more energy and nutrients flowed from soil-plant system to livestock by grazing, which at first altered soil nutrients properties, reduced the litter and root biomass that were fed back into the soil after decomposition (Gao et al., 2008); Secondly, the edible functional types grazed by livestock had higher litter decomposition rate and efficient soil nitrogen than inedible functional group forage (Moretto and Distel, 1997). Finally, long-term trampling by livestock transformed soil composition, infiltration rates, bulk density, soil porosity, limiting soil respiration and reducing soil microbial activity (Holt, 1997). On the contrary, in fenced grasslands, fencing removed the trampling effect of grazing livestock, improved soil characteristics, increased water interception and improved vegetation status (Li et al., 2017). Secondly, along with the development of aboveground vegetation, the better vegetation conditions reduced the wind erosion and some nutrients richer particles and dust was captured by the soil (Liu et al., 2007). Thirdly, the improvement of soil nutrients had a positive regeneration effect on the aboveground biomass and structure of plant functional types, because the utilization of higher nutrient levels was beneficial for the competition of gramineous (GG) and sedge (SG) functional types to other species (Van et al., 2004). Finally, decrease in the quantity of rodents (*Myospalax fontanierii* and *Microtus leucurus*) had a positive effect on soil biological communities and soil processes by altering the input of soil resources (Bardgett and Wardle, 2003). Therefore, soil nutrient had a positive effect on the aboveground biomass and nutritional value of dominant species. However, this study only analyzed the soil nutrients properties. In future, the relationship between dominant species and soil physics or biology should also be considered.

Conclusions

This study explored the influence of grazing in combination with precipitation and growing season on herbage nutritive values in an alpine meadow of QTP. Based on a short-term field experiment (7 years) with four grazing intensities, this study revealed that biomass of *K. capillifolia* and *P. viviparum* occupied a very high proportion (52.1%~57.5%) in grazing communities and nutritive values of these two species displayed precipitation and growing season-dependent responses to grazing. Feed supplementation was required during droughty year and at the end of growing season (September) to improve animal management and protection of grazed grasslands. Grazing clearly reduced drought tolerance of *K. capillifolia*, *P. viviparum* and *C. sinica* but had no effects on *P. fruticosa*. Grazing increased inter-month variation of nutritive value for *K. capillifolia* and *P. viviparum* but no effects on *P. fruticosa* or *C. sinica* were recorded. Future climate change is probably to increase extreme drought and heavy rainfall events, which will affect the inter-annual and inter-seasonal variations in plant species growth and nutritional value. The effects of grazing on the nutritive value of dominant species showed clear inter-annual and seasonal variations and species-specific responses. Therefore, to reduce the provision of grasslands ecosystem services, management measures such as ongoing intense grazing, irrigation, fertilization, cutting and planting of high nutritive value species can be adopted to increase the nutrient output of alpine meadow grassland.

Acknowledgements

We acknowledge the herdsmen and the Sunan County Meteorological Bureau for their assistance and for providing long-term meteorological data. We greatly appreciate the ACIAR project for their support during the experiment. Our research was funded by China's Natural Science Fund (31460592), China's Agricultural Research system (CARS-39-18) and Public welfare industry (Agriculture) of the Ministry of Agriculture (201503134-HY15038488).

References

Aumont G, Caudron I, Saminadin G, Xandé A. 1995. Sources of variation in nutritive values of tropical forages from the Caribbean[J]. Animal Feed Science and Technology, 51: 1-13.

Austin AT, Yahdjian L, Stark JM, Belnap J, Porporato A, Norton U, Damián A R, Schaeffer S M. 2004. Water pulses and biogeochemical cycles in arid and semiarid ecosystems[J]. Oecologia, 141: 221-235.

Bardgett RD., Wardle DA. 2003. Herbivore-mediated linkages between aboveground and belowground communities[J]. Ecology, 84: 2 258-2 268.

Bailey DW. 2004. Management strategies for optimal grazing distribution and use of arid rangelands 1 2[J]. Journal of Animal Science, 82: E147-E153.

Bai Y, Han X, Wu J, Chen Z, Li L. 2004. Ecosystem stability and compensatory effects in the Inner Mongolia grassland[J]. Nature, 431: 181.

Bai Y, Wu J, Clark CM, Pan QM, Zhang LX, Chen S, Wang QB, Han XG. 2012. Grazing alters ecosystem functioning and C: N: P stoichiometry of grasslands along a regional precipitation gradient[J]. Journal of Applied Ecology, 49: 1 204-1 215.

Cao J, Holden NM, Lü XT, Du G. 2011. The effect of grazing management on plant species richness on the Qinghai-Tibetan Plateau[J]. Grass and Forage Science, 66: 333-336.

Cheng J, Jing G, Wei L, Jing Z. 2016. Long-term grazing exclusion effects on vegetation characteristics, soil properties and bacterial communities in the semi-arid grasslands of China[J]. Ecological Engineering, 97: 170-178.

Du M, Kawashima S, Yonemura S, Zhang X, Chen S. 2004. Mutual influence between human activities and climate change in the Tibetan Plateau during recent years[J]. Global and Planetary Change, 41: 241-249.

Debouba M, Gouia H, Suzuki A, Ghorbel MH. 2006. NaCl stress effects on enzymes involved in nitrogen assimilation pathway in tomato "Lycopersicon esculentum" seedlings[J]. Journal of plant physiology, 163: 1 247-1 258.

Dong SK, Sherman R. 2015. Enhancing the resilience of coupled human and natural systems of alpine rangelands on the Qingha Plateau[J]. Rangeland, J37: i-iii.

Frank AB, Bittman S, Johnson DA. 1996. Water relations of cool-season grasses[J]. AGRONOMY, 34: 127-164.

Feldsine P, Abeyta C, Andrews WH. 2002. AOAC International methods committee guidelines for validation of qualitative and quantitative food microbiological official methods of analysis[J]. Journal of AOAC International, 85: 1 187-1 200.

Fanselow N, Schönbach P, Gong XY, Lin S, Taube F, Loges R, Dittert K. 2011. Short-term regrowth responses of four steppe grassland species to grazing intensity, water and nitrogen in Inner Mongolia[J]. Plant and Soil, 340: 279-289.

Goering HK, Van Soest PI. 1970. Forage fiber analysis. Apparatus, reagents and some applications. ARS, USDA[J]. Agric. Handbook (379).

Gebauer RL, Ehleringer JR. 2000. Water and nitrogen uptake patterns following moisture pulses in a cold desert community[J]. Ecology, 81: 1 415-1 424.

Garcia F, Carrere P, Soussana JF, Baumont R. 2003. The ability of sheep at different stocking rates to maintain the quality and quantity of their diet during the grazing season[J]. The Journal of Agricultural Science, 140: 113-124.

Gao YZ, Giese M, Lin S, Sattelmacher B, Zhao Y, Brueck H. 2008. Belowground net primary productivity and biomass allocation of a grassland in Inner Mongolia is affected by grazing intensity[J]. Plant and Soil, 307: 41-50.

Giese M, Gao YZ, Lin S, Brueck H. 2011. Nitrogen availability in a grazed semi-arid grassland is dominated by seasonal rainfall[J]. Plant and soil, 340: 157-167.

Giese M, Brueck H, Gao YZ, Lin S, Steffens M, Kögel-Knabner I, Zheng XH. 2013. N balance and cycling of Inner Mongolia typical steppe: a comprehensive case study of grazing effects[J]. Ecological Monographs, 83: 195-219.

Grant K, Kreyling J, Dienstbach LF, Beierkuhnlein C, Jentsch A. 2014. Water stress due to increased intra-annual precipitation variability reduced forage yield but raised forage quality of a temperate grassland[J]. Agriculture, Ecosystems & Environment, 186: 11-22.

Holt JA. 1997. Grazing pressure and soil carbon, microbial biomass and enzyme activities in semi-arid northeastern Australia[J]. Applied Soil Ecology, 5: 143-149.

Harris WN, Moretto AS, Distel RA, Boutton TW, Boo RM. 2007. Fire and grazing in grasslands of the Argentine Caldenal: effects on plant and soil carbon and nitrogen[J]. acta oecologica, 32: 207-214.

Harris RB. 2010. Rangeland degradation on the Qinghai-Tibetan plateau: a review of the evidence of its magnitude and causes[J]. Journal of Arid Environments, 74: 1-12.

He JS, Wang X, Flynn DF, Wang L, Schmid B, Fang J. 2009. Taxonomic, phylogenetic, and environmental trade-offs between leaf productivity and persistence[J]. Ecology, 90: 2 779-27 91.

Hebblewhite M, Merrill E, McDermid G. 2008. A multi-scale test of the forage maturation hypothesis in a partially migratory ungulate population[J]. Ecological monographs, 78: 141-166.

Jiang Y, Tang S, Wang C, Zhou P, Tenuta M, Han G, Huang D. 2012. Contribution of urine and dung patches from grazing sheep to methane and carbon dioxide fluxes in an Inner Mongolian desert grassland[J]. Asian-Australasian journal of animal sciences, 25: 207.

Jing Z, Cheng J, Chen A. 2013. Assessment of vegetative ecological characteristics and the succession process during three decades of grazing exclusion in a continental steppe grassland[J]. Ecological Engineering, 57: 162-169.

Jing Z, Cheng J, Su J, Bai Y, Jin J. 2014. Changes in plant community composition and soil properties under 3-decade grazing exclusion in semiarid grassland[J]. Ecological Engineering, 64: 171-178.

Karn JF, Berdahl JD, Frank AB. 2006. Nutritive quality of four perennial grasses as affected by species, cultivar, maturity, and plant tissue[J]. Agronomy journal, 98: 1 400-1 409.

Kleinebecker T, Weber H, Hölzel N. 2011. Effects of grazing on seasonal variation of aboveground biomass quality in calcareous grasslands[J]. Plant Ecology, 212: 1 563-1 576.

Kemp D, Michalk D. 2011. Development of sustainable livestock systems on grasslands in north-western China[J]. In ACIAR Proceeding. (No. 134).

Kemp DR, Guodong H, Xiangyang H, Michalk DL, Fujiang H., Jianping W, Yingjun Z. 2013. Innovative grassland management systems for environmental and livelihood benefits[J]. Proceedings of the National Academy of Sciences, 110: 8 369-8 374.

Long RJ, Apori SO, Castro FB, Ørskov ER. 1999. Feed value of native forages of the Tibetan Plateau of China[J]. Animal Feed Science and Technology, 80: 101-113.

Lawlor DW, Cornic G. 2002. Photosynthetic carbon assimilation and associated metabolism in relation to water deficits in higher plants[J]. Plant, cell & environment, 25: 275-294.

Liu B, Wu N, Luo P, TaoYP. 2007. Characteristics of soil nutrient distribution in high-altitude meadow ecosystems with different management and degradation scenarios[J]. Chinese Journal of Eco-Agriculture, 15: 45-48.

Lambers H, Mougel C, Jaillard B, Hinsinger P. 2009. Plant-microbe-soil interactions in the rhizosphere: an evolutionary perspective[J]. Plant and Soil, 321: 83-115.

Lin L, Dickhoefer U, Müller K, Susenbeth A. 2011. Grazing behavior of sheep at different stocking rates in the Inner Mongolian steppe, China[J]. Applied Animal Behaviour Science, 129: 36-42.

Legay N, Lavorel S, Personeni E, Bataillé MP, Robson TM, Clément JC. 2012. Temporal variation in the nitrogen uptake competition between plant community and soil microbial community[J]. In EGU General Assembly Conference Abstracts. (Vol. 14, p. 7413).

Li W, Cao W, Wang J, Li X, Xu C, Shi S. 2017. Effects of grazing regime on vegetation structure, productivity, soil quality, carbon and nitrogen storage of alpine meadow on the Qinghai-Tibetan Plateau[J]. Ecological Engineering, 98: 123-133.

Miller RH, Keeney DR (eds). 1982. Methods of soil analysis. Part 2: chemical and microbiological properties, 2nd edn [J]. American Society of Agronomy, Soil Science Society of America, Madison.

Milchunas DG, Varnamkhasti AS, Lauenroth WK, Goetz H. 1995. Forage quality in relation to long-term grazing history, current-year defoliation, and water resource[J]. Oecologia, 101: 366-374.

Moretto AS, Distel RA. 1997. Competitive interactions between palatable and unpalatable grasses native to a temperate semi-arid grassland of Argentina[J]. Plant Ecology, 130: 155-161.

Mysterud A, Langvatn R, Yoccoz NG, Chr N. 2001. Plant phenology, migration and geographical variation in body weight of a large herbivore: the effect of a variable topography[J]. Journal of Animal Ecology, 70: 915-923.

Mysterud A, Hessen DO, Mobæk R, Martinsen V, Mulder J, Austrheim G. 2011. Plant quality, seasonality and sheep grazing in an alpine ecosystem[J]. Basic and Applied Ecology, 12: 195-206.

Mekuria W, Aynekulu E. 2013. Exclosure land management for restoration of the soils in degraded communal grazing lands in northern Ethiopia[J]. Land Degrad. Develop, 24: 528-538.

Müller K, Dickhoefer U, Lin L, Glindemann T, Wang C, Schönbach P, Taube F. 2014. Impact of grazing intensity on herbage quality, feed intake and live weight gain of sheep grazing on the steppe of Inner Mongolia[J]. The Journal of Agricultural Science, 152: 153-165.

Miao F, Guo Z, Xue R, Wang X, Shen Y. 2015. Effects of Grazing and Precipitation on Herbage Biomass, Herbage Nutritive Value, and Yak Performance in an Alpine Meadow on the Qinghai-Tibetan Plateau[J]. PloS one. 10: e0127275.

Osborne DJ. 1980. Senescence in seeds[J]. Senescence in seeds, 13-37.

Pakeman RJ. 2004. Consistency of plant species and trait responses to grazing along a productivity gradient: a multi-site analysis[J]. Journal of Ecology, 92: 893-905.

Perez-Harguindeguy N, Diaz S, Garnier E, Lavorel S, Poorter H, Jaureguiberry P, Urcelay C. 2013. New handbook for standardised measurement of plant functional traits worldwide[J]. Australian Journal of botany, 61: 167-234.

Ridley EJ, Todd GW. 1966. Anatomical variations in the wheat leaf following internal water stress[J]. Botanical Gazette, 127: 235-238.

Ren JZ, Hu ZZ, Zhao J, Zhang DG, Hou FJ, Lin HL, Mu XD. 2008. A grassland classification system and its application in China[J]. The Rangeland Journal, 30: 199-209.

Ren H, Han G, Lan Z, Wan H, Schönbach P, Gierus M, Taube F. 2016. Grazing effects on herbage nutritive values depend on precipitation and growing season in Inner Mongolian grassland[J]. Journal of Plant Ecology, 9: 712-723.

Schulze E, Kelliher FM, Korner C, Lloyd J, Leuning R. 1994. Relationships among maximum stomatal conductance, ecosystem surface conductance, carbon assimilation rate, and plant nitrogen nutrition: a global ecology scaling exercise[J]. Annual Review of Ecology and Systematics, 25: 629-662.

Schönbach P, Wan H, Schiborra A, Gierus M, Bai Y, Müller K, Taube F. 2009. Short-term management and stocking rate effects of grazing sheep on herbage quality and productivity of Inner Mongolia steppe[J]. Crop and Pasture Science, 60: 963-974.

Schiborra A, Gierus M, Wan HW, Bai YF, Taube F. 2009. Short-term responses of a Stipa grandis/Leymus chinensis community to frequent defoliation in the semi-arid grasslands of Inner Mongolia, China[J]. Agriculture, ecosystems & environment, 132: 82-90.

Shan Y, Chen D, Guan X, Zheng S, Chen H, Wang M, Bai Y. 2011. Seasonally dependent impacts of grazing on soil nitrogen mineralization and linkages to ecosystem functioning in Inner Mongolia grassland[J]. Soil Biology and Biochemistry, 43: 1 943-1 954.

Schönbach P, Wan H, Gierus M, Loges R, Müller K, Lin L, Taube F. 2012. Effects of grazing and precipitation on herbage production, herbage nutritive value and performance of sheep in continental steppe[J]. Grass and Forage Science, 67: 535-545.

Tilley JMA, Terry RA. 1963. A two-stage technique for the *in vitro* digestion of forage crops[J]. Grass and forage science. 18: 104-111.

Van Soest, PV, Robertson JB, Lewis BA. 1991. Methods for dietary fiber, neutral detergent fiber, and nonstarch polysaccharides in relation to animal nutrition[J]. Journal of dairy science, 74: 3 583-3 597.

Volenec JJ, Ourry A, Joern BC. 1996. A role for nitrogen reserves in forage regrowth and stress tolerance[J]. Physiologia Plantarum, 97: 185-193.

Vesk PA, Leishman MR, Westoby M. 2004. Simple traits do not predict grazing response in Australian dry shrublands and woodlands[J]. Journal of Applied Ecology, 41: 22-31.

Van Der Wal R, Bardgett RD, Harrison KA, Stien A. 2004. Vertebrate herbivores and ecosystem control: cascading effects of faeces on tundra ecosystems[J]. Ecography, 27: 242-252.

Venterink HO. 2011. Does phosphorus limitation promote species-rich plant communities[J]. Plant and soil, 345: 1-9.

Wang C, Wang S, Zhou H, Glindemann T. 2007. Effects of forage composition and growing season on methane emission from sheep in the Inner Mongolia steppe of China[J]. Ecological research, 22: 41-48.

Wang CJ, Tas BM, Glindemann T, Rave G, Schmidt L, Weißbach F, Susenbeth A. 2009. Fecal crude protein content as an estimate for the digestibility of forage in grazing sheep[J]. Animal Feed Science and Technology, 149: 199-208.

Wu GL, Du GZ, Liu ZH, Thirgood S. 2009. Effect of fencing and grazing on a Kobresia-dominated meadow in the Qinghai-Tibetan Plateau[J]. Plant and Soil, 319: 115-126.

Wang C, Wang S, Zhou H, Li Z, Han G. 2011. Influences of grassland degradation on forage availability by sheep in the Inner Mongolian steppes of China[J]. Animal science journal, 82: 537-542.

Wan H, Bai Y, Schönbach P, Gierus M, Taube F. 2011. Effects of grazing management system on plant community structure and functioning in a semiarid steppe: scaling from species to community[J]. Plant and Soil, 340: 215-226.

Wen L, Jinlan W, Xiaojiao Z, Shangli S, Wenxia C. 2018. Effect of degradation and rebuilding of artificial grasslands on soil respiration and carbon and nitrogen pools on an alpine meadow of the Qinghai-Tibetan Plateau[J]. Ecological Engineering, 111: 134-142.

Xu ZZ, Zhou GS. 2005. Effects of water stress on photosynthesis and nitrogen metabolism in vegetative and reproductive shoots of Leymus chinensis[J]. Photosynthetica, 43: 29-35.

Yang B, Wu JP, Yang L, Kemp D, Gong XY, Takahashi T, Feng MT. 2012. Metabolic energy balance and countermeasures study in the north grassland of China[J]. Acta Prataculturae Sinica, 21: 187-195.

Grazing exclosures solely are not the best methods for sustaining alpine grasslands

Xi xi Yao[1], Jian ping Wu1[2], Xu yin Gong[2], Xia Lang[2] and Cai lian Wang[2]

(1. College of Animal Science and Technology, Gansu Agricultural University, Lanzhou, People's Republic of China; 2. Gansu Academy of Agricultural Science, Lanzhou, People's Republic of China)

Abstract: overgrazing is considered one of the key disturbance factors that results in alpine grassland degradation in Tibet. Grazing exclusion by fencing has been widely used as an approach to restore degraded grasslands in Tibet since 2005. We have compared the impact of long-term non-grazed and continuous grazed management strategy on vegetation structure, nutritional values and soil properties of alpine meadow of the Qinghai-Tibet Plateau by field investigation (12~14years) and indoor analysis during 2016—2018. Our results showed that long-term non-grazed exclosures clearly increased the aboveground biomass and coverage of plant functional types. Our results showed that species biodiversity indicators, including the Pielou evenness index, the Shannon-Wiener diversity index, and the Simpson dominance index, did not significantly change under grazing exclusion conditions. In contrast, the total vegetation cover, the mean vegetation height of the community, and the aboveground biomass were significantly higher in the grazing exclusion grasslands than in the free grazed grasslands. These results indicated that grazing exclusion is an effective measure for maintaining community stability and improving aboveground vegetation growth in alpine grasslands. However, the statistical analysis showed that the growing season precipitation plays a more important role than grazing exclusion in which influence on vegetation in alpine grasslands. In addition, because the results of the present study come from short term (12~14 years) grazing exclusion, it is still uncertain whether these improvements will be continuable if grazing exclusion is continuously implemented. Therefore, the assessments of the ecological effects of the grazing exclusion management strategy on degraded alpine grasslands in Tibet still need long term continued research.

Key words: Non-grazed exclosures, Alpine grasslands, Grassland degradation, Community characteristics, Vegetation feeding value, Tibet

Introduction

Tibet is an important ecological security shelter zone that acts as an important reservoir for water, regulating climate change and water resources in China and eastern Asia (Kemp et al., 2013; Jing et al., 2014; Wesche et al., 2016; Török et al., 2016; Török and Dengler, 2018). Alpine grasslands are the most dominant ecosystems over all of Tibet, covering more than 70% of the whole plateau's area and representing much of the land area on the Eurasian continent (Kemp et al., 2013). Alpine grasslands in this area are grazed by indigenous herbivores, such as yak and Tibetan sheep. These ecosystems have traditionally served as the principal pastures for Tibetan communities and are regarded as one of the major pastoral production bases in China (Yang et al., 2012). Therefore, QTP is an important source for the survival and development of people in China and also a significant ecological barrier shaping genetic structure (Kemp et al., 2013). Alpine grasslands also provide ecosystem functions and services, such as carbon sequestration, biodiversity conservation, and soil and water protection, and are also of great importance for Tibetan culture and the maintenance of Tibetan traditions (Jiang et al., 2012; Wen et al., 2018).

Alpine grasslands in Tibet have been regionally degrading, even desertifying since the 1980s. Previous studies reported that 90% of alpine meadows in QTP are degraded and 35% of this area is described as "black-soil-type alpine meadow" due to the severity of degradation (Dong et al., 2007; Li et al., 2017). Grassland degradation maybe due to many reasons. However, increasing population pressure, livestock quantity and overgrazing are usually considered as the main reasons for grassland degradation (Kemp et al., 2013; Chen et al., 2014). Overgrazing may lead to significant changes in plant community composition and structure (Zhou et al., 2005). In addition, over grazing leads to an increase in potential evapotranspiration and local global warming and further accelerates degradation of alpine meadows (Du et al., 2004). Degradation of grasslands due to over grazing will start avicious circle in which degraded grasslands will be degraded due to invasions of rodents (Kang et al., 2007). In an attempt to alleviate the problem of grassland degradation in Tibet, the Chinese government has initiated project at local state and authorities in 2004 named the Returning Grazing Land to Grassland Project (RGLGP). This strategy has been in consideration for more than a decade in degraded and over grazed areas of QTP, revealing a question: is this strategy successful in restoring degraded alpine meadows? The degradation of grasslands has attracted great attention in recent years and stimulated a large number of studies on the use of exclosures (Wuetal., 2009; Weietal., 2012; Shietal., 2013). Studies showed that exclosures increase above ground biomass, coverage, species diversity and soil nutrient content (Jiao et al., 2011; Shi et al., 2013; Li et al., 2017; Wen et al., 2018) but decrease species density, richness and biodiversity by diminishing the dominant competitor species present during grazing (Mayer et al., 2009; Shi et al., 2013). Exclosures also increased the nutritional value of forage (Schönbach et al., 2012; Ren et al., 2016), which in turn affected the livestock production and performance (Mysterud et al., 2001; Mysterud et al., 2011). However, exclosures can lead to wastage of natural resources in livestock production (Cuevas and LeQuesne, 2005). Thus, specific research should be done for the proper management of ecosystems and the achievement of protection objectives. In QTP, much research has been done to explore the effects of exclosures on alpine meadow ecosystem, vegetation structure, vegetation succession and soil characteristics under different degradation gradient, grazing intensities and grazing regime (Pettit, Froend & Ladd, 1995; Gibson et al., 2000; Li et al., 2017; Wen et al., 2018). However, less work has been done to study the effects of exclosures on nutritional values of plant functional types. In fact, nutritional values of vegetation are also of great importance for animal production along with ecosystem functions and services (Wen et al., 2018; Shang et al., 2013). The livestock industry in QTP accounts for a significant proportion of government income (Kang et al., 2007). Livestock production is usually restricted by herbage nutritional yield, which depends on above ground net primary productivity (ANPP) and herbage nutritional values (Ren et al., 2016). Forage with high nutritional values is characterized by high concentration of crude protein (CP), in vitro true digestibility (IVTD) and low concentration of neutral detergent fiber (NDF). At present, most areas of the grassland are in some state of degradation and the ANPP of grassland has decreased (Li et al., 2017; Wen et al., 2018). Meanwhile, the number of livestock in QTP region is still increasing, causing more over grazing, resulting more grassland degradation and reduced ANPP of grassland (Yang et al., 2012). In addition, climatic factors also influence the grassland, such as extremely low temperature diminishes grass growth from October to May and due to low herbage mass animal productivity is severely limited (Yang et al., 2012). So, the importance of forage nutritional values in the production of livestock is highly recognized. Little work has been done focusing the effects of grassland degradation on vegetation characteristics, vegetation nutritional values and soil properties; in particular, the characteristics of plant have not yet been reported. The effects of long-term non-grazed and grazed management strategy on vegetation characteristics, vegetation nutritional values and soil properties in grassland are unclear.

To gain a better understanding of degraded grassland in QTP, it is necessary to study the vegetation characteristics, nutritional values and soil properties of alpine meadows as a whole. We hypothesized that above ground biomass, coverage, density, biodiversity, nutritional values of vegetation and soil properties will be improved in the absence of grazed due to the absence of disturbance from herbivorous livestock. Thus, in this study, we compared characteristics of plant functional types, functional types nutritional values and soil properties during long-term non-grazed and grazed alpine meadows of QTP in order to evaluate whether long-term non-grazed exclosures can improve the condition and nutritional values of plant functional types and soil properties. The assessment of long-term non-grazed exclosures as management strategy will assist in preventing negative impacts on ecosystem and full utilization of grasslands resources.

Materials and methods

Study site

The study area was located on the Sanding Village in the northeastern edge of the Qinghai-Tibet Plateau, Kangle Town, Sunan County, Zhangye City of Gansu Province, in China (99°48JE, 38°45JN, and 3,200 m above sea level). The annual average precipitation was 255 mm (1985—2017), with ~85% occurring during the growing season (May-September) (Fig. 1B). The average annual temperature was approximately 3.8°C (1985—2017) (Fig. 1A). The annual cumulative temperature ($\geq 0°C$) was approximately 2 323.9°C (1985—2017) (Fig. 1C). The vegetation growth period was from June to September i.e., approximately 4 months. The type of grassland belonged to alpine meadow. The species richness was high, with 12-24 species perm2 in this vegetation meadow. The vegetation was divided into five classes that included (gramineous grasses (GT); sedge grasses (ST); leguminous grasses (LT); forbs grasses (FT) and noxious species (NT)). The dominant species included: Kobresiahumilis, Polygonumviviparum, Potentilla fruticosa and Caraganasinica (Yang et al., 2012) (Species are shown in Table1). The soil of the alpine meadow belonged to meadow soil with high calcium content (Kemp & Michalk, 2011).

Experimental design

The study area, including all research sites, was slightly degraded because it was used as summer pasture and mainly grazed from June to September by Gansu Alpine Fine-wool sheep before 2005. Two treatments, i.e., non-grazed and grazed treatments, were started in 20th June, 2005 under the same conditions, while sample collection was started from 2016. In each treatment three sites, each site occupied 4 ha area (approximately 100m away from each other, to insure an unification of experiment conditions, all sites had similar slope gradient, aspect, elevation and soil type (Cheng et al., 2016; Li et al., 2017; Wen et al., 2018)), were randomly selected over a homogeneous area (total 24 ha area). A teach site, using the line transects method, three 100 m × 100 m monitoring blocks (almost at a distance of 50m) with the same conditions were selected, altogether eighteen sample blocks for two treatments were chosen. The non-grazed sites had been excluded from livestock grazing for 10 years. The grazed sites were fenced for the whole year and were freely grazed from 20th June to 20th August with a 4.5 livestock units/ha (Gansu Alpine Fine-wool sheep, 18-month-old female sheep, average 35 kg live weight) during the grazing period. The grazing experiment started on 20th June, 2005. Animal welfare and experimental procedures were carried out in accordance with the Guide for the Care and Use of Laboratory Animals, Ministry of Science and Technology of China and were approved by College of Animal Science and Technology of Gansu Agricultural University. Every effort was made to minimize animal pain, suffering and distress and to reduce the number of animals used. Gansu Alpine Fine-wool sheep management followed traditional practice, in which grazing sheep were kept in the grazing sites day and night with freely available drinking water. The paddock was owned by a local farmer, who agreed to its use for this experimental study. There were no endangered or protected species within the paddock (Fig. 47-1).

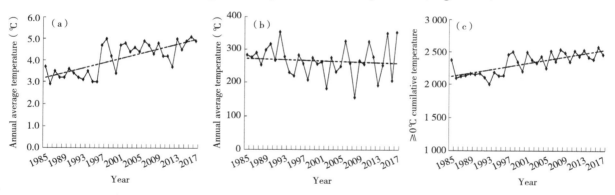

Fig. 1 Changes in annual average temperature (°C) (a), annual average precipitation (mm) (b) and cumulative temperature ($\geq 0°C$) (c) in the region of this study.

Aboveground vegetation community survey, plant and soil sampling

Successive samples were collected on mid-August of 2016, 2017 and 2018 when above ground biomass at the peak of biomass production. In every experimental block, five random sampling of quadrats (1m × 1m) were done, having distance between each quadrat over 1m from edge to edge to eliminate the effect of margin. Species composition, life type, edibility, coverage, aboveground biomass and density were recorded in each quadrat and each plant species was clipped to 1-cm stubble height. Additionally, the plant functional types were divided into five classes that included GT (grass species type), ST (sedge species type), LT (leguminous species type), FT (forbs species type) and NT (noxious species type) (Wu et al., 2009; Zhang et al., 2018). Edible plants species mean those plants that can be eaten by animals while noxious species mean noxious plants. Noxious species means plant species that are classified as undesirable, noxious, exotic, injurious, or poisonous, pursuant to local government law, which are of foreign origin, and can directly or indirectly injure crops, other useful plants, livestock, or poultry (Parker, 1949). Dry matter in each functional group under the constant weight of every quadrat drying at 70 °C for 48 h was determined. A total of 270 quadrants were recorded during 3 years of experiment for long-term non-grazed and grazed treatments. Total coverage, above ground biomass (dry matter) and species density of alpine meadow plant functional types were recorded. The information of all species is shown in Table1. Species abundance was calculated by using the number of species in each square. Species richness (S), Shannon diversity index (H) and Evenness index (E) of the vegetation was calculated using the formula:

$$\text{Shannon diversity index } (H): H = -\sum_{i=1}^{s} P_i \ln P_i$$

$$\text{Evenness index } E: E = H \ln S.$$

Where S, H, Pi represents total species of alpine meadow vegetation community, Shannon diversity index and density proportion of i species, respectively (Shannon, 1948).

Along with this, surface soil was also removed from five spots of each quadrat. The center and four diagonal corners of each sampling quadrat were selected using the earth boring auger in three soil layers: 0~10, 10~20 and 20~30 cm. Soil samples from five spots of each quadrat were mixed together to use as one soil sample. There were 270 soil samples in total from same soil layer for long-term non-grazed and grazed treatments during 3 years of experiments (Table 1).

Table 1 The mean above ground biomass (g/m^2) for species present at surveyed quadrats of long-term non-grazed and grazed alpine meadows in 2016, 2017 and 2018.

Species	Family	Edibility	Aboveground biomass (g/m^2)					
			2016		2017		2018	
			Non-grazed	Grazed	Non-grazed	Grazed	Non-grazed	Grazed
Kobresia humilis	Cyperaceae	E	59.33	40.33	30.40	26.53	44.30	30.73
Polygonum viviparum	Polygonaceae	E	49.33	35.60	27.80	20.35	42.13	26.30
Potentilla fruticosa	Rosaceae	E	31.33	28.60	25.04	20.34	35.33	18.73
Caragana sinica	Leguminosae	E	27.47	23.93	16.50	11.56	21.36	17.70
Salix oritrepha	Salicaceae	E	1.96	1.48	0.84	0.60	0.88	0.60
Polygonum macrophyllum	Polygonaceae	E	0.88	0.72	0.84	0.55	0.84	0.84
Potentilla bifurca	Rosaceae	E	1.68	1.14	1.68	0.78	1.68	1.18
Leontopodium alpinum	Asteraceae	E	1.53	0.97	0.67	0.33	1.13	0.70
Thalictrum aquilegifolium	Ranunculaceae	E	1.36	0.86	0.84	0.36	0.84	0.44

(续表)

Species	Family	Edibility	Aboveground biomass (g/m²)					
			2016		2017		2018	
			Non-grazed	Grazed	Non-grazed	Grazed	Non-grazed	Grazed
Melissitus ruthenicus	Leguminosae	E	1.24	0.81	0.76	0.24	1.83	0.75
Gueldenstaedtia multiflora	Leguminosae	E	1.52	1.13	0.88	0.43	1.69	1.06
Medicago ruthenica	Leguminosae	E	1.79	0.69	0.05	0.32	1.39	0.62
Scirpus triqueter	Cyperaceae	E	1.57	1.21	0.76	0.27	0.88	0.43
Carex atrata	Cyperaceae	E	1.04	0.84	0.40	0.25	0.00	0.40
Taraxacum mongolicum	Asteraceae	E	0.52	0.74	0.68	0.35	0.64	0.45
Oxytropis kansuensis	Leguminosae	I	1.20	1.14	0.84	0.64	0.92	0.58
Rheum pumilum	Polygonaceae	I	1.64	1.07	0.52	0.44	1.24	0.80
Gentianella pygmaea	Gentianaceae	I	1.27	1.00	0.84	0.46	1.07	0.66
Artemisia hedinii	Asteraceae	I	1.08	0.96	0.44	1.44	0.68	0.72
Gentiana macrophylla	Gentianaceae	I	0.48	0.44	0.40	0.92	0.48	0.60
Pedicularis ikomai Sasaki	Scrophulariaceae	I	0.44	0.36	0.24	1.04	0.32	0.00
Geranium wilfordii	Geraniaceae	I	0.28	0.24	0.32	0.64	0.88	0.44

Notes: For life types of species, P and A represents perennials and annuals respectively. For edibility, E and I represents edible and in edible respectively. For five functional types, GG, SG, LG, FG and NG represents grass species type, sedge species type, leguminous species type, forbs species type and noxious species type respectively. "-", not present.

Nutrients chemical analysis

Nutritional values off our edible functional types were evaluated. Plant samples were dried, crushed and passed through 1mm mesh screening by using Foss Tecator Cyclotec 1,093 sample mill. The plant nutrition parameters included crude protein (CP), neutral detergent fiber (NDF) and in vitro true digestibility (IVTD). Plant nitrogen (N) concentration was measured using Foss fully automated Kheltec 8 400 (Feldsine, Abeyta & Andrews, 2002) and utilized to calculated crude protein (CP) by using formula: %CP = %N × 6.25. NDF was analyzed using an ANKOM 2000 Fiber Analyzer on the basis of the two-stage method (Tilley & Terry, 1963) while in vitro true digestibility (IVTD) was determined using an Ankom F57 filter bag (Goering and VanSoest, 1970; VanSoest, Robertson and Lewis, 1991). Soil samples were passed through 0.14 mm mesh screening after air-drying. The measurement of soil samples according to methods (Miller and Keeney, 1982). Total nitrogen (TN) was obtained by these micro Kjeldahl method. Total phosphorus (TP) and total potassium (TK) were determined with an inductive coupled plasma (ICP) emission spectrometer after digestion of the samples in concentrated HNO_3. Available nitrogen (AN) was determined using the continuous alkali-hydrolyzed reduction diffusion method. Available phosphorus (AP) was extracted with sodium bicarbonate and determined by Olsen method. Available potassium (AK) was determined by H_2SO_4–$HCLO_4$ digestion and the molybdenumantimony-ascorbic acid colorimetric method.

Data analysis

Mixed Model option in SPSS version 19.0 (IBM Corp., Armonk, NewYork, USA) based on an auto regressive covariance structure through ANOVA analyzing data was used. There were 270 observations [2 treatments × 9 blocks × 5 quadrants × 3 years] for each functional type variables (Coverage, Plant density, Above ground biomass, CP, IVTD and NDF) and soil property variables in each soil depth (Total N, Total P, Total K, Available N, Available P and Available K). Repeated measurement analysis for each functional type variables and soil property variable in every soil depth were performed using a mixed-effects model, including grazing treatment (non-grazed, grazed), and blocks were selected to study the fixed effects with year (2015, 2016, 2017) as a repeated effect and their interactions. The ANOVA analysis was followed by least significant difference (LSD) tests ($P<0.05$).

Results

Vegetation characteristics response to non-grazed treatment and year variations. Changes in the selected plant community characteristics are shown in Table 2. The vegetation coverage and aboveground biomass of non-grazed treatment were significantly higher than grazed treatment (Fig 2; Table 2). The vegetation density, Species richness (R), Shannon diversity index (S) and evenness index (E) of non-grazed treatment were considerably lower than grazed treatment (Fig 2; Table 2). The sampling year notably influenced the vegetation coverage and density (Fig 2; Table 2). The effect of non-grazed treatment on the coverage and density were highly influenced by sampling year (Fig 3; Table 2).

In comparison to grazed treatment, non-grazed treatment considerably increased the coverage of all five vegetation types (Fig 3; Table 2). Significant increase in the aboveground biomass of GT, ST was observed during non-grazed alpine meadows. Non-grazed treatment also increased the density of all five vegetation types (Fig 3; Table 2). The sampling year only increased the coverage of LT and NT. The sampling year also increased the density of all vegetation types, except FT. However, significant effects of interaction between non-grazed treatment and sampling year on the above ground biomass of ST, LT and FT was observed (Fig 3; Table 2). Non-grazed treatment showed a significant decreasing trends over a period of time on the density of all five vegetation types (Fig 4; Table 2) displaying minimum inclination in 2017 (Fig 4; Table 2). In case of grazed treatment, the density of all five vegetation types first decreased and then showed an upward trend during the experimental period (Fig 4; Table 2) with minimum reading during 2016 (Fig 4; Table 2). The non-grazed treatment displayed first decreasing and then an upward trend in the above ground biomass of all five vegetation types (Fig 4; Table 2) with minimum value occurring during 2016 (Fig 4; Table 2).

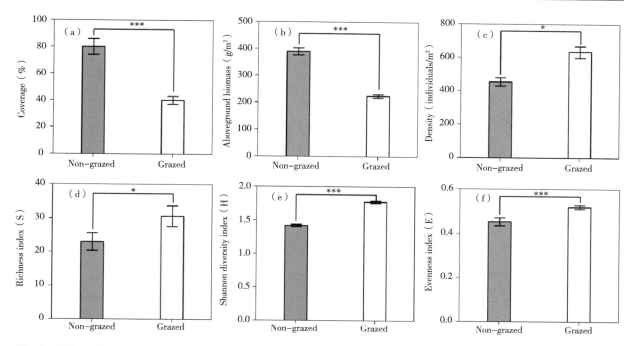

Fig. 2 Effect of long-term non-grazed and grazed on vegetation coverage (a), above ground biomass (b), density (c), richness index (d), Shannon diversity index (e) and Evenness index (f) of Effect of long-term non-grazed and grazed on vegetation coverage (a), above ground biomass (b), density (c), richness index (d), Shannon diversity index (e) and Evenness index (f) of the present significant difference between non-grazed and grazed alpine meadow treatments, ***$P<0.001$, **$P<0.01$, *$P<0.05$; ns, no significant difference.

Table 2 The effects of years (2016, 2017 and 2018), non-grazed (compared with grazed) and interaction between non-grazed and year coverage (a, %), above ground biomass (b), density (c) for total vegetation and five functional types, GT, ST, LT, FT and NT represents grass species type, sedge species type, leguminous species type, forbs species type and noxious species type respectively.

Functional types Non	Items	P-values of variables				
		Non-grazed	Plots	Year	Non-grazed × Year	Year × Plots
Grass species type	Aboveground biomass	0.080	0.662	0.470	0.006	0.080
	Coverage	0.001	0.824	0.023	0.888	0.001
	Plant density	0.002	0.253	0.002	0.989	0.002
Sedge species type	Aboveground biomass	0.001	0.861	0.059	0.729	0.769
	Coverage	0.015	0.348	0.033	0.820	0.687
	Plant density	0.006	0.689	0.272	0.048	0.910
Leguminous species type	Aboveground biomass	0.006	0.689	0.272	0.048	0.006
	Coverage	0.000	0.722	0.004	0.979	0.000

（续表）

Functional types Non	Items	P-values of variables				
		Non-grazed	Plots	Year	Non-grazed × Year	Year × Plots
Forbs species type	Plant density	0.006	0.429	0.008	0.952	0.006
	Aboveground biomass	0.001	0.725	0.014	0.925	0.001
	Coverage	0.006	0.684	0.027	0.849	0.006
Noxious species type	Plant density	0.012	0.551	0.326	0.001	0.012
	Aboveground biomass	0.001	0.594	0.106	0.582	0.001
	Coverage	0.003	0.421	0.013	0.924	0.003
	Plant density	0.005	0.421	0.126	0.209	0.005

Vegetation nutritional values response to non-grazed treatment and year variations. In comparison to grazed treatment, non-grazed treatment significantly decreased the CP content of all vegetation types, except NG (Fig 5; Table 3), it also decreased the IVTD of all vegetation types, except NG (Fig 5; Table 3). A considerable decrease in the NDF content of all vegetation types, except NG (Fig 5; Table 3) during non-grazed treatment was also recorded. The sampling year showed positive effect on the CP content of GG and SG (Fig 5; Table 3). The significant increase in the IVTD of GG and LG were recorded during non-grazed treatment (Fig 5; Table 3). The NDF content of GG and SG increased were.

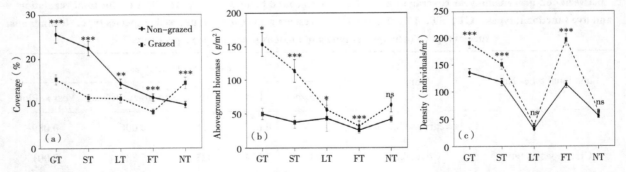

Fig. 3 Effect of non-grazed and grazed on the coverage (a, %), above ground biomass (b, g/m²), and density (c, individuals/m²) of five functional types of alpine meadows between non-grazed and grazed treatment. The values (Mean ± SE) are means of 3 years (2016, 2017 and 2018). For five functional types, GT, ST, LT, FT and NT represents grass species type, sedge species type, leguminous species type, forbs species type and noxious species type respectively. The symbols represent significant difference between non-grazed and grazed alpine meadow treatments, ***$P<0.001$, **$P<0.01$, *$P<0.05$; ns, nosignificantdif-ference.

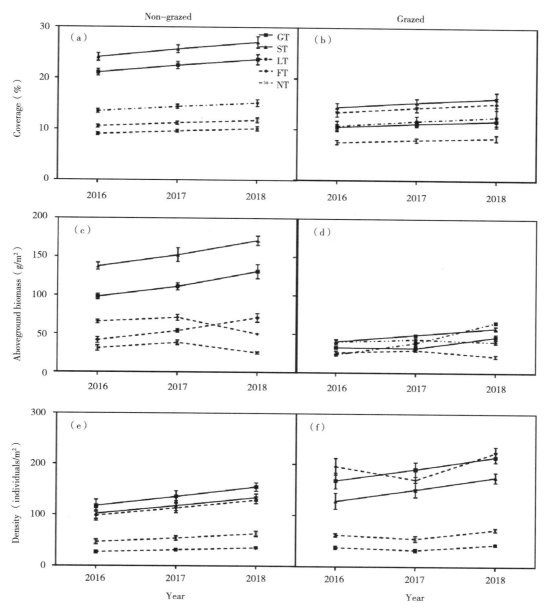

Fig. 4 Changes of coverage (a, %), above ground biomass (b, g/m²), anddensity (c, individuals/m²) for total vegetation and five functional types between non-grazed and grazed alpine meadows. The values (Mean ± SE) are means of 3 years (2016, 2017 and 2018). Forfivefunctionaltypes, GT, ST, LT, FT, and NT represents grass species type, sedge species type, leguminous species type, forbsspecies type and noxious species type, respectly

Observed during the sampling year (Fig 5; Table 3). The relation of non-grazed treatment and sampling year showed significant effect on the CP content of all vegetation types, except NG (Fig 5; Table 3). While in case of IVTD, only SG showed significant effect (Fig 5; Table 3). The NDF contents of SG and LG were observed effected during the study of interaction of non-grazed treatment and sampling year (Fig 5; Table 3) were seen.

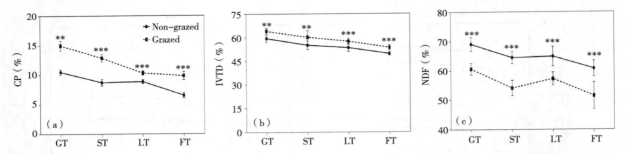

Fig. 5 Effect of non-grazed and grazed on four edible functional types CP(%), IVTD(%), NDF(%) of alpine meadows between non-grazed and grazed treatment. The values (Mean ± SE) are means of 3 years (2016, 2017 and 2018); GT, ST, LT and FT represents grass species type, sedge species type, legumi-nous species type and forbs species type respectly. The symbols represent significant difference between non-grazed and grazed alpine meadow treatments, ***$P<0.001$, **$P<0.01$, *$P<0.05$; ns, nosignificant difference.

Table 3 The effects of years (2016, 2017 and 2018), non-grazed (comparied with grazed) and interaction between non-grazed and year on CP(%), IVTD(%) and NDF(%) for four edible functional types, GT, ST, LT and FT represents grass species type, sedge species type, leguminous species type and forbs species type respectively.

Functional types	Items	P-values of variables				
		Non-grazed	Plots	Year	Non-grazed × Year	Year × Plots
Grass species type	CP	0.007	0.105	0.008	0.019	0.595
	IVTD	0.009	0.322	0.019	0.328	0.911
	NDF	0.004	0.122	0.035	0.279	0.859
Sedge species type	CP	0.005	0.230	0.015	0.000	0.871
	IVTD	0.047	0.612	0.060	0.015	0.822
	NDF	0.010	0.326	0.041	0.007	0.820
Leguminous species type	CP	0.027	0.332	0.083	0.000	0.671
	IVTD	0.001	0.235	0.001	0.904	0.902
	NDF	0.023	0.455	0.088	0.015	0.952
Forbs species type	CP	0.026	0.258	0.057	0.000	0.588
	IVTD	0.012	0.509	0.078	0.386	0.740
	NDF	0.020	0.311	0.227	0.000	0.574

The CP and IVTD contents of all vegetation types, except NG in non-grazed alpine meadows showed a gradually decreasing trend (Fig 6; Table 3) while in case of grazed alpine meadows, the CP and IVTD contents of all vegetation types, except NG firstly

showed decreasing trend and then an upward trend was observed during the experiment period both showing lowest value during 2016 year. However, the NDF content of all vegetation types, except NG showed an increasing trend in non-grazed alpine meadow during experiment, displaying highest value during year 2017. In case of grazed alpine meadows, the NDF content of all vegetation types, except NG first increased and then a downward trend was recorded, the highest value was observed in year 2016.

Discussion

Vegetation characteristics response to non-grazed treatment and year variations. There storation of degraded grassland ecosystem is a complex and long-term ecological process (Cheng et al., 2016; Török & Helm, 2017; Török et al., 2018). Non-grazed treatment is generally regarded as a useful tool to restore the productivity of degraded grasslands ecosystem (Spooner, Lunt & Robinson, 2002). Many studies have shown that there storation of grassland by non-grazed grasslands can be assessed by biomass, coverage, density and diversity of vegetation (Wilkins, Keith & Adam, 2003; Cheng et al., 2016). In our research, we selected above ground biomass, coverage, density, biodiversity and richness to assess the impact of non-grazed treatment on vegetation. Research has shown that climatic factors are also the main driving force of degradation, greater than over grazing for alpine grassland (Niu et al., 2008). The variation of vegetation biomass between years is primarily influenced by local rainfall, temperature and sunshine radiation (Akiyama and Kawamura, 2007; Niu, Ma and Zeng, 2008; Wu et al., 2009; Miao et al., 2015; Ren et al., 2016). In our study area, the annual average temperature and $\geqslant 0\,^{\circ}\mathrm{C}$ accumulative temperature gradually increased, while annual rainfall decreased (Fig. 1). That indicates that there was a warmer and dry trend in the local climate, which might be a very influential factor in the succession of plant communities (Bai et al., 2004).

Our study showed that long-term non-grazed exclosures remarkably increased the above ground biomass and coverage of vegetation but decreased the density and biodiversity of vegetation. Similar results have also been reported in other grassland types (Haugland and Froud-Williams, 1999; Wu et al., 2009; Wang et al., 2012).

Non-grazed exclosures increased the coverage and aboveground biomass of gramineous (GT) and sedge (ST) plants in alpine meadow communities by excluding intake of herbivores, which had good palatability for domestic animals. Studies have shown that forage with good palatability is more competitive than those forage with poor palatability, and non-grazed exclosures significantly increased the biomass of gramineous and sedge species which have good palatability (Gallego et al., 2004; Wuetal., 2009). These results are consistent with previous reports (Gallegoetal., 2004; Wuetal., 2009; Shangetal., 2013), supporting that non-grazed exclosures benefits for the improvement of biomass and coverage off our plant functional types (GT, ST, LT and FT) and inhibition in the development of noxious species type (NT). Livestock grazing accelerated the loss of plant roots and leaf biomass, promoted the recycling of nutrients (Semmartin, Garibaldi & Chaneton, 2008), and decreased the vegetation biomass of grazed alpine meadows. However, non-grazed exclosures showed a negative effect on the density and biodiversity of plant functional types. In high biomass grasslands, the loss of vegetation diversity might be due to greater competition of canopy resources (i.e., light and air) (Huston, 1994). Some of the less competitive species had limited availability of light or nutrient (Grime, 1998; Van Der Wal et al., 2004), resulted in their decrease density or species disappearance. On the contrary, grazed treatment decreased the biomass of dominant functional types (GT and ST), allowing other functional types.

In the community to have more development opportunities and promoting balanced development of the community. The alpine meadows 12~14 years non-grazed exclosures reflected changes in functional types from smaller to larger, and in density from higher to lower. In non-grazed alpine meadows, the biodiversity of five plant functional types (GT, ST, LT, FT and NT) decreased. The density changes of five plant functional types (GT, ST, LT, FT and NT) in the non-grazed are a means that the number of species in the non-grazed alpine meadow was less, total aboveground biomass was higher and number of newly appeared species is fewer. This indicated that the non-grazed exclosures has affected the concealment of the habitat and led to the loss of species diversity. The concealment of the habitat determines the supplement of local plant seedlings (Oba, Vetaas & Stenseth, 2001) and disruption of some unusual plant species (Inderjit, 2005). The species density and diversity in the fenced alpine meadow is significantly higher than grazing alpine meadow. Grazed treatment inhibits the development of dominant community (GT and ST), increases spatial heterogeneity, and makes other functional types (LT, FT and NT) int he community to grow to achieve a balanced development, which is consistent with the previous reports (Begon, Harper and Townsend, 1990; Sheppard et al., 2002; Schippers and Joenje, 2002; Holdo et al., 2007; Wu et al., 2009).

Grazed treatment is regarded as a key factor leading to grassland degradation; meanwhile it is also a main driving force for grassland succession (Holdo et al., 2007). Plant diversity is mainly dependent on grazing intensity. Over grazing may lead to the grass land degradation and biodiversity loss and light grazing may lead to grassland succession to wood land and the loss of grass land habitats. Not only is grazed intensity important, but the time of grazing and the type of grazed livestock are also important (Hulme et al., 1999). It is necessary to do more research about the effects of non-grazed and grazed on alpine meadows, especially in terms of global climate change (Watkinson & Ormerod, 2001).

Vegetation nutritional values response to non-grazed treatment and year variations

It has been reported that grazing usually increased the forage nutritional value (Bai et al., 2012; Schönbachetal., 2012), which will in turn affects the performance of livestock (Mysterud et al., 2001; Mysterud et al., 2011; Lin et al., 2011; Müller et al., 2014). Our research showed that grazed treatment significantly increased the nutritional value (CP and IVTD) off our edible functional types (GT, ST, LT, and FT), which is consistent with other studies (Schönbach et al., 2009; Fanselow et al., 2011; Ren et al., 2016). Firstly, a large amount of nitrogen was stored in the stems and leaves, because grazed forage had a higher relative absorbance of nitrogen and it was moved into the young tissue of shoots and leaves when herbage was taken (Lambers et al., 2009; Fanselowetal., 2011). Secondly, nitrogen originating from the dungan durine of grazed livestock had a positive effect on nitrogen concentrations of forage and herbivore excretions usually accelerated the rate of mineralization of the soil surface by senescent plant litter. As the soil mineral nitrogen increased, the nitrogen content in plants also increased (Semmartin et al., 2008; Wang et al., 2009; Jiang et al., 2012; Miao et al., 2015). Finally, grazed treatment could affect the nutritional value of plants by using young and protein-rich parts and regenerating it, instead of the aged parts of plants (Mysterud et al., 2001; Schönbachetal., 2009; Renetal., 2016). Due to their generation of new tissues under grazing pressure, the maturation and lignification of the species are delayed, and the CP content increased; our findings support these results (Milchunas et al., 1995; Garciaetal., 2003).

The CP and IVTD off our edible functional types (GT, ST, LT and FT) showed a graduallydecreasingtrendwiththeincreaseofnon-grazedtime, whileNDFgradually increased. The CP and IVTD of functional types in grazed alpine meadows showed a decreasing trend at first and then increasing trend with time was observed. Contrary to the changing trend of CP and IVTD, NDF content showed at first rising trend and then decreasing trend. This might be due to rainfall in the study area. As reported previously that variation in precipitation rate between years affects the herbage nutritional values (Miao et al., 2015). The herbage nutritional value depends on the amount of precipitation, which increases with increasing rainfall, consistent with past research (Schönbach et al., 2009; Müller et al., 2014; Miao et al., 2015). Our results also indicated that nutritional value off our edible functional types in relatively wet years (2016and2018) was higher than in dry year (2016). Plant growth was limited by the amount of precipitation and water availability (Miao et al., 2015). In relatively wet years, abundant precipitation accelerated soil water utilization rate and soil mineralization, and promoted the ability of plants to absorb nitrogen (N), thus promoting biomass production (Austin et al., 2004; Xu and Zhou, 2005). Meanwhile, drought can caused severe water stress, resulted in rapid ripening of plants, thereby reducing the concentration of Ninforage. Therefore, water stress in drought years increases forage fibrosis and reduces forages digestibility, while in wet years due to high rainfall maturation process delays, forage fibrosis reduces and in turn forage digestibility was improved. However, in the case of non-grazed alpine meadow, the CP and IVTD off our edible functional types (GT, ST, LT, and FT) did not show any increasing trend with increase in rainfall. This may be due to the fact that as the non-grazed time was increased, biomass accumulated with the passage of every year. Mature and aged tissues inhibited the germination and growth of young tissues from the seedlings in the growing season, causing the CP and IVTD to decrease and NDF to increase every year.

Livestock grazing can significantly change the structure and nutritional value of vegetation and their trampling behavior and excrement canal so affect the community structure and soil properties of the ground (Gibsonetal., 2000). Therefore, vegetation succession, functional types characteristics and nutritional values are closely related to livestock grazed. For the succession of grasslands vegetation and utilization of grassland resources, regular grazed and non-grazed treatment are beneficial to grasslands management.

Conclusions

The restoration of a degraded grassland ecosystem is a complex long-term ecological process (Lambers et al., 2009). Eleven to thirteen years of non-grazed exclosures in QTP have led to subsequent changes of plant functional type biomass, structure, nutritional values, quantity and quality of litter in puts to the soil. Long-term non-grazed exclosures have increased above ground biomass and coverage of plant functional types. Itis beneficial for the improvement off our edible functional types (GT, ST; LT and FT), but inhibited the development of the NT type. Long-term non-grazed exclosures also significantly improved 0~30cm soil TN, TP, TK, AN, AP, and AK. However, it decreased the species biodiversity indicators, including the species richness, the Shannon diversity index and the Evenness index of vegetation. It also decreased the density, biodiversity and nutritional value off our edible plant functional types (GT, ST, LT and FT). There exist adilemma between biodiversity protection and grazed utilization in grasslands under heavy grazing pressure and long-term non-grazed exclosures. As disturbance measures, non-grazed and grazed treatment had opposite impacts on aboveground biomass, coverage, density, biodiversity, nutritional values and soil properties. However, it was from the highest to moderate levels of disturbance for species density and diversity, according to the "intermediate disturbance hypothesis" (Connell & Slatyer, 1977). Landsberg reported that moderate grazing pressure increases the diversity of vegetation at local natural biotope (Landsberg et al., 2002). Our research indicated that non-grazed exclosures can be used as a useful restoration tool implemented at large scales in many regions to restore above ground biomass and coverage of degraded grassland. Meanwhile, grazed treatment could be used as an effective grasslands management strategy to increase biodiversity and nutritional values of plant functional types in long-term fenced grasslands. Were commend that long-term non-grazed grasslands should reasonably utilize non-grazed and grazed treatment for grassland management. We suggest that rotational grazed and non-grazed treatment can be regarded as a beneficial management strategy for grasslands management around the world where common problem sexist. More meaningful studies should be carried out in the future for the restoration, management and utilization of grassland, such as fertilization, fencingtime, grazing in tensity, grazing time and grazed livestock species.

Acknowledge

We acknowledge the herdsmen and Sunan County Meteorological Bureau for their assistance and for providing long-term meteorological data.

Reference

Akiyama T, Kawamura K. 2007. Grassland degradation in China: methods of monitoring, management and restoration[J]. Grassland Science, 53: 1-17.

Austin A T, Yahdjian L, Stark J M, Belnap J, Porporato A, Norton U, Schaeffer S M. 2004. Water pulsesand biogeochemical cycles in arid and semiarid ecosystems[J]. Oecologia, 141: 221-235.

BaiY, Han X, Wu J, Chen Z, Li L. 2004. Ecosystem stability and compensatory effects in the inner Mongolia grassland[J]. Nature, 431: 181-184.

Bai Y, Wu J, Clark C M, Pan Q, Zhang L, Chen S, Han X. 2012. Grazing alterse cosystem function in gand C : N : P stoichiometry of grasslands along aregional precipitation gradient[J]. Journal of Applied Ecology, 49: 1 204-1 215.

Bardgett R D, Wardle D A. 2003. Herbivore-mediated linkages between above ground and below ground communities[J]. Ecology, 84: 2 258-2 268. DOI 10. 1890/02-0274.

Begon M, Harper J L, Town send C R. 1990. Ecology: individuals, populations and communities[J]. Oxford: Black well Scientific Publications.

Chen B, Zhang X, Tao J, Wu J, Wang J, Shi P, Zhang Y, Yu C. 2014. The impact of climate change and anthropogenic activities on alpine grassland over the Qing hai-Tibet Plateau[J]. Agricultural and Forest Meteorology, 189: 11-18.

Cheng J, Jing G, Wei L, Jing Z. 2016. Long-term grazing exclusion effects on vegetation characteristics, soil properties and bacterial communities in these miarid grasslands of China[J]. Ecological Engineering, 97: 170-178.

Connell J H, Slatyer R O. 1977. Mechanisms of successionin natural communities and their rolein community stability and organization[J]. The American Naturalist, 111: 1 119-1 144.

Cuevas J G, Le Quesne C. 2005. Low vegetation recovery after short-term cattle exclusion on Robinson Crusoe Island[J].

Plant Ecology, 183: 105-124.

Dong S K, Gao H W, Xu G C, Hou X Y, Long R J, Kang M Y, Lassoie J. 2007. Farmer and professional attitude to the large-scalebanon livestock grazing of grassland sin China[J]. Environmental Conservation, 34: 246-254.

Du M, Kawashima S, Yonemura S, Zhang X, Chen S. 2004. Mutual influence between human activities and climate change in the Tibetan Plateau durin grecent years[J]. Global and Planetary Change, 41: 241-249.

Fanselow N, Schönbach P, Gong X Y, Lin S, Taube F, Loges R, Dittert K. 2011. Short-term regrowth responses of four steppe grassland species to grazing intensity, water and nitrogenin Inner Mongolia[J]. Plant and Soil, 40: 279-289.

Feldsine P, Abeyta C, Andrews W H. 2002. AOAC International method scommittee guide lines for validation of qualitative and quantitative food microbiological official methods of analysis[J]. Journal of AOAC International, 85: 1 187-1 200.

Gallego L, Distel R A, Camina R, Rodríguez Iglesias R M. 2004. Soil phytoliths as evidence for species replacement in graze drange lands of central Argentina[J]. Ecography, 27: 725-732.

Gao Y Z, Giese M, Lin S, Sattelmacher B, Zhao Y, Brueck H. 2008. Belowground net primary productivity and biomass allocation of a grassland in Inner Mongoliais affected by grazing intensity[J]. Plant and Soil, 307: 41-50.

Garcia F, Carrere P, Soussana J F, Baumont R. 2003. The ability of sheep at different stocking rates to maintain the quality and quantity of their diet during the grazing season[J]. The Journal of Agricultural Science, 140: 113-124. DOI 10.1017/S0021859602002769.

Gibson R, Hewitt A, Sparling G, Bosch O. 2000. Vegetation change and soil quality in central Otago Tussock grasslands, New Zealand[J]. The Rangeland Journal, 22: 190-204.

Goering H K, Van Soest P J. 1970. Forage Fiber Analysis (apparatus, reagents and some applications)[J]. Washington, D. C: US Department of Agriculture Handbook, (379) ARS-USDA.

Grime J. 1998. Benefits of plant diversity to ecosystems: immediate, filter and founder effects[J]. Journal of Ecology, 86: 902-910. DOI 10.1046/j.1365-2745.1998.00306.x.

Harris W N, Moretto A S, Distel R A, Boutton T W, Boo R M. 2007. Fireand grazing in grasslands of the Argentine Caldenal: effects on plant and soil carbon and nitrogen[J]. Acta Oecologica, 32: 207-214.

Haugland E, Froud-Williams R J. 1999. Improving grasslands: the influence of soil moisture and nitrogen fertilization on the establishment of seedlings[J]. Journal of Applied Ecology, 36: 263-270.

Holdo R M, Holt R D, Coughenour M B, Ritchie M E. 2007. Plant productivity and soil nitrogenasa function of grazing, migration and fireinan African savanna[J]. Journal of Ecology, 95: 115-128.

HoltJ A. 1997. Grazing pressure and soil carbon, microbial biomass and enzyme activities in semi-arid northeastern Australia[J]. Applied Soil Ecology, 5: 143-149.

Hulme P D, Pakeman R J, TorvellL, Fisher J M, Gordon I J. 1999. The effects of controlled sheep grazing on the dynamics of upland Agrostis-Festuca grassland[J]. Journal of Applied Ecology, 36: 886-900.

Huston M A. 1994. Biological diversity, the coexistence of species on changing land scapes[J]. New York: Cambridge University Press.

Inderjit P. 2005. Plant invasions: habitat invasibility and dominance of invasive plant species[J]. Plant and Soil, 277: 1-5.

Jiang Y, Tang S, Wang C, Zhou P, Tenuta M, Han G, Huang D. 2012. Contribution of urine and dung patches from grazing sheep to methane and carbondioxide fluxesin an Inner Mongolian desert grassland[J]. Asian-Australasian Journal of Animal Sciences, 25: 207-212. DOI10.5713/ajas.2011.11261.

Jiao F, Wen Z M, An S S. 2011. Changes in soil properties across achrono sequence of vegetation restoration on the Loess Plateau of China[J]. Catena, 86: 110-116. DOI10.1016/j.catena.2011.03.001.

Jing Z, Cheng J, Su J, Bai Y, Jin J. 2014. Changes in plant community composition and soil properties under 3-decade grazing exclusion in semiarid grassland[J]. Ecological Engineering, 64: 171-178.

Kang L, Han X, Zhang Z, Sun O J. 2007. Grassland ecosystems in China: review of current knowledge and research advancement[J]. Proceedings of the Royal Society B: Biological Sciences, 362: 997-1 008.

Kemp D R, Guodong H, Xiang yang H, Michalk D L, Fujiang H, Jian ping W, Yingjun Z. 2013. Innovative grassland management systems for environmental and livelihood benefits. [J]. Proceedings of the National Academy of Sciences of the United States of America, 110: 8 369-8 374.

Kemp D R, Michalk D L. 2011. Development of sustainable livestock systems on grass-land sinnorth-western China[J]. In: ACIAR Proceedings No. 134. Canberra: Australian Centre for International Agricultural Research, 189.

Lambers H, Mougel C, Jaillard B, Hinsinger P. 2009. Plant-microbe-soil interactions in the rhizosphere: an evolutionary perspective[J]. Plant and Soil, 321: 83-115.

Landsberg J, James C D, Maconochie J, Nicholls A O, Stol J, Tynan R. 2002. Scale-related effects of grazing on native plant communities in an arid range land region of South Australia[J]. Journal of Applied Ecology, 39: 427-444.

Li W, Cao W, Wang J, Li X, Xu C, Shi S. 2017. Effects of grazing regime on vegetation structure, productivity, soil quality, carbon and nitrogen storage of alpine meadow on the Qinghai-Tibetan Plateau[J]. Ecological Engineering, 98: 123-133.

Li X R, Kong D S, Tan H J, Wang X. 2007. Changes in soil and vegetation following stabilisation of dunes in the southeastern fringe of the Tengger Desert, China[J]. Plant and Soil, 300: 221-231.

Lin L, Dickhoefer U, Müller K, Susenbeth A. 2011. Grazing behavior of sheep at different stocking rates in the Inner Mongolian steppe, China[J]. Applied Animal Behaviour Science, 129: 36-42. DOI10.1016/j.applanim.2010.11.002.

Liu B, Wu N, Luo P, Tao Y. 2007. Characteristics of soil nutrient distribution in high-altitude meadow ecosystems with different management and degradation scenarios[J]. Chinese Journal of Eco-Agriculture, 15: 45-48.

Mayer R, Kaufmann R, Vorhauser K, Erschbamer B. 2009. Effects of grazing exclusion on species composition in high-altitude grasslands of the Central Alps[J]. Basicand Applied Ecology, 10: 447-455.

Miao F, Guo Z, Xue R, Wang X, Shen Y. 2015. Effects of grazing and precipitation on Herbage biomass, Herbage nutritive value, and Yak performance in an Alpine Meadow on the Qing hai-Tibet an plateau[J]. PLOS ONE10: e0127275.

Milchunas D G, Varnamkhasti A S, Lauenroth W K, Goetz H. 1995. Forage quality in relation to long-term grazing history, current-year defoliation, and water resource[J]. Oecologia, 101: 366-374. DOI10.1007/BF00328824.

Miller R H, Keeney D R (eds.) 1982. Methods of soil analysis. Part2: chemical and microbiological properties. 2ndedn [J]. Madison: American Society of Agronomy, Soil Science Society of America.

Moretto A S, Distel R A. 1997. Competitive interactions between palatable and unpalatable grasses native to a temperate semiarid grassland of Argentina[J]. Plant Ecology, 130: 155-161. DOI10.1023/A: 1009723009012.

Moretto A S, Distel R A. 2002. Soil nitrogen availability undergrasses of different palatability in a temperate semiarid range land of central Argentina[J]. Austral Ecology, 27: 509-514.

MüllerK, Dickhoefer U, Lin L, Glindemann T, Wang C, Schönbach P, Taube F. 2014. Impact of grazing in tensity on herbage quality, feed intake and live weight gain of sheep grazing on the steppe of Inner Mongolia[J]. The Journal of Agricultural Science, 152: 153-165.

Mysterud A, Hessen D O, Mobæk R, Martinsen V, Mulder J, Austrheim G. 2011. Plant quality, seasonality and sheep grazing in an alpine ecosystem[J]. Basicand Applied Ecology, 12: 195-206.

Mysterud A, Langvatn R, Yoccoz N G, Chr N. 2001. Plant phenology, migration and geographical variation in body weight of alarge herbivore: the effect of avariable to pography[J]. Journal of Animal Ecology, 70: 915-923.

Niu S W, Ma L B, Zeng M M. 2008. Effect of over grazing on grassland desertification in Maqu County[J]. Acta Ecologica Sinica, 28: 145-153.

Oba G, Vetaas O R, Stenseth N C. 2001. Relationships between biomass and plant species richness in arid-zone grazing lands[J]. Journal of Applied Ecology, 38: 836-845.

Parker K W. 1949. Control of noxious range plants in a range management program[J]. Journal of Range Management, 2: 128-132.

Pettit N E, Froend R H, Ladd P G. 1995. Grazing in remnant woodland vegetation: changes in species composition and life form groups[J]. Journal of Vegetation Science, 6: 121-130.

Ren H, Han G, Lan Z, Wan H, Schönbach P, Gierus M, Taube F. 2016. Grazing effects on herbage nutritive values dependon precipitation and growing season in Inner Mongolian grassland[J]. Journal of Plant Ecology, 9: 712-723.

Schippers P, Joenje W. 2002. Modelling the effect of fertiliser, mowing, disturbance and width on the biodiversity of plant communities of field boundaries[J]. Agriculture, Ecosystems & Environment, 93: 351-365.

Schönbach P, Wan H, Gierus M, Loges R, Müller K, Lin L, Taube F. 2012. Effects of grazing and precipitation on herbage production, herbage nutritive valueand performance of sheep in continental steppe[J]. Grassland Forage Science, 67: 535-545.

Schönbach P, Wan H, Schiborra A, Gierus M, Bai Y, Müller K, Taube F. 2009. Short-term management and stock in grate effects of grazing sheep on herbage quality and productivity of Inner Mongolia steppe[J]. Cropand Pasture Science, 60: 963-974.

Semmartin M, Garibaldi L A, Chaneton E J. 2008. Grazinghistory effects on above-and below-ground litter decomposition and nutrient cycling in two co-occurring grasses[J]. Plant and Soil, 303: 177-189.

Shang Z H, Deng B, Ding L M, Ren G H, Xin G S, Liu Z Y, Wang Y L, Long R J. 2013. The effects of three years of fencing enclosure on soil seed bank sand the relationship with above-ground vegetation of degraded alpine grasslands of the Tibetan plateau[J]. Plant and Soil, 364: 229-244.

Shannon C E. 1948. A mathematical theory of communication[J]. Bell System Technical Journal, 27: 379-423.

Sheppard A W, Hodge P, Paynter Q, Rees M. 2002. Factors affecting in vasion and persistence of broom Cytisus scoparius in Australia[J]. Journal of Applied Ecology, 39: 721-734.

Shi X M, Li X G, Li C T, Zhao Y, Shang Z H, Ma Q. 2013. Grazing exclusion decreases soil organic Cstorage at an alpine grassland of the Qinghai-Tibetan Plateau[J]. Ecological Engineering, 57: 183-187.

Spooner P, Lunt I, Robinson W. 2002. Is fencing enough The short-term effects of stock exclusion in remnant grassy woodlands in southern NSW[J]. Ecological Management&Restoration, 3: 117-126.

TilleyJMA, TerryRA. 1963. Atwo-stagetechniquefortheinvitrodigestionofforage crops[J]. Grass and Forage Science, 18: 104-111.

Török P, Dengler J. 2018. Palaearctic grasslands in transition: overarching patterns and future prospects. In: Squires V R, Dengler J, Feng H, Hua L, eds. Grasslands of the world: diversity, management and conservation[J]. Boca Raton: CRC Press, 15-26.

Török P, Helm A. 2017. Ecological theory provides strong support for habitat restoration[J]. Biological Conservation, 206: 85-91.

Török P, Helm A, Kiehl K, Buisson E, Valkó O. 2018. Beyond the species pool: modification of species dispersal, establishment, and assembly by habitat restoration[J]. Restoration Ecology, 26: S65-S72.

Török P, Wesche K, Ambarli D, Kamp J, Dengler J. 2016. Step (pe) up Raising the profile of the Palaearctic natural grasslands[J]. Biodiversity & Conservation, 25: 2 187-2 195.

Van Der Wal R, Bardgett R D, Harrison K A, Stien A. 2004. Vertebrate herbivores and ecosystem control: cascading effects of faeces on tundra ecosystems[J]. Ecography, 27: 242-252.

Van Soest P, Robertson J, Lewis B. 1991. Methods for dietary fiber, neutral detergent fiber, and nonstarch polysac charides in relation to animal nutrition[J]. Journal of Dairy Science, 74: 3 583-3 597.

Venterink H O. 2011. Does phosphorus limitation promote species-rich plant[J]. communities Plant and Soil, 345: 1-9.

Wang C J, Tas B M, Glindemann T, Rave G, Schmidt L, Weißbach F, Susenbeth A. 2009. Fecal crude protein content as an estimate for the digestibility of forage in grazing sheep[J]. Animal Feed Science and Technology, 149: 199-208.

Wang X H, Yu J B, Zhou D, Dong H F, Li Y Z, Lin Q X, Guan B, Wang Y L. 2012. Vegetative ecological characteristics of restored reed (Phragmitesaustralis) wetlands in the Yellow River Delta, China[J]. Environmental Management, 49: 325-333.

Watkinson A R, Ormerod S J. 2001. Grasslands, grazing and biodiversity: editors' introduction[J]. Journal of Applied Ecology, 38: 233-237.

Wei D, Xu R, Wang Y, Wang Y, Liu Y, Yao T. 2012. Responses of CO_2, CH_4 and N_2O fluxes to livestock exclosure in an alpine steppe on the Tibetan Plateau, China[J]. Plant and Soil, 359: 45-55.

Wen L, Jin lan W, Xiao jiao Z, Shangli S, Wenxia C. 2018. Effect of degradation and rebuilding of artificial grasslands on soil respiration and carbon and nitrogen pools on an alpine meadow of the Qinghai-Tibetan Plateau[J]. Ecological Engineering, 111: 134-142.

Wesche K, Ambarli D, Kamp J, Török P, Treiber J, Dengler J. 2016. The Palaearctic steppe biome: anewsynthesis[J]. Biodiversity&Conservation, 25: 2197-2231. DOI10. 1007/s10531-016-1214-7.

Wilkins S, Keith D, Adam P. 2003. Measuring success: evaluating the estoration of a grassy eucalypt wood land on the Cumberl and Plain, Sydney, Australia[J]. Restoration Ecology, 11: 489-503.

Wu G L, Du G Z, Liu Z H, Thirgood S. 2009. Effect of fencing and grazing on a Kobresia-dominated meadow in the Qinghai-Tibetan Plateau[J]. Plant and Soil, 319: 115-126.

Xu Z Z, Zhou G S. 2005. Effects of water stress on photosynthesis and nitrogen metabolism in vegetative and reproductive shoots of Leymus chinensis[J]. Photosyn-thetica, 43: 29-35.

Yang B, Wu J P, Yang L, Kemp D, Gong X Y, Takahashi T, Feng M T. 2012. Metabolic energy balance an counter measures study in the north grassland of China[J]. Acta Prataculturae Sinica, 21: 187-195.

Zhang W, Ren C, Deng J, Zhao F, Yang G, Han X, Tong X, Feng Y. 2018. Plant functional composition and species diversity affect soil C, N, and P during secondary succession of abandoned farmland on the Loess Plateau[J]. Ecological Engineering, 122: 91-99.

Zhang C, Xue S, Liu G B, Song Z L. 2011. Acomparison of soil qualities of different revegetation types in the Loess Plateau, China[J]. Plantand Soil, 347: 163-178.

Zhou H, Zhao X, Tang Y, Gu S, Zhou L. 2005. Alpine grassland degradation and its control in the source region of theYangtze and Yellow Rivers, China[J]. Grassland Science, 51: 191-203.

第三部分

研究生论文

祁连山牧区家庭牧场资源优化配置研究与实践

Studies on Optimal Management Strategies of Household Ranch in pastoral area of Qilian mountains

李 成

甘肃农业大学硕士学位论文

资助项目

《绒毛用羊产业技术体系放牧生态岗位科学家》，项目编号：CARS-40-09B。
《祁连山牧区草地畜牧业生产体系优化模式研究》，项目编号：1104WCGA191。
《甘肃牧区生态高效草原牧养技术模式研究与示范》，项目编号：201003061。
《Australian Centre for International Agricultural Research（ACIAR）》，项目编号：ACIAR LPS/2001/094。
《牧区极端气候条件牛羊应急在专用饲料的开发与示范》，项目编号：201303062。
《北方作物秸秆饲用化利用技术研究与示范》，项目编号201503134。
《西北地区荒漠草原绒山羊高效生态养殖技术研究与示范》，项目编号201303059。
中华人民共和国国家外国专家局文教类高端外国专家项目，项目编号GDT20146100034。

摘 要：天然草地是我国陆地生态环境重要的组成部分，也是牧民赖以生存的生产和生活资源，近年来，由于超载过牧等因素的影响，天然草地持续退化，这一现象已严重的威胁到了草地畜牧业的生产效率，草畜平衡是实现草地畜牧业可持续发展的重要途径。在实现草畜平衡的过程中，作为草地畜牧业最基础组成单位的家庭牧场，其内部资源优化配置是转变生产方式，提高生产效率，降低载畜量，实现草畜平衡的重要方式。

本研究以甘肃省肃南县祁连山草原牧区为研究区域，以家庭牧场为研究对象，以团队前期研究成果为基础，通过模型研究分析和试验验证的方法，开展家庭牧场生产要素优化配置研究与实践，在积极践行相关法律法规的同时，提高家庭牧场的生产效率和效益，从根本上实现草地畜牧业的可持续发展。

（1）应用以代谢能为指标的草畜平衡评价模型分析肃南县家庭牧场草畜平衡现状，结果表明：通过2月至6月中旬期间进行补饲，家畜代谢能需求和牧草代谢能供应量在此期间达到平衡，但在10月至翌年2月中旬,家畜仍处于代谢能不平衡状况。应用生产要素优化模型模拟不同载畜率的家庭牧场生产现状,研究结果表明:当载畜率低于2.05羊单位/hm²时,家庭牧场纯收入随着饲养成本的增加而升高;当载畜率高于2.05羊单位/hm²时,随着饲养成本的提升,家庭牧场的纯收入逐渐降低。在将家畜繁殖率提高至150%时,家庭牧场的经济效益提高44.7%。

(2)通过应用激素处理的方法提高甘肃高山细毛羊繁殖率,结果表明,在放栓后12d半注射600IU孕马血清并在14d时撤栓的试验组,其繁殖率最高,达到150%。注射550IU孕马血清并在第14d撤除阴道栓的试验组羔羊存活率最高,平均每只母羊净收入为773.7元。

(3)通过改变放牧节律的方式提高四季牧场利用效率,夏季将试验组羔羊转场至冬草场,不跟随母畜进入夏草场放牧的方式,可改善母羊体况,其转场后平均体重为45.63kg,显著高于对照组母羊($P<0.05$);秋季通过将试验组羔羊转场至冬场进行快速育肥,不跟随母畜进入春秋场的方式,试验组羔羊日增重和屠宰率分别为104g和42.62%,显著高于对照组羔羊($P<0.05$),经济效益显著。

(4)通过测土施肥的方法提高天然草场产草量,结果表明,试验组草地产草量可提高115.8kg/hm²,每公顷草场经济效益可提高75.49元。

(5)在肃南牧区长期实施精准管理,细毛羊生产水平有了显著提高,2014年较2011年母羊配种前体重增加0.47kg,产毛量增加0.31kg,羔羊出栏重提高2.42kg,经济收入提高了32.8%。继续通过精准管理模型对家庭牧场家畜进行分析,结果表明,在保持家庭牧场当前经济收入不变的情况下,仍然可以降低绵羊数量10.4%。

关键词:祁连山牧区;家庭牧场;生产要素优化模型;草畜平衡评价模型;家畜个体精准管理模型

Summary: Natural grasslands are not only the important parts of land ecological environment of our country, but also productive and living resources that herdsmen depend on for their survival. In recent years, however, the production efficiency of grassland animal husbandry was seriously threatened by continuous degeneration of natural grasslands, which was caused by factors such as overgrazing. The only way of achieving sustainable development of grassland animal husbandry is to balance forage and animal. In the process of forage-animal balancing, optimized distribution of resources inside family pasture, which is the most basic unit of grassland husbandry, is a significant way to transform productive modes, enhance productivity, reduce grazing capacity and finally achieve forage-animal balance.

This study, being carried out at Kangle Township, Sunan County, Gansu Province, took family pasture as object and previous research achievements as basis. Through model investigation analyzing and experimental verifying, research and practice were done on optimizingdistribution of production factors in family pastures; in the meantime of positively abiding relevant laws and regulations, production efficiency andbenefit of family pastures were enhanced, so that sustainable development of grassland animal husbandry can be achieved fundamentally.

(1) Forage-animal balance status of Sunan family pastures were analyzed according to forage-animal balance evaluation model which using metabolic energy as index and the results showed: by supplementary feeding from February to the middle of June, livestock's metabolic energy demand and pastures' metabolic energy supply achieved a balance during this time; but from October to the middle of February, metabolic energies balance of livestock were imbalanced. Different kind of livestock with dif-

ferent stocking rates were fed by applying pasture system optimizing model and the results showed: the net income of herdsmen would increase with the rise of feed investment when the stocking rate was below 2.05 sheep unit/hm^2; while the net income wouldgradually decrease with the rise of feed investment when the stocking rate was above 2.05 sheep unit/hm^2. In livestock breeding rate increase to 150%, the economic benefits of family farm is increased by 44.7%.

(2) Hormone treatment was applied to increase reproductive rate of Gansu alpine fine-wool sheep and the results showed that the treatment, which injecting 600IU of PMSG (pregnant mare serum gonadotropin) after 12.5 days of using progesterone plug and removing the plug on 14th day, had the highest reproductive rate of 150%. Treatment of injecting 550IU of PMSG and the removal of the plug on 14th day had the highest survival rate, and the net income of each ewe was 773.7 RMB.

(3) The method of changing grazing rhythm was used to raise the utilization efficiency of four season pastures. In summer, the lambs in treatment group were transferred to winter pastures instead of following ewes to go to the summer pastures, which can improve ewes' body condition and, after transition, ewes' averaged body weightwas 45.63kg, significantly higher than that of control group ewes ($P<0.05$); in autumn, lambs in treatment group were transferred to winter pastures for rapidly fattening trial instead of following ewes to go to the spring-autumn pastures, the daily gain of lambs in treatment group was 104g and dressing percentage was 42.62%, both significantly higher than that of control group, with the economic benefit being remarkable.

(4) Soil analysis and fertilizer application were applied to increase the grass yield of natural grassland and the results showed that the yield in experimental group was increased by 115.8kg/hm^2, significantly higher than that of control group.Economic benefit can be increased by 75.49 yuan per hectare pasture.

(5) With long-term precise management in Sunan pasturing area, the productive level of fine-wool sheep was significantly improved. Compare with 2011, in 2014, the body weight of ewes before mating was increased by 0.47kg, the wool yield and the marketing weight were increased by 0.31kg and 2.42kg, and economic income was increased by 32.8%. Continued analysis of livestock in family pastures was made under the guidance of precise management model and the results showed that the number of sheep could be reduced by 10.4% with the premise of keeping herdsmen's economic income unchanged.

Key words: pastoral area of Qilian mountains; family pasture; pasture system optimizing model; forage-animal balance evaluation model; livestock precise management model

不同基因型奶牛类群选育效果分析与奶牛精准管理模式研究

Study on Different GenotypeDairy Cattle Groups Breeding Effect Analysis and Precision Management Model

李耀东

甘肃农业大学博士学位论文

摘　要：本研究借鉴国外奶牛群体遗传改良的先进经验，以动物遗传育种学和畜牧业精准管理理论为指导，综合运用分子生物学技术和现代计算机技术，利用世界上最优秀的验证荷斯坦种公牛对我国西北农区不同基因型的低代杂种、高代杂种和纯种3个奶牛类群进行试验，开展了多项奶牛群体遗传改良和奶牛场精准化管理技术的研究工作：

（1）采用级进杂交遗传育种方法对以上3个奶牛类群进行改良，评估其在生长性能、泌乳性能、繁殖性能、体型外貌特征方面的改良效果。研究结果显示：在生长性能方面：高代杂种成年体重、12月龄体高显著高于低代杂种（$P<0.05$），高代杂种、低代杂种15月龄体斜长显著高于纯种（$P<0.05$）；初生重、6月龄、12月龄、15月龄重3世代显著高于1世代（$P<0.05$）；2月龄、6月龄、12月龄、15月龄体高、体斜长、胸围、腹围3世代显著高于2世代，2世代显著高于1世代（$P<0.05$）；在泌乳泌乳性能方面：高代杂种305d乳脂量、305d乳蛋白量显著高于纯种（$P<0.1$），305d产奶量比纯种荷斯坦和低代杂种分别高232kg、418kg；2世代305d产奶量显著高于0世代（$P<0.05$）；2~3胎次305d产奶量显著高于1胎次（$P<0.05$）；在繁殖性能方面：纯种荷斯坦奶牛产后第一次配种天数、空怀天数和产犊间隔显著高于低代杂种牛（$P<0.05$）；第三胎次产后第一次配种时间显著低于第一胎次（$P<0.05$）；高代杂种初配时间要比纯种早34d；在体型外貌特征评分方面：纯种总评分、体躯结构评分、乳房评分、乳用特征评分显著高于低代杂种，而低代杂种尻部评分、肢蹄评分高于纯种；2世代体躯结构评分、肢蹄评分、乳房评分、乳用特征评分比0世代高，1世代比3世代有更高的尻部评分；第二胎次体躯结构评分、肢蹄评分、乳房评分和总评分显著高于1胎次，2胎次以后各部位评分呈下降趋势。

（2）利用PCR-SSCP和DNA序列分析技术研究以上3个奶牛类群生长激素基因（GH）部分第四内含子与第五外显子、生长激素受体基因（GHR）第八外显子两个基因位点上的遗传变异，并对其变异位点与生长性能、泌乳性能进行关联分析,结果表明:GH基因第四内含子2 017bp处存在C→T突变。不同基因型奶牛群体GH基因SNP的互作效应对305d产奶量、305d乳脂量、305d乳蛋白量和305d乳糖量有显著影响,等位基因T对泌乳性能具有正效应;GH基因对15月龄体重、2月龄和6月龄胸围有显著影响,CC型显著高于TT型($P<0.05$);低代杂种CC型个体在12月龄、15月龄体重、体斜长、腹围,15月龄体高、6月龄、15月龄胸围指标上显著高于TT型($P<0.05$);高代杂种CC、CT型个体在成年体重、2月龄、6月龄胸围指标上显著高于TT型($P<0.05$);纯种CC、CT型个体在成年体重、2月龄、6月龄胸围、6月龄腹围指标上显著高于TT型($P<0.05$)。GHR基因第8外显子4 962bp处存在T→A突变,导致苯丙氨酸突变为酪氨酸。关联分析结果表明,等位基因T对生长性能具有正效应;AT型6月龄、15月龄体重,6月龄、12月龄体高,6月龄体斜长、胸围、腹围显著高于AA型($P<0.05$);低代杂种6月龄、15月龄体重,6月龄体斜长AT型显著高于AA型($P<0.05$);高代杂种6月龄体重、体高、体斜长、胸围,6月龄、12月龄腹围AT型显著高于AA型($P<0.05$);纯种6月龄、12月龄体高,6月龄体斜长、胸围,2月龄腹围AT型显著高于AA型($P<0.05$);GHR基因SNP的互作效应对泌乳性能无显著性影响。

(3)针对现代化奶牛场管理的需要,运用计算机语言,本研究开发了奶牛场精准化管理系统软件。该软件包括牛群管理、泌乳管理、繁殖管理、饲料管理、财务管理、预警系统和经济效益分析七大模块。系统通过构建基础数据库,在原始数据及其分析结果的基础上整合牛场财务数据,通过事先设计的数据规则,依靠计算机语言进行自动整合运算来实现各种统计分析功能,从而实现奶牛场成本分析与经济效益分析。此外,该软件还能够有效地进行辅助选育,提高中小型奶牛场的生产效率。该软件目前已经在甘肃临洮奶牛场投入生产使用,极大地提高了生产管理水平和经济效益。

关键词:奶牛;遗传改良;杂种优势;体型线性评定;精准管理;经济效益;生长激素基因;生长激素受体基因

Summary: Modern dairy production must include the use of contemporary technology in both management and genetic improvement of the dairy herd. The complexity of dairy management necessitates the use of management software that considers nutritional requirements, milk production and quality, animal weight and condition and other factors pertinent to efficient dairy production. Consistent improvement of genetic merit for milk yield is necessary on modern dairies to remain competitive and profitable. Consequently, the objectives of this research were to adapt dairy management software to improve efficiency of production and to evaluate genetic improvement strategies for three groups of dairy cattle: unimproved Holstein crosses, improved Holstein crosses, and purebred Holsteins for production in northwest China.

(1) Three systems for genetic improvement of dairy cattle were implement several years ago to compare the productivity of a system of backcrossing unselected Holstein bulls to Yellow cattle, backcrossing Holstein bulls selected for improved milk production to Yellow cattle, and a purebred Holstein system where bulls are selected for improved milk production. Traits evaluated over the years included growth performance, lactation performance, reproductive performance, and linear body measurements. Research results showed: Improved-hybrids mature weightis significantly heavier than unimproved hybrids; 12-month hip height of improved hybrids is significantly higher than hybrids ($P<0.05$); 15-month body lengthof improved-hybrids and unimproved hybrids is significantly higher than the purebred cattle ($P<0.05$); Birth weight, and 6, 12, and 15 month weight of generation 3 is significantly

higher than those of generation 1 ($P<0.05$); body weight at 2, 6, 12, and 15 month, body height, body length, heart girth, and paunch girth generation 3 is significantly higher than those of generation 2, and those of generation 2 were significantlyhigher than generation 1 ($P<0.05$). The 305 d butterfat yield, 305 d milk protein yield of improved-hybridswere significantly higher than those of purebred Holsteins ($P<0.1$); the 305-d milk yield of improved hybrids was 232 kg and 418 kg greater than that of purebred Holstein cows and unimproved hybrids respectively. Generation 2 305 d milk yield was significantly higher than that of generation 0 ($P<0.05$) while parity 2 and 3 305 d milk yield were significantly higher than that of parity 1 ($P<0.05$); Reproductive performance of purebred Holstein cows (days to first breeding, days open and calving interval) was significantly greater than that of unimproved hybrids ($P<0.05$). Days to first service of the improved hybrids were 34 days earlier than that of purebred Holstein. In body appearance characteristics, purebred Holsteins were significantly higher than unimproved hybrids in total score, body structure grade, udder score, milk character score, while the hybridswere greater than purebred Holstein in rump score and limb hoof score. In generation 2, body structure grade, limb hoof grade, udder score, milk character score were greater than that of generation 0. Generation1 cattle were greater than generation 3 cattle in rump score, while second parity body structure scores, limb hoof scores, udder scores and total scores were significantly higher than first parity scores. After the secondparity, body scores decreased with each succeeding parity.

(2) The research used PCR-SSCP and DNA sequence analysis to study thegenetic variation of 2 loci (GH, GHR). Polymorphisms in the 4th intron and in the 5th exon in the growth hormone gene (GH), and in the 8th exon in the growthhormone receptor (GHR) geneon the aforementioned three cow groups were identified and association analyses were done to relate growth performance and lactation performance to these polymorphisms. Theresults showed that the polymorphism of GH in the 4th intron was based on the mutation of C→T in 2 017bp position. There was an interaction of breed group and GH genotypefor 305 d milk yield, 305 d butterfat yield, 305 d milk protein yieldand 305 d lactose yield. Allele T had a positive effect on lactation performance, 15 monthweight, and heart girth at 2 months and 6 months of age. The CC type was significantly greater than the TT type ($P<0.05$) for body weight body length, and paunch girth at12 and 15 months of age; body height of 15 months, and heart girth of 6 and 15 months of age. The CC and CT genotypes in the improved-hybrids were greater than the TT genotypes for mature weight, and heart girth at 2 months and 6 months of age ($P<0.05$); Purebred CC and CT genotypes were greater than TT genotypes in mature weight, and heart girth at2 months and 6 months of age ($P<0.05$). The polymorphism of GHR in the 8th exon was based on the mutation of T→A in 4 962bp position, with phenylalanine changed to tyrosine. Association analysis showe that allele T had a positive effect on growth performance. Genotypte ATwas greater than genotype AA in weight at 6 months and15 months of age, body height at 6 months and 12 months of age, and body length, heart girth, and paunch girth at 6 months of age ($P<0.05$). For unimproved hybrids, the AT genotype was greater than the AA genotype in weight at 6 months and 15 months of age, and body length at 6 months of age ($P<0.05$). In the improved hybrids, genotype AT was greater than genotype AA in weight, body height, body length, and heart girth at 6 months of age and paunch girth at 6 months and 12 months of age ($P<0.05$). In the purebreds genotype AT was greater than genotype AA inbody height at 6 and 12 months of age, body length at 6 months of age, and heart and paunch girth at2 months of age ($P<0.05$). There was little

evidence of any effect of GHR genotype with lactation performance.

(3) Research adapted a dairy management software package for use in northwestern China. The software includes cattle, lactation, breeding, feeding, and financial management modules, as well as an early warning system and a module for economic benefit analysis. Use of this software requires the input of data related to a specific dairy to compute the aforementioned analyses. In addition, the software also can effectively assist in breeding and improve the efficiency of the small and medium-sized dairy production operations. The system has been put into operation in GansuLintao dairy farm, and it has greatly improved the production management level and economic benefits for this dairy.

Key words: dairy cattle; genetic improvement; heterosis; identification of linear type traits; precision management; economicbenefit; growth hormone gene; growth hormone receptor gene

不同基因型奶牛生产性能遗传改良效果评估及GH和GHR基因SNPs与泌乳性能的相关性研究

Evaluation of production performance in different genotypedairy cattle and Determination of Relationships of SNP'sin GH and GHR to Milk Production Traits

马彦男

甘肃农业大学硕士学位论文

摘 要：人工授精技术的普及，使优良种公牛的基因在全球范围内迅速扩大，加快了畜群的遗传进展。然而，对种公牛的高强度选择所导致的近交以及泌乳性能与功能性状间的负相关造成荷斯坦奶牛群体繁殖力、健康状况和存活率等下降。最近几年，牛奶按质论价增加了杂种牛与荷斯坦奶牛竞争的经济基础，而杂交是降低近交程度，提高繁殖力、改善健康状况以及延长使用寿命，从而增加经济效益的有效选择。

本试验以低代杂种、高代杂种和纯种荷斯坦奶牛3种不同基因型奶牛群体为研究对象，利用优良荷斯坦种公牛对不同基因型奶牛群体进行级进杂交改良，评估不同基因型奶牛群体泌乳性能、生长性能和繁殖性能的遗传改良效果，在此基础上检测生长激素（GH）和生长激素受体（GHR）基因部分序列单核苷酸多态性（SNP），从分子水平揭示不同基因型奶牛群体遗传改良的实质，探索在现有生产体系下奶牛群体改良过程中表型选择与标记辅助选择（MAS）相结合的方法，为制定适宜我国生产体系的奶牛群体改良方案提供实践和理论依据。

结果表明如下。

（1）优良荷斯坦种公牛对不同基因型奶牛群体泌乳性能和生长性能的改良效果显著。

（2）高代杂种与纯种荷斯坦奶牛相比，产奶量和成年体重差异不显著、初生重低、产犊间隔短、产后发情早，在现有生产体系下实现最佳的遗传环境匹配。

（3）泌乳性能和生长性能随着选育程度的提高而上升，但泌乳性能对空怀天数和产后第一次配种天数有负效应。

（4）GH基因第4内含子2 017bp处存在C→T突变。SNP与泌乳性能的相关性分析表明，等位基因T对泌乳性能具有正效应；随着选育程度的提高，等位基因T的频率逐渐上升。初步推断，该位点可作为影响泌乳性能的遗传标记位点之一。

（5）GHR基因第8外显子4 962bp处存在T→A突变，导致苯丙氨酸突变为酪氨酸。SNP与泌乳性能的相关性分析表明，该位点多态性对泌乳性能无显著影响。

关键词：奶牛；杂交；生产性能；世代；基因型；GH、GHR基因

Summary：The gene of excellent bull rapid expansion within global range with the popularity of artificial insemination technology, the genetic gains of dairy cattle was accelerated. Strict selection on bulls lead to inbreeding andgenetic antagonisms of performances with functional traitsfor Holstein-Friesianare accompanied by unwanted side effects in metabolism, fertility, health, and longevity. Recently, changes in milk pricinghave rewarded herds with high fat and protein percentages, andthis has enhanced the ability of other breeds and breed crossesto compete with Holsteins on an economic basis. Crossbreeding may be an effective option for reducing the impactof inbreedingdepression and improving the reproduction performance, health status and life span, to increasing the economic benefits.

The objectives of this study were to compare three different genetic groups (Hybrids, Improved-hybrids and Pure Holsteins) and their offspring for milk performance, growth performance and reproduction performance, to evaluate the genetic improvement effects, and to reveal the essence of genetic improvement of different genetic groups from molecular level by detecting the single nucleotide polymorphisms (SNPs) of Growth Hormone (GH) and Growth Hormone Receptor (GHR) genes. In order to explore the method of combining phenotype selection and maker assistant selection (MAS) for dairy population improvement in current production system, and to provide the theoretical and practical basis for making optimum program of dairy population improvement in china conditions.

The results were as followed：

(1) Milk and growth performances of different genetic groups were improved significantly by excellent Holstein bulls sired.

(2) The Improved-hybrids and pure Holsteins were not significantly different for milk yield and mature weight, but Improved-hybrids had significantly less birth weight and fewer days open, days to first breeding than pure Holsteins. Improved-hybrids is a viable choice to match the genotype of dairy herds to farm management in china conditions.

(3) Milk and growth performances of different genetic groups were improved with the degree of breeding, but there were antagonisms of milk performances with days open and days to first breeding.

(4) The polymorphism of GH was detected in the 4th intron, caused by C→T transition at 2 017bp position. The T allele was positive effects for milk performances and the frequencies were rise gradually with the degree of breeding. The polymorphism of GH could be considered as the genetic maker for the milk performances.

(5) The polymorphism of GHR in the 8th exon was based on the mutation of T→A in 4 962bp position, lead the phenylalanine changed to tyrosine. The polymorphism of the locus was no relationship with milk performances.

Key words：Dairy cattle, Hybridization, Production performance, Generation, Genotype, GH and GHR genes.

基于模型分析实现肃南县草地畜牧业可持续发展途径的研究

Achieving Sustainability for Livestock Production by modeling in Sunan County

马志愤

甘肃农业大学硕士学位论文

资助项目

澳大利亚国际农业研究中心
Australian Centre for International Agricultural Research（ACIAR）
Sustainable development of grasslands in western China：ACIAR LPS/2001/094

摘 要：草地畜牧业生产既要产出更多畜产品，又要维持草地的永续利用，这中间存在生产和利用的协调、匹配问题。目前草地放牧系统的利用存在较严重的不合理性，系统破坏严重，采取合理的放牧管理策略，确定适当的放牧率，使得系统输出最多而又达到可持续发展的目的。本文通过对甘肃省肃南裕固族自治县草地畜牧业现状和典型农牧户调查，草地生产力和家畜生产性能的测定，利用数学方法建立草畜平衡分析和家畜生产体系优化模型，分析试验区甘肃高山细毛羊不同月份和不同生产方式下的能量供需，确定草畜是否平衡，利用家畜生产体系优化模型确定最佳生态放牧率和最佳经济放牧率。进行甘肃高山细毛羊全年自然放牧与冷季暖棚舍饲对比试验，分析其经济效益并对模型结果进行验证。最终为肃南草地畜牧业家畜生产体系长期稳定发展提出以下建议：

（1）肃南裕固族自治县甘肃高山细毛羊在全年放牧的情况下，自10月中旬至来年5月下旬能量摄入量不足，在冬春季仅补饲0.1kg干草不能满足羊的能量需求，尤其是妊娠后期和泌乳阶段，草畜不平衡。

（2）家畜生产体系优化模型得出试验区生态最佳放牧率为0.83羊单位/ha。经济最佳放牧率为1.19羊单位/hm^2。

（3）草畜平衡分析模型和家畜生产体系优化模型均得出6—7月产羔最佳，但其可行性有待进一步确定，4月产羔与1月份产羔相比，草畜供求的季节匹配趋于合理，全年供求趋于平衡。

（4）11月上旬至来年3月中旬自然放牧的绵羊能量需求大于冷季暖棚舍饲绵羊，11月至翌年2月自然放牧绵羊比暖棚舍饲绵羊ME需求量分别高0.76，1.01，0.70和0.92MJ/只/d。

（5）试验期全年放牧组成年母羊，后备母羊，羔羊体重均为负增长，试验结果与草畜平衡分析模型现状分析结果一致；试验末暖棚舍饲组成年母羊和后备母羊体重极显著（$P<0.01$）高于对照组，试验组羔羊体重显著（$P<0.05$）高于对照组。

（6）羊毛产量试验组成年母羊和后备母羊比对照组分别提高10.4%和16%差异不显著（$P>0.05$）。

（7）试验组与对照组毛收入差异不显著（$P>0.05$）。平均每只羊毛收入试验组比对照组多5.8元，如果不包含补饲成本，平均每只羊毛收入试验组比对照组多40.79元，除去圈舍折旧平均每只羊纯收入试验组比对照组多4.00元，这一结果与家畜生产体系优化模型结果一致。试验结果与模型结果互相验证。草畜平衡分析模型和家畜生产体系优化模型将有助于进一步研究草地畜牧业家畜生产体系的优化问题。

关键词：草畜平衡；家畜生产体系；模型优化暖棚舍饲；肃南裕固族自治县

Summary: The purpose of livestock production system based on pasture is not only to produce more livestock products, but also achieve sustainability of the grassland development. This process includes a bunch of issues, such as to correspond the production and the utilization. At this time, there are lots of problems in the system, and so much plain has been disturbed. To make the suitable grazing strategies such as establishing the optimalstocking rate, which can make the maximum productivity and achieve the sustainability, are the main optimization questions of the livestock production system based on pasture. The main purpose of this research is to find better options for farm improvement and grassland sustainable development by modeling and experiment. Field survey data of typical farm and experiment data were used to establish Feed balance model (FBM) and Livestock production system optimizing model (LPSOM). The experiment of Gansu fine wool sheep pen feed in warm sheds during cold seasons (Experiment Group) production performancecompare with grazed all year (Control Group) has been implemented. The experiment results and model results have been used to testify each other. Finally, it give suggestions for improving the profitability and sustainability at Kangle town Sunan County.

(1) The feed is unbalance from October to the following May, It is still unbalance if only feed the sheep 0.1kg hay during winter and Spring, especially in later pregnancy and lactation time at Kangle town Sunan county.

(2) The result of LPSOM is that the ecological optimal stocking rate is 0.83 breeding ewes/ha and the economical optimal stock rate is 1.19 breeding ewes /ha.

(3) For the lambing time, the results of the FBM and the LPSOM is that lambing in June and July is the best for feed balance during the whole year, but the feasibility need to test by experiment. The feed balance of lambing in April and May is better than lambing in January and February.

(4) The ME requirement of sheep grazed all year is 0.76, 1.01, 0.70 and 0.92 MJ/hd/day higher than sheep pen feed in warm sheds during cold seasons from November to February.

(5) The experiment results show that the grazed all year adult ewes, maiden ewes and lamb body weight lost during experiment time from December to the following May. The adult ewes and maiden ewes body weight of experiment group is significantly higher ($P<0.01$) than control group, and lamb body weight of experiment group is higher ($P<0.05$) than control group at the end of experiment. The results is

coincide with FBM results .

(6) The adult ewes and maiden ewes wool productivity of experiment group are 10.4% ($P>0.05$) and 16% ($P>0.05$) higher than the control group.

(7) The gross margin per head of experiment group is 5.8RMB higher ($P>0.05$) than control group, if it is not include feed cost the gross margin per head of experiment group is 40.79 RMB higher than control group, the net income per head of experiment group is 4.00RMB higher than control group. The results are coincide with the LPSOM results. As above, Changing livestock management leads to not only an increase in livestock productivity, but whole-farm returns are also increased, and achieving the sustainability and profitability of livestock production based on pasture at Kangle town Sunan county.

Keywords: livestock production system, optimizing model, sustainability, profitability, Sunan Yugur Minority Autonomous County

青藏高原东缘草甸区典型家庭牧场草畜平衡研究

Studies on the feed balance of typical farmers in alpine meadow at Eastern margin of Qinghai Tibet Plateau

蒲小剑

甘肃农业大学硕士学位论文

资助项目

公益性行业（农业）科研专项：《北方作物秸秆饲用化利用技术研究与示范》，项目编号：201503134。

公益性行业（农业）科研专项：《西北地区荒漠草原绒山羊高效生态养殖技术研究与示范》，项目编号：201303059。

国家绒毛用羊产业技术体系项目：《不同环境下的圈舍设计、关键技术配套和草畜平衡关键点评价与优化研究》，项目编号：CARS-40-09B。

摘　要：本试验以玛曲县欧拉乡2个项目户的天然草地以及不同年龄阶段的欧拉型藏羊为研究对象，研究了青藏高原东缘高寒草甸和沼泽化草甸生物量的变化动态以及混合牧草和优势牧草主要营养成分的月变化动态；青藏高原东缘欧拉型藏羊生长发育规律和成年羊生产性能；青藏高原东缘典型家庭牧场饲草供应和家畜需求的关系。主要结果如下。

（1）高寒草甸与沼泽化草甸地上生物量3—8月增加，9月至翌年3月减少。其中，6—8月为主要增长期，3月地上生物量最低，8月最高。混合草的酸（中）性洗涤纤维含量3—7月（8月）降低，10月升高。粗蛋白、粗脂肪含量和干物质消化率与前3个指标的变化趋势相反。6—8月生物量与牧草质量均可完全满足家畜需要。

（2）高寒草甸优势牧草嵩草的粗蛋白含量最高，酸性洗涤纤维含量低，干物质消化率中等。沼泽化草甸中苔草的粗蛋白含量较高，酸性洗涤纤维含量较低，干物质消化率较高，优势明显。优势牧草的酸（中）性洗涤纤维含量在5—6月（或7月）降低，之后升高。粗蛋白、粗脂肪和干物质消化率在5—6月（或7月）升高，之后降低。粗灰分含量在整个试验期内变化不明显。

（3）青藏高原东缘欧拉型藏羊早期生长发育速度随着羊年龄、季节的变化而变化。初生至6月龄为体重增加的主要阶段，2~4月龄为增重最快，8~12月龄减重明显，证明其适宜于羔羊肉生产。欧拉型藏羊初生至6月龄亦为各项体尺指标的主要生长阶段，初生至6月龄体躯发育已经基本完成，能够达到羔羊当年出栏的要求。生长发育前期公羊与母羊各体尺间差异不显著，到生长发育后期各体况指标间变化未出现明显规律性。青藏高原东缘欧拉型藏羊早期的生长速度快，在保证后备母羊数量和质量的前提下，当年羔羊应在枯草期之前出栏，或采用放牧加补饲育肥措施，加快出栏。

（4）两草地类型2~8月龄欧拉型藏羊的体重和在月份间、年龄间和性别间均存在极显著差异。体重和各体尺指标自2013年3—9月增长，2013年9月至2014年3月体重与胸围降低，其他指标生长缓滞，甚至停止。7—9月为欧拉型藏羊主要生长期。两草地类型中公羊体重和其他体尺指标均高于母羊。欧拉型藏羊不同年龄间羊体重及体尺差异极显著，9月下旬时体重达到了顶峰，均值达73.20~75.80kg，之后体重开始下降，以此确定出售、屠宰时间能够更加准确。

（5）夏季放牧地的代谢能载畜量高于数量载畜量，夏秋草场牧草营养充足，牧草生物量为限定因子，所以，暖季要估计载畜量则应该从可食牧草产量出发。能量供需间时空差异导致草场退化，家畜生产处于恶性循环，推迟产羔时间或许能改善目前草畜矛盾。

关键词：天然草地；牧草营养；欧拉型藏羊；生长发育规律；生产性能；草畜平衡

Summary: In this study, pasture and the Oula tibetan sheep of two typical farmerswere used as the experimental materials. Following studies, including the dynamic of aboveground biomass and nutrition of mixture forage and dominant species on alpine pasture and swamp meadow, development rule and production performance of Oula tibetan sheep, and the relationship between pasture supply and livestock demand at typical households on eastern margin of the Tibetan Plateau for two typical farmers, were carried out in 2014 and 2015.Main results were as follows,

（1）The aboveground biomass ofalpine meadow and swamp meadow increased from March to August, and decreased from September to the following March. The main growth periodfor pasture wasfrom June to August, the lowest biomass was in March, and the highestbiomass was in August. The acid detergent fiber (ADF), and neutral detergent fiber (NDF) of mixed forages decreased from March to July or August and increased from that time to October. But the resultswereopposite for Crude protein (CP), ether extract (EE), and dry matter digestibility (DMD). The biomass and the quality of pasturecould completely meet the demand of domestic animals fromJune to August.

（2）The contents of CP, ADF, and DMD in*Kobresia*werethe highest, the lowest, and the medium, respectively comparedwith other species on alpine meadow, and the contents of CP, ADF, and DMD in *Carex*wererelatively higher, lower and higher, respectively, which could be regarded as obvious advantages.On the whole, the content of ADF and NDF of the dominant foragesduring the experimental period decreased from May to June or July, and then increased from that time to October.The content of crude ashshowed no obvious change during the whole experimental period.

（3）The early growth and development rate of Oula Tibetan sheepwas changed with the change of the age and the seasons. From birth to 6 months, it was the main stage to gainweight, and the fastest rate of gaining weight was 2 to 4 months of age, and the body weight decreased significantly from 8 to 12 months, which showed thatOula Tibetan sheep was suitable for production of lamb meat.The period from birth to 6 months of age was also the main stage for body development, andthe body development has been completed when they were6 months age. They have reachedthe requirements of slaughtering. There were no significant differences between the male and the female in the early stage of growth and development, and there was no obvious regularity between the changes of various body condition indexes in the later stage of growth and development.Because of the rapid growth and development of Oula Tibetan sheep at early stage, lambs in this year should be harvested or use supplementary feeding, before the coming withering period on the basis of maintaining the quantity and quality of replacement ewes.

(4) There were significant differencesfor the body weight and body size among different months, ages and gender on two typesof pasturesfrom 2 tooth-old to 8 tooth-old. Live weight and body size indexesincreased from March to September 2013, and from September 2013 to March 2014, Liveweight and chest circumference decreased, the growth of other indicators slowed down, or even stoped. Mainperiod of growthwas from July to September. The liveweight and other body size of the ramwere higher than that of the eweon two types of pasture.Liveweight and body size among different ages of sheep were significantly different, in late September the weight peaked, and the mean value was 73.20 ~ 75.80 kg, after then the weight began to decline. According to these, it could be more accurate to determine the time of sale orslaughter at this period.

(5) The metabolizable energy (ME) carrying capacity was higher than population carrying capacityon summer pastures. The nutrients were adequate on summer-autumn pastures and the biomass became the limiting factor, so the estimation of carrying capacity in warm season should be based on the quantity of edible forages. The temporal and spatial variations between energy supply and demand could lead to grassland degradation, which could resulted in a vicious cycle of livestock production, and the current imbalance between forage and livestock may be improved by postponing the lambing time.

Keywords: pasture; forage nutrition; OulaTibetan sheep; development rule; production performance; feed balance

玉米秸秆和苜蓿饲用化利用价值评价与数据库建立

Evaluation of maize straw and alfalfa feeding quality and it's database construction

王建福

甘肃农业大学博士学位论文

项目资助

本论文研究得到农业部公益性行业（农业）专项项目："北方农作物秸秆饲用化利用技术研究与示范"（201503134），"西北地区荒漠草原改良及可持续利用技术研究与示范"（20130305907）；甘肃省科技重大专项计划项目："肉牛高效繁育及品质育肥关键技术集成示范"（143NKDCO17）；甘肃省农牧厅秸秆饲料化利用研究专项（[2016]269号）；国家绒毛用羊产业技术体系项目："不同环境下的圈舍设计、关键技术配套和草畜平衡关键点评价与优化研究"（CARS-40-09B）的资助。

摘　要：目前，甘肃农区的肉牛生产已经初步形成了千家万户繁育，养殖园区和育肥企业集中育肥为主的体系，饲草料和良种杂交利用是影响体系效率和效益提高最重要的两类因素。通过改进饲草料资源利用方式，优化其产品品质，建立其营养成分及品质快速检测平台，评估并优化良种肉牛资源杂交利用模式等手段，优化甘肃肉牛生产体系关键要素，是提高目前甘肃肉牛生产效率和效益的重要途径。本研究以玉米秸秆青贮品质提升、苜蓿种植生物量与品质监测、肉牛经济杂交模式及后代评估为研究内容，对甘肃农区肉牛生产体系要素进行优化研究，并初步建立了玉米秸秆青贮和苜蓿营养成分快速检测的可见/近红外光谱（Vis/NIR）模型，为提高甘肃农区肉牛生产体系的效率提供支撑。主要研究结果如下。

（1）不同添加物和装填时间对玉米秸秆青贮质量的影响。

相比1次装填，延迟装填（3次）分别使带穗和去穗玉米秸秆青贮的干物质损失率分别增加21.79%和48.37%；相比对照组，3种添加物均能使玉米秸秆青贮干物质损失率降低，其中Sila-Max可使1次装填带穗和去穗玉米秸秆青贮干物质损失率分别降低33.72%和45.80%，Sila-Max和Sila-Max+麸皮分别可使3次装填带穗和去穗玉米秸秆青贮干物质损失率降低46.57%和36.48%。Sila-Max和Sila-Mix均有提高去穗和带穗玉米秸秆青贮发酵质量的趋势，Sila-Max提高青贮品质的效果更好，Sila-Mix提高青贮发酵产物有氧稳定性的潜力更大。在去穗玉米秸秆青贮中添加麸皮是有益的，且与添加剂同时添加效果更好。

（2）5株乳酸菌复合物与$CaCO_3$、酶及尿素不同组合对全株玉米秸秆青贮品质的影响。5株乳酸菌混合剂有提高全株玉米秸秆青贮发酵品质和营养品质的趋势；同时，添加$CaCO_3$和复合乳酸菌能增加青贮的LA和AA产量，尤其是AA产量，稳定pH值，也有提高青贮营养品质的趋势；同时，添加尿素和复合乳酸菌能进一步提高青贮的AA和NH_3-N的含量，稳定pH值，显著提高CP含量（$P<0.05$），青贮营养品质提高；纤维素酶和淀粉酶可以提高发酵产物的WSC、LA和AA的产量，改善青贮发酵品质；复合$CaCO_3$、尿素、纤维素酶、淀粉酶和复合乳酸菌的添加对全株玉米青贮的发酵品质和营养品质的提高效果最好。

（3）玉米秸秆青贮营养成分及发酵品质Vis/NIR模型的建立。利用74个玉米秸秆青贮湿样和干燥后粉碎样品分别进行了营养成分和发酵品质Vis/NIR模型的定标和校验。结果表明：利用玉米秸秆青贮湿样品所建立的Vis/NIR定标模型对ADF、NDF、木质素（lignin）、WSC、24h、30h和48h体外干物质消化率（IVTDMD24hr、IVTDMD30hr和IVTDMD48hr）的外部验证RPD均在3以上，定标效果良好，可以用于实际检测；灰分（ash）、淀粉（starch）、钙（Ca）和LA的外部验证RPD>2，说明所建立的定标模型对这些指标的粗略定量分析是可行的，但精度有待提高；DM、CP、EE、磷（P）、AA、NH_3-N、氨与总氮的比例（NH_3-N/TN）和pH的外部验证RPD<2，说明所建立的定标模型不能用于这些指标的定量分析。干燥粉碎玉米青贮样品建立的Vis/NIR定标模型除对粗脂肪（EE）、P和pH值的预测效果较差以外，对其他的16项指标预测结果均较好，外部验证RPD值均在3以上，可用于实际检测。

（4）2个紫花苜蓿品种单播与混播对生物量及营养成分动态变化影响研究。金皇后组在前期生长情况和产草量方面均优于SK3010组和两者混播组，混播组在产草量和粗蛋白总产量具有较明显的优势，但后期的饲喂价值相比单播组有所降低。苜蓿在不同的生长期营养成分变化很大，前期的产量较低但粗蛋白含量以及相对饲喂价值和质量均很高，后期的产量逐渐提高，但蛋白含量及相对饲喂价值和质量显著降低。3个种植组在第一茬收获期的最后一周粗蛋白产量增加量较少，甚至出现下降，建议提前1周左右收获，使第三茬苜蓿有更充分的生长时间，利于提高年产量。

（5）苜蓿营养成分Vis/NIR模型的建立。利用Vis/NIR光谱对不同品种、不同生长阶段的苜蓿样品共160个，进行了营养成分含量的定标和校验。定标模型除对EE和WSC预测效果较差外，对CP、ADF、NDF、Ca、P、ash、lignin以及消化率等指标的外部验证RPD均在2以上，能达到生产粗略测定要求，但精度需进一步提高。

（6）西门塔尔肉牛的经济杂交试验及后代育肥、屠宰性能和肉品质研究。和牛♂×西门塔尔牛♀（和西牛）和安格斯♂×西门塔尔牛♀（安西牛）育肥期平均日增重显著高于西门塔尔牛（$P<0.05$），干物质采食量和料重比低于西门塔尔牛，但差异不显著（$P>0.05$）。和西牛和安西牛的屠宰率和净肉率显著高于西门塔尔牛（$P<0.05$）。安西牛的脂肪重比西门塔尔牛降低了26.23%，差异显著（$P<0.05$）。2种杂交牛的PUFA/SFA和MUFA/SFA均高于西门塔尔牛，但差异不显著（$P>0.05$），MUFA/PUFA和n6/n3PUFA均显著低于西门塔尔牛（$P<0.05$），肉品质明显提高。

总之，本研究表明，通过添加乳酸菌制剂能够提高玉米秸秆青贮的营养品质和发酵质量；可见/近红外光谱分析技术可以用来测定玉米秸秆青贮和苜蓿干草的营养成分和品质；通过经济杂交可以提高肉牛的饲料转化率、日增重、屠宰性能和肉质指标。

关键词：生产体系；肉牛；玉米秸秆；青贮；苜蓿；近红外；经济杂交

Summary: For thousands of households in the representative farming districts of Gansu province, raising zones and feedlots are the main beef cattle production systems. Forage and feed hybridization are the two crucial factors in the system. The efficiency and economy of the system can be maximized through i) improving the utilization and quality of forage resources；ii) establishing the nutritional content and quality using a rapid analysis platform；and iii) evaluating and optimizing the cross-breedingsystems for beef cattle production. This study focused on the corn silage ensiling process, the cultivation and harvesting of alfalfa, beef cattle economic hybridization, and the development of a rapid detection method for measuring nutrient concentrations and digestibility (quality) of corn silage and alfalfa hay, to optimize the beef cattle production system in the representative farming districts of Gansu province. The results are as follows.

(1) Effects of different inoculants and delayed ensiling on the quality of corn silage. The delay of ensiling corn for silage by three days (3d) can reduce dry matter loss of silage with corn and without corn by 21.79% and 48.37%, respectively. All three inoculants reduced dry matter loss of corn silage. Sila-Max reduced dry matter loss of silage with and without corn grain by 33.72% and 45.80% respectively during a one-time ensiling treatment.The subsequent study demonstrate that Sila-Max and Sila-Max+wheat bran reduced dry matter loss of silage with and without corn grain by 46.57% and 36.48%, respectively, using a 3d ensiling protocol. While both Sila-Max and Sila-Mix demonstrated the potential of improving fermentation quality of silage with and without corn grain, Sila-Max was the better inoculant for fermentation quality, while the Silia-Mix was the better inoculant for the aerobic stability. It was shown that the inoculation with both Sila-Max and Sila-Mix enhanced the quality and reduce the dry matter loss of corn silage, and especially using an inoculant with wheat bran during the ensiling of silage without corn grain is beneficial.

(2) Evaluation of different combinations of five strains of LAB with $CaCO_3$, enzyme, and urea for ensiling corn silage. An inoculant using a combination of five strains of LAB with $CaCO_3$ for ensiling-corn silage was shown to increase the lactic acid and especially acetic acid concentrations to prevent silage pH from dropping excessively low while improving the nutritional quality. The inoculant of urea plus the LAB combination increased the acetic acid and NH_3-N concentration. The inoculant of cellulase, amylase and the LAB combination increased water soluble carbohydrate, lactic acid and acetic urea, cellulase, amylase and the LAB combination demonstrated the greatest improvement in fermentation and nutritional quality.

(3) The calibration and prediction of visual and near infrared reflectance spectroscopy (Vis/NIR) model for measuring the nutritional and fermentation quality of corn silage.In order to establish a rapid prediction model of the nutritional and fermentation quality index using Vis/NIR, 74 corn silage samples were scanned before and after drying and grinding. The results show that the model established by the wet samples has an external error validation relative percent deviation (RPD) >3 for acid detergent fiber, neutral detergent fiber, lignin, water soluble carbohydrate, in vitro true dry matter digestibility of 24, 30 and 48 hours.In addition the model can be applied to the actual detection of ash, starch, calcium and lactic acid concentrations, while its accuracy should be enhanced for external error validation RPD>2.The model was not useful for dry matter, crude protein, ether extract, phosphorus, acetic acid, NH_3-N,

NH_3-N/TN and pH because the external error validation RPD<2. The model, which was established by drying and grinding samples, had a good prediction capacity for all 16 nutritional indexes except for ether extract phosphorus and pH, (external error validation RPD>3).

(4) Study on the dynamic changes of biomass and nutrient composition of two alfalfa varieties with different seeding methods. The SK3010 variety demonstrated higher growth and yields of alfalfa hay during the earlier stage than the Golden Empress variety, while the mixed sowing group demonstrate significant ($P<0.05$) advantages in yield and crude protein production, but showed a relative decrease in feeding quality in the late growth stage. The nutrient concentration and feeding quality changed considerably during different growth stages with crude protein concentrations and feeding quality decreasing with growth stage (maturity), while yield increased significantly ($P<0.05$). The first cutting is the most important for the alfalfa production, and the research data support the recommendation to move harvest a week earlier for the first cutting to increase the time for the third crop growth to improve annual yields.

(5) The calibration and prediction of Vis/NIR model for measuring the nutrient composition of alfalfa hay. One hundred and sixty alfalfa samples (120 for calibration and 40 for validation) were scanned by Vis/NIR to establish a prediction model for nutritional composition. The model can be used to predict the crude protein, acid detergent fiber, neutral detergent fiber, calcium, phosphorus, ash, lignin and in vitro digestibility concentrations (external error validation RPD>2), but not for ether extract and water soluble carbohydrate concentrations (external error validation RPD<2).

(6) The fattening performance and meat quality of the offspring produced through commercial crossbreeding with Simmental beef cattle. The average daily gain of Wagyu × Simmental and Angus × Simmental cross bred beef cattle was improved by 6.4% and 4%, respectively, but dry matter intake and feed conversions were lower when compared to pure bred Simmental cattle during fattening period, which appears to be due to heterosis. This dressing percentage, pure meat percentage, marbling score, and backfat thickness of Wagyu × Simmental and Angus × Simmental crossbreds were improved by 5.29%, 6.62%, 7.24%, 10.53% and 2.66%, 2.41%, 5.87%, 17.10% ($P>0.05$), respectively compared to Simmental. The carcass dressing percentage of Wagyu × Simmental hybrid and the loin eye muscle area of Angus × Simmental crossbreds were improved by 1.34% ($P>0.05$) and 4.82% ($P>0.05$), the fat weight decreased by 4.37% ($P>0.05$) and 26.23% ($P<0.05$) respectively compared to Simmental. The PUFA/SFA and MUFA/SFA of the two crossbreeds were higher ($P>0.05$) than Simmental, and the MUFA/PUFA and n6/n3PUFA were lower ($P<0.05$) than Simmental.

In summary, this work demonstrates that the improvement in forage nutrient concentrations and quality can be improved through the ensiling process by using LAB to increase nutrient supply to the animal. The Vis/NIR can be used to determine nutrient composition and quality of forages, be it corn silage or alfalfa hay for feeding to livestock and finally the use of cross breeding beef cattle can improve feed conversions, average daily gains, carcass yields, and meat quality.

Key words: production system; beef cattle; corn silage; lactic acid bacteria; alfalfa; NIRS; commercial crossbreeding

荷斯坦公牛育肥性能和肉品质及脂联素与 PPARγ 基因表达差异性研究

Study of fattening performance and meat quality anddifferential expression of *ADIPOQ* and *PPARγ* gene of Holstein bulls

张长庆

甘肃农业大学硕士学位论文

项目资助

本论文研究为甘肃省农业生物技术研究与应用开发项目：现代生物技术在甘肃肉牛选育中的应用研究（GNSW-2010-04）、早胜牛优良肉质性状遗传特征研究（GNSW-2011-27）；兰州市科技局农业科技专项：兰州市高产奶牛选育策略与高效养殖技术研究示范（2011-1-10）资助。

摘　要：本研究选取22头断奶后的荷斯坦公牛进行品质育肥，育肥期间定期测定体重及干物质采食量，并对生长性能和经济效益进行分析。育肥至15月龄和17月龄时，分别挑选10头体重达到500kg以上和10头体重达到550kg以上的个体进行屠宰试验，并取其背最长肌分别成熟0d、1d、3d、7d、14d、21d，测定各个成熟期的蒸煮损失、失水率、剪切力和pH值。同时采集脂肪组织（背部脂肪、腰部脂肪、肾周脂肪、肠系膜脂肪）和肌肉组织（背最长肌和半腱肌），运用实时荧光定量PCR法检测脂联素基因和*PPARγ*基因在15月龄和17月龄荷斯坦公牛不同组织部位间的相对表达差异性。分析了不同月龄荷斯坦公牛的生长性能、经济效益、胴体品质、肉品质，探讨了脂联素基因和*PPARγ*基因在不同组织部位的表达差异性，为荷斯坦公牛的育肥利用及荷斯坦奶牛的遗传育种提供了一定的遗传学理论和实践依据。结果表明如下。

（1）荷斯坦公牛在5—12月龄阶段增重较快，平均日增重可达1.30kg以上。

（2）荷斯坦公牛育肥至15月龄时出栏的经济效益高于17月龄。

（3）15月龄和17月龄荷斯坦公牛的屠宰性能和肉品质差异不显著（$P>0.05$）。在成熟过程中，肉的蒸煮损失持续下降，直到成熟第14d保持相对恒定；失水率先升高后降低；剪切力值呈逐渐下降趋势；pH值在成熟第1d降至最低，之后回升直到第7d后保持相对恒定。

（4）脂联素基因和 *PPARγ* 基因在15月龄和17月龄荷斯坦公牛的脂肪组织和肌肉组织均有表达，且在不同组织部位间的表达具有一定差异性。

（5）脂联素基因在荷斯坦公牛背部脂肪组织的表达存在月龄间差异性，而 *PPARγ* 基因在相同组织部位的表达无月龄间差异性。

关键词：荷斯坦公牛；育肥性能；肉品质；脂联素基因；*PPARγ* 基因；表达差异

Summary: Twenty twoHolstein bulls were fattened in a feedlot and dry matter intake and body weight were measuredat regular intervals. Relationships of growth and economicbenefits were done through statistical analyses. Ten bulls over 500 kilograms and ten bulls over 550 kilograms were harvested to evaluate carcass quality at 15 and 17 months of age, respectively. Samples of each bull carcass were aged at 4℃for 0, 1, 3, 7, 14 or 21 d. The meat quality attributes (Cooking loss, press loss, shear force and pH) from bulls with six postmortem aging days each were determined. Real-time fluorescent quantitative PCR was performed to determine the tissue distribution of the relative expression of *ADIPOQ* and *PPARγ* gene using RNA that wasisolated from different fat tissues (back fat, waist fat, perirenal adipose and mesenteric adipose) and muscle tissues (longissimus dorsi and semitendinosus) in two stages (15 month and 17 month) of the bulls. Thus, the objective of the study was to determine if variation of *ADIPOQ* and *PPARγ* gene expression is potentially useful for marker assisted selection in improvement of feedlot growth and carcass quality in Holstein bulls. The results were as followed.

(1) The growth of Holstein bulls was fast at5 to 12 months of age stage, average daily gain was up to 1.30kg.

(2) The economic benefits of Holstein bulls fattening to 15 months was higher than to 17 months.

(3) There were no significant difference of carcass traits and meat quality between 15 and 17 months of Holstein bulls. During the aging period, cooking lossdecreased until 14 days postmortem then remained relatively constant. Press loss increased from 0 day to 14 days and decreased from 14 days to 21 days of aging. Shear force value showed a trend of gradual decline. Meat pH decreased to lowest at 1 day and increased until 7 days postmortem then remained relatively constant.

(4) *ADIPOQ* and *PPARγ* gene had expressed in fat tissues and muscle tissues in two stages (15 month and 17 month) of Holstein bulls. The expression has difference among the sources of the tissue.

(5) The expression of *ADIPOQ* gene in subcutaneous rib fatdiffered between 15 and 17 months ofHolstein bulls, but there was no difference of *PPARγ* gene in the same tissue.

Key words: Holstein bulls; fattening performance; meat quality; *ADIPOQ* gene; *PPARγ* gene; differential expression

牛床舒适度等级对泌乳牛泌乳性能、繁殖性能和健康状况的影响研究

Effects of different Bedding Comfort Levels On Milk Performance, Reproduction, and Health Status in Dairy Cows.

李世歌

甘肃农业大学硕士学位论文

项目资助

本论文研究为甘肃省兰州市科技局：兰州市高产奶牛选育策略与高效养殖技术研究示范（2011-1-110）资助。

摘　要：随着动物福利观念的普及，奶牛福利日渐成为现代奶牛生产中不容忽视的生产要素。为奶牛提供舒适的生存环境有助于其生产力水平的提高，奶牛要维持高效生产也有赖于生产者对奶牛生存环境的持续关注。牛舍系统中任何可能给奶牛带来潜在压力的部分，都会不可避免的影响奶牛生产效率，为奶牛提供设计合理、垫料舒适的散栏牛床则是牛舍系统的重要组成部分。牛床环境是影响舒适度的重要因素，而牛床表面的柔软程度和缓冲能力则尤为重要。牛床在为奶牛提供休息场所的同时，应使奶牛遭受的伤害最小化。畜牧工作者理想的工作环境对动物来说未必是理想的生存环境，牛床环境恶化会严重影响奶牛的趴卧活动，进而对泌乳性能、繁殖性能和健康状况产生直接或间接的影响，不利于奶牛生产潜力发挥和经济效益的最大化。

本试验以荷斯坦牛血统含量不同的低代杂种、高代杂种和纯种三种基因型的泌乳牛群体为研究对象，根据牛舍中牛床舒适程度不同，将2005年11月至2013年4月不断改进的牛床划分为5个舒适度等级，记录奶牛在不同等级牛床下的日产奶量、乳成分（乳脂率、乳蛋白率、乳糖率、非脂乳固体含量）、胎次、产后第一次配种天数、空怀天数、一次妊娠配种次数、总受胎率、乳房炎和肢蹄病发病率，分析牛床舒适度等级对奶牛的泌乳性能、繁殖性能和健康状况的影响。为奶牛场提高牛床舒适度，改善奶牛福利条件，进而提高生产性能提供理论依据。

结果表明如下。

（1）牛床舒适度等级的提高能显著增加奶牛的日产奶量。

（2）牛床舒适度等级与总受胎率呈显著正相关，牛床等级越高，总受胎率越高。

（3）泌乳牛的乳房炎和肢蹄病发病率与牛床舒适度等级显著负相关，提高牛床舒适度对奶牛健康状况有关键作用。

关键词：奶牛福利；牛床舒适度等级；泌乳性能；繁殖性能；健康状况

Summary: With the popularity of the concept of animal welfare, dairy welfare has becoming a factor that can not be ignored in modern dairy industry. Providing a comfortable surrounding environment for cows can contribute to increase their productivity levels, to maintain efficiently production, the producers should focus on surrounding environment which cows living continuously. Any aspect of the housing system which can potentially stress the cows will inevitably affect dairy productivity. It is important for the provision of properly designed free stalls with comfortable bedding materials. The bedding is known to be an important factor influencing cow comfort, in particular, the surface softness and shock absorption is believed to be important. The free stall should provide a comfortable resting space, and minimize injure. It must be noted that the most desirable working environment for workers may not be ideal for animals. The bedding environment can strongly affect the standing and lying behavior, and then directly or indirect affect milk production, reproductive, and cows health, is not conducive to maximize both production and economic.

The objectives of this study were to compare five degrees for bedding comfort in three genetic groups (Hybrids, Improved-hybrids and Pure Holsteins) and parity for daily yielding, milk components (Milk fat PCT, Milk protein PCT, Milk lactose PCT and SNF PCT), days to first breeding (DFB), days open (DO), services per conception (SPC) and conception rate (CR), to evaluate the impact of bedding comfort levels on milkperformance, reproduction performance, and health condition. In order to provide the theoretical and practical basis for improving the cows surrounding environment and bedding comfortable, achieve the purpose of improving production performance.

The results were as followed.

（1）Dailyyielding were significantincreased with the degree of bedding comfort levels.

（2）The CR was significant improved with the degree of bedding comfort.

（3）The mastitis and foot and leg problem in lactation cows were significant associated with the bedding comfort levels, bedding comfort levels played a key role in health of cow.

Keywords: Cow welfare, Bedding comfort levels, Milk performance, Reproduction, Health status

祁连山牧区草畜平衡评价与绵羊精准管理技术体系研究

Study of Feed Balance in QilianMountain Pastoral Areas and Precision Management of Sheep

杨博

甘肃农业大学博士学位论文

资助项目

项目来源：农业部。
项目名称：绒毛用羊产业技术体系放牧生态岗位。
项目编号：CARS-40-09B。

项目来源：公益性行业（农业）科研专项。
项目名称：牧区家庭牧场资源优化配置技术模式研究与示范。
编号：（201003019）。

项目来源：公益性行业（农业）科研专项。
项目名称：不同区域草地承载力与家畜配置。
项目编号：200903060。

项目来源：Australian Centre for International Agricultural Research（ACIAR）。
项目名称：Sustainable development of grasslands in western China。
项目编号：ACIAR LPS/2001/094。

摘　要：草畜平衡是天然草地可持续利用和放牧家畜高效生产的前提，草畜平衡评估技术则是实现草畜平衡、草原生态保护和草地畜牧业可持续发展的基础。科学的草—畜平衡评价和分析才能真实反映草—畜平衡的状况。目前，我国北方草原的载畜量平均超载达36%，北方牧区草地退化严重，放牧家畜管理粗放，家畜生产水平低，经济效益差，农牧民收入增长缓慢，草—畜不平衡尤为突出。因此，本文通过对北方草原中祁连山牧区典型牧户生产要素的研究分析，选择代谢能作为评价、研究草畜平衡的指标，建立以代谢能为评价指标的草畜平衡评价技术体系，将其应用于实践并进行验证。同时建立绵羊精准管理技术体系，研究分析牧区家庭牧场减畜、增效、实现草畜平衡、保护草原生态健康的技术措施及其可行性。主要研究结果如下。

（1）建立了以代谢能作为评价指标的草畜平衡评价技术体系，从2008年冬天开始以祁连山草原和其典型牧户为研究对象，通过草畜代谢能平衡分析了祁连山牧区草畜平衡现状，草畜平衡分析结果表明，在牧草生长期（6—10月）家畜获得的代谢能高于家畜的维持需要，因此，家畜体重增加，生长速度最快；在枯草期（11月至翌年5月）代谢能摄入量低于维持需要量，家畜掉膘，体重下降，且夏草场的载畜量最大。根据祁连山草原草畜平衡分析和放牧绵羊实际生产的现状，提出了草畜平衡的优化途径和对策。主要包括放牧绵羊冷季暖棚舍饲、推迟产羔时间、母羊妊娠后期补饲等优化途径和对策。

（2）应用研究试验，验证了实现草畜平衡的优化途径和对策。冬季暖棚舍饲养殖能够降低家畜的代谢能需要，有助于实现草畜平衡。与对照组相比，暖棚养殖绵羊平均产毛量显著提高（$P<0.05$），提高了0.73kg/只，冷季体重损失减少14.9%，纯收入增加126.25元/只。产羔时间对草畜平衡具显著的影响，适当推迟产羔时间能够有效地改善草畜平衡状况。分别测定了4月和5月所产羔羊的生长发育情况和母羊体况，5月羔羊平均初生重、1月龄、2月龄体重显著高于4月羔羊（$P<0.05$），但由于生长期短，5月羔羊出栏重较4月低4~5kg。母羊妊娠后期补饲能显著提高羔羊初生重，使得母羊体况得到更好的恢复。

（3）建立了绵羊精准管理技术体系，选择祁连山牧区3户典型牧户进行甘肃高山细毛羊生产性能测定，结合经济效益数据，应用精准管理模型计算分析并对其中的低管理水平和高管理水平典型牧户实施精准管理技术，将经济效益不良绵羊的个体淘汰，存栏量分别下降了13%和26%，而未实施精准管理技术的中等管理水平的典型牧户，存栏量上升了18%，与绵羊精准管理分析结果相一致。结果表明：低管理水平和高管理水平典型牧户的平均产毛量及总产毛量均有所提高，而中等管理水平的典型牧户虽然总产毛量高于优化前，但平均每只产毛量下降了0.55kg。低管理水平和高管理水平典型牧户存栏母羊的体重较优化前均有提高，收入分别提高了11.39%和4.2%，而中等管理水平的典型牧户成年母羊体重下降，后备母羊体重增加不显著，同时，收入降低了7.4%。

经过3年连续对低管理水平的典型牧户实施精准管理技术后，绵羊成年羊的实际存栏量由2009年的150只降到2011年的126只绵羊数量减少了16%。进一步提高饲养和管理水平后绵羊存栏量能进一步降低到103只，存栏量可降低31%。经济总收入增加10.3%。同时，2011年成年母羊配种前平均体重比2009年增加了3.17kg，平均产毛量增加了0.47kg，羔羊平均初生重增加了0.46kg。经过实施精准管理技术，牧户的实际总收入提高了一倍。

关键词：草畜平衡；代谢能；典型牧户；精准管理；祁连山牧区；肃南；模型

Abstract: Feed balance is the prerequisite of the sustainability of grassland animal husbandry. The techniques of monitoring and evaluation of feed balance is the base of achieving sustainability on this matter. The technique applied in evaluation of feed balance reflects different output of the feed balance situation. At present, the average stocking rates overload by 36% in grassland in northen China. consequently, The grassland has been degraded seriously, the productivity of grazing animal husbandry is down significantly as the result wich affects the economic efficiency, and farmer income in the pastoral area in China

.Therefore, this paper aims to discus the techniques used in the study to evaluate and to monitory the feed balance. The metabolic energy (ME) requirement of sheep has been used as a benchmark for feed balance analysis, in addition, grassland monitory were practiced in a year around. The feed balance status of the typical farm were evaluated and studied in Qilian pastoral area of the northwest of China, in addition, supplementation strategy was worked out in according with the feed balance status of the pilot farms in this study. At the same time, precision management model and techniques were developed. Study and analysis of the feasibility of different approache at household level aming to reduce stocking rate, to improve efficiency and to achieve feed balance so as to find grassland rehabilitation approach suits to the area. The main research results are showed as follows.

(1) The paper is to discus the techniques used in the study to evaluate and to monitory the feed balance, of which the metabolic energy (ME) of sheep requirement and of grassland supervision in a year around were used as the benchmark to understand the feed balance status of the typical farm in Sunan County of Gansu province. The results showed ME provision from grassland was higher than animal maintenance requirement in warm season from June to October, consequently, the body weight of sheep increased significantly. The ME provision was in deficit in cold season from November to May, as the results, the body weight losses was significant during this period of time. The stocking rate was the highest in summer pasture among 3 pasture types which were summer pasture, winter pasture and spring and autumn pasture.

(2) In addition, supplementation strategy was worked out in according with the feed balance status of the typical farms of the pilot farm in this study. The results also showed the ME requirement of sheep fed in warm shed in winter was lower than those in conventional yard which should be an alternative in relieving ME deficit in winter and benefit in feed balance too. Experiment was designed to test the ewes were fed in warm shed in winter, the results showed the wool yield of experimental sheep was 0.73kg/head higher than those of controls, the body weight loss decreased 14.9%, and pure income increased 126.25 Yuan/head respectively. The study also demonstrated that the lambing time had large effect on feed balance. Under the range of the production practice, the delaying lambing time can improve feed balance. The research measured lambs growth performance and the body condition of ewe which lambed in April and May. Result showed the birth weight of the lamb born in May and June were significantly higher than those born in April although the body weight of the lamb born in May was 4~5kg lower than April lambs because of short growing time. However, the pen feed practice may be applied to achieve heavier body weight at the selling time of September. Ewe pregnancy in the late feeding, can improve birth weight of the lamb born significant.

(3) In this paper, the production performance of Gansu fine-wool sheep was determined by selecting three typical farmers in Sunan County, Gansu province.The precision management model, meanwhile the economic data was used to analyze the management level of farmers. Via eliminating the sheep with poor production, the stocking rates were decreased by 13% for low management level and 26% for high level, respectively. In the contrast, the stocking rate for those farmers not using this model increased by 18%. The results showed that the average wool yield and total wool production volume for farmers with low and high management level were increased, but for those typical farmers with middle management level, the average wool yield decreased by 0.55 kg although with better total wool production. The income

for farmers with low and high management level were increased by 11.39% and 4.2%, respectively, and the ewe weight was also improved. For those farmers with middle management level, the ewe weight decreased and the reserve ewe weight did not have a significant increase. In the meantime, farmers' income decreased by 7.4%.

Through implementation of precision management techniques over last 3 years in the typical farms used as pilot households, The breeding stock of the adult sheep reduced by 16% from 150 in 2009 down to 126 in 2011. To further improve breeding and management level at the farm level, the breeding stock of the sheep was reduced further by 31%. Economic income increased by 10.3% The body weight of adult ewes before mating in 2011 is higher than in 2009, the average weight increase by 3.17kg, The wool yield increased by 0.47kg and the lamb's birth weight increased by 0.46kg. as the results, the herder's actual revenue has doubled in 3 years time.

Keywords: Feed balance; Metabolic energy; typical herdsman; Precision management; Qilian pastoral areas; Sunan; Model

草畜平衡和精准管理模型在肃南县绵羊生产中的应用研究

Application research of feed balance and animal precision management model on sheep production in Sunan County

宫旭胤

甘肃农业大学硕士学位论文

资助项目

项目来源：Australian Centre for International Agricultural Research（ACIAR）。
项目名称：Sustainable development of grasslands in western China。
项目编号：ACIAR LPS/2001/094。

项目来源：全球环境基金（GEF）咨询服务项目。
项目名称：提高草食畜个体生产性能研究。

项目来源：甘肃省教育厅科研项目。
项目名称：草地畜牧业精细管理优化模型建立与实践。
项目编号：0802-04。

项目来源：公益性行业（农业）科研专项。
项目名称：不同区域草地承载力与家畜配置。
项目编号：200903060。

摘　要：天然草原不仅是当地居民最重要的生产和生活资源，而且是最重要的水源涵养地。草地退化已经成为当前严重的生态问题和社会问题，超载过牧是引起草原退化最重要的人为因素。草畜平衡是实现天然草原恢复和草地畜牧业可持续发展的有效途径。本研究选择肃南县山地草原区放牧绵羊生产为研究对象，根据草畜平衡动态评价模型和家畜个体精准管理模型分析获得的草畜平衡优化方案和精准管理方案，跟踪测定了典型牧户绵羊产毛量、毛品质、不同季节绵羊体重、体况、年龄，采集了冷季饲草料样品并分析了主要营养指标以及收入与支出情况，分析了家畜生产性能变化及牧户经济效益，验证模型分析方案的可靠性和可行性。本研究得出以下结果。

（1）在当前饲养管理条件下，枯草季营养供应不能满足家畜需要，草畜不平衡，其中蛋白质供应缺乏比能量缺乏严重，提出母羊补饲料方案。

（2）推迟产羔时间可提高羔羊生长发育，有助于实现草畜平衡。5月产羔羔羊初生重比4月高0.3kg，1月龄和2月龄体重也高于4月产羔羔羊。出栏重5月出生羔羊较4月低4～5kg，但生长期少1个月，且5月产羔牧户收入高于4月产羔，这一结果与草畜平衡动态评价模型分析结果一致。

（3）冷季暖棚舍饲和补饲+放牧饲饲养模式能够有效地提高绵羊生产效率和效益。冷季暖棚舍饲、补饲+放牧和放牧3种饲养方式试验表明，暖棚舍饲和补饲+放牧能够有效减轻绵羊越冬体重损失，改善次年配种时母羊体重和体况，提高受胎率、产羔率和产毛量，增加牧户的经济效益，这与模型分析结果一致。

（4）精准管理可以明显提高家畜生产水平和牧户经济效益，降低家畜存栏量。2试验户在应用精准管理模式淘汰效益不良个体后，存栏量分别下降13.65%和9.38%，收入分别增加了18.07%和4.2%，而未应用精准管理的牧户存栏量上升，收入下降7.4%，与模型分析结果相吻合。与此同时，如果继续采用精准管理技术，仍可进一步降低存栏量43.87%～46.34%。

关键词：草畜平衡评价模型；家畜个体精准管理模型；模型验证；肃南县；绵羊

Summary: Natural grassland is not only the most important production and life resources for local people, it's also the important water conservation. Grassland degeneration has become a serious ecological and social problem, overgrazing is one of the most important reasons for degeneration. Feed balance is the sole criterion to realize grassland restoration and grassland livestocking sustainable development. This study chooses grazing sheep production in Sunan County as the research object, according to the prioritization scheme from feed balance model and livestock precision management model, Through determination of typical farmers' sheep age, wool yield, wool quility, body weight and body condition in difference season, analysis primary nutrition of grass in cold season, collect herdsmen's cost and income situation, analysis change of the livestock production and herdsmen's economic benefit, analysis livestock productivity changing and herdsmen's economiceffectiveness, to check responsibility and feasibility of modle results. draw the following results.

（1）In currunt feed and management conditon, ewe's nutrition supplements not enough in cold season, the feed is unbalance, and lackage of protein seriously than energy. Put forward forage project for ewes.

（2）Delay lambing time could improve lamb growth and development, should contributed to realize feed balance. Birth weight of lamb in May is higher 0.3 kg than lamb in April, and one month weight, two month weight higher than April lamb all above. Sold weight of May lamb lower 4～5kg than April lamb, but growth period lower one month. so income higher than lambing in April. The result is consistent with the model results.

（3）Used pen feed and grazing with supplementary pattern could improve sheep production efficiency and effectiveness. The experiment results showed that supplementary could slowdown ewe's loss condition in cold season, improve ewe's body weight and body condition in next mating timebring, enhance pregnancy rate, lambing rate and wool yeild, increase income for herdsmen. The results is consistent with the model results.

(4) Precise management could improve the livestock production level and economic benefits obviouslily, decrease livestock number. After use precision management pattern eliminated poor benefits livestock, the breeding stock of experimnet group reduced 13.65% and 9.38%, in the same times the income increase 18.07% and 4.2%, respectively, but test group not applicated precision management pattern, livestock number increase but income decresae 7.4%. The results is coincide with model results. If continue use the precision mannagement technique, should still reduce breeding stock 43.87 ~ 46.34%.

Keywords: feed balance model; livestock precision management model; model validation; SunanCounty; sheep